Eindimensionale Finite Elemente

Markus Merkel • Andreas Öchsner

Eindimensionale Finite Elemente

Ein Einstieg in die Methode

2., neu bearbeitete und ergänzte Auflage

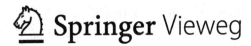 Springer Vieweg

Markus Merkel
Zentrum für virtuelle Produktentwicklung
Hochschule Aalen – Technik und Wirtschaft
Aalen
Deutschland

Andreas Öchsner
Griffith School of Engineering
Griffith University
Southport
Australia

ISBN 978-3-642-54481-1   ISBN 978-3-642-54482-8 (eBook)
DOI 10.1007/978-3-642-54482-8

Die Deutsche Nationalbibliothek verzeichnet diese Publikation in der Deutschen Nationalbibliografie; detaillierte bibliografische Daten sind im Internet über http://dnb.d-nb.de abrufbar.

Springer Vieweg
© Springer-Verlag Berlin Heidelberg 2010, 2014

Springer Vieweg ist eine Marke von Springer DE. Springer DE ist Teil der Fachverlagsgruppe Springer Science+Business Media
www.springer-vieweg.de

Unseren Vätern gewidmet.

Vorwort

Vorwort zur 1. Auflage

Der Titel des Buches – Eindimensionale Finite Elemente, Ein Einstieg in die Methode – steht für Inhalt und Ausrichtung. Zum Thema Finite-Elemente-Methode gibt es heute zahlreiche Literatur. Die unterschiedlichen Werke spiegeln die vielfältigen Sichtweisen und Anwendungsmöglichkeiten wider. Der Grundgedanke dieser Einführung in die Methode der Finiten Elemente wird von dem Konzept getragen, die komplexe Methode anhand *eindimensionaler* Elemente zu erläutern. Ziel ist es, die vielfältigen Aspekte der Finite-Elemente-Methode vorzustellen und dem Leser das methodische Verständnis wichtiger Themenbereiche zu ermöglichen. Der Leser lernt die Annahmen und Ableitungen bei verschiedenen physikalischen Problemstellungen in der Strukturmechanik zu verstehen und Möglichkeiten und Grenzen der Methode der Finiten Elemente kritisch zu beurteilen. Zusätzliche umfangreiche mathematische Beschreibungsformen entfallen, die lediglich aus der erweiterten Darstellung für zwei- oder dreidimensionale Problemstellungen entstehen. Somit bleibt die mathematische Beschreibung weitgehend einfach und überschaubar. Die Behandlung eindimensionaler Elemente ist jedoch nicht nur eine reine Beschränkung auf eine einfache und übersichtliche formale Darstellung der notwendigen Gleichungen. Im konstruktiven Ingenieurbau gibt es zahlreiche Strukturen – zum Beispiel Brücken oder Hochspannungsmasten – die üblicherweise mittels eindimensionaler Elemente modelliert werden können. Somit umfasst dieses Werk auch einen ‚Satz von Werkzeugen‘, der auch in der Praxis seine Anwendung findet.

Die Konzentration auf eindimensionale Elemente ist neu für ein Lehrbuch und ermöglicht die Behandlung verschiedenster grundlegender und anspruchsvoller physikalischer Problemstellungen der Strukturmechanik in einem einzigen Lehrbuch. Dieses neue Konzept erlaubt somit das methodische Verständnis wichtiger Themenbereiche (zum Beispiel Plastizität oder Verbundwerkstoffe), die einem angehenden Berechnungsingenieur in der Berufspraxis begegnen, jedoch in dieser Form nur selten an Hochschulen behandelt werden. Folglich ist ein einfacher Einstieg möglich, auch in weiterführende Anwendungsgebiete der Methode der Finiten Elemente.

Dieses Buch ist entstanden aus einer Sammlung von Skripten, die als schriftliche Unterlagen für Vorlesungen ausgeteilt wurden, und Schulungsunterlagen für Spezialkurse zur Finite-Elemente-Methode. Besonders bei den durchgerechneten Beispielen und den weiterführenden Aufgaben sind typische Fragestellungen von Studierenden und Kursteilnehmern aufgegriffen.

Voraussetzung für ein gutes Verständnis sind Grundlagen in der linearen Algebra, Physik, Werkstoffkunde und Festigkeitslehre, so, wie sie typischerweise im Grundstudium eines technischen Faches im Umfeld des Maschinenbaus vermittelt werden.

In den ersten Kapiteln werden die eindimensionalen Elemente vorgestellt, anhand derer sich die Grundbelastungsarten Zug/Druck, Torsion und Biegung abbilden lassen. Hergeleitet werden jeweils die Differenzialgleichung und die grundlegenden Gleichungen aus der Festigkeitslehre zur Kinematik, zur konstitutiven Beziehung und zur Bildung des Gleichgewichtes. Im Anschluss daran werden die Finiten Elemente mit den üblichen Definitionen für Kraft- und Verschiebungsgrößen eingeführt. An Beispielen wird die prinzipielle Vorgehensweise präzisiert. Für weiterführende Aufgaben sind Kurzlösungen im Anhang angegeben.

Im Kap. 6 werden Fragestellungen unabhängig von der Belastungsart und der damit einhergehenden Elementformulierung aufgegriffen. Behandelt werden ein allgemeines eindimensionales Finites Element, das aus der Kombination von Grundelementen aufgebaut werden kann, die Transformation von Elementen im allgemeinen dreidimensionalen Raum und die numerische Integration als wichtiges Hilfsmittel bei der Implementierung der Finite-Elemente-Methode.

In Kap. 7 wird die vollständige Analyse eines Gesamttragwerks vorgestellt. Die Gesamtsteifigkeitsbeziehung entsteht aus den Einzelsteifigkeitsbeziehungen der Basiselemente unter Berücksichtigung der Verbindungen zueinander. Mit den Randbedingungen entsteht ein reduziertes System, aus dem die unbekannten Größen ermittelt werden. Beispielhaft wird die Vorgehensweise an ebenen und allgemein dreidimensionalen Tragwerken vorgestellt.

In den Kap. 8 bis 12 werden Themen aufgegriffen, die nicht zum Standardrepertoire eines Grundlagenbuches gehören. In Kap. 8 wird das Balkenelement mit Schubanteil vorgestellt. Grundlage ist der Timoshenko-Balken.

In Kap. 9 wird in eine Finite-Elemente-Formulierung für eine besondere Werkstoffklasse – die Verbundwerkstoffe – eingeführt. Zunächst werden verschiedene Beschreibungsformen für richtungsabhängiges Stoffverhalten vorgestellt. Kurz wird auch auf die Faserverbundwerkstoffe eingegangen. Ein Verbundelement wird beispielhaft am Verbundstab und am Verbundbalken demonstriert.

In den Kap. 10, 11 und 12 wird auf Nichtlinearitäten eingegangen. In Kap. 10 werden kurz die verschiedenen Arten von Nichtlinearitäten vorgestellt. Tiefer beleuchtet wird der Fall der nichtlinearen Elastizität. Die Problematik wird exemplarisch für Stabelemente dargestellt. Zuerst wird die Finite-Elemente-Hauptgleichung unter Beachtung der Dehnungsabhängigkeit abgeleitet. Zur Lösung des nichtlinearen Gleichungssystems werden die direkte Iteration und die vollständige und modifizierte Newton-Raphsonsche Iteration abgeleitet und anhand von zahlreichen Beispielen demonstriert.

In Kap. 11 wird elasto-plastisches Verhalten berücksichtigt, eine der häufig auftretenden Form der materiellen Nichtlinearität. Zuerst werden die kontinuumsmechanischen Grundlagen zur Plastizität am eindimensionalen Kontinuumsstab zusammengestellt. Die Fließbedingung, die Fließregel, das Verfestigungsgesetz und der elasto-plastische Stoffmodul werden für einachsige, monotone Belastungszustände eingeführt. Im Rahmen der Verfestigung ist die Beschreibung auf die isotrope Verfestigung beschränkt. Zur Integration des elasto-plastischen Stoffgesetzes wird das inkrementelle Prädiktor-Korrektor-Verfahren allgemein eingeführt und für den Fall des vollständig impliziten und des semi-impliziten Backward-Euler-Algorithmus abgeleitet. An entscheidenden Stellen wird auf den Unterschied zwischen ein- und dreidimensionaler Beschreibung hingewiesen, um eine einfache Übertragung der abgeleiteten Verfahren auf allgemeine Probleme zu gewährleisten.

Mit der Stabilität wird in Kap. 12 ein Thema aufgegriffen, das insbesondere bei der Gestaltung und Dimensionierung von Leichtbaukomponenten Berücksichtigung findet. Die für diese Art der Nichtlinearität entwickelten Finiten Elemente werden zur Lösung der Eulerschen Knickfälle herangezogen.

In Kap. 13 wird eine FE-Formulierung für dynamische Probleme vorgestellt. Neben den Steifigkeitsmatrizen werden auch Massenmatrizen aufgestellt. Unterschiedliche Annahmen zur Verteilung der Massen, ob kontinuierlich oder konzentriert, führen auf unterschiedliche Formulierungen. Beispielhaft wird der Sachverhalt an Dehnschwingungen des Stabes diskutiert.

Zur Veranschaulichung wird jedes Kapitel sowohl mit ausführlich durchgerechneten und kommentierten Beispielen als auch mit weiterführenden Aufgaben – inklusive Kurzlösungen – vertieft. Jedes Kapitel schließt mit einer umfangreichen Literaturliste ab.

Vorwort zur 2. Auflage

Das grundlegende Konzept zur Behandlung der Finite-Elemente-Methode mit eindimensionalen Fragestellungen ist in der 2. Auflage erhalten geblieben. Zusätzlich aufgenommen wurde die stationäre Wärmeleitung und das Prinzip der virtuellen Arbeit als eine weitere Methode zur Herleitung von Finite-Elemente-Formulierungen. Ergänzt ist das Kapitel 14 mit Spezialelementen für die Modellierung von Singularitäten.

Hüttlingen, Southport (Australien), März 2014

Markus Merkel
Andreas Öchsner

Danksagung

Wir danken dem Springer-Verlag, insbesondere Herrn Dr. Baumann, für das Eingehen hinsichtlich der Ausrichtung des Buches und für die ansprechende Ausstattung des Buches.

Studierenden und Kursteilnehmern sei gedankt, sie haben durch kritisches Hinterfragen zur vorliegenden Form beigetragen.

Wir danken herzlich Frau Angelika Brunner für die Unterstützung bei der Anfertigung des Manuskriptes und Frau Gertrud Rubly für die sorgfältige Durchsicht.

Abschließend sei unseren Familien für das Verständnis und die Geduld während der Erstellung des Buches gedankt.

Inhaltsverzeichnis

Formelzeichen und Abkürzungen

Lateinische Formelzeichen (Großbuchstaben)

A	Fläche, Querschnittsfläche
$\boldsymbol{B}$	Matrix mit Ableitungen der Formfunktionen
$\boldsymbol{C}$	Stoffmatrix, Dämpfungsmatrix
C^{elpl}	elasto-plastische Stoffmatrix
D	Durchmesser
$\boldsymbol{D}$	Stoffmatrix
E	Elastizitätsmodul
E^{elpl}	elasto-plastischer Modul
E^{pl}	plastischer Modul
$\tilde{E}$	mittlerer Modul
F	Fließbedingung, Kraft
$\boldsymbol{F}$	Spaltenmatrix der äußeren Belastung
G	Schubmodul
I	Flächenträgheitsmoment
K	Kompressionsmodul, Spannungsintensitätsfaktor
$\boldsymbol{K}$	Gesamtsteifigkeitsmatrix
$\boldsymbol{K}_{\text{T}}$	Tangentensteifigkeitsmatrix
L	Elementlänge
L_1	Differenzialoperator 1. Ordnung
L_i^n	LAGRANGE-Polynom
L_k	Knicklänge
M	Moment
$\boldsymbol{M}$	Massenmatrix
N	Formfunktion
$\boldsymbol{N}$	Zeilenmatrix der Formfunktionen, $\mathbf{N} = \{N_1\ N_2\ \ldots\ N_n\}$
Q	plastisches Potenzial
$\dot{Q}$	Wärmeleistung
$\boldsymbol{Q}$	Stoffmatrix, ebener Fall, Querkraft

R	Radius
S	Stabkraft
$\boldsymbol{S}$	Nachgiebigkeitsmatrix
T	Torsionsmoment
$\boldsymbol{T}$	Transformationsmatrix
V	Volumen
W	Gewichtsfunktion
X	globale räumliche Koordinate
Y	globale räumliche Koordinate
Z	globale räumliche Koordinate

Lateinische Formelzeichen (Kleinbuchstaben)

a	geometrische Abmessung
b	geometrische Abmessung, Breite
c	Integrationskonstante
d	geometrische Abmessung
e	Einheitsvektor
f	Funktion
g	Funktion, Erdbeschleunigung
h	geometrische Abmessung, Höhe
$\boldsymbol{h}$	Funktion der Verfestigungsänderung
i	Inkrementnummer, Variable
j	Iterationsindex, Variable
k	Bettungsmodul, Federsteifigkeit, Fließspannung
k_s	Schubkorrekturfaktor
$\boldsymbol{k}^e$	Elementsteifigkeitsmatrix
m	Elementanzahl, Steigung, Polynomgrad, Masse
m_t	kontinuierlich verteiltes Torsionsmoment pro Länge
$\boldsymbol{m}$	Residuenfunktion
n	Knotenanzahl, Variable, Zustand
q	Streckenlast, Integrationsordnung, modale Koordinaten
$\dot{q}$	Wärmestromdichte
$\boldsymbol{q}$	Matrix der inneren Variablen
r	Funktion der Fließrichtung, Radius, Residuum
$\boldsymbol{r}$	Vektor der Fließrichtung
t	Zeit, geometrische Abmessung
t_{ij}	Komponente der Transformationsmatrix
u_x	Verschiebung in x-Richtung
u_y	Verschiebung in y-Richtung
u_z	Verschiebung in z-Richtung
$\boldsymbol{u}$	Spaltenmatrix der Knotenverschiebungen

v	Argumentvektor (NEWTONsches Verfahren)
x	räumliche Koordinate
y	räumliche Koordinate
z	räumliche Koordinate

Griechische Formelzeichen (Großbuchstaben)

Γ	Rand
Λ	Parameter (TIMOSHENKO-Balken)
Π	Energie
$\bar{\Pi}$	komplementäre Energie
Π_{ext}	Potenzial der äußeren Lasten
Π_{int}	elastische Verzerrungsenergie
Φ	Modalmatrix
Ω	Raum, Volumen
Θ	Temperatur

Griechische Formelzeichen (Kleinbuchstaben)

α	Temperaturausdehnungskoeffizient, Konstante, Winkel
β	Winkel, Konstante
γ	Schubverzerrung
δ	virtuell
ε	Verzerrung
ε_{ij}	Verzerrungstensor
ε	Spaltenmatrix der Verzerrung
$\epsilon_{\text{eff}}^{\text{pl}}$	plastische Vergleichsdehnung
κ	innere Variable (Plastizität), Krümmung (Balkenbiegung)
λ	Eigenwert, Wärmeleitfähigkeit
$d\lambda$	Konsistenzparameter
ν	Querkontraktionszahl (Poissonsche Zahl)
ξ	Einheitskoordinate ($-1 \le \xi \le 1$)
π	volumenspezifische Arbeit, volumenspezifische Energie
σ	Spannung, Normalspannung
ρ	Dichte
$\sigma_{n+1}^{\text{trial}}$	Testspannungszustand
σ_{ij}	Spannungstensor
σ	Spaltenmatrix der Spannung
τ	Schubspannung
η	Koordinate
ζ	Koordinate
ψ	Phasenwinkel

ϕ Drehwinkel, Verdrehung
φ Drehwinkel, Verdrehung
ω Eigenfrequenz

Indizes, hochgestellt

$\ldots^V$ Verbund
$\ldots^e$ Element
$\ldots^{el}$ elastisch
$\ldots^{ext}$ äußere Größe
$\ldots^{geo}$ geometrisch
$\ldots^{glo}$ global
$\ldots^{init}$ Anfangs- (Anfangsfließgrenze)
$\ldots^{k}$ k-te Schicht
$\ldots^{lo}$ lokal
$\ldots^{pl}$ plastisch
$\ldots^{red}$ reduziert
$\ldots^{trial}$ Testzustand (Rückprojektion)

Indizes, tiefgestellt

$\cdots_{Im}$ Imaginärteil einer imaginären Zahl
$\cdots_{Re}$ Realteil einer imaginären Zahl
$\cdots_{b}$ Biegung
$\cdots_{c}$ Druck (‚compression‘), Dämpfung
$\cdots_{eff}$ Effektivwert
$\cdots_{f}$ Faser im Verbund
$\cdots_{k}$ Knicken
$\cdots_{l}$ Lamina
$\cdots_{m}$ Matrix im Verbund, Trägheit
$\cdots_{p}$ Knotenwert
$\cdots_{s}$ Schub
$\cdots_{t}$ Torsion, Zug (‚tension‘)
$\cdots_{w}$ Wand

Mathematische Symbole

$(\cdots)^T$ Transponierte
$|\cdots|$ Betrag
$\|\cdots\|$ Norm
$\otimes$ dyadisches Produkt
sgn   Vorzeichenfunktion
$\mathbb{R}$ Menge der reellen Zahlen

Abkürzungen

1D	eindimensional
2D	zweidimensional
CAD	Computer Aided Design
FE	Finite Elemente
FEM	Finite-Elemente-Methode
inc	Inkrementnummer
SI	Internationales Einheitensystem

Einleitung

Zusammenfassung

In diesem ersten Kapitel werden der Inhalt und die Ausrichtung dieses Buches in vielerlei Hinsicht eingeordnet. Zunächst wird kurz auf die Entwicklung der Finite-Elemente-Methode eingegangen, berücksichtigt werden verschiedene Sichtweisen.

1.1 Die Finite-Elemente-Methode im Überblick

Zeitlich gesehen liegen die Wurzeln der Finite-Elemente-Methode in der Mitte des letzten Jahrhunderts. Damit ist diese Methode im Vergleich zu anderen Werkzeugen und Hilfsmitteln bei der Dimensionierung und Auslegung von Bauteilen ein relativ junges Werkzeug. Die Entwicklung der Finite-Elemente-Methode hat in den 1950er Jahren ihren Anfang genommen. Aus ganz unterschiedlichen Fachrichtungen haben Forscher und Anwender Ideen eingebracht und die Methode zu einem universellen Werkzeug gemacht, das heute weder aus der Forschung noch Entwicklung und Ingenieuranwendung wegzudenken ist.

Anfangs standen eher grundlegende Fragen im Vordergrund, wie beispielsweise Fragen zur prinzipiellen Lösbarkeit. Hinsichtlich der programmtechnischen Umsetzung standen aus heutiger Sicht nur rudimentäre Ressourcen zur Verfügung. Das Preprocessing bestand aus dem Stanzen von Lochkarten, die stapelweise einer Rechenmaschine zugeführt wurden. Fehler beim Programmieren wurden prompt mit blinkenden Lampen quittiert. Mit fortschreitender Rechnerentwicklung wurde die Programmierumgebung komfortabler und Algorithmen konnten an anspruchsvollen Beispielen getestet und optimiert werden. Aus Sicht der ingenieurmäßigen Anwendung waren die mittels der Finite-Elemente-Methode zu analysierenden Problemstellungen auf einfache Beispiele beschränkt. Die Rechnerkapazitäten ließen nur eine sehr grobe Modellierung zu.

© Springer-Verlag Berlin Heidelberg 2014
M. Merkel, A. Öchsner, *Eindimensionale Finite Elemente*,
DOI 10.1007/978-3-642-54482-8_1

Heute sind sehr viele grundsätzliche Fragen geklärt, der Schwerpunkt der Fragestellungen liegt eher auf der Anwendungsseite. Finite-Elemente-Programmpakete sind in einer großen Vielzahl verfügbar und werden in ganz unterschiedlicher Ausprägung angewandt. Einerseits gibt es Programmpakete, die vor allem in der Lehre eingesetzt werden. Ziel ist es, die systematische Vorgehensweise aufzuzeigen. Für solche Programme sind auch Quellcodes verfügbar. Andererseits gibt es kommerzielle Programmpakete, die sowohl programmtechnisch als auch inhaltlich bis auf das Äußerste ausgereizt sind. Speziell auf eine Rechnerplattform oder Rechnerarchitektur (Parallelrechner) angepasste Programmmodule sind sehr effizient und ermöglichen die Bearbeitung von sehr umfangreichen Problemstellungen. Bezüglich des Inhaltes wagen die Autoren die Aussage, dass es keine physikalische Disziplin gibt, für die kein Finite-Elemente-Programm existiert.

Bezüglich der Weiterentwicklung der Finite-Elemente-Methode liegt heute der Schwerpunkt in der Kooperation und Integration mit anderen Entwicklungswerkzeugen, wie beispielsweise die Schnittstelle zur Konstruktion. Die beiden klassischen Disziplinen Berechnung und Konstruktion wachsen immer mehr zusammen und sind teilweise schon unter einer gemeinsamen Benutzeroberfläche miteinander verschmolzen. Am Markt verfügbar sind neben alleinstehenden Finite-Elemente-Softwarepaketen auch in ein CAD-System integrierte Lösungen. Aus Sicht des Anwenders stehen eine FE-gerechte Problemaufbereitung (Preprocessing) und Nachbereitung (Postprocessing) *seines* Spezialproblems im Vordergrund. Die zeitintensiven Prozessschritte der Geometrieaufbereitung sollen für den Einsatz der Finite-Elemente-Methode keinen wesentlichen Mehraufwand bedeuten. Berechnungsergebnisse sollen nahtlos in die jeweilige Prozesskette eingefügt werden können.

Bezüglich der Anwendungsgebiete gibt es für den Einsatz der Finite-Elemente-Methode keine Grenzen. Schwerpunkt im Maschinen- und Anlagenbau und in der Fahrzeugentwicklung ist sicherlich die Dimensionierung und Gestaltung von Bauteilen, Subsystemen oder kompletten Maschinen.

Der Einsatz der Finiten-Elemente-Methode oder generell von Simulationswerkzeugen in der Produktentwicklung wird häufig als konkurrierendes Werkzeug zum Versuch oder Test angesehen. Die Autoren sehen hier eher eine ideale Ergänzung. So können einzelne Prüfstände oder ganze Prüfszenarien vorab per Finite-Elemente-Simulation optimiert werden. Im Gegenzug helfen Versuchsergebnisse, präzisere Simulationsmodelle zu erstellen.

1.2   Grundlagen zur Modellbildung

Ausgangssituation für den Einsatz der Finite-Elemente-Methode ist ein Modell eines physikalischen oder technischen Problems. Zur vollständigen Beschreibung des Problems gehören

- die Geometrie zur Beschreibung des Gebietes,
- die Feldgleichungen im Gebiet,

- die Randbedingungen und
- die Anfangsbedingungen bei zeitabhängigen Problemen.

Im Rahmen dieses Buches werden ausschließlich *eindimensionale* Problemfälle behandelt. Das prinzipielle Vorgehen ist für zwei- und dreidimensionale Problemstellungen ähnlich. Der mathematische Umfang ist jedoch um einiges aufwendiger.

Üblicherweise lassen sich die Problemsituationen mittels Differenzialgleichungen beschreiben. Hier stehen die Differenzialgleichungen zweiter Ordnung im Vordergrund. Beispielsweise lassen sich die Differenzialgleichungen einer bestimmten Klasse physikalischer Probleme allgemein mit

$$-\frac{\mathrm{d}}{\mathrm{d}x}\left[a\,\frac{\mathrm{d}u(x)}{\mathrm{d}x}\right]-f=0 \tag{1.1}$$

angeben. Je nach physikalischer Problemsituation wird der Variablen $u(x)$ und den Parametern a und f unterschiedliche Bedeutung beigemessen. In nachstehender Tabelle sind für einige physikalische Probleme die Bedeutung der Größen dargestellt (Tab. 1.1).

Tab. 1.1 Physikalische Problemfelder im Kontext der Differenzialgleichungen, angepasst nach [1]

	Feldgröße	Koeffizienten	
Problem	$u(x)$	a	f
Wärmeleitung	Temperatur	Wärmeleitung	Wärmequellen
	Θ	λ	q_w
Rohrströmung	Druck	Rohrwiderstand	
	p	$1/R$	
viskose Strömung	Geschwindigkeit	Viskosität	Druckgradient
	v_x	ν	$\frac{dp}{dx}$
Elastische Stäbe	Verschiebung	Steifigkeit	Axialkräfte
	u	EA	f
Elastische Torsion	Verdrehung	Steifigkeit	Torsionsmomente
	φ	GI_p	m_t
Elektrostatik	Elektr. Potenzial	Dielektrizität	Ladungsdichte
	Φ	ϵ	ρ

Damit ein Problem vollständig beschrieben wird, ist neben der Differenzialgleichung auch die Angabe entsprechender Randbedingungen notwendig. Die örtlichen Randbedingungen (RB) lassen sich allgemein in drei Gruppen einteilen:

- Randbedingung 1. Art oder DIRICHLET-Randbedingung
  (auch essentielle, wesentliche, geometrische oder kinematische RB genannt):
  Eine RB 1. Art liegt vor, wenn die RB in Größen ausgedrückt wird, in denen die Differenzialgleichung formuliert ist.

- Randbedingung 2. Art oder Neumann-Randbedingung
  (auch natürliche oder statische RB genannt):
  Eine RB 2. Art liegt vor, wenn die RB die Ableitung in Richtung der Normalen am Rand
  vorgibt.
- Randbedingung 3. Art oder Cauchy-Randbedingung
  (auch gemischte oder Robin-Randbedingung genannt):
  Definiert eine gewichtete Summe aus Dirichlet- und Neumann-Randbedingung am
  Rand.

Diese drei Arten von Randbedingungen sind in Tab. 1.2 auch formelmäßig zusammen-gestellt. Man beachte, dass man von *homogenen Randbedingungen* spricht, wenn die entsprechenden Variablen auf dem Rand gerade Null sind.

Tab. 1.2 Verschiedene Randbedingungen einer Differenzialgleichung

Differenzialgleichung	Dirichlet	Neumann	Cauchy
$\mathcal{L}\{u(x)\} = b$	u	$\frac{\mathrm{d}u}{\mathrm{d}x}$	$\alpha u + \beta \frac{\mathrm{d}u}{\mathrm{d}x}$

In diesem Buch wird die Finite-Elemente-Methode aus dem Blickwinkel der Mathematik, der Physik oder der ingenieurmäßigen Anwendung beleuchtet. Aus mathematischer Sicht ist die Finite-Elemente-Methode ein geeignetes Hilfsmittel, um partielle Differenzialgleichungen zu lösen. Aus dem Blickwinkel der Physik können mittels der Finite-Elemente-Methode eine Vielzahl von physikalischen Problemstellungen bearbeitet werden. Die Gebiete reichen von der Elektrostatik über Diffusionsprobleme bis hin zur Elastizitätstheorie. Ingenieure nutzen die Finite-Elemente-Methode zur Gestaltung und Dimensionierung von Produkten. Bezüglich der physikalischen Problemfelder werden hier ausschließlich elastomechanische Probleme diskutiert. Innerhalb der Statik werden

- der Zugstab,
- der Torsionsstab und
- der Biegebalken ohne und mit Schub

behandelt. Als dynamische Probleme werden Schwingungen von Stäben und Balken aufgegriffen.

Literatur

1. Reddy JN (2006) An introduction to the finite element method. McGraw Hill, Singapore

Motivation zur Finite-Elemente-Methode

2

Zusammenfassung

Der Zugang zur Methode der Finiten Elemente kann aus unterschiedlicher Motivation kommen. Im Wesentlichen lassen sich drei Wege aufzeigen:

- ein eher anschaulicher Weg, der die Wurzeln in der ingenieurmäßigen Arbeitsweise hat,
- eine physikalisch oder
- mathematische motivierte Betrachtungsweise.

Je nach Blickwinkel ergeben sich verschiedene Formulierungen, die jedoch in einer allen gemeinsamen Hauptgleichung der Finite-Elemente-Methode münden. Ausführlich vorgestellt werden die Beschreibungsformen ausgehend von

- den Matrixmethoden,
- den physikalisch basierten Arbeits- und Energieprinzipien und
- dem Prinzip der gewichteten Residuen.

Die Finite-Elemente-Methode wird zur Lösung verschiedener physikalischer Problemstellungen herangezogen. Hier werden ausschließlich Finite-Elemente-Formulierungen zur Strukturmechanik betrachtet.

2.1 Aus der ingenieurmäßigen Anschauung motivierte Verfahren

In der Elastostatik können zur Analyse komplexer Strukturen die Matrixmethoden als Ausgangspunkt für Anwendungen der Finite-Elemente-Methode betrachtet werden. Auch wenn in diesem Buch die eindimensionalen Finiten Elemente im Vordergrund stehen, wird der

© Springer-Verlag Berlin Heidelberg 2014
M. Merkel, A. Öchsner, *Eindimensionale Finite Elemente*,
DOI 10.1007/978-3-642-54482-8_2

grundlegende Sachverhalt aufgrund der besseren Anschaulichkeit zunächst an einer ebenen Struktur vorgestellt (siehe Abb. 2.1). Eine dreidimensionale Darstellung wäre zu komplex. Die mathematische Beschreibung erfolgt später an eindimensionalen Beispielen.

Die Struktur besteht aus mehreren Teilstrukturen I, II, III und IV. Die Teilstrukturen werden Elemente genannt. Die Elemente sind an den Knoten 2, 3, 4 und 5 miteinander gekoppelt. Die Gesamtstruktur ist an den Knoten 1 und 6 gelagert, am Knoten 4 greift eine äußere Last an.

Gesucht sind

- die Verschiebungen und Reaktionskräfte an jedem einzelnen Zwischenknoten und
- die Lagerreaktionen

infolge der angreifenden Last.

Zur Lösung des Problems bieten sich die Matrixmethoden an. Bei den Matrixmethoden unterscheidet man die Kraftmethoden (statische Methoden), die auf einer direkten Ermittlung der statisch unbestimmten Kräfte beruhen, und die Verschiebungsmethoden (kinematische Methoden), die die Verschiebungen als unbekannte Größen betrachten.

Mit beiden Methoden lassen sich die gesuchten Größen ermitteln. Der entscheidende Vorteil der Verschiebungsmethode besteht darin, dass in der Anwendung nicht zwischen statisch bestimmten und statisch unbestimmten Problemstellungen unterschieden werden muss. Daher soll diese Methode auch im Folgenden verwendet werden.

2.1.1 Die Matrix-Steifigkeitsmethode

Vorrangiges Teilziel ist es, die Steifigkeitsbeziehung für die Gesamtstruktur aus Abb. 2.1 aufzustellen. In Anlehnung an die Beschreibung für eine lineare Feder mit *Kraft =*

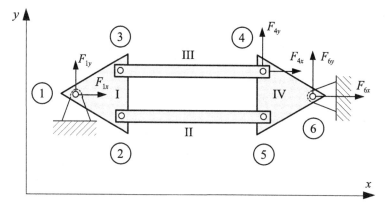

Abb. 2.1 Ebene Struktur aus Teilstrukturen, angepasst nach [8]

Steifigkeit × *Längenänderung* soll folgende Steifigkeitsbeziehung

$$F = K\,u \tag{2.1}$$

formuliert werden. Dabei ist F und u eine Spaltenmatrix, K eine quadratische Matrix. In F sind sämtliche Knotenkräfte und in u sämtliche Knotenverschiebungen zusammengefasst. Die Matrix K repräsentiert die Steifigkeitsmatrix der kompletten Struktur.

Für die Problemstellung wird ein einzelnes Element als Grundbaustein identifiziert. Ein einzelnes Element ist dadurch charakterisiert, dass es über Knoten mit anderen Elementen gekoppelt ist. An jedem Knoten werden Verschiebungen und Kräfte eingeführt.

Bei der Lösung des Gesamtproblems müssen

- die Kompatibilität und
- das Gleichgewicht

erfüllt sein.

Bei der Matrix-Verschiebungsmethode führt man die Knotenverschiebungen als wesentliche Unbekannte ein. Der Verschiebungsvektor an einem Knotenpunkt wird für alle an diesem Knoten zusammenhängenden Elemente gemeinsam gültig definiert. Damit ist die Kompatibilität des Gesamttragwerks *a priori* erfüllt.

Ein Einzelelement   Am Einzelelement werden für jeden Knoten Kräfte und Verschiebungen eingeführt (siehe Abb. 2.2). Zur eindeutigen Darstellung werden die Knotenkräfte und die Knotenverschiebungen mit dem Index p versehen, um herauszustellen, dass es sich um Größen handelt, die an Knoten definiert sind. Die Vektoren der Knotenverschiebungen u_p beziehungsweise Knotenkräfte F_p bestehen im Allgemeinen aus mehreren Komponenten für die jeweiligen Koordinaten. Ein zusätzlicher Index e gibt an, auf welches Element sich

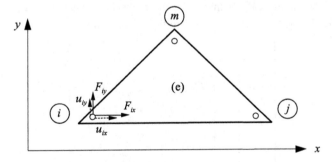

Abb. 2.2 Einzelelement (e) mit Verschiebungen und Kräften

die Größen beziehen[1]. Damit ergeben sich die Knotenkräfte gemäß Abb. 2.2 zu

$$\boldsymbol{F}_i^e = \begin{bmatrix} F_{ix} \\ F_{iy} \end{bmatrix}, \quad \boldsymbol{F}_j^e = \begin{bmatrix} F_{jx} \\ F_{jy} \end{bmatrix}, \quad \boldsymbol{F}_m^e = \begin{bmatrix} F_{mx} \\ F_{my} \end{bmatrix}, \tag{2.2}$$

und die Knotenverschiebungen zu

$$\boldsymbol{u}_i = \begin{bmatrix} u_{ix} \\ u_{iy} \end{bmatrix}, \quad \boldsymbol{u}_j = \begin{bmatrix} u_{jx} \\ u_{jy} \end{bmatrix}, \quad \boldsymbol{u}_m = \begin{bmatrix} u_{mx} \\ u_{my} \end{bmatrix}. \tag{2.3}$$

Fasst man sämtliche Knotenkräfte und Knotenverschiebungen an einem Element jeweils zu einem Vektor zusammen, ergibt sich

$$\text{der Gesamtknotenkraftvektor } \boldsymbol{F}_p^e = \begin{bmatrix} \boldsymbol{F}_i \\ \boldsymbol{F}_j \\ \boldsymbol{F}_m \end{bmatrix} \tag{2.4}$$

für die Kräfte an allen Knoten sowie

$$\text{der Gesamtknotenverschiebungsvektor } \boldsymbol{u}_p = \begin{bmatrix} \boldsymbol{u}_i \\ \boldsymbol{u}_j \\ \boldsymbol{u}_m \end{bmatrix} \tag{2.5}$$

für die Verschiebungen an allen Knoten. Mit den Vektoren für die Knotenkräfte und -verschiebungen lässt sich die Steifigkeitsbeziehung für ein einzelnes Element angeben als:

$$\boldsymbol{F}_p^e = \boldsymbol{k}^e \, \boldsymbol{u}_p, \tag{2.6}$$

beziehungsweise pro Knoten:

$$\boldsymbol{F}_r^e = \boldsymbol{k}_{rs}^e \boldsymbol{u}_s \, (r, s = i, j, m). \tag{2.7}$$

Die Einzelsteifigkeitsmatrix $\boldsymbol{k}^e$ verknüpft die Knotenkräfte mit den Knotenverschiebungen. Im vorliegenden Beispiel lautet die Einzelsteifigkeitsbeziehung formal

$$\begin{bmatrix} F_{ix} \\ F_{iy} \\ F_{jx} \\ F_{jy} \\ F_{mx} \\ F_{my} \end{bmatrix} = \begin{bmatrix} \boldsymbol{k}_{ii}^e & \boldsymbol{k}_{ij}^e & \boldsymbol{k}_{im}^e \\ \boldsymbol{k}_{ji}^e & \boldsymbol{k}_{jj}^e & \boldsymbol{k}_{jm}^e \\ \boldsymbol{k}_{mi}^e & \boldsymbol{k}_{mj}^e & \boldsymbol{k}_{mm}^e \end{bmatrix} \begin{bmatrix} u_{ix} \\ u_{iy} \\ u_{jx} \\ u_{jy} \\ u_{mx} \\ u_{my} \end{bmatrix}. \tag{2.8}$$

---

[1] Der zusätzliche Index e entfällt bei den Verschiebungen, da bei der Verschiebungsmethode die Knotenverschiebungen für jedes verbundene Element identisch sind.

Für den weiteren Verlauf sei vorausgesetzt, dass die Einzelsteifigkeitsmatrizen der Elemente I, II, III und IV bekannt sind. Für eindimensionale Elemente werden in den nächsten Kapiteln die Einzelsteifigkeitsbeziehungen für verschiedene Belastungsarten explizit hergeleitet.

Die Gesamtsteifigkeit Das Gleichgewicht jedes Einzelelementes wird über die Einzelsteifigkeitsbeziehung in Gl. (2.6) erfüllt. Das Gesamtgleichgewicht wird dadurch sichergestellt, dass jeder Knoten ins Gleichgewicht gesetzt wird. Beispielhaft wird in Abb. 2.3 für den Knoten 4 das Gleichgewicht aufgestellt.

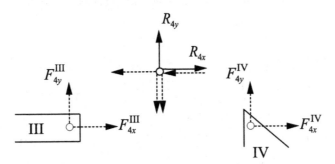

Abb. 2.3 Gleichgewicht am Knoten 4 zum Problem aus Abb. 2.1

Mit

$$\boldsymbol{R}_4 = \begin{bmatrix} R_{4x} \\ R_{4y} \end{bmatrix} \qquad (2.9)$$

gilt:

$$\boldsymbol{R}_4 = \sum_e \boldsymbol{F}_4^e = \boldsymbol{F}_4^{\mathrm{III}} + \boldsymbol{F}_4^{\mathrm{IV}}. \qquad (2.10)$$

Ersetzt man die Knotenkräfte über die Einzelsteifigkeitsbeziehungen durch die Knotenverschiebungen, so folgt

$$\boldsymbol{R}_4 = k_{43}^{\mathrm{III}} \boldsymbol{u}_3 + \left(k_{44}^{\mathrm{III}} + k_{44}^{\mathrm{IV}} \right) \boldsymbol{u}_4 + k_{45}^{\mathrm{IV}} \boldsymbol{u}_5 + k_{46}^{\mathrm{IV}} \boldsymbol{u}_6. \qquad (2.11)$$

Stellt man an jedem Knoten das Gleichgewicht entsprechend auf und schreibt alle Beziehungen in Form einer Matrixgleichung, so erhält man die *Gesamt*steifigkeitsbeziehung

$$\boldsymbol{F} = \boldsymbol{K}\,\boldsymbol{u} \qquad (2.12)$$

mit

$$\boldsymbol{K} = \sum_e k_{ij}^e. \qquad (2.13)$$

Diese Gleichung wird auch als *Hauptgleichung der Finite-Elemente-Methode* bezeichnet. Auf der linken Seite steht der Vektor der äußeren Lasten (eingeprägte Lasten beziehungsweise Auflagerreaktionen) und auf der rechten Seite der Vektor aller Knotenverschiebungen. Beide sind über die Gesamtsteifigkeitsmatrix K miteinander gekoppelt. Die Elemente der Gesamtsteifigkeitsmatrix ergeben sich gemäß Gl. (2.13) durch Addition der entsprechenden Elemente der Einzelsteifigkeitsmatrizen.

Im Verschiebungsvektor werden die Lagerungsbedingungen $u_1 = 0$ und $u_6 = 0$ berücksichtigt. Aus den Matrixgleichungen zwei bis fünf lassen sich die unbekannten Knotenverschiebungen u_2, u_3, u_4 und u_5 ermitteln. Sind diese bekannt, so erhält man durch Einsetzen in die Matrixgleichungen eins und sechs die unbekannten Auflagerreaktionen R_1 und R_6.

$$
\begin{bmatrix} R_1 \\ 0 \\ 0 \\ R_4 \\ 0 \\ R_6 \end{bmatrix} =
\begin{bmatrix}
k_{11}^{\mathrm{I}} & k_{12}^{\mathrm{I}} & k_{13}^{\mathrm{I}} & 0 & 0 & 0 \\
k_{21}^{\mathrm{I}} & k_{22}^{\mathrm{I}} + k_{22}^{\mathrm{II}} & k_{23}^{\mathrm{I}} & 0 & k_{25}^{\mathrm{II}} & 0 \\
k_{31}^{\mathrm{I}} & k_{32}^{\mathrm{I}} & k_{33}^{\mathrm{I}} + k_{33}^{\mathrm{III}} & k_{34}^{\mathrm{III}} & 0 & 0 \\
0 & 0 & k_{43}^{\mathrm{III}} & k_{44}^{\mathrm{III}} + k_{44}^{\mathrm{IV}} & k_{45}^{\mathrm{IV}} & k_{46}^{\mathrm{IV}} \\
0 & k_{52}^{\mathrm{II}} & 0 & k_{54}^{\mathrm{IV}} & k_{55}^{\mathrm{II}} + k_{55}^{\mathrm{IV}} & k_{56}^{\mathrm{IV}} \\
0 & 0 & 0 & k_{64}^{\mathrm{IV}} & k_{65}^{\mathrm{IV}} & k_{66}^{\mathrm{IV}}
\end{bmatrix}
\begin{bmatrix} 0 \\ u_2 \\ u_3 \\ u_4 \\ u_5 \\ 0 \end{bmatrix} .
$$

$$(2.14)$$

Die Matrix-Verschiebungsmethode ist exakt, solange die Einzelsteifigkeitsmatrizen aufgestellt werden können und solange die verschiedenen Elemente in definierten Knotenpunkten miteinander gekoppelt sind. Dies ist beispielsweise bei Fachwerken oder Rahmentragwerken innerhalb der hierfür gültigen Theorien der Fall.

Mit der bisher vorgestellten Methode lassen sich die Knotenverschiebungen und -kräfte in Abhängigkeit der äußeren Lasten ermitteln. Für die Festigkeitsanalyse eines einzelnen Elementes ist der Verzerrungs- und Spannungszustand im Innern des Elements maßgeblich. Üblicherweise wird der Verschiebungsverlauf über die Knotenverschiebungen u_p und Approximationsfunktionen beschrieben. Über die Kinematikbeziehung lässt sich dann das Verzerrungsfeld und daraus das Spannungsfeld über das Stoffgesetz bestimmen.

2.1.2 Übergang zum Kontinuum

Ausgangspunkt ist ein Kontinuum Ω mit Rand Γ (Abb. 2.4). Im vorangehenden Abschnitt wurde die Matrix-Verschiebungsmethode an einem Gelenktragwerk besprochen. Im Gegensatz dazu hängen im Kontinuum die *gedachten* diskretisierten Finiten Elemente an unendlich vielen Knotenpunkten zusammen. Bei realer Anwendung der Matrix-Verschiebungsmethode können jedoch nur endlich viele Knoten berücksichtigt werden.

Abb. 2.4 Kontinuum Ω mit
Rand Γ, Randbedingungen
und Lasten

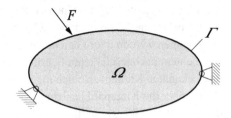

Damit können von den geforderten Bedingungen zur Kompatibilität und zum Gleichgewicht nicht beide gleichzeitig exakt erfüllt werden. Entweder die Kompatibilität oder das
Gleichgewicht werden nur *im Mittel* erfüllt.

Prinzipiell kann die Vorgehensweise mit der Kraftmethode oder der Verschiebungsmethode dargestellt werden. Im Folgenden wird nur die *Verschiebungsmethode* weiter
betrachtet. Hierbei wird

- die Kompatibilität im Rahmen des Approximationsgrades *exakt* und
- das Gleichgewicht *im Mittel*

erfüllt.

Es ergibt sich folgende Vorgehensweise

- Das Kontinuum wird diskretisiert. Es wird bei zweidimensionalen Problemen durch
  gedachte Linien und bei dreidimensionalen Problemen durch gedachte Flächen in
  Teilbereiche, sogenannte Finite Elemente, aufgeteilt.
- Der Kraftfluss von Element zu Nachbarelement erfolgt ausschließlich über die diskre-
  ten Knoten. Im Rahmen der *Verschiebungsmethode* werden die Verschiebungen an den
  Knoten als grundlegende Unbekannte eingeführt.
- Innerhalb eines Elementes wird der Verschiebungszustand mittels eines nodalen An-
  satzes beschrieben. Das Verschiebungsfeld wird mittels Knotenverschiebungen und
  Formfunktionen approximiert.
- Innerhalb eines Elementes wird aus dem Verschiebungzustand über die Kinematikbe-
  ziehung der Verzerrungszustand und weiter über das Stoffgesetz der Spannungszustand
  ermittelt. Damit sind das Verschiebungs-, das Verzerrungs- und das Spannungsfeld als
  Funktion der Knotenverschiebungen beschrieben.
- Über das *Prinzip der virtuellen Arbeit* werden den entlang der gedachten Elementränder
  herrschenden Spannungen *im Mittel* statisch gleichwertige resultierende Knotenkräfte
  zugeordnet.
- Aus der Forderung nach Gleichgewicht an jedem einzelnen Konten entsteht das
  Gesamtgleichgewicht. Die Gesamtsteifigkeitsbeziehung kann formuliert werden.

Nach Berücksichtigung der kinematischen Randbedingungen entsteht aus der Gesamtstei-figkeitsbeziehung ein reduziertes System von Gleichungen. Die unbekannten Knotenver-schiebungen werden über Gleichungslösung berechnet.

In einem nachgeschalteten Schritt, dem *Postprocessing*, werden elementweise aus den nun bekannten Knotenverschiebungen mittels Formfunktionen das Verschiebungsfeld und daraus über die Kinematikbeziehung das Verzerrungsfeld und weiter über das Stoffgesetz das Spannungsfeld ermittelt.

Kommentare zu den einzelnen Schritten

Diskretisierung Durch die Diskretisierung wird das gesamte Kontinuum in Elemente aufgeteilt. Ein Teilbereich steht mit einem oder mehreren Nachbarelementen in Verbindung. Im Zweidimensionalen ergeben sich als Kontaktbereiche Linien, im Dreidimensionalen Flächen. In Abb. 2.5 ist die Diskretisierung für einen ebenen Fall dargestellt.

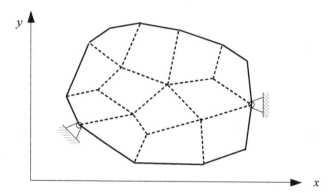

Abb. 2.5 Diskretisierung einer ebenen Fläche

Anschaulich lässt sich die Diskretisierung folgendermaßen deuten: Einzelne Punkte ändern ihre geometrische Position im Kontinuum nicht. Das Verhältnis zu den Nachbarpunk-ten ändert sich wohl. Während im Kontinuum jeder Punkt mit seinem Nachbarpunkt in Wechselwirkung steht, gilt dies beim gedachten diskretisierten Kontinuum nur innerhalb eines Elementes. Liegen zwei Punkte in unterschiedlichen Elementen, sind sie nicht direkt miteinander verbunden.

Knoten und Verschiebungen Der Informationsfluss zwischen einzelnen Elementen er-folgt nur über die Knoten. Bei der Verschiebungsmethode werden Verschiebungen als wesentliche Unbekannte an den Knoten eingeführt (siehe Abb. 2.6).

Die Verschiebungen sind für jedes am Knoten angrenzende Element identisch. Kräfte fließen nur über die Knoten, über die Elementränder fließen keine Kräfte, auch wenn die Elementränder geometrisch zusammenfallen.

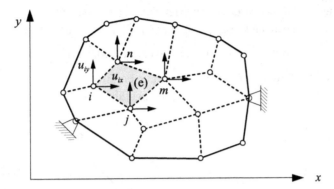

Abb. 2.6 Knoten mit Verschiebungen

Approximation des Verschiebungsverlaufes Ein üblicher Weg, den Verschiebungsverlauf $u^e(x)$ im Innern eines Elementes zu beschreiben, besteht darin, den Verlauf durch die Verschiebungen an den Knoten und sogenannten Formfunktionen zu approximieren (siehe Abb. 2.7):

$$u^e(x) = N(x)\,u_p\,. \tag{2.15}$$

Die Diskretisierung darf nicht zu Löchern im Kontinuum führen. Um Kompatibilität zwischen Einzelelementen sicherzustellen, muss eine geeignete Beschreibung des Verschiebungsfeldes gewählt werden. Die Wahl der Formfunktionen hat entscheidenden Einfluss auf die Güte der Approximation und wird im Abschnitt 6.4 ausführlich diskutiert.

Abb. 2.7 Approximation des
Verschiebungsverlaufs im
Element

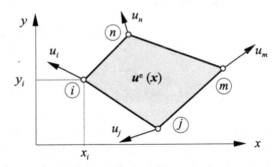

Verzerrungs- und Spannungsfelder Aus dem Verschiebungsfeld $u^e(x)$ gelangt man über die Kinematikbeziehung

$$\varepsilon^e(x) = \mathcal{L}_1 u^e(x) \tag{2.16}$$

zum Verzerrungsfeld. Dabei ist $\mathcal{L}_1$ ein Differenzialoperator erster Ordnung[2]. Die Spannungen im Innern eines Elementes lassen sich über das Stoffgesetz ermitteln:

$$\boldsymbol{\sigma}^e(\boldsymbol{x}) = \boldsymbol{D}\boldsymbol{\varepsilon}^e(\boldsymbol{x}) = \boldsymbol{D}\mathcal{L}_1 \boldsymbol{N}(\boldsymbol{x})\boldsymbol{u}_p = \boldsymbol{D}\boldsymbol{B}(\boldsymbol{x})\boldsymbol{u}_p .\tag{2.17}$$

Im Ausdruck $\mathcal{L}_1 \boldsymbol{N}(\boldsymbol{x})$ stehen die Ableitungen der Formfunktionen. Üblicherweise wird dafür eine neue Matrix mit der Bezeichnung $\boldsymbol{B}$ eingeführt (Gl. (2.17)).

Abb. 2.8 Verschiebungen, Verzerrungen und Spannungen im Element

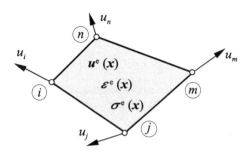

Prinzip der virtuellen Arbeit, Einzelsteifigkeitsmatrizen

Während im Kontinuum jeder beliebige Punkt mit seinem Nachbarpunkt wechselwirken kann, ist dies bei der diskretisierten Struktur nur innerhalb eines Elementes möglich. Ein direkter Austausch über die Elementgrenzen hinweg ist nicht vorgesehen. Mit dem Prinzip der virtuellen Arbeit steht ein geeignetes Werkzeug zur Verfügung, um den Spannungen entlang der gedachten Elementränder statisch gleichwertige Knotenkräfte zuzuordnen (Abb. 2.9).

Abb. 2.9 Prinzip der virtuellen Arbeit an einem Element

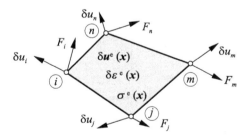

Dazu fasst man die Knotenkräfte zu einem Vektor $\boldsymbol{F}_p^e$ zusammen. Die virtuellen Verschiebungen $\delta\boldsymbol{u}_p$ verrichten mit den Knotenkräften die äußere virtuelle Arbeit $\delta\Pi_{\text{ext}}$, die virtuellen Verzerrungen $\delta\boldsymbol{\varepsilon}$ verrichten mit den Spannungen $\boldsymbol{\sigma}^e$ im Innern die innere Arbeit $\delta\Pi_{\text{int}}$:

$$\delta\Pi_{\text{ext}} = \left(\boldsymbol{F}_p^e\right)^T \delta\boldsymbol{u}_p ,$$

$$\delta\Pi_{\text{int}} = \int_{\Omega} (\boldsymbol{\sigma}^e)^T \delta\boldsymbol{\varepsilon}^e \mathrm{d}\Omega .\tag{2.18}$$

---

[2] Im eindimensionalen Fall vereinfacht sich der Differenzialoperator zur Ableitung $\frac{\mathrm{d}}{\mathrm{d}x}$.

Nach dem Gesetz der virtuellen Arbeit gilt:

$$\delta \Pi_{\text{ext}} = \delta \Pi_{\text{int}} \, . \tag{2.19}$$

Transponiert man die Gleichung

$$\left(F_{\text{p}}^{\text{e}} \right)^{\text{T}} \delta u_{\text{p}} = \int_{\Omega} (\sigma^{\text{e}})^{\text{T}} \, \delta \varepsilon^{\text{e}} \, \mathrm{d}\Omega$$

und setzt man (2.16) bzw. (2.17) entsprechend ein, so folgt

$$(\delta u_{\text{p}})^{\text{T}} \, F_{\text{p}}^{\text{e}} = (\delta u_{\text{p}})^{\text{T}} \int_{\Omega} B^{\text{T}} D B \, \mathrm{d}\Omega \, u_{\text{p}} . \tag{2.20}$$

Hieraus erhält man die Einzelsteifigkeitsbeziehung

$$F_{\text{p}}^{\text{e}} = k^{\text{e}} \, u_{\text{p}} \tag{2.21}$$

mit der Elementsteifigkeitsmatrix

$$k^{\text{e}} = \int_{\Omega} B^{\text{T}} D B \mathrm{d}\Omega \, . \tag{2.22}$$

Gesamtsteifigkeitsbeziehung Die Gesamtsteifigkeitsbeziehung

$$F = K u \tag{2.23}$$

erhält man aus dem Gesamtgleichgewicht. Dies wird erreicht, indem das Gleichgewicht an jedem Knoten aufgestellt wird. Aus der Gesamtsteifigkeitsbeziehung lassen sich die unbekannten Größen noch nicht gewinnen. Im Kontext der Gleichungslösung ist die Systemmatrix nicht regulär. Erst nachdem mindestens die Starrkörperbewegung (-verschiebung und -verdrehung) aus dem Gesamtsystem genommen wurden, entsteht ein reduziertes System

$$F^{\text{red}} = K^{\text{red}} \, u_{\text{p}}^{\text{red}} \, , \tag{2.24}$$

das sich lösen lässt. Eine Beschreibung der Gleichungslösung findet sich im Abschnitt 7.2 und im Anhang A 1.5.

Ermittlung der elementbezogenen Feldgrößen Nach der Gleichungslösung sind die Knotenverschiebungen bekannt. Damit lässt sich für jedes Element der Verschiebungs-, der Verzerrungs- und Spannungsverlauf im Innern bestimmen. Zudem lassen sich die Auflagerreaktionen ermitteln.

2.2 Integralprinzipien

Die Ableitung der Finite-Elemente-Methode erfolgt häufig über sogenannte Energieprinzipien. Daher wird im Rahmen dieses Kapitels eine knappe Zusammenfassung einiger wichtiger Prinzipien geboten. Das Gesamtpotenzial oder die gesamte potenzielle Energie eines Systems kann allgemein als

$$\Pi = \Pi_{\text{int}} + \Pi_{\text{ext}} \qquad (2.25)$$

angegeben werden, wobei Π_{int} die elastische Verzerrungsenergie (Formänderungsenergie[3]) und Π_{ext} das Potenzial der äußeren Lasten darstellt. Die elastische Verzerrungsenergie – oder Arbeit der inneren Kräfte – ergibt sich mittels der Spaltenmatrix der Spannungen und Dehnungen allgemein für linear-elastisches Materialverhalten zu:

$$\Pi_{\text{int}} = \frac{1}{2} \int_{\Omega} \boldsymbol{\sigma}^{\text{T}} \boldsymbol{\varepsilon} \, \text{d}\Omega. \qquad (2.26)$$

Das Potenzial der äußeren Lasten – das der negativen Arbeit der äußeren Lasten entspricht – kann für die Spaltenmatrix der äußeren Lasten $\boldsymbol{F}$ und der Verschiebungen $\boldsymbol{u}$ als

$$\Pi_{\text{ext}} = -\boldsymbol{F}^{\text{T}} \boldsymbol{u} \qquad (2.27)$$

angegeben werden.

- **Prinzip der virtuellen Arbeit:**

Das Prinzip der virtuellen Arbeit umfasst das Prinzip der virtuellen Verschiebungen[4] und das Prinzip der virtuellen Kräfte. Das Prinzip der virtuellen Verschiebungen besagt, dass, wenn sich ein Körper im Gleichgewicht befindet, für beliebige, kompatible, kleine, virtuelle Verschiebungen, die die geometrischen Randbedingungen erfüllen, die gesamte innere virtuelle Arbeit gleich der gesamten äußeren virtuellen Arbeit ist:

$$\int_{\Omega} \boldsymbol{\sigma}^{\text{T}} \delta \boldsymbol{\varepsilon} \, \text{d}\Omega = \boldsymbol{F}^{\text{T}} \delta \boldsymbol{u}\, . \qquad (2.28)$$

Entsprechend ergibt sich das Prinzip der virtuellen Kräfte zu:

$$\int_{\Omega} \delta \boldsymbol{\sigma}^{\text{T}} \boldsymbol{\varepsilon} \, \text{d}\Omega = \delta \boldsymbol{F}^{\text{T}} \boldsymbol{u}\, . \qquad (2.29)$$

---

[3] Die Formänderungsenergie wird auch häufig in die Volumen- und Gestaltänderungsenergie aufgespalten.

[4] Auch als Prinzip der virtuellen Verrückungen bezeichnet.

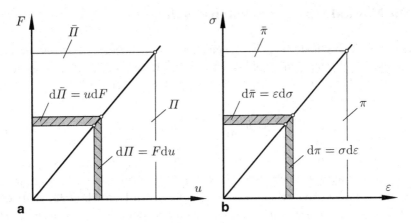

Abb. 2.10 Zur Definition der Formänderungsenergie und Formänderungsergänzungsenergie: (a) absolut; (b) volumenspezifisch

- **Das Prinzip vom Minimum des Gesamtpotenzials:**

Nach diesem Prinzip nimmt das Gesamtpotenzial in der Gleichgewichtslage einen Extremwert an:

$$\Pi = \Pi_{\text{int}} + \Pi_{\text{ext}} = \text{Minimum}.\tag{2.30}$$

- **Das Prinzip von Castigliano:**

Der erste Satz von Castigliano besagt, dass die partielle Ableitung der komplementären Formänderungsenergie (Formänderungsergänzungsenergie, vergleiche Abb. 2.10a) nach einer äußeren Kraft F_i die Verschiebung des Kraftangriffspunktes in Richtung dieser Kraft ergibt. Entsprechend ergibt sich, dass die partielle Ableitung der komplementären Formänderungsenergie nach einem äußeren Moment M_i die Verdrehung am Angriffspunkt des Momentes in Richtung dieses Momentes ergibt:

$$\frac{\partial \bar{\Pi}_{\text{int}}}{\partial F_i} = u_i\,,\tag{2.31}$$

$$\frac{\partial \bar{\Pi}_{\text{int}}}{\partial M_i} = \varphi_i\,.\tag{2.32}$$

Der zweite Satz von Castigliano besagt, dass die partielle Ableitung der Formänderungsenergie (vergleiche Abb. 2.10a) nach einer Verschiebung u_i die Kraft F_i in Richtung der Verschiebung an der betrachteten Stelle ergibt. Ein analoger Zusammenhang gilt auch für die Verdrehung und das Moment:

$$\frac{\partial \Pi_{\text{int}}}{\partial u_i} = F_i\,,\tag{2.33}$$

$$\frac{\partial \Pi_{\text{int}}}{\partial \varphi_i} = M_i\,.\tag{2.34}$$

2.3 Die Methode der gewichteten Residuen

Ausgangspunkt der Methode der gewichteten Residuen oder der Methode des gewichteten Restes ist die das physikalische Problem beschreibende Differenzialgleichung. Im eindimensionalen Fall kann ein solches physikalisches Problem in einem Bereich Ω allgemein durch die Differenzialgleichung

$$\mathcal{L}\{u^0(x)\} = b \quad (x \in \Omega) \tag{2.35}$$

und durch die auf dem Rand Γ vorgegebenen Randbedingungen beschrieben werden. Die Differenzialgleichung wird auch als *starke Form* des Problems bezeichnet, da in jedem Punkt x des Bereiches das Problem exakt beschrieben wird. In Gl. (2.35) stellt $\mathcal{L}\{\dots\}$ einen beliebigen Differenzialoperator dar, der zum Beispiel folgende Formen annehmen kann:

$$\mathcal{L}\{\dots\} = \frac{d^2}{dx^2}\{\dots\}, \tag{2.36}$$

$$\mathcal{L}\{\dots\} = \frac{d^4}{dx^4}\{\dots\}, \tag{2.37}$$

$$\mathcal{L}\{\dots\} = \frac{d^4}{dx^4}\{\dots\} + \frac{d}{dx}\{\dots\} + \{\dots\}. \tag{2.38}$$

Weiterhin stellt b in Gl. (2.35) eine gegebene Funktion dar, wobei man in Falle von $b = 0$ von einer *homogenen Differenzialgleichung* spricht: $\mathcal{L}\{u^0(x)\} = 0$. Die exakte oder wahre Lösung des Problems, $u^0(x)$, erfüllt in jedem Punkt des Bereichs $x \in \Omega$ die Differenzialgleichung und die auf dem Rand Γ vorgeschriebenen geometrischen und statischen Randbedingungen. Da die exakte Lösung für die meisten Ingenieurprobleme im Allgemeinen nicht berechnet werden kann, ist es Ziel der folgenden Ableitungen, eine möglichste gute Näherungslösung

$$u(x) \approx u^0(x) \tag{2.39}$$

zu bestimmen. Für die Näherungslösung in Gl. (2.39) wird im Folgenden ein Ansatz der Form

$$u(x) = \alpha_0 + \sum_{k=1}^{n} \alpha_k \varphi_k(x) \tag{2.40}$$

gewählt, wobei α_0 die nichthomogenen Randbedingungen erfüllen soll, $\varphi_k(x)$ einen Satz linear unabhängiger Ansatzfunktionen darstellt und α_k die Freiwerte des Näherungsansatzes sind, die durch das jeweilige Näherungsverfahren so bestimmt werden, dass die exakte Lösung u^0 von der Näherungslösung u bestmöglich approximiert wird.

2.3.1 Verfahren auf Basis des inneren Produktes

Setzt man den Näherungsansatz für u^0 in die Differenzialgleichung (2.35) ein, so erhält man einen lokalen Fehler, das sogenannte *Residuum* r:

$$r = \mathcal{L}\{u(x)\} - b \neq 0. \tag{2.41}$$

Im Rahmen der Methode der gewichteten Residuen wird dieser Fehler mit einer Gewichtsfunktion $W(x)$ gewichtet und über das gesamte Gebiet Ω integriert, so dass der Fehler gerade im Mittel verschwindet:

$$\int_\Omega r W \mathrm{d}\Omega = \int_\Omega (\mathcal{L}\{u(x)\} - b) W \mathrm{d}\Omega \overset{!}{=} 0. \tag{2.42}$$

Diese Formulierung wird auch als *inneres Produkt* bezeichnet. Man beachte, dass die Gewichts- oder Testfunktion $W(x)$ erlaubt, den Fehler im Bereich Ω unterschiedlich zu gewichten. Der Gesamtfehler muss aber im Mittel, das heißt über den Bereich integriert, gerade zu Null werden. Die Struktur der Gewichtsfunktion wird meistens in ähnlicher Weise wie bei der Näherungsfunktion $u(x)$ angesetzt

$$W(x) = \sum_{k=1}^{n} \beta_k \psi_k(x), \tag{2.43}$$

wobei β_k *beliebige* Koeffizienten und $\psi_k(x)$ linear unabhängige Ansatzfunktionen darstellen. Der Ansatz (2.43) beinhaltet – je nach Wahl der Anzahl der Summanden k und der Funktionen $\psi_k(x)$ – die Klasse der Verfahren mit gleichen Ansatzfunktionen für die Näherungslösung und die Gewichtsfunktion ($\varphi_k(k) = \psi_k(x)$) und die Klasse der Verfahren, bei denen die Ansatzfunktionen unterschiedlich gewählt werden ($\varphi_k(k) \neq \psi_k(x)$). Je nach Wahl der Gewichtsfunktion lassen sich die folgenden klassischen Methoden unterscheiden [4, 13]:

- **Punkt-Kollokations-Verfahren:** $\psi_k(x) = \delta(x - x_k)$

Das Punkt-Kollokations-Verfahren macht sich die Eigenschaft der Delta-Funktion zu Nutze. Der Fehler r soll an den n frei wählbaren Punkten $x_1, x_2, \cdots, x_n$, mit $x_k \in \Omega$, den sogenannten Kollokationspunkten, gerade exakt verschwinden und somit erfüllt die Näherungslösung die Differenzialgleichung in den Kollokationspunkten exakt. Die Gewichtsfunktion kann somit als

$$W(x) = \beta_1 \underbrace{\delta(x - x_1)}_{\psi_1} + \cdots + \beta_n \underbrace{\delta(x - x_n)}_{\psi_n} = \sum_{k=1}^{n} \beta_k \delta(x - x_k) \tag{2.44}$$

angesetzt werden, wobei die Delta-Funktion wie folgt definiert ist:

$$\delta(x - x_k) = \begin{cases} 0 & \text{für } x \neq x_k \\ \infty & \text{für } x = x_k \end{cases}. \tag{2.45}$$

Setzt man diesen Ansatz in das innere Produkt nach Gl. (2.42) ein und beachtet die Eigenschaft der Delta-Funktion,

$$\int\limits_{-\infty}^{\infty} \delta(x - x_k)\,\mathrm{d}x = \int\limits_{x_k-\varepsilon}^{x_k+\varepsilon} \delta(x - x_k)\,\mathrm{d}x = 1, \tag{2.46}$$

$$\int\limits_{-\infty}^{\infty} f(x)\delta(x - x_k)\,\mathrm{d}x = \int\limits_{x_k-\varepsilon}^{x_k+\varepsilon} f(x)\delta(x - x_k)\,\mathrm{d}x = f(x_k), \tag{2.47}$$

ergeben sich gerade n linear unabhängige Gleichungen für die Berechnung der Freiwerte α_k:

$$r(x_1) = \mathcal{L}\{u(x_1)\} - b = 0, \tag{2.48}$$

$$r(x_2) = \mathcal{L}\{u(x_2)\} - b = 0, \tag{2.49}$$

$$\vdots$$

$$r(x_n) = \mathcal{L}\{u(x_n)\} - b = 0. \tag{2.50}$$

Man beachte, dass der Näherungsansatz alle Randbedingungen, das heißt die essenti-ellen und natürlichen Randbedingungen, erfüllen muss. Auf Grund der Eigenschaft der Delta-Funktion, $\int_{\Omega} rW(\delta)\mathrm{d}\Omega = r = 0$, muss bei dem Punkt-Kollokations-Verfahren kein Integral, das heißt keine Integration über das innere Produkt, berechnet werden. Man erspart sich somit – zum Beispiel gegenüber dem GALERKIN-Verfahren – die Integrati-on und erhält schneller die Näherungslösung. Als Nachteil ergibt sich jedoch, dass die Kollokationspunkte frei wählbar sind. Diese können somit auch ungünstig gewählt werden.

• **Subdomain-Kollokations-Verfahren:** $\psi_k(x) = 1$ in Ω_k und sonst Null
Dieses Verfahren ist auch ein Kollokations-Verfahren, aber anstatt der Forderung, dass der Fehler an bestimmten Punkten verschwindet, fordert man hier, dass das Integral des Fehlers über verschiedene Gebiete, den Subdomains, zu Null wird:

$$\int\limits_{\Omega_i} r\,\mathrm{d}\Omega_i = 0 \quad \text{für eine Subregion } \Omega_i. \tag{2.51}$$

Mit diesem Verfahren kann zum Beispiel die Finite-Differenzen-Methode abgeleitet werden.

• **Verfahren des Minimums der Fehlerquadrate:** $\psi_k(x) = \frac{\partial r}{\partial \alpha_k}$
Bei der Fehlerquadratmethode optimiert man den mittleren quadratischen Fehler

$$\int\limits_{\Omega} (\mathcal{L}\{u(x)\} - b)^2 \mathrm{d}\Omega = \text{Minimum}, \tag{2.52}$$

beziehungsweise

$$\frac{\mathrm{d}}{\mathrm{d}\alpha_k} \int\limits_{\Omega} (\mathcal{L}\{u(x)\} - b)^2 \mathrm{d}\Omega = 0, \tag{2.53}$$

$$\int\limits_{\Omega} \frac{\mathrm{d}(\mathcal{L}\{u(x)\} - b)}{\mathrm{d}\alpha_k} (\mathcal{L}\{u(x)\} - b)\mathrm{d}\Omega = 0. \tag{2.54}$$

• **Petrov-Galerkin-Verfahren:** $\psi_k(x) \neq \varphi_k(x)$

Unter diesem Namen werden alle Verfahren zusammengefasst, bei denen die Ansatzfunktionen der Gewichtsfunktion und der Näherungslösung verschieden sind. Somit kann zum Beispiel das Subdomain-Kollokations-Verfahren dieser Gruppe zugeordnet werden.

• **Galerkin-Verfahren:** $\psi_k(x) = \varphi_k(x)$

Die Grundidee des GALERKIN- oder BUBNOV-GALERKIN-Verfahrens besteht darin, für den Näherungsansatz und den Gewichtsfunktionsansatz die *gleichen* Ansatzfunktionen zu wählen. Somit ergibt sich für diese Methode die Gewichtsfunktion zu:

$$W(x) = \sum_{k=1}^{n} \beta_k \varphi_k(x). \tag{2.55}$$

Da für $u(x)$ und $W(x)$ die gleichen Ansatzfunktionen $\varphi_k(x)$ gewählt wurden und die Koeffizienten β_k beliebig sind, kann man die Funktion $W(x)$ als Variation von $u(x)$ schreiben (mit $\delta\alpha_0 = 0$):

$$W(x) = \delta u(x) = \delta\alpha_1 \varphi_1(x) + \cdots + \delta\alpha_n \varphi_n(x) = \sum_{k=1}^{n} \delta\alpha_k \cdot \varphi_k(x). \tag{2.56}$$

Die Variationen können virtuelle Größen, wie zum Beispiel virtuelle Verschiebungen oder Geschwindigkeiten, sein. Einsetzen dieses Ansatzes in das innere Produkt nach Gl. (2.42), liefert für einen linearen Operator $\mathcal{L}\{\ldots\}$ einen Satz von n linear unabhängigen Gleichungen für die Bestimmung der n unbekannten Freiwerte α_k:

$$\int\limits_{\Omega} (\mathcal{L}\{u(x)\} - b) \cdot \varphi_1(x)\,\mathrm{d}\Omega = 0, \tag{2.57}$$

$$\int\limits_{\Omega} (\mathcal{L}\{u(x)\} - b) \cdot \varphi_2(x)\,\mathrm{d}\Omega = 0, \tag{2.58}$$

$$\vdots$$

$$\int\limits_{\Omega} (\mathcal{L}\{u(x)\} - b) \cdot \varphi_n(x)\,\mathrm{d}\Omega = 0. \tag{2.59}$$

Fazit zu den auf dem inneren Produkt basierenden Verfahren:

Diese Formulierungen verlangen, dass die Ansatzfunktionen – die hier über den gesamten Bereich Ω definiert angenommen wurden – alle Randbedingungen, das heißt die essentiellen und natürlichen, erfüllen. Diese Forderung, sowie die durch den $\mathcal{L}$-Operator geforderte Differenzierbarkeit der Ansatzfunktionen führen in der praktischen Anwendung oft zu einem schwierigen Auffinden geeigneter Funktionen. Außerdem entstehen im Allgemeinen unsymmetrische Koeffizientenmatrizen (falls der $\mathcal{L}$-Operator symmetrisch ist, dann ist die Koeffizientenmatrix des GALERKIN-Verfahrens ebenfalls symmet-risch).

2.3.2 Verfahren auf Basis der schwachen Formulierung

Zur Ableitung einer weiteren Klasse von Näherungsverfahren wird das innere Produkt so oft partiell integriert, bis die Ableitung von $u(x)$ und $W(x)$ die gleiche Ordnung hat, und man gelangt zur sogenannten *schwachen Formulierung*. Bei dieser Formulierung wird die Forderung an die Differenzierbarkeit für die Lösungsfunktion erniedrigt, die Forderung an die Gewichtsfunktion jedoch erhöht. Verwendet man die Idee des GALERKIN-Verfahrens, das heißt gleiche Ansatzfunktionen für den Näherungsansatz und die Gewichtsfunktion, wird insgesamt die Anforderung an die Differenzierbarkeit der Ansatzfunktionen reduziert.

Für einen Differenzialoperator 2. oder 4. Ordnung, das heißt

$$\int_{\Omega} \mathcal{L}_2\{u(x)\}W(x)\mathrm{d}\Omega, \tag{2.60}$$

$$\int_{\Omega} \mathcal{L}_4\{u(x)\}W(x)\mathrm{d}\Omega, \tag{2.61}$$

ergibt einmalige partielle Integration von Gl. (2.60) die schwache Form

$$\int_{\Omega} \mathcal{L}_1\{u(x)\}\mathcal{L}_1\{W(x)\}\mathrm{d}\Omega = [\mathcal{L}_1\{u(x)\}W(x)]_{\Gamma}, \tag{2.62}$$

beziehungsweise zweimalige partielle Integration die schwache Form von Gl. (2.61):

$$\int_{\Omega} \mathcal{L}_2\{u(x)\}\mathcal{L}_2\{W(x)\}\mathrm{d}\Omega = [\mathcal{L}_2\{u(x)\}\mathcal{L}_1\{W(x)\} - \mathcal{L}_3\{u(x)\}W(x)]_{\Gamma}. \tag{2.63}$$

Zur Ableitung der Finite-Elemente-Methode geht man auf bereichsweise definierte Ansatzfunktionen über. Für einen solchen Bereich, das heißt ein finites Element mit $\Omega^e < \Omega$ und einer lokalen Elementkoordinate x^e, ergibt sich zum Beispiel die schwache Formulierung von (2.62) zu:

$$\int_{\Omega^e} \mathcal{L}_2\{u(x^e)\}\mathcal{L}_2\{W(x^e)\}\mathrm{d}\Omega^e = \left[\mathcal{L}_2\{u(x^e)\}\mathcal{L}_1\{W(x^e)\} - \mathcal{L}_3\{u(x^e)\}W(x^e)\right]_{\Gamma^e}. \tag{2.64}$$

Da die schwache Formulierung die natürlichen Randbedingungen – siehe hierzu auch das Beispielproblem 2.2 – enthält, kann im Folgenden gefordert werden, dass der Ansatz[5] für $u(x)$ nur noch die essentiellen Randbedingungen erfüllen muss. Entsprechend dem GALERKIN-Verfahren wird zur Ableitung der Finite-Elemente-Hauptgleichung gefordert, dass die gleichen Ansatzfunktionen für die Näherungs- und Gewichtsfunktion gewählt werden. Im Rahmen der Finite-Elemente-Methode werden für die Freiwerte α_k die Knotenwerte u_k gewählt und die Ansatzfunktionen $\varphi_k(x)$ werden als Form- oder Ansatzfunktionen $N_k(x)$ bezeichnet. Somit ergeben sich die folgenden Darstellungen für die Näherungslösung und die Gewichtsfunktion:

$$u(x) = N_1(x)u_1 + N_2(x)u_2 + \cdots N_n(x)u_n = \sum_{k=1}^{n} N_k(x)u_k, \qquad (2.65)$$

$$W(x) = \delta u_1 N_1(x) + \delta u_2 N_2(x) + \cdots \delta u_n N_n(x) = \sum_{k=1}^{n} \delta u_k N_k(x), \qquad (2.66)$$

wobei n die Anzahl der Knoten pro Element darstellt. Wichtig ist, dass bei dieser Vorgehensweise der Fehler an den Knoten, deren Lage vom Anwender definiert werden, minimiert wird. Dies ist ein deutlicher Unterschied zum klassischen GALERKIN-Verfahren auf Basis des inneren Produktes, das ja gerade die Punkte mit $r = 0$ selbst gefunden hat. Zur weiteren Ableitung der Finite-Elemente-Hauptgleichung werden die Ansätze (2.65) und (2.66) in Matrixform geschrieben und in die schwache Form eingesetzt. Für die weiteren Details der Ableitung sei hier auf die Ausführungen in Kap. 3 und 5 verwiesen.

Im Rahmen der Finite-Elemente-Methode wird auch oft das sogenannte RITZsche-Verfahren angesprochen. Das klassische Verfahren betrachtet das Gesamtpotenzial Π eines Systems. In diesem Gesamtpotenzial wird ein Näherungsansatz der Form (2.40) verwendet, der jedoch beim RITZschen Verfahren für den gesamten Bereich Ω definiert ist. Die Ansatzfunktionen φ_k müssen die geometrischen, jedoch nicht die statischen Randbedingungen erfüllen[6]. Durch Ableitung des Potenzials nach den unbekannten Freiwerten α_k, das heißt Bestimmung des Extremums von Π, ergibt sich ein Gleichungssystem zur Bestimmung der k Freiwerte, der sogenannten RITZschen Koeffizienten. Im Allgemeinen ist es jedoch schwierig, Ansatzfunktionen mit unbekannten Freiwerten zu finden, die *alle* geometrischen Randbedingungen des Problems erfüllen. Modifiziert man jedoch das klassische RITZsche-Verfahren so, dass gerade nur der Bereich Ω^e eines Finiten Elementes betrachtet wird, und verwendet man einen Näherungsansatz nach Gl. (2.65), gelangt man auch hier zur Finite-Elemente-Methode.

---

[5] Auf den Index 'e' bei der Elementkoordinate wird im Folgenden – falls es das Verständnis nicht beeinträchtigt – verzichtet.

[6] Da im Gesamtpotenzial die statischen Randbedingungen implizit enthalten sind, müssen die Ansatzfunktionen diese nicht erfüllen. Erfüllen die Ansatzfunktionen jedoch zusätzlich auch die statischen Randbedingungen, kann eine genauere Approximation erwartet werden.

2.3.3   Verfahren auf Basis der inversen Formulierung

Zum Abschluss sei hier angemerkt, dass zur Ableitung einer weiteren Klasse von Näherungsverfahren das innere Produkt so oft partiell integriert werden kann, bis die Ableitungen von $u(x)$ komplett auf $W(x)$ übertragen wurden. Damit gelangt man zur sogenannten *inversen Formulierung*. Je nach Wahl der Gewichtsfunktion erhält man die folgenden Methoden:

- Wahl von W so, dass $\mathcal{L}(W) = 0$ aber $\mathcal{L}(u) \neq 0$.
  Verfahren: *Randelement-Methode (Randintegralgleichung 1. Art)*.
- Verwendung einer sogenannten Fundamentallösung $W = W^*$, also einer Lösung, welche die Gleichung $\mathcal{L}(W^*) = (-)\delta(\xi)$ erfüllt.
  Verfahren: *Randelement-Methode (Randintegralgleichung 2. Art)*.
  Die Koeffizientenmatrix des entsprechenden Gleichungssystems ist voll besetzt und nicht symmetrisch. Entscheidend für die Anwendung der Methode ist die Kenntnis einer Fundamentallösung für den $\mathcal{L}$-Operator (in der Elastizitätstheorie ist durch die KELVIN-Lösung – Einzellast im Vollraum – eine derartige analytische Lösung bekannt).
- Gleiche Ansatzfunktionen für Näherungsansatz und Gewichtsfunktionsansatz. Verfahren: TREFFTZ*sche Verfahren*.
- Gleiche Ansatzfunktionen für Näherungsansatz und Gewichtsfunktion und es gilt $\mathcal{L}(u) = \mathcal{L}(W) = 0$. Verfahren: *Variante des* TREFFTZ*schen Verfahrens*.

2.4   Beispielprobleme

Beispiel: Galerkin-Verfahren auf Basis des inneren Produktes Da der Begriff GALERKIN-Verfahren im Kontext der Finite-Elemente-Methode häufig verwendet wird, soll im Folgenden das ursprüngliche GALERKIN-Verfahren im Rahmen dieses Beispiels illustriert werden. Dazu betrachtet man die im Bereich $0 < x < 1$ definierte Differenzialgleichung

$$\mathcal{L}\{u(x)\} - b = \frac{d^2 u^0}{dx^2} + x^2 = 0 \quad (0 < x < 1) \tag{2.67}$$

mit den homogenen Randbedingungen $u^0(0) = u^0(1) = 0$. Für dieses Problem kann durch Integration und anschließende Berücksichtigung der Randbedingungen die exakte Lösung zu

$$u^0(x) = \frac{x}{12}\left(-x^3 + 1\right) \tag{2.68}$$

bestimmt werden. Man bestimme die Näherungslösung für einen Ansatz mit zwei Freiwerten.

Lösung Zur Konstruktion der Näherungslösung $u(x)$ nach dem GALERKIN-Verfahren kann der folgende Ansatz mit zwei Freiwerten verwendet werden:

$$u^0(x) \approx u(x) = \alpha_1 \varphi_1(x) + \alpha_2 \varphi_2(x), \tag{2.69}$$

$$= \alpha_1 x(1-x) + \alpha_2 x^2(1-x), \tag{2.70}$$

$$= \alpha_1 x + (\alpha_2 - \alpha_1)x^2 - \alpha_2 x^3. \tag{2.71}$$

Man beachte hierbei, dass die Funktionen $\varphi_1(x)$ und $\varphi_2(x)$ so gewählt wurden, dass die Randbedingungen, das heißt $u(0) = u(1) = 0$, erfüllt werden. Somit scheiden hier Polynome erster Ordnung aus, da eine Gerade nur als horizontale Linie die beiden Nullstellen verbinden könnte. Weiterhin sind beide Funktionen so gewählt, dass sie linear unabhängig sind. Die ersten beiden Ableitungen des Näherungsansatzes ergeben sich zu

$$\frac{du(x)}{dx} = \alpha_1 + 2(\alpha_2 - \alpha_1)x - 3\alpha_2 x^2, \tag{2.72}$$

$$\frac{d^2u(x)}{dx^2} = 2(\alpha_2 - \alpha_1) - 6\alpha_2 x, \tag{2.73}$$

und die Fehlerfunktion ergibt sich mittels der zweiten Ableitung aus Gl. (2.41) zu:

$$r(x) = \frac{d^2u}{dx^2} + x^2 = 2(\alpha_2 - \alpha_1) - 6\alpha_2 x + x^2. \tag{2.74}$$

Das Einsetzen der Gewichtsfunktion, das heißt

$$W(x) = \delta u(x) = \delta \alpha_1 x(1-x) + \delta \alpha_2 x^2(1-x), \tag{2.75}$$

in die Residuumsgleichung liefert

$$\int_0^1 \underbrace{\left(2(\alpha_2 - \alpha_1) - 6\alpha_2 x + x^2\right)}_{r(x)} \times \underbrace{\left(\delta \alpha_1 x(1-x) + \delta \alpha_2 x^2(1-x)\right)}_{W(x)} dx = 0 \tag{2.76}$$

oder allgemein in zwei Integrale aufgespalten:

$$\delta \alpha_1 \int_0^1 r(x)\varphi_1(x)dx + \delta \alpha_2 \int_0^1 r(x)\varphi_2(x)dx = 0. \tag{2.77}$$

Da es sich bei den $\delta \alpha_i$ um beliebige Koeffizienten handelt und die Ansatzfunktionen $\varphi_i(x)$ linear unabhängig sind, ergibt sich hieraus das folgende Gleichungssystem:

$$\delta \alpha_1 \int_0^1 \left(2(\alpha_2 - \alpha_1) - 6\alpha_2 x + x^2\right) \times (x(1-x)) \, dx = 0, \tag{2.78}$$

$$\delta \alpha_2 \int_0^1 \left(2(\alpha_2 - \alpha_1) - 6\alpha_2 x + x^2\right) \times (x^2(1-x)) \, dx = 0. \tag{2.79}$$

Nach Ausführung der Integration ergibt sich hieraus ein Gleichungssystem zur Bestimmung der beiden unbekannten Freiwerte α_1 und α_2

$$\frac{1}{20} - \frac{1}{6}\alpha_2 - \frac{1}{3}\alpha_1 = 0, \tag{2.80}$$

$$\frac{1}{30} - \frac{2}{15}\alpha_2 - \frac{1}{6}\alpha_1 = 0, \tag{2.81}$$

beziehungsweise in Matrixschreibweise:

$$\begin{bmatrix} \frac{1}{3} & \frac{1}{6} \\ \frac{1}{6} & \frac{2}{15} \end{bmatrix} \begin{bmatrix} \alpha_1 \\ \alpha_2 \end{bmatrix} = \begin{bmatrix} \frac{1}{20} \\ \frac{1}{30} \end{bmatrix}. \tag{2.82}$$

Aus diesem Gleichungssystem ergeben sich die Freiwerte zu $\alpha_1 = \frac{1}{15}$ und $\alpha_2 = \frac{1}{6}$. Somit ergibt sich schließlich die Näherungslösung und die Fehlerfunktion zu:

$$u(x) = x\left(-\frac{1}{6}x^2 + \frac{1}{10}x + \frac{1}{15}\right), \tag{2.83}$$

$$r(x) = x^2 - x + \frac{1}{5}. \tag{2.84}$$

Der Vergleich zwischen Näherungslösung und exakter Lösung ist in Abb. 2.11a dargestellt. Man erkennt, dass an den Rändern – man beachte, dass der Näherungsansatz die Randbedingungen erfüllte – und an zwei weiteren Stellen beide Lösungen übereinstimmen.

Angemerkt sei hierbei, dass die Fehlerfunktion – vergleiche Abb. 2.11b – nicht den Unterschied zwischen exakter Lösung und Näherungslösung angibt. Vielmehr handelt es sich um den Fehler, der sich durch Einsetzen der Näherungslösung in die Differenzialgleichung ergibt. Um dies zu veranschaulichen, zeigt Abb. 2.12 den absoluten Unterschied zwischen exakter Lösung und Näherungslösung.

Abschließend sei hier zusammengefasst, dass der Vorteil des GALERKIN-Verfahrens darin besteht, dass das Verfahren die Punkte mit $r = 0$ selbst sucht. Dies ist ein deutlicher Vorteil gegenüber dem Kollokations-Verfahren. Jedoch muss beim GALERKIN-Verfahren die Integration ausgeführt werden, und somit ist das Verfahren im Vergleich zur Kollokation aufwendiger und langsamer.

Beispiel: Finite-Elemente-Methode Für die Differenzialgleichung (2.67) und die gegebenen Randbedingungen berechne man ausgehend von der schwachen Formulierung eine Finite-Elemente-Lösung, basierend auf zwei äquidistanten Elementen mit linearen Ansatzfunktionen.

Lösung Die partielle Integration des inneren Produktes ergibt folgende Darstellung:

$$\int_0^1 \left(\frac{d^2u(x)}{dx^2} + x^2\right) W(x)\, dx = 0, \tag{2.85}$$

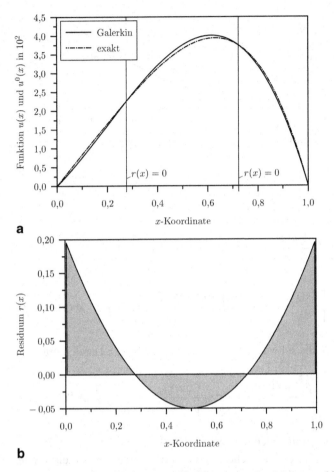

a

b

Abb. 2.11 Näherungslösung nach dem GALERKIN-Verfahren, **a** exakte Lösung und **b** Residuum als Funktion der Koordinate

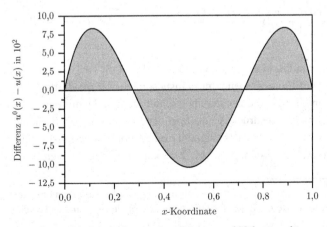

Abb. 2.12 Absoluter Unterschied zwischen exakter Lösung und Näherungslösung als Funktion der Koordinate

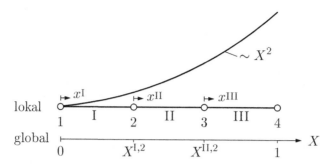

Abb. 2.13 Globales Koordinatensystem X und lokale Koordinatensysteme x_i für jedes einzelne Element

$$\int_0^1 \frac{d^2 u(x)}{dx^2}\, W(x)\, dx + \int_0^1 x^2\, W(x)\, dx = 0, \tag{2.86}$$

$$\left[\frac{du(x)}{dx}\, W(x)\right]_0^1 - \int_0^1 \frac{du(x)}{dx} \frac{dW(x)}{dx}\, dx + \int_0^1 x^2\, W(x)\, dx = 0, \tag{2.87}$$

beziehungsweise die schwache Form in ihrer endgültigen Darstellung:

$$\int_0^1 \frac{du(x)}{dx} \frac{dW(x)}{dx}\, dx = \left[\frac{du(x)}{dx}\, W(x)\right]_0^1 + \int_0^1 x^2\, W(x)\, dx. \tag{2.88}$$

Zur Ableitung der Finite-Elemente-Methode geht man auf bereichsweise definierte Ansatzfunktionen über. Für einen solchen Bereich $\Omega^e < \Omega$, nämlich ein Finites Element[7] der Länge L^e, ergibt sich die schwache Formulierung zu:

$$\int_0^{L^e} \frac{du(x^e)}{dx^e} \frac{dW(x^e)}{dx^e}\, dx^e = \left[\frac{du(x^e)}{dx^e}\, W(x^e)\right]_0^{L^e} + \int_0^{L^e} (x^e + c^e)^2\, W(x^e)\, dx^e. \tag{2.89}$$

Beim Übergang von Gl. (2.88) nach Gl. (2.89), das heißt von der globalen Formulierung zur Betrachtung auf Elementebene, muss insbesondere der quadratische Ausdruck auf der rechten Seite von Gl. (2.88) besonders betrachtet werden. Damit der im globalen Koordinatensystem definierte Ausdruck X^2 auch in der Beschreibung auf Elementebene richtig berücksichtigt wird, muss für jedes Element e eine Koordinatentransformation mittels eines Terms c^e durchgeführt werden. Aus Abb. 2.13 kann entnommen werden, dass sich für das

---

[7] Für jedes Element e wird üblicherweise ein eigenes *lokales* Koordinatensystem $0 \le x^e \le L^e$ eingeführt. Die Koordinate in Gl. (2.88) wird dann als globale Koordinate bezeichnet und erhält das Symbol X.

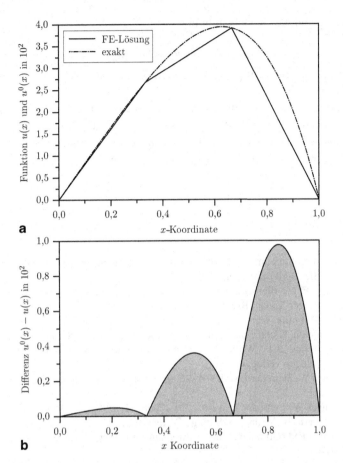

Abb. 2.14 Absoluter Unterschied zwischen exakter Lösung und Finite-Elemente-Lösung als Funktion der Koordinate: **a** Funktion $u(x)$ und $u^0(x)$; **b** Differenz

erste Element (I) der Term c zu Null ergibt, da globales und lokales Koordinatensystem übereinstimmen. Für das zweite Element (II) ergibt sich bei äquidistanter Unterteilung $c^{II} = X^{I,2} = \frac{1}{3}$ und für das dritte Element (III) entsprechend $c^{III} = X^{II,2} = \frac{2}{3}$.

Da die schwache Formulierung die natürlichen Randbedingungen – siehe hierzu den Randausdruck in Gl. (2.89) – enthält, kann im Folgenden gefordert werden, dass der Ansatz für $u(x)$ nur noch die essentiellen Randbedingungen erfüllen muss. Entsprechend dem GALERKIN-Verfahren wird zur Ableitung der Finite-Elemente-Hauptgleichung gefordert, dass die gleichen Ansatzfunktionen für die Näherungs- und Gewichtsfunktion gewählt werden. Im Rahmen der Finite-Elemente-Methode werden für die Freiwerte α_k die Knotenwerte u_k gewählt und die Ansatzfunktionen $\varphi_k(x)$ werden als Form- oder Ansatzfunktionen $N_k(x)$ bezeichnet. Für lineare Formfunktionen ergeben sich die folgenden Darstellungen für die

Näherungslösung und die Gewichtsfunktion:

$$u(x) = N_1(x)u_1 + N_2(x)u_2 \,, \tag{2.90}$$

$$W(x) = \delta u_1 N_1(x) + \delta u_2 N_2(x) \,. \tag{2.91}$$

Für die gewählten linearen Formfunktionen ergibt sich der in Abb. 2.14 dargestellte elementweise lineare Verlauf der Näherungsfunktion und die dargestellte Differenz zwischen exakter Lösung und Näherungsansatz. Man erkennt deutlich, dass der Fehler an den Knoten minimal ist, bestenfalls identisch mit der exakten Lösung.

Literatur

1. Betten J (2001) Kontinuumsmechanik: Elastisches und inelastisches Verhalten isotroper und anisotroper Stoffe. Springer-Verlag, Berlin
2. Betten J (2004) Finite Elemente für Ingenieure 1: Grundlagen, Matrixmethoden, Elastisches Kontinuum. Springer-Verlag, Berlin
3. Betten J (2004) Finite Elemente für Ingenieure 2: Variationsrechnung, Energiemethoden, Näherungsverfahren, Nichtlinearitäten, Numerische Integrationen. Springer-Verlag, Berlin
4. Brebbia CA, Telles JCF, Wrobel LC (1984) Boundary element techniques: theory and applications. Springer-Verlag, Berlin
5. Gross D, Hauger W, Schröder J, Wall WA (2009) Technische Mechanik 2: Elastostatik. Springer-Verlag, Berlin
6. Gross D, Hauger W, Schröder J, Werner EA (2008) Hydromechanik, Elemente der Höheren Mechanik, Numerische Methoden. Springer-Verlag, Berlin
7. Klein B (2000) FEM, Grundlagen und Anwendungen der Finite-Elemente-Methode. Vieweg-Verlag, Wiesbaden
8. Kuhn G, Winter W (1993) Skriptum Festigkeitslehre Universität Erlangen-Nürnberg
9. Kwon YW, Bang H (2000) The finite element method using MATLAB. CRC, Boca Raton
10. Oden JT, Reddy JN (1976) Variational methods in theoretical mechanics. Springer-Verlag, Berlin
11. Steinbuch R (1998) Finite Elemente - Ein Einstieg. Springer-Verlag, Berlin.
12. Szabó I (1996) Geschichte der mechanischen Prinzipien und ihrer wichtigsten Anwendungen. Birkhäuser, Basel
13. Zienkiewicz OC, Taylor RL (2000) The finite element method volume 1: the basis. Butterworth-Heinemann, Oxford

Stabelement

3

Zusammenfassung

Mit dem Stabelement werden die Grundbelastungsarten Zug und Druck beschrieben. Zunächst werden die elementaren Gleichungen aus der Festigkeitslehre vorgestellt. Im Anschluss wird das Stabelement mit den bei der Behandlung mittels der Finite-Elemente-Methode üblichen Definitionen für Kraft- und Verschiebungsgrößen eingeführt. Die Herleitung der Steifigkeitsmatrix wird ausführlich beschrieben. Neben dem einfachen, prismatischen Stab mit festem Querschnitt und konstanten Materialeigenschaften werden in Beispielen und Übungsaufgaben auch allgemeinere Stäbe analysiert, bei denen die Größen entlang der Körperachse variieren.

3.1 Grundlegende Beschreibung zum Zugstab

Im einfachsten Fall lässt sich der Zugstab als prismatischer Körper mit konstanter Querschnittsfläche A und konstantem Elastizitätsmodul E definieren, der in Richtung der Körperachse mit einer Einzelkraft F belastet wird (siehe Abb. 3.1).
Gesucht sind

- die Verlängerung ΔL und
- die Dehnungen (Verzerrungen) ε und Spannungen σ im Inneren des Stabes

in Abhängigkeit der äußeren Last.

Aus der Festigkeitslehre sind die drei elementaren Gleichungen bekannt: Die Kinematik beschreibt mit

© Springer-Verlag Berlin Heidelberg 2014
M. Merkel, A. Öchsner, *Eindimensionale Finite Elemente*,
DOI 10.1007/978-3-642-54482-8_3

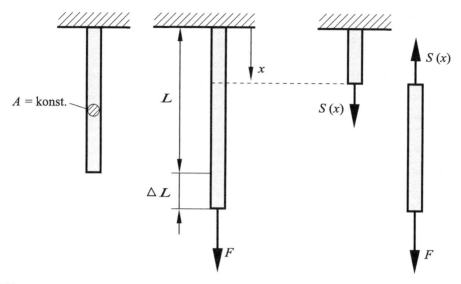

Abb. 3.1 Zugstab unter Einzellast

$$\varepsilon(x) = \frac{\mathrm{d}u(x)}{\mathrm{d}x} = \frac{\Delta L}{L} \tag{3.1}$$

die Beziehung zwischen den Verzerrungen $\varepsilon(x)$ und den Verschiebungen $u(x)$. Das Stoffgesetz beschreibt mit

$$\sigma(x) = E\,\varepsilon(x) \tag{3.2}$$

die Beziehung zwischen den Spannungen $\sigma(x)$ und den Verzerrungen $\varepsilon(x)$ und die Gleichgewichtsbedingung liefert

$$\sigma(x) = \frac{S(x)}{A(x)} = \frac{S(x)}{A} = \frac{F}{A}. \tag{3.3}$$

Mit diesen drei Gleichungen lässt sich sehr zügig der Zusammenhang zwischen der Kraft F und der Längenänderung ΔL des Stabes beschreiben:

$$\frac{F}{A} = \sigma = E\varepsilon = E\frac{\Delta L}{L} \tag{3.4}$$

oder mit

$$F = \frac{EA}{L}\Delta L. \tag{3.5}$$

Das Verhältnis zwischen Kraft und Längenänderung wird als Dehnsteifigkeit bezeichnet. Damit ergibt sich für den Stab bzgl. der Zugbelastung[1]:

---

[1] Der Sprachgebrauch Zugstab schließt die Belastung Druck mit ein.

$$\frac{F}{\Delta L} = \frac{EA}{L}. \tag{3.6}$$

Zur Herleitung der Differenzialgleichung wird das Gleichgewicht am infinitesimal kleinen Stabelement betrachtet (siehe Abb. 3.2). Als Last wirkt eine kontinuierlich verteilte Streckenlast $q(x)$ in der Einheit Kraft pro Länge.

Abb. 3.2 Gleichgewicht am infinitesimal kleinen Stabelement

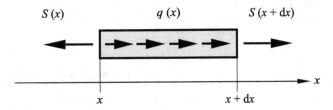

Das Gleichgewicht in Richtung der Körperachse liefert:

$$-S(x) + q(x)\,dx + S(x + dx) = 0. \tag{3.7}$$

Nach einer Reihenentwicklung von $S(x + dx) = S(x) + dS(x)$ ergibt sich

$$-S(x) + q(x)\,dx + S(x) + dS(x) = 0 \tag{3.8}$$

oder kurz:

$$\frac{dS(x)}{dx} = -q(x). \tag{3.9}$$

Die Gl. (3.1), (3.2) und (3.3) für die Kinematik, das Stoffgesetz und das Gleichgewicht gelten weiterhin. Setzt man Gl. (3.1) und (3.3) in (3.2) ein, erhält man

$$EA(x)\,\frac{du(x)}{dx} = S(x). \tag{3.10}$$

Nach Differenziation und Einsetzen von Gl. (3.9) erhält man

$$\frac{d}{dx}\left[EA(x)\,\frac{du(x)}{dx}\right] + q(x) = 0 \tag{3.11}$$

als Differenzialgleichung für einen Stab mit kontinuierlicher Streckenlast. Dies ist eine Differenzialgleichung 2. Ordnung in den Verschiebungen. Bei konstantem Querschnitt A und konstantem Elastizitätsmodul E vereinfacht sich der Ausdruck zu

$$EA\,\frac{d^2u(x)}{dx^2} + q(x) = 0. \tag{3.12}$$

3.2 Das Finite Element Zugstab

Der Zugstab sei definiert als prismatischer Körper mit einer Körperachse. An den beiden Enden des Zugstabes werden Knoten eingeführt, an denen Kräfte und Verschiebungen, wie in Abb. 3.3 skizziert, positiv definiert sind.

Abb. 3.3 Definition für das Finite Element Zugstab

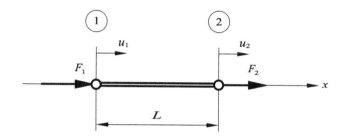

Vorrangiges Ziel ist es, für dieses Element eine Steifigkeitsbeziehung in der Form

$$F^e = k^e\, u_p$$

oder

$$\begin{bmatrix} F_1 \\ F_2 \end{bmatrix}^e = \begin{bmatrix} \cdot & \cdot \\ \cdot & \cdot \end{bmatrix} \begin{bmatrix} u_1 \\ u_2 \end{bmatrix} \tag{3.13}$$

zu gewinnen. Mit dieser Steifigkeitsbeziehung kann das Stabelement in ein Tragwerk eingebunden werden. Weiterhin sind die Verschiebungen, die Verzerrungen und die Spannungen *im* Element gesucht.

Zunächst wird ein einfacher Lösungsweg vorgestellt, bei dem der Stab als lineare Feder modelliert wird (Abb. 3.4).

Abb. 3.4 Zugstab modelliert als lineare Feder

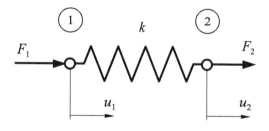

Dies ist dann möglich, wenn

- die Querschnittsfläche A und
- der Elastizitätsmodul E

konstant entlang der Körperachse sind. Die zuvor hergeleitete Dehnsteifigkeit des Zugstabes kann dann mit

$$\frac{F}{\Delta L} = \frac{EA}{L} = k \tag{3.14}$$

als Federkonstante oder Federsteifigkeit einer linearen Feder interpretiert werden. Zur Herleitung der für die Finite-Elemente-Methode gewünschten Steifigkeitsbeziehungen wird ein Gedankenexperiment durchgeführt. Lässt man zunächst bei dem Federmodell nur die Federkraft F_2 wirken und blendet die Federkraft F_1 aus, dann beschreibt die Gleichung

$$F_2 = k\Delta u = k(u_2 - u_1) \tag{3.15}$$

die Beziehung zwischen Federkraft und Längenänderung der Feder. Lässt man anschließend nur die Federkraft F_1 wirken und blendet die Federkraft F_2 aus, dann beschreibt die Gleichung

$$F_1 = k\Delta u = k(u_1 - u_2) \tag{3.16}$$

die Beziehung zwischen Federkraft und Längenänderung der Feder. Beide Situationen lassen sich überlagern und kompakt in Matrixform als

$$\begin{bmatrix} F_1 \\ F_2 \end{bmatrix}^e = \begin{bmatrix} k & -k \\ -k & k \end{bmatrix} \begin{bmatrix} u_1 \\ u_2 \end{bmatrix} \tag{3.17}$$

zusammenfassen. Damit ist die gewünschte Steifigkeitsbeziehung zwischen den Kräften und Verschiebungen an den Knotenpunkten hergeleitet.

Die Leistungsfähigkeit dieses einfachen Modells ist jedoch begrenzt. So lassen sich keine Aussagen über den Verschiebungs-, Verzerrungs- und Spannungsverlauf im Inneren treffen. Hier ist ein aufwändigeres Modell notwendig. Dieses wird im Folgenden vorgestellt.

Zunächst wird der Verschiebungsverlauf $u^e(x)$ im Inneren eines Stabs durch eine Approximationsfunktion $N(x)$ und die Verschiebungen u_p an den Knoten beschrieben:

$$u^e(x) = N(x)\,u_p. \tag{3.18}$$

Für den Zugstab wird der Verschiebungsverlauf im einfachsten Fall linear approximiert (siehe Abb. 3.5).

Abb. 3.5 Lineare
Approximation des
Verschiebungsverlaufes im
Zugstab

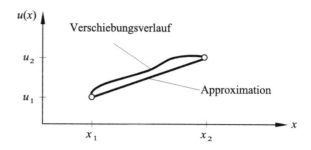

Mit dem Ansatz

$$u^e(x) = \alpha_1 + \alpha_2 x \tag{3.19}$$

lassen sich die Verschiebungen an den Knoten mit

$$\begin{bmatrix} u_1 \\ u_2 \end{bmatrix} = \begin{bmatrix} 1 & x_1 \\ 1 & x_2 \end{bmatrix} \begin{bmatrix} \alpha_1 \\ \alpha_2 \end{bmatrix} \tag{3.20}$$

beschreiben. Nach der Elimination der α_i ergibt sich für den Verlauf der Verschiebungen:

$$u^e(x) = \frac{x_2 - x}{x_2 - x_1} u_1 + \frac{x - x_1}{x_2 - x_1} u_2 \tag{3.21}$$

oder zusammengefasst

$$u^e(x) = \frac{1}{L}(x_2 - x) u_1 + \frac{1}{L}(x - x_1) u_2. \tag{3.22}$$

So lassen sich die Formfunktionen $N_1(x)$ und $N_2(x)$ mit

$$N_1(x) = \frac{1}{L}(x_2 - x) \quad \text{und} \quad N_2(x) = \frac{1}{L}(x - x_1) \tag{3.23}$$

angeben. In kompakter Form ergibt sich damit der Verschiebungsverlauf zu:

$$u^e(x) = N_1(x) u_1 + N_2(x) u_2 = [N_1 \, N_2] \begin{bmatrix} u_1 \\ u_2 \end{bmatrix} = \boldsymbol{N}(x) \boldsymbol{u}_p. \tag{3.24}$$

Über die Kinematikbeziehung ergibt sich der Verlauf der Verzerrungen

$$\varepsilon^e(x) = \frac{d}{dx} u^e(x) = \frac{d}{dx} \boldsymbol{N}(x) \boldsymbol{u}_p = \boldsymbol{B} \boldsymbol{u}_p \tag{3.25}$$

und mit dem Stoffgesetz der Verlauf der Spannungen zu

$$\sigma^e(x) = E\varepsilon^e(x) = E\boldsymbol{B}\boldsymbol{u}_p, \tag{3.26}$$

wobei die Matrix $\boldsymbol{B}$ für die Ableitung der Formfunktionen eingeführt wird. Für die lineare Approximation des Verschiebungsverlaufes ergeben sich die Ableitungen der Formfunktionen zu:

$$\frac{d}{dx} N_1(x) = -\frac{1}{L}, \quad \frac{d}{dx} N_2(x) = \frac{1}{L} \tag{3.27}$$

und damit die Matrix $\boldsymbol{B}$ zu

$$\boldsymbol{B} = \frac{1}{L}\begin{bmatrix} -1 & 1 \end{bmatrix}. \tag{3.28}$$

Für die Herleitung der Elementsteifigkeitsmatrix muss folgendes Integral

$$\boldsymbol{k}^{\mathrm{e}} = \int_{\Omega} \boldsymbol{B}^{\mathrm{T}} \boldsymbol{D} \boldsymbol{B} \, \mathrm{d}\Omega \tag{3.29}$$

ausgewertet werden. Die Stoffmatrix $\boldsymbol{D}$ wird allein durch den Elastizitätsmodul E repräsentiert. Für den Zugstab ergibt sich damit die Steifigkeitsmatrix zu:

$$\boldsymbol{k}^{\mathrm{e}} = AE \int_{L} \frac{1}{L}\begin{bmatrix} -1 \\ 1 \end{bmatrix} \frac{1}{L}\begin{bmatrix} -1 & 1 \end{bmatrix} \mathrm{d}x = \frac{EA}{L^2} L \begin{bmatrix} 1 & -1 \\ -1 & 1 \end{bmatrix}. \tag{3.30}$$

In kompakter Form lautet die Einzelsteifigkeitsmatrix:

$$\boldsymbol{k}^{\mathrm{e}} = \frac{EA}{L}\begin{bmatrix} 1 & -1 \\ -1 & 1 \end{bmatrix}. \tag{3.31}$$

Die Steifigkeitsmatrix lässt sich auch über andere Wege herleiten.

3.2.1   Herleitung über Potenzial

Die elastische Verzerrungsenergie[2] bei einem eindimensionalen Problem nach Abb. 3.1 mit linear-elastischem Materialverhalten ergibt sich zu:

$$\Pi_{\mathrm{int}} = \frac{1}{2}\int_{\Omega} \varepsilon_x \sigma_x \mathrm{d}\Omega. \tag{3.32}$$

Ersetzt man die Spannung und Dehnung mittels der Formulierung nach Gl. (3.26) und (3.25) und beachtet, dass $\mathrm{d}\Omega = A\mathrm{d}x$ gilt, ergibt sich:

$$\Pi_{\mathrm{int}} = \frac{1}{2}\int_{0}^{L} EA \left(\boldsymbol{B}\boldsymbol{u}_{\mathrm{p}}\right)^{\mathrm{T}} \boldsymbol{B}\boldsymbol{u}_{\mathrm{p}}\mathrm{d}x. \tag{3.33}$$

Berücksichtigt man die Beziehung für die Transponierte eines Produktes zweier Matrizen, das heißt $(\boldsymbol{AB})^{\mathrm{T}} = \boldsymbol{B}^{\mathrm{T}}\boldsymbol{A}^{\mathrm{T}}$, ergibt sich

$$\Pi_{\mathrm{int}} = \frac{1}{2}\int_{0}^{L} EA\boldsymbol{u}_{\mathrm{p}}^{\mathrm{T}}\boldsymbol{B}^{\mathrm{T}}\boldsymbol{B}\boldsymbol{u}_{\mathrm{p}}\mathrm{d}x. \tag{3.34}$$

---

[2] Im allgemeinen dreidimensionalen Fall kann man die Form $\Pi_{\mathrm{int}} = \frac{1}{2}\int_{\Omega} \boldsymbol{\varepsilon}^{\mathrm{T}}\boldsymbol{\sigma}\mathrm{d}\Omega$ ansetzen, wobei $\boldsymbol{\sigma}$ und $\boldsymbol{\varepsilon}$ die Spaltenmatrix mit den Spannungs- und Verzerrungskomponenten darstellt.

Da die Knotenwerte keine Funktion von x darstellen, können die beiden Spaltenmatrizen aus dem Integral genommen werden:

$$\Pi_{\text{int}} = \frac{1}{2} \boldsymbol{u}_{\text{p}}^{\text{T}} \left[\int_0^L EA\boldsymbol{B}^{\text{T}}\,\boldsymbol{B}\mathrm{d}x \right] \boldsymbol{u}_{\text{p}}. \tag{3.35}$$

Unter Berücksichtigung der Definition der $\boldsymbol{B}$-Matrix nach Gl. (3.28) ergibt sich hieraus für konstante Dehnsteifigkeit EA:

$$\Pi_{\text{int}} = \frac{1}{2} \boldsymbol{u}_{\text{p}}^{\text{T}} \underbrace{\left[\frac{EA}{L^2} \int_0^L \begin{bmatrix} 1 & -1 \\ -1 & 1 \end{bmatrix} \mathrm{d}x \right]}_{\boldsymbol{k}^{\text{e}}} \boldsymbol{u}_{\text{p}}. \tag{3.36}$$

Letzte Gleichung entspricht der allgemeinen Formulierung der Verzerrungsenergie eines Finiten Elementes

$$\Pi_{\text{int}} = \frac{1}{2} \boldsymbol{u}_{\text{p}}^{\text{T}} \boldsymbol{k}^{\text{e}} \boldsymbol{u}_{\text{p}} \tag{3.37}$$

und erlaubt die Identifikation der Elementsteifigkeitsmatrix $\boldsymbol{k}^{\text{e}}$.

3.2.2 Herleitung über Satz von Castigliano

Ersetzt man in der Formulierung für die elastische Verzerrungsenergie nach Gl. (3.32) die Spannung mittels des HOOKEschen Gesetzes nach Gl. (3.2) und beachtet d$\Omega = A\mathrm{d}x$, ergibt sich:

$$\Pi_{\text{int}} = \frac{1}{2} \int_L EA\varepsilon_x^2 \mathrm{d}x. \tag{3.38}$$

Ersetzt man jetzt die Dehnung mittels der kinematischen Beziehung nach Gl. (3.1) und führt den Ansatz für den Verschiebungsverlauf nach Gl. (3.24) ein, ergibt sich die elastische Verzerrungsenergie schließlich für konstante Dehnsteifigkeit EA zu:

$$\Pi_{\text{int}} = \frac{EA}{2} \int_0^L \left(\frac{\mathrm{d}N_1(x)}{\mathrm{d}x} u_1 + \frac{\mathrm{d}N_2(x)}{\mathrm{d}x} u_2 \right)^2 \mathrm{d}x. \tag{3.39}$$

Anwendung des Satzes von CASTIGLIANO auf die Verzerrungsenergie in Bezug auf die Knotenverschiebung u_1 ergibt die äußere Kraft F_1 am Knoten 1:

$$\frac{\mathrm{d}\Pi_{\mathrm{int}}}{\mathrm{d}u_1} = F_1 = EA \int\limits_0^L \left(\frac{\mathrm{d}N_1(x)}{\mathrm{d}x}u_1 + \frac{\mathrm{d}N_2(x)}{\mathrm{d}x}u_2\right)\frac{\mathrm{d}N_1(x)}{\mathrm{d}x}\,\mathrm{d}x. \qquad (3.40)$$

Entsprechend ergibt sich aus der Differenziation nach der anderen Verformungsgröße:

$$\frac{\mathrm{d}\Pi_{\mathrm{int}}}{\mathrm{d}u_2} = F_2 = EA \int\limits_0^L \left(\frac{\mathrm{d}N_1(x)}{\mathrm{d}x}u_1 + \frac{\mathrm{d}N_2(x)}{\mathrm{d}x}u_2\right)\frac{\mathrm{d}N_2(x)}{\mathrm{d}x}\,\mathrm{d}x. \qquad (3.41)$$

Die beiden Gleichungen nach (3.40) und (3.41) können zu folgender Formulierung zusammengefasst werden:

$$EA \int\limits_0^L \begin{bmatrix} \dfrac{\mathrm{d}N_1(x)}{\mathrm{d}x}\dfrac{\mathrm{d}N_1(x)}{\mathrm{d}x} & \dfrac{\mathrm{d}N_2(x)}{\mathrm{d}x}\dfrac{\mathrm{d}N_1(x)}{\mathrm{d}x} \\[2ex] \dfrac{\mathrm{d}N_1(x)}{\mathrm{d}x}\dfrac{\mathrm{d}N_2(x)}{\mathrm{d}x} & \dfrac{\mathrm{d}N_2(x)}{\mathrm{d}x}\dfrac{\mathrm{d}N_2(x)}{\mathrm{d}x} \end{bmatrix} \mathrm{d}x \begin{bmatrix} u_1 \\ u_2 \end{bmatrix} = \begin{bmatrix} F_1 \\ F_2 \end{bmatrix}. \qquad (3.42)$$

Nach Einführung der Formfunktionen nach Gl. (3.23) und Ausführung der Integration ergibt sich hieraus die in Gl. (3.31) gegebene Elementsteifigkeitsmatrix.

3.2.3 Herleitung über das Prinzip der gewichteten Residuen

Im Folgenden wird die Differenzialgleichung für das Verschiebungsfeld nach Gl. (3.12) betrachtet. In dieser Formulierung wurde angenommen, dass die Dehnsteifigkeit EA konstant ist, und es ergibt sich

$$EA\frac{\mathrm{d}^2 u^0(x)}{\mathrm{d}x^2} + q(x) = 0, \qquad (3.43)$$

wobei $u^0(x)$ die exakte Lösung des Problems darstellt. Die letzte Gleichung mit der exakten Lösung ist an jeder Stelle x des Stabes exakt erfüllt und wird auch als *starke Form* des Problems bezeichnet. Wird die exakte Lösung in Gl. (3.43) durch eine Näherungslösung $u(x)$ ersetzt, ergibt sich ein Residuum oder Rest r zu:

$$r = EA\frac{\mathrm{d}^2 u(x)}{\mathrm{d}x^2} + q(x) \neq 0. \qquad (3.44)$$

Durch Einführung der Näherungslösung $u(x)$ ist es also im Allgemeinen nicht mehr möglich, die Differenzialgleichung an jeder Stelle x des Stabes zu erfüllen. Alternativ wird im Folgenden gefordert, dass die Differenzialgleichung über einem bestimmten Bereich (und nicht mehr an jeder Stelle x) erfüllt wird, und man gelangt zu folgender integraler Forderung

$$\int_0^L W(x) \left(EA \frac{d^2 u(x)}{dx^2} + q(x) \right) dx \overset{!}{=} 0, \qquad (3.45)$$

die auch als *inneres Produkt* bezeichnet wird. In Gl. (3.45) stellt $W(x)$ die sogenannte Gewichtsfunktion dar, die den Fehler oder das Residuum über den betrachteten Bereich verteilt.

Durch partielle Integration[3] des ersten Ausdruckes in der Klammer von Gl. (3.45) ergibt sich

$$\int_0^L \underbrace{W}_{f} \ EA \underbrace{\frac{d^2 u(x)}{dx^2}}_{g'} \ dx = EA \left[W(x) \frac{du(x)}{dx} \right]_0^L - EA \int_0^L \frac{dW(x)}{dx} \frac{du(x)}{dx} dx. \qquad (3.46)$$

Unter Berücksichtigung von Gl. (3.45) ergibt sich hieraus die sogenannte *schwache Form* des Problems zu:

$$EA \int_0^L \frac{dW(x)}{dx} \frac{du(x)}{dx} dx = EA \left[W \frac{du(x)}{dx} \right]_0^L + \int_0^L W(x) q(x) dx. \qquad (3.47)$$

Betrachtet man die schwache Form, so erkennt man, dass durch die partielle Integration eine Ableitung von der Näherungslösung zur Gewichtsfunktion verschoben wurde und sich jetzt bzgl. der Ableitungen eine symmetrische Form ergibt. Diese Symmetrie bzgl. der Ableitung der Näherungslösung und der Gewichtsfunktion wird im Folgenden gewährleisten, dass sich eine symmetrische Elementsteifigkeitsmatrix für das Stabelement ergibt.

Im Folgenden soll zuerst die linke Seite von Gl. (3.47) betrachtet werden, um die Elementsteifigkeitsmatrix für ein lineares Stabelement abzuleiten.

Der Grundgedanke der Finite-Elemente-Methode besteht nun darin, den unbekannten Verschiebungsverlauf $u(x)$ nicht im gesamten Bereich zu approximieren, sondern für einen Unterbereich, den sogenannten Finiten Elementen, den Verschiebungsverlauf mittels

$$u^e(x) = N(x) u_p = [N_1 N_2] \times \begin{bmatrix} u_1 \\ u_2 \end{bmatrix} \qquad (3.48)$$

näherungsweise zu beschreiben. Für die Gewichtsfunktion wird im Rahmen der Finite-Elemente-Methode der gleiche Ansatz wie für die Verschiebungen gewählt:

$$W(x) = \left[N(x) \delta u_p \right]^T = \delta u_p^T N^T(x) = [\delta u_1 \, \delta u_2] \times \begin{bmatrix} N_1 \\ N_2 \end{bmatrix}, \qquad (3.49)$$

---

[3] Eine übliche Darstellung der partiellen Integration zweier Funktionen $f(x)$ und $g(x)$ ist: $\int fg' dx = fg - \int f' g \, dx$.

wobei die δu_i die sogenannten beliebigen oder virtuellen Verschiebungen darstellen. Die Ableitung der Gewichtsfunktion ergibt sich zu

$$\frac{\mathrm{d}W(x)}{\mathrm{d}x} = \frac{\mathrm{d}}{\mathrm{d}x}\left(N\delta u_{\mathrm{p}}\right)^{\mathrm{T}} = \left(B\delta u_{\mathrm{p}}\right)^{\mathrm{T}} = \delta u_{\mathrm{p}}^{\mathrm{T}} B^{\mathrm{T}}. \tag{3.50}$$

Im Folgenden wird sich zeigen, dass die virtuellen Verschiebungen mit einem identischen Ausdruck auf der rechten Seite von Gl. (3.47) gekürzt werden können und keiner weiteren Betrachtung hier bedürfen. Berücksichtigt man die Ansätze für die Verschiebung und die Gewichtsfunktion in der linken Seite von Gl. (3.47), ergibt sich für konstante Dehnsteifigkeit EA:

$$EA \int_0^L \left(\delta u_{\mathrm{p}}^{\mathrm{T}} B^{\mathrm{T}}\right)\left(B u_{\mathrm{p}}\right)\mathrm{d}x \tag{3.51}$$

oder unter Berücksichtigung, dass der Vektor der Knotenverschiebungen als konstant angesehen werden kann:

$$\delta u_{\mathrm{p}}^{\mathrm{T}} EA \underbrace{\int_0^L B^{\mathrm{T}} B \,\mathrm{d}x}_{k^{\mathrm{e}}} u_{\mathrm{p}}. \tag{3.52}$$

Der Ausdruck $\delta u_{\mathrm{p}}^{\mathrm{T}}$ kann mit einem identischen Ausdruck auf der rechten Seite von Gl. (3.47) gekürzt werden und u_{p} stellt den Vektor der unbekannten Knotenverschiebungen dar. Somit kann die Steifigkeitsmatrix mittels der Ableitungen der Formfunktionen nach Gl. (3.28) berechnet werden, und es ergibt sich schließlich die Formulierung nach Gl. (3.31) für die Elementsteifigkeitsmatrix.

Im Folgenden wird die rechte Seite von Gl. (3.47) betrachtet, um den gesamten Lastvektor für ein lineares Stabelement abzuleiten. Der erste Teil der rechten Seite, das heißt

$$EA\left[W\frac{\mathrm{d}u(x)}{\mathrm{d}x}\right]_0^L, \tag{3.53}$$

ergibt mit der Definition der Gewichtsfunktion nach Gl. (3.49)

$$EA\left[\left(N\,\delta u_{\mathrm{p}}\right)^{\mathrm{T}}\frac{\mathrm{d}u(x)}{\mathrm{d}x}\right]_0^L = EA\left[\delta u_{\mathrm{p}}^{\mathrm{T}}\,N^{\mathrm{T}}\frac{\mathrm{d}u(x)}{\mathrm{d}x}\right]_0^L \tag{3.54}$$

oder in Komponenten

$$\delta u_{\mathrm{p}}^{\mathrm{T}} EA\left[\begin{bmatrix} N_1 \\ N_2 \end{bmatrix}\frac{\mathrm{d}u(x)}{\mathrm{d}x}\right]_0^L. \tag{3.55}$$

In der letzten Gleichung können die virtuellen Verschiebungen $\delta u_\mathrm{p}^\mathrm{T}$ mit dem entsprechenden Ausdruck in Gl. (3.52) gekürzt werden. Weiterhin stellt die letzte Gleichung ein System von zwei Gleichungen dar, die an den Integrationsgrenzen bei $x = 0$ und $x = L$ auszuwerten sind. Die erste Zeile ergibt:

$$\left(N_1 EA \frac{\mathrm{d}u}{\mathrm{d}x} \right)_{x=L} - \left(N_1 EA \frac{\mathrm{d}u}{\mathrm{d}x} \right)_{x=0} . \tag{3.56}$$

Unter Beachtung der Randwerte der Formfunktionen, das heißt $N_1(L) = 0$ und $N_1(0) = 1$, ergibt sich hieraus:

$$-EA \frac{\mathrm{d}u}{\mathrm{d}x} \bigg|_{x=0} \overset{(3.10)}{=} -S(x = 0). \tag{3.57}$$

Entsprechend kann der Wert der zweiten Zeile berechnet werden:

$$EA \frac{\mathrm{d}u}{\mathrm{d}x} \bigg|_{x=L} \overset{(3.10)}{=} S(x = L). \tag{3.58}$$

Zu beachten ist hierbei, dass es sich bei den Kräften S um die Schnittreaktionen nach Abb. 3.2 handelt. Die äußeren Lasten mit der positiven Richtung nach Abb. 3.3 ergeben sich somit aus den Schnittreaktionen durch Umkehr der positiven Richtung am linken Rand und durch Beibehaltung der positiven Richtung der Schnittreaktion am rechten Rand.

Der zweite Teil der rechten Seite von Gl. (3.47), das heißt nach Kürzen von δu^T

$$\int_0^L N(x)^\mathrm{T} q(x) \mathrm{d}x, \tag{3.59}$$

stellt die allgemeine Berechnungsvorschrift zur Bestimmung der äquivalenten Knotenlasten im Falle von beliebig verteilten Streckenlasten dar. Exemplarisch sei hier angemerkt, dass die Auswertung von Gl. (3.59) für eine konstante Streckenlast q folgenden Lastvektor ergibt:

$$F_q = \frac{qL}{2} \begin{bmatrix} 1 \\ 1 \end{bmatrix} . \tag{3.60}$$

3.2.4 Herleitung über das Prinzip der virtuellen Arbeit

Das Prinzip der virtuellen Arbeit wurde schon kurz in Kap. 2 angesprochen. Im Folgenden verwenden wir eine Unterart, das heißt das Prinzip der virtuellen Verschiebungen, zur Ableitung der schwachen Form, die als wesentliche Unbekannte die Verschiebungen enthält [2]. Wir betrachten dazu den Zugstab nach Abb. 3.3 ($x_1 = 0$), der an beiden Enden durch

Einzelkräfte belastet ist und sich frei verformen kann. An dieser Stelle sei erneut darauf hingewiesen, dass sich die virtuellen Verschiebungen mit den geometrischen Zwängen vertragen müssen.

Die Gleichgewichtsbeziehung für das Gebiet $\Omega = \,]0, L[$ ergibt sich nach Gl. (3.9) für ein infinitesimal kleines Stabelement zu:

$$\frac{\mathrm{d}S(x)}{\mathrm{d}x} + q(x) = 0. \tag{3.61}$$

Entsprechend können die Gleichgewichtsbeziehungen zwischen den inneren Stabkräften (S_i) und den äußeren Lasten (F_i) an den Rändern $x = 0$ und $x = L$ wie folgt angegeben werden:

$$F_1 + S(0) = 0, \tag{3.62}$$

$$F_2 - S(L) = 0. \tag{3.63}$$

Unter der Einwirkung sogenannter virtueller Verschiebungen δu wird die betrachtete Struktur virtuell aus dem Gleichgewicht gebracht, und die resultierenden Kräfte nach Gl. (3.61) bis (3.63) verrichten mit den virtuellen Verschiebungen eine virtuelle Arbeit:

$$\int_0^L \left(\frac{\mathrm{d}S(x)}{\mathrm{d}x} + q(x) \right) \delta u \mathrm{d}x + (F_2 - S(L))\, \delta u|_L + (F_1 + S(0))\, \delta u|_0 = 0. \tag{3.64}$$

In der letzten Gleichung können die runden Klammern ausmultipliziert werden, so dass man folgenden Ausdruck erhält:

$$\int_0^L \frac{\mathrm{d}S(x)}{\mathrm{d}x}\, \delta u \mathrm{d}x + \int_0^L q(x)\delta u \mathrm{d}x + F_2 \delta u|_L - S(L)\delta u|_L + F_1 \delta u|_0 + S(0)\delta u|_0 = 0. \tag{3.65}$$

Partielle Integration des linken Ausdruckes für die Stabkraft S, das heißt

$$\int_0^L \frac{\mathrm{d}S(x)}{\mathrm{d}x}\, \delta u \mathrm{d}x = \underbrace{S(L)\delta u|_L - S(0)\delta u|_0}_{[S(x)\,\delta u]_0^L} - \int_0^L S(x) \frac{\mathrm{d}\delta u}{\mathrm{d}x}\, \mathrm{d}x, \tag{3.66}$$

erlaubt die Vereinfachung von Gl. (3.65) wie folgt:

$$-\int_0^L S(x) \frac{\mathrm{d}\delta u}{\mathrm{d}x}\, \mathrm{d}x + \int_0^L q(x)\delta u \mathrm{d}x + F_2 \delta u|_L + F_1 \delta u|_0 = 0. \tag{3.67}$$

Ersetzt man in der letzten Gleichung — unter der Annahme konstanter Dehnsteifigkeit EA — die Stabkraft S mittels Beziehung (3.3), das heißt $S(x) = \sigma A$, und verwendet weiterhin das Stoffgesetz nach Gl. (3.2) und die kinematische Beziehung nach Gl. (3.1), ergibt sich die folgende Beziehung:

$$EA \int_0^L \frac{d\delta u}{dx} \frac{du}{dx} \, dx = \int_0^L q(x)\delta u dx + F_2\delta u|_L + F_1\delta u|_0 . \tag{3.68}$$

In der letzten Gleichung ersetzt man den Verschiebungsverlauf mit der Approximation nach Gl. (3.18) und die virtuellen Verschiebungen entsprechend dem Ansatz für die Gewichtsfunktion nach Gl. (3.49), das heißt $\delta u = \delta u_\mathrm{p}^\mathrm{T} \, N^\mathrm{T}(x)$. Somit ergibt sich nach Elimination von $\delta u_\mathrm{p}^\mathrm{T}$ die schwache Form des Problems zu:

$$EA \int_0^L \frac{dN^\mathrm{T}}{dx} \frac{dN}{dx} \, dx \, u_\mathrm{p} = \int_0^L N^\mathrm{T} q(x) dx + F_1 N^\mathrm{T}\big|_0 + F_2 N^\mathrm{T}\big|_L . \tag{3.69}$$

Zum Abschluss soll noch kurz gezeigt werden, dass die Formulierung nach Gl. (3.64) in die innere und äußere virtuelle Arbeit aufgespalten werden kann. Dazu betrachtet man den Zwischenschritt nach Gl. (3.67) und ersetzt die Stabkraft mittels $S = \sigma A = \sigma \int_A dA$, um den folgenden Ausdruck für die gesamte virtuelle Arbeit zu erhalten:

$$\underbrace{- \int_\Omega \frac{d\delta u}{dx} \sigma \, d\Omega}_{\text{innere virtuelle Arbeit}} + \underbrace{\int_0^L q(x)\delta u dx + F_2\delta u|_L + F_1\delta u|_0}_{\text{äußere virtuelle Arbeit}} = 0 . \tag{3.70}$$

3.3 Beispielprobleme und weiterführende Aufgaben

3.3.1 Beispielprobleme

Zugstab mit veränderlichem Querschnitt Bisher wurde die Querschnittsfläche $A(x)$ als konstant entlang der Körperachse angenommen. Als Erweiterung dazu soll der Querschnitt veränderlich sein. Die Querschnittsfläche $A(x)$ soll sich linear entlang der Körperachse ändern (Abb. 3.6). Der Elastizitätsmodul soll weiterhin konstant sein. Gesucht ist die Steifigkeitsmatrix.

Lösung Für der Herleitung der Elementsteifigkeitsmatrix muss das Integral

$$k^\mathrm{e} = \int_\Omega B^\mathrm{T} D B \, d\Omega \tag{3.71}$$

ausgewertet werden. Der Verschiebungsverlauf soll wie in obiger Herleitung linear approximiert werden. Für die Formfunktionen und deren Ableitungen ändert sich damit nichts.

Abb. 3.6 Zugstab mit
veränderlichem Querschnitt

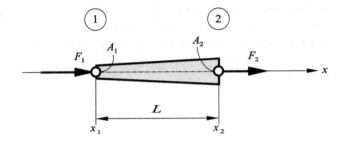

Für die Matrix B ergibt sich

$$B = \frac{1}{L}[-1 \quad 1]. \tag{3.72}$$

Im Gegensatz zum prismatischen Stab mit konstantem Querschnitt verbleibt die Fläche $A(x)$ unter dem Integral. Der konstante Elastizitätsmodul E kann in

$$k^e = \int_L \frac{1}{L}\begin{bmatrix} -1 \\ 1 \end{bmatrix} E \frac{1}{L}[-1 \quad 1] A(x)\,dx \tag{3.73}$$

vor das Integral gezogen werden. Es verbleibt:

$$k^e = \frac{E}{L^2}\begin{bmatrix} 1 & -1 \\ -1 & 1 \end{bmatrix} \int_L A(x)\,dx. \tag{3.74}$$

Der lineare Verlauf der Querschnittsfläche lässt sich durch

$$A(x) = A_1 + \frac{A_2 - A_1}{L}x \tag{3.75}$$

beschreiben. Nach der Durchführung der Integration

$$\int_L A(x)\,dx = \int_L \left[A_1 + \frac{A_2 - A_1}{L}x\right]dx = \frac{1}{2}(A_1 + A_2)L \tag{3.76}$$

ergibt sich die Steifigkeitsmatrix

$$k^e = \frac{E}{L}\frac{1}{2}(A_1 + A_2)\begin{bmatrix} 1 & -1 \\ -1 & 1 \end{bmatrix} \tag{3.77}$$

für einen Zugstab mit linear veränderlicher Querschnittsfläche.

Zugstab unter Eigengewicht Gegeben sei ein Stab der Länge L mit konstanter Querschnittsfläche A, konstantem Elastizitätsmodul E und konstanter Dichte ρ entlang der Stabachse. Der Stab wird nur durch sein Eigengewicht belastet (siehe Abb. 3.7).

Abb. 3.7 Stab unter
Eigengewicht

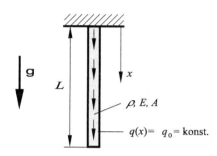

Gesucht sind:

1. Die analytische Lösung und
2. die Finite-Elemente-Lösung für ein einziges Stabelement mit linearer Approximation des Verschiebungsverlaufes.

Analytische Lösung

Grundlage der analytischen Lösung ist Gl. (3.12). Die Gewichtskraft ist als kontinuierlich verteilte Last $q(x)$ zu interpretieren, die über die Stablänge konstant ist:

$$q(x) = q_0 = \rho\, g\, A. \tag{3.78}$$

Ausgehend von der Differenzialgleichung 2. Ordnung

$$EAu''(x) = -q_0, \tag{3.79}$$

erhält man durch einmalige Integration die erste Ableitung der Verschiebung

$$EAu'(x) = -q_0 x + c_1, \tag{3.80}$$

und durch eine weitere Integration die Funktion der Verschiebung:

$$EAu(x) = -\frac{1}{2} q_0\, x^2 + c_1\, x + c_2. \tag{3.81}$$

Die Konstanten c_1 und c_2 werden durch die Randbedingungen angepasst. An der Einspannstelle ist die Verschiebung Null und es gilt:

$$u(x = 0) = 0 \quad \Rightarrow \quad c_2 = 0. \tag{3.82}$$

Das Stabende ist kräftefrei und aus Gl. (3.80) ergibt sich:

$$EAu'(x = L) = 0 \quad \Rightarrow \quad -q_0L + c_1 = 0 \quad \Rightarrow \quad c_1 = q_0L. \tag{3.83}$$

Setzt man die Konstanten c_1 und c_2 mit dem Ausdruck für die Streckenlast ein, ergibt sich für das Verschiebungsfeld entlang der Stabachse

$$u(x) = \frac{1}{EA}\left[-\frac{1}{2}q_0x^2 + q_0Lx\right] = \frac{\rho gL^2}{E}\left[-\frac{1}{2}\left(\frac{x}{L}\right)^2 + \left(\frac{x}{L}\right)\right] \tag{3.84}$$

und das Verzerrungsfeld zu

$$\varepsilon(x) = \frac{du(x)}{dx} = \frac{\rho gL}{E}\left[1 - \frac{x}{L}\right] \tag{3.85}$$

und das Spannungsfeld zu

$$\sigma(x) = E\varepsilon(x) = \rho gL\left[1 - \frac{x}{L}\right]. \tag{3.86}$$

Finite-Elemente-Lösung zum Zugstab unter Eigengewicht

Grundlage für die Finite-Elemente-Lösung ist die Steifigkeitsbeziehung

$$\begin{bmatrix} k & -k \\ -k & k \end{bmatrix}\begin{bmatrix} u_1 \\ u_2 \end{bmatrix} = \frac{1}{2}q_0L\begin{bmatrix} 1 \\ 1 \end{bmatrix} \tag{3.87}$$

mit linearer Approximation des Verschiebungsverlaufes. Setzt man für die Steifigkeit k und die Streckenlast q_0 die Formulierungen

$$k = \frac{EA}{L}, \quad q_0 = \rho gA \tag{3.88}$$

ein, ergibt sich die kompakte Form

$$\begin{bmatrix} 1 & -1 \\ -1 & 1 \end{bmatrix}\begin{bmatrix} u_1 \\ u_2 \end{bmatrix} = \frac{1}{2}\frac{\rho gL^2}{E}\begin{bmatrix} 1 \\ 1 \end{bmatrix}, \tag{3.89}$$

aus der sich nach Einbringen der Randbedingung ($u_1 = 0$) die Verschiebung am unteren Stabende

$$u_2 = \frac{1}{2}\frac{\rho gL^2}{E} \tag{3.90}$$

direkt ablesen lässt. Die Verschiebung am Stabende stimmt mit der analytischen Lösung überein. Im Inneren des Stabes wird der Verschiebungsverlauf linear dargestellt. Der Fehler gegenüber der analytischen Lösung mit einem quadratischen Verlauf kann durch den Einsatz von mehr Elementen oder Elementen mit quadratischen Ansatzfunktionen vermindert oder beseitigt werden.

Zugstab unter Eigengewicht, zwei Elemente Gegeben sei der Zugstab der Länge L unter Eigengewicht wie in Aufgabe 3.2. Zur Ermittlung der Lösung auf Basis der FE-Methode sollen *zwei* Elemente mit linearem Verschiebungsansatz herangezogen werden.

Lösung Grundlage für die Lösung ist die Einzelsteifigkeitsbeziehung für den Stab unter Berücksichtigung einer kontinuierlichen Streckenlast. Die Gesamtsteifigkeitsbeziehung bei zwei Elementen erhält man durch den Aufbau aus zwei Einzelsteifigkeitsbeziehungen[4]. Mit den Formulierungen für die Steifigkeit k und die Streckenlast q_0

$$k = \frac{EA}{L}, \quad q_0 = \rho g A \tag{3.91}$$

ergibt sich die kompakte Form

$$\frac{EA}{\frac{1}{2}L} \begin{bmatrix} 1 & -1 & 0 \\ -1 & 1+1 & -1 \\ 0 & -1 & 1 \end{bmatrix} \begin{bmatrix} u_1 \\ u_2 \\ u_3 \end{bmatrix} = \frac{1}{2} \rho g A \frac{1}{2} L \begin{bmatrix} 1 \\ 1+1 \\ 1 \end{bmatrix}. \tag{3.92}$$

Aufgrund der Randbedingungen ($u_1 = 0$) kann die erste Zeile und Spalte gestrichen werden. Es verbleibt ein Gleichungssystem mit zwei Unbekannten

$$\begin{bmatrix} 2 & -1 \\ -1 & 1 \end{bmatrix} \begin{bmatrix} u_2 \\ u_3 \end{bmatrix} = \frac{1}{8} \frac{\rho g L^2}{E} \begin{bmatrix} 2 \\ 1 \end{bmatrix}, \tag{3.93}$$

aus dem sich nach einer kurzen Umformung

$$\begin{bmatrix} 2 & -1 \\ 0 & 1 \end{bmatrix} \begin{bmatrix} u_2 \\ u_3 \end{bmatrix} = \frac{1}{8} \frac{\rho g L^2}{E} \begin{bmatrix} 2 \\ 4 \end{bmatrix} \tag{3.94}$$

die Verschiebung am Endknoten zu

$$u_3 = \frac{1}{2} \frac{\rho g L^2}{E} \tag{3.95}$$

und durch Rückeinsetzen in Gl. (3.94) die Verschiebung am Mitten-knoten zu

$$u_2 = \frac{1}{2} \left[\frac{1}{2} + \frac{1}{8} \right] \frac{\rho g L^2}{E} = \frac{3}{8} \frac{\rho g L^2}{E} \tag{3.96}$$

ermitteln lassen.

---

[4] Die FE-Lösung wird hier knapp dargestellt. Eine umfangreiche Herleitung zum Aufbau einer Gesamtsteifigkeitsmatrix, zum Einbringen von Randbedingungen und zum Ermitteln der Unbekannten wird in Kap. 7 vorgestellt.

3.3.2   Weiterführende Aufgaben

Zugstab mit quadratischer Approximation   Gegeben sei ein prismatischer Zugstab der Länge L mit konstantem Querschnitt A und Elastizitätsmodul E. Im Gegensatz zu obiger Herleitung soll der Verschiebungsverlauf im Inneren des Stabelementes mit einer quadratischen Ansatzfunktion approximiert werden. Gesucht ist die Steifigkeitsmatrix.

Zugstab mit veränderlichem Querschnitt und quadratischer Approximation   Die Querschnittsfläche $A(x)$ soll sich linear entlang der Körperachse ändern. Der Elastizitätsmodul soll weiterhin konstant sein. Der Verschiebungsverlauf im Inneren des Stabelementes soll mit einer quadratischen Ansatzfunktion approximiert werden.

Literatur

1. Altenbach H (2012) Kontinuumsmechanik: Einführung in die materialunabhängigen und materialabhängigen Gleichungen. Springer-Verlag, Berlin
2. Argyris JH, Mlejnek H-P (1986) Die Methode der finiten Elemente in der elementaren Strukturmechanik. Band 1. Verschiebungsmethode in der Statik. Friedrich Vieweg & Sohn, Braunschweig
3. Betten J (2001) Kontinuumsmechanik: Elastisches und inelastisches Verhalten isotroper und anisotroper Stoffe. Springer-Verlag, Berlin
4. Betten J (2004) Finite Elemente für Ingenieure 1: Grundlagen, Matrixmethoden, Elastisches Kontinuum. Springer-Verlag, Berlin
5. Betten J (2004) Finite Elemente für Ingenieure 2: Variationsrechnung, Energiemethoden, Näherungsverfahren, Nichtlinearitäten, Numerische Integrationen. Springer-Verlag, Berlin
6. Gross D, Hauger W, Schröder J, Wall WA (2009) Technische Mechanik 2: Elastostatik. Springer-Verlag, Berlin
7. Gross D, Hauger W, Schröder J, Werner EA (2008) Hydromechanik, Elemente der Höheren Mechanik, Numerische Methoden. Springer-Verlag, Berlin
8. Klein B (2000) FEM, Grundlagen und Anwendungen der Finite-Elemente-Methode. Vieweg-Verlag, Wiesbaden
9. Kwon YW, Bang H (2000) The finite element method using MATLAB. CRC, Boca Raton
10. Oden JT, Reddy JN (1976) Variational methods in theoretical mechanics. Springer-Verlag, Berlin
11. Steinbuch R (1998) Finite Elemente - Ein Einstieg. Springer-Verlag, Berlin
12. Szabó I (1996) Geschichte der mechanischen Prinzipien und ihrer wichtigsten Anwendungen. Birkhäuser Verlag, Basel

Analogien zum Dehnstab

4

Zusammenfassung

In Analogie zum Dehnstab werden Stabelemente entwickelt, anhand derer sich die Torsion und die stationäre Wärmeleitung modellieren lassen. Betrachtet werden prismatische Stäbe, die Ausführungen für die Torsion beschränken sich auf Kreisquerschnitte.

4.1 Grundlegende Beschreibungen zum Torsionsstab

Im einfachsten Fall lässt sich der Torsionsstab als prismatischer Körper mit konstantem Kreisquerschnitt (Außenradius R) und konstantem Schubmodul G definieren, der in Richtung der Körperachse mit einem Torsionsmoment M belastet wird. In Abb. 4.1 ist der Torsionsstab a) mit Lasten und b) freigeschnitten dargestellt.

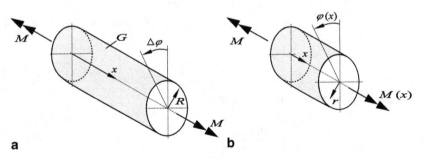

a   b

Abb. 4.1 Torsionsstab (**a**) unter Last und (**b**) freigeschnitten

© Springer-Verlag Berlin Heidelberg 2014
M. Merkel, A. Öchsner, *Eindimensionale Finite Elemente*,
DOI 10.1007/978-3-642-54482-8_4

Abb. 4.2 Torsionsstab mit
Zustandsgrößen

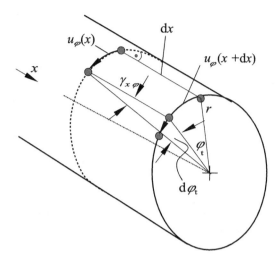

Gesucht sind

* die Verdrehung $\Delta\varphi$ der Endquerschnitte,
* die Verdrehung $\varphi(x)$, die Schiebung $\gamma(x)$ und die Schubspannung $\tau(x)$ an einem
  Querschnitt im Inneren des Stabes

in Abhängigkeit der äußeren Last.

Aus der Festigkeitslehre sind die drei elementaren Gleichungen bekannt. Die Zusam-
menhänge der kinematischen Zustandsgrößen werden in Abb. 4.2 unter Berücksichtigung
eines zylindrischen Koordinatensystems (x, r, φ) dargestellt.[1]

Die Kinematik beschreibt die Beziehung zwischen der Schiebung und der Winkeländerung:

$$\gamma(x) = \frac{\mathrm{d}u_\varphi}{\mathrm{d}x} = r\,\frac{\mathrm{d}\varphi(x)}{\mathrm{d}x}\,. \tag{4.1}$$

Das Stoffgesetz beschreibt die Beziehung zwischen der Schubspannung und der Schiebung
mit

$$\tau(x) = G\gamma(x)\,. \tag{4.2}$$

Das Schnittmoment $M(x)$ errechnet sich nach

$$M(x) = \int_A r\,\tau(x)\mathrm{d}A\,, \tag{4.3}$$

---

[1] Neben der Schiebung $\gamma_{x\varphi}(r,x)$ und der Verformung $u_\varphi(x,r)$ treten bei der Torsion kreisförmiger
Querschnitte keine weiteren Verformungsgrößen auf. Aus Gründen der Übersichtlichkeit wird auf
die Indizierung bei eindeutigen Größen verzichtet.

und mit der Kinematikbeziehung aus Gl. (4.1) und dem Stoffgesetz aus Gl. (4.2) folgt

$$M(x) = G\frac{d\varphi}{dx} \int_A r^2 dA = GI_\text{p}\frac{d\varphi}{dx}\,. \tag{4.4}$$

Damit lässt sich das elastische Verhalten bezüglich der Torsion durch

$$\frac{d\varphi(x)}{dx} = \frac{M(x)}{GI_\text{p}} \tag{4.5}$$

beschreiben. Auf Basis dieser Gleichung lässt sich zügig der Zusammenhang zwischen der Verdrehung $\Delta\varphi$ der beiden Endquerschnitte und des Torsionsmoments M beschreiben:

$$\Delta\varphi = \frac{M}{GI_\text{p}}L\,. \tag{4.6}$$

Der Ausdruck GI_p wird als Torsionssteifigkeit bezeichnet. Für den Torsionsstab ergibt sich aus dem Verhältnis zwischen Moment und Verdrehung der Endquerschnitte die Steifigkeit:

$$\frac{M}{\Delta\varphi} = \frac{GI_\text{p}}{L}\,. \tag{4.7}$$

Zur Herleitung der Differenzialgleichung wird das Gleichgewicht am infinitesimal kleinen Torsionsstabelement betrachtet (siehe Abb. 4.3). Als Last wirkt eine kontinuierlich verteilte Streckenlast $m_\text{t}(x)$ in der Einheit Moment pro Länge.

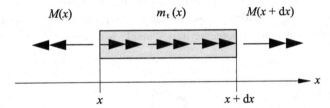

Abb. 4.3 Gleichgewicht am infinitesimal kleinen Torsionsstabelement

Das Gleichgewicht in Richtung der Körperachse liefert:

$$-M(x) + m_\text{t}(x)\,dx + M(x + dx) = 0\,. \tag{4.8}$$

Nach einer Reihenentwicklung von $M(x + dx) = M(x) + dM(x)$ ergibt sich

$$-M(x) + m_\text{t}(x)\,dx + M(x) + dM(x) = 0 \tag{4.9}$$

oder kurz:

$$\frac{dM(x)}{dx} + m_\text{t}(x) = 0\,. \tag{4.10}$$

Die Gl. (4.1), (4.2) und (4.3) für die Kinematik, das Stoffgesetz und das Gleichgewicht gelten weiterhin. Setzt man Gl. (4.1) und (4.2) in (4.3) ein, erhält man

$$GI_\text{p}(x)\,\frac{\text{d}\varphi(x)}{\text{d}x} = M(x)\,.\tag{4.11}$$

Nach Differenziation und Einsetzen von Gl. (4.10) erhält man

$$\frac{\text{d}}{\text{d}x}\left[GI_\text{p}(x)\,\frac{\text{d}\varphi(x)}{\text{d}x}\right] + m_\text{t}(x) = 0\tag{4.12}$$

als Differenzialgleichung für einen Torsionsstab mit kontinuierlicher Streckenlast. Dies ist eine Differenzialgleichung 2. Ordnung in den Verdrehungen. Bei konstanter Torsionssteifigkeit GI_p vereinfacht sich der Ausdruck zu

$$GI_\text{p}\,\frac{\text{d}^2\varphi(x)}{\text{d}x^2} + m_\text{t}(x) = 0\,.\tag{4.13}$$

4.2 Das Finite Element Torsionsstab

Die Behandlung des Torsionsstabes erfolgt analog zu der des Zugstabes. Die Vorgehensweise ist identisch. Die im Rahmen der FE-Methode auftretenden Vektoren und Matrizen ähneln sich.

Der Torsionsstab sei definiert als primatischer Körper mit konstantem Kreisquerschnitt (Außenradius R) entlang der Körperachse. An den beiden Enden des Torsionsstabes werden Knoten eingeführt, an denen Momente und Winkel, wie in Abb. 4.4 skizziert, positiv definiert sind.

Abb. 4.4 Definition für das Finite Element Torsionsstab

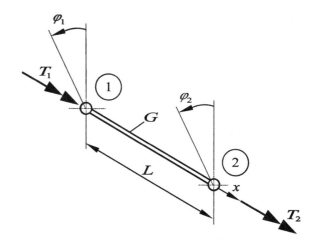

Ziel ist es, für dieses Element eine Steifigkeitsbeziehung in der Form

$$\boldsymbol{T}^{e} = \boldsymbol{k}^{e}\,\boldsymbol{\varphi}_{p} \tag{4.14}$$

oder

$$\begin{bmatrix} T_1 \\ T_2 \end{bmatrix} = \begin{bmatrix} \cdot & \cdot \\ \cdot & \cdot \end{bmatrix} \begin{bmatrix} \varphi_1 \\ \varphi_2 \end{bmatrix} \tag{4.15}$$

zu gewinnen. Mit dieser Steifigkeitsbeziehung kann das Torsionsstabelement in ein Tragwerk eingebunden werden.

Zunächst wird ein einfacher Lösungsweg vorgestellt, bei dem der Torsionsstab als lineare Torsionsfeder modelliert wird. Dies ist dann möglich, wenn die Torsionssteifigkeit GI_p konstant entlang der Körperachse ist. Die zuvor hergeleitete Steifigkeit des Torsionsstabes kann dann mit

$$\frac{GI_p}{L} = k_t \tag{4.16}$$

als Federkonstante oder Federsteifigkeit einer linearen Torsionsfeder interpretiert werden. Um Verwechslungen mit der Steifigkeit des Zugstabes zu vermeiden, soll die Torsionssteifigkeit mit dem Index t herausgestellt werden.

Zur Herleitung der für die Finite-Elemente-Methode gewünschten Steifigkeitsbeziehungen wird ein Gedankenexperiment durchgeführt. Lässt man zunächst bei dem Federmodell nur das Torsionsmoment T_2 wirken und blendet das Moment T_1 aus, dann beschreibt die Gleichung

$$T_2 = k_t \Delta\varphi = k_t(\varphi_2 - \varphi_1) \tag{4.17}$$

die Beziehung zwischen Federmoment und Verdrehwinkel der Endquerschnitte. Lässt man anschließend nur das Torsionsmoment T_1 wirken und blendet das Moment T_2 aus, dann beschreibt die Gleichung

$$T_1 = k_t \Delta\varphi = k_t(\varphi_1 - \varphi_2) \tag{4.18}$$

die Beziehung zwischen Federmoment und Verdrehwinkel der Endquerschnitte. Beide Situationen lassen sich überlagern und kompakt in Matrixform als

$$\begin{bmatrix} T_1 \\ T_2 \end{bmatrix}^{e} = \begin{bmatrix} k_t & -k_t \\ -k_t & k_t \end{bmatrix} \begin{bmatrix} \varphi_1 \\ \varphi_2 \end{bmatrix} \tag{4.19}$$

zusammenfassen. Damit ist die gewünschte Steifigkeitsbeziehung zwischen den Torsionsmomenten und Verdrehungen an den Knotenpunkten hergeleitet. Die Einzelsteifigkeitsmatrix für das Finite Element Torsionsstab lautet

$$\boldsymbol{k}^{e} = k_t \begin{bmatrix} 1 & -1 \\ -1 & 1 \end{bmatrix} = \frac{GI_p}{L} \begin{bmatrix} 1 & -1 \\ -1 & 1 \end{bmatrix} \tag{4.20}$$

und ähnelt der Steifigkeitsmatrix für den Zugstab.

Die Feldgrößen im Inneren des Elementes werden durch die Knotenwerte und Form-funktionen approximiert. Auf die Herleitung dieser Beschreibung und die Herleitung der Steifigkeitsbeziehung auf anderen Wegen wird verzichtet. Die Vorgehensweisen sind identisch zum Zugstab.

4.3 Grundlegende Beschreibungen zum Temperaturstab

Im einfachsten Fall lässt sich die stationäre Wärmeleitung durch stationären eindimensionalen Wärmetransport beschreiben. Durch einen prismatischen Körper mit der Querschnittsfläche A fließt der Wärmestrom $\dot{Q}$ zwischen den beiden Enden mit unterschiedlichem Temperaturniveau. In Abb. 4.5a ist der Stab mit Temperaturen und Wärmestrom an jedem Ende und in 4.5b freigeschnitten dargestellt.

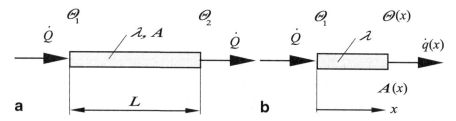

Abb. 4.5 Stab zur stationären Wärmeleitung (**a**) mit Zustandsgrößen und (**b**) freigeschnitten

In dem einfachen Modell wird angenommen, dass die Mantelfläche des Stabes perfekt isoliert ist. Auf einer Seite wird Wärme zugeführt, auf der anderen abgeführt.

Gesucht sind

- die Temperaturen Θ_1, Θ_2 oder
- die Wärmeströme $\dot{Q}$ an den Enden des Stabes und
- der Temperaturverlauf $\Theta(x)$ im Inneren des Stabes

in Abhängigkeit der gegebenen Randbedingungen für Temperatur und Wärmestrom an den Stabenden. Die Temperatur Θ wird in der Einheit [K], der Wärmestrom $\dot{Q}$ in [W], die Wärmestromdichte $\dot{q}$ in [W/m^2] und die Wärmeleitfähigkeit λ in [W/m K] angegeben.

Die Fouriergleichung der stationären Wärmeleitung

$$\dot{q}(x) = -\lambda \, \text{grad} \, \Theta \tag{4.21}$$

beschreibt den Zusammenhang zwischen der Wärmestromdichte und dem Temperaturgefälle. Für den eindimensionalen Wärmetransport lässt sich die Gleichung als

$$-\lambda \frac{d\Theta(x)}{dx} = \frac{\dot{Q}(x)}{A(x)} \, . \tag{4.22}$$

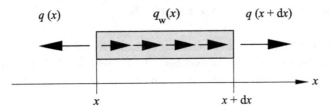

Abb. 4.6 Gleichgewicht am infinitesimal kleinen Element

formulieren. Damit lässt sich zügig der Zusammenhang zwischen der Temperaturdifferenz $\Delta\Theta$ der beiden Endquerschnitte und des Wärmestroms $\dot{Q}$ beschreiben:

$$\dot{Q} = -\frac{\lambda A}{L}\Delta\Theta. \tag{4.23}$$

Für den Temperaturstab ergibt sich das Verhältnis zwischen Wärmestrom und Temperaturdifferenz der Endquerschnitte zu:

$$\frac{\dot{Q}}{\Delta\Theta} = -\frac{\lambda A}{L}. \tag{4.24}$$

Während Gl. 4.21 eine Vektorgleichung repräsentiert stellen die beiden letzten Gleichungen nur einen zahlenmäßigen Zusammenhang zwischen den beteiligten Größen dar. Unter Berücksichtung der Richtung des Wärmestroms und der Flächennormalen an den Endquerschnitten wird eine physikalische Interpretation wieder möglich.

Zur Herleitung der Differenzialgleichung wird das Gleichgewicht am infinitesimal kleinen Temperaturstabelement betrachtet (siehe Abb. 4.6). Als Last wirkt eine kontinuierlich verteilte Streckenlast $q_w(x)$ in der Einheit Wärmestromdichte pro Länge [W/m^3].

Das Gleichgewicht in Richtung der Körperachse liefert:

$$-\dot{q}(x) + \dot{q}_w(x)\,\mathrm{d}x + \dot{q}(x + \mathrm{d}x) = 0. \tag{4.25}$$

Nach der Reihenentwicklung von $\dot{q}(x + \mathrm{d}x) = \dot{q}(x) + \mathrm{d}\dot{q}(x)$ ergibt sich

$$-\dot{q}(x) + \dot{q}_w(x)\,\mathrm{d}x + \dot{q}(x) + \mathrm{d}\dot{q}(x) = 0 \tag{4.26}$$

oder kurz:

$$-\frac{\mathrm{d}\dot{q}(x)}{\mathrm{d}x} + \dot{q}_w(x) = 0. \tag{4.27}$$

Nach Einsetzen der Gl. (4.21) in die Gl. (4.27) erhält man

$$\frac{\mathrm{d}}{\mathrm{d}x}\left[\lambda\,\frac{\mathrm{d}\Theta(x)}{\mathrm{d}x}\right] + \dot{q}_w(x) = 0 \tag{4.28}$$

als Differenzialgleichung für die Wärmeleitung mit kontinuierlicher Streckenlast. Dies ist eine Differenzialgleichung 2. Ordnung in der Temperatur. Bei konstanter Wärmeleitfähigkeit λ vereinfacht sich der Ausdruck zu

$$\lambda\,\frac{\mathrm{d}^2\Theta(x)}{\mathrm{d}x^2} + \dot{q}_w(x) = 0. \tag{4.29}$$

4.4   Das Finite Element Temperaturstab

Die Behandlung des Stabes zur eindimensionalen stationären Wärmeleitung erfolgt analog zu der des Zugstabes und des Torsionsstabes. Die Vorgehensweise ist identisch. Die im Rahmen der FE-Methode auftretenden Vektoren und Matrizen ähneln sich.

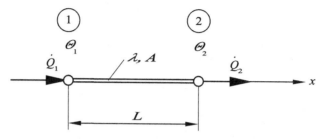

Abb. 4.7 Definition für das Finite Element Temperaturstab

Der Temperaturstab sei definiert als primatischer Körper mit konstantem Querschnitt A entlang der Körperachse. An den beiden Enden des Temperaturstabes werden Knoten eingeführt, an denen Temperaturen und Wärmeströme wie in Abb. 4.7 skizziert definiert sind. Ziel ist es, für dieses Element eine Beziehung in der Form

$$\dot{Q} = k^{e}\,\Theta \tag{4.30}$$

oder

$$\begin{bmatrix} \dot{Q}_1 \\ \dot{Q}_2 \end{bmatrix} = \begin{bmatrix} \cdot & \cdot \\ \cdot & \cdot \end{bmatrix} \begin{bmatrix} \Theta_1 \\ \Theta_2 \end{bmatrix} \tag{4.31}$$

zu gewinnen. Mit dieser Beziehung kann das Temperaturstabelement in ein Tragwerk eingebunden werden.

Zunächst wird ein einfacher Lösungsweg ohne Wärmequellen und -senken vorgestellt. Die Wärmeleitfähigkeit λ und die Querschnittsfläche A sollen konstant entlang der Körperachse sein. Die zuvor hergeleitete Beziehung

$$-\frac{\lambda A}{L} = k_{\Theta} \tag{4.32}$$

kann analog zu einer Steifigkeit interpretiert werden. Um Verwechslungen mit den Steifigkeiten des Zug- oder Torsionsstabes zu vermeiden, soll die Konstante mit dem Index Θ herausgestellt werden.

Zur Herleitung der für die Finite-Elemente-Methode gewünschten Beziehungen wird ein Gedankenexperiment durchgeführt. Lässt man zunächst nur den Wärmefluss $\dot{Q}_2$ wirken und blendet den Wärmefluss $\dot{Q}_1$ aus, dann beschreibt die Gleichung

$$\dot{Q}_2 = k_{\Theta}\,\Delta\Theta = k_{\Theta}(\Theta_2 - \Theta_1) \tag{4.33}$$

die Beziehung zwischen Wärmefluss und Temperaturdifferenz der Endquerschnitte. Lässt man anschließend nur den Wärmefluss $\dot{Q}_1$ wirken und blendet den Wärmefluss $\dot{Q}_2$ aus, dann beschreibt die Gleichung

$$\dot{Q}_1 = k_\Theta \Delta\Theta = k_\Theta(\Theta_1 - \Theta_2) \tag{4.34}$$

die Beziehung zwischen Wärmestrom und Temperaturdifferenz der Endquerschnitte. Beide Situationen lassen sich überlagern und kompakt in Matrixform als

$$\begin{bmatrix} \dot{Q}_1 \\ \dot{Q}_2 \end{bmatrix}^e = \begin{bmatrix} k_\Theta & -k_\Theta \\ -k_\Theta & k_\Theta \end{bmatrix} \begin{bmatrix} \Theta_1 \\ \Theta_2 \end{bmatrix} \tag{4.35}$$

zusammenfassen. Damit ist die gewünschte Beziehung zwischen den Wärmeströmen und den Temperaturen an den Knotenpunkten hergeleitet.

Die Matrix für das Finite Element Temperaturstab lautet

$$\boldsymbol{k}^e = k_\Theta \begin{bmatrix} 1 & -1 \\ -1 & 1 \end{bmatrix} = -\frac{\lambda A}{L} \begin{bmatrix} 1 & -1 \\ -1 & 1 \end{bmatrix} \tag{4.36}$$

und ähnelt der Steifigkeitsmatrix für den Zug- und Torsionsstab.

Die Temperaturen im Inneren des Elementes werden durch die Knotenwerte und Formfunktionen approximiert.

4.4.1 Beispiel

Ein prismatischer Stab der Länge $2L$ mit dem konstanten Querschnitt A weist zwei Bereiche mit verschiedenen Materialeigenschaften auf. Der linke Teilbereich I hat die Wärmeleitfähigkeit λ^{I}, der rechte Teilbereich II die Wärmeleitfähigkeit λ^{II}. Am linken Stabende (Position B) beträgt die Temperatur 500 K, am rechten Stabende (Position D) fließt ein Wärmestrom von 0,1 W (Abb. 4.8).

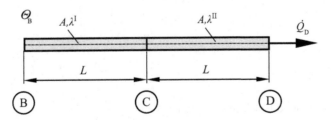

Abb. 4.8 Beispiel zur eindimensionalen Wärmeleitung

Unter der Annahme einer eindimensionalen Wärmeleitung wird die Temperatur an der Koppelstelle zwischen den Teilbereichen (Position C) und am rechten Stabende gesucht,

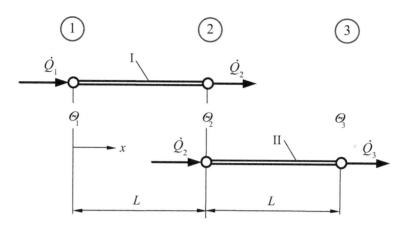

Abb. 4.9 Diskretisiertes Beispiel zur eindimensionalen Wärmeleitung

sowie der Wärmestrom am linken Stabende.

Gegeben: $L = 1$ m, $A = 10^{-4} m^2$, $\Theta_B = 500$ K, $\dot{Q}_D = 0{,}1$ W,
$\lambda^I = 10^{-3}$ W/mK, $\lambda^{II} = 2 \times 10^{-3}$ W/mK.
Lösung
   Der Stab wird mit zwei Finiten Elementen diskretisiert (Abb. 4.9).
   Für das Element I gilt die Beziehung

$$k^I \begin{bmatrix} 1 & -1 \\ -1 & 1 \end{bmatrix} \begin{bmatrix} \Theta_1 \\ \Theta_2 \end{bmatrix}^I = \begin{bmatrix} \dot{Q}_1 \\ \dot{Q}_2 \end{bmatrix}^I \qquad (4.37)$$

mit

$$k^I = -\frac{\lambda^I A}{L} . \qquad (4.38)$$

Für das Element II gilt die Beziehung

$$k^{II} \begin{bmatrix} 1 & -1 \\ -1 & 1 \end{bmatrix}^{II} \begin{bmatrix} \Theta_2 \\ \Theta_3 \end{bmatrix}^{II} = \begin{bmatrix} \dot{Q}_2 \\ \dot{Q}_3 \end{bmatrix}^{II} \qquad (4.39)$$

mit

$$k^{II} = -\frac{\lambda^{II} A}{L} . \qquad (4.40)$$

Das Gesamtsystem wird beschrieben durch

$$\begin{bmatrix} k^I & -k^I & 0 \\ -k^I & k^I + k^{II} & -k^{II} \\ 0 & -k^{II} & k^{II} \end{bmatrix} \begin{bmatrix} \Theta_1 \\ \Theta_2 \\ \Theta_3 \end{bmatrix} = \begin{bmatrix} \dot{Q}_1 \\ \dot{Q}_2 \\ \dot{Q}_3 \end{bmatrix} . \qquad (4.41)$$

Mit den Zahlenwerten lautet die Beziehung

$$-10^{-3} W/K \begin{bmatrix} 1 & -1 & 0 \\ -1 & 3 & -2 \\ 0 & -2 & 2 \end{bmatrix} \begin{bmatrix} 500K \\ \Theta_2 \\ \Theta_3 \end{bmatrix} = \begin{bmatrix} \dot{Q}_1 \\ 0 \\ 0,1W \end{bmatrix}. \tag{4.42}$$

Unter Berücksichtung der Randbedingungen einsteht das reduzierte Gleichungssystem

$$\begin{bmatrix} 3 & -2 \\ -2 & 2 \end{bmatrix} \begin{bmatrix} \Theta_2 \\ \Theta_3 \end{bmatrix} = \begin{bmatrix} 500K \\ -100K \end{bmatrix}. \tag{4.43}$$

Daraus lassen sich zunächst $\Theta_2 = 400K$ und $\Theta_3 = 350K$ ermitteln. Der Wärmestrom $\dot{Q}_1$ ergibt sich durch Rückeinsetzen zu 0,1 W.

Literatur

1. Betten J (2004) Finite Elemente für Ingenieure 1: Grundlagen, Matrixmethoden, Elastisches Kontinuum. Springer-Verlag, Berlin
2. Betten J (2004) Finite Elemente für Ingenieure 2: Variationsrechnung, Energiemethoden, Näherungsverfahren, Nichtlinearitäten, Numerische Integrationen. Springer-Verlag, Berlin
3. Gross D, Hauger W, Schröder J, Wall WA (2009) Technische Mechanik 2: Elastostatik. Springer-Verlag, Berlin
4. Gross D, Hauger W, Schröder J, Werner EA (2008) Hydromechanik,Elemente der Höheren Mechanik, Numerische Methoden. Springer-Verlag, Berlin
5. Klein B (2000) FEM, Grundlagen und Anwendungen der Finite-Elemente-Methode. Vieweg-Verlag, Wiesbaden
6. Kwon YW, Bang H (2000) The finite element method using MATLAB. CRC, Boca Raton

Biegeelement

5

Zusammenfassung

Mit diesem Element wird die Grundverformung Biegung beschrieben. Zunächst werden einige grundlegende Annahmen für die Modellbildung vorgestellt und das in diesem Kapitel verwendete Element gegenüber anderen Formulierungen abgegrenzt. Die grundlegenden Gleichungen aus der Festigkeitslehre, das heißt die Kinematik, das Gleichgewicht und das Stoffgesetz werden vorgestellt und zur Ableitung der Differentialgleichung der Biegelinie verwendet. Analytische Lösungen schließen den Grundlagenteil ab. Im Anschluss wird das Biegeelement mit den bei der Behandlung mittels der Finite-Elemente-Methode üblichen Definition für Belastungs- und Verformungsgrößen eingeführt. Die Herleitung der Steifigkeitsmatrix erfolgt auch hier mittels verschiedener Methoden und wird ausführlich beschrieben. Neben dem einfachen, prismatischen Balken mit konstantem Querschnitt und Belastung an den Knoten werden auch veränderliche Querschnitte, verallgemeinerte Belastungen zwischen den Knoten und Orientierung in der Ebene und dem Raum analysiert.

5.1 Einführende Bemerkungen

Im Folgenden wird ein prismatischer Körper betrachtet, bei dem die Belastung quer zur Längsachse erfolgt und sich damit durchbiegt. Quer zur Längsachse meint hierbei, dass entweder die Wirkungslinie einer Kraft oder die Richtung eines Momentenvektors orthogonal zur Längsachse des Elements orientiert sind. Somit kann mit diesem prismatischen Körper, im Vergleich zu einem Stab (vergleiche Kap. 3 und 4), eine andere Verformungsart modelliert werden, vergleiche Tab. 5.1. Ein allgemeines Element, das alle diese Verformungsmechanismen beinhaltet, wird in Kap. 6 vorgestellt.

© Springer-Verlag Berlin Heidelberg 2014
M. Merkel, A. Öchsner, *Eindimensionale Finite Elemente*,
DOI 10.1007/978-3-642-54482-8_5

Tab. 5.1 Unterscheidung zwischen Stab- und Balkenelement; Längsachse parallel zur x-Achse

	Stab	Balken
Belastung	Längs der Stabachse	Quer zur Balkensachse
Unbekannte	Verschiebung in oder	Verschiebung quer und
	Rotation um Stabachse	Rotation quer zur Balkenachse

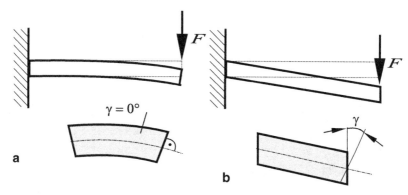

Abb. 5.1 Unterschiedliche Verformung eines Biegebalkens: **a** schubstarr; **b** schubverformt. Modifiziert nach [11]

Grundsätzlich unterscheidet man in der Balkenstatik schubstarre und schubweiche Modelle. Der klassische, schubstarre Balken, auch BERNOULLI-Balken genannt, vernachlässigt die Schubverformung aus der Querkraft bei der Bestimmung der Durchbiegung. Bei dieser Modellierung geht man davon aus, dass ein Querschnitt, der vor der Verformung senkrecht zur Balkenachse stand, auch noch nach der Verformung senkrecht auf der Balkenachse steht, vergleiche Abb. 5.1a. Weiterhin wird angenommen, dass ein ebener Querschnitt bei der Verformung eben und unverwölbt bleibt. Diese beiden Annahmen werden auch als BERNOULLI-Hypothese bezeichnet. Insgesamt denkt man sich die Querschnitte an die Balkenlängsachse[1] angeheftet, so dass eine Veränderung der Längsachse die gesamte Deformation bestimmt. Somit wird auch angenommen, dass sich die geometrischen Abmessungen der Querschnitte[2] nicht ändern. Bei einem schubweichen Balken, auch TIMOSHENKO-Balken genannt, berücksichtigt man neben der Biegeverformung auch die Schubverformung, und die Querschnitte werden um einen Winkel γ gegenüber der Senkrechten verdreht, vergleiche Abb. 5.1b. Im Allgemeinen wird für Balken, deren Länge 10 bis 20 mal größer ist als eine charakteristische Abmessung des Querschnitts[3], der Schubanteil in erster Näherung vernachlässigt.

Die unterschiedlichen Belastungsarten, das heißt reine Biegemomentenbelastung oder Schub in Folge von Querkraft, führen auch zu unterschiedlichen Spannungsanteilen in

---

[1] Genauer gesagt handelt es sich hier um die neutrale Faser oder um die Biegelinie.

[2] Somit bleiben zum Beispiel bei einem Rechteckquerschnitt die Breite b und die Höhe h unverändert.

[3] Vergleiche hierzu die Ausführungen in Kap. 8.

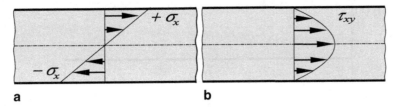

Abb. 5.2 Unterschiedliche Spannungsverteilung beim Biegebalken am Beispiel eines Rechteckquerschnitts für linear-elastisches Materialverhalten: **a** Normalspannung (schubstarr); **b** Schubspannung (schubweich)

Tab. 5.2 Analogie in der Balken- und Plattenstatik

	Balkenstatik	Plattenstatik
Dimensionalität	1D	2D
schubstarr	BERNOULLI-Balken	KIRCHHOFF-Platte
schubweich	TIMOSHENKO-Balken	REISSNER-MINDLIN-Platte

einem Biegebalken. Für einen BERNOULLI-Balken ergibt sich nur eine Beanspruchung durch Normalkräfte, die linear über den Querschnitt ansteigen. Somit ergibt sich ein Zug- beziehungsweise Druckmaximum auf der Ober- beziehungsweise Unterseite des Balkens, vergleiche Abb. 5.2a. Bei symmetrischen Querschnitten ergibt sich der Null-durchgang[4] in der Mitte des Querschnitts. Die Schubspannung hat zum Beispiel bei einem Rechteckquerschnitt einen parabolischen Verlauf und ist an den Balkenrändern gleich Null.

Abschließend soll hier noch angemerkt werden, dass die eindimensionale Balken-theorie ein Pendant im Zweidimensionalen hat, vergleiche Tab. 5.2. In der Plattenstatik entspricht dem BERNOULLI-Balken die ebenfalls schubstarre KIRCHHOFF-Platte und dem TIMOSHENKO-Balken entspricht die schubweiche REISSNER-MINDLIN-Platte, [9, 11, 19].

Weitere Einzelheiten zur Balkentheorie und deren grundlegenden Definitionen und Annahmen können den Werken [5, 10, 12, 18] entnommen werden. Im folgenden Teil dieses Kapitels wird nur noch der BERNOULLI-Balken betrachtet. Die Berücksichtigung des Schubanteils erfolgt später in Kap. 8.

5.2 Grundlegende Beschreibung zum Balken

5.2.1 Kinematik

Zur Ableitung der kinematischen Beziehungen wird ein Balken der Länge L unter konstanter Momentenbelastung $M_z(x) = $ konstant, das heißt unter *reiner* Biegung, betrachtet, vergleiche Abb. 5.3. Man erkennt, dass die beiden äußeren Einzelmomente am linken und

---

[4] Die Summe aller Punkte mit $\sigma = 0$ entlang der Balkenachse bezeichnet man als neutrale Faser.

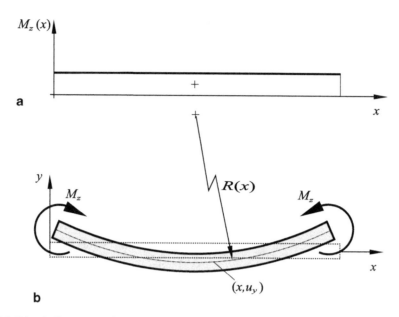

Abb. 5.3 Biegebalken unter reiner Biegung: **a** Momentenverlauf; **b** verformter Balken. Man beachte, dass die Verformung überzeichnet dargestellt ist. Für die in diesem Kapitel betrachteten Verformungen gilt, dass $R \gg L$ ist

rechten Balkenrand zu einem positiven Biegemomentenverlauf M_z im Balken führen. Die x-Achse wird entlang der Balkenlängsrichtung gewählt. Als zweite Koordinate führen wir die y-Achse nach oben gerichtet ein[5]. Diese Darstellung orientiert sich an dem klassischen Koordinatensystem der gymnasialen Oberstufe. Mittels der y-Koordinate soll die vertikale Lage eines Punktes in Bezug auf die Balkenmittellinie *ohne Einwirkung* einer äußeren Last beschrieben werden. Die vertikale *Verschiebung* eines Punktes auf der Balkenmittellinie, das heißt für einen Punkt mit $y = 0$, unter Einwirkung der äußeren Belastung wird mit u_y angegeben. Die Summe dieser Punkte mit $y = 0$ repräsentiert die verformte Mittellinie und wird als Biegelinie $u_y(x)$ bezeichnet.

Im Folgenden wird die Mittellinie des verformten Balkens betrachtet. Mittels der Beziehung für einen beliebigen Punkt (x, u_y) auf einem Kreis mit Radius R um den Mittelpunkt (x_0, y_0), das heißt

$$(x - x_0)^2 + (u_y(x) - y_0)^2 = R^2, \tag{5.1}$$

erhält man durch Differenziation bezüglich. der x-Koordinate

$$2(x - x_0) + 2(u_y(x) - y_0)\frac{\mathrm{d}u_y}{\mathrm{d}x} = 0 \tag{5.2}$$

---

[5] Wird die y-Achse nach unten eingeführt, ergeben sich die gleichen Gleichungen. Alternativ findet man auch in der Literatur die Ableitung anhand der x-z-Ebene. Siehe hierzu Tab. 5.5.

beziehungsweise nach einer weiteren Differenziation:

$$2 + 2\frac{\mathrm{d}u_y}{\mathrm{d}x}\frac{\mathrm{d}u_y}{\mathrm{d}x} + 2(u_y(x) - y_0)\frac{\mathrm{d}^2 u_y}{\mathrm{d}x^2} = 0. \tag{5.3}$$

Gleichung (5.3) liefert den vertikalen Abstand des betrachteten Punktes auf der Balkenmittellinie in Bezug auf den Kreismittelpunkt zu

$$(u_y - y_0) = -\frac{1 + \left(\frac{\mathrm{d}u_y}{\mathrm{d}x}\right)^2}{\frac{\mathrm{d}^2 u_y}{\mathrm{d}x^2}}, \tag{5.4}$$

während sich die Differenz der x-Koordinaten aus Gl. (5.2) ergibt:

$$(x - x_0) = -(u_y - y_0)\frac{\mathrm{d}u_y}{\mathrm{d}x}. \tag{5.5}$$

Verwendet man den Ausdruck nach Gl. (5.4) in (5.5) ergibt sich:

$$(x - x_0) = \frac{\mathrm{d}u_y}{\mathrm{d}x}\frac{1 + \left(\frac{\mathrm{d}u_y}{\mathrm{d}x}\right)^2}{\frac{\mathrm{d}^2 u_y}{\mathrm{d}x^2}}. \tag{5.6}$$

Einsetzen der beiden Ausdrücke für die Koordinatendifferenzen nach Gl. (5.6) und (5.4) in die Kreisbeziehung nach (5.1) liefert:

$$R^2 = (x - x_0)^2 + (u_y - y_0)^2 \tag{5.7}$$

$$= \left(\frac{\mathrm{d}u_y}{\mathrm{d}x}\right)^2 \frac{\left(1 + \left(\frac{\mathrm{d}u_y}{\mathrm{d}x}\right)^2\right)^2}{\left(\frac{\mathrm{d}^2 u_y}{\mathrm{d}x^2}\right)^2} + \frac{\left(1 + \left(\frac{\mathrm{d}u_y}{\mathrm{d}x}\right)^2\right)^2}{\left(\frac{\mathrm{d}^2 u_y}{\mathrm{d}x^2}\right)^2}$$

$$= \left(\left(\frac{\mathrm{d}^2 u_y}{\mathrm{d}x^2}\right)^2 + 1\right) \frac{\left(1 + \left(\frac{\mathrm{d}u_y}{\mathrm{d}x}\right)^2\right)^2}{\left(\frac{\mathrm{d}^2 u_y}{\mathrm{d}x^2}\right)^2}$$

$$= \frac{\left(1 + \left(\frac{\mathrm{d}u_y}{\mathrm{d}x}\right)^2\right)^3}{\left(\frac{\mathrm{d}^2 u_y}{\mathrm{d}x^2}\right)^2}. \tag{5.8}$$

Da es sich bei der in Abb. 5.3 dargestellten Kreiskonfiguration um eine ‚Linkskurve' ($\frac{\mathrm{d}^2 u_y}{\mathrm{d}x^2} > 0$) handelt, ergibt sich der Krümmungsradius R zu:

Abb. 5.4 Segment eines
Biegebalkens unter reiner
Biegung. Man beachte, dass die
Verformung überzeichnet
dargestellt ist

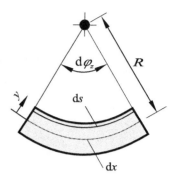

$$R = \frac{+}{(-)} \frac{\left(1 + \left(\frac{\mathrm{d}u_y}{\mathrm{d}x}\right)^2\right)^{3/2}}{\left(\frac{\mathrm{d}^2 u_y}{\mathrm{d}x^2}\right)}. \tag{5.9}$$

Man beachte, dass man auch die Bezeichnung Krümmung verwendet, die sich als Kehrwert aus dem Krümmungsradius ergibt: $\kappa = \frac{1}{R}$. Für kleine Durchbiegungen, das heißt $u_y \ll L$, ergibt sich $\frac{\mathrm{d}u_y}{\mathrm{d}x} \ll 1$ und Gl. (5.9) vereinfacht sich zu:

$$R = \frac{1}{\frac{\mathrm{d}^2 u_y}{\mathrm{d}x^2}} \quad \text{oder} \quad \kappa = \frac{\mathrm{d}^2 u_y}{\mathrm{d}x^2}. \tag{5.10}$$

Zur Bestimmung der Dehnung greift man auf die allgemeine Definition, das heißt Verlängerung bezogen auf Ausgangslänge, zurück. Mit den Bezeichnungen aus Abb. 5.4 ergibt sich die Längsdehnung für eine Faser im Abstand y zur neutralen Faser zu:

$$\varepsilon_x = \frac{\mathrm{d}s - \mathrm{d}x}{\mathrm{d}x}. \tag{5.11}$$

Die Längen der Kreisbögen $\mathrm{d}s$ und $\mathrm{d}x$ ergeben sich aus den entsprechenden Radien und dem Mittelpunktswinkel im Bogenmaß für die beiden Kreissektoren zu:

$$\mathrm{d}x = R\mathrm{d}\varphi_z, \tag{5.12}$$

$$\mathrm{d}s = (R - y)\mathrm{d}\varphi_z. \tag{5.13}$$

Verwendet man diese Beziehungen für die Kreisbögen in Gl. (5.11), ergibt sich:

$$\varepsilon_x = \frac{(R - y)\mathrm{d}\varphi_z - R\mathrm{d}\varphi_z}{\mathrm{d}x} = -y\frac{\mathrm{d}\varphi_z}{\mathrm{d}x}. \tag{5.14}$$

Aus Gl. (5.12) ergibt sich $\frac{\mathrm{d}\varphi_z}{\mathrm{d}x} = \frac{1}{R}$ und zusammen mit Beziehung (5.10) kann die Dehnung schließlich wie folgt dargestellt werden:

$$\varepsilon_x = -y\frac{\mathrm{d}^2 u_y(x)}{\mathrm{d}x^2} \overset{(5.10)}{=} -y\kappa. \tag{5.15}$$

Eine alternative Ableitung der kinematischen Beziehung ergibt sich aus Betrachtung von Abb. 5.5.

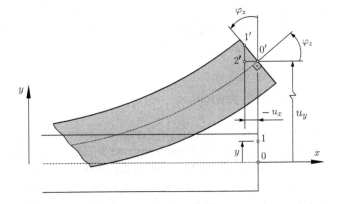

Abb. 5.5 Alternative Betrachtung zur Ableitung der Kinematik. Man beachte, dass die Verformung überzeichnet dargestellt ist

Aus der Beziehung für das rechtwinkelige Dreieck 0'1'2', das heißt $\sin \varphi_z = \frac{-u_x}{y}$, ergibt sich[6] für kleine Winkel ($\sin \varphi_z \approx \varphi_z$):

$$u_x = -y\varphi_z. \tag{5.16}$$

Weiterhin gilt, dass für kleine Winkel der Rotationswinkel der Steigung der Mittellinie entspricht:

$$\tan \varphi_z = \frac{\mathrm{d}u_y(x)}{\mathrm{d}x} \approx \varphi_z. \tag{5.17}$$

Die Definition von positivem und negativem Verdrehwinkel ist in Abb. 5.6 illustriert.

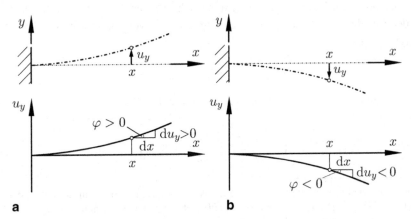

Abb. 5.6 Zur Definition des Verdrehwinkels: **a** $\varphi_z = \frac{\mathrm{d}u_y}{\mathrm{d}x}$ positiv; **b** $\varphi_z = \frac{\mathrm{d}u_y}{\mathrm{d}x}$ negativ

---

[6] Man beachte, dass nach Voraussetzung beim BERNOULLI-Balken die Länge 01 und 0'1' unverändert bleibt.

Fasst man Gl. (5.17) und (5.16) zusammen, ergibt sich

$$u_x = -y \frac{\mathrm{d}u_y(x)}{\mathrm{d}x}. \tag{5.18}$$

Letzte Beziehung entspricht $(\mathrm{d}s - \mathrm{d}x)$ in Gl. (5.11) und Differenziation nach der x-Koordinate führt direkt auf Gl. (5.15).

5.2.2 Gleichgewicht

Die Gleichgewichtsbedingungen werden an einem infinitesimalen Balkenelement der Länge $\mathrm{d}x$ abgeleitet, das durch eine konstante Streckenlast q_y belastet ist, vergleiche Abb. 5.7. An beiden Schnittufern, das heißt an der Stelle x und $x + \mathrm{d}x$, sind die Schnittreaktionen eingezeichnet. Man erkennt, dass am positiven[7] Schnittufer die Querkraft in Richtung der positiven y-Achse positiv ist und dass das positive Biegemoment den gleichen Drehsinn wie die positive z-Achse aufweist (Rechte-Faust-Regel[8]). Am negativen Schnittufer wird die positive Orientierung von Querkraft und Biegemoment umgedreht, um in der Summe die Wirkung der Schnittreaktionen aufzuheben. Diese Konvention für die Richtung der Schnittreaktionen soll im Folgenden für das Freischneiden beibehalten werden. Weiterhin kann aus Abb. 5.7 abgeleitet werden, dass am rechten Rand eines Balkens eine nach oben gerichtete *äußere* Kraft beziehungsweise ein im mathematischen Sinn positiv drehendes *äußeres* Moment zu einer positiven Querkraft beziehungsweise einem positiven Schnittmoment führt. Entsprechend ergibt sich, dass am linken Rand eines Balkens eine nach unten gerichtete *äußere* Kraft beziehungsweise ein im mathematischen Sinn negativ drehendes *äußeres* Moment zu einer positiven Querkraft beziehungsweise positivem Schnittmoment führt.

Im Folgenden wird das Gleichgewicht hinsichtlich der vertikalen Kräfte betrachtet. Unter der Annahme, dass Kräfte in Richtung der positiven y-Achse positiv anzusetzen sind, ergibt sich:

$$-Q(x) + Q(x + \mathrm{d}x) + q_y \mathrm{d}x = 0. \tag{5.19}$$

Entwickelt man die Querkraft am rechten Schnittufer in eine TAYLORsche Reihe erster Ordnung, das heißt

$$Q(x + \mathrm{d}x) \approx Q(x) + \frac{\mathrm{d}Q(x)}{\mathrm{d}x}\,\mathrm{d}x, \tag{5.20}$$

---

[7] Das *positive* Schnittufer ist dadurch definiert, dass die Flächennormale auf der Schnittebene die gleiche Orientierung wie die positive x-Achse aufweist. Zu beachten ist hierbei, dass die Flächennormale immer nach außen gerichtet ist. Beim *negativen* Schnittufer sind die Flächennormale und die positive x-Achse antiparallel orientiert.

[8] Wird die Achse mit der rechten Hand so 'umfasst', dass der abgespreizte Daumen in Richtung der positiven Achse zeigt, so zeigen die gekrümmten Finger die Richtung des positiven Drehsinns an.

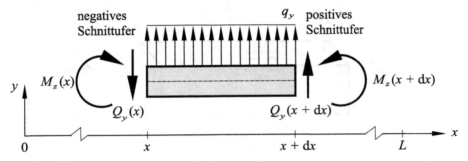

Abb. 5.7 Infinitesimales Balkenelement mit Schnittreaktionen und Belastung durch konstante Streckenlast bei Verformung in der x-y-Ebene

ergibt sich Gl. (5.19) zu

$$-Q(x) + Q(x) + \frac{\mathrm{d}Q(x)}{\mathrm{d}x}\,\mathrm{d}x + q_y\mathrm{d}x = 0, \tag{5.21}$$

beziehungsweise nach Vereinfachung schließlich als:

$$\frac{\mathrm{d}Q(x)}{\mathrm{d}x} = -q_y. \tag{5.22}$$

Für den Sonderfall, dass keine Streckenlast vorliegt ($q_y = 0$), vereinfacht sich Gl. (5.22) zu:

$$\frac{\mathrm{d}Q(x)}{\mathrm{d}x} = 0. \tag{5.23}$$

Das Momentengleichgewicht um den Bezugspunkt an der Stelle $x + \mathrm{d}x$ liefert:

$$M_z(x + \mathrm{d}x) - M_z(x) + Q_y(x)\mathrm{d}x - \frac{1}{2}q_y\mathrm{d}x^2 = 0. \tag{5.24}$$

Entwickelt man das Biegemoment am rechten Schnittufer entsprechend Gl. (5.20) in eine TAYLORsche Reihe erster Ordnung und berücksichtigt, dass der Term $\frac{1}{2}q_y\mathrm{d}x^2$ als unendlich kleine Größe höherer Ordnung vernachlässigt werden kann, ergibt sich schließlich:

$$\frac{\mathrm{d}M_z(x)}{\mathrm{d}x} = -Q_y(x). \tag{5.25}$$

Kombination von Gl. (5.22) und (5.25) ergibt die Beziehung zwischen Biegemoment und Streckenlast zu:

$$\frac{\mathrm{d}^2 M_z(x)}{\mathrm{d}x^2} = -\frac{\mathrm{d}Q_y(x)}{\mathrm{d}x} = q_y. \tag{5.26}$$

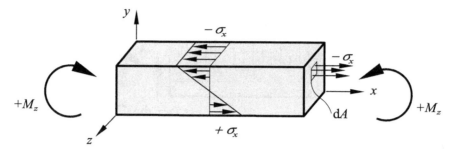

Abb. 5.8 Schematische Darstellung der Normalspannungsverteilung $\sigma_x = \sigma_x(y)$ eines Biegebalkens und Definition und Lage eines infinitesimalen Flächenelements zur Ableitung der resultierenden Momentenwirkung der Normalspannungsverteilung

5.2.3 Stoffgesetz

Das eindimensionale HOOKEsche Gesetz nach Gl. (3.2) kann auch im Falle des Biegebalkens angesetzt werden, da nach Voraussetzung nur Normalspannungen in diesem Kapitel betrachtet werden:

$$\sigma_x(x, y) = E\varepsilon_x. \tag{5.27}$$

Mittels der kinematischen Beziehung nach Gl. (5.15) ergibt sich die Spannung als Funktion der Durchbiegung zu:

$$\sigma_x(x, y) = -Ey\frac{d^2 u_y(x)}{dx^2}. \tag{5.28}$$

Der in Abb. 5.8 dargestellte Spannungsverlauf erzeugt das an dieser Stelle wirkende Schnittmoment. Zur Berechnung der Momentenwirkung wird die Spannung mit einer Fläche multipliziert, so dass sich die resultierende Kraft ergibt. Multiplikation mit dem entsprechenden Hebelarm liefert dann das Schnittmoment. Da es sich hier um eine veränderliche Spannung handelt, erfolgt die Betrachtung an einem infinitesimal kleinen Flächenelement:

$$dM_z = (+y)(-\sigma_x)dA = -y\sigma_x dA. \tag{5.29}$$

Das gesamte Moment ergibt sich daher mittels Integration über die gesamte Fläche zu:

$$M_z = -\int_A y\sigma_x dA \overset{(5.28)}{=} +\int_A yEy\frac{d^2 u_y}{dx^2}\,dA. \tag{5.30}$$

Unter der Annahme, dass der Elastizitätsmodul konstant ist, ergibt sich das Schnittmoment um die z-Achse zu:

Abb. 5.9 Verformung eines
Biegebalkens bei gerader
Biegung mit $M_z(x) \neq$ const

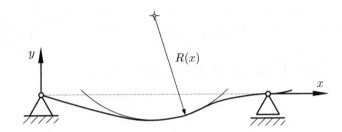

$$M_z = E \frac{\mathrm{d}^2 u_y}{\mathrm{d}x^2} \underbrace{\int_A y^2 \mathrm{d}A}_{I_z} . \tag{5.31}$$

Bei dem Integral in Gl. (5.31) handelt es sich um das sogenannte axiale Flächenträgheitsmoment oder axiale Flächenmoment 2. Grades in der SI-Einheit m^4. Diese Größe hängt
nur von der Geometrie des Querschnitts ab und ist ein Maß für die Steifigkeit eines ebenen
Querschnitts gegen Biegung. Für einfache geometrische Querschnitte sind die Werte des
axialen Flächenträgheitsmoments in Tab. A.7 zusammengestellt. Das Schnittmoment kann
somit auch als

$$M_z = EI_z \frac{\mathrm{d}^2 u_y}{\mathrm{d}x^2} \overset{(5.10)}{=} \frac{EI_z}{R} = EI_z \kappa \tag{5.32}$$

angegeben werden. Gleichung (5.32) beschreibt die Biegelinie $u_y(x)$ als Funktion des Biegemomentes und wird daher auch Biegelinie-Momenten-Beziehung genannt. Das Produkt
EI_z in Gl. (5.32) wird auch als Biegesteifigkeit bezeichnet. Verwendet man das Ergebnis
von Gl. (5.32) in der Beziehung für die Biegespannung nach Gl. (5.28), so ergibt sich der
Spannungsverlauf über den Querschnitt zu:

$$\sigma_x(y) = -\frac{M_z}{I_z} y. \tag{5.33}$$

Das Minuszeichen bewirkt, dass nach der eingeführten Vorzeichenkonvention für Verformungen in der x-y-Ebene ein positives Biegemoment (vergleiche Abb. 5.3) in der oberen
Balkenhälfte, das heißt für $y > 0$, auf eine Druckspannung $\sigma < 0$ führt. Für eine Verformung in der x-z-Ebene sind die entsprechenden Gleichungen am Ende von Kap. 5.2.5
zusammengestellt. Im Falle der geraden Biegung mit $M_z(x) \neq$ konst. lässt sich die Biegelinie jeweils lokal durch einen Krümmungskreis annähern, vergleiche Abb. 5.9. Daher lässt
sich das Ergebnis der reinen Biegung nach Gl. (5.32) auf die gerade Biegung übertragen:

$$EI_z \frac{\mathrm{d}^2 u_y(x)}{\mathrm{d}x^2} = M_z(x). \tag{5.34}$$

Abschließend sind die drei elementaren Grundgleichungen für den Biegebalken in Tab. 5.3 für beliebige Momentenbelastung $M_z(x)$ bei Biegung in der x-y-Ebene zusammengefasst.

5.2.4 Differenzialgleichung der Biegelinie

Zweimalige Differenziation von Gl. (5.32) und Berücksichtigung der Beziehung zwischen Biegemonent und Streckenlast nach Gl. (5.26) führt auf die klassische Form der Differenzialgleichung der Biegelinie

$$\frac{d^2}{dx^2}\left(EI_z\frac{d^2u_y}{dx^2}\right) = q_y, \tag{5.35}$$

die auch als Biegelinie-Streckenlast-Beziehung bezeichnet wird. Bei einer entlang der Stabachse unveränderlichen Biegesteifigkeit EI_z folgt hieraus:

$$EI_z\frac{d^4u_y}{dx^4} = q_y. \tag{5.36}$$

Selbstverständliche kann die Differenzialgleichung der Biegelinie auch mittels des Biegemomentes oder der Querkraft als

$$EI_z\frac{d^2u_y}{dx^2} = M_z \quad \text{oder} \tag{5.37}$$

$$EI_z\frac{d^3u_y}{dx^3} = -Q_y \tag{5.38}$$

angesetzt werden.

Die verschiedenen Formulierungen der Differenzialgleichung der Biegelinie bei Biegung in der x-y-Ebene sind abschließend in Tab. 5.3 zusammengefasst.

Tab. 5.3 Elementare Grundgleichungen für den Biegebalken bei Verformung in der x-y-Ebene

Bezeichnung	Gleichung
Kinematik	$\varepsilon_x(x,y) = -y\dfrac{d^2u_y(x)}{dx^2}$
Gleichgewicht	$\dfrac{dQ_y(x)}{dx} = -q_y(x)\,;\quad \dfrac{dM_z(x)}{dx} = -Q_y(x)$
Stoffgesetz	$\sigma_x(x,y) = E\varepsilon_x(x,y)$
Spannung	$\sigma_x(x,y) = -\dfrac{M_z(x)}{I_z}y(x)$
Diff'gleichung	$EI_z\dfrac{d^2u_y(x)}{dx^2} = M_z(x)$
	$EI_z\dfrac{d^3u_y(x)}{dx^3} = -Q_y(x)$
	$EI_z\dfrac{d^4u_y(x)}{dx^4} = q_y(x)$

Tab. 5.4 Randbedingungen bei Biegung in der x-y-Ebene

Symbol	Lagerart	u_y	$\dfrac{\mathrm{d}u_y}{\mathrm{d}x}$	M	Q
	Festlager	0	–	0	–
	Loslager	0	–	0	–
	freies Ende	–	–	0	0
	feste Einspannung	0	0	–	–
	Einspannung mit Querkraftgelenk	–	0	–	0
	Federlager	$\dfrac{F}{c}$	–	0	–

5.2.5 Analytische Lösungen

Im Folgenden wird die analytische Berechnung der Biegelinie für einfache Belastungsfälle beim statisch bestimmten Balken betrachtet. Dazu muss die Differenzialgleichung der Biegelinie nach Gl. (5.36), (5.37) oder (5.38) analytisch integriert werden. Die bei dieser Integration auftretenden Integrationskonstanten können mit Hilfe der Randbedingungen bestimmt werden, vergleiche Tab. 5.4.

Wenn die Streckenlast (oder die Momenten- oder Querkraftlinie) nicht für den gesamten Biegebalken geschlossen dargestellt werden kann, weil Auflager, Gelenke, Sprünge oder Knicke in der Belastungsfunktion vorliegen, ist die Integration abschnittsweise vorzunehmen. Die zusätzlichen Integrationskonstanten sind dann mittels der Übergangsbedingungen zu bestimmen. Beispielsweise können für die in Abb. 5.10 dargestellte Balkenunterteilung die folgenden Übergangsbedingungen (Kontinuitätsbedingungen) angegeben werden:

$$u_y^{\mathrm{I}}(a) = u_y^{\mathrm{II}}(a), \tag{5.39}$$

$$\frac{\mathrm{d}u_y^{\mathrm{I}}(a)}{\mathrm{d}x} = \frac{\mathrm{d}u_y^{\mathrm{II}}(a)}{\mathrm{d}x}. \tag{5.40}$$

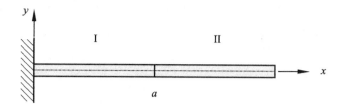

Abb. 5.10 Zur Definition der Übergangsbedingungen zwischen verschiedenen Abschnitten eines Balkens

Die analytische Berechnung der Biegelinie soll im Folgenden für einen Biegebalken unter Einwirkung einer Einzelkraft exemplarisch durchgeführt werden, vergleiche Abb. 5.11. Als Ausgangspunkt wird die Differenzialgleichung der Biegelinie in der Form mit der vierten Ableitung nach Gl. (5.36) gewählt. Viermalige Integration führt schrittweise auf die folgenden Gleichungen:

$$EI_z \frac{\mathrm{d}^3 u_y}{\mathrm{d}x^3} = c_1 \, (= -Q_y), \tag{5.41}$$

$$EI_z \frac{\mathrm{d}^2 u_y}{\mathrm{d}x^2} = c_1 x + c_2 \, (= M_z), \tag{5.42}$$

$$EI_z \frac{\mathrm{d}u_y}{\mathrm{d}x} = \frac{1}{2} c_1 x^2 + c_2 x + c_3, \tag{5.43}$$

$$EI_z u_y = \frac{1}{6} c_1 x^3 + \frac{1}{2} c_2 x^2 + c_3 x + c_4. \tag{5.44}$$

Somit muss die allgemeine Lösung mittels der Integrationskonstanten $c_1, \ldots, c_4$ an das spezielle Problem nach Abb. 5.11a angepasst werden.

Für die feste Einspannung am linken Rand ($x = 0$) gilt $u_y(0) = 0$ und $\frac{\mathrm{d}u_y(0)}{\mathrm{d}x} = 0$, vergleiche Tab. 5.4. Aus Gl. (5.43) und (5.44) ergibt sich direkt mit diesen Randbedingungen, dass $c_3 = c_4 = 0$ ist. Zur Bestimmung der verbleibenden Integrationskonstanten kann nicht auf Tab. 5.4 zurückgegriffen werden. Vielmehr muss die äußere Belastung in Bezug zu den Schnittreaktionen gesetzt werden. Betrachtet wird dazu das in Abb. 5.11b dargestellte infinitesimale Element, an dem die äußere Kraft F angreift. Das Gleichgewicht zwischen den äußeren Lasten und den Schnittreaktionen ist an der Stelle $x = L$, also am Angriffspunkt der äußeren Kraft, zu formulieren. Somit erzeugt die äußere Kraft keine Momentenwirkung, da der Fall $\mathrm{d}x \to 0$ oder in anderen Worten die Stelle $x = L$ betrachtet wird. Das Momentengleichgewicht[9], das heißt $M_z(x = L) = 0$, liefert zusammen mit Gl. (5.42) die Beziehung $c_2 = -c_1 L$. Das vertikale Kräftegleichgewicht nach Abb. 5.11b ergibt $Q_y(x = L) = -F$. Mittels Gl. (5.41) ergibt sich hieraus, dass $c_1 = F$ ist. Somit kann die Gleichung der Biegelinie als

$$u_y(x) = \frac{1}{EI_z} \left(\frac{1}{6} F x^3 - \frac{1}{2} F L x^2 \right) \tag{5.45}$$

---

[9] Nur für den Fall, dass ein äußeres Moment M^{ext} an der Stelle $x = L$ angreifen würde, ergäbe sich das Schnittmoment zu: $M_z(x = L) = M^{\text{ext}}$. Hierbei wurde angenommen, dass das äußere Moment M^{ext} im mathematischen Sinn positiv orientiert wäre.

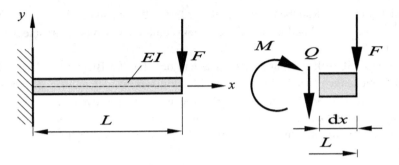

Abb. 5.11 Berechnung der Biegelinie für Biegebalken unter Einzellast

angegeben werden. Insbesondere ergibt sich die maximale Durchbiegung am rechten Rand zu:

$$u_y(L) = -\frac{FL^3}{3EI_z}. \tag{5.46}$$

Alternativ kann die Berechnung der Biegelinie zum Beispiel auch ausgehend vom Momentenverlauf $M_z(x)$ erfolgen. Dazu 'schneidet' man den Balken an einer beliebigen Stelle x in zwei Bereiche, vergleiche Abb. 5.12. Anschließend genügt es, eine der beiden Bereiche zur Aufstellung der Gleichgewichtsbedingungen zu betrachten.

Abb. 5.12 Berechnung der Biegelinie für Biegebalken unter Einzellast auf Basis des Momentenverlaufs

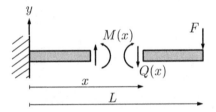

Das Momentengleichgewicht am rechten Teil um den Bezugspunkt an der Stelle x liefert $+M_z(x) + (L - x)F = 0$, beziehungsweise nach dem Momentenverlauf aufgelöst:

$$M_z(x) = (x - L)F. \tag{5.47}$$

Als Ausgangspunkt wird die Differenzialgleichung der Biegelinie in der Form mit der zweiten Ableitung nach Gl. (5.37) gewählt. Zweimalige Integration führt schrittweise auf die folgenden Gleichungen:

$$EI_z\frac{\mathrm{d}^2 u_y}{\mathrm{d}x^2} = M_z(x) = (x - L)F, \tag{5.48}$$

$$EI_z\frac{\mathrm{d}u_y}{\mathrm{d}x} = \left(\frac{1}{2}x^2 - Lx\right)F + c_1, \tag{5.49}$$

$$EI_z u_y(x) = \frac{1}{6}x^3 F - \frac{1}{2}Lx^2 F + c_1 x + c_2. \tag{5.50}$$

Berücksichtigung der Randbedingungen an der festen Einspannung, das heißt $u_y(0) = 0$ und $\frac{\mathrm{d}u_y(0)}{\mathrm{d}x} = 0$, führt schließlich auf die Gl. (5.45) und die maximale Durchbiegung nach Gl. (5.46).

An dieser Stelle soll noch angemerkt werden, dass bei der Biegung in der x-z-Ebene die Grundgleichungen an einigen Stellen leicht modifiziert werden müssen, da die positive Orientierung der Winkel beziehungsweise Momente um die positive y-Achse definiert ist. Die entsprechenden Grundgleichungen sind in Tab. 5.5 zusammengestellt und gelten unabhängig von der Orientierung – entweder positiv nach oben oder positiv nach unten – der vertikalen z-Achse.

Tab. 5.5 Elementare Grundgleichungen für den Biegebalken bei Verformung in der x-z-Ebene

Bezeichnung	Gleichung
Kinematik	$\varepsilon_x(x,z) = -z\dfrac{\mathrm{d}^2 u_z(x)}{\mathrm{d}x^2}$
Gleichgewicht	$\dfrac{\mathrm{d}Q_z(x)}{\mathrm{d}x} = -q_z(x)\,;\quad \dfrac{\mathrm{d}M_y(x)}{\mathrm{d}x} = Q_z(x)$
Stoffgesetz	$\sigma_x(x,z) = E\varepsilon_x(x,z)$
Spannung	$\sigma_x(x,z) = \dfrac{M_y(x)}{I_y}\,z(x)$
Diff'gleichung	$EI_y\dfrac{\mathrm{d}^2 u_z(x)}{\mathrm{d}x^2} = -M_y(x)$
	$EI_y\dfrac{\mathrm{d}^3 u_z(x)}{\mathrm{d}x^3} = -Q_z(x)$
	$EI_y\dfrac{\mathrm{d}^4 u_z(x)}{\mathrm{d}x^4} = q_z(x)$

5.3   Das Finite Element ebener Biegebalken

Das Biegeelement sei definiert als prismatischer Körper mit der Längsachse x und der y-Achse orthogonal zur Längsachse. An beiden Enden des Biegeelementes werden Knoten eingeführt, an denen Verschiebungen und Verdrehungen beziehungsweise Kräfte und Momente, wie in Abb. 5.13 skizziert, definiert sind. Die Verformungs- und Belastungsgrößen sind in der eingezeichneten Richtung positiv zu nehmen.

Abb. 5.13 Definition der
positiven Richtungen für das
Biegeelement bei Verformung
in der x-y-Ebene:
a Verformungsgrößen;
b Lastgrößen

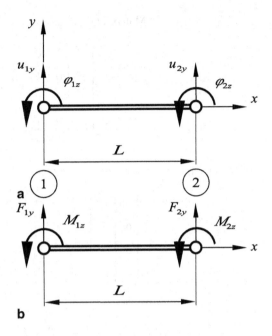

Da an beiden Knoten je zwei Verformungsgrößen vorliegen, das heißt u_y und $\varphi_z = \frac{\mathrm{d}u_y}{\mathrm{d}x}$, wird im Folgenden ein Polynom mit vier Unbekannten für das Verschiebungsfeld angesetzt:

$$u_y(x) = \alpha_0 + \alpha_1 x + \alpha_2 x^2 + \alpha_3 x^3 = [1\ x\ x^2\ x^3] \begin{bmatrix} \alpha_0 \\ \alpha_1 \\ \alpha_2 \\ \alpha_3 \end{bmatrix} = \boldsymbol{\chi}^{\mathrm{T}} \boldsymbol{\alpha}. \qquad (5.51)$$

Durch Differenziation nach der x-Koordinate ergibt sich der Verlauf der Rotation zu:

$$\varphi_z(x) = \frac{\mathrm{d}u_y(x)}{\mathrm{d}x} = \alpha_1 + 2\alpha_2 x + 3\alpha_3 x^2. \qquad (5.52)$$

Auswertung der Verformungsverläufe $u_y(x)$ und $\varphi_z(x)$ an den beiden Knoten, das heißt für $x = 0$ und $x = L$, liefert:

$$\text{Knoten 1:} \quad u_{1y}(0) = \alpha_0, \qquad (5.53)$$

$$\varphi_{1z}(0) = \alpha_1, \qquad (5.54)$$

$$\text{Knoten 2:} \quad u_{2y}(L) = \alpha_0 + \alpha_1 L + \alpha_2 L^2 + \alpha_3 L^3, \qquad (5.55)$$

$$\varphi_{2z}(L) = \alpha_1 + 2\alpha_2 L + 3\alpha_3 L^2. \qquad (5.56)$$

Hieraus ergibt sich in Matrixschreibweise:

$$
\begin{bmatrix} u_{1y} \\ \varphi_{1z} \\ u_{2y} \\ \varphi_{2z} \end{bmatrix} = \underbrace{\begin{bmatrix} 1 & 0 & 0 & 0 \\ 0 & 1 & 0 & 0 \\ 1 & L & L^2 & L^3 \\ 0 & 1 & 2L & 3L^2 \end{bmatrix}}_{X} \begin{bmatrix} \alpha_0 \\ \alpha_1 \\ \alpha_2 \\ \alpha_3 \end{bmatrix}. \tag{5.57}
$$

Auflösen nach den unbekannten Koeffizienten $\alpha_1, \ldots, \alpha_4$ liefert:

$$
\begin{bmatrix} \alpha_0 \\ \alpha_1 \\ \alpha_2 \\ \alpha_3 \end{bmatrix} = \begin{bmatrix} 1 & 0 & 0 & 0 \\ 0 & 1 & 0 & 0 \\ -\frac{3}{L^2} & -\frac{2}{L} & \frac{3}{L^2} & -\frac{1}{L} \\ \frac{2}{L^3} & \frac{1}{L^2} & -\frac{2}{L^3} & \frac{1}{L^2} \end{bmatrix} \begin{bmatrix} u_{1y} \\ \varphi_{1z} \\ u_{2y} \\ \varphi_{2z} \end{bmatrix} \tag{5.58}
$$

oder in Matrixschreibweise:

$$
\boldsymbol{\alpha} = \boldsymbol{A}\boldsymbol{u}_{\mathrm{p}} = \boldsymbol{X}^{-1}\boldsymbol{u}_{\mathrm{p}}. \tag{5.59}
$$

Die Zeilenmatrix der Formfunktionen[10] ergibt sich mittels $\boldsymbol{N} = \boldsymbol{\chi}^{\mathrm{T}}\boldsymbol{A}$ und beinhaltet die folgenden Komponenten:

$$
N_{1u}(x) = 1 - 3\left(\frac{x}{L}\right)^2 + 2\left(\frac{x}{L}\right)^3, \tag{5.60}
$$

$$
N_{1\varphi}(x) = x - 2\frac{x^2}{L} + \frac{x^3}{L^2}, \tag{5.61}
$$

$$
N_{2u}(x) = 3\left(\frac{x}{L}\right)^2 - 2\left(\frac{x}{L}\right)^3, \tag{5.62}
$$

$$
N_{2\varphi}(x) = -\frac{x^2}{L} + \frac{x^3}{L^2}. \tag{5.63}
$$

Eine graphische Darstellung der Formfunktionen ist in Abb. 5.14 gegeben.
In kompakter Form ergibt sich damit der Verschiebungsverlauf zu:

$$
u_y^{\mathrm{e}}(x) = N_{1u}u_{1y} + N_{1\varphi}\varphi_{1z} + N_{2u}u_{2y} + N_{2\varphi}\varphi_{2z} \tag{5.64}
$$

$$
= \begin{bmatrix} N_{1u} & N_{1\varphi} & N_{2u} & N_{2\varphi} \end{bmatrix} \begin{bmatrix} u_{1y} \\ \varphi_{1z} \\ u_{2y} \\ \varphi_{2z} \end{bmatrix} = \boldsymbol{N}(x)\boldsymbol{u}_{\mathrm{p}}. \tag{5.65}
$$

---

[10] Alternativ wird auch die Bezeichnung Interpolationsfunktion verwendet.

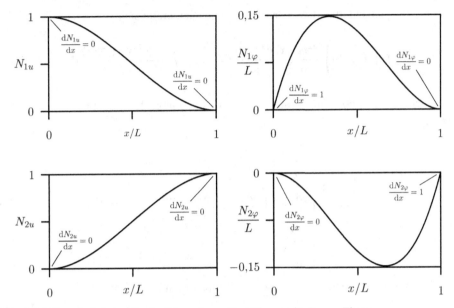

Abb. 5.14 Formfunktionen für das Biegeelement bei Biegung in der x-y-Ebene

Über die Kinematikbeziehung nach Gl. (5.15) ergibt sich der Verlauf der Verzerrungen zu:

$$\varepsilon_x^e(x,y) = -y\frac{d^2 u_y^e(x)}{dx^2} = -y\frac{d^2}{dx^2}\left(N(x)u_p\right) = -y\frac{d^2 N(x)}{dx^2}u_p. \tag{5.66}$$

Entsprechend der Vorgehensweise beim Stabelement im Kap. 3, kann hier beim Biegeelement eine verallgemeinerte **B**-Matrix eingeführt werden. Somit erhält man eine äquivalente Darstellung wie in Gl. (3.24), das heißt $\varepsilon_x^e = Bu_p$, mit

$$B = -y\frac{d^2 N(x)}{dx^2}. \tag{5.67}$$

Mit dem Stoffgesetz nach Gl. (5.27) ergibt sich der Verlauf der Spannung zu:

$$\sigma_x^e(x,y) = \varepsilon_x^e(x,y) = EBu_p. \tag{5.68}$$

Der allgemeine Ansatz zur Herleitung der Elementsteifigkeitsmatrix, das heißt

$$k^e = \int_\Omega B^T D B\, d\Omega, \tag{5.69}$$

vereinfacht sich, da die Stoffmatrix **D** im betrachteten eindimensionalen Fall nur durch den Elastizitätsmodul E repräsentiert wird. Somit ergibt sich:

$$k^e = \int_\Omega \left(-y\frac{d^2 N^T(x)}{dx^2}\right) E \left(-y\frac{d^2 N(x)}{dx^2}\right) d\Omega. \tag{5.70}$$

Ist der Balkenquerschnitt entlang der x-Achse konstant, ergibt sich:

$$k^e = E \int_L \left(\int_A y^2 \mathrm{d}A \right) \frac{\mathrm{d}^2 N^{\mathrm{T}}(x)}{\mathrm{d}x^2} \frac{\mathrm{d}^2 N(x)}{\mathrm{d}x^2} \, \mathrm{d}x = EI_z \int_L \frac{\mathrm{d}^2 N^{\mathrm{T}}(x)}{\mathrm{d}x^2} \frac{\mathrm{d}^2 N(x)}{\mathrm{d}x^2} \, \mathrm{d}x. \tag{5.71}$$

Mittels der einzelnen Formfunktionen kann die Bestimmungsgleichung für die Steifigkeits-matrix als

$$k^e = EI_z \int_0^L \begin{bmatrix} \dfrac{\mathrm{d}N_{1u}^2}{\mathrm{d}x^2} \\[4pt] \dfrac{\mathrm{d}N_{1\varphi}^2}{\mathrm{d}x^2} \\[4pt] \dfrac{\mathrm{d}N_{2u}^2}{\mathrm{d}x^2} \\[4pt] \dfrac{\mathrm{d}N_{2\varphi}^2}{\mathrm{d}x^2} \end{bmatrix} \begin{bmatrix} \dfrac{\mathrm{d}N_{1u}^2}{\mathrm{d}x^2} & \dfrac{\mathrm{d}N_{1\varphi}^2}{\mathrm{d}x^2} & \dfrac{\mathrm{d}N_{2u}^2}{\mathrm{d}x^2} & \dfrac{\mathrm{d}N_{2\varphi}^2}{\mathrm{d}x^2} \end{bmatrix} \mathrm{d}x \tag{5.72}$$

geschrieben werden. Nach Ausführung der Multiplikation ergibt sich hieraus:

$$k^e = EI_z \int_0^L \begin{bmatrix} \dfrac{\mathrm{d}N_{1u}^2}{\mathrm{d}x^2}\dfrac{\mathrm{d}N_{1u}^2}{\mathrm{d}x^2} & \dfrac{\mathrm{d}N_{1u}^2}{\mathrm{d}x^2}\dfrac{\mathrm{d}N_{1\varphi}^2}{\mathrm{d}x^2} & \dfrac{\mathrm{d}N_{1u}^2}{\mathrm{d}x^2}\dfrac{\mathrm{d}N_{2u}^2}{\mathrm{d}x^2} & \dfrac{\mathrm{d}N_{1u}^2}{\mathrm{d}x^2}\dfrac{\mathrm{d}N_{2\varphi}^2}{\mathrm{d}x^2} \\[8pt] \dfrac{\mathrm{d}N_{1\varphi}^2}{\mathrm{d}x^2}\dfrac{\mathrm{d}N_{1u}^2}{\mathrm{d}x^2} & \dfrac{\mathrm{d}N_{1\varphi}^2}{\mathrm{d}x^2}\dfrac{\mathrm{d}N_{1\varphi}^2}{\mathrm{d}x^2} & \dfrac{\mathrm{d}N_{1\varphi}^2}{\mathrm{d}x^2}\dfrac{\mathrm{d}N_{2u}^2}{\mathrm{d}x^2} & \dfrac{\mathrm{d}N_{1\varphi}^2}{\mathrm{d}x^2}\dfrac{\mathrm{d}N_{2\varphi}^2}{\mathrm{d}x^2} \\[8pt] \dfrac{\mathrm{d}N_{2u}^2}{\mathrm{d}x^2}\dfrac{\mathrm{d}N_{1u}^2}{\mathrm{d}x^2} & \dfrac{\mathrm{d}N_{2u}^2}{\mathrm{d}x^2}\dfrac{\mathrm{d}N_{1\varphi}^2}{\mathrm{d}x^2} & \dfrac{\mathrm{d}N_{2u}^2}{\mathrm{d}x^2}\dfrac{\mathrm{d}N_{2u}^2}{\mathrm{d}x^2} & \dfrac{\mathrm{d}N_{2u}^2}{\mathrm{d}x^2}\dfrac{\mathrm{d}N_{2\varphi}^2}{\mathrm{d}x^2} \\[8pt] \dfrac{\mathrm{d}N_{2\varphi}^2}{\mathrm{d}x^2}\dfrac{\mathrm{d}N_{1u}^2}{\mathrm{d}x^2} & \dfrac{\mathrm{d}N_{2\varphi}^2}{\mathrm{d}x^2}\dfrac{\mathrm{d}N_{1\varphi}^2}{\mathrm{d}x^2} & \dfrac{\mathrm{d}N_{2\varphi}^2}{\mathrm{d}x^2}\dfrac{\mathrm{d}N_{2u}^2}{\mathrm{d}x^2} & \dfrac{\mathrm{d}N_{2\varphi}^2}{\mathrm{d}x^2}\dfrac{\mathrm{d}N_{2\varphi}^2}{\mathrm{d}x^2} \end{bmatrix} \mathrm{d}x. \tag{5.73}$$

Die Ableitungen der einzelnen Formfunktionen in Gl. (5.73) ergeben sich aus den Gl. (5.60) bis (5.63) zu:

$$\frac{\mathrm{d}N_{1u}(x)}{\mathrm{d}x} = -\frac{6x}{L^2} + \frac{6x^2}{L^3}, \tag{5.74}$$

$$\frac{\mathrm{d}N_{1\varphi}(x)}{\mathrm{d}x} = 1 - \frac{4x}{L} + \frac{3x^2}{L^2}, \tag{5.75}$$

$$\frac{\mathrm{d}N_{2u}(x)}{\mathrm{d}x} = \frac{6x}{L^2} - \frac{6x^2}{L^3}, \tag{5.76}$$

$$\frac{\mathrm{d}N_{2\varphi}(x)}{\mathrm{d}x} = -\frac{2x}{L} + \frac{3x^2}{L^2}, \tag{5.77}$$

beziehungsweise die zweiten Ableitungen:

$$\frac{d^2 N_{1u}(x)}{dx^2} = -\frac{6}{L^2} + \frac{12x}{L^3}, \tag{5.78}$$

$$\frac{d^2 N_{1\varphi}(x)}{dx^2} = -\frac{4}{L} + \frac{6x}{L^2}, \tag{5.79}$$

$$\frac{d^2 N_{2u}(x)}{dx^2} = \frac{6}{L^2} - \frac{12x}{L^3}, \tag{5.80}$$

$$\frac{d^2 N_{2\varphi}(x)}{dx^2} = -\frac{2}{L} + \frac{6x}{L^2}. \tag{5.81}$$

Die Integration in Gl. (5.73) kann analytisch erfolgen und ergibt nach kurzer Rechnung die Einzelsteifigkeitsmatrix des Biegebalkens in kompakter Form zu:

$$k^e = \frac{EI_z}{L^3} \begin{bmatrix} 12 & 6L & -12 & 6L \\ 6L & 4L^2 & -6L & 2L^2 \\ -12 & -6L & 12 & -6L \\ 6L & 2L^2 & -6L & 4L^2 \end{bmatrix}. \tag{5.82}$$

Berücksichtigt man die in Abb. 5.13 dargestellten äußeren Lasten und Verformungen, ergibt sich die Finite-Elemente-Hauptgleichung auf Element-ebene zu:

$$\frac{EI_z}{L^3} \begin{bmatrix} 12 & 6L & -12 & 6L \\ 6L & 4L^2 & -6L & 2L^2 \\ -12 & -6L & 12 & -6L \\ 6L & 2L^2 & -6L & 4L^2 \end{bmatrix} \begin{bmatrix} u_{1y} \\ \varphi_{1z} \\ u_{2y} \\ \varphi_{2z} \end{bmatrix} = \begin{bmatrix} F_{1y} \\ M_{1z} \\ F_{2y} \\ M_{2z} \end{bmatrix}. \tag{5.83}$$

5.3.1 Herleitung über Potenzial

Die elastische Verzerrungsenergie bei einem eindimensionalen Problem[11] mit linear-elastischem Materialverhalten ergibt sich zu:

$$\Pi_{\text{int}} = \frac{1}{2} \int\limits_{\Omega} \sigma_x \varepsilon_x d\Omega. \tag{5.84}$$

---

[11] Im allgemeinen dreidimensionalen Fall kann man die Form $\Pi_{\text{int}} = \frac{1}{2} \int\limits_{\Omega} \boldsymbol{\varepsilon}^{\mathsf{T}} \boldsymbol{\sigma} d\Omega$ ansetzen, wobei $\boldsymbol{\sigma}$ und $\boldsymbol{\varepsilon}$ die Spaltenmatrix mit den Spannungs- und Verzerrungskomponenten darstellt.

Formuliert man die Spannung und Dehnung mittels der Formfunktionen und den Knotenverformungen nach Gl. (5.68), ergibt sich:

$$\Pi_{\text{int}} = \frac{1}{2} \int_{\Omega} E \left(\boldsymbol{B} \boldsymbol{u}_{\text{p}} \right)^{\text{T}} \boldsymbol{B} \boldsymbol{u}_{\text{p}} \mathrm{d}\Omega \,. \tag{5.85}$$

Berücksichtigt man die Beziehung für die Transponierte eines Produktes zweier Matrizen,
das heißt $(\boldsymbol{AB})^{\text{T}} = \boldsymbol{B}^{\text{T}} \boldsymbol{A}^{\text{T}}$, ergibt sich:

$$\Pi_{\text{int}} = \frac{1}{2} \int_{\Omega} E \boldsymbol{u}_{\text{p}}^{\text{T}} \boldsymbol{B}^{\text{T}} \boldsymbol{B} \boldsymbol{u}_{\text{p}} \mathrm{d}\Omega \,. \tag{5.86}$$

Da die Knotenwerte keine Funktion darstellen, kann diese Spaltenmatrix aus dem Integral
gezogen werden:

$$\Pi_{\text{int}} = \frac{1}{2} \boldsymbol{u}_{\text{p}}^{\text{T}} \left[\int_{\Omega} E \boldsymbol{B}^{\text{T}} \boldsymbol{B} \mathrm{d}\Omega \right] \boldsymbol{u}_{\text{p}} \,. \tag{5.87}$$

Hieraus ergibt sich mittels der Definition für die verallgemeinerte $\boldsymbol{B}$-Matrix nach Gl. (5.67):

$$\Pi_{\text{int}} = \frac{1}{2} \boldsymbol{u}_{\text{p}}^{\text{T}} \left[\int_{\Omega} E(-y) \frac{\mathrm{d}^2 \boldsymbol{N}^{\text{T}}(x)}{\mathrm{d}x^2} (-y) \frac{\mathrm{d}^2 \boldsymbol{N}(x)}{\mathrm{d}x^2} \mathrm{d}\Omega \right] \boldsymbol{u}_{\text{p}} \,. \tag{5.88}$$

Auch hier kann wieder das axiale Flächenmoment 2. Grades identifiziert werden, so dass
letzte Gleichung sich wie folgt darstellt:

$$\Pi_{\text{int}} = \frac{1}{2} \boldsymbol{u}_{\text{p}}^{\text{T}} \left[\int_{0}^{L} \left(\int_{A} y^2 \mathrm{d}A \right) E \frac{\mathrm{d}^2 \boldsymbol{N}^{\text{T}}(x)}{\mathrm{d}x^2} \frac{\mathrm{d}^2 \boldsymbol{N}(x)}{\mathrm{d}x^2} \mathrm{d}x \right] \boldsymbol{u}_{\text{p}} \,. \tag{5.89}$$

Somit ergibt sich für konstante Material- und Querschnittswerte die elastische Verzerrungsenergie zu:

$$\Pi_{\text{int}} = \frac{1}{2} \boldsymbol{u}_{\text{p}}^{\text{T}} \underbrace{\left[EI_z \int_{0}^{L} \frac{\mathrm{d}^2 \boldsymbol{N}^{\text{T}}(x)}{\mathrm{d}x^2} \frac{\mathrm{d}^2 \boldsymbol{N}(x)}{\mathrm{d}x^2} \mathrm{d}x \right]}_{k^{\text{e}}} \boldsymbol{u}_{\text{p}} \,. \tag{5.90}$$

Letzte Gleichung entspricht der allgemeinen Formulierung der Verzerrungsenergie eines
Finiten Elementes

$$\Pi_{\text{int}} = \frac{1}{2} \boldsymbol{u}_{\text{p}}^{\text{T}} k^{\text{e}} \boldsymbol{u}_{\text{p}} \tag{5.91}$$

und erlaubt somit die Identifikation der Elementsteifigkeitsmatrix.

Die Ableitung der Finite-Elemente-Hauptgleichung inklusive der Steifigkeitsmatrix erfolgt häufig über Extremal- oder Variationsprinzipien wie zum Beispiel das Prinzip der virtuellen Arbeit[12] oder das HELLINGER-REISSNERsche Prinzip, [3, 15, 17]. Im Folgenden wird exemplarisch die Finite-Elemente-Hauptgleichung mittels des Satzes von CASTIGLIANO[13] abgeleitet, vergleiche [2, 13]. Ausgangspunkt ist hier die elastische Verzerrungsenergie, die sich aus Gl. (5.84) mittels der kinematischen Beziehung (5.15) und dem Stoffgesetz (5.27) wie folgt darstellt:

$$\Pi_{\text{int}} = \frac{1}{2} \int_{\Omega} E \varepsilon_x^2 \mathrm{d}\Omega = \frac{1}{2} \int_{\Omega} E \left(-y \frac{\mathrm{d}^2 u_y(x)}{\mathrm{d}x^2} \right)^2 \mathrm{d}\Omega \tag{5.92}$$

$$= \frac{1}{2} \int_{L} E \left(\int_{A} y^2 \mathrm{d}A \right) \left(\frac{\mathrm{d}^2 u_y(x)}{\mathrm{d}x^2} \right)^2 \mathrm{d}x \tag{5.93}$$

$$= \frac{EI_z}{2} \int_{0}^{L} \left(\frac{\mathrm{d}^2 u_y(x)}{\mathrm{d}x^2} \right)^2 \mathrm{d}x. \tag{5.94}$$

Mittels des Ansatzes für den Verschiebungsverlauf nach Gl. (5.64) ergibt sich hieraus:

$$\Pi_{\text{int}} = \frac{EI_z}{2} \int_{0}^{L} \left(\frac{\mathrm{d}^2 N_{1u}}{\mathrm{d}x^2} u_{1y} + \frac{\mathrm{d}^2 N_{1\varphi}}{\mathrm{d}x^2} \varphi_{1z} + \frac{\mathrm{d}^2 N_{2u}}{\mathrm{d}x^2} u_{2y} + \frac{\mathrm{d}^2 N_{2\varphi}}{\mathrm{d}x^2} \varphi_{2z} \right)^2 \mathrm{d}x. \tag{5.95}$$

Anwendung des zweiten Satzes von CASTIGLIANO auf die Verzerrungsenergie in Bezug auf die Knotenverschiebung u_{1y} ergibt die äußere Kraft F_{1y} am Knoten 1:

$$\frac{\mathrm{d}\Pi_{\text{int}}}{\mathrm{d}u_{1y}} = F_{1y} = EI_z \int_{0}^{L} \left(\frac{\mathrm{d}^2 N_{1u}}{\mathrm{d}x^2} u_{1y} + \frac{\mathrm{d}^2 N_{1\varphi}}{\mathrm{d}x^2} \varphi_{1z} + \right.$$

$$\left. + \frac{\mathrm{d}^2 N_{2u}}{\mathrm{d}x^2} u_{2y} + \frac{\mathrm{d}^2 N_{2\varphi}}{\mathrm{d}x^2} \varphi_{2z} \right) \frac{\mathrm{d}^2 N_{1y}}{\mathrm{d}x^2} \mathrm{d}x. \tag{5.96}$$

---

[12] Das Prinzip der virtuellen Arbeit umfaßt das Prinzip der virtuellen Verrückungen (Verschiebungen) und das Prinzip der virtuellen Kräfte [16].

[13] Die Sätze von CASTIGLIANO wurden von dem italienischen Baumeister, Ingenieur und Wissenschaftler Carlo Alberto CASTIGLIANO (1847–1884) formuliert. Der zweite Satz besagt: Die partielle Ableitung der in einem linear-elastischen Körper gespeicherten Verzerrungsenergie nach der Verschiebung u_i ergibt die Kraft F_i in Richtung der Verschiebung an der betrachteten Stelle. Ein analoger Zusammenhang gilt auch für die Verdrehung und das Moment.

Entsprechend ergibt sich aus der Differenziation nach den anderen Verformungsgrößen an den Knoten:

$$\frac{\mathrm{d}\Pi_{\mathrm{int}}}{\mathrm{d}\varphi_{1z}} = M_{1z} = EI_z \int\limits_0^L \left(\frac{\mathrm{d}^2N_{1u}}{\mathrm{d}x^2} u_{1y} + \frac{\mathrm{d}^2N_{1\varphi}}{\mathrm{d}x^2} \varphi_{1z} + \right.$$
$$\left. + \frac{\mathrm{d}^2N_{2u}}{\mathrm{d}x^2} u_{2y} + \frac{\mathrm{d}^2N_{2\varphi}}{\mathrm{d}x^2} \varphi_{2z} \right) \frac{\mathrm{d}^2N_{1\varphi}}{\mathrm{d}x^2} \mathrm{d}x, \tag{5.97}$$

$$\frac{\mathrm{d}\Pi_{\mathrm{int}}}{\mathrm{d}u_{2y}} = F_{2y} = EI_z \int\limits_0^L \left(\frac{\mathrm{d}^2N_{1u}}{\mathrm{d}x^2} u_{1y} + \frac{\mathrm{d}^2N_{1\varphi}}{\mathrm{d}x^2} \varphi_{1z} + \right.$$
$$\left. + \frac{\mathrm{d}^2N_{2u}}{\mathrm{d}x^2} u_{2y} + \frac{\mathrm{d}^2N_{2\varphi}}{\mathrm{d}x^2} \varphi_{2z} \right) \frac{\mathrm{d}^2N_{2y}}{\mathrm{d}x^2} \mathrm{d}x, \tag{5.98}$$

$$\frac{\mathrm{d}\Pi_{\mathrm{int}}}{\mathrm{d}u_{2\varphi}} = M_{2y} = EI_z \int\limits_0^L \left(\frac{\mathrm{d}^2N_{1u}}{\mathrm{d}x^2} u_{1y} + \frac{\mathrm{d}^2N_{1\varphi}}{\mathrm{d}x^2} \varphi_{1z} + \right.$$
$$\left. + \frac{\mathrm{d}^2N_{2u}}{\mathrm{d}x^2} u_{2y} + \frac{\mathrm{d}^2N_{2\varphi}}{\mathrm{d}x^2} \varphi_{2z} \right) \frac{\mathrm{d}^2N_{2\varphi}}{\mathrm{d}x^2} \mathrm{d}x. \tag{5.99}$$

Die Gl. (5.96) bis (5.99) können nach Ausführung der Integration zur Finite-Elemente-Hauptgleichung in Matrixform zusammengefasst werden, vergleiche Gl. (5.83).

Häufig wird zur Ableitung der Finite-Elemente-Hauptgleichung auch das Gesamtpotenzial herangezogen. Das Gesamtpotenzial oder die gesamte potenzielle Energie eines Biegebalkens ergibt sich allgemein zu

$$\Pi = \Pi_{\mathrm{int}} + \Pi_{\mathrm{ext}}, \tag{5.100}$$

wobei Π_{int} die elastische Verzerrungsenergie (Formänderungsenergie) und Π_{ext} das Potenzial der äußeren Lasten darstellt. Unter Einfluss der äußeren Belastung kann die gesamte potenzielle Energie wie folgt angegeben werden

$$\Pi = \frac{1}{2} \int\limits_\Omega \sigma_x \varepsilon_x \mathrm{d}\Omega - \sum_{i=1}^m F_{iy} u_{iy} - \sum_{i=1}^{m'} M_{iz} \varphi_{iz}, \tag{5.101}$$

wobei F_{iy} und M_{iz} die an den Knoten wirkenden äußeren Kräfte und Momente darstellen.

5.3.2 Herleitung über das Prinzip der gewichteten Residuen

Im Folgenden wird die partielle Differentialgleichung des Verschiebungsfeldes $u_y(x)$ nach Gl. (5.35) betrachtet. Hierbei soll der einfachste Fall – bei dem die Biegesteifigkeit EI_z

konstant ist und bei dem keine Streckenlast ($q_y = 0$) auftritt – betrachtet werden. Somit ergibt sich die partielle Differentialgleichung des Verschiebungsfeldes zu:

$$EI_z \frac{\mathrm{d}^4 u_y^0(x)}{\mathrm{d}x^4} = 0, \tag{5.102}$$

wobei $u_y^0(x)$ die exakte Lösung des Problems darstellt. Gleichung (5.102) ist an jeder Stelle x des Balkens exakt erfüllt und wird auch als *starke Form* des Problems bezeichnet. Wird die exakte Lösung in Gl. (5.102) durch eine Näherungslösung $u_y(x)$ ersetzt, ergibt sich ein Residuum oder Rest r zu:

$$r(x) = EI_z \frac{\mathrm{d}^4 u_y(x)}{\mathrm{d}x^4} \neq 0. \tag{5.103}$$

Durch Einführung der Näherungslösung $u_y(x)$ ist es also im Allgemeinen nicht mehr möglich, die partielle Differentialgleichung an jeder Stelle x des Balkens zu erfüllen. Alternativ wird im Folgenden gefordert, dass die Differentialgleichung über einen bestimmten Bereich (und nicht mehr in jedem Punkt x) erfüllt wird, und man gelangt zu folgender integraler Forderung

$$\int_0^L W(x) \underbrace{EI_z \frac{\mathrm{d}^4 u_y(x)}{\mathrm{d}x^4}}_{r} \, \mathrm{d}x \overset{!}{=} 0, \tag{5.104}$$

die auch als *inneres Produkt* bezeichnet wird. In Gl. (5.104) stellt $W(x)$ die sogenannte Gewichtsfunktion dar, die den Fehler oder das Residuum über den betrachteten Bereich verteilt.

Durch partielle Integration[14] von Gl. (5.104) ergibt sich:

$$\int_0^L EI_z \underbrace{\frac{\mathrm{d}^4 u_y}{\mathrm{d}x^4}}_{f'} \underbrace{W}_{g} \, \mathrm{d}x = EI_z \left[\frac{\mathrm{d}^3 u_y}{\mathrm{d}x^3} W \right]_0^L - \int_0^L EI_z \frac{\mathrm{d}^3 u_y}{\mathrm{d}x^3} \frac{\mathrm{d}W}{\mathrm{d}x} \, \mathrm{d}x = 0. \tag{5.105}$$

Partielle Integration des Integrals auf der rechten Seite von Gl. (5.105) liefert:

$$\int_0^L EI_z \underbrace{\frac{\mathrm{d}^3 u_y}{\mathrm{d}x^3}}_{f'} \underbrace{\frac{\mathrm{d}W}{\mathrm{d}x}}_{g} \, \mathrm{d}x = EI_z \left[\frac{\mathrm{d}^2 u_y}{\mathrm{d}x^2} \frac{\mathrm{d}W}{\mathrm{d}x} \right]_0^L - \int_0^L EI_z \frac{\mathrm{d}^2 u_y}{\mathrm{d}x^2} \frac{\mathrm{d}^2 W}{\mathrm{d}x^2} \, \mathrm{d}x. \tag{5.106}$$

Kombination von Gl. (5.105) und (5.106) liefert die *schwache Form* des Problems zu:

$$\int_0^L EI_z \frac{\mathrm{d}^2 u_y}{\mathrm{d}x^2} \frac{\mathrm{d}^2 W}{\mathrm{d}x^2} \, \mathrm{d}x = EI_z \left[-W \frac{\mathrm{d}^3 u_y}{\mathrm{d}x^3} + \frac{\mathrm{d}W}{\mathrm{d}x} \frac{\mathrm{d}^2 u_y}{\mathrm{d}x^2} \right]_0^L. \tag{5.107}$$

---

[14] Eine übliche Darstellung der partiellen Integration zweier Funktionen $f(x)$ und $g(x)$ ist: $\int f' g \mathrm{d}x = fg - \int fg' \mathrm{d}x$.

Betrachtet man diese schwache Form, so erkennt man, dass durch die partielle Integrationen zwei Ableitungen (Differenzialoperatoren) von der Näherungslösung zur Gewichtsfunktion verschoben wurden und sich jetzt bezüglich. der Ableitungen eine symmetrische Form ergibt. Diese Symmetrie bezüglich der Ableitung der Gewichtsfunktion und der Näherungslösung wird im Folgenden gewährleisten, dass sich eine symmetrische Steifigkeitsmatrix für das Biegeelement ergibt.

Im Folgenden wird zuerst die linke Seite von Gl. (5.107) betrachtet, um die Steifigkeitsmatrix für ein Biegeelement mit zwei Knoten abzuleiten.

Der Grundgedanke der Methode der Finiten Elemente besteht nun darin, die unbekannte Verschiebung u_y nicht im gesamten Bereich zu approximieren, sondern für einen Unterbereich, den sogenannten Finiten Elementen, den Verschiebungsverlauf mittels

$$
u_y^e(x) = \mathbf{N}(x)\mathbf{u}_\mathrm{p} = [N_{1u} N_{1\varphi} N_{2u} N_{2\varphi}] \times \begin{bmatrix} u_{1y} \\ \varphi_{1z} \\ u_{2y} \\ \varphi_{2z} \end{bmatrix} \tag{5.108}
$$

näherungsweise zu beschreiben. Für die Gewichtsfunktion wird im Rahmen der Finite-Elemente-Methode der gleiche Ansatz wie für die Verschiebung gewählt:

$$
W(x) = \delta\mathbf{u}_\mathrm{p}^\mathrm{T}\mathbf{N}^\mathrm{T}(x) = [\delta u_{1y}\, \delta\varphi_{1z}\, \delta u_{2y}\, \delta\varphi_{2z}] \times \begin{bmatrix} N_{1u} \\ N_{1\varphi} \\ N_{2u} \\ N_{2\varphi} \end{bmatrix}, \tag{5.109}
$$

wobei δu_i beliebige Verschiebungs- beziehungsweise Rotationswerte darstellen. Im Folgenden wird sich zeigen, dass diese beliebigen oder sogenannten virtuellen Werte mit einem identischen Ausdruck auf der rechten Seite von Gl. (5.107) gekürzt werden können und keiner weiteren Betrachtung bedürfen.

Berücksichtigt man Gl. (5.108) und (5.109) in der linken Seite von Gl. (5.107), ergibt sich für konstante Biegesteifigkeit:

$$
EI_z \int_0^L \frac{\mathrm{d}^2}{\mathrm{d}x^2}\left(\delta\mathbf{u}_\mathrm{p}^\mathrm{T}\mathbf{N}^\mathrm{T}(x)\right) \frac{\mathrm{d}^2}{\mathrm{d}x^2}\left(\mathbf{N}(x)\mathbf{u}_\mathrm{p}\right) \mathrm{d}x \tag{5.110}
$$

oder

$$\delta \boldsymbol{u}_{\mathrm{p}}^{\mathrm{T}} \; EI_z \underbrace{\int_0^L \frac{\mathrm{d}^2}{\mathrm{d}x^2} \left(\boldsymbol{N}^{\mathrm{T}}(x) \right) \frac{\mathrm{d}^2}{\mathrm{d}x^2} \left(\boldsymbol{N}(x) \right) \mathrm{d}x}_{k^{\mathrm{e}}} \; \boldsymbol{u}_{\mathrm{p}}. \tag{5.111}$$

Der Ausdruck $\delta \boldsymbol{u}_{\mathrm{p}}^{\mathrm{T}}$ kann mit einem entsprechenden Ausdruck auf der rechten Seite von Gl. (5.107) gekürzt werden und $\boldsymbol{u}_{\mathrm{p}}$ stellt den Vektor der unbekannten Knotenverformungen dar. Somit kann die Steifigkeitsmatrix mittels der einzelnen Formfunktionen entsprechend Gl. (5.72) dargestellt werden.

Im Folgenden wird die rechte Seite von Gl. (5.107) betrachtet, um den Vektor der äußeren Lasten für ein Biegeelement mit zwei Knoten abzuleiten. Berücksichtigt man in

$$EI_z \left[-W \frac{\mathrm{d}^3 u_y}{\mathrm{d}x^3} + \frac{\mathrm{d}W}{\mathrm{d}x} \frac{\mathrm{d}^2 u_y}{\mathrm{d}x^2} \right]_0^L \tag{5.112}$$

die Definition der Gewichtsfunktion nach Gl. (5.109), ergibt sich

$$EI_z \left[-\delta \boldsymbol{u}_{\mathrm{p}}^{\mathrm{T}} \boldsymbol{N}^{\mathrm{T}}(x) \frac{\mathrm{d}^3 u_y}{\mathrm{d}x^3} + \frac{\mathrm{d}}{\mathrm{d}x} (\delta \boldsymbol{u}_{\mathrm{p}}^{\mathrm{T}} \boldsymbol{N}^{\mathrm{T}}(x)) \frac{\mathrm{d}^2 u_y}{\mathrm{d}x^2} \right]_0^L \tag{5.113}$$

oder in Komponenten:

$$\delta \boldsymbol{u}_{\mathrm{p}}^{\mathrm{T}} EI_z \left[- \begin{bmatrix} N_{1u} \\ N_{1\varphi} \\ N_{2u} \\ N_{2\varphi} \end{bmatrix} \frac{\mathrm{d}^3 u_y}{\mathrm{d}x^3} + \frac{\mathrm{d}}{\mathrm{d}x} \begin{bmatrix} N_{1u} \\ N_{1\varphi} \\ N_{2u} \\ N_{2\varphi} \end{bmatrix} \frac{\mathrm{d}^2 u_y}{\mathrm{d}x^2} \right]_0^L . \tag{5.114}$$

In der letzten Gleichung kann $\delta \boldsymbol{u}_{\mathrm{p}}^{\mathrm{T}}$ mit dem entsprechenden Ausdruck in Gl. (5.111) gekürzt werden. Weiterhin stellt (5.114) ein System von vier Gleichungen dar, die an den Integrationsgrenzen, das heißt an den Rändern $x = 0$ und $x = L$, auszuwerten sind. Die erste Zeile von Gl. (5.114) ergibt:

$$\left(-N_{1u} EI_z \frac{\mathrm{d}^3 u_y}{\mathrm{d}x^3} + \frac{\mathrm{d}N_{1u}}{\mathrm{d}x} \frac{\mathrm{d}^2 u_y}{\mathrm{d}x^2} \right)_{x=L} - \left(-N_{1u} EI_z \frac{\mathrm{d}^3 u_y}{\mathrm{d}x^3} + \frac{\mathrm{d}N_{1u}}{\mathrm{d}x} \frac{\mathrm{d}^2 u_y}{\mathrm{d}x^2} \right)_{x=0} . \tag{5.115}$$

Unter Beachtung der Randwerte der Formfunktionen beziehungsweise deren Ableitungen nach Abb. 5.14, das heißt $N_{1u}(L) = 0$, $\frac{\mathrm{d}N_{1u}}{\mathrm{d}x}(L) = \frac{\mathrm{d}N_{1u}}{\mathrm{d}x}(0) = 0$ und $N_{1u}(0) = 1$, ergibt sich hieraus:

$$+EI_z \frac{\mathrm{d}^3 u_y}{\mathrm{d}x^3} \bigg|_{x=0} \overset{(5.38)}{=} -Q_y(0). \tag{5.116}$$

Entsprechend können die Werte der drei anderen Zeilen in Gl. (5.114) berechnet werden:

$$\text{Zeile 2:} \quad -EI_z \left. \frac{\mathrm{d}^2 u_y}{\mathrm{d}x^2} \right|_{x=0} \overset{(5.37)}{=} -M_z(0), \tag{5.117}$$

$$\text{Zeile 3:} \quad -EI_z \left. \frac{\mathrm{d}^3 u_y}{\mathrm{d}x^3} \right|_{x=L} \overset{(5.38)}{=} +Q_y(L), \tag{5.118}$$

$$\text{Zeile 4:} \quad +EI_z \left. \frac{\mathrm{d}^2 u_y}{\mathrm{d}x^2} \right|_{x=L} \overset{(5.37)}{=} +M_z(L). \tag{5.119}$$

Zu beachten ist, dass es sich bei den Resultaten in Gl. (5.116) bis (5.119) um die Schnittreaktionen nach Abb. 5.7 handelt. Die äußeren Lasten mit der positiven Richtung nach Abb. 5.13 b ergeben sich somit aus den Schnittreaktionen[15] durch Umkehr der positiven Richtung am linken Rand und durch Beibehaltung der positiven Richtung der Schnittreaktionen am rechten Rand.

5.3.3 Herleitung über das Prinzip der virtuellen Arbeit

Die Herleitung erfolgt entsprechend den Ausführungen für den Stab in Kap. 3.2.4. Wir betrachten dazu den Biegebalken nach Abb. 5.13, der an beiden Enden durch Einzelkräfte und Einzelmomente belastet ist und sich frei verformen kann. Die Gleichgewichtsbeziehungen für das Gebiet $\Omega = \,]0, L[$ ergeben sich nach Gl. (5.22) und (5.26) zu:

$$\frac{\mathrm{d}Q_y(x)}{\mathrm{d}x} + q_y(x) = 0, \tag{5.120}$$

$$\frac{\mathrm{d}M_z(x)}{\mathrm{d}x} + Q_y(x) = 0. \tag{5.121}$$

Entsprechend können die Gleichgewichtsbedingungen zwischen den inneren Reaktionen und den äußeren Lasten (F_{iy}, M_{iz}) an den Rändern $x = 0$ und $x = L$ wie folgt angegeben werden:

$$F_{1y} + Q_y(0) = 0, \qquad M_{1z} + M_z(0) = 0, \tag{5.122}$$

$$F_{2y} - Q_y(L) = 0, \qquad M_{2z} - M_z(L) = 0. \tag{5.123}$$

Die Gleichgewichtsbeziehungen nach Gl. (5.120) und (5.121) können kombiniert werden und eine Vorgehensweise entsprechend Kap. 5.2.4 liefert für konstante Biegesteifigkeit die Gleichgewichtsbedingung für das Gebiet zu[16]:

$$-EI_z \frac{\mathrm{d}^4 u_y(x)}{\mathrm{d}x^4} + q_y(x) = 0. \tag{5.124}$$

---

[15] Vergleiche Abschn. 5.2.2 mit den Ausführungen zu den Schnittreaktionen und äußeren Lasten.
[16] Man beachte die Vorzeichen: Somit haben die virtuellen Verschiebungen die Richtung der eingeprägten, äußeren Belastung.

Unter der Einwirkung sogenannter virtueller Verschiebungen δu_y und virtueller Verdrehungen $\delta\varphi_z$ wird der betrachtete Balken virtuell aus dem Gleichgewicht gebracht, und die resultierenden Kräfte und Momente nach Gl. (5.122) bis (5.124) verrichten mit den virtuellen Verschiebungen und Verdrehungen eine virtuelle Arbeit:

$$\int\limits_0^L \left(-EI_z\frac{\mathrm{d}^4 u_y(x)}{\mathrm{d}x^4} + q_y(x)\right)\delta u_y\mathrm{d}x + \left(F_{1y} + Q_y(0)\right)\big|_0\,\delta u_y + \big(F_{2y} - $$

$$Q_y(L)\big)\big|_L\,\delta u_y + (M_{1z} + M_z(0))\big|_0\,\delta\varphi_z + (M_{2z} - M_z(L))\big|_L\,\delta\varphi_z = 0. \tag{5.125}$$

In der letzten Gleichung können die runden Klammern ausmultipliziert werden, so dass man folgenden Ausdruck erhält:

$$-\int\limits_0^L EI_z\frac{\mathrm{d}^4 u_y(x)}{\mathrm{d}x^4}\,\delta u_y\mathrm{d}x + \int\limits_0^L q_y(x)\delta u_y\mathrm{d}x + F_{1y}\big|_0\,\delta u_y + Q_y(0)\big|_0\,\delta u_y$$

$$+ F_{2y}\big|_L\,\delta u_y - Q_y(L)\big|_L\,\delta u_y + M_{1z}\big|_0\,\delta\varphi_z + M_z(0)\big|_0\,\delta\varphi_z + M_{2z}\big|_L\,\delta\varphi_z$$

$$- M_z(L)\big|_L\,\delta\varphi_z = 0. \tag{5.126}$$

Zweimalige partielle Integration des linken Ausdrucks, das heißt

$$\int\limits_0^L EI_z\underbrace{\frac{\mathrm{d}^4 u_y(x)}{\mathrm{d}x^4}}_{f'}\underbrace{\delta u_y}_{g}\,\mathrm{d}x = EI_z\left[\frac{\mathrm{d}^3 u_y(x)}{\mathrm{d}x^3}\delta u_y\right]_0^L - \int\limits_0^L EI_z\underbrace{\frac{\mathrm{d}^3 u_y(x)}{\mathrm{d}x^3}}_{f'}\underbrace{\frac{\mathrm{d}\delta u_y}{\mathrm{d}x}}_{g}\,\mathrm{d}x$$

$$= EI_z\left[\frac{\mathrm{d}^3 u_y(x)}{\mathrm{d}x^3}\delta u_y - \frac{\mathrm{d}^2 u_y(x)}{\mathrm{d}x^2}\frac{\mathrm{d}\delta u_y}{\mathrm{d}x}\right]_0^L + \int\limits_0^L EI_z\frac{\mathrm{d}^2 u_y(x)}{\mathrm{d}x^2}\frac{\mathrm{d}^2\delta u_y}{\mathrm{d}x^2}\,\mathrm{d}x, \tag{5.127}$$

erlaubt unter Beachtung von $EI_z\frac{\mathrm{d}^3 u_y(x)}{\mathrm{d}x^3} = -Q_y(x)$, $EI_z\frac{\mathrm{d}^2 u_y(x)}{\mathrm{d}x^2} = M_z(x)$ und $\frac{\mathrm{d}\delta u_y}{\mathrm{d}x} = \delta\varphi_z$ die Vereinfachung von Gl. (5.126) zu:

$$\int\limits_0^L EI_z\frac{\mathrm{d}^2 u_y(x)}{\mathrm{d}x^2}\frac{\mathrm{d}^2\delta u_y}{\mathrm{d}x^2}\,\mathrm{d}x = \int\limits_0^L q_y(x)\delta u_y\mathrm{d}x + F_{1y}\big|_0\,\delta u_y + F_{2y}\big|_L\,\delta u_y$$

$$+ M_{1z}\big|_0\,\delta\varphi_z + M_{2z}\big|_L\,\delta\varphi_z. \tag{5.128}$$

In der letzten Gleichung ersetzt man den Verschiebungsverlauf mit der Approximation nach Gl. (5.65) und die virtuellen Verschiebungen und Verdrehungen entsprechend dem Ansatz für die Gewichtsfunktion nach Gl. (5.109). Somit ergibt sich nach Kürzen mit $\delta\boldsymbol{u}_\mathrm{p}^\mathrm{T}$ und der

Auswertung der Randterme die schwache Form des Problems zu:

$$EI_z \int\limits_0^L \frac{\mathrm{d}^2 \boldsymbol{N}^{\mathrm{T}}(x)}{\mathrm{d}x^2} \frac{\mathrm{d}^2 \boldsymbol{N}(x)}{\mathrm{d}x^2} \,\mathrm{d}x \, \boldsymbol{u}_{\mathrm{p}} = \int\limits_0^L q_y(x) \boldsymbol{N}^{\mathrm{T}}(x) \,\mathrm{d}x + \begin{bmatrix} F_{1y} \\ M_{1z} \\ F_{2y} \\ M_{2z} \end{bmatrix}. \qquad (5.129)$$

5.3.4 Anmerkungen zur Ableitung der Formfunktionen

Im Abschn. 5.3 wurden die Formfunktionen über ein Polynom mit vier Unbekannten abgeleitet, siehe Gl. (5.51). Die Ableitung der Formfunktionen kann jedoch auch auf einem anschaulicheren Weg erfolgen. Dazu berücksichtigt man die allgemeine Eigenschaft, dass eine Formfunktion N_i am Knoten i den Wert 1 annimmt und an allen anderen Knoten zu Null wird. Weiterhin ist im Falle des Biegebalkens zu beachten, dass das Verschiebungs- und Rotationsfeld an den Knoten entkoppelt sein soll. Somit ergibt sich, dass eine Formfunktion für das Verschiebungsfeld an 'ihrem' Knoten den Wert 1 und die Steigung Null annehmen muss. An allen anderen Knoten j ergibt sich der Funktionswert und die Steigung zu Null:

$$N_{iu}(x_i) = 1, \qquad (5.130)$$

$$N_{iu}(x_j) = 0, \qquad (5.131)$$

$$\frac{\mathrm{d}N_{iu}(x_i)}{\mathrm{d}x} = 0, \qquad (5.132)$$

$$\frac{\mathrm{d}N_{iu}(x_j)}{\mathrm{d}x} = 0. \qquad (5.133)$$

Entsprechend ergibt sich, dass eine Formfunktion für das Rotationsfeld an 'ihrem' Knoten die Steigung 1, aber den Funktionswert Null annehmen muss. An allen anderen Knoten sind Funktionswert und Steigung identisch Null. Somit ergeben sich die in Abb. 5.15 dargestellten 'Randbedingungen' für die vier Formfunktionen.

Soll der Verlauf der Formfunktionen keine Unstetigkeiten, das heißt Knicke, aufweisen, muss jede Formfunktion ihre Krümmung ändern. Somit muss man mindestens ein Polynom dritter Ordnung ansetzen, so dass sich für die Krümmung, das heißt die zweite Ableitung, eine lineare Funktion ergibt:

$$N(x) = \alpha_0 + \alpha_1 x + \alpha_2 x^2 + \alpha_3 x^3. \qquad (5.134)$$

Da ein Polynom dritter Ordnung im allgemeinen Fall vier Unbekannte, $\alpha_0, \ldots, \alpha_3$, aufweist, können mit diesem Ansatz über die vier Randbedingungen – je zwei für die Funktionswerte und zwei für die Steigungen – alle Unbekannten bestimmt werden.

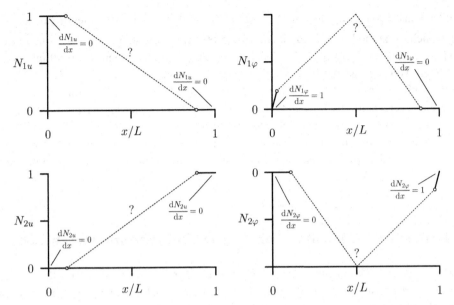

Abb. 5.15 Randbedingungen für die Formfunktionen für das Biegeelement bei Biegung in der x-y-Ebene. Man beachte, dass die Bereiche für die vorgegebenen Steigungen überzeichnet dargestellt sind

Exemplarisch sei im Folgenden die erste Formfunktion betrachtet. Die Randbedingungen in diesem Fall ergeben sich zu:

$$N_{1u}(0) = 1, \tag{5.135}$$

$$\frac{\mathrm{d}N_{1u}}{\mathrm{d}x}(0) = \frac{\mathrm{d}N_{1u}}{\mathrm{d}x}(L) = 0, \tag{5.136}$$

$$N_{1u}(L) = 0. \tag{5.137}$$

Wertet man die Randbedingungen mit dem Ansatz nach Gl. (5.134) aus, ergibt sich:

$$1 = \alpha_0, \tag{5.138}$$

$$0 = \alpha_1, \tag{5.139}$$

$$0 = \alpha_0 + \alpha_1 L + \alpha_2 L^2 + \alpha_3 L^3, \tag{5.140}$$

$$0 = \alpha_1 + 2\alpha_2 L + 3\alpha_3 L^2, \tag{5.141}$$

beziehungsweise in Matrixschreibweise:

$$\begin{bmatrix} 1 \\ 0 \\ 0 \\ 0 \end{bmatrix} = \begin{bmatrix} 1 & 0 & 0 & 0 \\ 0 & 1 & 0 & 0 \\ 1 & L & L^2 & L^3 \\ 0 & 1 & 2L & 3L^2 \end{bmatrix} \begin{bmatrix} \alpha_0 \\ \alpha_1 \\ \alpha_2 \\ \alpha_3 \end{bmatrix}. \tag{5.142}$$

Auflösen nach den Unbekannten ergibt $\boldsymbol{\alpha} = \begin{bmatrix} 1 & 0 & -\frac{3}{L^2} & \frac{2}{L^3} \end{bmatrix}^{\mathrm{T}}$. Mit diesen Konstanten ergibt sich exakt die Formfunktion nach Gl. (5.60). Eine weitere Forderung an die Form-funktionen ergibt sich aus Gl. (5.73). Dort sind die zweiten Ableitungen der Formfunktionen enthalten. Somit muss eine sinnvolle Formulierung für die Formfunktionen für ein Biege-element mindestens ein Polynom der Ordnung zwei sein, damit sich von Null verschiedene Ableitungen ergeben. Abschließend sei hier angemerkt, dass es sich bei den Formfunktionen für den Biegebalken um sogenannte HERMITE-Polynome handelt. Da bei dieser HERMI-TEschen Interpolation neben dem Knotenwert auch noch die Steigung in den betrachteten Knoten berücksichtigt wird, ergibt sich eine stetige Verschiebung und Verdrehung an den Knoten.

5.4 Das Finite Element Biegebalken mit zwei Verformungsebenen

Im Folgenden wird betrachtet, dass sich ein Biegebalken in zwei zueinander orthogonalen Ebenen verformen kann. Für Biegung in der x-y-Ebene ist die Steifigkeitsmatrix nach Gl. (5.82) gegeben:

$$k_{xy}^{\mathrm{e}} = \frac{EI_z}{L^3} \begin{bmatrix} 12 & 6L & -12 & 6L \\ 6L & 4L^2 & -6L & 2L^2 \\ -12 & -6L & 12 & -6L \\ 6L & 2L^2 & -6L & 4L^2 \end{bmatrix}. \tag{5.143}$$

In der dazu orthogonalen Ebene, das heißt für Biegung in der x-z-Ebene, ergibt sich eine leicht modifizierte Steifigkeitsmatrix, da die positive Orientierung der Winkel um die y-Achse jetzt im Uhrzeigersinn ist, vergleiche Abb. 5.16. Bei Berücksichtigung der Definition des positiven Verdrehwinkels nach $\varphi_y(x) = -\frac{\mathrm{d}u_z(x)}{\mathrm{d}x}$ ergibt sich die Steifigkeitsmatrix für Biegung in der x-z-Ebene zu:[17]

$$k_{xz}^{\mathrm{e}} = \frac{EI_y}{L^3} \begin{bmatrix} 12 & -6L & -12 & -6L \\ -6L & 4L^2 & 6L & 2L^2 \\ -12 & 6L & 12 & 6L \\ -6L & 2L^2 & 6L & 4L^2 \end{bmatrix}. \tag{5.144}$$

Beide Steifigkeitsmatrizen für die Verformung in der x-y- und der x-z-Ebene können einfach überlagert werden, so dass sich folgende Form für ein Element mit zwei orthogonalen

---

[17] Man siehe dazu auch Tab. 5.5 und weiterführende Aufgabe 13.

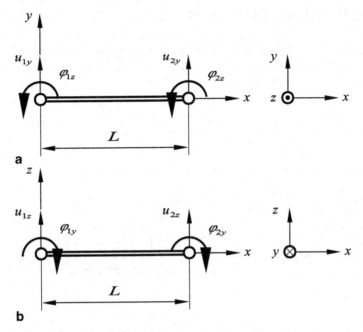

Abb. 5.16 Definition der positiven Verformungsgrößen bei Biegung in der **a** x-y-Ebene und **b** x-z-Ebene

Verformungsebenen ergibt

$$k^{\mathrm{e}} = \frac{E}{L^3}
\begin{bmatrix}
12I_z & 0 & 0 & 6I_zL & -12I_z & 0 & 0 & 6I_zL \\
0 & 12I_y & -6I_yL & 0 & 0 & -12I_y & -6I_yL & 0 \\
0 & -6I_yL & 4I_yL^2 & 0 & 0 & 6I_yL & 2I_yL^2 & 0 \\
6I_zL & 0 & 0 & 4I_zL^2 & -6I_zL & 0 & 0 & 2I_zL^2 \\
-12I_z & 0 & 0 & -6I_zL & 12I_z & 0 & 0 & -6I_zL \\
0 & -12I_y & 6I_yL & 0 & 0 & 12I_y & 6I_yL & 0 \\
0 & -6I_yL & 2I_yL^2 & 0 & 0 & 6I_yL & 4I_yL^2 & 0 \\
6I_zL & 0 & 0 & 2I_zL^2 & -6I_zL & 0 & 0 & 4I_zL^2
\end{bmatrix},$$

(5.145)

wobei sich die Verformungs- und Lastvektoren wie folgt darstellen:

$$\boldsymbol{u}_{\mathrm{p}} = [u_{1y}\, u_{1z}\, \varphi_{1y}\, \varphi_{1z}\, u_{2y}\, u_{2z}\, \varphi_{2y}\, \varphi_{2z}]^{\mathrm{T}},$$

(5.146)

$$\boldsymbol{F}^{\mathrm{e}} = [F_{1y}\, F_{1z}\, M_{1y}\, M_{1z}\, F_{2y}\, F_{2z}\, M_{2y}\, M_{2z}]^{\mathrm{T}}.$$

(5.147)

5.5   Ermittlung äquivalenter Knotenlasten

Im Rahmen der Methode der Finiten Elemente können äußere Lasten nur an den Knoten wirken. Treten verteilte Lasten oder Einzellasten[18] zwischen den Knoten auf, müssen diese in äquivalente Knotenlasten umgerechnet werden. Die Vorgehensweise soll im Folgenden am Beispiel eines beidseitig eingespannten Balkens demonstriert werden, vergleiche Abb. 5.17. Zuerst wird ein pragmatischer Weg aufgezeigt, dem das in Abb. 5.17b dargestellte Ersatzsystem zu Grunde liegt. An den festen Einspannungen treten Lagerreaktionen bestehend aus Vertikalkräften und Momenten auf, wobei unser Ziel hier sein soll, die an den Balkenrändern wirkenden inneren Reaktionen zu bestimmen.

Abb. 5.17 Berechnung äquivalenter Knotenlasten:
a Beispielkonfiguration;
b Ersatzsystem;
c freigeschnittenes System mit Lagerreaktionen

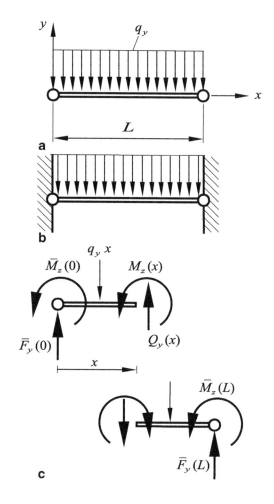

---

[18] Treten Einzellasten zwischen Knoten auf, kann natürlich immer die Diskretisierung weiter unterteilt werden, so dass an der Stelle des Lastangriffspunktes ein neuer Knoten platziert wird. In diesem Kapitel soll jedoch der Fall betrachtet werden, dass das Netz nicht weiter unterteilt wird.

Als Ausgangspunkt wählt man die Differenzialgleichung der Biegelinie nach Gl. (5.36) in der Form entsprechend unserer Problemstellung, das heißt mit negativer Streckenlast:

$$EI_z \frac{\mathrm{d}^4 u_y}{\mathrm{d}x^4} = -q_y. \tag{5.148}$$

Viermalige Integration liefert den allgemeinen Ansatz für die Biegelinie:

$$EI_z \frac{\mathrm{d}^3 u_y}{\mathrm{d}x^3} = -q_y x + c_1 \overset{!}{=} -Q_y(x), \tag{5.149}$$

$$EI_z \frac{\mathrm{d}^2 u_y}{\mathrm{d}x^2} = -\frac{1}{2} q_y x^2 + c_1 x + c_2 \overset{!}{=} M_z(x), \tag{5.150}$$

$$EI_z \frac{\mathrm{d}^1 u_y}{\mathrm{d}x^1} = -\frac{1}{6} q_y x^3 + \frac{1}{2} c_1 x^2 + c_2 x + c_3, \tag{5.151}$$

$$EI_z u_y(x) = -\frac{1}{24} q_y x^4 + \frac{1}{6} c_1 x^3 + \frac{1}{2} c_2 x^2 + c_3 x + c_4. \tag{5.152}$$

Berücksichtigt man die Randbedingungen, das heißt $u_y(0) = u_y(L) = 0$ und $\varphi_z(0) = \varphi_z(L) = 0$, ergeben sich die vier Integrationskonstanten zu:

$$c_3 = c_4 = 0, \tag{5.153}$$

$$c_2 = -\frac{1}{12} q_y L^2, \tag{5.154}$$

$$c_1 = \frac{1}{2} q_y L. \tag{5.155}$$

Mittels dieser Integrationskonstanten und den Beziehungen in Gl. (5.149) und (5.150) erhält man den Querkraft- und Momentenverlauf im Element zu:

$$Q_y(x) = -\frac{1}{2} q_y L + q_y x, \tag{5.156}$$

$$M_z(x) = -\frac{1}{12} q_y L^2 + \frac{1}{2} q_y L x - \frac{1}{2} q_y x^2. \tag{5.157}$$

Auswertung an den Rändern, das heißt für $x = 0$ und $x = L$, liefert folgende Werte der Schnittreaktionen:

$$Q_y(0) = -\frac{1}{2} q_y L, \qquad M_z(0) = -\frac{1}{12} q_y L^2, \tag{5.158}$$

$$Q_y(L) = +\frac{1}{2} q_y L, \qquad M_z(L) = -\frac{1}{12} q_y L^2. \tag{5.159}$$

Die Lagerreaktionen können mittels des Kräfte- und Momentengleichgewichts nach Abb. 5.18 bestimmt werden. So ergibt zum Beispiel das vertikale Kräftegleichgewicht

$$+\bar{F}_y(0) + Q_y(0) = 0, \tag{5.160}$$

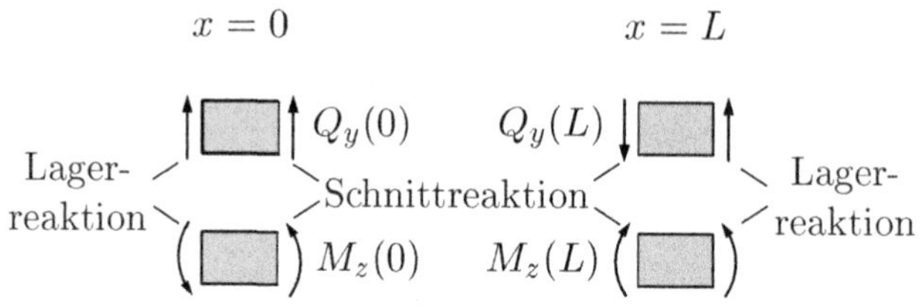

$$x = 0 \qquad\qquad x = L$$

Abb. 5.18 Lager- und Schnittreaktionen an den Rändern des Balkens aus Abb. 5.17. Die Lagerreaktionen haben die in Abb. 5.17 definierte Richtung; die Schnittreaktionen sind entsprechend Abb. 5.7 positiv an den entsprechenden Schnittufern orientiert

und entsprechend ergeben sich alle Lagerreaktionen $\bar{F}_y$ und $\bar{M}_z$:

$$\bar{F}_y(0) = -\frac{1}{2}\, q_y L, \qquad\qquad \bar{M}_z(0) = -\frac{1}{12}\, q_y L^2, \qquad (5.161)$$

$$\bar{F}_y(L) = +\frac{1}{2}\, q_y L, \qquad\qquad \bar{M}_z(L) = -\frac{1}{12}\, q_y L^2. \qquad (5.162)$$

Berücksichtigt man die Definition der positiven Richtungen der äußeren Lasten eines Balkenelementes nach Abb. 5.13, ergeben sich die äquivalenten Knotenlasten F_{iy} und M_{iz} durch Auswertung der Schnittreaktionen Q_y und M_z zu:

$$F_{1y} = -\frac{1}{2}\, q_y L, \qquad\qquad M_{1z} = -\frac{1}{12}\, q_y L^2, \qquad (5.163)$$

$$F_{2y} = -\frac{1}{2}\, q_y L, \qquad\qquad M_{2z} = +\frac{1}{12}\, q_y L^2. \qquad (5.164)$$

Anzumerken sei hier, dass es sich bei den äquivalenten Knotenlasten *nicht* um die Lagerreaktionen handelt. Die äquivalenten Knotenlasten müssen ja gerade die Lagerreaktionen hervorrufen. Am Ende dieser Ableitung ist es angebracht darauf hinzuweisen, dass hier zwischen folgenden Größen unterschieden wurde:

- Schnittreaktionen $Q_y(x)$, $M_z(x)$,
- Lagerreaktionen $\bar{F}_y$, $\bar{M}_z$ und
- äquivalente Knotenlasten F_{iy}, M_{iz}.

Alternativ kann die Ableitung der äquivalenten Knotenlasten auch über die Äquivalenz des Potenzials der äußeren Lasten, das heißt der Streckenlast und der äquivalenten Knotenlasten, erfolgen:

$$\Pi_{\text{ext}} = -\int_0^L q_y(x) u_y(x)\mathrm{d}x \overset{!}{=} -\left(F_{1y} u_{1y} + M_{1z}\varphi_{1z} + F_{2y} u_{2y} + M_{2z}\varphi_{2z}\right). \qquad (5.165)$$

Durch Verwendung des Ansatzes für die Verschiebung $u_y(x)$ nach Gl. (5.64) kann das Potenzial einer Streckenlast als

$$\Pi_{\text{ext}} = -\int\limits_0^L q_y(x)\left(N_{1u}u_{1y} + N_{1\varphi}\varphi_{1z} + N_{2u}u_{2y} + N_{2\varphi}\varphi_{2z}\right) dx \qquad (5.166)$$

oder unter Berücksichtigung, dass die Knotenwerte der Verformungen als konstant für die Integration angesehen werden können, als

$$\Pi_{\text{ext}} = -\left(\int\limits_0^L q_y(x)N_{1u}(x)dx\, u_{1y} + \int\limits_0^L q_y(x)N_{1\varphi}(x)dx\, \varphi_{1z} + \right. \qquad (5.167)$$

$$\left. \int\limits_0^L q_y(x)N_{2u}(x)dx\, u_{2y} + \int\limits_0^L q_y(x)N_{2\varphi}(x)dx\, \varphi_{2z}\right)$$

dargestellt werden. Vergleich der beiden Potenziale liefert schließlich die äquivalenten Knotenlasten zu

$$F_{1y} = \int\limits_0^L q_y(x)N_{1u}(x)\,dx, \qquad (5.168)$$

$$M_{1z} = \int\limits_0^L q_y(x)N_{1\varphi}(x)\,dx, \qquad (5.169)$$

$$F_{2y} = \int\limits_0^L q_y(x)N_{2u}(x)\,dx, \qquad (5.170)$$

$$M_{2z} = \int\limits_0^L q_y(x)N_{2\varphi}(x)\,dx, \qquad (5.171)$$

wobei die Formfunktionen nach Gl. (5.60) bis (5.63) zu verwenden sind. Wirkt auf den Balken zum Beispiel an einer Stelle $x = a$ eine äußere Kraft F, ergibt sich das äußere Potenzial zu

$$\Pi_{\text{ext}} = -Fu_y(a). \qquad (5.172)$$

Vergleich der Potenziale liefert für diesen Fall die äquivalenten Knotenlasten zu:

$$F_{1y} = FN_{1u}(a), \qquad (5.173)$$

$$M_{1z} = FN_{1\varphi}(a), \qquad (5.174)$$

$$F_{2y} = FN_{2u}(a), \qquad (5.175)$$

$$M_{2z} = FN_{2\varphi}(a). \qquad (5.176)$$

Äquivalente Knotenlasten für einfache Belastungsfälle sind in Tab. 5.6 zusammengefasst.

Tab. 5.6 Äquivalente Knotenlasten für Biegeelement. Modifiziert nach [4]

Belastung	Querkraft	Biegemoment
q, 1, L, 2 (gleichmäßig verteilt)	$F_{1y} = -\dfrac{qL}{2}$ $F_{2y} = -\dfrac{qL}{2}$	$M_{1z} = -\dfrac{qL^2}{12}$ $M_{2z} = +\dfrac{qL^2}{12}$
q, 1, a, b, 2	$F_{1y} = -\dfrac{qa}{2L^3}\left(a^3 - 2a^2L + 2L^3\right)$ $F_{2y} = -\dfrac{qa^3}{2L^3}\left(2L - a\right)$	$M_{1z} = -\dfrac{qa^2}{12L^2}\left(3a^2 - 8aL + 6L^2\right)$ $M_{2z} = +\dfrac{qa^3}{12L^2}\left(4L - 3a\right)$
q, 1, L, 2 (Dreieckslast)	$F_{1y} = -\dfrac{3}{20}qL$ $F_{2y} = -\dfrac{7}{20}qL$	$M_{1z} = -\dfrac{qL^2}{30}$ $M_{2z} = +\dfrac{qL^2}{20}$
q, 1, L, 2 (Dreieck symmetrisch)	$F_{1y} = -\dfrac{1}{4}qL$ $F_{2y} = -\dfrac{1}{4}qL$	$M_{1z} = -\dfrac{5qL^2}{96}$ $M_{2z} = +\dfrac{5qL^2}{96}$
a, F, b, 1, L, 2	$F_{1y} = -\dfrac{Fb^2(3a+b)}{L^3}$ $F_{2y} = -\dfrac{Fa^2(a+3b)}{L^3}$	$M_{1z} = -\dfrac{Fb^2a}{L^2}$ $M_{2z} = +\dfrac{Fa^2b}{L^2}$
a, b, M, 1, L, 2	$F_{1y} = -6M\dfrac{ab}{L^3}$ $F_{2y} = +6M\dfrac{ab}{L^3}$	$M_{1z} = -M\dfrac{b(2a-b)}{L^2}$ $M_{2z} = -M\dfrac{a(2b-a)}{L^2}$

Angemerkt sei am Ende dieses Kapitels noch, dass man den Vektor der äquivalenten Knotenlasten auch einfacher erhält, wenn man bei der Anwendung des Prinzips der gewichteten Residuen die Differentialgleichung (5.36) unter Berücksichtigung der Streckenlast verwendet. Unter Berücksichtigung einer beliebigen Streckenlast ergibt sich das innere Produkt zu:

$$\int_0^L W(x)\left(EI_z\frac{\mathrm{d}^4u_y(x)}{\mathrm{d}x^4} - q_y(x)\right)\mathrm{d}x \stackrel{!}{=} 0. \tag{5.177}$$

Nach Einführung des Ansatzes für die Gewichtsfunktion, das heißt $W(x) = \delta \boldsymbol{u}_\mathrm{p}^\mathrm{T} \boldsymbol{N}^\mathrm{T}(x)$, kann der Ausdruck mit der Streckenlast auf die rechte Seite gebracht werden, und es ergibt sich nach Kürzen von $\delta \boldsymbol{u}_\mathrm{p}^\mathrm{T}$ der folgende zusätzliche Lastvektor:

$$\cdots = \cdots + \int_0^L q_y(x) \begin{bmatrix} N_{1u} \\ N_{1\varphi} \\ N_{2u} \\ N_{2\varphi} \end{bmatrix} \mathrm{d}x. \tag{5.178}$$

Dieser Ausdruck entspricht genau den Gl. (5.168) bis (5.171).

5.6 Beispielprobleme und weiterführende Aufgaben

5.6.1 Beispielprobleme

Beispiel 5.1: Biegebalken unter Einzelkraft oder Moment – Approximation mittels eines Finiten Elementes Für die in Abb. 5.19 dargestellten Balken sind die Verschiebung und die Verdrehung des rechten Endes mittels eines Finiten Elementes zu bestimmen. Anschließend ist der Verlauf der Biegelinie $u_y = u_y(x)$ zu bestimmen und die Finite-Elemente-Lösung ist mit der analytischen Lösung zu vergleichen.

Abb. 5.19 Beispielproblem Biegebalken: **a** Einzelkraft; **b** Einzelmoment

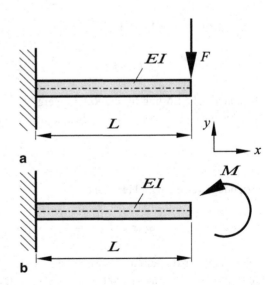

Lösung a) Die Finite-Elemente-Hauptgleichung auf Elementebene nach Gl. (5.83) reduziert sich für den dargestellten Belastungsfall zu:

$$\frac{EI_z}{L^3} \begin{bmatrix} 12 & 6L & -12 & 6L \\ 6L & 4L^2 & -6L & 2L^2 \\ -12 & -6L & 12 & -6L \\ 6L & 2L^2 & -6L & 4L^2 \end{bmatrix} \begin{bmatrix} u_{1y} \\ \varphi_{1z} \\ u_{2y} \\ \varphi_{2z} \end{bmatrix} = \begin{bmatrix} 0 \\ 0 \\ -F \\ 0 \end{bmatrix}. \tag{5.179}$$

Da am linken Rand wegen der festen Einspannung die Verschiebung und die Verdrehung Null ist, können die ersten beiden Zeilen und Spalten des Gleichungssystems gestrichen werden:

$$\frac{EI_z}{L^3} \begin{bmatrix} 12 & -6L \\ -6L & 4L^2 \end{bmatrix} \begin{bmatrix} u_{2y} \\ \varphi_{2z} \end{bmatrix} = \begin{bmatrix} -F \\ 0 \end{bmatrix}. \tag{5.180}$$

Auflösen nach den unbekannten Verformungen liefert:

$$\begin{bmatrix} u_{2y} \\ \varphi_{2z} \end{bmatrix} = \frac{L^3}{EI_z} \begin{bmatrix} 12 & -6L \\ -6L & 4L^2 \end{bmatrix}^{-1} \begin{bmatrix} -F \\ 0 \end{bmatrix} \tag{5.181}$$

$$= \frac{L^3}{EI_z(48L^2 - 36L^2)} \begin{bmatrix} 4L^2 & 6L \\ 6L & 12 \end{bmatrix} \begin{bmatrix} -F \\ 0 \end{bmatrix} = \begin{bmatrix} -\frac{FL^3}{3EI_z} \\ -\frac{FL^2}{2EI_z} \end{bmatrix}. \tag{5.182}$$

Nach Tabelle A.8 ergibt sich die analytische Verschiebung zu:

$$u_y(x = L) = -\frac{F}{6EI_z}\left(3L^3 - L^3\right) = -\frac{FL^3}{3EI_z}. \tag{5.183}$$

Die analytische Lösung für die Rotation ergibt sich durch Differenziation des allgemeinen Verschiebungsverlaufes nach Tabelle A.8 für $a = L$ zu:

$$\varphi_z(x) = \frac{\mathrm{d}u_y(x)}{\mathrm{d}x} = -\frac{F}{6EI_z} \times \left[6Lx - 3x^2\right], \tag{5.184}$$

beziehungsweise am rechten Rand:

$$\varphi_z(x = L) = -\frac{F}{6EI_z} \times \left[6L^2 - 3L^2\right] = -\frac{FL^2}{2EI_z}. \tag{5.185}$$

Der Verlauf der Biegelinie $u_y = u_y(x)$ ergibt sich aus der Finite-Elemente-Lösung mittels Gl. (5.64) und den Ansatzfunktionen (5.62) und (5.63) zu:

$$u_y(x) = N_{2u}(x)u_{2y} + N_{2\varphi}(x)\varphi_{2z}$$

$$= \left[3\left(\frac{x}{L}\right)^2 - 2\left(\frac{x}{L}\right)^3\right]\left(-\frac{FL^3}{3EI_z}\right) + \left[-\frac{x^2}{L} + \frac{x^3}{L^2}\right]\left(-\frac{FL^2}{2EI_z}\right)$$

$$= \frac{F}{6EI_z}\left(x^3 - 3Lx^2\right). \tag{5.186}$$

Dieser Verlauf stimmt nach Tabelle A.8 mit der analytischen Lösung überein.

Fazit Finite-Elemente-Lösung und analytische Lösung sind identisch!

Lösung b) Das reduzierte Gleichungssystem ergibt sich in diesem Fall zu:

$$\frac{EI_z}{L^3}\begin{bmatrix} 12 & -6L \\ -6L & 4L^2 \end{bmatrix}\begin{bmatrix} u_{2y} \\ \varphi_{2z} \end{bmatrix} = \begin{bmatrix} 0 \\ M \end{bmatrix}. \tag{5.187}$$

Auflösen nach den unbekannten Verformungen liefert:

$$\begin{bmatrix} u_{2y} \\ \varphi_{2z} \end{bmatrix} = \frac{L^3}{12EI_zL^2}\begin{bmatrix} 4L^2 & 6L \\ 6L & 12 \end{bmatrix}\begin{bmatrix} 0 \\ M \end{bmatrix} = \begin{bmatrix} \frac{ML^2}{2EI_z} \\ \frac{ML}{EI_z} \end{bmatrix}. \tag{5.188}$$

Die analytische Lösung nach Tabelle A.8 ergibt

$$u_y(x = L) = -\frac{M}{2EI_z}\left(-L^2\right) = \frac{ML^2}{2EI_z}, \tag{5.189}$$

beziehungsweise die Rotation allgemein für $a = L$ zu:

$$\varphi_z(x) = \frac{\mathrm{d}u_y(x)}{\mathrm{d}x} = -\frac{M}{2EI_z}\left(-2x\right) \tag{5.190}$$

oder nur am rechten Rand:

$$\varphi_z(x = L) = -\frac{M}{2EI_z}\left(-L\right) = \frac{ML}{EI_z}. \tag{5.191}$$

Der Verlauf der Biegelinie $u_y = u_y(x)$ ergibt sich aus der Finite-Elemente-Lösung mittels Gl. (5.64) und den Ansatzfunktionen (5.62) und (5.63) zu:

$$u_y(x) = N_{2u}(x)u_{2y} + N_{2\varphi}(x)\varphi_{2z}$$

$$= \left[3\left(\frac{x}{L}\right)^2 - 2\left(\frac{x}{L}\right)^3\right]\left(\frac{ML^2}{2EI_z}\right) + \left[-\frac{x^2}{L} + \frac{x^3}{L^2}\right]\left(\frac{ML}{EI_z}\right)$$

$$= \frac{Mx^2}{2EI_z}. \tag{5.192}$$

Dieser Verlauf stimmt nach Tabelle A.8 mit der analytischen Lösung überein.

Fazit Finite-Elemente-Lösung und analytische Lösung sind identisch!

Beispiel 5.2: Biegebalken unter konstanter Streckenlast – Approximation mittels eines Finiten Elementes Für die in Abb. 5.20 dargestellten Balken unter konstanter Streckenlast ist die Verschiebung und die Verdrehung a) des rechten Endes und b) in der Balkenmitte mittels eines Finiten Elementes zu bestimmen. Anschließend ist der Verlauf der Biegelinie $u_y = u_y(x)$ zu bestimmen und die Finite-Elemente-Lösung mit der analytischen Lösung zu vergleichen.

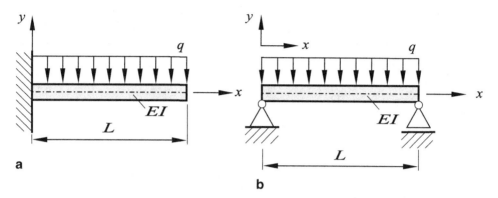

Abb. 5.20 Beispielproblem Biegebalken unter konstanter Streckenlast bei verschiedener Lagerung: **a** Einseitig fest eingespannt und **b** Fest- und Loslager

Lösung Zur Lösung der Problemstellung muss man zuerst die konstante Streckenlast in äquivalente Knotenlasten umrechnen. Diese äquivalenten Knotenlasten können für den betrachteten Fall aus Tab. 5.6 entnommen werden, und die Finite-Elemente-Hauptgleichung ergibt sich zu:

$$\frac{EI_z}{L^3} \begin{bmatrix} 12 & 6L & -12 & 6L \\ 6L & 4L^2 & -6L & 2L^2 \\ -12 & -6L & 12 & -6L \\ 6L & 2L^2 & -6L & 4L^2 \end{bmatrix} \begin{bmatrix} u_{1y} \\ \varphi_{1z} \\ u_{2y} \\ \varphi_{2z} \end{bmatrix} = \begin{bmatrix} -\frac{qL}{2} \\ -\frac{qL^2}{12} \\ -\frac{qL}{2} \\ +\frac{qL^2}{12} \end{bmatrix}. \tag{5.193}$$

a) Berücksichtigung der Lagerbedingung aus Abb. 5.20a, das heißt der festen Einspannung am linken Rand, und Auflösen nach den Unbekannten liefert:

$$\begin{bmatrix} u_{2y} \\ \varphi_{2z} \end{bmatrix} = \frac{L}{12EI_z} \begin{bmatrix} 4L^2 & 6L \\ 6L & 12 \end{bmatrix} \begin{bmatrix} -\frac{qL}{2} \\ +\frac{qL^2}{12} \end{bmatrix} = \begin{bmatrix} -\frac{qL^4}{8EI_z} \\ -\frac{qL^3}{6EI_z} \end{bmatrix}. \tag{5.194}$$

Die analytische Lösung nach Tabelle A.8 ergibt

$$u_y(x = L) = -\frac{q}{24EI_z} \left(6L^4 - 4L^4 + L^4 \right) = -\frac{qL^4}{8EI_z}, \tag{5.195}$$

beziehungsweise die Rotation allgemein für $a_1 = 0$ und $a_2 = L$ zu:

$$\varphi_z(x) = \frac{du_y(x)}{dx} = -\frac{q}{24EI_z}\left(12L^2x - 12Lx^2 + 4x^3\right) \tag{5.196}$$

oder nur am rechten Rand:

$$\varphi_z(x = L) = -\frac{q}{24EI_z}\left(12L^3 - 12L^3 + 4L^3\right) = -\frac{qL^3}{6EI_z}. \tag{5.197}$$

Der Verlauf der Biegelinie $u_y = u_y(x)$ ergibt sich aus der Finite-Elemente-Lösung mittels Gl. (5.64) und den Ansatzfunktionen (5.62) und (5.63) zu:

$$\begin{aligned} u_y(x) &= N_{2u}(x)u_{2y} + N_{2\varphi}(x)\varphi_{2z} \\ &= \left[3\left(\frac{x}{L}\right)^2 - 2\left(\frac{x}{L}\right)^3\right]\left(-\frac{qL^4}{8EI_z}\right) + \left[-\frac{x^2}{L} + \frac{x^3}{L^2}\right]\left(-\frac{qL^3}{6EI_z}\right) \\ &= -\frac{q}{24EI_z}\left(-2Lx^3 + 5L^2x^2\right), \end{aligned} \tag{5.198}$$

jedoch ergibt sich der analytische Verlauf nach Tabelle A.8 zu $u_y(x) = -\frac{q}{24EI_z}\left(x^4 - 4Lx^3 + 6L^2x^2\right)$, das heißt, der analytische und somit exakte Verlauf stimmt nicht mit der numerischen Lösung zwischen den Knoten ($0 < x < L$) überein, vergleiche Abb. 5.21. Man erkennt, dass sich zwischen den Knoten ein kleiner Unterschied zwischen beiden Lösungen ergibt. Wird zwischen diesen beiden Knoten eine höhere Übereinstimmung gefordert, muss der Balken in mehrere Elemente unterteilt werden.

Abb. 5.21 Vergleich der analytischen und der Finite-Elemente-Lösung für den Balken nach Abb. 5.20a

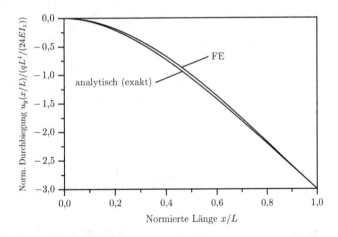

Fazit Finite-Elemente-Lösung und analytische Lösung sind nur an den Knoten identisch!

Lösung b) Berücksichtigung der Lagerbedingung aus Abb. 5.20b, das heißt des Festlagers und des Loslagers, ergibt durch Streichen der ersten und dritten Zeile und Spalte des

Gleichungssystems (5.193):

$$\frac{EI_z}{L^3}\begin{bmatrix} 4L^2 & 2L^2 \\ 2L^2 & 4L^2 \end{bmatrix}\begin{bmatrix} \varphi_{1z} \\ \varphi_{2z} \end{bmatrix} = \begin{bmatrix} -\frac{qL^2}{12} \\ +\frac{qL^2}{12} \end{bmatrix}. \tag{5.199}$$

Auflösen nach den Unbekannten liefert:

$$\begin{bmatrix} \varphi_{1z} \\ \varphi_{2z} \end{bmatrix} = \frac{1}{12EI_zL}\begin{bmatrix} 4L^2 & -2L^2 \\ -2L^2 & 4L^2 \end{bmatrix}\begin{bmatrix} -\frac{qL^2}{12} \\ +\frac{qL^2}{12} \end{bmatrix} = \begin{bmatrix} -\frac{qL^3}{24EI_z} \\ +\frac{qL^3}{24EI_z} \end{bmatrix}. \tag{5.200}$$

Der Verlauf der Biegelinie $u_y = u_y(x)$ ergibt sich aus der Finite-Elemente-Lösung mittels Gl. (5.64) und den Ansatzfunktionen (5.61) und (5.63) zu:

$$\begin{aligned} u_y(x) &= N_{1\varphi}(x)\varphi_{1z} + N_{2\varphi}(x)\varphi_{2z} \\ &= \left[x - 2\frac{x^2}{L} + \frac{x^3}{L^2}\right]\left(-\frac{qL^3}{24EI_z}\right) + \left[-\frac{x^2}{L} + \frac{x^3}{L^2}\right]\left(+\frac{qL^3}{24EI_z}\right) \\ &= -\frac{q}{24EI_z}\left(-L^2x^2 + L^3x\right), \end{aligned} \tag{5.201}$$

jedoch ergibt sich der analytische Verlauf nach Tabelle A.8 zu $u_y(x) = -\frac{q}{24EI_z}\left(x^4 - 2Lx^3 + L^3x\right)$, das heißt, der analytische und somit exakte Verlauf stimmt auch hier nicht mit der numerischen Lösung zwischen den Knoten ($0 < x < L$) überein, vergleiche Abb. 5.22.

Abb. 5.22 Vergleich der analytischen und der Finite-Elemente-Lösung für den Balken nach Abb. 5.20b

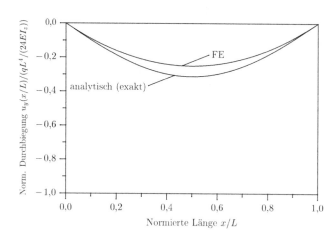

Die numerische Lösung für die Durchbiegung in der Balkenmitte ergibt $u_y\left(x = \frac{1}{2}L\right) = \frac{-4qL^4}{384EI_z}$, jedoch ist die exakte Lösung $u_y\left(x = \frac{1}{2}L\right) = \frac{-5qL^4}{384EI_z}$.

Fazit Finite-Elemente-Lösung und analytische Lösung sind nur an den Knoten identisch!

Beispiel 5.3: Biegebalken mit veränderlichem Querschnitt Der in Abb. 5.23 dargestellte Balken hat einen entlang der x-Achse veränderlichen Querschnitt. Man leite für

  a) einen Kreisquerschnitt,
  b) einen Rechteckquerschnitt

die Elementsteifigkeitsmatrix für den Fall $d_1 = 2\,h$ und $d_2 = h$ ab.

Abb. 5.23 Beispielproblem
Biegebalken mit
veränderlichem Querschnitt:
a Veränderung entlang der
x-Achse; **b** Kreisquerschnitt;
c Rechteckquerschnitt

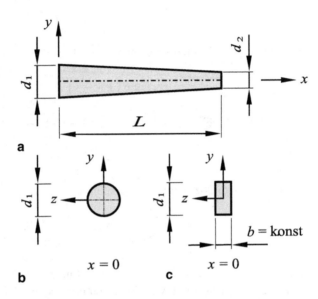

Lösung a) Kreisquerschnitt: Als Ausgangspunkt zur Ableitung der Steifigkeitsmatrix kann
Gl. (5.71) herangezogen werden:

$$k^e = E \int\limits_x \underbrace{\left(\int\limits_A y^2 \mathrm{d}A \right)}_{I_z} \frac{\mathrm{d}^2 N^{\mathrm{T}}(x)}{\mathrm{d}x^2} \frac{\mathrm{d}^2 N(x)}{\mathrm{d}x^2} \, \mathrm{d}x. \tag{5.202}$$

Da sich das axiale Flächenträgheitsmoment entlang der x-Achse verändert, muss zuerst
eine entsprechende Funktion abgeleitet werden. Eine elegante Möglichkeit besteht darin,
das polare Flächenträgheitsmoment des Kreises zu verwenden, da in diesem Fall die Funk-
tionsgleichung des Radius entlang der x-Achse verwendet werden kann. Dabei verwendet
man die Beziehung, dass sich das polare Flächenträgheitsmoment aus den beiden axialen
Flächenträgheitsmomenten I_y und I_z additiv zusammensetzt:

$$I_p = \int\limits_A r^2 \mathrm{d}A = I_y + I_z. \tag{5.203}$$

Da bei einem Kreis die axialen Flächenträgheitsmomente identisch sind, kann folgender Ausdruck für I_z abgeleitet werden:

$$I_z(x) = \frac{1}{2}\, I_{\mathrm{p}}(x) = \frac{1}{2} \int\limits_A r^2 \mathrm{d}A = \frac{1}{2} \int\limits_{\alpha=0}^{2\pi} \int\limits_{0}^{r(x)} \hat{r}^2 \underbrace{\hat{r}\mathrm{d}\hat{r}\mathrm{d}\alpha}_{\mathrm{d}A} \tag{5.204}$$

$$= \pi \int\limits_{0}^{r(x)} \hat{r}^3 \mathrm{d}\hat{r} = \pi \left[\frac{1}{4}\hat{r}^4\right]_0^{r(x)} = \frac{\pi}{4}\, r(x)^4. \tag{5.205}$$

Die Veränderung des Radius entlang der x-Achse lässt sich einfach aus Abb. 5.23a ableiten:

$$r(x) = h\left(1 - \frac{x}{2L}\right) = \frac{h}{2}\left(2 - \frac{x}{L}\right). \tag{5.206}$$

Somit ergibt sich schließlich das axiale Flächenträgheitsmomente zu

$$I_z(x) = \frac{\pi h^4}{64}\left(2 - \frac{x}{L}\right)^4 \tag{5.207}$$

und kann in Gl. (5.202) verwendet werden:

$$k^{\mathrm{e}} = E\frac{\pi h^4}{64} \int\limits_{L} \left(2 - \frac{x}{L}\right)^4 \frac{\mathrm{d}^2 N^{\mathrm{T}}(x)}{\mathrm{d}x^2} \frac{\mathrm{d}^2 N(x)}{\mathrm{d}x^2}\, \mathrm{d}x. \tag{5.208}$$

Mittels der zweiten Ableitungen der Formfunktionen nach Gl. (5.78) bis (5.81) kann die Integration ausgeführt werden. Exemplarisch wird für die erste Komponente der Steifigkeitsmatrix

$$k_{11} = E\frac{\pi h^4}{64} \int\limits_{L} \left(2 - \frac{x}{L}\right)^4 \left(-\frac{6}{L^2} + \frac{12x}{L^3}\right)^2 \mathrm{d}x, \tag{5.209}$$

angesetzt und die gesamte Steifigkeitsmatrix ergibt sich nach kurzer Rechnung schließlich zu:

$$k^{\mathrm{e}}_{\mathrm{Kreis}} = \frac{E}{L^3}\frac{\pi h^4}{64} \begin{bmatrix} \frac{2988}{35} & \frac{1998}{35}L & -\frac{2988}{35} & \frac{198}{7}L \\[2mm] \frac{1998}{35}L & \frac{1468}{35}L^2 & -\frac{1998}{35}L & \frac{106}{7}L^2 \\[2mm] -\frac{2988}{35} & -\frac{1998}{35}L & \frac{2988}{35} & -\frac{198}{7}L \\[2mm] \frac{198}{7}L & \frac{106}{7}L^2 & -\frac{198}{7}L & \frac{92}{7}L^2 \end{bmatrix}. \tag{5.210}$$

Lösung b) Rechteckquerschnitt: Beim Rechteckquerschnitt wird auch von Gl. (5.202) ausgegangen. Jedoch empfiehlt es sich in diesem Fall, direkt auf die Definition von I_z zurückzugreifen:

$$I_z(x) = \int_A y^2 \mathrm{d}A = \int_{-y(x)}^{y(x)} \hat{y}^2 \underbrace{b\mathrm{d}\hat{y}}_{\mathrm{d}A} = b\left[\frac{1}{3}\hat{y}^3\right]_{-y(x)}^{y(x)} = \frac{2b}{3}\, y(x)^3. \tag{5.211}$$

Der Funktionsverlauf $y(x)$ des Querschnittes entspricht dem Radius von Aufgabenteil a), das heißt $y(x) = h(1 - \frac{x}{2L})$, und das Flächenträgheitsmoment ergibt sich in diesem Fall zu:

$$I_z(x) = \frac{2bh^3}{3}\left(1 - \frac{x}{2L}\right)^3 = \frac{bh^3}{12}\left(2 - \frac{x}{L}\right)^3. \tag{5.212}$$

Somit ergibt sich die Steifigkeitsmatrix mittels der speziellen Form des Flächenträgheitsmomentes zu

$$\boldsymbol{k}^{\mathrm{e}} = E\frac{bh^3}{12}\int_L \left(2 - \frac{x}{L}\right)^3 \frac{\mathrm{d}^2\boldsymbol{N}^{\mathrm{T}}(x)}{\mathrm{d}x^2}\frac{\mathrm{d}^2\boldsymbol{N}(x)}{\mathrm{d}x^2}\,\mathrm{d}x \tag{5.213}$$

oder nach der Integration schließlich als:

$$\boldsymbol{k}^{\mathrm{e}}_{\text{Rechteck}} = \frac{E}{L^3}\frac{bh^3}{12}\begin{bmatrix} \frac{243}{5} & \frac{156}{5}L & -\frac{243}{5} & \frac{87}{5}L \\[4pt] \frac{156}{5}L & \frac{114}{5}L^2 & -\frac{156}{5}L & \frac{42}{5}L^2 \\[4pt] -\frac{243}{5} & -\frac{156}{5}L & \frac{243}{5} & -\frac{87}{5}L \\[4pt] \frac{87}{5}L & \frac{42}{5}L^2 & -\frac{87}{5}L & 9L^2 \end{bmatrix}. \tag{5.214}$$

5.6.2 Weiterführende Aufgaben

Gleichgewichtsbeziehung für infinitesimales Balkenelement mit veränderlicher Streckenlast Für das in Abb. 5.24 dargestellte Balkenelement ist das vertikale Kräftegleichgewicht und das Momentengleichgewicht aufzustellen.

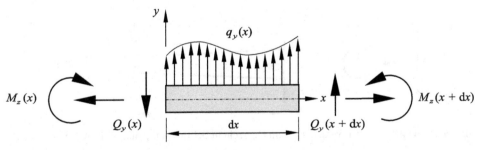

Abb. 5.24 Infinitesimales Balkenelement mit Schnittreaktionen und Belastung durch veränderliche Streckenlast

Methode der gewichteten Residuen mit veränderlicher Streckenlast Man leite die Finite-Elemente-Hauptgleichung mittels des Prinzips der gewichteten Residuen ab. Ausgangspunkt soll hierbei die Biegedifferenzialgleichung *mit* einer beliebigen Streckenlast $q_y(x)$ sein. Weiterhin soll angenommen werden, dass die Biegesteifigkeit EI_z konstant ist.

Steifigkeitsmatrix bei Biegung in x-z-Ebene Man leite die Steifigkeitsmatrix für ein Balkenelement bei Biegung in der x-z-Ebene ab. Siehe dazu Gl. (5.144) und Abb. 5.16b.

Biegebalken mit veränderlichem Querschnitt Man löse Beispiel 5.3 für beliebige Werte von d_1 und d_2!

Äquivalente Knotenlasten für quadratische Streckenlast Man berechne für den in Abb. 5.25 dargestellten Biegebalken die äquivalenten Knotenlasten für den Fall:

a) $q(x) = q_0 x^2$,
b) $q(x) = q_0 \left(\frac{x}{L}\right)^2$.

Abb. 5.25 Quadratische
Streckenlast

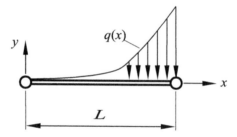

Biegebalken mit veränderlichem Querschnitt unter Einzellast Für den in Abb. 5.26 dargestellten Balken mit veränderlichem Querschnitt berechne man für $d_1 = 2h$ und $d_2 = h$ die vertikale Verschiebung des rechten Endes. Dazu ist ein Finites Element zu verwenden und die numerische Lösung ist mit der exakten Lösung zu vergleichen. Hinweis: Die Steifigkeitsmatrix kann Beispiel 5.3 entnommen werden.

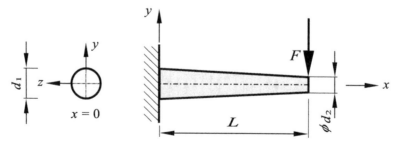

Abb. 5.26 Biegebalken mit veränderlichem Querschnitt bei Belastung durch Einzellast

Literatur

1. Altenbach H, Altenbach J, Naumenko K (1998) Ebene Flächentragwerke: Grundlagen der Modellierung und Berechnung von Scheiben und Platten. Springer-Verlag, Berlin
2. Betten J (2001) Kontinuumsmechanik: Elastisches und inelastisches Verhalten isotroper und anisotroper Stoffe. Springer-Verlag, Berlin
3. Betten J (2004) Finite Elemente für Ingenieure 2: Variationsrechnung, Energiemethoden, Näherungsverfahren, Nichtlinearitäten, Numerische Integrationen. Springer-Verlag, Berlin
4. Buchanen GR (1995) Schaum's outline of theory and problems of finite elemente analysis. MCGraw-Hill, New York
5. Budynas RG (1999) Advanced strength and applied stress analysis. McGraw-Hill Book, Singapore
6. Clebsch RFA (1862) Theorie der Elasticität fester Körper. B. G. Teubner, Leipzig
7. Czichos H, Hennecke M (eds) (2007) Hütte. Das Ingenieurwissen. Springer-Verlag, Berlin
8. Dubbel H, Grote K-H, Feldhusen J (eds) (2004) Dubbel. Taschenbuch für den Maschinenbau. Springer-Verlag, Berlin
9. Gould PL (1988) Analysis of shells and plates. Springer-Verlag, New York
10. Gross D, Hauger W, Schröder J, Wall WA (2009) Technische Mechanik 2: Elastostatik. Springer-Verlag, Berlin
11. Hartmann F, Katz G (2002) Statik mit finiten Elementen. Springer-Verlag, Berlin
12. Hibbeler RC (2008) Mechanics of materials. Prentice Hall, Singapore
13. Hutton DV (2004) Fundamentals of finite element analysis. McGraw-Hill Book, Singapore
14. Macaulay WH (1919) A note on the deflections of beams. Messenger Math 48:129–130
15. Oden JT, Reddy JN (1976) Variational methods in theoretical mechanics. Springer-Verlag, Berlin
16. Szabó I (1996) Geschichte der mechanischen Prinzipien und ihrer wichtigsten Anwendungen. Birkhäuser, Basel
17. Szabó I (2001) Höhere Technische Mechanik: Nach Vorlesungen István Szabó. Springer-Verlag, Berlin
18. Szabó I (2003) Einführung in die Technische Mechanik: Nach Vorlesungen István Szabó. Springer-Verlag, Berlin
19. Timoshenko S, Woinowsky-Krieger S (1959) Theory of plates and shells. McGraw-Hill Book Company, New York

Allgemeines 1D-Element

6

Zusammenfassung

In der Anwendung können die drei Grundtypen Zug, Torsion und Biegung in einer beliebigen Kombination auftreten. In diesem Kapitel wird vorgestellt, wie sich die Steifigkeitsbeziehung für ein allgemeines 1D-Element gewinnen lässt. Als Basis dienen die Steifigkeitsbeziehungen der Grundtypen. Für „einfache" Beanspruchungen lassen sich die drei Grundtypen voneinander getrennt betrachten und einfach überlagern. Es besteht keine wechselseitige Abhängigkeit. Die Allgemeinheit des 1D-Elements bezieht sich auch auf die beliebige Orientierung im Raum. Es werden Transformationsregeln von lokalen auf globale Koordinaten bereit gestellt. Als Beispiele werden Tragwerke in der Ebene und im dreidimensionalen Raum diskutiert. Zudem wird kurz in die Thematik numerische Integration eingeführt.

6.1 Überlagerung zum allgemeinen 1D-Element

Ein allgemeines 1D-Element lässt sich aus den Grundtypen Zug, Biegung und Torsion ohne wechselseitige Abhängigkeit herleiten. Für einen beliebigen Punkt lassen sich die drei Kräfte und drei Momente als

- Normalkraft $N(x)$,
- jeweils eine Querkraft und ein Biegemoment um eine Achse des Querschnittes: $Q_z(x)$, $M_{yb}(x)$, $Q_y(x)$, $M_{zb}(x)$ und
- Torsionsmoment $M_t(x)$ um die Körperachse

© Springer-Verlag Berlin Heidelberg 2014
M. Merkel, A. Öchsner, *Eindimensionale Finite Elemente*,
DOI 10.1007/978-3-642-54482-8_6

darstellen. Die sechs kinematischen Größen werden beschrieben als:

- die drei Verschiebungen $u_x(x)$, $u_y(x)$ und $u_z(x)$. Üblicherweise entspricht die Verschiebung in der Körperachse der Verschiebung $u_x(x)$.
- die drei Verdrehungen $\varphi_x(x)$, $\varphi_y(x)$, $\varphi_z(x)$.

In Abb. 6.1 sind die kinematischen Größen, die Kräfte und Momente dargestellt.

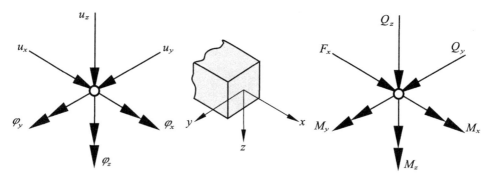

Abb. 6.1 Zustandsgrößen für den allgemeinen dreidimensionalen Fall

Die Anordnung der einzelnen Größen in den Vektoren bestimmt die Struktur der Gesamtsteifigkeitsmatrix. Ordnet man die kinematischen Größen in der Reihenfolge

$$\boldsymbol{u} = \left[u_x, u_y, u_z, \varphi_x, \varphi_y, \varphi_z\right]^{\mathrm{T}} \tag{6.1}$$

an, so ergibt sich für den Vektor der *Kräfte* in der Steifigkeitsbeziehung die Reihenfolge der Einträge zu:

$$\boldsymbol{F} = \left[N_x, Q_y, Q_z, M_x, M_y, M_z\right]^{\mathrm{T}}. \tag{6.2}$$

Eine alternative Anordnung ergibt sich, wenn der Vektor der *Kräfte* in der Reihenfolge

- Normalkraft (in Richtung der x-Achse),
- Biegung (um die y-Achse und um die z-Achse) und
- Torsion (um die x-Achse),

das heißt

$$\boldsymbol{F} = \left[N_x, Q_z, M_y, Q_y, M_z, M_x\right]^{\mathrm{T}}, \tag{6.3}$$

aufgestellt wird. Für diese Anordnung ist die Einzelsteifigkeitsbeziehung in Gl. (6.4) dargestellt. Unter der Annahme eines zweiknotigen Elementes setzt sich die Steifigkeitsmatrix aus den jeweils sechs Einträgen an beiden Knoten zusammen. Die Dimension der Steifigkeitsmatrix ergibt sich zu 12×12.

$$
\begin{bmatrix}
N_{1x} \\
Q_{1z} \\
M_{1y} \\
Q_{1y} \\
M_{1z} \\
M_{1x} \\
\hline
N_{2x} \\
Q_{2z} \\
M_{2y} \\
Q_{2y} \\
M_{2z} \\
M_{2x}
\end{bmatrix}
=
\begin{bmatrix}
Z & 0 & 0 & 0 & 0 & 0 & Z & 0 & 0 & 0 & 0 & 0 \\
0 & B_y & B_y & 0 & 0 & 0 & 0 & B_y & B_y & 0 & 0 & 0 \\
0 & B_y & B_y & 0 & 0 & 0 & 0 & B_y & B_y & 0 & 0 & 0 \\
0 & 0 & 0 & B_z & B_z & 0 & 0 & 0 & 0 & B_z & B_z & 0 \\
0 & 0 & 0 & B_z & B_z & 0 & 0 & 0 & 0 & B_z & B_z & 0 \\
0 & 0 & 0 & 0 & 0 & T & 0 & 0 & 0 & 0 & 0 & T \\
\hline
Z & 0 & 0 & 0 & 0 & 0 & Z & 0 & 0 & 0 & 0 & 0 \\
0 & B_y & B_y & 0 & 0 & 0 & 0 & B_y & B_y & 0 & 0 & 0 \\
0 & B_y & B_y & 0 & 0 & 0 & 0 & B_y & B_y & 0 & 0 & 0 \\
0 & 0 & 0 & B_z & B_z & 0 & 0 & 0 & 0 & B_z & B_z & 0 \\
0 & 0 & 0 & B_z & B_z & 0 & 0 & 0 & 0 & B_z & B_z & 0 \\
0 & 0 & 0 & 0 & 0 & T & 0 & 0 & 0 & 0 & 0 & T
\end{bmatrix}
\begin{bmatrix}
u_{1x} \\
u_{1z} \\
\varphi_{1y} \\
u_{1y} \\
\varphi_{1z} \\
\varphi_{1x} \\
\hline
u_{2x} \\
u_{2z} \\
\varphi_{2y} \\
u_{2y} \\
\varphi_{2z} \\
\varphi_{2x}
\end{bmatrix}
\tag{6.4}
$$

In der Steifigkeitsmatrix stehen Einträge,

- die mit Z gekennzeichnet sind, für Einträge der Einzelsteifigkeitsmatrix des Zugstabes,
- die mit B gekennzeichnet sind, für Einträge der Einzelsteifigkeitsmatrix des Biegebalkens, wobei mit B_y und B_z zwischen der Biegung um die y- und z-Achse unterschieden wird und
- die mit T gekennzeichnet sind, für Einträge der Einzelsteifigkeitsmatrix des Torsionsstabes.

Die Steifigkeitsmatrix enthält an einigen Stellen 0-Einträge. Dies dokumentiert die Entkopplung der Grundtypen. Dem Anwender stehen bei der Analyse eines allgemeinen dreidimensionalen Problems mehrere Wege bei der Auswahl der Elemente zur Verfügung. Grundsätzlich kann jedem 1D-Element diese allgemeine Steifigkeitsmatrix zugeordnet werden. Dies führt jedoch zu erhöhtem Speicheraufwand und verlängerten Rechenzeiten, da für einige Elemente „unnötiger" Balast mitgeschleppt wird. Sicherlich ist eine Vorauswahl durch den Anwender sinnvoll. Kommerzielle Programmpakete halten in ihrer Elementbibliothek meist die Grundtypen und einige Spezialfälle bereit.

6.1.1 Beispiel 1: Stab unter Zug und Torsion

Prinzipiell kann eine Gesamtsteifigkeitsmatrix aus einer beliebigen Kombination von Grundtypen aufgestellt werden. In diesem Beispiel soll die Steifigkeitsbeziehung aus den Grundtypen *Zugstab* und *Torsionsstab* aufgestellt werden. In Abb. 6.2 sind die Zustandsgrößen dargestellt, in 6.2a die Kraftgrößen und in 6.2b die Verformungsgrößen.

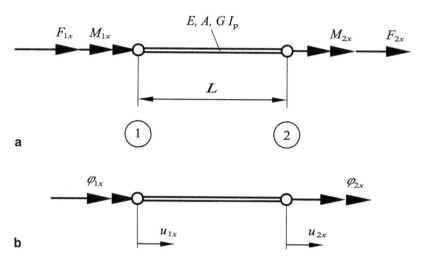

Abb. 6.2 Finites Element für Zug und Torsion: **a** Belastungsgrößen und **b** Verformungsgrößen

Die Gesamtsteifigkeitsbeziehung für das 1D-Element

$$
\begin{bmatrix} N_{1x} \\ M_{1x} \\ N_{2x} \\ M_{2x} \end{bmatrix} = \begin{bmatrix} Z & 0 & Z & 0 \\ 0 & T & 0 & T \\ Z & 0 & Z & 0 \\ 0 & T & 0 & T \end{bmatrix} \begin{bmatrix} u_{1x} \\ \varphi_{1x} \\ u_{2x} \\ \varphi_{2x} \end{bmatrix}
\tag{6.5}
$$

setzt sich aus den Grundtypen *Zugstab* und *Torsionsstab* zusammen: In der Matrix stehen an den Positionen,

- die mit Z gekennzeichnet sind, Einträge der Einzelsteifigkeitsmatrix des Zugstabes,
- die mit T gekennzeichnet sind, Einträge der Einzelsteifigkeitsmatrix des Torsionsstabes.

Ausführlich lautet die Gesamtsteifigkeitsbeziehung mittels der Geometrie- und Material-parameter:

$$
\begin{bmatrix} N_{1x} \\ M_{1x} \\ N_{2x} \\ M_{2x} \end{bmatrix} = \begin{bmatrix} \dfrac{EA}{L} & 0 & -\dfrac{EA}{L} & 0 \\ 0 & \dfrac{GI_t}{L} & 0 & -\dfrac{GI_t}{L} \\ -\dfrac{EA}{L} & 0 & \dfrac{EA}{L} & 0 \\ 0 & -\dfrac{GI_t}{L} & 0 & \dfrac{GI_t}{L} \end{bmatrix} \begin{bmatrix} u_{1x} \\ \varphi_{1x} \\ u_{2x} \\ \varphi_{2x} \end{bmatrix} .
\tag{6.6}
$$

6.1.2   Beispiel 2: Balken in der Ebene mit Zuganteil

Für den Biegebalken mit Normalkraftanteil werden die beiden Grundbelastungsarten Biegung und Zug kombiniert. Zunächst soll die Biegung in der x-y-Ebene beschrieben werden. In Abb. 6.3 sind die Zustandsgrößen der kombinierten Belastungsarten dargestellt.

Die Einzelsteifigkeitsbeziehung lautet:

Abb. 6.3 Biegung in der x-y-Ebene mit Normalkraft: **a** Belastungsgrößen und **b** Verformungsgrößen

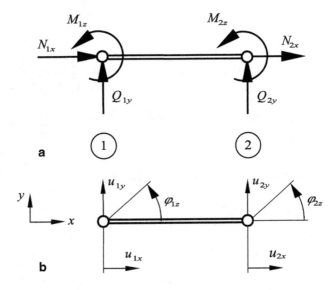

$$
\begin{bmatrix} N_{1x} \\ Q_{1y} \\ M_{1z} \\ N_{2x} \\ Q_{2y} \\ M_{2z} \end{bmatrix} = \begin{bmatrix} \frac{EA}{L} & 0 & 0 & -\frac{EA}{L} & 0 & 0 \\ 0 & 12\frac{EI_z}{L^3} & 6\frac{EI_z}{L^2} & 0 & -12\frac{EI_z}{L^3} & 6\frac{EI_z}{L^2} \\ 0 & 6\frac{EI_z}{L^2} & 4\frac{EI_z}{L} & 0 & -6\frac{EI_z}{L^2} & 2\frac{EI_z}{L} \\ -\frac{EA}{L} & 0 & 0 & \frac{EA}{L} & 0 & 0 \\ 0 & -12\frac{EI_z}{L^3} & -6\frac{EI_z}{L^2} & 0 & 12\frac{EI_z}{L^3} & -6\frac{EI_z}{L^2} \\ 0 & 6\frac{EI_z}{L^2} & 2\frac{EI_z}{L} & 0 & -6\frac{EI_z}{L^2} & 4\frac{EI_z}{L} \end{bmatrix} \begin{bmatrix} u_{1x} \\ u_{1y} \\ \varphi_{1z} \\ u_{2x} \\ u_{2y} \\ \varphi_{2z} \end{bmatrix} . \qquad (6.7)
$$

Für die Biegung in der x-z-Ebene erfolgt die Beschreibung der kombinierten Belastung ähnlich. In Abb. 6.4 sind die Zustandsgrößen dargestellt.

Abb. 6.4 Biegung in der
x-z-Ebene mit Normalkraft: **a**
Belastungsgrößen und **b**
Verformungsgrößen

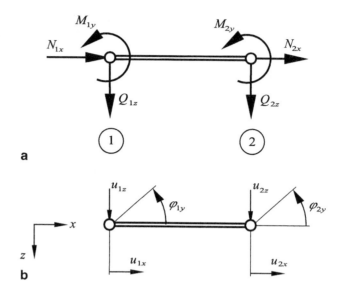

Die Einzelsteifigkeitsbeziehung lautet:

$$
\begin{bmatrix} N_{1x} \\ Q_{1z} \\ M_{1y} \\ N_{2x} \\ Q_{2z} \\ M_{2y} \end{bmatrix} = \begin{bmatrix} \frac{EA}{L} & 0 & 0 & -\frac{EA}{L} & 0 & 0 \\ 0 & 12\frac{EI_y}{L^3} & -6\frac{EI_y}{L^2} & 0 & -12\frac{EI_y}{L^3} & -6\frac{EI_y}{L^2} \\ 0 & -6\frac{EI_y}{L^2} & 4\frac{EI_y}{L} & 0 & 6\frac{EI_y}{L^2} & 2\frac{EI_y}{L} \\ -\frac{EA}{L} & 0 & 0 & \frac{EA}{L} & 0 & 0 \\ 0 & -12\frac{EI_y}{L^3} & 6\frac{EI_y}{L^2} & 0 & 12\frac{EI_y}{L^3} & 6\frac{EI_y}{L^2} \\ 0 & -6\frac{EI_y}{L^2} & 2\frac{EI_y}{L} & 0 & 6\frac{EI_y}{L^2} & 4\frac{EI_y}{L} \end{bmatrix} \begin{bmatrix} u_{1x} \\ u_{1z} \\ \varphi_{1y} \\ u_{2x} \\ u_{2z} \\ \varphi_{2y} \end{bmatrix} . \tag{6.8}
$$

6.2 Koordinatentransformation

Bisher wurden die Steifigkeitsbeziehungen für ein einzelnes Element formuliert. Grundlage war das auf ein Element bezogene, lokales (lo) Koordinatensystem. Für den einfachen Zugstab lautet die Steifigkeitsbeziehung:

$$ \boldsymbol{F}^{\text{lo}} = \boldsymbol{k}^{\text{lo}}\,\boldsymbol{u}^{\text{lo}}. \tag{6.9} $$

In einem ebenen oder allgemein dreidimensionalen Tragwerk können die Einzelelemente jedoch beliebig im Raum orientiert sein. Üblicherweise wird ein festes, globales Koordinatensystem definiert. Die Transformationsvorschrift für einen Vektor zwischen einem lokalen (lo) und globalen (glo) Koordinatensystem lautet allgemein:

$$[\,\cdot\,]^{\text{lo}} = T\,[\,\cdot\,]^{\text{glo}}. \tag{6.10}$$

T wird als Transformationsmatrix bezeichnet. Die mathematischen Eigenschaften sind im Anhang ausführlich beschrieben. Für die anschließenden Herleitungen ist die Beziehung

$$T^{-1} = T^{\mathrm{T}} \tag{6.11}$$

wesentlich. Diese Transformationsmatrix wird bei der Umrechnung von sämtlichen Größen genutzt. Für die Transformation der Verschiebungen und Kräfte von globalen zu lokalen Koordinaten ergibt sich

$$\begin{aligned} u^{\text{lo}} &= T\,u^{\text{glo}}, \\ F^{\text{lo}} &= T\,F^{\text{glo}}, \end{aligned} \tag{6.12}$$

und für die Transformation von lokalen auf globale Koordinaten

$$\begin{aligned} u^{\text{glo}} &= T^{\mathrm{T}}\,u^{\text{lo}}, \\ F^{\text{glo}} &= T^{\mathrm{T}}\,F^{\text{lo}}. \end{aligned} \tag{6.13}$$

Die Steifigkeitsbeziehung lässt sich nach der Umformung

$$F^{\text{lo}} = K^{\text{lo}}\,u^{\text{lo}}$$
$$T^{-1}\,T\,F^{\text{glo}} = T^{-1}\,K^{\text{lo}}\,T\,u^{\text{glo}}$$
$$F^{\text{glo}} = T^{\mathrm{T}}\,K^{\text{lo}}\,T\,u^{\text{glo}}$$

in globalen Koordinaten schreiben als:

$$F^{\text{glo}} = K^{\text{glo}}\,u^{\text{glo}} \tag{6.14}$$

mit

$$K^{\text{glo}} = T^{\mathrm{T}}\,K^{\text{lo}}\,T. \tag{6.15}$$

In den folgenden Abschnitten wird die Transformation anhand von Beispielen für die Drehung in der Ebene und im allgemeinen dreidimensionalen Raum vorgestellt.

6.2.1 Ebene Tragwerke

Für ebene Tragwerke lässt sich die Transformation anschaulich darstellen. Das lokale x-y-Koordinatensystem ist um den Winkel α gegenüber dem globalen X-Y-Koordinatensystem gedreht. Der Winkel α ist gegen den Uhrzeigersinn, in mathematisch positiver Drehrichtung positiv definiert (Abb. 6.5).[1]

---

[1] Bei anderer Definition ergibt sich eine andere Transformationsbeziehung.

Abb. 6.5 Koordinatentransformation in der Ebene

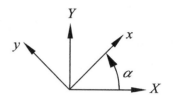

Die Transformationsbeziehung zwischen dem lokalen und globalen Koordinatensystem lautet für einen Vektor:

$$\begin{bmatrix} \cdot \\ \cdot \end{bmatrix}^{\text{lo}} = \begin{bmatrix} \cos\alpha & \sin\alpha \\ -\sin\alpha & \cos\alpha \end{bmatrix} \begin{bmatrix} \cdot \\ \cdot \end{bmatrix}^{\text{glo}}. \tag{6.16}$$

Zunächst wird die Transformation für das Element Zugstab aufgezeigt. In Abb. 6.6 sind der Übersichtlichkeit halber nur die Kräfte dargestellt. Für die Verschiebungen gilt eine entsprechende Vorgehensweise.

Mit zwei Knoten lautet die Transformationsmatrix:

$$T = \begin{bmatrix} \cos\alpha & \sin\alpha & 0 & 0 \\ -\sin\alpha & \cos\alpha & 0 & 0 \\ 0 & 0 & \cos\alpha & \sin\alpha \\ 0 & 0 & -\sin\alpha & \cos\alpha \end{bmatrix}. \tag{6.17}$$

Ausgehend von der Beschreibung in lokalen Koordinaten werden die Zustandsvektoren auf die gleiche Dimension (4 Komponenten)

$$F^{\text{lo}} = \begin{bmatrix} N_1 \\ 0 \\ N_2 \\ 0 \end{bmatrix}, \quad F^{\text{glo}} = \begin{bmatrix} F_{1X} \\ F_{1Y} \\ F_{2X} \\ F_{2Y} \end{bmatrix} \tag{6.18}$$

Abb. 6.6 Koordinatentransformation für den Zugstab in der X-Y-Ebene

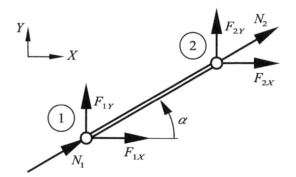

und

$$\boldsymbol{u}^{\mathrm{lo}} = \begin{bmatrix} u_1 \\ 0 \\ u_2 \\ 0 \end{bmatrix}, \quad \boldsymbol{u}^{\mathrm{glo}} = \begin{bmatrix} u_{1X} \\ u_{1Y} \\ u_{2X} \\ u_{2Y} \end{bmatrix} \tag{6.19}$$

gebracht.

Für die Transformation der Einzelsteifigkeitsmatrix führt man die Transformationsvorschrift in Gl. (6.15) aus und erhält schließlich

$$\boldsymbol{k} = \boldsymbol{k}^{\mathrm{T}} = \frac{EA}{L} \begin{bmatrix} \cos^2\alpha & \cos\alpha\sin\alpha & -\cos^2\alpha & -\cos\alpha\sin\alpha \\ & \sin^2\alpha & -\cos\alpha\sin\alpha & -\sin^2\alpha \\ & & \cos^2\alpha & \cos\alpha\sin\alpha \\ \mathrm{sym.} & & & \sin^2\alpha \end{bmatrix}. \tag{6.20}$$

Für die Drehung des Biegebalkens in der Ebene wird bereits im lokalen Koordinatensystem Normalkraft, Querkraft und der Momentenvektor berücksichtigt (siehe Abb. 6.7). Dieser steht senkrecht auf der Biegeebene und bleibt bei einer Drehung erhalten.

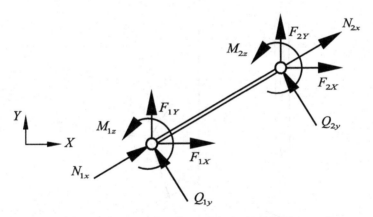

Abb. 6.7 Koordinatentransformation für den Biegebalken in der X-Y-Ebene

Für die Biegung in der X-Y-Ebene ergibt sich folgende Transformationsmatrix

$$T^{\mathrm{XY}} = \begin{bmatrix} \cos\alpha & \sin\alpha & 0 & 0 & 0 & 0 \\ -\sin\alpha & \cos\alpha & 0 & 0 & 0 & 0 \\ 0 & 0 & 1 & 0 & 0 & 0 \\ 0 & 0 & 0 & \cos\alpha & \sin\alpha & 0 \\ 0 & 0 & 0 & -\sin\alpha & \cos\alpha & 0 \\ 0 & 0 & 0 & 0 & 0 & 1 \end{bmatrix} \tag{6.21}$$

für das Balkenelement mit Zugbelastung. Für die Biegung in der X-Z-Ebene kann eine entsprechende Transformationsvorschrift formuliert werden.

6.2.2 Allgemeine dreidimensionale Tragwerke

Die Transformation für allgemeine, dreidimensionale Tragwerke lässt sich formal auch durch die Gl.(6.10) beschreiben. Anschaulich lässt sich die Transformation nicht mehr so einfach darstellen. Das lokale (x, y, z)-Koordinatensystem wird über drei Koordinatenachsen definiert. Diese können beliebig gegenüber einem globalen (X, Y, Z)-Koordinatensystem gedreht sein (siehe Abb. 6.8).

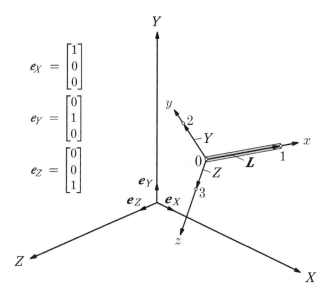

Abb. 6.8 Rotatorische Transformation eines 1D-Elementes im Raum. Die Einheitsvektoren in Richtung der globalen X-, Y- und Z-Achse sind mit e_i bezeichnet. Modifiziert nach [3]

Ein eindimensionales finites Element 0-1 sei durch den Vektor

$$L = (X_1 - X_0)e_X + (Y_1 - Y_0)e_Y + (Z_1 - Z_0)e_Z \qquad (6.22)$$

repräsentiert, der in Richtung der lokalen x-Achse orientiert ist. Ein Vektor in Richtung der lokalen y-Achse kann nach Abb. 6.8 als

$$Y = (X_2 - X_0)e_X + (Y_2 - Y_0)e_Y + (Z_2 - Z_0)e_Z \qquad (6.23)$$

dargestellt werden. Die Richtungskosini zwischen der lokalen y-Achse und den globalen Koordinatenachsen ergeben sich über die globalen Knotenkoordinaten zu

$$t_{yX} = \cos(y, X) = \frac{X_2 - X_0}{|Y|}, \qquad (6.24)$$

$$t_{yY} = \cos(y, Y) = \frac{Y_2 - Y_0}{|Y|}, \qquad (6.25)$$

$$t_{yZ} = \cos(y, Z) = \frac{Z_2 - Z_0}{|Y|}, \qquad (6.26)$$

wobei sich die Länge des Vektors Y zu

$$|Y| = \sqrt{(X_2 - X_0)^2 + (Y_2 - Y_0)^2 + (Z_2 - Z_0)^2} \qquad (6.27)$$

ergibt.

Entsprechend ergibt sich ein Vektor in Richtung der lokalen z-Achse zu:

$$Z = (X_3 - X_0)e_X + (Y_3 - Y_0)e_Y + (Z_3 - Z_0)e_Z \qquad (6.28)$$

und die Richtungskosini als

$$t_{zX} = \cos(z, X) = \frac{X_3 - X_0}{|Z|}, \qquad (6.29)$$

$$t_{zY} = \cos(z, Y) = \frac{Y_3 - Y_0}{|Z|}, \qquad (6.30)$$

$$t_{zZ} = \cos(z, Z) = \frac{Z_3 - Z_0}{|Z|}, \qquad (6.31)$$

wobei sich die Länge des Vektors Z zu

$$|Z| = \sqrt{(X_3 - X_0)^2 + (Y_3 - Y_0)^2 + (Z_3 - Z_0)^2} \qquad (6.32)$$

ergibt.

Ein beliebiger Vektor v kann mittels der folgenden Beziehungen zwischen dem lokalen (x, y, z) und globalen (X, Y, Z) Koordinatensystem transformiert werden:

$$v_{xyz} = T^{3D} v_{XYZ},$$ (6.33)

$$v_{XYZ} = T^{3D^T} v_{xyz},$$ (6.34)

wobei die Transformationsmatrix mittels der Richtungskosini wie folgt angegeben werden kann:

$$T^{3D} = \begin{bmatrix} t_{xX} & t_{xY} & t_{xZ} \\ t_{yX} & t_{yY} & t_{yZ} \\ t_{zX} & t_{zY} & t_{zZ} \end{bmatrix} = \begin{bmatrix} \cos(x,X) & \cos(x,Y) & \cos(x,Z) \\ \cos(y,X) & \cos(y,Y) & \cos(y,Z) \\ \cos(z,X) & \cos(z,Y) & \cos(z,Z) \end{bmatrix}.$$ (6.35)

Ein allgemeines eindimensionales Element bindet an einem Knoten jeweils sechs kinematische Zustandsgrößen und sechs „Kraftgrößen". Bei einem zweiknotigen Element ergibt sich für die Transformation einer Zustandsgröße eine Transformationsmatrix mit der Dimension 12 × 12. Beispielhaft ist mit Gl. (6.36) die Transformationsbeziehung von globalen auf lokale Koordinaten für die kinematischen Zustandsgrößen dargestellt:

$$\begin{bmatrix} u_{1x} \\ u_{1y} \\ u_{1z} \\ \varphi_{1x} \\ \varphi_{1y} \\ \varphi_{1z} \\ u_{2x} \\ u_{2y} \\ u_{2z} \\ \varphi_{2x} \\ \varphi_{2y} \\ \varphi_{2z} \end{bmatrix} = \underbrace{\begin{bmatrix} t_{xX} & t_{xY} & t_{xZ} & 0 & 0 & 0 & 0 & 0 & 0 & 0 & 0 & 0 \\ t_{yX} & t_{yY} & t_{yZ} & 0 & 0 & 0 & 0 & 0 & 0 & 0 & 0 & 0 \\ t_{zX} & t_{zY} & t_{zZ} & 0 & 0 & 0 & 0 & 0 & 0 & 0 & 0 & 0 \\ 0 & 0 & 0 & t_{xX} & t_{xY} & t_{xZ} & 0 & 0 & 0 & 0 & 0 & 0 \\ 0 & 0 & 0 & t_{yX} & t_{yY} & t_{yZ} & 0 & 0 & 0 & 0 & 0 & 0 \\ 0 & 0 & 0 & t_{zX} & t_{zY} & t_{zZ} & 0 & 0 & 0 & 0 & 0 & 0 \\ 0 & 0 & 0 & 0 & 0 & 0 & t_{xX} & t_{xY} & t_{xZ} & 0 & 0 & 0 \\ 0 & 0 & 0 & 0 & 0 & 0 & t_{yX} & t_{yY} & t_{yZ} & 0 & 0 & 0 \\ 0 & 0 & 0 & 0 & 0 & 0 & t_{zX} & t_{zY} & t_{zZ} & 0 & 0 & 0 \\ 0 & 0 & 0 & 0 & 0 & 0 & 0 & 0 & 0 & t_{xX} & t_{xY} & t_{xZ} \\ 0 & 0 & 0 & 0 & 0 & 0 & 0 & 0 & 0 & t_{yX} & t_{yY} & t_{yZ} \\ 0 & 0 & 0 & 0 & 0 & 0 & 0 & 0 & 0 & t_{zX} & t_{zY} & t_{zZ} \end{bmatrix}}_{T} \begin{bmatrix} u_{1X} \\ u_{1Y} \\ u_{1Z} \\ \varphi_{1X} \\ \varphi_{1Y} \\ \varphi_{1Z} \\ u_{2X} \\ u_{2Y} \\ u_{2Z} \\ \varphi_{2X} \\ \varphi_{2Y} \\ \varphi_{2Z} \end{bmatrix}.$$

(6.36)

Die Transformation der Steifigkeitsmatrix ergibt sich zu:

$$k_{XYZ}^{e} = T^{3D^T} k_{xyz}^{e} T.$$ (6.37)

Dabei stehen die kleinen Buchstaben für die Achsen des lokalen Koordinatensystems und die großen Buchstaben für die Achsen des globalen Koordinatensystems.

6.3 Numerische Integration eines Finiten Elementes

In diesem Abschnitt wird kurz in die numerische Integration eingeführt. Für einen umfassenden Überblick sei auf einschlägige Literatur verwiesen [5]. Die Thematik wird hier an eindimensionalen Problemstellungen vorgestellt.

Für die näherungsweise Berechnung bestimmter Integrale steht eine Anzahl von numerischen Algorithmen oder sogenannten Quadraturformeln zur Verfügung. Die Grundidee besteht darin, das Integral

$$\int_a^b f(x)\,dx \approx \sum_{i=1}^q f(x_i)\,\Delta x_i \tag{6.38}$$

in Teilintervalle zu zerlegen und anschließend aufzusummieren. Anschaulich ist das in Abb. 6.9 dargestellt.

Abb. 6.9 Integration einer Funktion

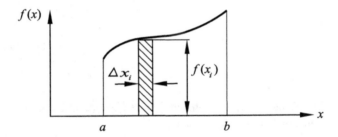

Allgemeiner formuliert, setzt sich das Integral aus Teilbeiträgen zusammen, die jeweils aus einem Funktionswert und einem Wichtungskoeffizienten berechnet werden:

$$\int_a^b f(x)\,dx \approx \sum_{i=1}^q f(\xi_i)\,W_i. \tag{6.39}$$

In der Integrationsformel werden die ξ_i als Stützstellen, die $f(\xi_i)$ als diskrete Funktionswerte an diesen Stützstellen, und W_i als Wichtungskoeffizienten bezeichnet. q steht für die Integrationsordnung. Numerische Integration bedeutet demnach eine Multiplikation von Funktionswerten des Integranden an diskreten Stützstellen mit Gewichten. Anschließend werden die Teilbeiträge aufsummiert.

Unabhängig von den Integrationsgrenzen wird die numerische Integration meist in dem Einheitsbereich zwischen -1 und $+1$ durchgeführt, dies bedeutet, das Integrationsintervall wird auf den Bereich $-1 \leq \xi \leq 1$ transformiert.

Die Gauß-Quadratur Im Rahmen der Finite-Elemente-Methode wird für die numerische Integration meist die Quadraturformel nach GAUSS angewandt. Ein wesentlicher Vorteil besteht darin, dass ein Polynom der Ordnung

$$m = 2q - 1 \tag{6.40}$$

mit q Integrationspunkten exakt integriert werden kann. Mit zwei Integrationspunkten kann somit ein kubisches Polynom und mit drei Integrationspunkten ein Polynom 5. Ordnung exakt integriert werden. Die Positionen der Stützstellen sowie die dazu gehörenden Gewichte können Tabellen entnommen werden. In Tab. 6.1 sind die Werte bis zur Integrationsordnung $q = 3$ zusammengestellt.

Tab. 6.1 Stützstellen und Gewichte für die numerische Integration nach GAUSS-LEGENDRE

q	Stützstellen ξ_i	Wichtung W_i
1	0,00000	2,00000
2	$\pm\dfrac{1}{\sqrt{3}} = \pm 0{,}57735$	1,00000
3	$\pm\sqrt{\dfrac{3}{5}} = \pm 0{,}77459$	$\dfrac{5}{9} = 0{,}55555$
	0,00000	$\dfrac{8}{9} = 0{,}88888$

Die für den eindimensionalen Fall dargestellte Integration lässt sich einfach auf höherdimensionale Integrale erweitern.

Beispiel Das Integral

$$\int\limits_{-1}^{+1} \left(1 + 2x + 3x^2\right) \, \mathrm{d}x \tag{6.41}$$

soll mit der Quadraturformel nach GAUSS ausgewertet werden.

Lösung Die exakte Lösung ergibt sich zu

$$\int\limits_{-1}^{+1} \left(1 + 2x + 3x^2\right) \, \mathrm{d}x = \left[x + x^2 + x^3\right]_{-1}^{+1} \tag{6.42}$$

$$= (1 + 1 + 1) - (-1 + 1 - 1) = 4.$$

Bei dem Integranden handelt es sich um ein Polynom zweiter Ordnung. Aus $m = 2 = 2q-1$ errechnet sich die notwendige Integrationsordnung zu $q = 1,5$. Da diese ganzzahlig sein muss, wird die Integrationsordnung mit $q = 2$ festgelegt. Aus der Tab. 6.1 werden die Positionen der Integrationspunkte ξ_i mit den entsprechenden Gewichten W_i

$$\xi_{1/2} = \pm \frac{1}{\sqrt{3}}, \quad W_{1/2} = 1,0 \tag{6.43}$$

für die Integrationsordnung $q = 2$ entnommen. Die numerische Integration

$$\int_{-1}^{+1} (1 + 2x + 3x^2)\, dx \approx \sum_{i=1}^{q=2} f(\xi_i)\, W_i = f(\xi_1)\, W_1 + f(\xi_2)\, W_2$$

$$= \left[1 + 2\left(-\frac{1}{\sqrt{3}}\right) + 3\left(-\frac{1}{\sqrt{3}}\right)^2 \right] \cdot 1,0 \tag{6.44}$$

$$+ \left[1 + 2\left(+\frac{1}{\sqrt{3}}\right) + 3\left(+\frac{1}{\sqrt{3}}\right)^2 \right] \cdot 1,0$$

$$= \left[1 + 2\left(-\frac{1}{\sqrt{3}}\right) + 1 \right] + \left[1 + 2\left(+\frac{1}{\sqrt{3}}\right) + 1 \right] = 4$$

liefert das exakte Ergebnis.

6.4 Interpolationsfunktion

Im Rahmen der Finite-Elemente-Methode gilt es, Funktionen zu approximieren. In früheren Kapiteln wurden bereits Formfunktionen eingeführt, um den Verschiebungsverlauf innerhalb von Elementen zu approximieren. Hier wird die Thematik ausführlicher vorgestellt. Ziel ist es, den Verlauf einer physikalischen Größe möglichst einfach zu beschreiben. Beispielsweise sei der Verlauf der Verschiebung, der Verzerrung und der Spannung entlang der Längsachse eines Stabes genannt. Eine übliche Vorgehensweise besteht darin, den wahren Verlauf einer Funktion durch eine Kombination aus Funktionswerten an ausgewählten Stellen, den Knoten eines Elementes, und Funktionen zwischen diesen Stützstellen zu beschreiben. Dieser Ansatz wird als nodaler Ansatz bezeichnet. Der Verschiebungsverlauf innerhalb eines Elementes wird mit

$$u^e(x) = N^e(x)\, u_p \tag{6.45}$$

approximiert. Die Größe $u^e(x)$ beschreibt den Verlauf der Verschiebung im Element, N steht für die Formfunktionen. In der Gleichung steht der Index e für die auf ein Element bezogene Größe. Der Index p kennzeichnet den Knoten p, an dem die Knotenpunktverschiebung u_p eingeführt wurde.

Im Prinzip können für die Interpolation beliebige Funktionen gewählt werden, jedoch müssen folgende Bedingungen erfüllt sein:

- Die Ansatzfunktion muss im Inneren eines Elementes stetig sein. Es darf kein Klaffen auftreten.
- Die Ansatzfunktion muss auch am Rand hin zu benachbarten Elementen stetig sein.
- Mit der Ansatzfunktion muss eine Starrkörperbewegung beschrieben werden können, ohne dass dabei Verzerrungen oder Spannungen im Element hervorgerufen werden.

Grundsätzlich erfüllen Polynome diese Anforderungen. Im Rahmen der FEM wird auf spezielle Polynome zurückgegriffen, sogenannte LAGRANGE-Polynome. Ein LAGRANGE-Polynom der Ordnung $n - 1$ ist definiert durch n Funktionswerte an den Koordinaten $x_1, x_2, x_3, x_i, \ldots, x_n$:

$$L_i^n(x) = (x - x_1)(x - x_2)(x - x_{i-1})(x - x_{i+1}) \cdots (x - x_n). \tag{6.46}$$

Besonders zu erwähnen ist, dass das LAGRANGE-Polynom

- $L_i^n(x_j)$ an den Stellen x_j mit $j = 1, 2, \ldots, n$, $(j \neq i)$ die Funktionswerte $L_i^n(x_j) = 0$ annimmt und
- $L_i^n(x_i)$ an der Stelle x_i den Funktionswert $L_i^n(x_i) \neq 0$ annimmt.

Wenn die Stützstellen des LAGRANGE-Polynoms auf die Knoten eines Elementes gelegt werden und der Nicht-Null-Funktionswert zur Normierung herangezogen wird, dann sind damit geeignete Formfunktionen konstruiert:

$$N_i(x) = \frac{L_i^n(x)}{L_i^n(x_i)} = \prod_{j=1, j \neq i}^{n} \frac{(x - x_j)}{(x_i - x_j)}. \tag{6.47}$$

Zur Beschreibung einer physikalischen Größe ist es manchmal sinnvoll, ein weiteres Koordinatensystem zu definieren. Es werden elementeigene Koordinaten eingeführt, sogenannte *natürliche Koordinaten* ξ. In Abb. 6.10 sind a) die lokalen und b) die natürlichen Koordinaten dargestellt. Die Transformation lässt sich beschreiben durch

$$\xi = \frac{x - x_{\mathrm{M}}}{L} \times 2. \tag{6.48}$$

Der Mittelpunkt des Elementes wird mit x_{M} oder in natürlichen Koordinaten mit $\xi = 0$ beschrieben. Beginn und Ende des Elementes werden in natürlichen Koordinaten $\xi = -1$ und $\xi = +1$ beschrieben. Die Formfunktionen lassen sich ebenfalls in natürlichen Koordinaten

$$N_i(\xi) = L_i(\xi) = \prod_{j=1, j \neq i}^{n} \frac{(\xi - \xi_j)}{(\xi_i - \xi_j)} \tag{6.49}$$

Abb. 6.10 Koordinaten: **a** lokal und **b** natürlich

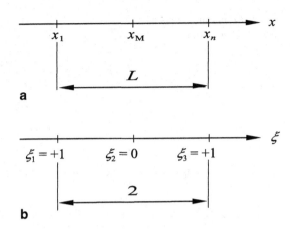

formulieren.

Für ein Stabelement mit *linearer* Ansatzfunktion ergeben sich mit den zwei Knoten an den Koordinaten $\xi_1 = -1$ und $\xi_2 = +1$ die zwei Formfunktionen zu

$$N_1(\xi) = \frac{(\xi - \xi_2)}{(\xi_1 - \xi_2)} = \frac{(\xi - 1)}{(-1 - (+1))} = \frac{1}{2}(1 - \xi),$$

$$N_2(\xi) = \frac{(\xi - \xi_1)}{(\xi_2 - \xi_1)} = \frac{(\xi - (-)1)}{(+1 - (-1))} = \frac{1}{2}(1 + \xi). \tag{6.50}$$

Abbildung 6.11 zeigt die zwei Formfunktionen für den linearen Ansatz.

Abb. 6.11 Formfunktionen, linearer Ansatz

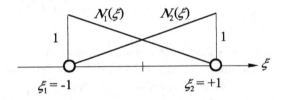

Für ein Stabelement mit *quadratischer* Ansatzfunktion ergeben sich mit den drei Knoten an den Koordinaten $\xi_1 = -1$, $\xi_2 = 0$ und $\xi_3 = +1$ die drei Formfunktionen zu

$$N_1(\xi) = \frac{(\xi - \xi_2)(\xi - \xi_3)}{(\xi_1 - \xi_2)(\xi_1 - \xi_3)} = \frac{(\xi - 0)(\xi - 1)}{(-1 - 0)(-1 - (+1))} = \frac{1}{2}\xi(\xi - 1),$$

$$N_2(\xi) = \frac{(\xi - \xi_1)(\xi - \xi_3)}{(\xi_2 - \xi_1)(\xi_2 - \xi_3)} = \frac{(\xi - (-1))(\xi - 1)}{(0 - (-1)(0 - (+1))} = (1 - \xi^2), \tag{6.51}$$

$$N_3(\xi) = \frac{(\xi - \xi_1)(\xi - \xi_2)}{(\xi_3 - \xi_1)(\xi_3 - \xi_2)} = \frac{(\xi - (-1))(\xi - 0)}{(+1 - (-1)(+1 - 0))} = \frac{1}{2}\xi(1 + \xi).$$

Abbildung 6.12 zeigt die drei Formfunktionen für den quadratischen Ansatz.

Abb. 6.12 Formfunktionen, quadratischer Ansatz

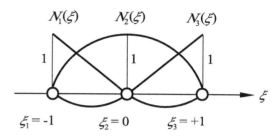

Die Bestimmung der Formfunktion für einen kubischen Ansatz ist Inhalt der Übung 6.1.

6.5 Einheitsbereich

Im Ablauf der Finite-Elemente-Analyse werden zahlreiche Vektoren und Matrizen mittels Integration über eine Feldgröße X bestimmt. Dies wird in der folgenden Form formuliert:

$$\int_{\Omega} X \, d\Omega.$$ (6.52)

Dabei ist X meist eine Größe, die von den Formfunktionen N oder deren Ableitungen abhängt. Als Beispiel sei die Steifigkeitsmatrix

$$K = \int_{\Omega} B^{\mathrm{T}} D B \, d\Omega$$ (6.53)

angegeben. Zur Durchführung der Integration sind zwei Transformationen notwendig. Im ersten Schritt wird eine Transformation von globalen auf lokale Koordinaten durchgeführt. Dieser Schritt wurde bereits in Abschn. 6.2 besprochen. In einem zweiten Schritt wird der Integrationsbereich auf einen Standardbereich transformiert:

$$\int_{\Omega} X(x,y,z) \, d\Omega = \int_{-1}^{+1} \int_{-1}^{+1} \int_{-1}^{+1} \overline{X}(\xi,\eta,\zeta) J(\xi,\eta,\zeta) \, d\xi \, d\eta \, d\zeta$$ (6.54)

mit

$$X(x,y,z) = \overline{X}(x(\xi,\eta,\zeta), y(\xi,\eta,\zeta), z(\xi,\eta,\zeta)) = \overline{X}(\xi,\eta,\zeta).$$ (6.55)

In Gl. (6.54) steht

$$J(\xi,\eta,\zeta) = \frac{\partial(x,y,z)}{\partial(\xi,\eta,\zeta)}$$ (6.56)

für die JACOBI-Matrix. Wird die Integration nur in einer Dimension durchgeführt, lässt sich die Transformationsvorschrift zu

$$\int_L X(\mathbf{x})\,dx = \int_{-1}^{+1} \overline{X}(\xi)\,J(\xi)\,d\xi = \int_{-1}^{+1} \overline{X}(\xi)\,\frac{\partial x}{\partial \xi}\,d\xi = \qquad (6.57)$$

mit

$$X(x) = \overline{X}(x(\xi)) = \overline{X}(\xi) \qquad (6.58)$$

vereinfachen.

6.6 Weiterführende Aufgaben

Kubischer Verschiebungsverlauf im Zugstab Für ein Stabelement soll der Verschiebungsverlauf durch LAGRANGE-Polynome approximiert werden. Gesucht sind die vier Ansatzfunktionen in natürlichen Koordinaten ξ für eine kubische Approximation des Verschiebungsverlaufes im Stabelement.

Koordinatentransformation für Zugstab in der Ebene In einer Ebene ist das lokale Koordinatensystem für einen Stab um $\alpha = 30°$ gegenüber dem globalen X-Y-Koordinatensystem gedreht. Der Stab wird durch 2 Knoten repräsentiert (Abb. 6.13). Zu bestimmen ist

1. die Transformationsmatrix und
2. die Einzelsteifigkeitsbeziehung im globalen X-Y-Koordinatensystem.

Abb. 6.13 Gedrehter Stab in der Ebene

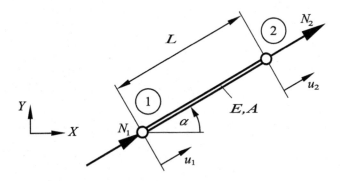

Literatur

1. Betten J (2004) Finite Elemente für Ingenieure 1: Grundlagen, Matrixmethoden, Elastisches Kontinuum. Springer-Verlag, Berlin
2. Betten J (2004) Finite Elemente für Ingenieure 2: Variationsrechnung, Energiemethoden, Näherungsverfahren, Nichtlinearitäten, Numerische Integrationen. Springer-Verlag, Berlin
3. Budynas RG (1999) Advanced Strength and Applied Stress Analysis. McGraw-Hill Book, Singapore
4. Kwon YW, Bang H (2000) The finite element method using MATLAB. CRC, Boca Raton
5. Onate E (2009) Structural analysis with the finite element method. Springer, Berlin
6. Stoer J (1989) Numerische Mathematik 1. Springer-Lehrbuch, Berlin

Ebene und räumliche Rahmenstrukturen 7

Zusammenfassung

In diesem Kapitel wird die Vorgehensweise zur Analyse eines gesamten Tragwerkes vorgestellt. Betrachtet werden Tragwerke, die aus mehreren Elementen bestehen und an Koppelstellen miteinander verbunden sind. Das Tragwerk ist geeignet gelagert und mit Lasten beaufschlagt. Gesucht sind die Deformationen des Tragwerkes und die Reaktionskräfte an den Lagerstellen. Zudem sind die Beanspruchungen im Inneren der Einzelelemente von Interesse. Die Steifigkeitsbeziehungen der einzelnen Elemente sind aus den vorherigen Kapiteln bekannt. Eine Gesamtsteifigkeitsbeziehung entsteht auf der Basis dieser Einzelsteifigkeitsbeziehungen. Aus mathematischer Sicht entspricht das Auswerten der Gesamtsteifigkeitsbeziehung dem Lösen eines linearen Gleichungssystems. Als Beispiele werden ebene und allgemein dreidimensionale Tragwerke aus Stäben und Balken vorgestellt.

7.1 Aufbau der Gesamtsteifigkeitsbeziehung

Ziel dieses Abschnittes ist es, die Steifigkeitsbeziehung für ein gesamtes Tragwerk zu formulieren. Es sei angenommen, dass die Steifigkeitsbeziehungen für jedes Element bekannt sind und aufgestellt werden können. Jedes Element ist über Knoten mit den Nachbarelementen verbunden. Die Gesamtsteifigkeitsbeziehung erhält man, indem man an jedem Knoten das Kräftegleichgewicht aufstellt. Die Struktur der Gesamtsteifigkeitsbeziehung ist damit vorgegeben:

$$Ku = F. \tag{7.1}$$

© Springer-Verlag Berlin Heidelberg 2014
M. Merkel, A. Öchsner, *Eindimensionale Finite Elemente*,
DOI 10.1007/978-3-642-54482-8_7

Die Dimension der Spaltenmatrizen F und u entspricht der Summe der Freiheitsgrade an allen Knoten. Anschaulich lässt sich der Aufbau der Gesamtmatrix K darstellen, indem alle Teilmatrizen k^e in die Gesamtsteifigkeitsmatrix *einsortiert* werden. Formal lässt sich das schreiben als:

$$K = \sum_e k^e. \tag{7.2}$$

Das Aufstellen der Gesamtsteifigkeitsbeziehung erfolgt in mehreren Schritten:

1. Für jedes Element ist die Einzelsteifigkeitsmatrix k^e bekannt.
2. Es ist bekannt, welche Knoten an jedem Element hängen. Die Einzelsteifigkeitsbeziehung lässt sich daher für jedes Element in lokalen Koordinaten formulieren:
   $F^e = k^e u_p$.
3. Die in lokalen Koordinaten formulierte Einzelsteifigkeitsbeziehung wird in globalen Koordinaten formuliert.
4. Die Dimension der Gesamtsteifigkeitsmatrix wird bestimmt aus der Summe der Freiheitsgrade an allen Knoten.
5. Eine Nummerierung der Knoten und der Freiheitsgrade an jedem Knoten wird festgelegt.
6. Die Einträge aus der Einzelsteifigkeitsmatrix werden an die entsprechenden Positionen der Gesamtsteifigkeitsmatrix einsortiert.

Dies soll an einem einfachen Beispiel dargestellt werden.

Gegeben sei ein stabähnliches Tragwerk der Länge $2L$ mit konstantem Querschnitt A. Das Tragwerk ist in zwei Abschnitte der Länge L mit unterschiedlichem Material aufgeteilt (dies bedeutet unterschiedliche Elastizitätsmoduli). Das Tragwerk ist an einer Seite fest eingespannt und wird an der anderen Seite mit einer Einzelkraft F belastet (Abb. 7.1).

Abb. 7.1 Stabförmiges Tragwerk der Länge $2L$

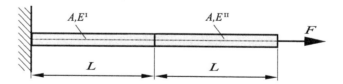

Für die weitergehende Analyse wird das Tragwerk in zwei Abschnitte jeweils der Länge L aufgeteilt. Das Beispiel besteht damit aus zwei Finiten Elementen und aus drei Knoten, die in der Reihenfolge 1 - 2 - 3 nummeriert werden (siehe Abb. 7.2). Am Element I hängen die Knoten 1 und 2. Die Einzelsteifigkeitsbeziehung lautet für das Element I:

$$\begin{bmatrix} k & -k \\ -k & k \end{bmatrix}^{\mathrm{I}} \begin{bmatrix} u_1 \\ u_2 \end{bmatrix}^{\mathrm{I}} = \begin{bmatrix} N_1 \\ N_2 \end{bmatrix}^{\mathrm{I}} \tag{7.3}$$

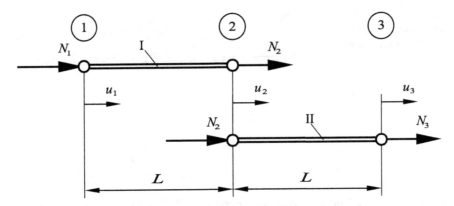

Abb. 7.2 Diskretisiertes Tragwerk mit zwei Finiten Elementen

mit

$$k^{\text{I}} = \frac{EA}{L}.$$ (7.4)

Am Element II hängen die Knoten 2 und 3. Die Einzelsteifigkeitsmatrix lautet für das Element II:

$$\begin{bmatrix} k & -k \\ -k & k \end{bmatrix}^{\text{II}} \begin{bmatrix} N_2 \\ N_3 \end{bmatrix}^{\text{II}} = \begin{bmatrix} u_2 \\ u_3 \end{bmatrix}^{\text{II}}$$ (7.5)

mit

$$k^{\text{II}} = \frac{EA}{L}.$$ (7.6)

Da für die vorliegende Problemstellung lokales und globales Koordinatensystem identisch sind, entfällt eine Koordinatentransformation. Die Dimension der Gesamtsteifigkeitsbeziehung ergibt sich zu 3, da an jedem Knoten jeweils ein Freiheitsgrad existiert. Die Nummerierung der Freiheitsgrade wird in der Reihenfolge 1 - 2 - 3 festgelegt. Die Gesamtsteifigkeitsbeziehung ergibt sich, indem alle Teilmatrizen in die Gesamtsteifigkeitsmatrix eingebaut werden:

$$\begin{bmatrix} k^{\text{I}} & -k^{\text{I}} & 0 \\ -k^{\text{I}} & k^{\text{I}} + k^{\text{II}} & -k^{\text{II}} \\ 0 & -k^{\text{II}} & k^{\text{II}} \end{bmatrix} \begin{bmatrix} u_1 \\ u_2 \\ u_3 \end{bmatrix} = \begin{bmatrix} N_1 \\ N_2 \\ N_3 \end{bmatrix}.$$ (7.7)

Die Nummerierung der Knoten hat Einfluss auf die Struktur der Gesamtsteifigkeitsmatrix. Anstatt die Knoten mit 1 - 2 - 3 zu nummerieren, soll die Reihenfolge 1 - 3 - 2 festgelegt werden (Abb. 7.3).

Abb. 7.3 Alternative Knotennummerierung für ein Tragwerk aus zwei Stäben

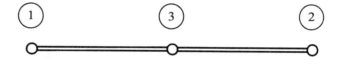

Damit ergibt sich die Gesamtsteifigkeitsbeziehung zu:

$$\begin{bmatrix} k^{\mathrm{I}} & -k^{\mathrm{I}} & 0 \\ -k^{\mathrm{I}} & k^{\mathrm{I}}+k^{\mathrm{II}} & -k^{\mathrm{II}} \\ 0 & -k^{\mathrm{II}} & k^{\mathrm{II}} \end{bmatrix} \begin{bmatrix} u_1 \\ u_3 \\ u_2 \end{bmatrix} = \begin{bmatrix} N_1 \\ N_3 \\ N_2 \end{bmatrix}. \tag{7.8}$$

Für den Fall, dass die Nummerierung aufsteigend gewählt wird (1-2-3), ergibt sich:

$$\begin{bmatrix} k^{\mathrm{I}} & 0 & -k^{\mathrm{I}} \\ 0 & k^{\mathrm{II}} & -k^{\mathrm{II}} \\ -k^{\mathrm{I}} & -k^{\mathrm{II}} & k^{\mathrm{I}}+k^{\mathrm{II}} \end{bmatrix} \begin{bmatrix} u_1 \\ u_2 \\ u_3 \end{bmatrix} = \begin{bmatrix} N_1 \\ N_2 \\ N_3 \end{bmatrix}. \tag{7.9}$$

Gegenüber der Gl. (7.7) sind die Null-Einträge in der Systemmatrix an anderen Positionen. Die Nummerierung der Knoten kann das Ergebnis beeinflussen. Bei exakter Zahlendarstellung und nicht auftretenden Rundungsfehlern beim Ausführen von mathematischen Operationen hätte die Nummerierung der Knoten keinen Einfluss auf das Endergebnis. In der Praxis bedient man sich jedoch ausschließlich numerischer Methoden. Damit nehmen beispielsweise die Reihenfolge der einzelnen mathematischen Operationen und die rechnerinterne Zahlendarstellung Einfluss auf Teilergebnisse und das Gesamtergebnis. Insbesondere spielt für die Gleichungslösung die Struktur der Systemmatrix eine entscheidende Rolle. So werden Schnelligkeit und die Qualität der Lösung durch den Aufbau beeinflusst.

Das soeben behandelte einfache Beispiel lässt sich leicht auf mehrere Elemente erweitern. In Abb. 7.4 sind vier Stabelemente hintereinander angeordnet.

Abb. 7.4 Tragwerk aus vier Elementen

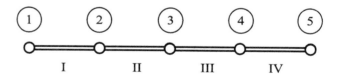

Die Gesamtsteifigkeitsbeziehung lautet:

$$\begin{bmatrix} k^{\mathrm{I}} & -k^{\mathrm{I}} & 0 & 0 & 0 \\ -k^{\mathrm{I}} & k^{\mathrm{I}}+k^{\mathrm{II}} & -k^{\mathrm{II}} & 0 & 0 \\ 0 & -k^{\mathrm{II}} & k^{\mathrm{II}}+k^{\mathrm{III}} & -k^{\mathrm{III}} & 0 \\ 0 & 0 & -k^{\mathrm{III}} & k^{\mathrm{III}}+k^{\mathrm{IV}} & -k^{\mathrm{IV}} \\ 0 & 0 & 0 & -k^{\mathrm{IV}} & k^{\mathrm{IV}} \end{bmatrix} \begin{bmatrix} u_1 \\ u_2 \\ u_3 \\ u_4 \\ u_5 \end{bmatrix} = \begin{bmatrix} N_1 \\ N_2 \\ N_3 \\ N_4 \\ N_5 \end{bmatrix}. \tag{7.10}$$

Die Bandstruktur in der Systemmatrix ist deutlich zu erkennen. Um die Hauptdiagonale sind noch jeweils eine Nebendiagonale belegt. Große Bereiche haben Nulleinträge. Tendenziell werden mit wachsender Anzahl der Finiten Elemente in einer Tragwerkstruktur die Bereiche mit Null-Einträgen im Verhältnis größer, die Bereiche mit Nicht-Null-Einträgen kleiner. Die Konzentration der Nicht-Null-Einträge um die Hauptdiagonale lässt sich nicht immer erzwingen. Tragwerke mit Koppelpunkten, an denen mehrere Elemente zusammentreffen, führen auf Nicht-Null-Einträge in den Null-Bereichen.

Aus der Gesamtsteifigkeitsbeziehung lassen sich die unbekannten Größen ermitteln. Zunächst müssen dafür geeignete Voraussetzungen geschaffen werden. Im mathematischen Sinn ist die Systemmatrix noch singulär. Es müssen Freiheitsgrade aus dem System genommen werden. Anschaulich bedeutet dies, dass mindestens soviel Freiheitsgrade genommen werden müssen, bis die Starrkörperbewegung des verbleibenden Systems unmöglich ist. Aus der Gesamtsteifigkeitsbeziehung entsteht ein reduziertes System:

$$K^{\text{red}}\, u^{\text{red}} = F^{\text{red}}. \tag{7.11}$$

Daraus lassen sich die unbekannten Größen ermitteln. Im folgenden Abschnitt wird das Lösen der Systemgleichung tiefer beleuchtet.

7.2 Lösen der Systemgleichung

Die Lösung eines linearen Gleichungssystems wie das System (7.11) gehört zu den elementaren Aufgaben aus der Mathematik. Eine übliche Darstellung lautet:

$$A\, x = b. \tag{7.12}$$

Die Matrix A wird als Systemmatrix bezeichnet, im Vektor x stehen die Unbekannten und der Vektor b steht für die rechte Seite. Die rechte Seite repräsentiert aus mechanischer Sicht einen Lastfall. Mehrere Lastfälle resultieren in einer rechte-Seite-Matrix, deren Spaltenanzahl der Anzahl der Lastfälle entspricht. Vergleicht man die beiden Gl. (7.11) und (7.12), so lässt sich

- die Systemmatrix A mit der reduzierten Steifigkeitsmatrix K^{red},
- der Vektor der Unbekannten x mit u^{red} und
- der Vektor der rechten Seite b mit F^{red}

identifizieren. Zur Lösung des linearen Gleichungssystems stehen im Wesentlichen zwei Verfahren zur Verfügung:

- direkte oder
- iterative Verfahren.

Für eine tiefgreifende Diskussion sei an dieser Stelle auf entsprechende Literatur verwiesen
[4]. Aus Sicht des Anwenders stehen folgende Kriterien im Vordergrund:

- die Zuverlässigkeit der Löser,
- die Genauigkeit der Lösung,
- die Zeit, die zur Lösung benötigt wird und
- die Ressourcen, die in Anspruch genommen werden.

Die direkten Verfahren lassen sich durch folgende Eigenschaften charakterisieren:

- Für ein gut gestelltes Problem ist das System lösbar.
- Der direkte Löser ist als *black box* implementierbar.
- Mehrere Lastfälle und damit mehrere rechte Seiten lassen sich ohne wesentlichen
  Zusatzaufwand verarbeiten.
- Die Rechenzeit wird im Wesentlichen durch die Dimension der Systemmatrix bestimmt.
- Die Genauigkeit der Lösung wird im Wesentlichen durch die rechnerinterne Zahlendar-
  stellung bestimmt.

Bei den iterativen Verfahren werden ausgehend von einer Startlösung nach einem festen
Algorithmus Zwischenlösungen ermittelt. Die wesentlichen Eigenschaften sind:

- Die Konvergenz eines iterativen Verfahrens kann nicht für jeden Anwendungsfall
  garantiert werden.
- Die Genauigkeit der Lösung kann vom Anwender beeinflusst und vorgegeben werden.
- Mehrere rechte Seiten erfordern das Mehrfache an Rechenaufwand (n rechte Seiten
  bedeuten n-malige Lösung des Gleichungssystems).

Für sehr viele Anwendungsfälle lassen sich mit den iterativen Verfahren sehr schnell Lösungen herbeiführen. Die Rechenzeiten können für einen Lastfall bei wenigen Prozenten
der Rechenzeit des direkten Lösers liegen. In kommerziellen Programmpaketen werden
überwiegend direkte Verfahren zur Lösung des Gleichungssystems eingesetzt. Verlängerte
Rechenzeiten scheinen für den Anwender eher vertretbar zu sein als ein möglicher Abbruch
des iterativen Lösungsalgorithmus.

7.3 Postprocessing

Nach dem Lösen des linearen Gleichungssystems liegen die Verschiebungen u_p an jedem
Knoten vor, für allgemeine Problemstellungen in einem globalen Koordinatensystem. Zur
weiteren Auswertung in den einzelnen Elementen werden die Verschiebungen jeweils in

das elementeigene lokale Koordinatensystem transformiert. Mit den Formfunktionen lässt sich für jedes Element das Verschiebungsfeld

$$u^e(x) = N(x)u_p \tag{7.13}$$

im Element bestimmen. Über die Kinematikbeziehung lässt sich weiter das Verzerrungsfeld

$$\varepsilon^e(x) = \mathcal{L}_1 u^e(x) = \mathcal{L}_1 N(x) u_p \tag{7.14}$$

und über das Stoffgesetz das Spannungsfeld im Element

$$\sigma^e(x) = D \varepsilon^e(x) \tag{7.15}$$

bestimmen. Des Weiteren können mit den Knotenpunktsverschiebungen über eine sogenannte Nachlaufrechnung die unbekannten Lagerreaktionen ermittelt werden.

7.4 Beispiele in der Ebene

In diesem Abschnitt werden Tragwerke besprochen, die in einer Ebene liegen. Das erste Beispiel umfasst ein Tragwerk, das aus zwei Stäben besteht. Das zweite Beispiel besteht aus einem Balken und einem Stab.

7.4.1 Ebenes Tragwerk mit zwei Stäben

Als erstes einfaches Beispiel wird ein Tragwerk besprochen, das aus zwei Stäben aufgebaut ist (siehe Abb. 7.5). Die beiden Stäbe haben die gleiche Länge L und den gleichen Querschnitt A, bestehen aus dem gleichen Material (gleicher Elastizitätsmodul E), sind jeweils an einem Ende gelenkig gelagert und sind an der Position C miteinander gelenkig verbunden. An der Position C greift eine Einzelkraft F an.
Gegeben: E, A, L und F
Gesucht sind

- die Verschiebung an der Position C und
- die Dehnungen (Verzerrungen) und Spannungen in den Elementen.

Lösung Die Diskretisierung des Tragwerkes liegt auf der Hand. Das Tragwerk wird in zwei Elemente unterteilt. An den Positionen B, C und D werden die Knoten mit den Nummern 1, 2 und 3 eingeführt (siehe Abb. 7.6).

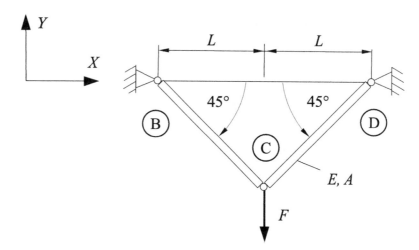

Abb. 7.5 Ebenes Tragwerk aus zwei Stäben

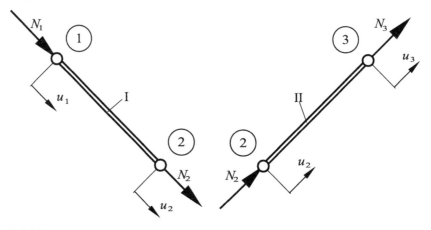

Abb. 7.6 Ebenes Tragwerk mit zwei Stabelementen

Am Element I hängen die Knoten 1 und 2. Die Einzelsteifigkeitsbeziehung lautet in lokalen Koordinaten für das Element I

$$\begin{bmatrix} k & -k \\ -k & k \end{bmatrix}^{\mathrm{I}} \begin{bmatrix} u_1 \\ u_2 \end{bmatrix}^{\mathrm{I}} = \begin{bmatrix} N_1 \\ N_2 \end{bmatrix}^{\mathrm{I}} \tag{7.16}$$

mit

$$k^{\mathrm{I}} = \frac{EA}{\sqrt{2}L}. \tag{7.17}$$

Am Element II hängen die Knoten 2 und 3. Die Einzelsteifigkeitsbeziehung lautet für das Element II in lokalen Koordinaten:

$$\begin{bmatrix} k & -k \\ -k & k \end{bmatrix}^{II} \begin{bmatrix} u_2 \\ u_3 \end{bmatrix}^{II} = \begin{bmatrix} N_2 \\ N_3 \end{bmatrix}^{II} \tag{7.18}$$

mit

$$k^{II} = \frac{EA}{\sqrt{2}L}. \tag{7.19}$$

Das Element I ist um $\alpha^{I} = -45°$ gegenüber dem globalen Koordinatensystem gedreht, das Element II um $\alpha^{II} = +45°$. Mit den Ausdrücken

$$\sin(-45°) = -\frac{1}{2}\sqrt{2} \quad \text{und} \quad \cos(-45°) = \frac{1}{2}\sqrt{2} \tag{7.20}$$

für das Element I und

$$\sin(+45°) = +\frac{1}{2}\sqrt{2} \quad \text{und} \quad \cos(+45°) = \frac{1}{2}\sqrt{2} \tag{7.21}$$

für das Element II lauten die Einzelsteifigkeitsbeziehungen in globalen Koordinaten für das Element I:

$$\frac{1}{2}k^{I} \begin{bmatrix} 1 & -1 & -1 & 1 \\ -1 & 1 & 1 & -1 \\ -1 & 1 & 1 & -1 \\ 1 & -1 & -1 & 1 \end{bmatrix} \begin{bmatrix} u_{1X} \\ u_{1Y} \\ u_{2X} \\ u_{2Y} \end{bmatrix} = \begin{bmatrix} F_{1X} \\ F_{1Y} \\ F_{2X} \\ F_{2Y} \end{bmatrix} \tag{7.22}$$

und für das Element II:

$$\frac{1}{2}k^{II} \begin{bmatrix} 1 & 1 & -1 & -1 \\ 1 & 1 & -1 & -1 \\ -1 & -1 & 1 & 1 \\ -1 & -1 & 1 & 1 \end{bmatrix} \begin{bmatrix} u_{2X} \\ u_{2Y} \\ u_{3X} \\ u_{3Y} \end{bmatrix} = \begin{bmatrix} F_{2X} \\ F_{2Y} \\ F_{3X} \\ F_{3Y} \end{bmatrix}. \tag{7.23}$$

Die Gesamtsteifigkeitsbeziehung erhält man, indem die Einzelsteifigkeitsbeziehungen in die entsprechenden Positionen geschrieben werden:

$$\frac{1}{2} \begin{bmatrix} k^{I} & -k^{I} & -k^{I} & k^{I} & 0 & 0 \\ -k^{I} & k^{I} & k^{I} & -k^{I} & 0 & 0 \\ -k^{I} & k^{I} & k^{I}+k^{II} & -k^{I}+k^{II} & -k^{II} & -k^{II} \\ k^{I} & -k^{I} & -k^{I}+k^{II} & k^{I}+k^{II} & -k^{II} & -k^{II} \\ 0 & 0 & -k^{II} & -k^{II} & k^{II} & k^{II} \\ 0 & 0 & -k^{II} & -k^{II} & k^{II} & k^{II} \end{bmatrix} \begin{bmatrix} u_{1X} \\ u_{1Y} \\ u_{2X} \\ u_{2Y} \\ u_{3X} \\ u_{3Y} \end{bmatrix} = \begin{bmatrix} F_{1X} \\ F_{1Y} \\ F_{2X} \\ F_{2Y} \\ F_{3X} \\ F_{3Y} \end{bmatrix}. \tag{7.24}$$

Im nächsten Schritt werden die Randbedingungen eingearbeitet.

- Die Verschiebungen am Knoten 1 und am Knoten 3 sind jeweils 0.
- Die äußere Kraft am Knoten 2 wirkt in der globalen Y-Richtung.

Damit lautet die Gesamtsteifigkeitsbeziehung:

$$\frac{1}{2} \begin{bmatrix} k^{\mathrm{I}} & -k^{\mathrm{I}} & -k^{\mathrm{I}} & k^{\mathrm{I}} & 0 & 0 \\ -k^{\mathrm{I}} & k^{\mathrm{I}} & k^{\mathrm{I}} & -k^{\mathrm{I}} & 0 & 0 \\ -k^{\mathrm{I}} & k^{\mathrm{I}} & k^{\mathrm{I}}+k^{\mathrm{II}} & -k^{\mathrm{I}}+k^{\mathrm{II}} & -k^{\mathrm{II}} & -k^{\mathrm{II}} \\ k^{\mathrm{I}} & -k^{\mathrm{I}} & -k^{\mathrm{I}}+k^{\mathrm{II}} & k^{\mathrm{I}}+k^{\mathrm{II}} & -k^{\mathrm{II}} & -k^{\mathrm{II}} \\ 0 & 0 & -k^{\mathrm{II}} & -k^{\mathrm{II}} & k^{\mathrm{II}} & k^{\mathrm{II}} \\ 0 & 0 & -k^{\mathrm{II}} & -k^{\mathrm{II}} & k^{\mathrm{II}} & k^{\mathrm{II}} \end{bmatrix} \begin{bmatrix} 0 \\ 0 \\ u_{2X} \\ u_{2Y} \\ 0 \\ 0 \end{bmatrix} = \begin{bmatrix} F_{1X} \\ F_{1Y} \\ 0 \\ F_{2Y} \\ F_{3X} \\ F_{3Y} \end{bmatrix}. \quad (7.25)$$

Nach dem Streichen der Zeilen und Spalten 1, 2, 5 und 6 verbleibt ein reduziertes System

$$\frac{1}{2} \begin{bmatrix} k^{\mathrm{I}}+k^{\mathrm{II}} & -k^{\mathrm{I}}+k^{\mathrm{II}} \\ -k^{\mathrm{I}}+k^{\mathrm{II}} & k^{\mathrm{I}}+k^{\mathrm{II}} \end{bmatrix} \begin{bmatrix} u_{2X} \\ u_{2Y} \end{bmatrix} = \begin{bmatrix} 0 \\ -F \end{bmatrix} \quad (7.26)$$

mit den Zeilen und Spalten 3 und 4. Bisher werden die Steifigkeiten für die Elemente mit den Indizes I und II gekennzeichnet, obwohl sie gleich sind. Für den weiteren Lösungsweg werden die Steifigkeiten einheitlich mit $k^{\mathrm{I}} = k^{\mathrm{II}} = k = \frac{EA}{\sqrt{2}L}$ bezeichnet. Die vereinfachte Gesamtsteifigkeitsbeziehung lautet:

$$\begin{bmatrix} k & 0 \\ 0 & k \end{bmatrix} \begin{bmatrix} u_{2X} \\ u_{2Y} \end{bmatrix} = \begin{bmatrix} 0 \\ -F \end{bmatrix}. \quad (7.27)$$

Daraus lassen sich die gesuchten Verschiebungen u_{2X} und u_{2Y} ermitteln als:

$$u_{2X} = 0, \quad u_{2Y} = -\frac{F}{k} = -\frac{F}{EA}\sqrt{2}L. \quad (7.28)$$

Durch Transformation der Verschiebungen u_{2X} und u_{2Y} in die elementeigenen lokalen Koordinatensysteme ergeben sich:

$$u_2^{\mathrm{I}} = \frac{1}{2}\sqrt{2}u_{2X} - \frac{1}{2}\sqrt{2}u_{2Y} = \frac{1}{2}\sqrt{2}\left(0 - \left(-\frac{F}{k}\right)\right) = +\frac{1}{2}\sqrt{2}\frac{F}{k} = +\frac{F}{EA}L, \quad (7.29)$$

$$u_2^{\mathrm{II}} = \frac{1}{2}\sqrt{2}u_{2X} + \frac{1}{2}\sqrt{2}u_{2Y} = \frac{1}{2}\sqrt{2}\left(0 + \left(-\frac{F}{k}\right)\right) = -\frac{1}{2}\sqrt{2}\frac{F}{k} = -\frac{F}{EA}L. \quad (7.30)$$

Aus den lokalen Verschiebungen lassen sich die Verzerrungen im Element I

$$\varepsilon^{\mathrm{I}}(x) = \frac{1}{\sqrt{2}L}\left(+u_2^{\mathrm{I}} - u_1^{\mathrm{I}}\right) = \left(\frac{F}{EA}L - 0\right)\frac{1}{\sqrt{2}L} = +\frac{1}{2}\sqrt{2}\frac{F}{EA} \tag{7.31}$$

und im Element II

$$\varepsilon^{\mathrm{II}}(x) = \frac{1}{\sqrt{2}L}\left(+u_3^{\mathrm{II}} - u_2^{\mathrm{II}}\right) = \left(0 - \left(-\frac{F}{EA}L\right)\right)\frac{1}{\sqrt{2}L} = +\frac{1}{2}\sqrt{2}\frac{F}{EA} \tag{7.32}$$

ermitteln.

Nachdem die lokalen Verschiebungen in den jeweiligen Elementen bekannt sind, lassen sich die lokalen Kräfte über die Einzelsteifigkeitsbeziehung bestimmen:

Stab I:

$$\begin{aligned}
N_1^{\mathrm{I}} &= k\left(+u_1^{\mathrm{I}} - u_2^{\mathrm{I}}\right) = k\left(0 - \tfrac{1}{2}\sqrt{2}\tfrac{F}{k}\right) = -\tfrac{1}{2}\sqrt{2}F\,, \\
N_2^{\mathrm{I}} &= k\left(-u_1^{\mathrm{I}} + u_2^{\mathrm{I}}\right) = k\left(0 + \tfrac{1}{2}\sqrt{2}\tfrac{F}{k}\right) = +\tfrac{1}{2}\sqrt{2}F.
\end{aligned} \tag{7.33}$$

Stab II:

$$\begin{aligned}
N_2^{\mathrm{II}} &= k\left(+u_2^{\mathrm{II}} - u_3^{\mathrm{II}}\right) = k\left(-\tfrac{1}{2}\sqrt{2}\tfrac{F}{k} - 0\right) = -\tfrac{1}{2}\sqrt{2}F\,, \\
N_3^{\mathrm{II}} &= k\left(-u_2^{\mathrm{II}} + u_3^{\mathrm{II}}\right) = k\left(-\left(-\tfrac{1}{2}\sqrt{2}\tfrac{F}{k}\right) + 0\right) = +\tfrac{1}{2}\sqrt{2}F.
\end{aligned} \tag{7.34}$$

Aus der Definition der Stabkräfte lässt sich erkennen, dass sowohl Stab I als auch Stab II Zugstäbe sind. Die Normalspannung ergibt sich im Stab I zu:

$$\sigma^{\mathrm{I}} = \frac{1}{2}\sqrt{2}\frac{F}{A} \tag{7.35}$$

und im Stab II zu:

$$\sigma^{\mathrm{II}} = \frac{1}{2}\sqrt{2}\frac{F}{A}. \tag{7.36}$$

Damit sind auch die inneren Beanspruchungen in den einzelnen Elementen bekannt.

7.4.2 Ebenes Tragwerk: Balken und Stab

Als weiteres einfaches Beispiel wird ein Tragwerk besprochen, das aus einem Balken und einem Stab aufgebaut ist (siehe Abb. 7.7). Der Balken ist an einem Ende (Position B) fest eingespannt. An der Position C ist der Balken gelenkig mit dem Stab verbunden, der an der Position D gelagert ist. Die gesamte Struktur wird mit einer Einzelkraft F belastet.

Abb. 7.7 Ebenes Tragwerk: Balken und Stab

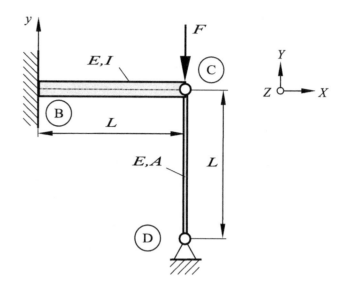

Gegeben: E, I, A, L und F
Gesucht sind

*   die Verschiebungen und Verdrehungen an der Position C und
*   die Reaktionskräfte an den Einspannstellen.

Zur Lösung werden zwei Wege vorgestellt. Sie unterscheiden sich in der Verwendung eines globalen Koordinatensystems. Zunächst wird der Lösungsweg ohne die Einführung eines globalen Koordinatensystems vorgestellt.
Die Diskretisierung des Tragwerkes liegt auf der Hand. Der Balken ist Element I, der Stab Element II. An den Positionen B, C und D werden die Knoten mit den Nummern 1, 2 und 3 eingeführt. Für die einzelnen Elemente sind die kinematischen Größen in Abb. 7.8 und die „Kraftgrößen" in Abb. 7.9 dargestellt.
Am Element I hängen die Knoten 1 und 2. Damit lautet die Steifigkeitsbeziehung für das Element I:

$$\frac{EI}{L^3}\begin{bmatrix} 12 & 6L & -12L & 6L \\ 6L & 4L^2 & -6L & 2L^2 \\ -12 & -6L & 12 & -6L \\ 6L & 2L^2 & -6L & 4L^2 \end{bmatrix}\begin{bmatrix} v_1 \\ \varphi_1 \\ v_2 \\ \varphi_2 \end{bmatrix} = \begin{bmatrix} Q_1 \\ M_1 \\ Q_2 \\ M_2 \end{bmatrix}. \tag{7.37}$$

Am Element II hängen die Knoten 3 und 2. Die Einzelsteifigkeitsmatrix lautet für das Element II:

$$\begin{bmatrix} k & -k \\ -k & k \end{bmatrix}\begin{bmatrix} u_3 \\ u_2 \end{bmatrix} = \begin{bmatrix} N_3 \\ N_2 \end{bmatrix}. \tag{7.38}$$

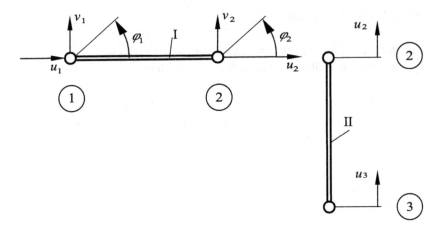

Abb. 7.8 Ebenes Tragwerk mit kinematischen Größen an den Einzelelementen

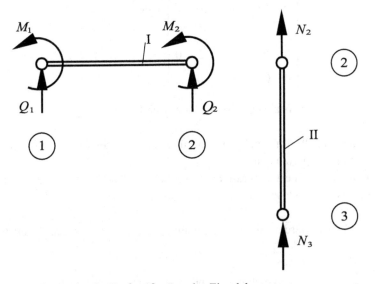

Abb. 7.9 Ebenes Tragwerk mit „Kraftgrößen" an den Einzelelementen

Die Gesamtsteifigkeitsbeziehung erhält man, indem das Gesamtgleichgewicht aufgestellt wird. Dies folgt aus dem Gleichgewicht an allen Knoten. Das System lässt sich durch die folgenden Größen beschreiben:

- an der Position B: Verschiebung v_1 und die Verdrehung φ_1,
- an der Position C: Verschiebung v_2 und die Verdrehung φ_2,
- an der Position D: Verschiebung u_3.

An der Koppelstelle C entspricht

- die Verschiebung v_2 am Balken der Verschiebung u_2 am Stab und
- die Querkraft Q_2 am Balken der Normalkraft N_2 am Stab.

Die Dimension der Gesamtsteifigkeitsbeziehung ist damit festgelegt: ein 5×5 System. In der folgenden Darstellung sind der Übersichtlichkeit halber die Einträge nicht im Detail ausgeführt. Als Abkürzungen stehen

- Z für den Zug-Druckstab und
- B für den Biegebalken:

$$
\begin{bmatrix}
B & B & B & B & 0 \\
B & B & B & B & 0 \\
B & B & B+Z & B & Z \\
B & B & B & B & 0 \\
0 & 0 & Z & 0 & Z
\end{bmatrix}
\begin{bmatrix}
v_1 \\ \varphi_1 \\ v_2 \\ \varphi_2 \\ u_3
\end{bmatrix}
=
\begin{bmatrix}
Q_1 \\ M_1 \\ Q_2 \\ M_2 \\ N_3
\end{bmatrix} .
\tag{7.39}
$$

In der Gesamtsteifigkeitsbeziehung ist bereits eingearbeitet,

- dass am Knoten 2 die Verschiebung v_2 bezüglich des Biegebalkens identisch ist mit der Verschiebung u_2 am Stab und
- dass am Knoten 2 die Querkraft Q_2 bezüglich des Biegebalkens identisch mit der Normalkraft des Zugstabes N_2 ist.

Im nächsten Schritt werden die Randbedingungen in die Gesamtsteifigkeitsbeziehung eingebracht.

- Am Knoten 1 ist die Verschiebung v_1 und die Verdrehung φ_1 gleich Null.
- Am Knoten 2 ist die externe Kraft $-F$, das Moment M_2 ist Null.
- Am Knoten 3 ist die Verschiebung u_3 gleich Null.

Damit können die Zeilen und Spalten 1, 2 und 5 aus der Gesamtsteifigkeitsbeziehung genommen werden. Es verbleibt ein reduziertes Gleichungssystem:

$$
\begin{bmatrix}
B+Z & B \\
B & B
\end{bmatrix}
\begin{bmatrix}
v_2 \\ \varphi_2
\end{bmatrix}
=
\begin{bmatrix}
-F \\ 0
\end{bmatrix} .
\tag{7.40}
$$

Ausführlich lautet das reduzierte Gleichungssystem:

$$
\begin{bmatrix} 12\dfrac{EI}{L^3} + \dfrac{EA}{L} & -6\dfrac{EI}{L^2} \\[2ex] -6\dfrac{EI}{L^2} & 4\dfrac{EI}{L} \end{bmatrix} \begin{bmatrix} v_2 \\[1ex] \varphi_2 \end{bmatrix} = \begin{bmatrix} -F \\[1ex] 0 \end{bmatrix}.
\tag{7.41}
$$

Daraus lassen sich die gesuchte Verschiebung v_2 und die Verdrehung φ_2 ermitteln als:

$$
v_2 = -\frac{F}{3\dfrac{EI}{L^3} + \dfrac{EA}{L}}, \quad \varphi_2 = -\frac{3}{2\,L}\frac{F}{3\dfrac{EI}{L^3} + \dfrac{EA}{L}}.
\tag{7.42}
$$

Nachdem die Größen v_2 und φ_2 bekannt sind, lassen sich durch Einsetzen in Gl. (7.39) die Lagerkräfte bestimmen.

Bei diesem Beispiel wurde auf die Definition eines globalen Koordinatensystems und damit auf die Transformation von lokalen in globale Koordinaten verzichtet. Im Allgemeinen ist das nicht möglich. In diesem Beispiel können aufgrund der rechtwinkligen Lage zueinander Größen des einen Elementes mit denen am anderen Element identifiziert werden.

Der Vollständigkeit halber wird auch der Lösungsweg mit Koordinatentransformation dargestellt. Die Einzelsteifigkeitsbeziehungen in lokalen Koordinaten sind bereits bekannt. Für beide Elemente sind in Abb. 7.10 die kinematischen Größen und in Abb. 7.11 die „Kraftgrößen" dargestellt.

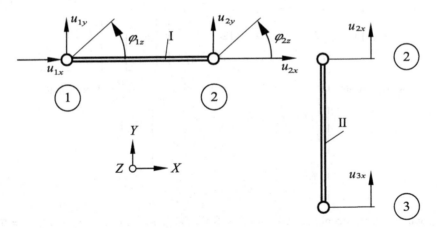

Abb. 7.10 Ebenes Tragwerk mit kinematischen Größen in lokalen Koordinaten an den Einzelelementen

Im nächsten Schritt werden die Einzelsteifigkeitsbeziehungen in globalen Koordinaten dargestellt. Zunächst wird ein globales Koordinatensystem definiert. Für das Element I sind die lokalen und globalen Koordinatensysteme identisch. Die Einzelsteifigkeitsbeziehung lautet für das Element I:

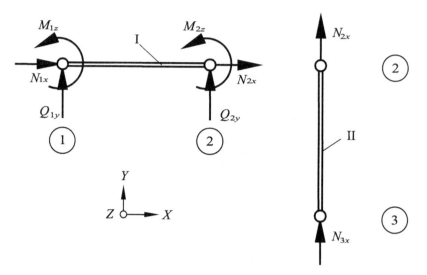

Abb. 7.11 Ebenes Tragwerk mit „Kraftgrößen" in lokalen Koordinaten an den Einzelelementen

$$\frac{EI}{L^3}\begin{bmatrix} 0 & 0 & 0 & 0 & 0 & 0 \\ 0 & 12 & 6L & 0 & -12L & 6L \\ 0 & 6L & 4L^2 & 0 & -6L & 2L^2 \\ 0 & 0 & 0 & 0 & 0 & 0 \\ 0 & -12 & -6L & 0 & 12 & -6L \\ 0 & 6L & 2L^2 & 0 & -6L & 4L^2 \end{bmatrix}\begin{bmatrix} u_{1X} \\ u_{1Y} \\ \varphi_{1Z} \\ u_{2X} \\ u_{2Y} \\ \varphi_{2Z} \end{bmatrix} = \begin{bmatrix} F_{1X} \\ F_{1Y} \\ M_{1Z} \\ F_{2X} \\ F_{2Y} \\ M_{2Z} \end{bmatrix}. \tag{7.43}$$

Für das Element II lautet die Einzelsteifigkeitsbeziehung in lokalen Koordinaten:

$$\begin{bmatrix} \frac{EA}{L} & 0 & -\frac{EA}{L} & 0 \\ 0 & 0 & 0 & 0 \\ -\frac{EA}{L} & 0 & \frac{EA}{L} & 0 \\ 0 & 0 & 0 & 0 \end{bmatrix}\begin{bmatrix} u_{3x} \\ u_{3y} \\ u_{2x} \\ u_{2y} \end{bmatrix} = \begin{bmatrix} N_{3x} \\ N_{3y} \\ N_{2x} \\ N_{2y} \end{bmatrix}. \tag{7.44}$$

Das Element II ist gegenüber dem globalen Koordinatensystem um den Winkel $\alpha = 90°$ gedreht. Die Transformationsmatrix lautet für einen Vektor:

$$T = \begin{bmatrix} 0 & 1 & 0 & 0 \\ -1 & 0 & 0 & 0 \\ 0 & 0 & 0 & 1 \\ 0 & 0 & -1 & 0 \end{bmatrix}. \tag{7.45}$$

Die Einzelsteifigkeitsbeziehung ergibt sich damit für das Element II in globalen Koordinaten:

$$
\begin{bmatrix}
0 & 0 & 0 & 0 \\
0 & \frac{EA}{L} & 0 & -\frac{EA}{L} \\
0 & 0 & 0 & 0 \\
0 & -\frac{EA}{L} & 0 & \frac{EA}{L}
\end{bmatrix}
\begin{bmatrix}
u_{3X} \\
u_{3Y} \\
u_{2X} \\
u_{2Y}
\end{bmatrix}
=
\begin{bmatrix}
F_{3X} \\
F_{3Y} \\
F_{2X} \\
F_{2Y}
\end{bmatrix}.
\tag{7.46}
$$

Die Dimension der Gesamtsteifigkeitsbeziehung ergibt sich zu 8. Die kinematischen Größen sind

- am Knoten 1: u_{1X}, u_{1Y}, φ_{1Z},
- am Knoten 2: u_{2X}, u_{2Y}, φ_{2Z} und
- am Knoten 3: u_{3X}, u_{3Y}.

Die „Kraftgrößen" sind

- am Knoten 1: F_{1X}, F_{1Y}, M_{1Z},
- am Knoten 2: F_{2X}, F_{2Y}, M_{2Z} und
- am Knoten 3: F_{3X}, F_{3Y}.

Die Gesamtsteifigkeitsbeziehung ergibt sich damit zu:

$$
\begin{bmatrix}
0 & 0 & 0 & 0 & 0 & 0 & 0 & 0 \\
0 & B & B & 0 & B & B & 0 & 0 \\
0 & B & B & 0 & B & B & 0 & 0 \\
0 & 0 & 0 & 0 & 0 & 0 & 0 & 0 \\
0 & B & B & 0 & B+Z & B & 0 & Z \\
0 & B & B & 0 & B & B & 0 & 0 \\
0 & 0 & 0 & 0 & 0 & 0 & 0 & 0 \\
0 & 0 & 0 & 0 & Z & 0 & 0 & Z
\end{bmatrix}
\begin{bmatrix}
u_{1X} \\
u_{1Y} \\
\varphi_{1Z} \\
u_{2X} \\
u_{2Y} \\
\varphi_{2Z} \\
u_{3X} \\
u_{3Y}
\end{bmatrix}
=
\begin{bmatrix}
F_{1X} \\
F_{1Y} \\
M_{1Z} \\
F_{2X} \\
F_{2Y} \\
M_{2Z} \\
F_{3X} \\
F_{3Y}
\end{bmatrix}.
\tag{7.47}
$$

In die Gesamtsteifigkeitsbeziehung werden die Randbedingungen eingebracht.

- Am Knoten 1, der Einspannstelle des Balkens, sind die Verschiebungen u_{1X}, u_{1Y} und der Winkel φ_{1Z} gleich Null.
- Am Knoten 2 wirkt die äußere Kraft entgegen der Y-Richtung.
- Am Knoten 3 sind die Verschiebungen u_{3X} und u_{3Y} gleich Null.

Damit können die entsprechenden Zeilen und Spalten (1, 2, 3, 4, 7, 8) aus der Gesamtstei-figkeitsbeziehung gestrichen werden. Es verbleibt ein reduziertes System der Dimension 2×2:

$$\begin{bmatrix} B+Z & B \\ B & B \end{bmatrix} \begin{bmatrix} u_{2Y} \\ \varphi_{2Z} \end{bmatrix} = \begin{bmatrix} -F \\ 0 \end{bmatrix}. \tag{7.48}$$

Dieses Gleichungssystem ist ähnlich zu dem bereits oben aufgezeigten System, das aus der Beschreibung in lokalen Koordinaten hervorgegangen ist. Die Verschiebung v_2 entspricht u_{2Y} und die Verdrehung φ_2 entspricht φ_{2Z}. Der weitere Lösungsweg ist identisch.

7.5   Beispiele im Dreidimensionalen

Das Tragwerk besteht aus drei geraden Abschnitten, die verschieden im Raum orientiert sind. Die Abschnitte sind jeweils rechtwinklig zueinander angeordnet (siehe Abb. 7.12). Die gesamte Struktur ist an der Position B eingespannt und wird an der Position G mit einer Einzelkraft F belastet.

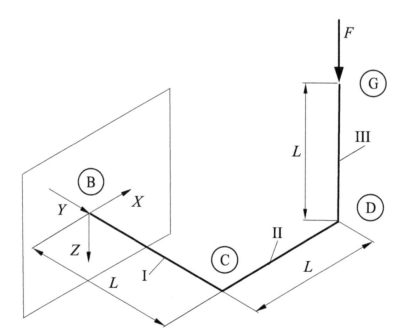

Abb. 7.12 Allgemeines Tragwerk im Raum

Gegeben: E, ν, A, L und F

Gesucht sind

- die Verschiebungen und Verdrehungen an jeder Koppelstelle (das sind die Positionen B, C, D) und
- die Reaktionskräfte an der Einspannstelle (Position B).

Lösung Bei der Modellierung als Finite-Elemente-Modell entsprechen die Abschnitte jeweils einem 1D-Element. Zunächst werden die Elemente und Knoten mit Nummern versehen. Für die Beschreibung der Verschiebungen und Verdrehungen wird ein globales (X, Y, Z)-Koordinatensystem festgelegt.

Prinzipiell könnte für jedes Element die Gesamtsteifigkeitsmatrix eines allgemeinen 1D-Elementes herangezogen werden. Dies führt zu sehr umfangreichen Beschreibungen. Alternativ können für jedes Element die entsprechenden Steifigkeitsmatrizen der Grundbelastungstypen angegeben werden:

- Das Element I wird auf Biegung und Torsion,
- das Element II wird auf Biegung und
- das Element III auf Druck beansprucht.

Der Schubanteil in den Elementen I und II wird vernachlässigt.

In Abb. 7.13 sind die Zustandsgrößen für das Element I in lokalen Koordinaten dargestellt. Der Übersichtlichkeit halber sind nur die für die Beschreibung der Biege- und Druckbelastung relevanten Größen berücksichtigt.

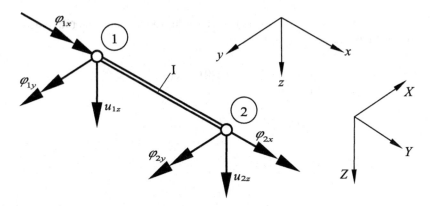

Abb. 7.13 Element I mit Zustandsgrößen in lokalen Koordinaten

In lokalen Koordinaten lautet die Spaltenmatrix der Zustandsgrößen

$$\left[u_{1x}, u_{1y}, u_{1z}, \varphi_{1x}, \varphi_{1y}, \varphi_{1z}, u_{2x}, u_{2y}, u_{2z}, \varphi_{2x}, \varphi_{2y}, \varphi_{2z}\right]^{\mathrm{T}}, \tag{7.49}$$

$$\left[F_{1x}, F_{1y}, F_{1z}, M_{1x}, M_{1y}, M_{1z}, F_{2x}, F_{2y}, F_{2z}, M_{2x}, M_{2y}, M_{2z}\right]^{\mathrm{T}} \tag{7.50}$$

und die Steifigkeitsmatrix für das Element I:

$$\left[\begin{array}{cccccc|cccccc}
0 & 0 & 0 & 0 & 0 & 0 & 0 & 0 & 0 & 0 & 0 & 0 \\
0 & 0 & 0 & 0 & 0 & 0 & 0 & 0 & 0 & 0 & 0 & 0 \\
0 & 0 & 12\frac{EI_y}{L^3} & 0 & -6\frac{EI_y}{L^2} & 0 & 0 & 0 & -12\frac{EI_y}{L^3} & 0 & -6\frac{EI_y}{L^3} & 0 \\
0 & 0 & 0 & \frac{GI_t}{L} & 0 & 0 & 0 & 0 & 0 & -\frac{GI_t}{L} & 0 & 0 \\
0 & 0 & -6\frac{EI_y}{L^2} & 0 & 4\frac{EI_y}{L} & 0 & 0 & 0 & 6\frac{EI_y}{L^2} & 0 & 2\frac{EI_y}{L} & 0 \\
0 & 0 & 0 & 0 & 0 & 0 & 0 & 0 & 0 & 0 & 0 & 0 \\
\hline
0 & 0 & 0 & 0 & 0 & 0 & 0 & 0 & 0 & 0 & 0 & 0 \\
0 & 0 & 0 & 0 & 0 & 0 & 0 & 0 & 0 & 0 & 0 & 0 \\
0 & 0 & -12\frac{EI_y}{L^3} & 0 & 6\frac{EI_y}{L^2} & 0 & 0 & 0 & 12\frac{EI_y}{L^3} & 0 & 6\frac{EI_y}{L^2} & 0 \\
0 & 0 & 0 & -\frac{GI_t}{L} & 0 & 0 & 0 & 0 & 0 & \frac{GI_t}{L} & 0 & 0 \\
0 & 0 & -6\frac{EI_y}{L^2} & 0 & 2\frac{EI_y}{L} & 0 & 0 & 0 & 6\frac{EI_y}{L^2} & 0 & 4\frac{EI_y}{L} & 0 \\
0 & 0 & 0 & 0 & 0 & 0 & 0 & 0 & 0 & 0 & 0 & 0
\end{array}\right]. \tag{7.51}$$

Die Transformationsvorschrift von lokalen auf globale Koordinaten lautet für einen Vektor bezüglich des Elementes I:

$$\left[\begin{array}{ccc}
\cos\left(\frac{\pi}{2}\right) & \cos(0) & \cos\left(\frac{\pi}{2}\right) \\
\cos(\pi) & \cos\left(\frac{\pi}{2}\right) & \cos\left(\frac{\pi}{2}\right) \\
\cos\left(-\frac{\pi}{2}\right) & \cos\left(-\frac{\pi}{2}\right) & \cos(0)
\end{array}\right]. \tag{7.52}$$

Das Element I hat zwei Knoten mit jeweils 6 skalaren Größen. Es ergibt sich daher ein 12×12 System:

$$
T^{\mathrm{I}} = \left[
\begin{array}{ccc|ccc|ccc|ccc}
0 & 1 & 0 & 0 & 0 & 0 & 0 & 0 & 0 & 0 & 0 & 0 \\
-1 & 0 & 0 & 0 & 0 & 0 & 0 & 0 & 0 & 0 & 0 & 0 \\
0 & 0 & 1 & 0 & 0 & 0 & 0 & 0 & 0 & 0 & 0 & 0 \\
\hline
0 & 0 & 0 & 0 & 1 & 0 & 0 & 0 & 0 & 0 & 0 & 0 \\
0 & 0 & 0 & -1 & 0 & 0 & 0 & 0 & 0 & 0 & 0 & 0 \\
0 & 0 & 0 & 0 & 0 & 1 & 0 & 0 & 0 & 0 & 0 & 0 \\
\hline
0 & 0 & 0 & 0 & 0 & 0 & 0 & 1 & 0 & 0 & 0 & 0 \\
0 & 0 & 0 & 0 & 0 & 0 & -1 & 0 & 0 & 0 & 0 & 0 \\
0 & 0 & 0 & 0 & 0 & 0 & 0 & 0 & 1 & 0 & 0 & 0 \\
\hline
0 & 0 & 0 & 0 & 0 & 0 & 0 & 0 & 0 & 0 & 1 & 0 \\
0 & 0 & 0 & 0 & 0 & 0 & 0 & 0 & 0 & -1 & 0 & 0 \\
0 & 0 & 0 & 0 & 0 & 0 & 0 & 0 & 0 & 0 & 0 & 1
\end{array}
\right]. \tag{7.53}
$$

Die Einzelsteifigkeitsbeziehung für das Element I lautet nach der Transformation in globalen Koordinaten:

$$
\left[
\begin{array}{cccccc|cccccc}
0 & 0 & 0 & 0 & 0 & 0 & 0 & 0 & 0 & 0 & 0 & 0 \\
0 & 0 & 0 & 0 & 0 & 0 & 0 & 0 & 0 & 0 & 0 & 0 \\
0 & 0 & 12\frac{EI_y}{L^3} & 6\frac{EI_y}{L^2} & 0 & 0 & 0 & 0 & -12\frac{EI_y}{L^3} & 6\frac{EI_y}{L^2} & 0 & 0 \\
0 & 0 & 6\frac{EI_y}{L^2} & 4\frac{EI_y}{L} & 0 & 0 & 0 & 0 & -6\frac{EI_y}{L^2} & 2\frac{EI_y}{L} & 0 & 0 \\
0 & 0 & 0 & 0 & \frac{GI_t}{L} & 0 & 0 & 0 & 0 & 0 & -\frac{GI_t}{L} & 0 \\
0 & 0 & 0 & 0 & 0 & 0 & 0 & 0 & 0 & 0 & 0 & 0 \\
\hline
0 & 0 & 0 & 0 & 0 & 0 & 0 & 0 & 0 & 0 & 0 & 0 \\
0 & 0 & 0 & 0 & 0 & 0 & 0 & 0 & 0 & 0 & 0 & 0 \\
0 & 0 & -12\frac{EI_y}{L^3} & -6\frac{EI_y}{L^2} & 0 & 0 & 0 & 0 & 12\frac{EI_y}{L^3} & -6\frac{EI_y}{L^2} & 0 & 0 \\
0 & 0 & 6\frac{EI_y}{L^2} & 2\frac{EI_y}{L} & 0 & 0 & 0 & 0 & -6\frac{EI_y}{L^2} & 4\frac{EI_y}{L} & 0 & 0 \\
0 & 0 & 0 & 0 & -\frac{GI_t}{L} & 0 & 0 & 0 & 0 & 0 & \frac{GI_t}{L} & 0 \\
0 & 0 & 0 & 0 & 0 & 0 & 0 & 0 & 0 & 0 & 0 & 0
\end{array}
\right]
\left[
\begin{array}{c}
u_{1X} \\ u_{1Y} \\ u_{1Z} \\ \varphi_{1X} \\ \varphi_{1Y} \\ \varphi_{1Z} \\ u_{2X} \\ u_{2Y} \\ u_{2Z} \\ \varphi_{2X} \\ \varphi_{2Y} \\ \varphi_{2Z}
\end{array}
\right].
$$

$$\tag{7.54}$$

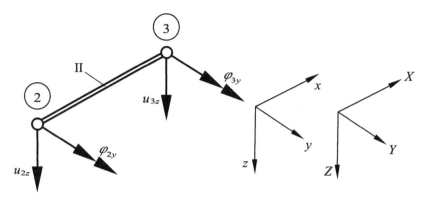

Abb. 7.14 Element II mit Zustandsgrößen in lokalen Koordinaten

Für das Element II sind die lokalen und globalen Koordinaten identisch. In Abb. 7.14 sind die Zustandsgrößen für das Element II in lokalen Koordinaten abgebildet. Damit ergibt sich die Einzelsteifigkeitsbeziehung für das Element II zu:

$$
\begin{bmatrix}
0 & 0 & 0 & 0 & 0 & 0 & 0 & 0 & 0 & 0 & 0 & 0 \\
0 & 0 & 0 & 0 & 0 & 0 & 0 & 0 & 0 & 0 & 0 & 0 \\
0 & 0 & 12\frac{EI_y}{L^3} & 0 & -6\frac{EI_y}{L^2} & 0 & 0 & 0 & -12\frac{EI_y}{L^3} & 0 & -6\frac{EI_y}{L^2} & 0 \\
0 & 0 & 0 & 0 & 0 & 0 & 0 & 0 & 0 & 0 & 0 & 0 \\
0 & 0 & -6\frac{EI_y}{L^2} & 0 & 4\frac{EI_y}{L} & 0 & 0 & 0 & 6\frac{EI_y}{L^2} & 0 & 2\frac{EI_y}{L} & 0 \\
0 & 0 & 0 & 0 & 0 & 0 & 0 & 0 & 0 & 0 & 0 & 0 \\
0 & 0 & 0 & 0 & 0 & 0 & 0 & 0 & 0 & 0 & 0 & 0 \\
0 & 0 & 0 & 0 & 0 & 0 & 0 & 0 & 0 & 0 & 0 & 0 \\
0 & 0 & -12\frac{EI_y}{L^3} & 0 & 6\frac{EI_y}{L^2} & 0 & 0 & 0 & 12\frac{EI_y}{L^3} & 0 & 6\frac{EI_y}{L^2} & 0 \\
0 & 0 & 0 & 0 & 0 & 0 & 0 & 0 & 0 & 0 & 0 & 0 \\
0 & 0 & -6\frac{EI_y}{L^2} & 0 & 2\frac{EI_y}{L} & 0 & 0 & 0 & 6\frac{EI_y}{L^2} & 0 & 4\frac{EI_y}{L} & 0 \\
0 & 0 & 0 & 0 & 0 & 0 & 0 & 0 & 0 & 0 & 0 & 0
\end{bmatrix}
\begin{bmatrix}
u_{2X} \\ u_{2Y} \\ u_{2Z} \\ \varphi_{2X} \\ \varphi_{2Y} \\ \varphi_{2Z} \\ u_{3X} \\ u_{3Y} \\ u_{3Z} \\ \varphi_{3X} \\ \varphi_{3Y} \\ \varphi_{3Z}
\end{bmatrix}
=
\begin{bmatrix}
F_{2X} \\ F_{2Y} \\ F_{2Z} \\ M_{2X} \\ M_{2Y} \\ M_{2Z} \\ F_{3X} \\ F_{3Y} \\ F_{3Z} \\ M_{3X} \\ M_{3Y} \\ M_{3Z}
\end{bmatrix} .
$$

(7.55)

Für das Element III ist das lokale Koordinatensystem gegenüber dem globalen gedreht. Die Zustandsgrößen sind in lokalen Koordinaten in Abb. 7.15 dargestellt.

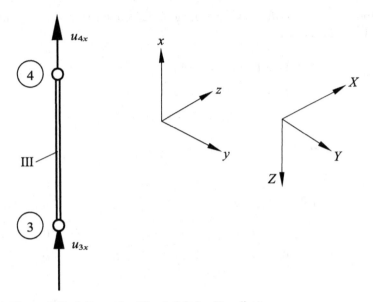

Abb. 7.15 Element III mit Zustandsgrößen in lokalen Koordinaten

Die Einzelsteifigkeitsbeziehung für das Element III lautet in lokalen Koordinaten:

$$
\begin{bmatrix}
\frac{EA}{L} & 0 & 0 & 0 & 0 & 0 & -\frac{EA}{L} & 0 & 0 & 0 & 0 & 0 \\
0 & 0 & 0 & 0 & 0 & 0 & 0 & 0 & 0 & 0 & 0 & 0 \\
0 & 0 & 0 & 0 & 0 & 0 & 0 & 0 & 0 & 0 & 0 & 0 \\
0 & 0 & 0 & 0 & 0 & 0 & 0 & 0 & 0 & 0 & 0 & 0 \\
0 & 0 & 0 & 0 & 0 & 0 & 0 & 0 & 0 & 0 & 0 & 0 \\
0 & 0 & 0 & 0 & 0 & 0 & 0 & 0 & 0 & 0 & 0 & 0 \\
-\frac{EA}{L} & 0 & 0 & 0 & 0 & 0 & \frac{EA}{L} & 0 & 0 & 0 & 0 & 0 \\
0 & 0 & 0 & 0 & 0 & 0 & 0 & 0 & 0 & 0 & 0 & 0 \\
0 & 0 & 0 & 0 & 0 & 0 & 0 & 0 & 0 & 0 & 0 & 0 \\
0 & 0 & 0 & 0 & 0 & 0 & 0 & 0 & 0 & 0 & 0 & 0 \\
0 & 0 & 0 & 0 & 0 & 0 & 0 & 0 & 0 & 0 & 0 & 0 \\
0 & 0 & 0 & 0 & 0 & 0 & 0 & 0 & 0 & 0 & 0 & 0
\end{bmatrix}
\begin{bmatrix}
u_{3x} \\ u_{3y} \\ u_{3z} \\ \varphi_{3x} \\ \varphi_{3y} \\ \varphi_{3z} \\ u_{4x} \\ u_{4y} \\ u_{4z} \\ \varphi_{4x} \\ \varphi_{4y} \\ \varphi_{4z}
\end{bmatrix}
=
\begin{bmatrix}
F_{3x} \\ F_{3y} \\ F_{3z} \\ M_{3x} \\ M_{3y} \\ M_{3z} \\ F_{4x} \\ F_{4y} \\ F_{4z} \\ M_{4x} \\ M_{4y} \\ M_{4z}
\end{bmatrix}.
\tag{7.56}
$$

Die Transformationsvorschrift von lokalen auf globale Koordinaten lautet für einen Vektor bezüglich des Elementes III:

$$
\begin{bmatrix}
\cos\left(-\frac{\pi}{2}\right) & \cos\left(\frac{\pi}{2}\right) & \cos\left(\pi\right) \\
\cos\left(\frac{\pi}{2}\right) & \cos\left(0\right) & \cos\left(\frac{\pi}{2}\right) \\
\cos\left(0\right) & \cos\left(-\frac{\pi}{2}\right) & \cos\left(-\frac{\pi}{2}\right)
\end{bmatrix}.
$$
(7.57)

Die gesamte Transformationsmatrix T^{III} ergibt sich damit zu:

$$
T^{\mathrm{III}} =
\left[
\begin{array}{ccc|ccc|ccc|ccc}
0 & 0 & -1 & 0 & 0 & 0 & 0 & 0 & 0 & 0 & 0 & 0 \\
0 & 1 & 0 & 0 & 0 & 0 & 0 & 0 & 0 & 0 & 0 & 0 \\
1 & 0 & 0 & 0 & 0 & 0 & 0 & 0 & 0 & 0 & 0 & 0 \\
\hline
0 & 0 & 0 & 0 & 0 & -1 & 0 & 0 & 0 & 0 & 0 & 0 \\
0 & 0 & 0 & 0 & 1 & 0 & 0 & 0 & 0 & 0 & 0 & 0 \\
0 & 0 & 0 & 1 & 0 & 0 & 0 & 0 & 0 & 0 & 0 & 0 \\
\hline
0 & 0 & 0 & 0 & 0 & 0 & 0 & 0 & -1 & 0 & 0 & 0 \\
0 & 0 & 0 & 0 & 0 & 0 & 0 & 1 & 0 & 0 & 0 & 0 \\
0 & 0 & 0 & 0 & 0 & 0 & 1 & 0 & 0 & 0 & 0 & 0 \\
\hline
0 & 0 & 0 & 0 & 0 & 0 & 0 & 0 & 0 & 0 & 0 & -1 \\
0 & 0 & 0 & 0 & 0 & 0 & 0 & 0 & 0 & 0 & 1 & 0 \\
0 & 0 & 0 & 0 & 0 & 0 & 0 & 0 & 0 & 1 & 0 & 0
\end{array}
\right].
$$
(7.58)

Die Einzelsteifigkeitsbeziehung für das Element III lautet in globalen Koordinaten:

$$
\begin{bmatrix}
0 & 0 & 0 & 0 & 0 & 0 & 0 & 0 & 0 & 0 & 0 & 0 \\
0 & 0 & 0 & 0 & 0 & 0 & 0 & 0 & 0 & 0 & 0 & 0 \\
0 & 0 & \frac{EA}{L} & 0 & 0 & 0 & 0 & 0 & -\frac{EA}{L} & 0 & 0 & 0 \\
0 & 0 & 0 & 0 & 0 & 0 & 0 & 0 & 0 & 0 & 0 & 0 \\
0 & 0 & 0 & 0 & 0 & 0 & 0 & 0 & 0 & 0 & 0 & 0 \\
0 & 0 & 0 & 0 & 0 & 0 & 0 & 0 & 0 & 0 & 0 & 0 \\
0 & 0 & 0 & 0 & 0 & 0 & 0 & 0 & 0 & 0 & 0 & 0 \\
0 & 0 & 0 & 0 & 0 & 0 & 0 & 0 & 0 & 0 & 0 & 0 \\
0 & 0 & -\frac{EA}{L} & 0 & 0 & 0 & 0 & 0 & \frac{EA}{L} & 0 & 0 & 0 \\
0 & 0 & 0 & 0 & 0 & 0 & 0 & 0 & 0 & 0 & 0 & 0 \\
0 & 0 & 0 & 0 & 0 & 0 & 0 & 0 & 0 & 0 & 0 & 0 \\
0 & 0 & 0 & 0 & 0 & 0 & 0 & 0 & 0 & 0 & 0 & 0
\end{bmatrix}
\begin{bmatrix}
u_{3X} \\ u_{3Y} \\ u_{3Z} \\ \varphi_{3X} \\ \varphi_{3Y} \\ \varphi_{3Z} \\ u_{4X} \\ u_{4Y} \\ u_{4Z} \\ \varphi_{4X} \\ \varphi_{4Y} \\ \varphi_{4Z}
\end{bmatrix}
=
\begin{bmatrix}
F_{3X} \\ F_{3Y} \\ F_{3Z} \\ M_{3X} \\ M_{3Y} \\ M_{3Z} \\ F_{4X} \\ F_{4Y} \\ F_{4Z} \\ M_{4X} \\ M_{4Y} \\ M_{4Z}
\end{bmatrix}.
\tag{7.59}
$$

Es liegen jetzt alle Einzelsteifigkeitsbeziehungen in globalen Koordinaten vor. Die Gesamtsteifigkeitsbeziehung kann aufgebaut werden, indem die Einzelsteifigkeitsbeziehungen geeignet angeordnet werden. Die Dimension der Gesamtsteifigkeitsbeziehung ergibt sich zu 24×24, an den vier Knoten werden jeweils sechs Größen berücksichtigt.

Bei der Darstellung der Gesamtsteifigkeitsbeziehung werden nur diejenigen Zeilen und Spalten mit Nicht-Null-Einträgen berücksichtigt. In globalen Koordinaten lauten die Spaltenmatrizen der Zustandsgrößen:

$$
[u_{1Z}, \varphi_{1X}, \varphi_{1Y}, u_{2Z}, \varphi_{2X}, \varphi_{2Y}, u_{3Z}, \varphi_{3Y}, u_{4Z}]^{\mathrm{T}}
\tag{7.60}
$$

und

$$
[F_{1Z}, M_{1X}, M_{1Y}, F_{2Z}, M_{2X}, M_{2Y}, F_{3Z}, M_{3Y}, F_{4Z}]^{\mathrm{T}}
\tag{7.61}
$$

und die Gesamtsteifigkeitsmatrix:

$$
\begin{bmatrix}
12\frac{EI_y}{L^3} & 6\frac{EI_y}{L^2} & 0 & -12\frac{EI_y}{L^3} & 6\frac{EI_y}{L^2} & 0 & 0 & 0 & 0 \\
6\frac{EI_y}{L^2} & 4\frac{EI_y}{L} & 0 & -6\frac{EI_y}{L^2} & 2\frac{EI_y}{L} & 0 & 0 & 0 & 0 \\
0 & 0 & k_t & 0 & 0 & -k_t & 0 & 0 & 0 \\
-12\frac{EI_y}{L^3} & -6\frac{EI_y}{L^2} & 0 & 24\frac{EI_y}{L^3} & -6\frac{EI_y}{L^2} & -6\frac{EI_y}{L^3} & -12\frac{EI_y}{L^3} & -6\frac{EI_y}{L^2} & 0 \\
6\frac{EI_y}{L^2} & 2\frac{EI_y}{L} & 0 & -6\frac{EI_y}{L^2} & 4\frac{EI_y}{L} & 0 & 0 & 0 & 0 \\
0 & 0 & -k_t & -6\frac{EI_y}{L^2} & 0 & k_t+4\frac{EI_y}{L} & 6\frac{EI_y}{L^2} & 2\frac{EI_y}{L} & 0 \\
0 & 0 & 0 & -12\frac{EI_y}{L^3} & 0 & 6\frac{EI_y}{L^2} & 12\frac{EI_y}{L^3}+k_z & 6\frac{EI_y}{L^2} & -k_z \\
0 & 0 & 0 & -6\frac{EI_y}{L^2} & 0 & 2\frac{EI_y}{L} & 6\frac{EI_y}{L} & 4\frac{EI_y}{L} & 0 \\
0 & 0 & 0 & 0 & 0 & 0 & -k_z & 0 & k_z
\end{bmatrix}
$$

$$(7.62)$$

mit

$$
k_t = \frac{GI_t}{L}, \quad k_z = \frac{EA}{L}. \tag{7.63}
$$

In die Gesamtsteifigkeitsbeziehung werden die Randbedingungen eingebracht. An der Einspannstelle sind die Verschiebung u_{1Z} und die Winkel φ_{1X} und φ_{2Y} gleich Null. Damit können die entsprechenden Zeilen und Spalten aus der Gesamtsteifigkeitsbeziehung gestrichen werden. Es verbleibt ein reduziertes System.

$$
\begin{bmatrix}
24\frac{EI_y}{L^3} & -6\frac{EI_y}{L^2} & -6\frac{EI_y}{L^3} & -12\frac{EI_y}{L^3} & -6\frac{EI_y}{L^2} & 0 \\
-6\frac{EI_y}{L^2} & 4\frac{EI_y}{L} & 0 & 0 & 0 & 0 \\
-6\frac{EI_y}{L^2} & 0 & \frac{GI_t}{L}+4\frac{EI_y}{L} & 6\frac{EI_y}{L^2} & 2\frac{EI_y}{L} & 0 \\
-12\frac{EI_y}{L^3} & 0 & 6\frac{EI_y}{L^2} & 12\frac{EI_y}{L^3}+k & 6\frac{EI_y}{L^2} & -k \\
-6\frac{EI_y}{L^2} & 0 & 2\frac{EI_y}{L} & 6\frac{EI_y}{L} & 4\frac{EI_y}{L} & 0 \\
0 & 0 & 0 & -k & 0 & k
\end{bmatrix}
\begin{bmatrix}
u_{2Z} \\
\varphi_{2X} \\
\varphi_{2Y} \\
u_{3Z} \\
\varphi_{3Y} \\
u_{4Z}
\end{bmatrix}
=
\begin{bmatrix}
0 \\
0 \\
0 \\
0 \\
0 \\
F
\end{bmatrix}
\tag{7.64}
$$

mit

$$
k = \frac{EA}{L}. \tag{7.65}
$$

Daraus lassen sich die unbekannten Größen ermitteln:

$$
\begin{bmatrix} u_{2Z} \\ \varphi_{2X} \\ \varphi_{2Y} \\ u_{3Z} \\ \varphi_{3Y} \\ u_{4Z} \end{bmatrix} = \begin{bmatrix} +\dfrac{F}{3\frac{EI_y}{L^3}} \\[2ex] +\dfrac{F}{2\frac{EI_y}{L^2}} \\[2ex] -\dfrac{F}{2\frac{GI_t}{L}} \\[2ex] +\dfrac{2(GI_t + 3EI_y)L^3\,F}{3EI_yGI_t} \\[2ex] -\dfrac{L^2(GI_t + 2EI_y)F}{2EI_yGI_t} \\[2ex] +\dfrac{(3GI_tI_y + 2GI_tAL^2)LF}{3EI_yAGI_t} \end{bmatrix} .
\tag{7.66}
$$

Durch Einsetzen der jetzt bekannten kinematischen Größen in die Gesamtsteifigkeitsbeziehung lassen sich die Einspannkräfte F_{1X} und Einspannmomente M_{1X} und M_{1Y} ermitteln.

7.6 Weiterführende Aufgaben

Tragwerk aus Balken im Dreidimensionalen Für das oben ausgeführte Beispiel sollen die Verschiebungen und Verdrehungen für konkrete Zahlenwerte ermittelt werden: $E = 210.000$ MPa, $G = 80707$ MPa, $a = 20$ mm, $I_t = 0,141\ a^4$, $F = 100$ N.

Tragwerk aus Balken im Dreidimensionalen, alternatives Koordinatensystem Für das oben ausgeführte Beispiel soll ein zweites globales Koordinatensystem definiert werden. Abbildung 7.16 zeigt die Definition der Koordinatenachsen. Die globale Z-Koordinat ist gleichgeblieben, die X- und Y-Koordinaten haben die Plätze getauscht.

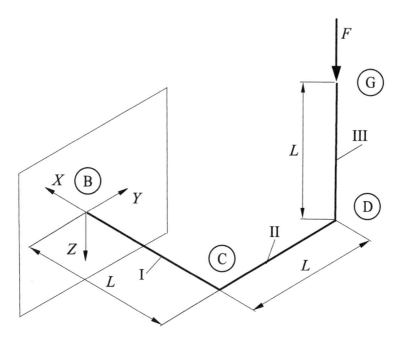

Abb. 7.16 Allgemeines Tragwerk im Raum mit alternativem globalem Koordinatensystem

Zu bestimmen sind die kinematischen Größen an den Knotenpunkten.

Literatur

1. Betten J (2004) Finite Elemente für Ingenieure 1: Grundlagen, Matrixmethoden, Elastisches Kontinuum. Springer-Verlag, Berlin
2. Betten J (2004) Finite Elemente für Ingenieure 2: Variationsrechnung, Energiemethoden, Näherungsverfahren, Nichtlinearitäten, Numerische Integrationen. Springer-Verlag, Berlin
3. Kwon YW, Bang H (2000) The finite element method using MATLAB. CRC, Boca Raton
4. Stoer J (1989) Numerische Mathematik 1. Springer-Lehrbuch, Berlin

Balken mit Schubanteil

8

Zusammenfassung

Mit diesem Element wird die Grundverformung Biegung unter Berücksichtigung des Schubeinflusses beschrieben. Zunächst werden einige grundlegende Annahmen für die Modellbildung des Finite-Elemente-Methode-Balkens vorgestellt und das in diesem Kapitel verwendete Element gegenüber anderen Formulierungen abgegrenzt. Die grundlegenden Gleichungen aus der Festigkeitslehre, das heißt die Kinematik, das Gleichgewicht und das Stoffgesetz werden vorgestellt und zur Ableitung eines Systems gekoppelter Differentialgleichungen verwendet. Analytische Lösungen schließen den Grundlagenteil ab. Im Anschluss wird das Finite-Elemente-Methode-Biegeelement mit den bei der Behandlung mittels der FE-Methode üblichen Definition für Belastungs- und Verformungsgrößen eingeführt. Die Herleitung der Steifigkeitsmatrix erfolgt auch hier mittels verschiedener Methoden und wird ausführlich beschrieben. Neben linearen Formfunktionen wird ein allgemeines Konzept für beliebige Ordnung der Formfunktionen vorgestellt.

8.1 Einführende Bemerkungen

Die grundsätzlichen Unterschiede bezüglich der Verformung und Spannungsverteilung bei einem Biegebalken mit und ohne Schubeinfluss wurden bereits in Kap. 5 angesprochen. In diesem Kapitel soll mittels der Theorie des Timoshenko-Balkens der Schubeinfluss berücksichtigt werden. Im Rahmen der folgenden einführenden Bemerkungen soll jedoch zuerst auf die Definition der Schubverzerrung und den Zusammenhang zwischen Querkraft und Schubspannung eingegangen werden.

© Springer-Verlag Berlin Heidelberg 2014
M. Merkel, A. Öchsner, *Eindimensionale Finite Elemente*,
DOI 10.1007/978-3-642-54482-8_8

170   8 Balken mit Schubanteil

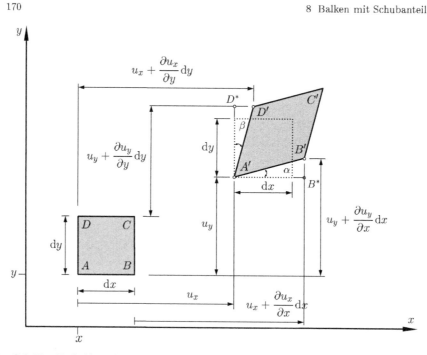

Abb. 8.1 Zur Definition der Schubverzerrung γ_{xy} in der x-y-Ebene an einem infinitesimalen Balkenelement

Zur Ableitung der Gleichung für die Schubverzerrung in der x-y-Ebene wird das in Abb. 8.1 dargestellte infinitesimale rechteckige Balkenelement $ABCD$ betrachtet, das sich unter der Einwirkung von Schubspannungen verformt. Hierbei ergibt sich eine Winkeländerung der ursprünglich rechten Winkel und eine Änderung der Kantenlängen.

Die Verformung des Punktes A kann mittels der Verschiebungsfelder $u_x(x, y)$ und $u_y(x, y)$ beschrieben werden. Diese beiden Funktionen *zweier* Veränderlicher können in eine TAY-LORsche Reihe[1] erster Ordnung um den Punkt A entwickelt werden, um die Verformungen der Punkte B und D näherungsweise zu berechnen:

$$u_{x,B} = u_x(x + dx, y) = u_x(x, y) + \frac{\partial u_x}{\partial x}\,dx + \frac{\partial u_x}{\partial y}\,dy, \tag{8.1}$$

$$u_{y,B} = u_y(x + dx, y) = u_y(x, y) + \frac{\partial u_y}{\partial x}\,dx + \frac{\partial u_y}{\partial y}\,dy, \tag{8.2}$$

beziehungsweise

$$u_{x,D} = u_x(x, y + dy) = u_x(x, y) + \frac{\partial u_x}{\partial x}\,dx + \frac{\partial u_x}{\partial y}\,dy, \tag{8.3}$$

---

[1] Für eine Funktion $f(x, y)$ zweier Veränderlicher wird eine TAYLORsche Reihenentwicklung erster Ordnung um den Punkt (x_0, y_0) üblicherweise wie folgt angesetzt: $f(x, y) = f(x_0 + dx, y_0 + dx) \approx f(x_0, y_0) + \left(\frac{\partial f}{\partial x}\right)_{x_0, y_0} \times (x - x_0) + \left(\frac{\partial f}{\partial y}\right)_{x_0, y_0} \times (y - y_0)$.

$$u_{y,D} = u_y(x, y + \mathrm{d}y) = u_y(x, y) + \frac{\partial u_y}{\partial x}\,\mathrm{d}x + \frac{\partial u_y}{\partial y}\,\mathrm{d}y\,. \tag{8.4}$$

In Gl. (8.1) bis (8.4) stellen $u_x(x, y)$ und $u_y(x, y)$ die sogenannte Starrkörperverschiebung dar, die keine Deformation verursacht. Berücksichtigt man, dass Punkt B die Koordinaten $(x + \mathrm{d}x, y)$ und D die Koordinaten $(x, y + \mathrm{d}y)$ hat, ergibt sich:

$$u_{x,B} = u_x(x, y) + \frac{\partial u_x}{\partial x}\,\mathrm{d}x, \tag{8.5}$$

$$u_{y,B} = u_y(x, y) + \frac{\partial u_y}{\partial x}\,\mathrm{d}x, \tag{8.6}$$

beziehungsweise

$$u_{x,D} = u_x(x, y) + \frac{\partial u_x}{\partial y}\,\mathrm{d}y, \tag{8.7}$$

$$u_{y,D} = u_y(x, y) + \frac{\partial u_y}{\partial y}\,\mathrm{d}y\,. \tag{8.8}$$

Die gesamte Schubverzerrung γ_{xy} des verformten Balkenelements $A'B'C'D'$ ergibt sich nach Abb. 8.1 aus der Summe der beiden Winkel α und β, die bei dem zur Raute deformierten Rechteck identifiziert werden können. Unter Beachtung der beiden rechtwinkeligen Dreiecke $A'D^*D'$ und $A'B^*B'$, können diese beiden Winkel über

$$\tan\alpha = \frac{\frac{\partial u_y}{\partial x}\,\mathrm{d}x}{\mathrm{d}x + \frac{\partial u_x}{\partial x}\,\mathrm{d}x} \quad \text{und} \quad \tan\beta = \frac{\frac{\partial u_x}{\partial y}\,\mathrm{d}y}{\mathrm{d}y + \frac{\partial u_y}{\partial y}\,\mathrm{d}y} \tag{8.9}$$

ausgedrückt werden. Für kleine Verformungen gilt näherungsweise $\tan\alpha \approx \alpha$ und $\tan\beta \approx \beta$ beziehungsweise $\frac{\partial u_x}{\partial x} \ll 1$ und $\frac{\partial u_y}{\partial y} \ll 1$, so dass sich für die Schubverzerrung folgender Ausdruck ergibt:

$$\gamma_{xy} = \frac{\partial u_y}{\partial x} + \frac{\partial u_x}{\partial y}\,. \tag{8.10}$$

Diese gesamte Winkeländerung wird auch als ingenieurmäßige Definition der Schubverzerrung bezeichnet. Im Gegensatz dazu wird der Ausdruck $\varepsilon_{xy} = \frac{1}{2}\gamma_{xy} = \frac{1}{2}\left(\frac{\partial u_y}{\partial x} + \frac{\partial u_x}{\partial y}\right)$ unter tensorieller Definition in der Literatur angeführt. Auf Grund der Symmetrie des Verzerrungstensors gilt allgemein $\gamma_{ij} = \gamma_{ji}$.

Das Vorzeichen der Schubverzerrung soll für den Spezialfall, dass nur eine Querkraft parallel zur y-Achse wirkt, mittels Abb. 8.2 im Folgenden erläutert werden. Wirkt eine Querkraft in Richtung der positiven y-Achse am positiven Schnittufer – somit wird hier ein positiver Querkraftverlauf angenommen –, ergibt sich nach Abb. 8.2a unter Berücksichtigung von Gl. (8.10) eine positive Schubverzerrung. Entsprechend ergibt ein negativer Querkraftverlauf nach Abb. 8.2b eine negative Schubverzerrung. In Kap. 5 wurde bereits erwähnt, dass der Schubspannungsvelauf über den Querschnitt veränderlich ist. Als

Abb. 8.2 Definition einer **a** positiven und **b** negativen Schubverzerrung in der *x*-*y*-Ebene

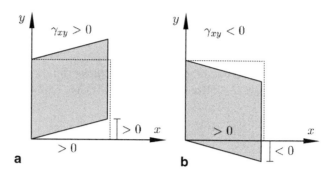

Beispiel wurde in Abb. 5.2 der parabolische Schubspannungsverlauf über einen Rechteckquerschnitt dargestellt. Mittels des HOOKEschen Gesetzes für einen eindimensionalen Schubspannungszustand (vergleiche hierzu Kap. 4.1), kann daraus abgeleitet werden, dass die Schubverzerrung einen entsprechenden parabolischen Verlauf aufweisen muss. Aus der Schubspannungsverteilung in der Querschnittsfläche an einer Stelle *x* des Balkens[2] ergibt sich im allgemeinen Fall durch Integration, das heißt

$$Q_y = \int\limits_A \tau_{xy}(y,z)\mathrm{d}A, \tag{8.11}$$

die wirkende Querkraft. Zur Vereinfachung wird jedoch beim TIMOSHENKO-Balken angenommen, dass eine äquivalente *konstante* Schubspannung und -verzerrung wirkt:

$$\tau_{xy}(y,z) \rightarrow \tau_{xy}. \tag{8.12}$$

Diese konstante Schubspannung ergibt sich dadurch, dass die Querkraft in einer äquivalenten Querschnittsfläche, der sogenannten Schubfläche A_s, wirkt:

$$\tau_{xy} = \frac{Q_y}{A_\mathrm{s}}, \tag{8.13}$$

wobei das Verhältnis zwischen der Schubfläche A_s und der tatsächlichen Querschnittsfläche A als Schubkorrekturfaktor k_s bezeichnet wird:

$$k_\mathrm{s} = \frac{A_\mathrm{s}}{A}. \tag{8.14}$$

Zur Berechnung des Schubkorrekturfaktors können verschiedene Annahmen gemacht werden [4]. So kann zum Beispiel gefordert werden [1], dass die Verzerrungsenergie der äquivalenten Schubspannung mit der Energie identisch sein muss, die sich aus

---

[2] Eine genauere Analyse der Schubspannungsverteilung in der Querschnittsfläche ergibt, dass sich die Schubspannung nicht nur über der Höhe des Balkens, sondern auch über der Breite des Balkens ändert. Ist die Breite des Balkens gegenüber der Höhe klein, ergibt sich jedoch nur eine geringe Änderung entlang der Breite und in erster Näherung kann von einer konstanten Schubspannung über der Breite ausgegangen werden: $\tau_{xy}(y,z) \rightarrow \tau_{xy}(y)$. Siehe hierzu zum Beispiel [18, 2].

der in der tatsächlichen Querschnittsfläche wirkenden Schubspannungsverteilung ergibt. Verschiedene Eigenschaften einfacher geometrischer Querschnitte – inklusive des Schub-korrekturfaktors[3] – sind in Tab. 8.1 zusammengestellt [5, 20]. Weitere Einzelheiten zum Schubkorrekturfaktor für beliebige Querschnitte können [6] entnommen werden.

Selbstverständlich kann sich die äquivalente konstante Schubspannung entlang der Balkenlängsachse ändern, falls sich die Querkraft entlang der Balkenlängsachse ändert. Das Attribut 'konstant' bezieht sich also nur auf die Querschnittsfläche an der Stelle x und die äquivalente konstante Schubspannung ist somit im Allgemeinen für den Timoshenko-Balken eine Funktion der Längskoordinate:

$$\tau_{xy} = \tau_{xy}(x)\,. \tag{8.15}$$

8.2 Grundlegende Beschreibung zum Balken mit Schubeinfluss

Der sogenannte Timoshenko-Balken kann dadurch generiert werden, indem man einem Bernoulli-Balken eine Schubverformung entsprechend Abb. 8.3 überlagert.

Man erkennt, dass die Bernoulli-Hypothese beim Timoshenko-Balken teilweise nicht mehr erfüllt ist: Zwar bleiben ebene Querschnitte auch nach der Verformung noch eben, jedoch steht ein Querschnitt, der vor der Verformung senkrecht auf der Balkenachse stand, nach der Verformung nicht mehr senkrecht auf der Balkenachse. Wird auch die Forderung nach Ebenheit der Querschnitte aufgegeben, gelangt man zu Theorien dritter Ordnung [8, 11, 12], bei denen im Verschiebungsfeld ein parabolischer Verlauf der Schubverzerrungen und -spannungen berücksichtigt wird, vergleiche Abb. 8.4. Somit ist bei diesen Theorien dritter Ordnung kein Schubkorrekturfaktor mehr notwendig.

8.2.1 Kinematik

Entsprechend der alternativen Ableitung in Kap. 5.2.1 kann auch für den Balken mit Schubeinfluss die kinematische Beziehung abgeleitet werden, indem man statt dem Winkel φ_z den Winkel ϕ_z betrachtet, vergleiche Abb. 8.3c. Somit ergibt sich bei äquivalenter Vorgehensweise:

$$\sin\phi_z = \frac{u_x}{-y} \approx \phi_z \quad \text{oder} \quad u_x = -y\phi_z, \tag{8.16}$$

woraus sich mittels der allgemeinen Beziehung für die Verzerrung, das heißt $\varepsilon_x = \mathrm{d}u_x/\mathrm{d}x$, die kinematische Beziehung durch Differenziation ergibt:

$$\varepsilon_x = -y\frac{\mathrm{d}\phi_z}{\mathrm{d}x}\,. \tag{8.17}$$

---

[3] Man beachte, dass in der angelsächsischen Literatur oft der sogenannte Schubformfaktor (form factor for shear) angegeben wird. Dieser ergibt sich als Kehrwert des Schubkorrekturfaktors.

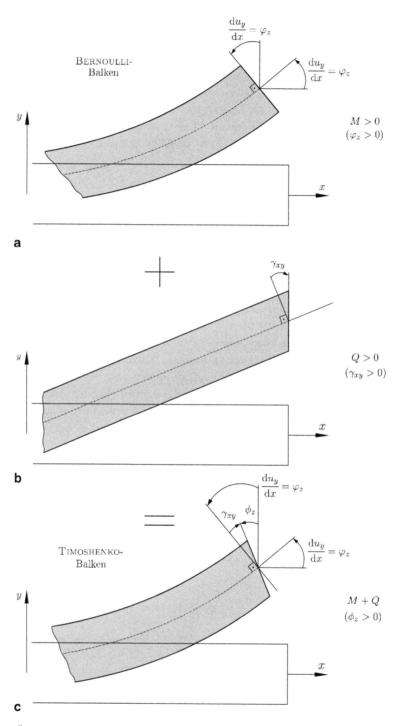

Abb. 8.3 Überlagerung des Bernoulli-Balkens **a** und der Schubverformung **b** zum Timoshenko-Balken **c** in der x-y-Ebene. Die eingezeichneten Orientierungen der Winkel entsprechen den positiven Definitionen

Tab. 8.1 Eigenschaften verschiedener Querschnitte in der y-z-Ebene. I_z und I_y: axiales Flächenträgheitsmoment; A: Querschnittsfläche; k_s: Schubkorrekturfaktor. Modifiziert nach [20]

Querschnitt	I_z	I_y	A	k_s
	$\dfrac{\pi R^4}{4}$	$\dfrac{\pi R^4}{4}$	πR^2	$\dfrac{9}{10}$
	$\pi R^3 t$	$\pi R^3 t$	$2\pi R t$	0.5
	$\dfrac{bh^3}{12}$	$\dfrac{hb^3}{12}$	hb	$\dfrac{5}{6}$
	$\dfrac{h^2}{6}(ht_w + 3bt_f)$	$\dfrac{b^2}{6}(bt_f + 3ht_w)$	$2(bt_f + ht_w)$	$\dfrac{2ht_w}{A}$
	$\dfrac{h^2}{12}(ht_w + 6bt_f)$	$\dfrac{b^3 t_f}{6}$	$ht_w + 2bt_f$	$\dfrac{ht_w}{A}$

Abb. 8.4 Verformung
ursprünglich ebener
Querschnitte beim
Timoshemko-Balken (*links*)
und bei der Theorie dritter
Ordnung (*rechts*) [13]

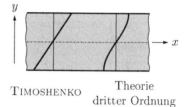

TIMOSHENKO   Theorie
dritter Ordnung

Man beachte, dass sich bei Vernachlässigung der Schubverformung $\phi_z \rightarrow \varphi_z = \frac{\mathrm{d}u_y}{\mathrm{d}x}$ ergibt,
und man die Beziehung nach Gl. (5.15) als Spezialfall erhält. Weiterhin kann aus Abb. 8.3c
der folgende Zusammenhang zwischen den Winkeln abgeleitet werden

$$\phi_z = \frac{\mathrm{d}u_y}{\mathrm{d}x} - \gamma_{xy}, \tag{8.18}$$

der den Satz der kinematischen Beziehungen komplementiert. Angemerkt sei, dass hier die
sogenannte Biegelinie betrachtet wurde und somit das Verschiebungsfeld u_y nur noch eine
Funktion *einer* Veränderlichen ist: $u_y = u_y(x)$.

8.2.2 Gleichgewicht

Die Ableitung der Gleichgewichtsbedingungen für den Timoshenko-Balken ist identisch mit
der Ableitung für den Bernouilli-Balken nach Kap. 5.2.2:

$$\frac{\mathrm{d}Q_y(x)}{\mathrm{d}x} = -q_y(x), \tag{8.19}$$

$$\frac{\mathrm{d}M_z(x)}{\mathrm{d}x} = -Q_y(x). \tag{8.20}$$

8.2.3 Stoffgesetz

Zur Berücksichtigung der konstitutiven Beziehung wird das Hookesche Gesetz für einen
eindimensionalen Normalspannungszustand und für einen reinen Schubspannungszustand
angesetzt:

$$\sigma_x = E\varepsilon_x, \tag{8.21}$$

$$\tau_{xy} = G\gamma_{xy}, \tag{8.22}$$

wobei der Schubmodul G aus dem Elastizitätsmodul E und der Poisson-Zahl ν über

$$G = \frac{E}{2(1 + \nu)} \tag{8.23}$$

berechnet werden kann. Entsprechend dem Gleichgewicht nach Abb. 5.8 und Gl. (5.29) kann für den TIMOSHENKO-Balken der Zusammenhang zwischen dem Schnittmoment und der Biegespannung wie folgt angesetzt werden:

$$dM_z = (+y)(-\sigma_x)dA, \tag{8.24}$$

beziehungsweise nach Integration unter Verwendung des Stoffgesetzes (8.21) und der kinematischen Beziehung (8.17):

$$M_z(x) = EI_z \frac{d\phi_z(x)}{dx}. \tag{8.25}$$

Mittels der Gleichgewichtsbeziehung (8.20) ergibt sich hieraus der Zusammenhang zwischen Querkraft und Querschnittsverdrehung zu:

$$Q_y(x) = -\frac{dM_z(x)}{dx} = -EI_z \frac{d^2\phi_z(x)}{dx^2}. \tag{8.26}$$

Bevor zu den Differenzialgleichungen der Biegelinie übergegangen werden soll, sind in Tab. 8.2 die Grundgleichungen für den TIMOSHENKO-Balken abschließend zusammengefasst. Man beachte, dass die Normalspannung und -verzerrung eine Funktion beider Ortskoordinaten x und y ist, jedoch die Schubspannung und -verzerrung nur von x abhängt, da eine äquivalente *konstante* Schubspannung über den Querschnitt beim TIMOSHENKO-Balken als Näherung eingeführt wurde.

Tab. 8.2 Elementare Grundgleichungen für den Biegebalken mit Schubanteil bei Verformung in der x-y-Ebene

Bezeichnung	Gleichung
Kinematik	$\varepsilon_x(x,y) = -y\frac{d\phi_z(x)}{dx}$ und $\phi_z(x) = \frac{du_y(x)}{dx} - \gamma_{xy}(x)$
Gleichgewicht	$\frac{dQ_y(x)}{dx} = -q_y(x)$; $\frac{dM_z(x)}{dx} = -Q_y(x)$
Stoffgesetz	$\sigma_x(x,y) = E\varepsilon_x(x,y)$ und $\tau_{xy}(x) = G\gamma_{xy}(x)$

8.2.4   Differenzialgleichungen der Biegelinie

Im vorherigen Abschnitt wurde mittels des HOOKEschen Gesetzes für die Normalspannung die Beziehung zwischen dem Schnittmoment und der Querschnittsverdrehung abgeleitet. Differenziation dieser Beziehung nach Gl. (8.25) ergibt den folgenden Zusammenhang

$$\frac{dM_z}{dx} = \frac{d}{dx}\left(EI_z \frac{d\phi_z}{dx}\right), \tag{8.27}$$

der mittels der Gleichgewichtsbeziehung (8.20) und der Beziehungen für die Schubspannung nach (8.13) und (8.14) zu

$$\frac{\mathrm{d}}{\mathrm{d}x}\left(EI_z \frac{\mathrm{d}\phi_z}{\mathrm{d}x}\right) = -k_s GA\gamma_{xy} \tag{8.28}$$

umgeformt werden kann. Berücksichtigt man in letzter Gleichung die kinematische Beziehung (8.18), ergibt sich die sogenannte Biegungsdifferenzialgleichung zu:

$$\frac{\mathrm{d}}{\mathrm{d}x}\left(EI_z \frac{\mathrm{d}\phi_z}{\mathrm{d}x}\right) + k_s GA\left(\frac{\mathrm{d}u_y}{\mathrm{d}x} - \phi_z\right) = 0. \tag{8.29}$$

Berücksichtigt man jetzt im HOOKEschen Gesetz für die Schubspannung nach (8.22) die Beziehungen für die Schubspannung nach (8.13) und (8.14) erhält man

$$Q_y = k_s AG\gamma_{xy}. \tag{8.30}$$

Mittels der Gleichgewichtsbeziehung (8.20) und der kinematischen Beziehung (8.18) folgt hieraus:

$$\frac{\mathrm{d}M_z}{\mathrm{d}x} = -k_s AG\left(\frac{\mathrm{d}u_y}{\mathrm{d}x} - \phi_z\right). \tag{8.31}$$

Nach Differenziation und Berücksichtigung der Gleichgewichtsbeziehungen nach (8.19) und (8.20) ergibt sich schließlich die sogenannte Schubdifferenzialgleichung zu:

$$\frac{\mathrm{d}}{\mathrm{d}x}\left[k_s AG\left(\frac{\mathrm{d}u_y}{\mathrm{d}x} - \phi_z\right)\right] = -q_y(x). \tag{8.32}$$

Somit wird der schubweiche TIMOSHENKO-Balken durch die folgenden zwei gekoppelten Differenzialgleichungen zweiter Ordnung beschrieben:

$$\frac{\mathrm{d}}{\mathrm{d}x}\left(EI_z \frac{\mathrm{d}\phi_z}{\mathrm{d}x}\right) + k_s AG\left(\frac{\mathrm{d}u_y}{\mathrm{d}x} - \phi_z\right) = 0, \tag{8.33}$$

$$\frac{\mathrm{d}}{\mathrm{d}x}\left[k_s AG\left(\frac{\mathrm{d}u_y}{\mathrm{d}x} - \phi_z\right)\right] = -q_y(x). \tag{8.34}$$

Dieses System beinhaltet zwei unbekannte Funktionen, nämlich die Durchbiegung $u_y(x)$ und die Querschnittsverdrehung $\phi_z(x)$. Für beide Funktionen können Randbedingungen formuliert werden, um das System der Differenzialgleichungen lösen zu können.

8.2.5 Analytische Lösungen

Zur Bestimmung analytischer Lösungen muss das System der gekoppelten Differenzialgleichungen nach (8.33) und (8.34) gelöst werden. Durch die Verwendung eines Computeralgebrasystems (CAS) zur symbolischen Berechnung mathematischer Ausdrücke[4] ergibt

---

[4] Als kommerzielle Beispiele können hier Maple®, Mathematica® und Matlab® angeführt werden.

sich die allgemeine Lösung des Systems für konstante Biege- und Schubsteifigkeit zu:

$$u_y(x) = \frac{1}{EI_z}\left(\frac{q_y(x)x^4}{24} + c_1\frac{x^3}{6} + c_2\frac{x^2}{2} + c_3 x + c_4\right), \tag{8.35}$$

$$\phi_z(x) = \frac{1}{EI_z}\left(\frac{q_y(x)x^3}{6} + c_1\frac{x^2}{2} + c_2 x + c_3\right) + \frac{q_y(x)x}{k_sAG} + \frac{c_1}{k_sAG}. \tag{8.36}$$

Die Integrationskonstanten $c_1, \ldots, c_4$ sind durch entsprechende Randbedingungen zu bestimmen, um die spezielle Lösung eines konkreten Problems, das heißt unter Berücksichtigung der Lagerung und der Belastung des Balkens, zu berechnen.

Abb. 8.5 Zur Berechnung der analytischen Lösung eines Timoshenko-Balkens unter konstanter Streckenlast

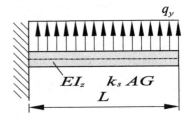

Als Beispiel soll im Folgenden der in Abb. 8.5 dargestellte Balken betrachtet werden. Die Belastung erfolgt durch eine konstante Streckenlast q_y und die Randbedingungen sind für dieses Beispiel wie folgt gegeben:

$$u_y(x=0) = 0, \quad \phi_z(x=0) = 0, \tag{8.37}$$

$$M_z(x=0) = \frac{q_yL^2}{2}, \quad M_z(x=L) = 0. \tag{8.38}$$

Verwendung der Randbedingung $(8.37)_1$ in der allgemeinen analytischen Lösung für die Durchbiegung nach Gl. (8.35) ergibt unmittelbar $c_4 = 0$. Mit der zweiten Randbedingung in Gl. (8.37) ergibt sich mit der allgemeinen analytischen Lösung für die Verdrehung nach Gl. (8.36) die Beziehung $c_3 = -c_1\frac{EI_z}{k_sAG}$. Die weitere Bestimmung der Integrationskonstanten erfordert, dass das Biegemoment mit Hilfe der Verformung ausgedrückt wird. Mittels Gl. (8.25) ergibt sich der Momentenverlauf zu

$$M_z(x) = EI_z\frac{d\phi_z}{dx} = \left(c_1 x + c_2 + \frac{3q_yx^2}{6}\right) + \frac{q_yEI_z}{k_sAG}, \tag{8.39}$$

und Berücksichtigung von Randbedingung $(8.38)_1$ ergibt $c_2 = \frac{q_yL^2}{2} - \frac{q_yEI_z}{k_sAG}$. Entsprechend ergibt die Berücksichtigung der zweiten Randbedingung in Gl. (8.38) die erste Integrationskonstante zu $c_1 = -q_yL$ und schließlich $c_3 = \frac{q_yLEI_z}{k_sAG}$. Somit ergibt sich der Verlauf der Durchbiegung zu

$$u_y(x) = \frac{1}{EI_z}\left(\frac{q_yx^4}{24} - q_yL\frac{x^3}{6} + \left[\frac{q_yL^2}{2} - \frac{q_yEI_z}{k_sAG}\right]\frac{x^2}{2} + \frac{q_yLEI_z}{k_sAG}x\right), \tag{8.40}$$

Tab. 8.3 Maximale
Durchbiegung von
Timoshenko-Balken bei
einfachen Belastungsfällen für
Biegung in der x-y-Ebene

Belastung	maximale Durchbiegung
	$u_{y,\text{max}} = u_y(L) = \frac{FL^3}{3EI_z} + \frac{FL}{k_s AG}$
	$u_{y,\text{max}} = u_y(L) = \frac{q_y L^4}{8EI_z} + \frac{q_y L^2}{2k_s AG}$
	$u_{y,\text{max}} = u_y\left(\frac{L}{2}\right) = \frac{FL^3}{48EI_z} + \frac{FL}{4k_s AG}$

beziehungsweise die maximale Durchbiegung am rechten Balkenende, das heißt für $x = L$, zu:

$$u_y(x = L) = \frac{q_y L^4}{8EI_z} + \frac{q_y L^2}{2k_s AG} \, . \tag{8.41}$$

Weitere analytische Gleichungen für die maximale Durchbiegung eines Timo-shenko-Balkens sind in Tab. 8.3 zusammengestellt. Durch Vergleich mit den analytischen Lösungen in Kap. 5.2.5 erkennt man, dass sich die analytische Lösung für die maximale Durchbiegung additiv aus der klassischen Lösung für den Bernoulli-Balken und einem zusätzlichem Schubanteil zusammensetzt.

Um den Einfluss des Schubanteils zu verdeutlichen, soll im Folgenden die maximale Durchbiegung über dem Verhältnis von Balkenhöhe zu Balkenlänge dargestellt werden. Exemplarisch sind für einen Rechteckquerschnitt der Breite b und Höhe h drei verschiedene Belastungs- und Lagerfälle in Abb. 8.6 dargestellt. Man erkennt, dass für abnehmenden Schlankheitsgrad, das heißt für Balken, bei denen die Länge L gegenüber der Höhe h deutlich größer ist, der Unterschied zwischen dem Bernoulli- und dem Timoshenko-Balken immer kleiner wird.

Der relative Unterschied zwischen der Bernoulli- und der Timoshenko-Lösung ergibt sich zum Beispiel für eine Poisson-Zahl von 0,3 und einem Schlankheitsgrad von 0,1 - also für einen Balken, bei dem die Länge zehn mal größer ist als die Höhe - je nach Lagerung und Belastung zu: 0,77 % für den Kragarm mit Einzellast, 1,03 % für den Kragarm mit Streckenlast und 11,10 % für den Balken mit beidseitiger Lagerung. Weitere analytische Lösungen zum Timoshenko-Balken können zum Beispiel [19] entnommen werden.

Abschließend soll an dieser Stelle noch darauf hingewiesen werden, dass sich bei Betrachtung der x-z-Ebene leicht modifizierte Gleichungen gegenüber Tab. 8.2 ergeben. Die entsprechenden Gleichungen für die Biegung in der x-z-Ebene mit Schubanteil sind in Tab. 8.4 zusammengefasst.

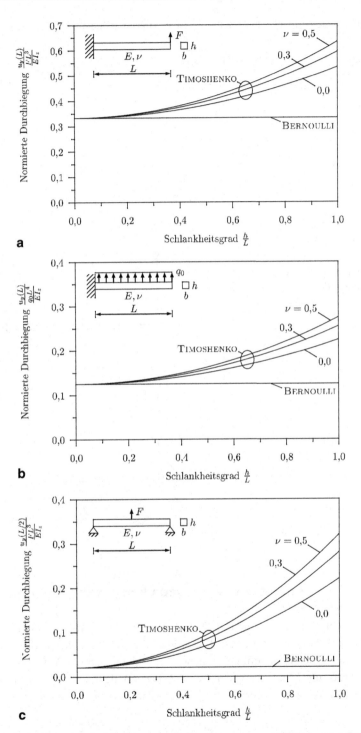

Abb. 8.6 Vergleich der analytischen Lösungen für den Bernoulli- und Timoshenko-Balken für verschiedenen Randbedingungen: **a** Einseitig fest eingespannt mit Einzellast, **b** einseitig fest eingespannt mit Streckenlast und **c** beidseitig Festlager mit Einzellast

Tab. 8.4 Elementare Grundgleichungen für den Biegebalken mit Schubanteil bei Verformung in der *x*-*z*-Ebene

Bezeichnung	Gleichung
Kinematik	$\varepsilon_x(x,z) = -z\frac{d\phi_y(x)}{dx}$ und $\phi_y(x) = -\frac{du_z(x)}{dx} + \gamma_{xz}(x)$
Gleichgewicht	$\frac{dQ_z(x)}{dx} = -q_z(x)\,;\ \frac{dM_y(x)}{dx} = +Q_z(x)$
Stoffgesetz	$\sigma_x(x,z) = E\varepsilon_x(x,z)$ und $\tau_{xz}(x) = G\gamma_{xz}(x)$
Differenzialgleichung	$-\frac{d}{dx}\left(EI_y\frac{d\phi_y}{dx}\right) + k_sAG\left(\frac{du_z}{dx} + \phi_y\right) = 0$
	$\frac{d}{dx}\left[k_sAG\left(\frac{du_z}{dx} + \phi_y\right)\right] = -q_z(x)$

Abb. 8.7 Definition der positiven Richtungen für das Biegeelement mit Schubanteil bei Verformung in der *x*-*y*-Ebene: **a** Verformungsgrößen; **b** Lastgrößen

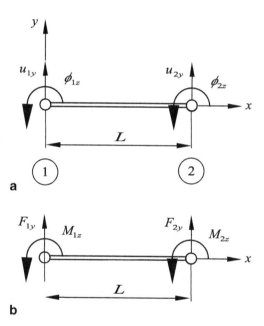

8.3 Das Finite Element ebener Biegebalken mit Schubanteil

Das Biegeelement sei entsprechend Kap. 5.3 als prismatischer Körper mit der Längsachse *x* und der *y*-Achse orthogonal zur Längsachse definiert. An beiden Enden des Biegeelementes werden auch hier Knoten eingeführt, an denen Verschiebungen und Verdrehungen beziehungsweise Kräfte und Momente, wie in Abb. 8.7 skizziert, definiert sind. Die Verformungs- und Belastungsgrößen sind in der eingezeichneten Richtung positiv zu nehmen.

Die beiden Unbekannten, das heißt die Durchbiegung $u_y(x)$ und die davon unabhängige Querschnittsverdrehung $\phi_z(x)$, werden mittels folgendem Ansatz approximiert:

$$u_y(x) = N_{1u}(x)u_{1y} + N_{2u}(x)u_{2y}, \tag{8.42}$$

$$\phi_z(x) = N_{1\phi}(x)\phi_{1z} + N_{2\phi}(x)\phi_{2z}, \tag{8.43}$$

beziehungsweise in Matrixschreibweise als

$$u_y(x) = [N_{1u}(x)\ 0\ N_{2u}(x)\ 0]\begin{bmatrix} u_{1y} \\ \phi_{1z} \\ u_{2y} \\ \phi_{2z} \end{bmatrix} = \boldsymbol{N}_u\boldsymbol{u}_\mathrm{p}, \tag{8.44}$$

$$\phi_z(x) = [0\ N_{1\phi}\ 0\ N_{2\phi}(x)]\begin{bmatrix} u_{1y} \\ \phi_{1z} \\ u_{2y} \\ \phi_{2z} \end{bmatrix} = \boldsymbol{N}_\phi\boldsymbol{u}_\mathrm{p}. \tag{8.45}$$

Mit diesen Beziehungen ergibt sich die Ableitung der Querschnittsverdrehung in den gekoppelten Differenzialgleichungen (8.33) und (8.34) zu

$$\frac{\mathrm{d}\phi_z(x)}{\mathrm{d}x} = \frac{\mathrm{d}N_{1\phi}(x)}{\mathrm{d}x}\phi_{1z} + \frac{\mathrm{d}N_{2\phi}(x)}{\mathrm{d}x}\phi_{2z} = \frac{\mathrm{d}\boldsymbol{N}_\phi}{\mathrm{d}x}\boldsymbol{u}_\mathrm{p}. \tag{8.46}$$

8.3.1   Herleitung über Potenzial

Die elastische Verzerrungsenergie für einen TIMOSHENKO-Balken bei linear-elastischem Materialverhalten ergibt sich zu:

$$\Pi_\mathrm{int} = \frac{1}{2}\int_\Omega \boldsymbol{\varepsilon}^\mathrm{T}\boldsymbol{\sigma}\mathrm{d}\Omega = \frac{1}{2}\int_\Omega \begin{bmatrix} \varepsilon_x & \gamma_{xy} \end{bmatrix}\begin{bmatrix} \sigma_x \\ \tau_{xy} \end{bmatrix}\mathrm{d}\Omega \tag{8.47}$$

$$= \frac{1}{2}\int_\Omega \varepsilon_x\sigma_x\mathrm{d}\Omega + \frac{1}{2}\int_\Omega \gamma_{xy}\tau_{xy}\mathrm{d}\Omega = \Pi_\mathrm{int,b} + \Pi_\mathrm{int,s}. \tag{8.48}$$

Der Biege- und Schubanteil der elastischen Verzerrungsenergie wird im Folgenden getrennt betrachtet und anschließend überlagert.

Der Biegeanteil der elastische Verzerrungsenergie ergibt sich mittels des HOOKEschen Gesetzes nach Gl. (8.21) zu:

$$\Pi_{\text{int,b}} = \frac{1}{2} \int\limits_{\Omega} \varepsilon_x \sigma_x \mathrm{d}\Omega = \frac{1}{2} \int\limits_{\Omega} \varepsilon_x E \varepsilon_x \mathrm{d}\Omega . \tag{8.49}$$

Die kinematische Beziehung (8.17) kann mittels Gl. (8.46) als

$$\varepsilon_x = -y\frac{\mathrm{d}\phi}{\mathrm{d}x} = -y\left(\frac{\mathrm{d}N_{1\phi}(x)}{\mathrm{d}x}\phi_{1z} + \frac{\mathrm{d}N_{2\phi}(x)}{\mathrm{d}x}\phi_{2z}\right) \tag{8.50}$$

$$= -y\left[0 \quad \frac{\mathrm{d}N_{1\phi}(x)}{\mathrm{d}x} \quad 0 \quad \frac{\mathrm{d}N_{2\phi}(x)}{\mathrm{d}x}\right]\begin{bmatrix} u_{1y} \\ \phi_{1z} \\ u_{2y} \\ \phi_{2z} \end{bmatrix} = \boldsymbol{B}_{\text{b}}\boldsymbol{u}_{\text{p}} \tag{8.51}$$

geschrieben werden, wobei hier eine verallgemeinerte $\boldsymbol{B}_{\text{b}}$-Matrix als

$$\boldsymbol{B}_{\text{b}} = -y\frac{\mathrm{d}N_{\phi}}{\mathrm{d}x} \tag{8.52}$$

eingeführt wurde. Somit ergibt sich mit diesem Ergebnis der Biegeanteil der elastischen Verzerrungsenergie nach Gl. (8.49) zu:

$$\Pi_{\text{int,b}} = \frac{1}{2} \int\limits_{\Omega} \left(\boldsymbol{B}_{\text{b}}\boldsymbol{u}_{\text{p}}\right)^{\mathrm{T}} E \left(\boldsymbol{B}_{\text{b}}\boldsymbol{u}_{\text{p}}\right) \mathrm{d}\Omega = \frac{1}{2} \int\limits_{\Omega} \boldsymbol{u}_{\text{p}}^{\mathrm{T}}\boldsymbol{B}_{\text{b}}^{\mathrm{T}} E \boldsymbol{B}_{\text{b}}\boldsymbol{u}_{\text{p}}\mathrm{d}\Omega$$

$$= \frac{1}{2}\boldsymbol{u}_{\text{p}}^{\mathrm{T}}\left[\int\limits_{\Omega} \boldsymbol{B}_{\text{b}}^{\mathrm{T}} E \boldsymbol{B}_{\text{b}}\mathrm{d}\Omega\right]\boldsymbol{u}_{\text{p}} = \frac{1}{2}\boldsymbol{u}_{\text{p}}^{\mathrm{T}}\left[\int\limits_{\Omega} (-y)\frac{\mathrm{d}N_{\phi}^{\mathrm{T}}}{\mathrm{d}x} E(-y)\frac{\mathrm{d}N_{\phi}}{\mathrm{d}x}\mathrm{d}\Omega\right]\boldsymbol{u}_{\text{p}}$$

$$= \frac{1}{2}\boldsymbol{u}_{\text{p}}^{\mathrm{T}}\Big[\int\limits_{0}^{L}\underbrace{\left(\int\limits_{A} y^2\mathrm{d}A\right)}_{I_z} E\frac{\mathrm{d}N_{\phi}^{\mathrm{T}}}{\mathrm{d}x}\frac{\mathrm{d}N_{\phi}}{\mathrm{d}x}\,\mathrm{d}x\Big]\boldsymbol{u}_{\text{p}} .$$

$$= \frac{1}{2}\boldsymbol{u}_{\text{p}}^{\mathrm{T}}\underbrace{\Big[\int\limits_{0}^{L} EI_z\frac{\mathrm{d}N_{\phi}^{\mathrm{T}}}{\mathrm{d}x}\frac{\mathrm{d}N_{\phi}}{\mathrm{d}x}\,\mathrm{d}x\Big]}_{\boldsymbol{k}_{\text{b}}^{\text{e}}}\boldsymbol{u}_{\text{p}} . \tag{8.53}$$

In der letzten Gleichung wurde die Elementsteifigkeitsmatrix mittels der allgemeinen Formulierung der Verzerrungsenergie nach Gl. (5.91) identifiziert. In Komponenten ergibt sich hieraus die Elementsteifigkeitsmatrix für konstante Biegesteifigkeit EI_z zu:

$$k_b^e = EI_z \int\limits_0^L \begin{bmatrix} 0 & 0 & 0 & 0 \\ 0 & \frac{dN_{1\phi}}{dx}\frac{dN_{1\phi}}{dx} & 0 & \frac{dN_{1\phi}}{dx}\frac{dN_{2\phi}}{dx} \\ 0 & 0 & 0 & 0 \\ 0 & \frac{dN_{2\phi}}{dx}\frac{dN_{1\phi}}{dx} & 0 & \frac{dN_{2\phi}}{dx}\frac{dN_{2\phi}}{dx} \end{bmatrix} dx . \tag{8.54}$$

Eine weitere Auswertung von Gl. (8.54) erfordert die Einführung der Formfunktionen N_i. Der Schubanteil der elastischen Verzerrungsenergie ergibt sich mittels Gl. (8.11) bis (8.14) zu:

$$\Pi_{\text{int,s}} = \frac{1}{2}\int\limits_\Omega \gamma_{xy}\tau_{xy}d\Omega = \frac{1}{2}\int\limits_0^L \gamma_{xy}(x,y)\left(\int\limits_A \tau_{xy}(x,y)dA\right)dx \tag{8.55}$$

$$= \frac{1}{2}\int\limits_0^L \gamma_{xy}k_sGA\gamma_{xy}dx . \tag{8.56}$$

Die kinematische Beziehung (8.18) kann mittels Gl. (8.42) und (8.43) als

$$\gamma_{xy} = \frac{du_y}{dx} - \phi = \frac{dN_{1u}}{dx}u_{1y} + \frac{dN_{2u}}{dx}u_{2y} - N_{1\phi}\phi_{1z} - N_{2\phi}\phi_{2z} \tag{8.57}$$

$$= \begin{bmatrix} \frac{dN_{1u}}{dx} & -N_{1\phi} & \frac{dN_{2u}}{dx} & -N_{2\phi} \end{bmatrix} \begin{bmatrix} u_{1y} \\ \phi_{1z} \\ u_{2y} \\ \phi_{2z} \end{bmatrix} = B_s u_p \tag{8.58}$$

geschrieben werden, wobei hier eine verallgemeinerte B_s-Matrix für den Schubanteil eingeführt wurde. Somit ergibt sich mit diesem Ergebnis der Schubanteil der elastischen Verzerrungsenergie nach Gl. (8.55) zu:

$$\Pi_{\text{int,s}} = \frac{1}{2}\int\limits_0^L (B_s u_p)^T k_s GA\,(B_s u_p)\,dx \tag{8.59}$$

$$= \frac{1}{2}u_p^T \underbrace{\left[\int\limits_0^L k_s GA B_s^T B_s\,dx\right]}_{k_s^e} u_p . \tag{8.60}$$

In Komponenten ergibt sich hieraus die Elementsteifigkeitsmatrix für konstante Schubsteifigkeit GA zu:

$$k_s^e = k_s GA \int\limits_0^L \begin{bmatrix} \frac{dN_{1u}}{dx}\frac{dN_{1u}}{dx} & \frac{dN_{1u}}{dx}(-N_{1\phi}) & \frac{dN_{1u}}{dx}\frac{dN_{2u}}{dx} & \frac{dN_{1u}}{dx}(-N_{2\phi}) \\ (-N_{1\phi})\frac{dN_{1u}}{dx} & (-N_{1\phi})(-N_{1\phi}) & (-N_{1\phi})\frac{dN_{2u}}{dx} & (-N_{1\phi})(-N_{2\phi}) \\ \frac{dN_{2u}}{dx}\frac{dN_{1u}}{dx} & \frac{dN_{2u}}{dx}(-N_{1\phi}) & \frac{dN_{2u}}{dx}\frac{dN_{2u}}{dx} & \frac{dN_{2u}}{dx}(-N_{2\phi}) \\ (-N_{2\phi})\frac{dN_{1u}}{dx} & (-N_{2\phi})(-N_{1\phi}) & (-N_{2\phi})\frac{dN_{2u}}{dx} & (-N_{2\phi})(-N_{2\phi}) \end{bmatrix} dx.$$

$$(8.61)$$

Die beiden Ausdrücke für die Biege- und Schubanteile der Elementsteifigkeitsmatrix nach Gl. (8.54) und (8.61) können zur Finite-Elemente-Hauptgleichung des Timoshenko-Balkens auf Elementebene überlagert werden

$$k^e u_p = F^e,$$

$$(8.62)$$

wobei die Gesamtsteifigkeitsmatrix nach Gl. (8.63) gegeben ist.

$$\underbrace{\begin{bmatrix} k_s GA \int_0^L \frac{dN_{1u}}{dx}\frac{dN_{1u}}{dx} dx & k_s GA \int_0^L \frac{dN_{1u}}{dx}(-N_{1\phi}) dx & k_s GA \int_0^L \frac{dN_{1u}}{dx}\frac{dN_{2u}}{dx} dx & k_s GA \int_0^L \frac{dN_{1u}}{dx}(-N_{2\phi}) dx \\ k_s GA \int_0^L (-N_{1\phi})\frac{dN_{1u}}{dx} dx & k_s GA \int_0^L (-N_{1\phi})(-N_{1\phi}) dx & k_s GA \int_0^L (-N_{1\phi})\frac{dN_{2u}}{dx} dx & k_s GA \int_0^L (-N_{1\phi})(-N_{2\phi}) dx \\ & + EI_z \int_0^L \frac{dN_{1\phi}}{dx}\frac{dN_{1\phi}}{dx} dx & & + EI_z \int_0^L \frac{dN_{2\phi}}{dx}\frac{dN_{1\phi}}{dx} dx \\ k_s GA \int_0^L \frac{dN_{2u}}{dx}\frac{dN_{1u}}{dx} dx & k_s GA \int_0^L \frac{dN_{2u}}{dx}(-N_{1\phi}) dx & k_s GA \int_0^L \frac{dN_{2u}}{dx}\frac{dN_{2u}}{dx} dx & k_s GA \int_0^L \frac{dN_{2u}}{dx}(-N_{2\phi}) dx \\ k_s GA \int_0^L (-N_{2\phi})\frac{dN_{1u}}{dx} dx & k_s GA \int_0^L (-N_{2\phi})(-N_{1\phi}) dx & k_s GA \int_0^L (-N_{2\phi})\frac{dN_{2u}}{dx} dx & k_s GA \int_0^L (-N_{2\phi})(-N_{2\phi}) dx \\ & + EI_z \int_0^L \frac{dN_{1\phi}}{dx}\frac{dN_{2\phi}}{dx} dx & & + EI_z \int_0^L \frac{dN_{2\phi}}{dx}\frac{dN_{2\phi}}{dx} dx \end{bmatrix}}_{k^e}$$

$$(8.63)$$

8.3.2   Herleitung über Satz von Castigliano

Die elastische Verzerrungsenergie für einen Timoshenko-Balken nach Gl. (8.48) ergibt sich mittels des Hookeschen Gesetzes (8.21) und der kinematischen Beziehung (8.17) beziehungsweise der Gleichungen für die äquivalente Schubspannung nach (8.11) bis (8.14) zu:

$$\Pi_{int} = \frac{1}{2}\int\limits_\Omega \varepsilon_x \sigma_x d\Omega + \frac{1}{2}\int\limits_\Omega \gamma_{xy}(x,y)\,\tau_{xy}(x,y) d\Omega$$

$$= \frac{1}{2}\int\limits_\Omega E\varepsilon_x^2 d\Omega + \frac{1}{2}\int\limits_0^L \gamma_{xy}(x,y)\left(\int\limits_A \tau_{xy}(x,y) dA\right) dx$$

$$= \frac{1}{2}\int\limits_\Omega E\left(\frac{d\phi}{dx}\right)^2 y^2 d\Omega + \frac{1}{2}\int\limits_0^L \gamma_{xy} Q_y dx$$

$$= \frac{1}{2} \int_0^L E \left(\frac{\mathrm{d}\phi}{\mathrm{d}x}\right)^2 \left(\int_A y^2 \mathrm{d}A\right) \mathrm{d}x + \frac{1}{2} \int_0^L \gamma_{xy} \tau_{xy} k_s A \mathrm{d}x$$

$$= \frac{1}{2} \int_0^L EI_z \left(\frac{\mathrm{d}\phi}{\mathrm{d}x}\right)^2 \mathrm{d}x + \frac{1}{2} \int_0^L k_s GA \gamma_{xy}^2 \mathrm{d}x \,. \tag{8.64}$$

Mittels der Ansätze für die Ableitung der Querschnittsverdrehung $\phi_z(x)$ nach Gl. (8.46) und der Schubverzerrung (8.57) ergibt sich hieraus die elastische Verzerrungsenergie für einen Timoshenko-Balken mit konstanter Biege- und Schubsteifigkeit zu:

$$\Pi_{\text{int}} = \frac{1}{2} EI_z \int_0^L \left(\frac{\mathrm{d}N_{1\phi}(x)}{\mathrm{d}x} \phi_{1z} + \frac{\mathrm{d}N_{2\phi}(x)}{\mathrm{d}x} \phi_{2z}\right)^2 \mathrm{d}x$$

$$+ \frac{1}{2} k_s GA \int_0^L \left(\frac{\mathrm{d}N_{1u}}{\mathrm{d}x} u_{1y} + \frac{\mathrm{d}N_{2u}}{\mathrm{d}x} u_{2y} - N_{1\phi}\phi_{1z} - N_{2\phi}\phi_{2z}\right)^2 \mathrm{d}x \,. \tag{8.65}$$

Anwendung des Satzes von Castigliano auf die Verzerrungsenergie in Bezug auf die Knotenverschiebung u_{1y} ergibt die äußere Kraft F_{1y} am Knoten 1:

$$\frac{\mathrm{d}\Pi_{\text{int}}}{\mathrm{d}u_{1y}} = F_{1y} = k_s GA \int_0^L \left(\frac{\mathrm{d}N_{1u}}{\mathrm{d}x} u_{1y} + \frac{\mathrm{d}N_{2u}}{\mathrm{d}x} u_{2y} - N_{1\phi}\phi_{1z} - N_{2\phi}\phi_{2z}\right) \frac{\mathrm{d}N_{1u}}{\mathrm{d}x} \mathrm{d}x \,. \tag{8.66}$$

Entsprechend ergibt sich aus der Differenziation nach den anderen Verformungsgrößen an den Knoten:

$$\frac{\mathrm{d}\Pi_{\text{int}}}{\mathrm{d}\phi_{1z}} = M_{1z} = EI_z \int_0^L \left(\frac{\mathrm{d}N_{1\phi}(x)}{\mathrm{d}x} \phi_{1z} + \frac{\mathrm{d}N_{2\phi}(x)}{\mathrm{d}x} \phi_{2z}\right) \frac{\mathrm{d}N_{1\phi}(x)}{\mathrm{d}x} \mathrm{d}x$$

$$+ k_s GA \int_0^L \left(\frac{\mathrm{d}N_{1u}}{\mathrm{d}x} u_{1y} + \frac{\mathrm{d}N_{2u}}{\mathrm{d}x} u_{2y} - N_{1\phi}\phi_{1z} - N_{2\phi}\phi_{2z}\right) (-N_{1\phi}) \mathrm{d}x \,. \tag{8.67}$$

$$\frac{\mathrm{d}\Pi_{\text{int}}}{\mathrm{d}u_{2y}} = F_{2y} = k_s GA \int_0^L \left(\frac{\mathrm{d}N_{1u}}{\mathrm{d}x} u_{1y} + \frac{\mathrm{d}N_{2u}}{\mathrm{d}x} u_{2y} - N_{1\phi}\phi_{1z} - N_{2\phi}\phi_{2z}\right) \frac{\mathrm{d}N_{2u}}{\mathrm{d}x} \mathrm{d}x \,. \tag{8.68}$$

$$\frac{\mathrm{d}\Pi_{\mathrm{int}}}{\mathrm{d}\phi_{2z}} = M_{2z} = EI_z \int_0^L \left(\frac{\mathrm{d}N_{1\phi}(x)}{\mathrm{d}x} \phi_{1z} + \frac{\mathrm{d}N_{2\phi}(x)}{\mathrm{d}x} \phi_{2z} \right) \frac{\mathrm{d}N_{2\phi}(x)}{\mathrm{d}x} \, \mathrm{d}x$$

$$+ k_s GA \int_0^L \left(\frac{\mathrm{d}N_{1u}}{\mathrm{d}x} u_{1y} + \frac{\mathrm{d}N_{2u}}{\mathrm{d}x} u_{2y} - N_{1\phi}\phi_{1z} - N_{2\phi}\phi_{2z} \right) (-N_{2\phi}) \mathrm{d}x \,. \quad (8.69)$$

Die letzten vier Gleichungen können zur Finite-Elemente-Hauptgleichung in Matrixform zusammengefasst werden, siehe Gl. (8.62) und (8.63).

8.3.3 Herleitung über das Prinzip der gewichteten Residuen

Entsprechend der Vorgehensweise in Kap. 5.3.2 führt man in den Differenzialgleichungen (8.33) und (8.34) Näherungslösungen ein und fordert, dass die Gleichungen über einen bestimmten Bereich erfüllt werden.

Im Folgenden wird zuerst die Schubdifferenzialgleichung (8.34) betrachtet, die man mit einer Durchbiegungs-Gewichtsfunktion $W_u(x)$ multipliziert, um auf das folgende innere Produkt zu gelangen:

$$\int_0^L W_u(x) \left\{ k_s AG \left(\frac{\mathrm{d}^2 u_y}{\mathrm{d}x^2} - \frac{\mathrm{d}\phi_z}{\mathrm{d}x} \right) + q_y(x) \right\} \mathrm{d}x \overset{!}{=} 0 \,. \quad (8.70)$$

Partielle Integration der beiden Ausdrücke in der runden Klammer ergibt:

$$\int_0^L k_s AG \frac{\mathrm{d}^2 u_y}{\mathrm{d}x^2} W_u \mathrm{d}x = \left[k_s AG \frac{\mathrm{d}u_y}{\mathrm{d}x} W_u \right]_0^L - \int_0^L k_s AG \frac{\mathrm{d}u_y}{\mathrm{d}x} \frac{\mathrm{d}W_u}{\mathrm{d}x} \mathrm{d}x, \quad (8.71)$$

$$-\int_0^L k_s AG \frac{\mathrm{d}\phi_z}{\mathrm{d}x} W_u \mathrm{d}x = -\left[k_s AG\phi_z W_u \right]_0^L + \int_0^L k_s AG\phi_z \frac{\mathrm{d}W_u}{\mathrm{d}x} \mathrm{d}x \,. \quad (8.72)$$

Somit kann die Schubdifferenzialgleichung wie folgt geschrieben werden:

$$\left[k_s AG \frac{\mathrm{d}u_y}{\mathrm{d}x} W_u \right]_0^L - \int_0^L k_s AG \frac{\mathrm{d}u_y}{\mathrm{d}x} \frac{\mathrm{d}W_u}{\mathrm{d}x} \mathrm{d}x - \left[k_s AG\phi_z W_u \right]_0^L$$

$$+ \int_0^L k_s AG\phi_z \frac{\mathrm{d}W_u}{\mathrm{d}x} \mathrm{d}x + \int_0^L q_y W_u \mathrm{d}x = 0 \,. \quad (8.73)$$

Als nächstes wird die Biegungsdifferenzialgleichung (8.33) mit einer Verdrehungs-Gewichtsfunktion $W_\phi(x)$ multipliziert und in das innere Produkt überführt:

$$\int_0^L \left\{ \frac{\mathrm{d}}{\mathrm{d}x}\left(EI_z \frac{\mathrm{d}\phi_z}{\mathrm{d}x} \right) + k_s AG \left(\frac{\mathrm{d}u_y}{\mathrm{d}x} - \phi_z \right) \right\} W_\phi(x)\mathrm{d}x \overset{!}{=} 0. \tag{8.74}$$

Partielle Integration des ersten Ausdruckes liefert

$$\int_0^L EI_z \frac{\mathrm{d}^2\phi_z}{\mathrm{d}x^2} W_\phi \mathrm{d}x = \left[EI_z \frac{\mathrm{d}\phi_z}{\mathrm{d}x} W_\phi \right]_0^L - \int_0^L EI_z \frac{\mathrm{d}\phi_z}{\mathrm{d}x} \frac{\mathrm{d}W_\phi}{\mathrm{d}x} \mathrm{d}x \tag{8.75}$$

und die Biegungsdifferenzialgleichung ergibt sich zu:

$$\left[EI_z \frac{\mathrm{d}\phi_z}{\mathrm{d}x} W_\phi \right]_0^L - \int_0^L EI_z \frac{\mathrm{d}\phi_z}{\mathrm{d}x} \frac{\mathrm{d}W_\phi}{\mathrm{d}x} \mathrm{d}x + \int_0^L k_s AG \left(\frac{\mathrm{d}u_y}{\mathrm{d}x} - \phi_z \right) W_\phi(x)\mathrm{d}x = 0. \tag{8.76}$$

Addition der beiden umgeformten Differenzialgleichungen liefert

$$\left[k_s AG \frac{\mathrm{d}u_y}{\mathrm{d}x} W_u \right]_0^L - \int_0^L k_s AG \frac{\mathrm{d}u_y}{\mathrm{d}x} \frac{\mathrm{d}W_u}{\mathrm{d}x} \mathrm{d}x - \left[k_s AG\phi_z W_u \right]_0^L$$

$$+ \int_0^L k_s AG\phi_z \frac{\mathrm{d}W_u}{\mathrm{d}x} \mathrm{d}x + \int_0^L q_y W_u \mathrm{d}x + \int_0^L k_s AG \left(\frac{\mathrm{d}u_y}{\mathrm{d}x} - \phi_z \right) W_\phi(x)\mathrm{d}x$$

$$- \int_0^L EI_z \frac{\mathrm{d}\phi_z}{\mathrm{d}x} \frac{\mathrm{d}W_\phi}{\mathrm{d}x} \mathrm{d}x + \left[EI_z \frac{\mathrm{d}\phi_z}{\mathrm{d}x} W_\phi \right]_0^L = 0, \tag{8.77}$$

beziehungsweise nach kurzer Umformung die schwache Form des schubweichen Biegebalkens zu:

$$\int_0^L EI_z \frac{\mathrm{d}\phi_z}{\mathrm{d}x} \frac{\mathrm{d}W_\phi}{\mathrm{d}x} \mathrm{d}x + \int_0^L k_s AG \underbrace{\left(\frac{\mathrm{d}u_y}{\mathrm{d}x} - \phi_z \right)}_{\gamma_{xy}} \underbrace{\left(\frac{\mathrm{d}W_u}{\mathrm{d}x} - W_\phi \right)}_{\delta\gamma_{xy}} \mathrm{d}x$$

$$= \int_0^L q_y W_u \mathrm{d}x + \left[k_s AG \left(\frac{\mathrm{d}u_y}{\mathrm{d}x} - \phi_z \right) W_u \right]_0^L + \left[EI_z \frac{\mathrm{d}\phi_z}{\mathrm{d}x} W_\phi \right]_0^L. \tag{8.78}$$

Man erkennt, dass der erste Teil der linken Seite den Biegeanteil und der zweite Teil den Schubanteil darstellt. Die rechte Seite resultiert aus den äußeren Belastungen des

Balkens. Im Folgenden wird zuerst die linke Seite der schwachen Form betrachtet, um die Steifigkeitsmatrix abzuleiten:

$$\int_0^L EI_z \frac{\mathrm{d}\phi_z}{\mathrm{d}x} \frac{\mathrm{d}W_\phi}{\mathrm{d}x} \, \mathrm{d}x + \int_0^L k_s AG \left(\frac{\mathrm{d}W_u}{\mathrm{d}x} - W_\phi \right) \left(\frac{\mathrm{d}u_y}{\mathrm{d}x} - \phi_z \right) \mathrm{d}x. \tag{8.79}$$

Im nächsten Schritt müssen die Ansätze für die Durchbiegung und Verdrehung der Knoten beziehungsweise deren Ableitungen nach Gl. (8.44) und (8.45), das heißt

$$u_y(x) = N_u(x) u_p, \qquad \frac{\mathrm{d}u_y(x)}{\mathrm{d}x} = \frac{\mathrm{d}N_u(x)}{\mathrm{d}x} u_p, \tag{8.80}$$

$$\phi_z(x) = N_\phi(x) u_p, \qquad \frac{\mathrm{d}\phi_z(x)}{\mathrm{d}x} = \frac{\mathrm{d}N_\phi(x)}{\mathrm{d}x} u_p, \tag{8.81}$$

berücksichtigt werden. Die Ansätze für die Gewichtsfunktionen werden entsprechend den Ansätzen für die Unbekannten gewählt:

$$W_u(x) = \delta u_p^{\mathrm{T}} N_u^{\mathrm{T}}(x), \tag{8.82}$$

$$W_\phi(x) = \delta u_p^{\mathrm{T}} N_\phi^{\mathrm{T}}(x), \tag{8.83}$$

beziehungsweise für die Ableitungen:

$$\frac{W_u(x)}{\mathrm{d}x} = \delta u_p^{\mathrm{T}} \frac{N_u^{\mathrm{T}}(x)}{\mathrm{d}x}, \tag{8.84}$$

$$\frac{W_\phi(x)}{\mathrm{d}x} = \delta u_p^{\mathrm{T}} \frac{N_\phi^{\mathrm{T}}(x)}{\mathrm{d}x}. \tag{8.85}$$

Somit ergibt sich die linke Seite von Gl. (8.79) – unter Berücksichtigung, dass die Verschiebungen beziehungsweise die virtuellen Verschiebungen bezüglich der Integration als konstant angesehen werden können – zu:

$$\delta u_p^{\mathrm{T}} \int_0^L EI_z \frac{\mathrm{d}N_\phi^{\mathrm{T}}}{\mathrm{d}x} \frac{\mathrm{d}N_\phi}{\mathrm{d}x} \, \mathrm{d}x \, u_p + \delta u_p^{\mathrm{T}} \int_0^L k_s AG \left(\frac{\mathrm{d}N_u^{\mathrm{T}}}{\mathrm{d}x} - N_\phi^{\mathrm{T}} \right) \left(\frac{\mathrm{d}N_u}{\mathrm{d}x} - N_\phi \right) \mathrm{d}x \, u_p. \tag{8.86}$$

Im Folgenden wird sich zeigen, dass die virtuellen Verschiebungen δu^{T} mit einem entsprechendem Ausdruck auf der rechten Seite von Gl. (8.78) gekürzt werden können. Somit verbleibt auf der linken Seite

$$\underbrace{\int_0^L EI_z \frac{\mathrm{d}N_\phi^{\mathrm{T}}}{\mathrm{d}x} \frac{\mathrm{d}N_\phi}{\mathrm{d}x} \, \mathrm{d}x}_{k_b^e} \, u_p + \underbrace{\int_0^L k_s AG \left(\frac{\mathrm{d}N_u^{\mathrm{T}}}{\mathrm{d}x} - N_\phi^{\mathrm{T}} \right) \left(\frac{\mathrm{d}N_u}{\mathrm{d}x} - N_\phi \right) \mathrm{d}x}_{k_s^e} \, u_p \tag{8.87}$$

und die Biege- beziehungsweise die Schubsteifigkeitsmatrix kann identifiziert werden, siehe Gl. (8.54) und (8.61). Zum Abschluss wird die rechte Seite der schwachen Form nach Gl. (8.78) betrachtet:

$$\int_0^L q_y W_u \mathrm{d}x + \left[k_s AG\left(\frac{\mathrm{d}u_y}{\mathrm{d}x} - \phi_z\right)W_u\right]_0^L + \left[EI_z \frac{\mathrm{d}\phi_z}{\mathrm{d}x}\,W_\phi\right]_0^L . \tag{8.88}$$

Berücksichtigung der Beziehungen für die Querkraft und das Schnittmoment nach Gl. (8.30) und (8.25) in der rechten Seite der schwachen Form ergibt

$$\int_0^L q_y W_u \mathrm{d}x + \left[Q_y(x)W_u(x)\right]_0^L + \left[M_z(x)W_\phi(x)\right]_0^L , \tag{8.89}$$

beziehungsweise nach Einführung der Ansätze für die Durchbiegung und Verdrehung der Knoten nach Gl. (8.44) und (8.45):

$$\delta\boldsymbol{u}_p^T \int_0^L q_y \boldsymbol{N}_u^T \mathrm{d}x + \delta\boldsymbol{u}_p^T \left[Q_y(x)\boldsymbol{N}_u^T(x)\right]_0^L + \delta\boldsymbol{u}_p^T \left[M_z(x)\boldsymbol{N}_\phi^T(x)\right]_0^L . \tag{8.90}$$

$\delta\boldsymbol{u}_p^T$ kann mit dem entsprechenden Ausdruck in Gl. (8.86) gekürzt werden und es verbleibt

$$\int_0^L q_y \boldsymbol{N}_u^T \mathrm{d}x + \left[Q_y(x)\boldsymbol{N}_u^T(x)\right]_0^L + \left[M_z(x)\boldsymbol{N}_\phi^T(x)\right]_0^L , \tag{8.91}$$

beziehungsweise in Komponenten:

$$\int_0^L q_y(x) \begin{bmatrix} N_{1u} \\ 0 \\ N_{2u} \\ 0 \end{bmatrix} \mathrm{d}x + \begin{bmatrix} -Q_y(0) \\ 0 \\ +Q_y(L) \\ 0 \end{bmatrix} + \begin{bmatrix} 0 \\ -M_z(0) \\ 0 \\ +M_z(L) \end{bmatrix} . \tag{8.92}$$

Man beachte, dass bei der Auswertung der Randintegrale die allgemeinen Eigenschaften der Formfunktionen verwendet wurden:

$$\text{1. Zeile:} \quad Q_y(L)\underbrace{N_{1u}(L)}_{0} - Q_y(0)\underbrace{N_{1u}(0)}_{1}, \tag{8.93}$$

$$\text{2. Zeile:} \quad M_z(L)\underbrace{N_{1\phi}(L)}_{0} - M_z(0)\underbrace{N_{1\phi}(0)}_{1}, \tag{8.94}$$

$$\text{3. Zeile:} \quad Q_y(L)\underbrace{N_{2u}(L)}_{1} - Q_y(0)\underbrace{N_{2u}(0)}_{0}, \tag{8.95}$$

$$\text{4. Zeile:} \quad M_z(L)\underbrace{N_{2\phi}(L)}_{1} - M_z(0)\underbrace{N_{2\phi}(0)}_{0} . \tag{8.96}$$

8.3.4 Herleitung über das Prinzip der virtuellen Arbeit

Die Herleitung erfolgt entsprechend den Ausführungen für den Stab in Kap. 3.2.4 und für den BERNOULLI-Balken in Kap. 5.3.3. Wir betrachten dazu den Biegebalken nach Abb. 8.7, der an beiden Enden durch Einzelkräfte und Einzelmomente belastet ist und sich frei verformen kann. Die Gleichgewichtsbeziehungen für das Gebiet $\Omega =]0, L[$ ergeben sich nach Gl. (5.22) und (5.26) zu:

$$\frac{\mathrm{d}Q_y(x)}{\mathrm{d}x} + q_y(x) = 0, \tag{8.97}$$

$$\frac{\mathrm{d}M_z(x)}{\mathrm{d}x} + Q_y(x) = 0. \tag{8.98}$$

Entsprechend können die Gleichgewichtsbedingungen zwischen den inneren Reaktionen und den äußeren Lasten (F_{iy}, M_{iz}) an den Rändern $x = 0$ und $x = L$ wie folgt angegeben werden:

$$F_{1y} + Q_y(0) = 0, \qquad M_{1z} + M_z(0) = 0, \tag{8.99}$$

$$F_{2y} - Q_y(L) = 0, \qquad M_{2z} - M_z(L) = 0. \tag{8.100}$$

Die Gleichgewichtsbeziehungen nach Gl. (8.97) und (8.98) liefern entsprechend der Vorgehensweise in Kap. 8.2.4 für konstante Biege- und Schubsteifigkeit die folgenden zwei gekoppelten Differenzialgleichungen für das Biege- und Schubverhalten[5]:

$$EI_z \frac{\mathrm{d}^2\phi_z}{\mathrm{d}x^2} + k_s GA \left(\frac{\mathrm{d}u_y}{\mathrm{d}x} - \phi_z\right) + m_z(x) = 0, \tag{8.101}$$

$$k_s AG \left(\frac{\mathrm{d}^2 u_y}{\mathrm{d}x^2} - \frac{\mathrm{d}\phi_z}{\mathrm{d}x}\right) + q_y(x) = 0. \tag{8.102}$$

Unter der Einwirkung sogenannter virtueller Verschiebungen δu_y und virtueller Verdrehungen $\delta\phi_z$ wird der betrachtete Balken virtuell aus dem Gleichgewicht gebracht. Betrachten wir zuerst die virtuelle Arbeit im Gebiet $\Omega =]0, L[$ alleine: Die resultierenden Kräfte und Momente nach Gl. (8.101) bis (8.102) verrichten mit den virtuellen Verschiebungen und Verdrehungen eine virtuelle Arbeit.

Multiplikation der Biegedifferenzialgleichung (8.101) mit der virtuellen Verdrehung $\delta\phi_z$ liefert

$$\int_0^L \left(EI_z \frac{\mathrm{d}^2\phi_z}{\mathrm{d}x^2} + k_s GA \left(\frac{\mathrm{d}u_y}{\mathrm{d}x} - \phi_z\right) + m_z(x)\right)\delta\phi_z \,\mathrm{d}x, \tag{8.103}$$

---

[5] Man beachte auch die weiterführende Aufgabe 24.

beziehungsweise nach partieller Integration des ersten Ausdrucks unter dem Integral:

$$\left[EI_z\frac{\mathrm{d}\phi_z}{\mathrm{d}x}\delta\phi_z\right]_0^L - \int_0^L EI_z\frac{\mathrm{d}\phi_z}{\mathrm{d}x}\frac{\mathrm{d}\delta\phi_z}{\mathrm{d}x}\,\mathrm{d}x \;+\int_0^L k_sGA\left(\frac{\mathrm{d}u_y}{\mathrm{d}x}-\phi_z\right)\delta\phi_z\mathrm{d}x + \int_0^L m_z(x)\delta\phi_z\mathrm{d}x\,.$$

$$(8.104)$$

Entsprechend liefert die Multiplikation der Schubdifferenzialgleichung (8.102) mit einer virtuellen Verschiebung δu_y

$$\int_0^L\left(k_sAG\left(\frac{\mathrm{d}^2u_y}{\mathrm{d}x^2}-\frac{\mathrm{d}\phi_z}{\mathrm{d}x}\right)+q_y(x)\right)\delta u_y\,\mathrm{d}x,\qquad\qquad (8.105)$$

beziehungsweise nach partieller Integration der beiden Ausdrücke in der inneren runden Klammer:

$$\left[k_sAG\frac{\mathrm{d}u_y}{\mathrm{d}x}\delta u_y\right]_0^L - \int_0^L k_sAG\frac{\mathrm{d}u_y}{\mathrm{d}x}\frac{\mathrm{d}\delta u_y}{\mathrm{d}x}\,\mathrm{d}x - \left[k_sAG\phi_z\delta u_y\right]_0^L$$

$$+\int_0^L k_sAG\phi_z\frac{\mathrm{d}\delta u_y}{\mathrm{d}x}\,\mathrm{d}x + \int_0^L q_y(x)\delta u_y\mathrm{d}x\,.\qquad (8.106)$$

Anwendung des Prinzips der virtuellen Verschiebungen durch Addition von Gl. (8.104) und (8.105) und Berücksichtigung des Beitrages der äußeren Lasten siehe Gl. (5.125) an den Rändern liefert nach kurzer Umformung folgenden Ausdruck:

$$\int_0^L EI_z\frac{\mathrm{d}\phi_z}{\mathrm{d}x}\frac{\mathrm{d}\delta\phi_z}{\mathrm{d}x}\,\mathrm{d}x + \int_0^L k_sAG\left(\frac{\mathrm{d}u_y}{\mathrm{d}x}-\phi_z\right)\left(\frac{\mathrm{d}\delta u_y}{\mathrm{d}x}-\delta\phi_z\right)\mathrm{d}x =$$

$$\int_0^L q_y(x)\delta u_y\mathrm{d}x + \int_0^L m_z(x)\delta\phi_z\mathrm{d}x + \left[k_sAG\left(\frac{\mathrm{d}u_y}{\mathrm{d}x}-\phi_z\right)\delta u_y\right]_0^L$$

$$+\left[EI_z\frac{\mathrm{d}\phi_z}{\mathrm{d}x}\delta\phi_z\right]_0^L + \left(F_{1y}+Q_y(0)\right)\big|_0\,\delta u_y + \big(F_{2y}-$$

$$Q_y(L)\big)\big|_L\,\delta u_y + \left(M_{1z}+M_z(0)\right)\big|_0\,\delta\phi_z + \left(M_{2z}-M_z(L)\right)\big|_L\,\delta\phi_z\,.\qquad (8.107)$$

In der letzten Gleichung können die Randterme noch vereinfacht und unter Berücksichtigung von $Q_y(x)=k_sAG\left(\frac{\mathrm{d}u_y}{\mathrm{d}x}-\phi_z\right)$ und $M_z(x)=EI_z\frac{\mathrm{d}\phi_z}{\mathrm{d}x}$ zusammengefasst werden.

Ersetzt man in der letzten Gleichung den Verschiebungs- und Verdrehungsverlauf mit den Approximationen nach Gl. (8.42) und (8.43) und die virtuellen Verschiebungen und Verdrehungen entsprechend den Ansätzen für die Gewichtsfunktionen nach Gl. (8.82) und (8.82), ergibt sich nach Elimination von $\delta u_{\mathrm{p}}^{\mathrm{T}}$ und der Auswertung der Randterme die schwache Form des Problems zu:

$$\int\limits_0^L EI_z \frac{\mathrm{d}\boldsymbol{N}_\phi^{\mathrm{T}}}{\mathrm{d}x} \frac{\mathrm{d}\boldsymbol{N}_\phi}{\mathrm{d}x}\,\mathrm{d}x\boldsymbol{u}_{\mathrm{P}} + \int\limits_0^L k_{\mathrm{s}}AG \left(\frac{\mathrm{d}\boldsymbol{N}_u^{\mathrm{T}}}{\mathrm{d}x} - \boldsymbol{N}_\phi^{\mathrm{T}}\right) \left(\frac{\mathrm{d}\boldsymbol{N}_u}{\mathrm{d}x} - \boldsymbol{N}_\phi\right)\mathrm{d}x\boldsymbol{u}_{\mathrm{p}}$$

$$= \int\limits_0^L q_y(x)\boldsymbol{N}_u^{\mathrm{T}}\mathrm{d}x + \int\limits_0^L m_z(x)\boldsymbol{N}_\phi^{\mathrm{T}}\mathrm{d}x + \begin{bmatrix} F_{1y} \\ M_{1z} \\ F_{2y} \\ M_{2z} \end{bmatrix}. \tag{8.108}$$

8.3.5 Lineare Ansatzfunktionen für das Durchbiegungs- und Verschiebungsfeld

In den Elementsteifigkeitsmatrizen $\boldsymbol{k}_{\mathrm{b}}^{\mathrm{e}}$ und $\boldsymbol{k}_{\mathrm{s}}^{\mathrm{e}}$ nach Gl. (8.54) und (8.61) treten nur die ersten Ableitungen der Formfunktionen auf. Diese Forderung an die Differenzierbarkeit der Formfunktionen führt auf wenigstens Polynome erster Ordnung (lineare Funktionen) für das Durchbiegungs- und Verschiebungsfeld, so dass in den Ansätzen nach Gl. (8.42) und (8.43) die folgenden linearen Formfunktionen verwendet werden können:

$$N_{1u}(x) = N_{1\phi}(x) = 1 - \frac{x}{L}, \tag{8.109}$$

$$N_{2u}(x) = N_{2\phi}(x) = \frac{x}{L}. \tag{8.110}$$

Die benötigten Ableitungen ergeben sich zu:

$$\frac{\mathrm{d}N_{1u}}{\mathrm{d}x} = \frac{\mathrm{d}N_{1\phi}}{\mathrm{d}x} = -\frac{1}{L}, \tag{8.111}$$

$$\frac{\mathrm{d}N_{2u}}{\mathrm{d}x} = \frac{\mathrm{d}N_{2\phi}}{\mathrm{d}x} = \frac{1}{L}. \tag{8.112}$$

Eine graphische Darstellung der Formfunktionen ist in Abb. 8.8 gegeben. Zusätzlich sind dort die Formfunktionen in der natürlichen Koordinate $\xi \in [-1, 1]$ angegeben. Diese Formulierung ist vorteilhafter bei der numerischen Integration der Steifigkeitsmatrizen.

Die Integrale der Elementsteifigkeitsmatrizen $\boldsymbol{k}_{\mathrm{b}}^{\mathrm{e}}$ und $\boldsymbol{k}_{\mathrm{s}}^{\mathrm{e}}$ nach Gl. (8.54) und (8.61) sollen im Folgenden zuerst analytisch berechnet werden. Für die Biegesteifigkeitsmatrix ergibt sich

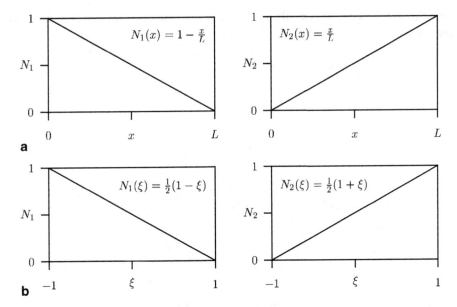

Abb. 8.8 Lineare Formfunktionen $N_1 = N_{1u}(x) = N_{1\phi}(x)$ und $N_2 = N_{2u}(x) = N_{2\phi}(x)$ für das Timoshenko-Element in lokalen (x) und natürlichen Koordinaten (ξ)

unter Verwendung der linearen Ansätze für die Formfunktionen:

$$
k_b^e = EI_z \int_0^L \begin{bmatrix} 0 & 0 & 0 & 0 \\ 0 & \frac{1}{L^2} & 0 & -\frac{1}{L^2} \\ 0 & 0 & 0 & 0 \\ 0 & -\frac{1}{L^2} & 0 & \frac{1}{L^2} \end{bmatrix} \mathrm{d}x = EI_z \begin{bmatrix} 0 & 0 & 0 & 0 \\ 0 & \frac{x}{L^2} & 0 & -\frac{x}{L^2} \\ 0 & 0 & 0 & 0 \\ 0 & -\frac{x}{L^2} & 0 & \frac{x}{L^2} \end{bmatrix}_0^L , \qquad (8.113)
$$

beziehungsweise unter Berücksichtigung der Integrationsgrenzen:

$$
k_b^e = EI_z \begin{bmatrix} 0 & 0 & 0 & 0 \\ 0 & \frac{1}{L} & 0 & -\frac{1}{L} \\ 0 & 0 & 0 & 0 \\ 0 & -\frac{1}{L} & 0 & \frac{1}{L} \end{bmatrix} . \qquad (8.114)
$$

Für die Schubsteifigkeitsmatrix ergibt sich unter Verwendung der linearen Ansätze für die Formfunktionen:

$$
\boldsymbol{k}_{\mathrm{s}}^{\mathrm{e}} = k_{\mathrm{s}}AG \int_0^L
\begin{bmatrix}
\frac{1}{L^2} & \left(1-\frac{x}{L}\right)\frac{1}{L} & -\frac{1}{L^2} & \frac{x}{L^2} \\[2mm]
\left(1-\frac{x}{L}\right)\frac{1}{L} & \left(1-\frac{x}{L}\right)^2 & -\left(1-\frac{x}{L}\right)\frac{1}{L} & \left(1-\frac{x}{L}\right)\frac{x}{L} \\[2mm]
-\frac{1}{L^2} & -\left(1-\frac{x}{L}\right)\frac{1}{L} & \frac{1}{L^2} & -\frac{x}{L^2} \\[2mm]
\frac{x}{L^2} & \left(1-\frac{x}{L}\right)\frac{x}{L} & -\frac{x}{L^2} & \frac{x^2}{L^2}
\end{bmatrix}
\mathrm{d}x
\tag{8.115}
$$

$$
= k_{\mathrm{s}}AG
\begin{bmatrix}
\frac{x}{L^2} & \frac{x(-2L+x)}{2L^2} & -\frac{x}{L^2} & \frac{x^2}{2L^2} \\[2mm]
\frac{x(-2L+x)}{2L^2} & \frac{(-L+x)^3}{3L^2} & \frac{x(-2L+x)}{2L^2} & \frac{x^2(2x-3L)}{6L^2} \\[2mm]
-\frac{x}{L^2} & \frac{x(-2L+x)}{2L^2} & \frac{x}{L^2} & -\frac{x^2}{2L^2} \\[2mm]
\frac{x^2}{2L^2} & \frac{x^2(2x-3L)}{6L^2} & -\frac{x^2}{2L^2} & \frac{x^3}{3L^2}
\end{bmatrix}_0^L
\tag{8.116}
$$

und schließlich nach Berücksichtigung der Integrationskonstanten:

$$
\boldsymbol{k}_{\mathrm{s}}^{\mathrm{e}} = k_{\mathrm{s}}AG
\begin{bmatrix}
+\frac{1}{L} & +\frac{1}{2} & -\frac{1}{L} & +\frac{1}{2} \\[2mm]
+\frac{1}{2} & +\frac{L}{3} & -\frac{1}{2} & +\frac{L}{6} \\[2mm]
-\frac{1}{L} & -\frac{1}{2} & +\frac{1}{L} & -\frac{1}{2} \\[2mm]
+\frac{1}{2} & +\frac{L}{6} & -\frac{1}{2} & +\frac{L}{3}
\end{bmatrix}.
\tag{8.117}
$$

Die beiden Steifigkeitsmatrizen nach Gl. (8.114) und (8.117) können additiv zur gesamten Steifigkeitsmatrix des Timoshenko-Balkens zusammengefasst werden:

$$
\boldsymbol{k}^{\mathrm{e}} =
\begin{bmatrix}
\frac{k_{\mathrm{s}}AG}{L} & \frac{k_{\mathrm{s}}AG}{2} & -\frac{k_{\mathrm{s}}AG}{L} & \frac{k_{\mathrm{s}}AG}{2} \\[2mm]
\frac{k_{\mathrm{s}}AG}{2} & \frac{k_{\mathrm{s}}AGL}{3}+\frac{EI_z}{L} & -\frac{k_{\mathrm{s}}AG}{2} & \frac{k_{\mathrm{s}}AGL}{6}-\frac{EI_z}{L} \\[2mm]
-\frac{k_{\mathrm{s}}AG}{L} & -\frac{k_{\mathrm{s}}AG}{2} & \frac{k_{\mathrm{s}}AG}{L} & -\frac{k_{\mathrm{s}}AG}{2} \\[2mm]
\frac{k_{\mathrm{s}}AG}{2} & \frac{k_{\mathrm{s}}AGL}{6}-\frac{EI_z}{L} & -\frac{k_{\mathrm{s}}AG}{2} & \frac{k_{\mathrm{s}}AGL}{3}+\frac{EI_z}{L}
\end{bmatrix}
\tag{8.118}
$$

beziehungsweise mittels der Abkürzung $\alpha = \frac{4EI_z}{k_{\mathrm{s}}AG}$

$$
\boldsymbol{k}^{\mathrm{e}} = \frac{k_{\mathrm{s}}AG}{4L}
\begin{bmatrix}
4 & 2L & -4 & 2L \\[2mm]
2L & \frac{4}{3}L^2+\alpha & -2L & \frac{4}{6}L^2-\alpha \\[2mm]
-4 & -2L & 4 & -2L \\[2mm]
2L & \frac{4}{6}L^2-\alpha & -2L & \frac{4}{3}L^2+\alpha
\end{bmatrix}
\tag{8.119}
$$

oder alternativ mittels der Abkürzung $\Lambda = \frac{EI_z}{k_s AGL^2}$

$$k^e = \frac{EI_z}{6\Lambda L^3} \begin{bmatrix} 6 & 3L & -6 & 3L \\ 3L & L^2(2+6\Lambda) & -3L & L^2(1-6\Lambda) \\ -6 & -3L & 6 & -3L \\ 3L & L^2(1-6\Lambda) & -3L & L^2(2+6\Lambda) \end{bmatrix}. \quad (8.120)$$

Im Folgenden soll das Verformungsverhalten dieses analytisch integrierten[6] TIMOSHENKO-Elementes untersucht werden. Betrachtet wird hierzu die Konfiguration in Abb. 8.9, bei der ein Balken an der linken Seite fest eingespannt ist und an der rechten Seite durch eine Einzelkraft belastet wird. Zu analysieren ist die Verschiebung des Lastangriffspunktes.

Abb. 8.9 Untersuchung eines TIMOSHENKO-Elementes unter Einzellast

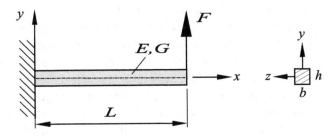

Mittels der Steifigkeitsmatrix nach Gl. (8.118) ergibt sich die Finite-Elemente-Hauptgleichung für ein einzelnes Element zu

$$\frac{k_s AG}{4L} \begin{bmatrix} 4 & 2L & -4 & 2L \\ 2L & \frac{4}{3}L^2 + \alpha & -2L & \frac{4}{6}L^2 - \alpha \\ -4 & -2L & 4 & -2L \\ 2L & \frac{4}{6}L^2 - \alpha & -2L & \frac{4}{3}L^2 + \alpha \end{bmatrix} \begin{bmatrix} u_{1y} \\ \phi_{1z} \\ u_{2y} \\ \phi_{2z} \end{bmatrix} = \begin{bmatrix} \dots \\ \dots \\ F \\ 0 \end{bmatrix}, \quad (8.121)$$

beziehungsweise nach Berücksichtigung der festen Einspannung ($u_{1y} = 0, \phi_{1z} = 0$) an der linken Seite zu:

$$\frac{k_s AG}{4L} \begin{bmatrix} 4 & -2L \\ -2L & \frac{4}{3}L^2 + \alpha \end{bmatrix} \begin{bmatrix} u_{2y} \\ \phi_{2z} \end{bmatrix} = \begin{bmatrix} F \\ 0 \end{bmatrix}. \quad (8.122)$$

Auflösen dieses 2×2 Gleichungssystems nach den unbekannten Größen am rechten Ende liefert:

$$\begin{bmatrix} u_{2y} \\ \phi_{2z} \end{bmatrix} = \frac{4L}{k_s AG} \times \frac{1}{4(\frac{4}{3}L^2 + \alpha) - (-2L)(-2L)} \begin{bmatrix} \frac{4}{3}L^2 + \alpha & 2L \\ 2L & 4 \end{bmatrix} \begin{bmatrix} F \\ 0 \end{bmatrix}, \quad (8.123)$$

[6] Eine numerische GAUSS-Integration mit zwei Stützstellen liefert hier das gleiche Ergebnis wie die analytisch exakte Integration.

beziehungsweise nach der unbekannten Verschiebung am rechten Ende gelöst:

$$u_{2y}(L) = \frac{12EI_z + 4k_sAGL^2}{12EI_z + k_sAGL^2} \times \left(\frac{FL}{k_sAG}\right). \tag{8.124}$$

Berücksichtigt man den in Abb. 8.9 dargestellten Rechteckquerschnitt, das heißt $A = hb$ und $k_s = \frac{5}{6}$, und weiterhin die Beziehung für den Schubmodul nach Gl. (8.23), ergibt sich nach kurzer Rechnung die Verschiebung am rechten Ende zu:

$$u_{2y}(L) = \frac{12(1+\nu)\left(\frac{h}{L}\right)^2 + 20}{60 + 25\left(\frac{L}{h}\right)^2\frac{1}{1+\nu}} \times \left(\frac{FL^3}{EI_z}\right). \tag{8.125}$$

Für sehr gedrungene Balken, das heißt $h \gg L$, ergibt sich $\frac{L}{h} \to 0$, und Gl. (8.125) konvergiert gegen die analytische Lösung[7]. Für sehr schlanke Balken jedoch, das heißt $h \ll L$, ergibt sich aus Gl. (8.124) ein Grenzwert[8] von $\frac{4FL}{k_sAG}$. Dieser Grenzwert beinhaltet nur den Schubanteil ohne Biegung und läuft gegen eine falsche Lösung. Dieses Phänomen bezeichnet man als *shear locking*. Eine graphische Darstellung dieses Verhalten mittels der mit der BERNOULLI-Lösung normierten Durchbiegung ist in Abb. 8.10 gegeben. Man erkennt deutlich das unterschiedliche Konvergenzverhalten für unterschiedliche Bereiche des Schlankheitsgrades, das heißt für schlanke und für gedrungene Balken.

Zur Verbesserung des Konvergenzverhaltens wird in der Literatur vorgeschlagen [3, 15], die Integration mittels numerischer GAUSS-Integration mit nur einer Stützstelle durchzuführen. Dazu müssen in den Formulierungen der Elementsteifigkeitsmatrizen für k_b^e und k_s^e nach Gl. (8.54) und (8.61) die Argumente und die Integrationsgrenzen auf die natürliche Koordinate $-1 \le \xi \le 1$ transformiert werden. Weiterhin sind die Formfunktionen entsprechend Abb. 8.8 zu verwenden. Mittels der Transformation der Ableitungen auf die neue Koordinate, das heißt $\frac{dN}{dx} = \frac{dN}{d\xi}\frac{d\xi}{dx}$, und der Transformation der Koordinate $\xi = -1 + 2\frac{x}{L}$ beziehungsweise $d\xi = \frac{2}{L}dx$ ergibt sich die Biegesteifigkeitsmatrix zu:

$$k_b^e = EI_z \int\limits_0^L \frac{4}{L^2} \begin{bmatrix} 0 & 0 & 0 & 0 \\ 0 & \frac{dN_{1\phi}}{d\xi}\frac{dN_{1\phi}}{d\xi} & 0 & \frac{dN_{1\phi}}{d\xi}\frac{dN_{2\phi}}{d\xi} \\ 0 & 0 & 0 & 0 \\ 0 & \frac{dN_{2\phi}}{d\xi}\frac{dN_{1\phi}}{d\xi} & 0 & \frac{dN_{2\phi}}{d\xi}\frac{dN_{2\phi}}{d\xi} \end{bmatrix} \frac{L}{2}\,d\xi, \tag{8.126}$$

$$k_b^e = \frac{2EI_z}{L} \int\limits_0^L \frac{4}{L^2} \begin{bmatrix} 0 & 0 & 0 & 0 \\ 0 & \frac{1}{4} & 0 & -\frac{1}{4} \\ 0 & 0 & 0 & 0 \\ 0 & -\frac{1}{4} & 0 & \frac{1}{4} \end{bmatrix} d\xi = \frac{EI_z}{2L} \sum_{i=1}^{1} \begin{bmatrix} 0 & 0 & 0 & 0 \\ 0 & 1 & 0 & -1 \\ 0 & 0 & 0 & 0 \\ 0 & -1 & 0 & 1 \end{bmatrix} \times 2 \tag{8.127}$$

---

[7] Vergleiche hierzu Abb. 8.6 und die weiterführende Aufgabe 26.

[8] Man berücksichtige dazu in Gl. (8.124) die Definition von I_z und A und dividiere den Bruch durch h^3.

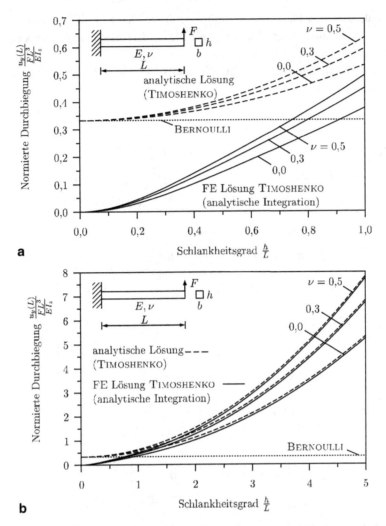

Abb. 8.10 Vergleich der analytischen Lösung für einen Timoshenko-Balken und der entsprechenden Diskretisierung mittels eines einzigen finiten Elementes bei analytischer Integration der Steifigkeitsmatrix: **a** Detailansicht und **b** großer Wertebereich

und schließlich in der endgültigen Formulierung zu:

$$k_{\mathrm{b}}^{\mathrm{e}} = EI_z \begin{bmatrix} 0 & 0 & 0 & 0 \\ 0 & \frac{1}{L} & 0 & -\frac{1}{L} \\ 0 & 0 & 0 & 0 \\ 0 & -\frac{1}{L} & 0 & \frac{1}{L} \end{bmatrix}. \tag{8.128}$$

Man erkennt, dass sich für die Biegesteifigkeitsmatrix das gleiche Ergebnis wie bei der analytischen Integration ergibt. Somit ist im Falle der Biegesteifigkeitsmatrix die GAUSS-Integration mit nur einer Stützstelle exakt.

Für die Schubsteifigkeitsmatrix ergibt sich unter Verwendung der normierten Koordinate der folgende Ausdruck:

$$
\frac{2k_sGA}{L}\int_0^L
\begin{bmatrix}
\frac{dN_{1u}}{d\xi}\frac{dN_{1u}}{d\xi} & \frac{L}{2}\frac{dN_{1u}}{d\xi}(-N_{1\phi}) & \frac{dN_{1u}}{d\xi}\frac{dN_{2u}}{d\xi} & \frac{L}{2}\frac{dN_{1u}}{d\xi}(-N_{2\phi}) \\
\frac{L}{2}(-N_{1\phi})\frac{dN_{1u}}{d\xi} & \frac{L^2}{4}(N_{1\phi})(N_{1\phi}) & \frac{L}{2}(-N_{1\phi})\frac{dN_{2u}}{d\xi} & \frac{L^2}{4}(N_{1\phi})(N_{2\phi}) \\
\frac{dN_{2u}}{d\xi}\frac{dN_{1u}}{d\xi} & \frac{L}{2}\frac{dN_{2u}}{d\xi}(-N_{1\phi}) & \frac{dN_{2u}}{d\xi}\frac{dN_{2u}}{d\xi} & \frac{L}{2}\frac{dN_{2u}}{d\xi}(-N_{2\phi}) \\
\frac{L}{2}(-N_{2\phi})\frac{dN_{1u}}{d\xi} & \frac{L^2}{4}(N_{2\phi})(N_{1\phi}) & \frac{L}{2}(-N_{2\phi})\frac{dN_{2u}}{d\xi} & \frac{L^2}{4}(N_{2\phi})(N_{2\phi})
\end{bmatrix}
d\xi ,
$$

$$(8.129)$$

beziehungsweise nach Einführung der Formfunktionen

$$
\frac{2k_sGA}{L}\int_0^L
\begin{bmatrix}
\frac{1}{4} & \frac{L}{2}\left(\frac{1}{4}-\frac{x}{4}\right) & -\frac{1}{4} & \frac{L}{2}\left(\frac{1}{4}+\frac{x}{4}\right) \\
\frac{L}{2}\left(\frac{1}{4}-\frac{x}{4}\right) & \frac{L^2}{4}\left(\frac{(-1+x)^2}{4}\right) & \frac{L}{2}\left(-\frac{1}{4}+\frac{x}{4}\right) & \frac{L^2}{4}\left(\frac{1}{4}-\frac{x^2}{4}\right) \\
-\frac{1}{4} & \frac{L}{2}\left(-\frac{1}{4}+\frac{x}{4}\right) & \frac{1}{4} & \frac{L}{2}\left(-\frac{1}{4}-\frac{x}{4}\right) \\
\frac{L}{2}\left(\frac{1}{4}+\frac{x}{4}\right) & \frac{L^2}{4}\left(\frac{1}{4}-\frac{x^2}{4}\right) & \frac{L}{2}\left(-\frac{1}{4}-\frac{x}{4}\right) & \frac{L^2}{4}\left(\frac{(1+x)^2}{4}\right)
\end{bmatrix}
d\xi
$$

$$(8.130)$$

oder nach Übergang zur numerischen Integration

$$
\frac{2k_sGA}{L}
\begin{bmatrix}
\frac{1}{4} & \frac{L}{2}\frac{1}{4} & -\frac{1}{4} & \frac{L}{2}\frac{1}{4} \\
\frac{L}{2}\frac{1}{4} & \frac{L^2}{4}\frac{1}{4} & \frac{L}{2}\left(-\frac{1}{4}\right) & \frac{L^2}{4}\frac{1}{4} \\
-\frac{1}{4} & \frac{L}{2}\left(-\frac{1}{4}\right) & \frac{1}{4} & \frac{L}{2}\left(-\frac{1}{4}\right) \\
\frac{L}{2}\frac{1}{4} & \frac{L^2}{4}\frac{1}{4} & \frac{L}{2}\left(-\frac{1}{4}\right) & \frac{L^2}{4}\frac{1}{4}
\end{bmatrix}_{\xi_i=0}
\times 2
$$

$$(8.131)$$

und schließlich in der endgültigen Formulierung zu:

$$
k_s^e = k_sAG
\begin{bmatrix}
\frac{1}{L} & \frac{1}{2} & -\frac{1}{L} & \frac{1}{2} \\
\frac{1}{2} & \frac{L}{4} & -\frac{1}{2} & \frac{L}{4} \\
-\frac{1}{L} & -\frac{1}{2} & \frac{1}{L} & -\frac{1}{2} \\
\frac{1}{2} & \frac{L}{4} & -\frac{1}{2} & \frac{L}{4}
\end{bmatrix}.
$$

$$(8.132)$$

Die beiden Steifigkeitsmatrizen nach Gl. (8.128) und (8.132) können additiv zur gesamten Steifigkeitsmatrix des TIMOSHENKO-Balkens zusammengefasst werden, und es ergibt sich mit der Abkürzung $\alpha = \frac{4EI_z}{k_s AG}$:

$$k^e = \frac{k_s AG}{4L} \begin{bmatrix} 4 & 2L & -4 & 2L \\ 2L & L^2 + \alpha & -2L & L^2 - \alpha \\ -4 & -2L & 4 & -2L \\ 2L & L^2 - \alpha & -2L & L^2 + \alpha \end{bmatrix} \tag{8.133}$$

oder alternativ mittels der Abkürzung $\Lambda = \frac{EI_z}{k_s AGL^2}$:

$$k^e = \frac{EI_z}{6\Lambda L^3} \begin{bmatrix} 6 & 3L & -6 & 3L \\ 3L & L^2(1,5 + 6\Lambda) & -3L & L^2(1,5 - 6\Lambda) \\ -6 & -3L & 6 & -3L \\ 3L & L^2(1,5 - 6\Lambda) & -3L & L^2(2 + 6\Lambda) \end{bmatrix}. \tag{8.134}$$

Mittels dieser Formulierungen für die Steifigkeitsmatrix soll im Folgenden das Beispiel nach Abb. 8.9 wieder untersucht werden, um die Unterschiede zur analytischen Integration zu analysieren. Mittels der Steifigkeitsmatrix nach Gl. (8.133) ergibt sich die Finite-Elemente-Hauptgleichung für ein einzelnes Element unter Berücksichtigung der festen Einspannung ($u_{1y} = 0, \phi_{1z} = 0$) an der linken Seite zu:

$$\frac{k_s AG}{4L} \begin{bmatrix} 4 & -2L \\ -2L & L^2 + \alpha \end{bmatrix} \begin{bmatrix} u_{2y} \\ \phi_{2z} \end{bmatrix} = \begin{bmatrix} F \\ 0 \end{bmatrix}. \tag{8.135}$$

Auflösen dieses 2×2 Gleichungssystems nach der unbekannten Verschiebung am rechten Ende ergibt:

$$u_{2y}(L) = \left(1 + \frac{4EI_z}{k_s AGL^2}\right) \times \frac{FL^3}{4EI_z}. \tag{8.136}$$

Berücksichtigt man auch hier den in Abb. 8.9 dargestellten Rechteckquerschnitt, ergibt sich mittels $A = hb, k_s = \frac{5}{6}$ und der Beziehung für den Schubmodul nach Gl. (8.23) nach kurzer Rechnung die Verschiebung am rechten Ende zu:

$$u_{2y}(L) = \left(\frac{1}{4} + \frac{1}{5}(1 + v)\left(\frac{h}{L}\right)^2\right) \times \left(\frac{FL^3}{EI_z}\right). \tag{8.137}$$

Für sehr gedrungene Balken, das heißt $h \gg L$, konvergiert die Lösung gegen die analytische Lösung[9]. Für sehr schlanke Balken jedoch, das heißt $h \ll L$, ergibt sich aus

---

[9] Vergleiche hierzu Abb. 8.6 und die weiterführende Aufgabe 26.

Gl. (8.137) ein Grenzwert von $\frac{FL^3}{4EI_z}$, wobei die analytische Lösung einen Wert von $\frac{FL^3}{3EI_z}$ liefert. Jedoch tritt hier nicht das Phänomen des shear lockings auf, und somit ist im Vergleich
zur Steifigkeitsmatrix – basierend auf der analytischen Integration – eine Verbesserung der
Elementformulierung erzielt worden.

Eine graphische Darstellung dieses Verhalten mittels der normierten Durchbiegung ist
in Abb. 8.11 gegeben. Man erkennt deutlich das verbesserte Konvergenzverhalten für
kleine Schlankheitsgrade. Für große Schlankheitsgrade bleibt das Verhalten entsprechend
der Lösung der analytischen Integration, da beide Ansätze gegen die analytische Lösung
konvergieren.

Betrachtet man die Differenzialgleichungen nach (8.33) und (8.34), erkennt man, dass
dort die Ableitung $\frac{du_y}{dx}$ und die Funktion ϕ_z selbst enthalten sind. Verwendet man für u_y
und ϕ_z lineare Formfunktionen, ist der Grad der Polynome für $\frac{du_y}{dx}$ und ϕ_z unterschiedlich. Im Grenzfall von schlanken Balken muss jedoch die Beziehung $\phi_z \approx \frac{du_y}{dx}$ erfüllt sein,
und die Konsistenz der Polynome für $\frac{du_y}{dx}$ und ϕ_z ist von Wichtigkeit. Der lineare Ansatz
für u_y ergibt für $\frac{du_y}{dx}$ eine konstante Funktion, und somit wäre auch für ϕ_z eine Konstante
wünschenswert. Es ist jedoch hier zu beachten, dass die Forderung an die Differenzierbarkeit von ϕ_z mindestens eine lineare Funktion ergibt. Die Ein-Punkt-Integration[10] im
Falle der Schubsteifigkeitsmatrix mit den Ausdrücken $N_{i\phi}N_{j\phi}$ bewirkt jedoch, dass der lineare Ansatz für ϕ_z wie eine Konstante behandelt wird, da zur exakten Integration zwei
Integrationspunkte zu verwenden wären. Eine Ein-Punkt-Integration kann maximal ein Polynom erster Ordnung, dass heißt proportional zu x^1, exakt integrieren und somit ergibt
sich die Betrachtungsweise, dass $(N_{i\phi}N_{j\phi}) \sim x^1$ ist. Dies bedeutet jedoch, dass maximal
$N_{i\phi} \sim x^{0.5}$ beziehungsweise $N_{j\phi} \sim x^{0.5}$ gilt. Da der Polynomansatz nur ganzzahlige Werte
für den Exponenten von x erlaubt, ergibt sich $N_{i\phi} \sim x^0$ beziehungsweise $N_{j\phi} \sim x^0$ und
die Verdrehung ist als Konstante anzusehen. Dies ist konsistent mit der Forderung, dass
die Schubverzerrung $\gamma_{xy} = \frac{du_y}{dx} - \phi_z$ in einem Element für konstante Biegesteifigkeit EI_z
konstant sein muss. Somit tritt in diesem Fall kein *shear locking* auf.

Als weitere Möglichkeit zur Verbesserung des Konvergenzverhaltens von linearen
TIMOSHENKO-Elementen mit numerischer Ein-Punkt-Integration wird in [3, 10] vorgeschlagen, die Schubsteifigkeit k_sAG entsprechend der analytisch korrekten Lösung zu
korrigieren[11]. Dazu betrachtet man die elastische Verzerrungsenergie, die sich aus Gl. (8.49)
und (8.56) für die Energien und den kinematischen Beziehungen (8.17) und (8.18) wie folgt
ergibt:

$$\Pi_{\text{int}} = \frac{1}{2}\int_0^L EI_z \left(\frac{d\phi_z(x)}{dx}\right)^2 dx + \frac{1}{2}\int_0^L k_sAG \left(\frac{du_y(x)}{dx} - \phi_z(x)\right)^2 dx. \qquad (8.138)$$

---

[10] Die numerische Integration nach dem GAUSS-LEGENDRE-Verfahren mit n Integrationspunkten
integriert ein Polynom, dessen Grad maximal $2n - 1$ ist, exakt.

[11] MACNEAL verwendet hierzu die Bezeichnung 'residual bending flexibility' [16, 9].

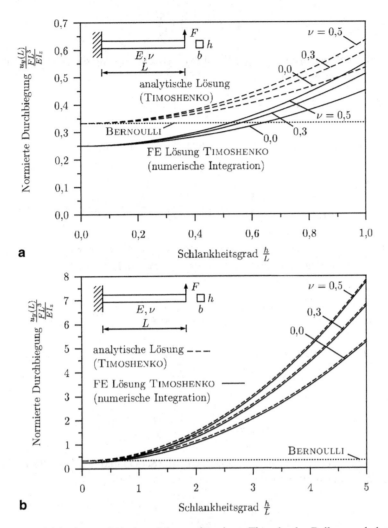

Abb. 8.11 Vergleich der analytischen Lösung für einen Timoshenko-Balken und der entsprechenden Diskretisierung mittels eines einzigen Finiten Elementes bei numerischer Integration der Steifigkeitsmatrix mittels eines Stützpunktes: **a** Detailansicht und **b** großer Wertebereich

Gefordert wird nun, dass die Verzerrungsenergie für die analytische Lösung und die Finite-Elemente-Lösung unter Verwendung der korrigierten Schubsteifigkeit $(k_sAG)^*$ identisch sein soll. Die analytische Lösung[12] für das Problem in Abb. 8.9 ergibt sich zu

$$u_y(x) = \frac{1}{EI_z}\left(-F\frac{x^3}{6} + FL\frac{x^2}{2} + \frac{EI_zF}{k_sAG}x\right), \tag{8.139}$$

---

[12] Vergleiche hierzu die weiterführende Aufgabe 25.

$$\phi_z(x) = \frac{1}{EI_z}\left(-F\frac{x^2}{2} + FLx\right), \tag{8.140}$$

und die elastische Verzerrungsenergie für die analytische Lösung ergibt sich somit zu:

$$\Pi_{\text{int}} = \frac{F^2}{2EI_z}\int_0^L (L-x)^2\,\mathrm{d}x + \frac{F^2(EI_z)^2}{2k_sAG}\int_0^L \mathrm{d}x = \frac{F^2L^3}{6EI_z} + \frac{F^2L}{2k_sAG}. \tag{8.141}$$

Die Finite-Elemente-Lösung der elastischen Verzerrungsenergie ergibt sich mittels Gl. (8.135) zu:

$$\Pi_{\text{int}} = \frac{EI_z}{2}\int_0^L \left(\frac{FL}{2EI_z}\right)^2\mathrm{d}x + \frac{(k_sAG)^*}{2}\int_0^L \left(\left(1 + \frac{4EI_z}{(k_sAG)^*L^2}\right)\frac{FL^2}{4EI_z} - \frac{FLx}{2EI_z}\right)^2\mathrm{d}x. \tag{8.142}$$

Dieses Integral ist mit einer Ein-Punkt-Integration numerisch auszuwerten und es ist somit notwendig, die natürliche Koordinate mittels der Transformation $x = \frac{L}{2}(\xi+1)$ einzuführen:

$$\Pi_{\text{int}} = \frac{F^2L^3}{8EI_z} + \frac{(k_sAG)^*}{2}\int_0^L \left(\left(1 + \frac{4EI_z}{(k_sAG)^*L^2}\right)\frac{FL^2}{4EI_z} - \frac{FL}{2EI_z}(\xi+1)\frac{L}{2}\right)^2\frac{L}{2}\,\mathrm{d}\xi \tag{8.143}$$

$$= \frac{F^2L^3}{8EI_z} + \frac{(k_sAG)^*}{2}\left(\frac{4EI_z}{(k_sAG)^*L^2}\times\frac{FL^2}{4EI_z}\right)^2\frac{L}{2}2$$

und schließlich

$$\Pi_{\text{int}} = \frac{F^2L^3}{8EI_z} + \frac{F^2L}{2(k_sAG)^*}. \tag{8.144}$$

Gleichsetzen der beiden Energieausdrücke nach Gl. (8.141) und (8.144) liefert schließlich die korrigierte Schubsteifigkeit zu:

$$(k_sAG)^* = \left(\frac{L^2}{12EI_z} + \frac{1}{k_sAG}\right)^{-1}. \tag{8.145}$$

Setzt man diese mit der 'residual bending flexibility' $\frac{L^2}{12EI_z}$ korrigierte Schubsteifigkeit in die Finite-Elemente-Lösung nach Gl. (8.136) ein, ergibt sich die analytisch exakte Lösung. Das gleiche Ergebnis wird in [10] ausgehend von der allgemeinen – das heißt ohne Berücksichtigung einer bestimmten Lagerung des Balkens – Lösung für die Balkendurchbiegung abgeleitet, und in [3] erfolgt die Ableitung über die Gleichheit der Durchbiegung am Lastangriffspunkt nach der analytischen und der korrigierten Finite-Elemente-Lösung. Zu beachten ist, dass die abgeleitete korrigierte Schubsteifigkeit nicht nur für den betrachteten einseitig fest eingespannten Balken unter Einzellast gültig ist, sondern den gleichen Wert für beliebige Lagerung und Belastung an den Balkenenden aufweist. Problematisch ist jedoch die Ableitung der korrigierten Schubsteifigkeit für inhomogene, anisotrope und nichtlineare Materialien [3].

8.3.6   Höhere Ansatzfunktionen für den Balken mit Schubanteil

Im Rahmen dieses Unterkapitels wird zuerst ein allgemeiner Ansatz für ein TIMOSHENKO-Element mit einer beliebigen Anzahl von Knoten abgeleitet [15]. Weiterhin kann hierbei auch die Anzahl der Knoten, an denen die Durchbiegung und die Verdrehung ausgewertet wird, unterschiedlich sein. Somit ergibt sich in Verallgemeinerung von Gl. (8.42) und (8.43) der folgende Ansatz für die Unbekannten an den Knoten:

$$u_y(x) = \sum_{i=1}^{m} N_{iu}(x)u_{iy}, \tag{8.146}$$

$$\phi_z(x) = \sum_{i=1}^{n} N_{i\phi}(x)\phi_{iz}, \tag{8.147}$$

beziehungsweise in Matrixschreibweise als

$$u_y(x) = \begin{bmatrix} N_{1u} & \dots & N_{mu} & 0 & \dots & 0 \end{bmatrix} \begin{bmatrix} u_{1y} \\ \vdots \\ u_{my} \\ \phi_{1z} \\ \vdots \\ \phi_{nz} \end{bmatrix} = N_u u_{\mathrm{p}}, \tag{8.148}$$

$$\phi_z(x) = \begin{bmatrix} 0 & \dots & 0 & N_{1\phi} & \dots & N_{n\phi} \end{bmatrix} \begin{bmatrix} u_{1y} \\ \vdots \\ u_{my} \\ \phi_{1z} \\ \vdots \\ \phi_{nz} \end{bmatrix} = N_\phi u_{\mathrm{p}}. \tag{8.149}$$

Mit diesem verallgemeinerten Ansatz kann an m Knoten die Durchbiegung und an n Knoten die Verdrehung ausgewertet werden. Für die Ansatzfunktionen N_i verwendet man üblicherweise hier LAGRANGE-Polynome. [13]

Zur Ableitung der allgemeinen Steifigkeitsmatrix kann auch hier auf die verschiedenen Methoden zurückgegriffen werden. Betrachtet man zum Beispiel das Prinzip der gewichteten Residuen, kann man die neuen Ansätze (8.148) und (8.149) in Gl. (8.87) verwenden. Ausführung der Multiplikation für die Biegesteifigkeitsmatrix ergibt

$$
\boldsymbol{k}_{\mathrm{b}}^{\mathrm{e}} = \int_0^L EI_z
\begin{bmatrix}
0 & \cdots & 0 & 0 & \cdots & 0 \\
\vdots & (m \times m) & \vdots & \vdots & (m \times n) & \vdots \\
0 & \cdots & 0 & 0 & \cdots & 0 \\
0 & \cdots & 0 & \frac{\mathrm{d}N_{1\phi}}{\mathrm{d}x}\frac{\mathrm{d}N_{1\phi}}{\mathrm{d}x} & \cdots & \frac{\mathrm{d}N_{1\phi}}{\mathrm{d}x}\frac{\mathrm{d}N_{n\phi}}{\mathrm{d}x} \\
\vdots & (n \times m) & \vdots & \vdots & (n \times n) & \vdots \\
0 & \cdots & 0 & \frac{\mathrm{d}N_{n\phi}}{\mathrm{d}x}\frac{\mathrm{d}N_{1\phi}}{\mathrm{d}x} & \cdots & \frac{\mathrm{d}N_{n\phi}}{\mathrm{d}x}\frac{\mathrm{d}N_{n\phi}}{\mathrm{d}x}
\end{bmatrix}
\mathrm{d}x
$$

$$(8.150)$$

und entsprechend ergibt die Ausführung der Multiplikation für die Schubsteifigkeitsmatrix $\boldsymbol{k}_{\mathrm{s}}^{\mathrm{e}}$

---

[13] Bei der sogenannten LAGRANGE-Interpolation werden m Punkte nur über die Ordinatenwerte mittels eines Polynoms der Ordnung $m - 1$ approximiert. Im Falle der HERMITEschen Interpolation wird neben dem Ordinatenwert auch noch die Steigung in den betrachteten Punkten berücksichtigt. Vergleiche hierzu auch Kap. 6.

$$
\int_0^L k_s AG
\begin{bmatrix}
\dfrac{dN_{1u}}{dx}\dfrac{dN_{1u}}{dx} & \cdots & \dfrac{dN_{1u}}{dx}\dfrac{dN_{mu}}{dx} & \dfrac{dN_{1u}}{dx}(-N_{1\phi}) & \cdots & \dfrac{dN_{1u}}{dx}(-N_{n\phi}) \\[2mm]
\vdots & {\scriptstyle (m\times m)} & \vdots & \vdots & {\scriptstyle (m\times n)} & \vdots \\[2mm]
\dfrac{dN_{mu}}{dx}\dfrac{dN_{1u}}{dx} & \cdots & \dfrac{dN_{mu}}{dx}\dfrac{dN_{mu}}{dx} & \dfrac{dN_{mu}}{dx}(-N_{1\phi}) & \cdots & \dfrac{dN_{mu}}{dx}(-N_{m\phi}) \\[2mm]
-N_{1\phi}\dfrac{dN_{1u}}{dx} & \cdots & -N_{1\phi}\dfrac{dN_{mu}}{dx} & N_{1\phi}N_{1\phi} & \cdots & N_{1\phi}N_{n\phi} \\[2mm]
\vdots & {\scriptstyle (n\times m)} & \vdots & \vdots & {\scriptstyle (n\times n)} & \vdots \\[2mm]
-N_{n\phi}\dfrac{dN_{1u}}{dx} & \cdots & -N_{n\phi}\dfrac{dN_{mu}}{dx} & N_{n\phi}N_{1\phi} & \cdots & N_{n\phi}N_{n\phi}
\end{bmatrix}
dx .
$$

$$(8.151)$$

Diese beiden Steifigkeitsmatrizen können auch hier additiv überlagert werden, und es ergibt sich folgende allgemeine Struktur für die Gesamtsteifigkeitsmatrix:

$$
k^{e} = \begin{bmatrix} k^{11} & k^{12} \\ k^{21} & k^{22} \end{bmatrix},
\tag{8.152}
$$

mit

$$
k_{kl}^{11} = \int_0^L k_s AG \frac{dN_{ku}}{dx}\frac{dN_{lu}}{dx}\,dx,
\tag{8.153}
$$

$$
k_{kl}^{12} = \int_0^L k_s AG \frac{dN_{ku}}{dx}(-N_{l\phi})dx,
\tag{8.154}
$$

$$
k_{kl}^{21} = k_{kl}^{12,\mathrm{T}} = \int_0^L k_s AG(-N_{k\phi})\frac{dN_{lu}}{dx}\,dx,
\tag{8.155}
$$

$$
k_{kl}^{22} = \int_0^L \left(k_s AG N_{k\phi}N_{l\phi} + EI_z \frac{dN_{k\phi}}{dx}\frac{dN_{l\phi}}{dx} \right) dx .
\tag{8.156}
$$

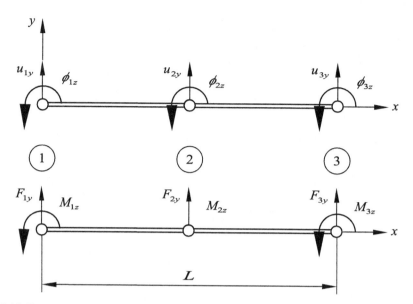

Abb. 8.12 TIMOSHENKO-Biegeelement mit quadratischen Ansatzfunktionen für die Durchbiegung und linearen Ansatzfunktionen für die Verdrehung: **a** Verformungsgrößen; **b** Lastgrößen

Die Ableitung der rechten Seite kann entsprechend Gl. (8.92) erfolgen, und es ergibt sich hier ein Lastvektor von:

$$F^e = \int\limits_0^L q_y(x) \begin{bmatrix} N_{1u} \\ \vdots \\ N_{mu} \\ 0 \\ \vdots \\ 0 \end{bmatrix} dx + \begin{bmatrix} F_{1y} \\ \vdots \\ F_{my} \\ M_{1z} \\ \vdots \\ M_{nz} \end{bmatrix}. \qquad (8.157)$$

Im Folgenden wird eine quadratische Interpolation für $u_y(x)$ und eine lineare Interpolation für $\phi_z(x)$ gewählt. Somit ergeben sich für $\frac{du_y(x)}{dx}$ und $\phi_z(x)$ Funktionen gleicher Ordnung und das Phänomen des *shear locking* kann vermieden werden. Quadratische Interpolation für die Durchbiegung bedeutet, dass an drei Knoten die Durchbiegung ausgewertet wird. Der lineare Ansatz für die Verdrehung bewirkt, dass diese Unbekannten nur an zwei Knoten ausgewertet werden. Somit ergibt sich die in Abb. 8.12 dargestellte Konfiguration für dieses TIMOSHENKO-Element.

Auswertung des allgemeinen LAGRANGE-Polynoms nach Gl. (6.46) für die Verschiebung, das heißt unter Berücksichtigung von drei Knoten, ergibt

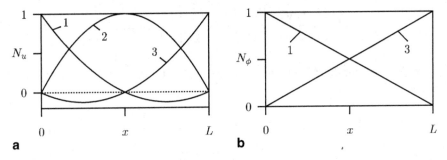

Abb. 8.13 Formfunktionen für ein Timoshenko-Element mit **a** quadratischem Ansatz für die Durchbiegung und **b** linearem Ansatz für die Verdrehung

$$N_{1u} = \frac{(x_2 - x)(x_3 - x)}{(x_2 - x_1)(x_3 - x_1)} = 1 - 3\frac{x}{L} + 2\left(\frac{x}{L}\right)^2, \tag{8.158}$$

$$N_{2u} = \frac{(x_1 - x)(x_3 - x)}{(x_1 - x_2)(x_3 - x_2)} = 4\frac{x}{L} - 4\left(\frac{x}{L}\right)^2, \tag{8.159}$$

$$N_{3u} = \frac{(x_1 - x)(x_2 - x)}{(x_1 - x_3)(x_2 - x_3)} = -\frac{x}{L} + 2\left(\frac{x}{L}\right)^2, \tag{8.160}$$

beziehungsweise für die beiden Knoten für die Verdrehung:

$$N_{1\phi} = \frac{(x_2 - x)}{(x_2 - x_1)} = 1 - \frac{x}{L}, \tag{8.161}$$

$$N_{2\phi} = \frac{(x_1 - x)}{(x_1 - x_2)} = \frac{x}{L}. \tag{8.162}$$

Eine graphische Darstellung der Formfunktionen ist in Abb. 8.13 gegeben. Man erkennt, dass die typischen Charakteristika für Formfunktionen, das heißt $N_i(x_i) = 1 \wedge N_i(x_j) = 0$ und $\sum_i N_i = 1$, erfüllt sind.

Mit diesen Formfunktionen ergeben sich die Untermatrizen $k^{11}, \cdots, k^{22}$ in Gl. (8.152) mittels analytischer Integration zu:

$$k^{11} = \frac{k_s AG}{3L} \begin{bmatrix} 7 & -8 & 1 \\ -8 & 16 & -8 \\ 1 & -8 & 7 \end{bmatrix}, \tag{8.163}$$

$$k^{12} = \frac{k_s AG}{6} \begin{bmatrix} 5 & 1 \\ -4 & 4 \\ -1 & -5 \end{bmatrix} = (k^{21})^{\mathrm{T}}, \tag{8.164}$$

$$k^{22} = \frac{k_s AGL}{6} \begin{bmatrix} 2 & 1 \\ 1 & 2 \end{bmatrix} + \frac{EI_z}{L} \begin{bmatrix} 1 & -1 \\ -1 & 1 \end{bmatrix}, \tag{8.165}$$

die unter Verwendung der Abkürzung $\Lambda = \frac{EI_z}{k_s AGL^2}$ zur Finite-Elemente-Hauptgleichung zusammengesetzt werden können:

$$\frac{k_s AG}{6L} \begin{bmatrix} 14 & -16 & 2 & 5L & 1L \\ -16 & 32 & -16 & -4L & 4L \\ 2 & -16 & 14 & -1L & -5L \\ 5L & -4L & -1L & 2L^2(1+3\Lambda) & L^2(1-6\Lambda) \\ 1L & 4L & -5L & L^2(1-6\Lambda) & 2L^2(1+3\Lambda) \end{bmatrix} \begin{bmatrix} u_{1y} \\ u_{2y} \\ u_{3y} \\ \phi_{1z} \\ \phi_{3z} \end{bmatrix} = \begin{bmatrix} F_{1y} \\ F_{2y} \\ F_{3y} \\ M_{1z} \\ M_{3z} \end{bmatrix}. \tag{8.166}$$

Da am mittleren Knoten nur eine Verschiebung ausgewertet wird, ist die Anzahl der Unbekannten nicht an jedem Knoten gleich. Dieser Sachverhalt erschwert die Erstellung des globalen Gleichungssystems für mehrere dieser Elemente. Der Freiheitsgrad u_{2y} kann jedoch mittels der verbleibenden Unbekannten ausgedrückt werden und somit besteht die Möglichkeit, diesen Knoten aus dem Gleichungssystem zu eliminieren. Dazu wertet man die zweite Gleichung[14] von (8.166) aus:

$$\frac{k_s AG}{6L} \left(-16u_{1y} + 32u_{2y} - 16u_{3y} - 4L\phi_{1z} + 4L\phi_{3z} \right) = F_{2y}, \tag{8.167}$$

$$u_{2y} = \frac{6L}{32k_s AG} F_{2y} + \frac{u_{1y} + u_{3y}}{2} + \frac{\phi_{1z} - \phi_{3z}}{8} L. \tag{8.168}$$

Weiterhin kann gefordert werden, dass am mittleren Knoten keine äußere Kraft angreifen soll, so dass sich die Beziehung zwischen der Durchbiegung am mittleren Knoten und den anderen Unbekannten wie folgt darstellt:

$$u_{2y} = \frac{u_{1y} + u_{3y}}{2} + \frac{\phi_{1z} - \phi_{3z}}{8} L. \tag{8.169}$$

Diese Beziehung kann im Gleichungssystem (8.166) eingeführt werden, um den Freiheitsgrad u_{2u} zu eliminieren. Schließlich ergibt sich nach neuer Anordnung der Unbekannten folgende Finite-Elemente-Hauptgleichung, die um eine Spalte und eine Reihe reduziert

---

[14] Angemerkt sei hier, dass der Einfluss von Streckenlasten in der Ableitung vernachlässigt wird. Treten Streckenlasten auf, so müssen die äquivalenten Knotenlasten auch auf die verbleibenden Knoten aufgeteilt werden.

wurde:

$$\frac{EI_z}{6\Lambda L^3} \begin{bmatrix} 6 & 3L & -6 & 3L \\ 3L & L^2(1,5+6\Lambda) & -3L & L^2(1,5-6\Lambda) \\ -6 & -3L & 6 & -3L \\ 3L & L^2(1,5-6\Lambda) & -3L & L^2(1,5+6\Lambda) \end{bmatrix} \begin{bmatrix} u_{1y} \\ \phi_{1z} \\ u_{3y} \\ \phi_{3z} \end{bmatrix} = \begin{bmatrix} F_{1y} \\ M_{1z} \\ F_{3y} \\ M_{3z} \end{bmatrix}. \qquad (8.170)$$

Diese Elementformulierung ist identisch mit Gl. (8.134), die mit linearen Formfunktionen und numerischer Ein-Punkt-Integration abgeleitet wurde. Es ist jedoch zu beachten, dass die Interpolation zwischen den Knoten bei Verwendung von (8.170) mit quadratischen Funktionen erfolgt.

Weitere Einzelheiten und Formulierungen zum Timoshenko-Element sind in den Fachaufsätzen [13, 14] zu finden.

8.4 Beispielprobleme und weiterführende Aufgaben

8.4.1 Beispielprobleme

Diskretisierung eines Balkens mit 5 linearen Elementen mit Schubanteil Der in Abb. 8.14 dargestellte Balken[15] ist mit fünf linearen Timoshenko-Elementen gleichmäßig zu diskretisieren und die Verschiebung des Lastangriffspunktes ist in Abhängigkeit des Schlankheitsgrades und der Poisson-Zahl zu diskutieren.

Man betrachte den Fall der (a) analytisch und (b) numerisch (eine Stützstelle) integrierten Steifigkeitsmatrix.

Lösung a) Steifigkeitsmatrix mittels analytischer Integration:

Die Elementsteifigkeitsmatrix nach Gl. (8.119) kann für jedes der fünf Elemente herangezogen werden, wobei zu beachten ist, dass sich die einzelne Elementlänge zu $\frac{L}{5}$ ergibt. Die resultierende Gesamtsteifigkeitsmatrix hat die Dimension 12×12, die sich unter Berücksichtigung der festen Einspannung am linken Rand ($u_{1y} = 0, \phi_{1z} = 0$) zu einer 10×10 Matrix reduziert. Durch Inversion der Steifigkeitsmatrix kann mittels $\boldsymbol{u} = \boldsymbol{K}^{-1}\boldsymbol{F}$ das reduzierte Gleichungssystem gelöst werden. Der folgende Ausschnitt zeigt die wichtigsten Einträge dieses Gleichungssystems:

---

[15] Ein ähnliches Beispiel kann [17] entnommen werden.

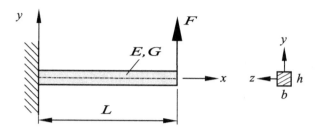

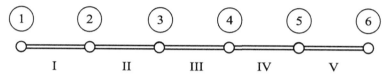

Abb. 8.14 Diskretisierung einer Balkenstruktur mit Elementen unter Berücksichtigung des Schubanteils

$$
\begin{bmatrix} u_{2y} \\ \vdots \\ u_{6y} \\ \phi_{6z} \end{bmatrix} = \frac{\frac{4}{5}L}{k_s AG} \begin{bmatrix} \times & \cdots & \times & \times \\ \vdots & & \vdots & \vdots \\ \times & \cdots & \frac{125(3\alpha+4L^2)}{4(75\alpha+L^2)} & \times \\ \times & \cdots & \times & \times \end{bmatrix} \begin{bmatrix} 0 \\ \vdots \\ F \\ 0 \end{bmatrix}.
\tag{8.171}
$$

$$\underbrace{\hspace{6cm}}_{10\times10\ \text{Matrix}}$$

Multiplikation der neunten Reihe der Matrix mit dem Lastvektor ergibt die Verschiebung des Lastangriffspunktes zu:

$$
u_{6y} = \frac{25(3\alpha + 4L^2)}{75\alpha + L^2} \times \frac{FL}{k_s AG},
\tag{8.172}
$$

beziehungsweise mittels $A = hb$, $k_s = \frac{5}{6}$ und der Beziehung für den Schubmodul nach Gl. (8.23) nach kurzer Rechnung:

$$
u_{6y} = \frac{12(1 + \nu)\left(\frac{h}{L}\right)^2 + 20}{60 + \left(\frac{L}{h}\right)^2 \frac{1}{1+\nu}} \times \frac{FL^3}{EI_z}.
\tag{8.173}
$$

Eine graphische Darstellung der Verschiebung in Abhängigkeit des Schlankheitsgrades ist in Abb. 8.15 zu sehen. Ein Vergleich mit Abb. 8.10 zeigt, dass sich durch die feinere

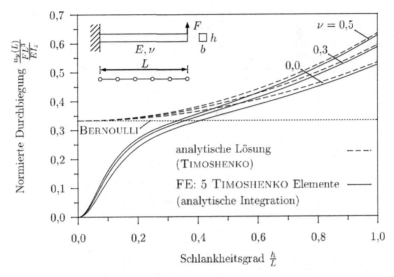

Abb. 8.15 Diskretisierung eines Balkens mittels fünf linearer TIMOSHENKO-Elemente bei analytischer Integration der Steifigkeitsmatrix

Diskretisierung das Konvergenzverhalten im unteren Bereich des Schlankheitsgrades für $0,2 < \frac{h}{L} < 1,0$ deutlich verbessert hat, jedoch weiterhin das Phänomen des *shear lockings* für $\frac{h}{L} \to 0$ auftritt.

Lösung b) Steifigkeitsmatrix mittels numerischer Integration mit einer Stützstelle:

Entsprechend der Vorgehensweise im Teil a) dieser Aufgabe ergibt sich hier mittels der Steifigkeitsmatrix nach Gl. (8.133) das folgende 10×10 Gleichungssystem

$$
\begin{bmatrix} u_{2y} \\ \vdots \\ \\ \\ u_{6y} \\ \phi_{6z} \end{bmatrix} = \frac{\frac{4}{5}L}{k_s AG} \underbrace{\begin{bmatrix} \mathsf{x} & \cdots & \mathsf{x} & \mathsf{x} \\ \vdots & & \vdots & \vdots \\ & & & \\ \mathsf{x} & \cdots & \frac{25\alpha+33L^2}{20\alpha} & \mathsf{x} \\ \mathsf{x} & \cdots & \mathsf{x} & \mathsf{x} \end{bmatrix}}_{10\times10\,\text{Matrix}} \begin{bmatrix} 0 \\ \vdots \\ \\ \\ F \\ 0 \end{bmatrix}, \tag{8.174}
$$

aus dem die Verschiebung am rechten Rand zu

$$
u_{6y} = \frac{4}{5}\left(\frac{5}{4} + \frac{33L^2}{20\alpha}\right) \times \frac{FL}{k_s AG} \tag{8.175}
$$

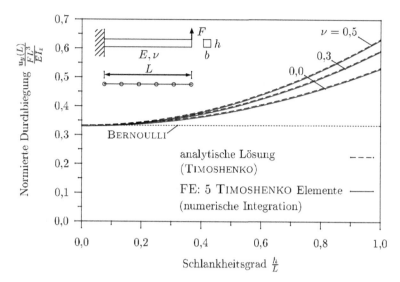

Abb. 8.16 Diskretisierung eines Balkens mittels fünf linearen TIMOSHENKO-Elementen bei numerischer Integration der Steifigkeitsmatrix mit einer Stützstelle

bestimmt werden kann. Unter Verwendung von $A = hb$, $k_s = \frac{5}{6}$ und der Beziehung für den Schubmodul nach Gl. (8.23) ergibt sich nach kurzer Rechnung:

$$u_{6y} = \left(\frac{33}{100} + \frac{1}{5}\,(1 + \nu) \left(\frac{h}{L}\right)^2 \right) \times \frac{FL^3}{EI_z}\,. \tag{8.176}$$

Die graphische Darstellung der Verschiebung in Abb. 8.16 zeigt, dass sich hier durch die Netzverfeinerung eine ausgezeichnete Übereinstimmung mit der analytischen Lösung über den gesamten Bereich des Schlankheitsgrades ergibt. Somit kann bei einem TIMOSHENKO-Element mit linearen Ansatzfunktionen und reduzierter numerischer Integration die Genauigkeit durch Netzverfeinerung erheblich erhöht werden.

TIMOSHENKO-Biegeelement mit quadratischen Ansatzfunktionen für die Durchbiegung und die Verdrehung Für das in Abb. 8.17 dargestellte TIMOSHENKO-Biegeelement mit quadratischen Ansatzfunktionen ist die Steifigkeitsmatrix und die Finite-Elemente-Hauptgleichung $k^e u_p = F^e$ abzuleiten. Man unterscheide in der Ableitung zwischen analytischer und numerischer Integration. Anschließend untersuche man für die in Abb. 8.9 dargestellte Konfiguration das Konvergenzverhalten eines Elementes.

Lösung Auswertung des allgemeinen LAGRANGE-Polynoms nach Gl. (6.46) unter Berücksichtigung von drei Knoten ergibt die folgenden Formfunktionen für die Durchbiegung und die Verdrehung:

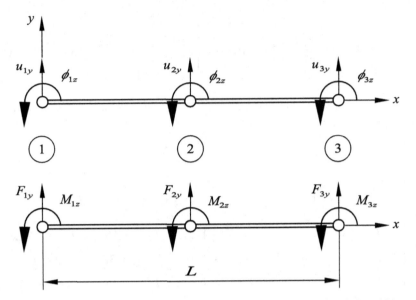

Abb. 8.17 TIMOSHENKO-Biegeelement mit quadratischen Ansatzfunktionen für die Durchbiegung und die Verdrehung: **a** Verformungsgrößen; **b** Lastgrößen

$$N_{1u} = N_{1\phi} = \frac{(x_2 - x)(x_3 - x)}{(x_2 - x_1)(x_3 - x_1)} = 1 - 3\frac{x}{L} + 2\left(\frac{x}{L}\right)^2, \qquad (8.177)$$

$$N_{2u} = N_{2\phi} = \frac{(x_1 - x)(x_3 - x)}{(x_1 - x_2)(x_3 - x_2)} = 4\frac{x}{L} - 4\left(\frac{x}{L}\right)^2, \qquad (8.178)$$

$$N_{3u} = N_{3\phi} = \frac{(x_1 - x)(x_2 - x)}{(x_1 - x_3)(x_2 - x_3)} = -\frac{x}{L} + 2\left(\frac{x}{L}\right)^2. \qquad (8.179)$$

Mit diesen Formfunktionen ergeben sich die Untermatrizen $k^{11}, \cdots, k^{22}$ in Gl. (8.152) mittels *analytischer* Integration zu:

$$k^{11} = \frac{k_s AG}{6L} \begin{bmatrix} 14 & -16 & 2 \\ -16 & 32 & -16 \\ 2 & -16 & 14 \end{bmatrix}, \qquad (8.180)$$

$$k^{12} = \frac{k_s AG}{6L} \begin{bmatrix} 3L & 4L & -1L \\ -4L & 0 & 4L \\ 1L & -4L & -3L \end{bmatrix} = (k^{21})^{\mathrm{T}}, \qquad (8.181)$$

$$k^{22} = \frac{k_s A G L}{30} \begin{bmatrix} 4 & 2 & -1 \\ 2 & 16 & 2 \\ -1 & 2 & 4 \end{bmatrix} + \frac{EI_z}{3L} \begin{bmatrix} 7 & -8 & 1 \\ -8 & 16 & -8 \\ 1 & -8 & 7 \end{bmatrix}, \qquad (8.182)$$

die unter Verwendung der Abkürzung $\Lambda = \frac{EI_z}{k_s A G L^2}$ zur Steifigkeitsmatrix k^e zusammengesetzt werden können:

$$\frac{k_s A G}{6L} \begin{bmatrix} 14 & -16 & 2 & 3L & 4L & -1L \\ -16 & 32 & -16 & -4L & 0 & 4L \\ 2 & -16 & 14 & 1L & -4L & -3L \\ 3L & -4L & 1L & L^2(\tfrac{4}{5}+14\Lambda) & L^2(\tfrac{2}{5}-16\Lambda) & L^2(-\tfrac{1}{5}+2\Lambda) \\ 4L & 0 & -4L & L^2(\tfrac{2}{5}-16\Lambda) & L^2(\tfrac{16}{5}+32\Lambda) & L^2(\tfrac{2}{5}-16\Lambda) \\ -1L & 4L & -3L & L^2(-\tfrac{1}{5}+2\Lambda) & L^2(\tfrac{2}{5}-16\Lambda) & L^2(\tfrac{4}{5}+14\Lambda) \end{bmatrix}.$$

$$(8.183)$$

Die Finite-Elemente-Hauptgleichung ergibt sich mit dieser Steifigkeitsmatrix zu $k^e u_p = F^e$, wobei der Verformungs- und Lastvektor die folgenden Komponenten beinhaltet:

$$u_p = \begin{bmatrix} u_{1y} & u_{2y} & u_{3y} & \phi_{1z} & \phi_{2z} & \phi_{3z} \end{bmatrix}^T, \qquad (8.184)$$

$$F^e = \begin{bmatrix} F_{1y} & F_{2y} & F_{3y} & M_{1z} & M_{2z} & M_{3z} \end{bmatrix}^T. \qquad (8.185)$$

Zur Untersuchung des Konvergenzverhaltens eines Elementes für den in Abb. 8.9 dargestellten Balken mit Einzellast können in Gl. (8.183) die Spalten und Zeilen für die Einträge u_{1y} und ϕ_{1z} wegen der festen Einspannung an diesem Knoten gestrichen werden. Diese reduzierte 4×4 Steifigkeitsmatrix kann invertiert werden, und es ergibt sich folgendes Gleichungssystem zur Bestimmung der unbekannten Freiheitsgrade:

$$\begin{bmatrix} u_{2y} \\ u_{3y} \\ \vdots \\ \phi_{3z} \end{bmatrix} = \frac{6L}{k_s A G} \underbrace{\begin{bmatrix} \times & \cdots & & & \cdots & \times \\ \times & \frac{-3+340\Lambda+1200\Lambda^2}{8(-1-45\Lambda+900\Lambda^2)} & & & \cdots & \times \\ \vdots & & & & & \vdots \\ \times & & & & \cdots & \times \end{bmatrix}}_{4\times4 \text{ Matrix}} \begin{bmatrix} 0 \\ F \\ \vdots \\ 0 \end{bmatrix}, \qquad (8.186)$$

aus dem durch Auswertung der zweiten Zeile die Verschiebung am rechten Rand zu

$$u_{3y} = \underbrace{\frac{6L}{k_s A G}}_{\frac{6\Lambda L^3}{EI_z}} \times \frac{-3+340\Lambda+1200\Lambda^2}{8(-1-45\Lambda+900\Lambda^2)} \times F \qquad (8.187)$$

bestimmt werden kann. Für einen Rechteckquerschnitt ergibt sich $\Lambda = \frac{1}{5}(1 + \nu)\left(\frac{h}{L}\right)^2$, und man erkennt, dass auch hier für schlanke Balken mit $L \gg h$ *shear locking* auftritt, da sich im Grenzfall $u_{3y} \to 0$ ergibt.

Im Folgenden soll die reduzierte numerische Integration der Steifigkeitsmatrix untersucht werden. Zur Bestimmung einer sinnvollen Anzahl von Integrationspunkten beachte man folgende Überlegung:

Verwendet man für u_y und ϕ_z quadratische Formfunktionen, ist der Grad der Polynome für $\frac{du_y}{dx}$ und ϕ_z unterschiedlich. Der quadratische Ansatz für u_y ergibt für $\frac{du_y}{dx}$ eine lineare Funktion und somit wäre auch für ϕ_z eine lineare Funktion wünschenswert. Die Zwei-Punkte-Integration bewirkt jedoch, dass der quadratische Ansatz für ϕ_z wie eine lineare Funktion behandelt wird. Eine Zwei-Punkte-Integration kann maximal ein Polynom dritter Ordnung, dass heißt proportional zu x^3, exakt integrieren, und somit ergibt sich die Betrachtungsweise, dass $(N_{i\phi}N_{j\phi}) \sim x^3$ ist. Dies bedeutet jedoch, dass maximal $N_{i\phi} \sim x^{1.5}$ beziehungsweise $N_{j\phi} \sim x^{1.5}$ gilt. Da der Polynomansatz nur ganzzahlige Werte für den Exponenten von x erlaubt, ergibt sich $N_{i\phi} \sim x^1$ beziehungsweise $N_{j\phi} \sim x^1$ und die Verdrehung ist als lineare Funktion anzusehen.

Die Integration mittels numerischer GAUSS-Integration mit zwei Stützstellen erfordert, dass in den Formulierungen der Untermatrizen $\boldsymbol{k}^{11}, \cdots, \boldsymbol{k}^{22}$ in Gl. (8.152) die Argumente und die Integrationsgrenzen auf die natürliche Koordinate $-1 \leq \xi \leq 1$ transformiert werden müssen. Mittels der Transformation der Ableitungen auf die neue Koordinate, das heißt $\frac{dN}{dx} = \frac{dN}{d\xi}\frac{d\xi}{dx}$, und der Transformation der Koordinate $\xi = -1 + 2\frac{x}{L}$ beziehungsweise $d\xi = \frac{2}{L}dx$ ergibt sich die numerische Approximation der Untermatrizen für zwei Stützstellen $\xi_{1,2} = \pm\frac{1}{\sqrt{3}}$ zu:

$$\boldsymbol{k}^{11} = \sum_{i=1}^{2} \frac{2k_s AG}{L} \begin{bmatrix} \frac{dN_{1u}}{d\xi}\frac{dN_{1u}}{d\xi} & \frac{dN_{1u}}{d\xi}\frac{dN_{2u}}{d\xi} & \frac{dN_{1u}}{d\xi}\frac{dN_{3u}}{d\xi} \\[2mm] \frac{dN_{2u}}{d\xi}\frac{dN_{1u}}{d\xi} & \frac{dN_{2u}}{d\xi}\frac{dN_{2u}}{d\xi} & \frac{dN_{2u}}{d\xi}\frac{dN_{3u}}{d\xi} \\[2mm] \frac{dN_{3u}}{d\xi}\frac{dN_{1u}}{d\xi} & \frac{dN_{3u}}{d\xi}\frac{dN_{2u}}{d\xi} & \frac{dN_{3u}}{d\xi}\frac{dN_{3u}}{d\xi} \end{bmatrix} \times 1, \qquad (8.188)$$

$$\boldsymbol{k}^{12} = \sum_{i=1}^{2} k_s AG \begin{bmatrix} \frac{dN_{1u}}{d\xi}\left(-N_{1\phi}\right) & \frac{dN_{1u}}{d\xi}\left(-N_{2\phi}\right) & \frac{dN_{1u}}{d\xi}\left(-N_{3\phi}\right) \\[2mm] \frac{dN_{2u}}{d\xi}\left(-N_{1\phi}\right) & \frac{dN_{2u}}{d\xi}\left(-N_{2\phi}\right) & \frac{dN_{2u}}{d\xi}\left(-N_{3\phi}\right) \\[2mm] \frac{dN_{3u}}{d\xi}\left(-N_{1\phi}\right) & \frac{dN_{3u}}{d\xi}\left(-N_{2\phi}\right) & \frac{dN_{3u}}{d\xi}\left(-N_{3\phi}\right) \end{bmatrix} \times 1, \qquad (8.189)$$

$$\boldsymbol{k}^{22} = \sum_{i=1}^{2} \frac{k_s AGL}{2} \begin{bmatrix} N_{1\phi}N_{1\phi} & N_{1\phi}N_{2\phi} & N_{1\phi}N_{3\phi} \\ N_{2\phi}N_{1\phi} & N_{2\phi}N_{2\phi} & N_{2\phi}N_{3\phi} \\ N_{3\phi}N_{1\phi} & N_{3\phi}N_{2\phi} & N_{3\phi}N_{3\phi} \end{bmatrix} \times 1 \qquad (8.190)$$

$$+\sum_{i=1}^{2}\frac{2EI_z}{L}\begin{bmatrix}\frac{dN_{1\phi}}{d\xi}\frac{dN_{1\phi}}{d\xi} & \frac{dN_{1\phi}}{d\xi}\frac{dN_{2\phi}}{d\xi} & \frac{dN_{1\phi}}{d\xi}\frac{dN_{3\phi}}{d\xi} \\ \frac{dN_{2\phi}}{d\xi}\frac{dN_{1\phi}}{d\xi} & \frac{dN_{2\phi}}{d\xi}\frac{dN_{2\phi}}{d\xi} & \frac{dN_{2\phi}}{d\xi}\frac{dN_{3\phi}}{d\xi} \\ \frac{dN_{3\phi}}{d\xi}\frac{dN_{1\phi}}{d\xi} & \frac{dN_{3\phi}}{d\xi}\frac{dN_{2\phi}}{d\xi} & \frac{dN_{3\phi}}{d\xi}\frac{dN_{3\phi}}{d\xi}\end{bmatrix}\times 1. \qquad (8.191)$$

Die quadratischen Formfunktionen, die bereits in Gl. (8.158) bis (8.160) eingeführt wurden, müssen noch mittels der Transformation $x = (\xi + 1)\frac{L}{2}$ auf die neue Koordinate umgeschrieben werden. Somit ergibt sich für die Formfunktionen beziehungsweise deren Ableitungen:

$$N_1(\xi) = -\frac{1}{2}(\xi - \xi^2), \qquad\qquad \frac{dN_1}{d\xi} = -\frac{1}{2}(1 - 2\xi), \qquad (8.192)$$

$$N_2(\xi) = 1 - \xi^2, \qquad\qquad\qquad \frac{dN_2}{d\xi} = -2\xi, \qquad\qquad (8.193)$$

$$N_3(\xi) = \frac{1}{2}(\xi + \xi^2), \qquad\qquad \frac{dN_3}{d\xi} = \frac{1}{2}(1 + 2\xi). \qquad (8.194)$$

Verwendung dieser Formfunktionen beziehungsweise deren Ableitungen führt schließlich auf die folgenden Untermatrizen

$$\boldsymbol{k}^{11} = \frac{k_sAG}{6L}\begin{bmatrix}14 & -16 & 2 \\ -16 & 32 & -16 \\ 2 & -16 & 14\end{bmatrix}, \qquad (8.195)$$

$$\boldsymbol{k}^{12} = \frac{k_sAG}{6L}\begin{bmatrix}3L & 4L & -L \\ -4L & 0 & 4L \\ +L & -4L & -3L\end{bmatrix}, \qquad (8.196)$$

$$\boldsymbol{k}^{22} = \frac{k_sAG}{6L}\begin{bmatrix}\frac{2}{3}L^2 & \frac{2}{3}L^2 & -\frac{1}{3}L^2 \\ \frac{2}{3}L^2 & \frac{8}{3}L^2 & \frac{2}{3}L^2 \\ -\frac{1}{3}L^2 & \frac{2}{3}L^2 & \frac{2}{3}L^2\end{bmatrix} + \frac{EI_z}{L^3}\begin{bmatrix}\frac{7}{3}L^2 & -\frac{8}{3}L^2 & \frac{1}{3}L^2 \\ -\frac{8}{3}L^2 & \frac{16}{3}L^2 & -\frac{8}{3}L^2 \\ \frac{1}{3}L^2 & -\frac{8}{3}L^2 & \frac{7}{3}L^2\end{bmatrix}, \qquad (8.197)$$

die unter Verwendung der Abkürzung $\Lambda = \frac{EI_z}{k_s AGL^2}$ zur Steifigkeitsmatrix $\boldsymbol{k}^e$ zusammenge-setzt werden können:

$$
\frac{k_s AG}{6L}
\begin{bmatrix}
14 & -16 & 2 & & 3L & 4L & -1L \\
-16 & 32 & -16 & & -4L & 0 & 4L \\
2 & -16 & 14 & & 1L & -4L & -3L \\
3L & -4L & 1L & & L^2(\frac{2}{3}+14\Lambda) & L^2(\frac{2}{3}-16\Lambda) & L^2(-\frac{1}{3}+2\Lambda) \\
4L & 0 & -4L & & L^2(\frac{2}{3}-16\Lambda) & L^2(\frac{8}{3}+32\Lambda) & L^2(\frac{2}{3}-16\Lambda) \\
-1L & 4L & -3L & & L^2(-\frac{1}{3}+2\Lambda) & L^2(\frac{2}{3}-16\Lambda) & L^2(\frac{2}{3}+14\Lambda)
\end{bmatrix},
$$

$$(8.198)$$

wobei der Verformungs- und Lastvektor auch hier die folgenden Komponenten beinhaltet:

$$
\boldsymbol{u}_p = \begin{bmatrix} u_{1y} & u_{2y} & u_{3y} & \phi_{1z} & \phi_{2z} & \phi_{3z} \end{bmatrix}^{\mathrm{T}}, \tag{8.199}
$$

$$
\boldsymbol{F}^e = \begin{bmatrix} F_{1y} & F_{2y} & F_{3y} & M_{1z} & M_{2z} & M_{3z} \end{bmatrix}^{\mathrm{T}}. \tag{8.200}
$$

Zur Untersuchung des Konvergenzverhaltens für den Balken nach Abb. 8.9 können auch hier im Gleichungssystem die Spalten und Zeilen für die Einträge u_{1y} und ϕ_{1z} gestrichen werden. Die invertierte 4×4 Steifigkeitsmatrix kann zur Bestimmung der unbekannten Freiheitsgrade herangezogen werden:

$$
\begin{bmatrix} u_{2y} \\ u_{3y} \\ \vdots \\ \phi_{3z} \end{bmatrix}
= \frac{6L}{k_s AG}
\underbrace{\begin{bmatrix}
\times & \cdots & & \cdots & \times \\
\times & \frac{1+3\Lambda}{18\Lambda} & & \cdots & \times \\
\vdots & & & & \vdots \\
\times & & & \cdots & \times
\end{bmatrix}}_{4\times 4 \text{ Matrix}}
\begin{bmatrix} 0 \\ F \\ \vdots \\ 0 \end{bmatrix},
\tag{8.201}
$$

aus der durch Auswertung der zweiten Zeile die Verschiebung am rechten Rand zu

$$
u_{3y} = \underbrace{\frac{6L}{k_s AG}}_{\frac{6\Lambda L^3}{EI_z}} \times \frac{1+3\Lambda}{18\Lambda} \times F = \left(\frac{1}{3}+\Lambda\right) \frac{FL^3}{EI_z} \tag{8.202}
$$

bestimmt werden kann. Für einen Rechteckquerschnitt ergibt sich $\Lambda = \frac{1}{5}(1+\nu)\left(\frac{h}{L}\right)^2$, und man erhält die exakte Lösung[16] des Problems zu:

---

[16] Vergleiche hierzu die weiterführende Aufgabe 26.

$$u_{3y} = \left(\frac{1}{3} + \frac{1+\nu}{5}\left(\frac{h}{L}\right)^2\right) \times \frac{FL^3}{EI_z}. \tag{8.203}$$

Entsprechend der Vorgehensweise für das TIMOSHENKO-Element mit quadratisch–linearen Formfunktionen im Unterkapitel 8.3.6, kann der mittlere Knoten eliminiert werden. Unter der Annahme, dass am mittleren Knoten keine Kräfte oder Momente angreifen, ergibt die zweite und fünfte Zeile von Gl. (8.198) die folgende Beziehung für die Unbekannten am mittleren Knoten:

$$u_{2y} = \frac{1}{2}u_{1y} + \frac{1}{2}u_{3y} + \frac{1}{8}L\phi_{1z} - \frac{1}{8}L\phi_{3z}, \tag{8.204}$$

$$\phi_{2z} = \frac{-4u_{1y}}{L\left(\frac{8}{3}+32\Lambda\right)} + \frac{4u_{3y}}{L\left(\frac{8}{3}+32\Lambda\right)} - \frac{\left(\frac{2}{3}-16\lambda\right)\phi_{1z}}{\left(\frac{8}{3}+32\Lambda\right)} - \frac{\left(\frac{2}{3}-16\lambda\right)\phi_{3z}}{\left(\frac{8}{3}+32\Lambda\right)}. \tag{8.205}$$

Diese beiden Beziehungen können wieder in Gl. (8.198) berücksichtigt werden, so dass sich nach kurzer Umformung die folgende Finite-Elemente-Hauptgleichung ergibt:

$$\frac{2EI_z}{L^3(1+12\Lambda)}\begin{bmatrix} 6 & 3L & -6 & 3L \\ 3L & 2L^2(1+3\Lambda) & -3L & L^2(1-6\Lambda) \\ -6 & -3L & 6 & -3L \\ 3L & L^2(1-6\Lambda) & -3L & 2L^2(1+3\Lambda) \end{bmatrix}\begin{bmatrix} u_{1y} \\ \phi_{1z} \\ u_{3y} \\ \phi_{3z} \end{bmatrix} = \begin{bmatrix} F_{1y} \\ M_{1z} \\ F_{3y} \\ M_{3z} \end{bmatrix}. \tag{8.206}$$

Mit dieser Formulierung kann das Ein-Balken-Problem nach Abb. 8.9 etwas schneller gelöst werden, da nach Berücksichtigung der Randbedingungen nur eine 2×2 Matrix zu invertieren ist. In diesem Falle ergibt sich zur Bestimmung der Unbekannten:

$$\frac{L^3(1+12\Lambda)}{2EI_z}\begin{bmatrix} \frac{2(1+3\Lambda)}{3(1+12\Lambda)} & \frac{1}{L(1+12\Lambda)} \\ \frac{1}{L(1+12\Lambda)} & \frac{2}{L^2(1+12\Lambda)} \end{bmatrix}\begin{bmatrix} F \\ 0 \end{bmatrix} = \begin{bmatrix} u_{3y} \\ \phi_{3z} \end{bmatrix}, \tag{8.207}$$

woraus sich die exakte Lösung für die Durchbiegung nach Gl. (8.203) ergibt.

8.4.2 Weiterführende Aufgaben

Berechnung des Schubkorrekturfaktors für Rechteckquerschnitt Für einen Rechteckquerschnitt der Breite b und Höhe h ist der Schubspannungsverlauf wie folgt gegeben [7]:

$$\tau_{xy}(y) = \frac{6Q_y}{bh^3}\left(\frac{h^2}{4} - y^2\right) \quad \text{mit} \quad -\frac{h}{2} \leq y \leq \frac{h}{2}. \tag{8.208}$$

Man berechne den Schubkorrekturfaktor k_s unter der Annahme, dass die konstante, in der Fläche A_s wirkende, äquivalente Schubspannung $\tau_{xy} = Q_y/A_s$ die gleiche Schubverzerrungsenergie ergibt wie die tatsächliche Schubspannungsverteilung $\tau_{xy}(y)$, die in der tatsächlichen Querschnittsfläche A des Balkens wirkt.

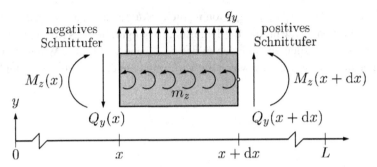

Abb. 8.18 Infinitesimales Balkenelement mit Schnittreaktionen und verteilten Lasten

Differenzialgleichung unter Berücksichtigung von verteiltem Moment Zur Aufstellung der Gleichgewichtsbedingung betrachte man das in Abb. 8.18 dargestellte infinitesimale Balkenelement, das zusätzlich durch ein konstantes 'Streckenmoment' $m_z = \frac{\text{Moment}}{\text{Länge}}$ belastet wird. Anschließend leite man die Differenzialgleichungen für den TIMOSHENKO-Balken unter Berücksichtigung einer allgemeinen Momentenverteilung $m_z(x)$ ab.

Analytische Berechnung des Verlaufes der Durchbiegung und Verdrehung für Kragarm unter Einzellast Für den in Tab. 8.3 dargestellten Kragarm, der mit einer Einzellast F am rechten Ende belastet wird, berechne man den Verlauf der Durchbiegung $u_y(x)$ und der Verdrehung $\phi_z(x)$ unter Berücksichtigung des Schubeinflusses. Anschließend ist die maximale Durchbiegung und die Verdrehung am Lastangriffspunkt zu bestimmen. Weiterhin bestimme man den Grenzwert der Durchbiegung am Lastangriffspunkt für schlanke ($h \ll L$) und gedrungene ($h \gg L$) Balken.

Analytische Berechnung der normierten Durchbiegung für Balken mit Schub Für die in Abb. 8.6 dargestellten Verläufe der maximalen normierten Durchbiegung $u_{y,\text{norm}}$ in Abhängigkeit des Schlankheitsgrades sind die entsprechenden Gleichungen abzuleiten.

TIMOSHENKO-Biegeelement mit quadratischen Ansatzfunktionen für die Durchbiegung und linearen Ansatzfunktionen für die Verdrehung Für ein TIMOSHENKO-Biegeelement mit quadratischen Ansatzfunktionen für die Durchbiegung und linearen Ansatzfunktionen für die Verdrehung ist die Steifigkeitsmatrix nach Elimination des mittleren Knotens nach Gl. (8.170) gegeben. Man leite den zusätzlichen Lastvektor auf der rechten Seite der Finite-Elemente-Hauptgleichung, der sich aus einer veränderlichen Streckenlast $q_y(x)$ ergibt, ab. Anschließend ist das Ergebnis für eine konstante Streckenlast zu vereinfachen.

TIMOSHENKO-Biegeelement mit kubischen Ansatzfunktionen für die Durchbiegung und quadratischen Ansatzfunktionen für die Verdrehung Für ein TIMOSHENKO-Biegeelement mit kubischen Ansatzfunktionen für die Durchbiegung und quadratischen Ansatzfunktionen für die Verdrehung ist die Steifigkeitsmatrix und die Finite-Elemente-Hauptgleichung

$k^e u_p = F^e$ abzuleiten. Für die Integration ist die exakte Lösung zu verwenden. Anschließend untersuche man für die in Abb. 8.9 dargestellte Konfiguration das Konvergenzverhalten eines Elementes. Das Element soll sich in der x-y-Ebene verformen. Wie ändert sich die Finite-Elemente-Hauptgleichung, wenn die Verformung in der x-z-Ebene erfolgt?

Literatur

1. Bathe K-J (2002) Finite-Elemente-Methoden. Springer-Verlag, Berlin
2. Beer FP, Johnston ER Jr, DeWolf JT, Mazurek DF (2009) Mechanics of materials. McGraw-Hill, Singapore
3. Cook RD, Malkus DS, Plesha ME, Witt RJ (2002) Concepts and applications of finite element analysis. Wiley, New York
4. Cowper GR (1966) The shear coefficient in Timoshenko's beam theory. J Appl Mech 33:335–340
5. Gere JM, Timoshenko SP (1991) Mechanics of materials. PWS-KENT Publishing Company, Boston
6. Gruttmann F, Wagner W (2001) Shear correction factors in Timoshenko's beam theory for arbitrary shaped cross-sections. Comput Mech 27:199–207
7. Hibbeler RC (2008) Mechanics of materials. Prentice Hall, Singapore
8. Levinson M (1981) A new rectangular beam theory. J Sound Vib 74:81–87
9. MacNeal RH (1978) A simple quadrilateral shell element. Comput Struct 8:175–183
10. MacNeal RH (1994) Finite elements: their design and performance. Marcel Dekker, New York
11. Reddy JN (1984) A simple higher-order theory for laminated composite plate. J Appl Mech 51:745–752
12. Reddy JN (1997) Mechanics of laminated composite plates: theory and analysis. CRC, Boca Raton
13. Reddy JN (1997) On locking-free shear deformable beam finite elements. Comput Method Appl M 149:113–132
14. Reddy JN (1999) On the dynamic behaviour of the Timoshenko beam finite elements. Sadhana-Acad P Eng S 24:175–198
15. Reddy JN (2006) An introduction to the finite element method. McGraw Hill, Singapore
16. Russel WT, MacNeal RH (1953) An improved electrical analogy for the analysis of beams in bending. J Appl Mech 20:349–
17. Steinke P (2010) Finite-Elemente-Methode: Rechnergestützte Einführung. Springer-Verlag, Berlin
18. Timoshenko SP, Goodier JN (1970) Theory of elasticity. McGraw-Hill, New York
19. Wang CM (1995) Timoshenko beam-bending solutions in terms of euler-bernoulli solutions. J Eng Mech-ASCE 121:763–765
20. Weaver W Jr, Gere JM (1980) Matrix analysis of framed structures. Van Nostrand Reinhold Company, New York

Balken aus Verbundmaterial

9

Zusammenfassung

Die bisher diskutierten Balkenelemente bestehen aus homogenem, isotropem Material. In diesem Kapitel wird eine Finite-Elemente-Formulierung für eine besondere Werkstoffklasse - die Verbundmaterialien - vorgestellt. Ausgehend von ebenen Schichten wird das Verhalten für die eindimensionale Situation am Balken entwickelt. Zunächst werden verschiedene Beschreibungsformen für richtungsabhängiges Stoffverhalten vorgestellt. Kurz wird auch auf eine besondere Klasse der Verbundwerkstoffe, die faserverstärkten Werkstoffe, eingegangen.

9.1 Verbundwerkstoffe

In den bisherigen Kapiteln wurde homogener, isotroper Werkstoff vorausgesetzt. In der Praxis werden Bauteile oder Komponenten jedoch aus verschiedenen Werkstoffen gefertigt, um den vielfältigen Beanspruchungen durch die Kombination von verschiedenen Materialien mit ihren spezifischen Eigenschaften gerecht zu werden. Hier wird für Balken und Stäbe die Behandlung dieser Werkstoffe im Rahmen einer Finite-Elemente-Formulierung aufgezeigt.

In Abb. 9.1a ist der Aufbau eines Balkens aus Verbundmaterialien im Längsquerschnitt dargestellt. Die einzelnen Schichten repräsentieren verschiedene Werkstoffe mit verschiedenen Materialeigenschaften und können unterschiedlich dick sein. In Abb. 9.1b ist ein sehr einfacher Verbund-Balken dargestellt. Er besteht aus nur zwei verschiedenen Materialien. In Abb. 9.1c ist ein häufig auftretender Spezialfall abgebildet. Der Aufbau ist symmetrisch. In Abb. 9.1d ist der Aufbau für eine Sandwichstruktur zu sehen. Charakteristisch sind das relativ dicke Kernmaterial und die relativ dünnen Deckschichten.

© Springer-Verlag Berlin Heidelberg 2014
M. Merkel, A. Öchsner, *Eindimensionale Finite Elemente*,
DOI 10.1007/978-3-642-54482-8_9

Abb. 9.1 Balken aus
Verbundwerkstoffen:
a allgemein, **b** zwei
Werkstoffe, **c** symmetrischer
Aufbau und **d** Sandwich mit
dickem Kernmaterial und
dünnen Deckschichten

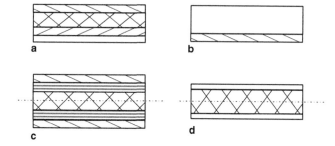

Die faserverstärkten Werkstoffe stehen für einen Verbundwerkstoff, bei dem das richtungs-
abhängige Verhalten durch den strukturellen Aufbau vorgegeben ist. Abbildung 9.2a zeigt
eine Lage mit Fasern, die in einer Matrix eingebettet sind.

Abb. 9.2 a Verbundschicht mit
Fasern und **b** Verbund mit
Lagen unterschiedlicher
Faserrichtung

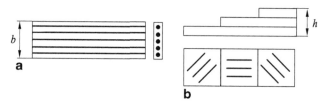

Im Allgemeinen kann die Faserrichtung für jede Lage unterschiedlich sein siehe
Abb. 9.2b. In der Praxis findet man häufig einen symmetrischen Aufbau.

9.2 Anisotropes Stoffverhalten

Richtungsabhängiges Verhalten ist ein typisches Verhalten von Verbundwerkstoffen. In
Erweiterung zu einem isotropen Werkstoff ergeben sich andere Beschreibungsformen für
die Beziehungen zwischen den Verzerrungen und Spannungen. Diese werden im Folgenden
vorgestellt. Unabhängig davon wird im Rahmen dieses Kapitels für jeden Werkstoff linear-
elastisches Verhalten vorausgesetzt.

Die allgemeine Materialbeschreibung (konstitutive Beschreibung) für anisotrope Körper
verknüpft mit

$$\sigma_{ij} = C_{ijpq}\,\varepsilon_{pq} \tag{9.1}$$

den Verzerrungstensor (2. Stufe) über einen sogenannten Elastizitätstensor (Tensor 4. Stufe)
mit dem Spannungstensor (Tensor 2. Stufe). Auf Grund der Symmetrien des Spannungs-
und des Verzerrungstensors sind im Elastizitätstensor sowohl die erste als auch die zweite
Indexgruppe

$$C_{jipq} = C_{ijpq}; \quad C_{ijqp} = C_{ijpq} \tag{9.2}$$

invariant gegen Vertauschung. Damit bleiben von den ursprünglichen 81 Komponenten des Elastizitätstensors nur noch 36 übrig. Üblicherweise führt man für den symmetrischen Spannungstensor

$$
\begin{bmatrix}
\sigma_{xx} & \sigma_{xy} & \sigma_{xz} \\
\sigma_{xy} & \sigma_{yy} & \sigma_{yz} \\
\sigma_{xz} & \sigma_{yz} & \sigma_{zz}
\end{bmatrix}
\Rightarrow
\begin{bmatrix}
\sigma_{xx} \\ \sigma_{yy} \\ \sigma_{zz} \\ \sigma_{yz} \\ \sigma_{zx} \\ \sigma_{xy}
\end{bmatrix}
\Rightarrow
\begin{bmatrix}
\sigma_1 \\ \sigma_2 \\ \sigma_3 \\ \sigma_4 \\ \sigma_5 \\ \sigma_6
\end{bmatrix}
\tag{9.3}
$$

und den symmetrischen Verzerrungstensor

$$
\begin{bmatrix}
\varepsilon_{xx} & \varepsilon_{xy} & \varepsilon_{xz} \\
\varepsilon_{xy} & \varepsilon_{yy} & \varepsilon_{yz} \\
\varepsilon_{xz} & \varepsilon_{yz} & \varepsilon_{zz}
\end{bmatrix}
\Rightarrow
\begin{bmatrix}
\varepsilon_{xx} \\ \varepsilon_{yy} \\ \varepsilon_{zz} \\ \varepsilon_{yz} \\ \varepsilon_{zx} \\ \varepsilon_{xy}
\end{bmatrix}
\Rightarrow
\begin{bmatrix}
\varepsilon_1 \\ \varepsilon_2 \\ \varepsilon_3 \\ \varepsilon_4 \\ \varepsilon_5 \\ \varepsilon_6
\end{bmatrix}
\tag{9.4}
$$

Spaltenmatrizen ein. Damit lässt sich die Spannungs-Verzerrungs-Beziehung (9.1) in Matrixschreibweise als

$$
\begin{bmatrix}
\sigma_1 \\ \sigma_2 \\ \sigma_3 \\ \sigma_4 \\ \sigma_5 \\ \sigma_6
\end{bmatrix}
=
\begin{bmatrix}
C_{11} & C_{12} & C_{13} & C_{14} & C_{15} & C_{16} \\
C_{21} & C_{22} & C_{23} & C_{24} & C_{25} & C_{26} \\
C_{31} & C_{31} & C_{33} & C_{34} & C_{35} & C_{36} \\
C_{41} & C_{42} & C_{43} & C_{44} & C_{45} & C_{46} \\
C_{51} & C_{52} & C_{53} & C_{54} & C_{55} & C_{56} \\
C_{61} & C_{62} & C_{63} & C_{64} & C_{65} & C_{66}
\end{bmatrix}
\begin{bmatrix}
\varepsilon_1 \\ \varepsilon_2 \\ \varepsilon_3 \\ \varepsilon_4 \\ \varepsilon_5 \\ \varepsilon_6
\end{bmatrix}
\tag{9.5}
$$

oder kompakt als

$$
\boldsymbol{\sigma} = \boldsymbol{C}\,\boldsymbol{\varepsilon}
\tag{9.6}
$$

formulieren.

Die spezifische (auf das Volumenelement bezogene) elastische Verzerrungsengergie lautet in Matrixform

$$\pi = \frac{1}{2}\,\boldsymbol{\varepsilon}^{\mathrm{T}}\,\boldsymbol{\sigma}, \tag{9.7}$$

was zusammen mit dem Stoffgesetz nach Gl. (9.1) auf

$$\pi = \frac{1}{2}\,\boldsymbol{\varepsilon}^{\mathrm{T}}\,\boldsymbol{C}\,\boldsymbol{\varepsilon} \tag{9.8}$$

führt. Auf Grund ihres energetischen Charakters muss diese Form positiv definit sein ($\pi \geq 0$). Dies erfordert aber $\boldsymbol{C}^{\mathrm{T}} = \boldsymbol{C}$, also die Symmetrie der $\boldsymbol{C}$-Matrix. Von den 36 Komponenten der Steifigkeitsmatrix sind deswegen nur noch 21 Komponenten voneinander unabhängig ($C_{ij}=C_{ji}$). Dieses Material wird auch *triklines* Material genannt.

In der Verzerrungs-Spannungs-Beziehung

$$\boldsymbol{\varepsilon} = \boldsymbol{S}\,\boldsymbol{\sigma} \tag{9.9}$$

verknüpft die Nachgiebigkeitsmatrix $\boldsymbol{S}$ die Spannungen mit den Verzerrungen. Die für den allgemeinen dreidimensionalen Fall gültige Beziehung

$$
\begin{bmatrix} \varepsilon_1 \\ \varepsilon_2 \\ \varepsilon_3 \\ \varepsilon_4 \\ \varepsilon_5 \\ \varepsilon_6 \end{bmatrix}
=
\begin{bmatrix}
S_{11} & S_{12} & S_{13} & S_{14} & S_{15} & S_{16} \\
S_{21} & S_{22} & S_{23} & S_{24} & S_{25} & S_{26} \\
S_{31} & S_{31} & S_{33} & S_{34} & S_{35} & S_{36} \\
S_{41} & S_{42} & S_{43} & S_{44} & S_{45} & S_{46} \\
S_{51} & S_{52} & S_{53} & S_{54} & S_{55} & S_{56} \\
S_{61} & S_{62} & S_{63} & S_{64} & S_{65} & S_{66}
\end{bmatrix}
\begin{bmatrix} \sigma_1 \\ \sigma_2 \\ \sigma_3 \\ \sigma_4 \\ \sigma_5 \\ \sigma_6 \end{bmatrix}
\tag{9.10}
$$

kann für verschiedene Spezialfälle vereinfacht werden. Dies wird im folgenden Abschnitt vorgestellt.

9.2.1 Spezielle Symmetrien

Zur weiteren Vereinfachung werden spezielle Symmetrien betrachtet. Eine wichtige Auswahl bilden folgende Systeme. Ausführlich dargestellt wird die Spannungs-Verzerrungsbeziehung mit der Steifigkeitsmatrix $\boldsymbol{C}$. Für die Verzerrungs-Spannungs-Beziehung mit der Nachgiebigkeitsmatrix $\boldsymbol{S}$ gilt die gleiche Herleitung.

Monokline Systeme Sei beispielsweise die Ebene $z = 0$ eine Symmetrieebene, dann müssen alle mit der z-Achse zusammenhängenden Komponenten der $\boldsymbol{C}$-Matrix in

$$\begin{bmatrix} \sigma_1 \\ \sigma_2 \\ \sigma_3 \\ \sigma_4 \\ \sigma_5 \\ \sigma_6 \end{bmatrix} = \begin{bmatrix} C_{11} & C_{12} & C_{13} & 0 & 0 & C_{16} \\ C_{12} & C_{22} & C_{23} & 0 & 0 & C_{26} \\ C_{13} & C_{23} & C_{33} & 0 & 0 & C_{36} \\ 0 & 0 & 0 & C_{44} & C_{45} & 0 \\ 0 & 0 & 0 & C_{45} & C_{55} & 0 \\ C_{16} & C_{26} & C_{36} & 0 & 0 & C_{66} \end{bmatrix} \begin{bmatrix} \varepsilon_1 \\ \varepsilon_2 \\ \varepsilon_3 \\ \varepsilon_4 \\ \varepsilon_5 \\ \varepsilon_6 \end{bmatrix} \tag{9.11}$$

invariant gegen Vorzeichenwechsel sein. Damit bleiben 13 unabhängige Materialkonstanten.

Orthotrope Systeme Hier liegen drei zueinander senkrechte Symmetrieebenen im Material vor. Die entsprechende Invarianz gegen Vorzeichenwechsel liefert für orthotrope Systeme in

$$\begin{bmatrix} \sigma_1 \\ \sigma_2 \\ \sigma_3 \\ \sigma_4 \\ \sigma_5 \\ \sigma_6 \end{bmatrix} = \begin{bmatrix} C_{11} & C_{12} & C_{13} & & & \\ C_{12} & C_{22} & C_{23} & & 0 & \\ C_{13} & C_{23} & C_{33} & & & \\ & & & C_{44} & & \\ & 0 & & & C_{55} & \\ & & & & & C_{66} \end{bmatrix} \begin{bmatrix} \varepsilon_1 \\ \varepsilon_2 \\ \varepsilon_3 \\ \varepsilon_4 \\ \varepsilon_5 \\ \varepsilon_6 \end{bmatrix} \tag{9.12}$$

nur noch 9 unabhängige Materialkonstanten.

Transversal isotrope Systeme Diese für die Faserverbundwerkstoffe wichtige Gruppe ist dadurch gekennzeichnet, dass in einer Ebene (beispielsweise der y-z-Ebene) isotropes Verhalten vorliegt. Damit werden bei der Beschreibung der Spannungs-Verzerrungs-Beziehung

$$\begin{bmatrix} \sigma_1 \\ \sigma_2 \\ \sigma_3 \\ \sigma_4 \\ \sigma_5 \\ \sigma_6 \end{bmatrix} = \begin{bmatrix} C_{11} & C_{12} & C_{12} & & & \\ C_{12} & C_{22} & C_{23} & & 0 & \\ C_{12} & C_{23} & C_{22} & & & \\ & & & \frac{(C_{22}-C_{23})}{2} & & \\ & 0 & & & C_{66} & \\ & & & & & C_{66} \end{bmatrix} \begin{bmatrix} \varepsilon_1 \\ \varepsilon_2 \\ \varepsilon_3 \\ \varepsilon_4 \\ \varepsilon_5 \\ \varepsilon_6 \end{bmatrix} \tag{9.13}$$

für transversal isotrope Systeme nur noch fünf unabhängige Materialkonstanten benötigt. Die Beziehung für die Konstante C_{44} folgt aus der Äquivalenz von reinem Schub und einer kombinierten Zug-Druckbeanspruchung.

Isotrope Systeme Falls das Material isotrop, d. h. invariant unter allen orthogonalen Transformationen ist, so werden für die Spannungs-Verzerrungsbeziehung

$$
\begin{bmatrix} \sigma_1 \\ \sigma_2 \\ \sigma_3 \\ \sigma_4 \\ \sigma_5 \\ \sigma_6 \end{bmatrix} = \begin{bmatrix} C_{11} & C_{12} & C_{12} & & & \\ C_{12} & C_{11} & C_{12} & & 0 & \\ C_{12} & C_{12} & C_{11} & & & \\ & & & \frac{(C_{11}-C_{12})}{2} & & \\ & 0 & & & \frac{(C_{11}-C_{12})}{2} & \\ & & & & & \frac{(C_{11}-C_{12})}{2} \end{bmatrix} \begin{bmatrix} \varepsilon_1 \\ \varepsilon_2 \\ \varepsilon_3 \\ \varepsilon_4 \\ \varepsilon_5 \\ \varepsilon_6 \end{bmatrix} \tag{9.14}
$$

nur noch zwei unabhängige Materialkonstanzen benötigt (HOOKEscher Körper).

9.2.2 Ingenieur-Konstanten

In der Theorie isotroper Kontinua werden üblicherweise die beiden Werkstoffkonstanten E (Elastizitätsmodul) und ν (Querdehnzahl, POISSONsche Konstante) verwendet, die experimentell leicht zu bestimmen sind. Ebenso werden ausgehend von der Differenzialgleichung die LAMÉ-Koeffizienten λ und ν verwendet oder der Kompressionsmodul K und der Schubmodul G. Die einzelnen Größen sind voneinander abhängig und können mit

$$
\lambda = \frac{E\nu}{(1+\nu)(1-2\nu)}, \quad \mu = \frac{E}{2(1+\nu)} = G, \quad K = \frac{E}{2(1-2\nu)} \tag{9.15}
$$

$$
\nu = \frac{\lambda}{2(\lambda+\mu)}, \quad E = \frac{\mu(3\lambda+2\mu)}{\lambda+\mu}, \quad K = \lambda + \frac{2}{3}\mu
$$

umgerechnet werden. Die Bedeutung dieser Größen lässt sich zweckmäßig an der zur Steifigkeitsmatrix inversen Form ablesen.

Isotrope Systeme Für isotrope Werkstoffe lautet die Verzerrungs-Spannungsbeziehung

$$
\begin{bmatrix} \varepsilon_1 \\ \varepsilon_2 \\ \varepsilon_3 \\ \varepsilon_4 \\ \varepsilon_5 \\ \varepsilon_6 \end{bmatrix} = \begin{bmatrix} \frac{1}{E} & \frac{-\nu}{E} & \frac{-\nu}{E} & & & \\ & \frac{1}{E} & \frac{-\nu}{E} & & 0 & \\ & & \frac{1}{E} & & & \\ & & & \frac{1}{G} & & \\ & \text{sym.} & & & \frac{1}{G} & \\ & & & & & \frac{1}{G} \end{bmatrix} \begin{bmatrix} \sigma_1 \\ \sigma_2 \\ \sigma_3 \\ \sigma_4 \\ \sigma_5 \\ \sigma_6 \end{bmatrix}. \tag{9.16}
$$

Durch Inversion der sogenannten Nachgiebigkeitsmatrix folgt die Steifigkeitsmatrix. Die
Komponenten der Steifigkeitsmatrix

$$C_{11} = (1 - v)\overline{E} \tag{9.17}$$

$$C_{12} = v\overline{E}$$

$$\frac{(C_{11} - C_{12})}{2} = \frac{E}{2(1 + v)} = G$$

mit

$$\overline{E} = E\frac{1}{(1 + v)(1 - 2v)} \tag{9.18}$$

ergeben sich aus dem Vergleich mit Gl. (9.14).

Transversal isotrope Systeme Beispielhaft wird das transversal isotrope Verhalten für
die Ebene $x = 0$ angenommen. Selbstverständlich lassen sich die Überlegungen auch auf
andere Raumrichtungen übertragen. Die Nachgiebigkeitsmatrix für transversal isotrope
Systeme lautet

$$
\begin{bmatrix} \varepsilon_1 \\ \varepsilon_2 \\ \varepsilon_3 \\ \varepsilon_4 \\ \varepsilon_5 \\ \varepsilon_6 \end{bmatrix}
=
\begin{bmatrix}
\frac{1}{E_1} & \frac{-v_{12}}{E_2} & \frac{-v_{12}}{E_2} & & & \\
 & \frac{1}{E_2} & \frac{-v_{23}}{E_2} & & 0 & \\
 & & \frac{1}{E_2} & & & \\
 & & & \frac{1}{2G_{23}} & & \\
 & \text{sym.} & & & \frac{1}{2G_{12}} & \\
 & & & & & \frac{1}{2G_{12}}
\end{bmatrix}
\begin{bmatrix} \sigma_1 \\ \sigma_2 \\ \sigma_3 \\ \sigma_4 \\ \sigma_5 \\ \sigma_6 \end{bmatrix}. \tag{9.19}
$$

Der Schubmodul G_{23} lässt sich wie bei isotropen Medien aus E_2 und v_{23} berechnen.
Die Indizierung der Querdehnzahlen erfolgt nach dem Schema:

* 1. Index = Richtung der Kontraktion,
* 2. Index = Richtung der Beanspruchung, welche diese Kontraktion hervorruft.

Durch Inversion der Nachgiebigkeitsmatrix und Vergleich erhält man

$$C_{11} = (1 - v_{23}^2)\,\overline{v}\,E_1 \tag{9.20}$$

$$C_{22} = (1 - v_{12}v_{21})\,\overline{v}\,E_2 \tag{9.21}$$

$$C_{12} = v_{12}(1 + v_{23})\,\overline{v}\,E_1 = v_{21}\,(1 + v_1)\,\overline{v}\,E_2 \tag{9.22}$$

$$C_{23} = (v_{23} + v_{21}v_{12})\,\overline{v}\,E_2 \tag{9.23}$$

$$C_{22} - C_{23} = (1 - v_{22} - 2v_{21}v_{12})\,\overline{v}\,E_2 \tag{9.24}$$

$$C_{66} = G_{12} \tag{9.25}$$

mit

$$\overline{v} = \frac{1}{(1 + v_{23})(1 - v_{23} - 2v_{21}v_{12})} \tag{9.26}$$

die Beziehungen zwischen den Ingenieur-Konstanten und den Komponenten C_{ij} der Steifigkeitsmatrix. Mit der Beziehung

$$v_{12}E_1 = v_{21}E_2 \tag{9.27}$$

werden die einzelnen Werkstoffwerte miteinander verknüpft.

9.2.3 Transformationsverhalten

Im Verbundwerkstoff werden für einzelne Schichten Werkstoffe eingesetzt, die sich durch ihren strukturellen Aufbau richtungsabhängig verhalten. Diese Vorzugsrichtung - meist ist es nur eine - ist für eine Schicht charakteristisch. Beim Zusammenführen im Verbund können die Vorzugsrichtungen lagenweise unterschiedlich festgelegt werden. Für die makroskopische Beschreibung des Verbundwerkstoffes sind daher Transformationsvorschriften erforderlich, um die Vorzugsrichtung einer einzelnen Schicht im Verbund berücksichtigen zu können. Es muss eine Vorschrift angegeben werden, wie sich die Materialgleichung bei einem Wechsel des Koordinatensystems transformiert. Diese Vorschrift gewinnt man aus dem Transformationsverhalten von Tensoren. Dabei werden jedoch nur gegeneinander verdrehte kartesische Koordinatensysteme benötigt (sogenannte orthogonale Transformationen).

Für einen beliebigen Tensor 2. Stufe A_{ij} gilt folgende Transformation beim Übergang von einem kartesischen (ij) in ein anderes (kl') kartesisches System (hierin sind die c_{ij} die sogenannten Richtungskosini):

$$A'_{kl} = c_{ki}c_{lj}A_{ij} \tag{9.28}$$

und damit speziell für den Verzerrungs- und für den Spannungstensor

$$\varepsilon'_{kl} = c_{ki}c_{lj}\varepsilon_{ij}, \tag{9.29}$$

$$\sigma'_{kl} = c_{ki}c_{lj}\sigma_{ij}. \tag{9.30}$$

Drückt man jeweils die Verzerrungen und Spannungen als Spalten-Matrix aus, so lässt sich die Transformation als

$$\boldsymbol{\varepsilon}' = \boldsymbol{T}_\varepsilon\,\boldsymbol{\varepsilon} \tag{9.31}$$

$$\boldsymbol{\sigma}' = \boldsymbol{T}_\sigma\,\boldsymbol{\sigma} \tag{9.32}$$

oder

$$\boldsymbol{\varepsilon} = \boldsymbol{T}_\varepsilon^{-1}\,\boldsymbol{\varepsilon}' \tag{9.33}$$

$$\boldsymbol{\sigma} = \boldsymbol{T}_\sigma^{-1}\,\boldsymbol{\sigma}' \tag{9.34}$$

schreiben.

Mit den Eigenschaften für diese Transformationsmatrizen

$$\boldsymbol{T}_\varepsilon^{-1} = \boldsymbol{T}_\sigma^{\mathrm{T}}, \quad \boldsymbol{T}_\sigma^{-1} = \boldsymbol{T}_\varepsilon^{\mathrm{T}} \tag{9.35}$$

folgen ausgehend von

$$\boldsymbol{\sigma}' = \boldsymbol{C}'\,\boldsymbol{\varepsilon}' \tag{9.36}$$

mit den Umformungen

$$\boldsymbol{T}_\sigma\,\boldsymbol{\sigma} = \boldsymbol{C}'\,\boldsymbol{T}_\varepsilon\,\boldsymbol{\varepsilon} \tag{9.37}$$

$$(\boldsymbol{T}_\sigma)^{-1}\,\boldsymbol{T}_\sigma\,\boldsymbol{\sigma} = (\boldsymbol{T}_\sigma)^{-1}\,\boldsymbol{C}'\,\boldsymbol{T}_\varepsilon\,\boldsymbol{\varepsilon}$$

$$\boldsymbol{\sigma} = (\boldsymbol{T}_\sigma)^{\mathrm{T}}\,\boldsymbol{C}'\,\boldsymbol{T}_\varepsilon\,\boldsymbol{\varepsilon}$$

oder ausgehend von

$$\boldsymbol{\sigma} = \boldsymbol{C}\,\boldsymbol{\varepsilon} \tag{9.38}$$

mit den Umformungen

$$(\boldsymbol{T}_\sigma)^{-1}\,\boldsymbol{\sigma}' = \boldsymbol{C}'(\boldsymbol{T}_\sigma)^{-1}\,\boldsymbol{C}' \tag{9.39}$$

$$(\boldsymbol{T}_\sigma)(\boldsymbol{T}_\sigma)^{-1}\,\boldsymbol{\sigma}' = (\boldsymbol{T}_\sigma)\,\boldsymbol{C}(\boldsymbol{T}_\sigma)^{-1}\,\boldsymbol{\varepsilon}'$$

$$\boldsymbol{\sigma}' = (\boldsymbol{T}_\sigma)\,\boldsymbol{C}(\boldsymbol{T}_\varepsilon)^{\mathrm{T}}\,\boldsymbol{\varepsilon}'$$

schließlich die Beziehungen für die Transformationen der Steifigkeitsmatrix

$$\boldsymbol{C}' = \boldsymbol{T}_\sigma\,\boldsymbol{C}\,\boldsymbol{T}_\sigma^{\mathrm{T}} \tag{9.40}$$

$$\boldsymbol{C} = \boldsymbol{T}_\varepsilon^{\mathrm{T}}\,\boldsymbol{C}'\,\boldsymbol{T}_\varepsilon. \tag{9.41}$$

Analog erhält man für die Transformation der Nachgiebigkeitsmatrix

$$\boldsymbol{S}' = \boldsymbol{T}_\varepsilon\,\boldsymbol{S}\,(\boldsymbol{T}_\varepsilon)^{\mathrm{T}} \tag{9.42}$$

$$\boldsymbol{S} = \boldsymbol{T}_\sigma^{\mathrm{T}}\,\boldsymbol{S}'\,\boldsymbol{T}_\sigma. \tag{9.43}$$

Für die wichtige Gruppe der transversal isotropen Materialien ergeben sich die Transformationsmatrizen

$$\boldsymbol{T}_\sigma = \begin{bmatrix} c^2 & s^2 & 0 & 0 & 0 & 2cs \\ s^2 & c^2 & 0 & 0 & 0 & -2cs \\ 0 & 0 & 1 & 0 & 0 & 0 \\ 0 & 0 & 0 & c & -s & 0 \\ 0 & 0 & 0 & s & c & 0 \\ -sc & -sc & 0 & 0 & 0 & c^2 - s^2 \end{bmatrix} \tag{9.44}$$

und

$$
\boldsymbol{T}_\varepsilon =
\begin{bmatrix}
c^2 & s^2 & 0 & 0 & 0 & cs \\
s^2 & c^2 & 0 & 0 & 0 & -ss \\
0 & 0 & 1 & 0 & 0 & 0 \\
0 & 0 & 0 & c & -s & 0 \\
0 & 0 & 0 & s & c & 0 \\
-2cs & -2cs & 0 & 0 & 0 & c^2 - s^2
\end{bmatrix}
\tag{9.45}
$$

für eine Drehung um die z-Achse, mit $s = \sin\alpha$ und $c = \cos\alpha$.

9.2.4 Ebene Spannungszustände

Eine entscheidende Vereinfachung der Spannungs-Verzerrungs-Beziehungen ergibt sich durch Reduzierung auf zweidimensionale, anstelle räumlicher Spannungszustände. Eine *dünne* Schicht im Verbund kann unter der Annahme des ebenen Spannungszustandes (ESZ) betrachtet werden. Spannungskomponenten, die nicht in der betrachteten Ebene liegen, werden zu Null gesetzt. Es sei erwähnt, dass der ebene Spannungszustand nur näherungsweise gilt. Hier wird der ebene Spannungszustand für die x-y-Ebene betrachtet. Für die Spannungszustände in der x-z- oder y-z-Ebene ergeben sich ähnliche Formulierungen.

Die Annahme des ebenen Spannungszustandes vereinfacht die Spannungs-Verzerrungs-Beziehungen. Es verbleiben lediglich drei Gleichungen

$$
\sigma_1 = C_{11}\varepsilon_1 + C_{12}\varepsilon_2 + C_{13}\varepsilon_3 + C_{16}\varepsilon_6
\tag{9.46}
$$

$$
\sigma_2 = C_{12}\varepsilon_1 + C_{22}\varepsilon_2 + C_{23}\varepsilon_3 + C_{26}\varepsilon_6
\tag{9.47}
$$

$$
\sigma_6 = C_{16}\varepsilon_1 + C_{26}\varepsilon_2 + C_{33}\varepsilon_3 + C_{66}\varepsilon_6
\tag{9.48}
$$

für die drei Spannungskomponenten σ_1, σ_2 und σ_6. Die Verzerrung ε_3 senkrecht zur betrachteten Ebene kann aus der Beziehung

$$
\varepsilon_3 = -\frac{1}{C_{33}}(C_{13}\varepsilon_1 + C_{23}\varepsilon_2 + C_{36}\varepsilon_3)
\tag{9.49}
$$

ermittelt werden. Ersetzt man ε_3 in den obigen drei Gleichungen, führt das auf eine modifizierte Form

$$
\sigma_i = \left(C_{ij} - \frac{C_{i3}\,C_{j3}}{C_{33}}\right)\varepsilon_j, \qquad i,j = 1,2,6
\tag{9.50}
$$

die üblicherweise mit

$$
\sigma_i = Q_{ij}\,\varepsilon_j
\tag{9.51}
$$

oder in Matrixschreibweise mit

$$\boldsymbol{\sigma} = \boldsymbol{Q}\boldsymbol{\varepsilon} \qquad (9.52)$$

beschrieben wird. Für den ebenen Spannungszustand bleiben die Komponenten der Nachgiebigkeitsmatrix S_{ij} in der Verzerrungs-Spannungs-Beziehung

$$\boldsymbol{\varepsilon} = \boldsymbol{S}\boldsymbol{\sigma} \qquad (9.53)$$

gleich. In den weiteren Betrachtungen werden die Spannungs-Verzerrungs-Beziehung und die Verzerrungs-Spannungs-Beziehung für die verschiedenen Lamina unter ebenem Spannungszustand präzisiert.

In der praktischen Anwendung treten drei verschiedene Schichten auf:

1. Schichten, die als quasi-homogen und quasi-isotrop behandelt werden. Das elastische Verhalten zeigt keine Vorzugsrichtung. Dazu zählen Schichten, deren Matrix mit kurzen Fasern verstärkt ist, deren Richtung jedoch willkürlich ist.
2. Schichten, bei denen lange Fasern mit einer Vorzugsrichtung in einer Matrix eingebettet sind, sogenannte *unidirektionale Lamina*. Die Belastung erfolgt ebenfalls in dieser Vorzugsrichtung. Makroskopisch wird der Werkstoff als quasi-homogen und orthotrop behandelt.
3. Schichten wie unter 2.). Die Belastung kann jedoch in jeder beliebigen Richtung erfolgen.

Isotrope Lamina Für isotrope Lamina werden in der Spannungs-Verzerrungs-Beziehung

$$\begin{bmatrix} \sigma_1 \\ \sigma_2 \\ \sigma_6 \end{bmatrix} = \begin{bmatrix} Q_{11} & Q_{12} & 0 \\ Q_{12} & Q_{11} & 0 \\ 0 & 0 & Q_{66} \end{bmatrix} \begin{bmatrix} \varepsilon_1 \\ \varepsilon_2 \\ \varepsilon_6 \end{bmatrix} \qquad (9.54)$$

mit

$$Q_{11} = E/(1 - v^2) \qquad (9.55)$$

$$Q_{12} = Ev/(1 - v^2) \qquad (9.56)$$

$$C_{66} = E/2(1 + v) \qquad (9.57)$$

und in der Verzerrungs-Spannungs-Beziehung

$$\begin{bmatrix} \varepsilon_1 \\ \varepsilon_2 \\ \varepsilon_6 \end{bmatrix} = \begin{bmatrix} S_{11} & S_{12} & 0 \\ S_{12} & S_{11} & 0 \\ 0 & 0 & S_{66} \end{bmatrix} \begin{bmatrix} \sigma_1 \\ \sigma_2 \\ \sigma_6 \end{bmatrix} \qquad (9.58)$$

mit

$$S_{11} = 1/E \tag{9.59}$$

$$S_{12} = -v/E \tag{9.60}$$

$$S_{66} = 1/G = 2(1+v)/E \tag{9.61}$$

nur zwei voneinander unabhängige Werkstoffparameter benötigt. Die Gleichungen zeigen, dass zwischen den Normalspannungen und den Schubspannungen keine Kopplung existiert.

Unidirektionale Lamina, Belastung in Faserrichtung Zur Beschreibung der unidirektionalen Lamina wird üblicherweise ein eigenes, laminabezogenes Koordinatensystem (1', 2') eingeführt. Die Richtung 1' entspricht der Faserrichtung (L), die Richtung 2' entspricht der Richtung quer zur Faserrichtung (T). In der Spannungs-Verzerrungs-Beziehung

$$\begin{bmatrix} \sigma_1' \\ \sigma_2' \\ \sigma_6' \end{bmatrix} \begin{bmatrix} Q_{11}' & Q_{12}' & 0 \\ Q_{12}' & Q_{22}' & 0 \\ 0 & 0 & Q_{66}' \end{bmatrix} \begin{bmatrix} \varepsilon_1' \\ \varepsilon_2' \\ \varepsilon_6' \end{bmatrix} \tag{9.62}$$

mit

$$Q_{11}' = E_1'/(1 - v_{12}'v_{21}') \tag{9.63}$$

$$Q_{22}' = E_2'/(1 - v_{12}'v_{21}') \tag{9.64}$$

$$Q_{12}' = E_2'v_{12}'/(1 - v_{12}'v_{21}') \tag{9.65}$$

$$Q_{66}' = G_{12}' \tag{9.66}$$

und in der Verzerrungs-Spannungs-Beziehung

$$\begin{bmatrix} \varepsilon_1' \\ \varepsilon_2' \\ \varepsilon_6' \end{bmatrix} = \begin{bmatrix} S_{11}' & S_{12}' & 0 \\ S_{12}' & S_{22}' & 0 \\ 0 & 0 & S_{66}' \end{bmatrix} \begin{bmatrix} \sigma_1' \\ \sigma_2' \\ \sigma_6' \end{bmatrix} \tag{9.67}$$

mit

$$S_{11}' = 1/E_1' \tag{9.68}$$

$$S_{22}' = 1/E_2' \tag{9.69}$$

$$S_{12}' = -v_{12}'/E_1' = -v_{21}'/E_2' \tag{9.70}$$

$$S_{66}' = G_{12}' \tag{9.71}$$

werden vier voneinander unabhängige Werkstoffparameter benötigt. Die im laminaeigenen Koordinatensystem gültigen Größen lassen sich mit

$$E_1' = E_L, \quad E_2' = E_T, \quad G_{12}' = G_{LT}, \quad v_{12}' = v_{LT} \tag{9.72}$$

in den Ingenieurkonstanten formulieren (Abb. 9.3).

Abb. 9.3 Lamina mit
Winkelversatz zwischen
Vorzugs- und Lastrichtung

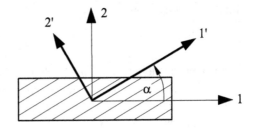

Unidirektionale Lamina, beliebige Lastrichtung in der Ebene Im Unterschied zu obiger Betrachtungsweise kann die Last nicht nur in der Vorzugsrichtung des Lamina, sondern in jeder Richtung der Ebene erfolgen. Um jedoch die Materialwerte des $(1',2')$-Koordinatensystems verwenden zu können, ist eine Transformation der Steifigkeits- und Nachgiebigkeitsmatrix vom $(1',2')$-System auf das $(1,2)$-System erforderlich. Im $(1',2')$-System lautet die Materialgleichung für den ebenen Spannungszustand:

$$\begin{bmatrix} \varepsilon_1' \\ \varepsilon_2' \\ \varepsilon_6' \end{bmatrix} = \begin{bmatrix} \frac{1}{E_1'} & \frac{-\nu_{12}}{E_1'} & 0 \\ \frac{-\nu_{12}}{E_1'} & \frac{1}{E_2'} & 0 \\ 0 & 0 & \frac{1}{2G_{12}} \end{bmatrix} \begin{bmatrix} \sigma_1' \\ \sigma_2' \\ \sigma_6' \end{bmatrix}. \tag{9.73}$$

Durch Anwendung der Transformationsbeziehung des transversal isotropen Körpers mit der „ebenen" Transformationsmatrix erhält man für die Nachgiebigkeitsmatrix

$$\begin{bmatrix} S_{11} \\ S_{12} \\ S_{16} \\ S_{22} \\ S_{26} \\ S_{66} \end{bmatrix} = \begin{bmatrix} c^4 & 2c^2s^2 & s^4 & c^2s^2 \\ c^2s^2 & c^4+s^4 & c^2s^2 & -c^2s^2 \\ 2c^3s & -2cs(c^2-s^2) & -2cs^3 & -cs(c^2-s^2) \\ s^4 & 2c^2s^2 & c^4 & c^2s^2 \\ 2cs^3 & 2cs(c^2-s^2) & -2c^3s & cs(c^2-s^2) \\ 4c^2s^2 & -8c^2s^2 & 4c^2s^2 & (c^2-s^2)^2 \end{bmatrix} \begin{bmatrix} S_{11}' \\ S_{12}' \\ S_{22}' \\ S_{66}' \end{bmatrix} \tag{9.74}$$

und für die Steifigkeitsmatrix

$$\begin{bmatrix} Q_{11} \\ Q_{12} \\ Q_{16} \\ Q_{22} \\ Q_{26} \\ Q_{66} \end{bmatrix} = \begin{bmatrix} c^4 & 2c^2s^2 & s^4 & 4c^2s^2 \\ c^2s^2 & c^4+s^4 & c^2s^2 & -4c^2s^2 \\ c^3s & -cs(c^2-s^2) & -cs^3 & -2cs(c^2-s^2) \\ s^4 & 2c^2s^2 & c^4 & 4c^2s^2 \\ cs^3 & cs(c^2-s^2) & -c^3s & 2cs(c^2-s^2) \\ c^2s^2 & -2c^2s^2 & c^2s^2 & (c^2-s^2)^2 \end{bmatrix} \begin{bmatrix} Q_{11}' \\ Q_{12}' \\ Q_{22}' \\ Q_{66}' \end{bmatrix} \tag{9.75}$$

mit den Abkürzungen

$$s = \sin\alpha, c = \cos\alpha. \qquad (9.76)$$

Damit können Steifigkeits- und Nachgiebigkeitsmatrix für transversal isotrope Lamina in beliebigen (in einer Ebene gedrehten) kartesischen Koordinatensystemen dargestellt werden. (Annahme hier: die Drehung erfolgt in der Ebene um die z-Achse, die senkrecht auf der Lamina-Ebene steht.)

In folgender Tabelle sind für unterschiedliche Materialmodelle die Anzahl der Nicht-Nulleinträge und die Anzahl der unabhängigen Parameter zusammengefasst. Unterschieden wird zwischen dem allgemeinen dreidimensionalen und dem ebenen Spannungszustand.

Tab. 9.1 Materialmodelle mit der Anzahl von Nicht-Nulleinträgen und unabhängiger Parameter

Materialmodell	Dreidimensional		Zweidimensional	
	$\neq 0$	unabh. Parameter	$\neq 0$	unabh. Parameter
isotrop	12	2	5	2
transversal isotrop	12	5	–	–
orthotrop	12	9	5	4
monoklin	20	13	–	–
anisotrop	36	21	9	6

9.3 Einführung in die Mikromechanik der Faserverbundwerkstoffe

Die Mikromechanik dient zur Ermittlung der Eigenschaften eines Verbundes aus den Eigenschaften der einzelnen Komponenten. Für die Beschreibung der Faserverbundwerkstoffe (FVW) werden als Modell sogenannte *unidirektionale Lamina* verwendet, welche zur Gruppe der transversal isotropen Werkstoffe zählen. Dem Modell liegen folgende Annahmen zugrunde:

1. Die Fasern sind gleichmäßig in der Matrix verteilt,
2. zwischen den Fasern und der Matrix herrschen ideale Kontaktbedingungen (Stetigkeit der Tangentialkomponente der Verschiebung)
3. die Matrix enthält keine Hohlräume,
4. die äußere Belastung wirkt entweder in Faserrichtung oder quer dazu,
5. im Lamina existieren keine Eigenspannungen,
6. sowohl der Faser- als auch der Matrixwerkstoff sind linearelastisch und
7. die Fasern sind unendlich lang.

Bei der Belastung von Faserverbundwerkstoffen wird zwischen der Belastung in und quer zur Faserrichtung unterschieden. Abbildung 9.4 zeigt die auftretenden Größen für die Belastung in Faserrichtung.

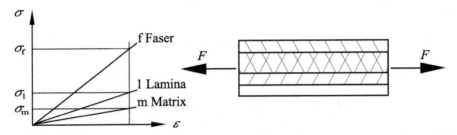

Abb. 9.4 Spannungs-Dehungs-Beziehung bei Belastung in Faserrichtung

Auf Grund der Voraussetzung 2) ist

$$\varepsilon_f = \varepsilon_m = \varepsilon_l \tag{9.77}$$

und gemäß Voraussetzung 6) gilt

$$\sigma_f = E_f \varepsilon_f = E_f \varepsilon_l$$
$$\sigma_m = E_m \varepsilon_m = E_m \varepsilon_l. \tag{9.78}$$

Da im Allgemeinen $E_f \geq E_m$ ist, folgt $\sigma_f \geq \sigma_m$.
Aus dem Kräftegleichgewicht

$$F = F_f + F_m \tag{9.79}$$

folgt mit A_f als Faserquerschnitt und A_m als Querschnitt der Matrix

$$\sigma_l A_l = \sigma_f A_f + \sigma_m A_m \tag{9.80}$$

die Spannung im Lamina zu

$$\sigma_l = \sigma_f \frac{A_f}{A_l} + \sigma_m \frac{A_m}{A_l}. \tag{9.81}$$

Wegen

$$A_l = A_f + A_m \tag{9.82}$$

und den Abkürzungen

$$v_f = \frac{A_f}{A_l} \quad \text{und} \quad v_m = \frac{A_m}{A_l} \tag{9.83}$$

folgt

$$\frac{A_m}{A_l} = 1 - v_f = v_m \tag{9.84}$$

und damit

$$\sigma_l = \sigma_f v_f + \sigma_m (1 - v_f). \tag{9.85}$$

Die Division dieser Beziehung durch ε_l ergibt die sogenannte *Mischungsregel*

$$E_l = E_f v_f + E_m v_m = E_f v_f + E_m (1 - v_f). \tag{9.86}$$

Mit der Beziehung

$$\frac{F_f}{F_l} = \frac{\sigma_f v_f}{\sigma_f v_f + \sigma_m (1 - v_f)} = \frac{E_f v_f}{E_f v_f + E_m (1 - v_f)} \tag{9.87}$$

wird der von den Fasern übertragene Lastanteil von der Gesamtbelastung beschrieben.

9.4   Mehrschichtiger Verbund

Ein Verbundwerkstoff ist im Allgemeinen aus mehreren Schichten aufgebaut. Diese Schichten können sowohl in den geometrischen Abmaßen als auch in den Materialeigenschaften verschieden sein. Im Folgenden wird zunächst eine einzelne Schicht analysiert, anschließend der gesamte Verbund. Für die Finite-Elemente-Formulierung werden die in der Praxis häufig auftretenden Fälle vorgestellt. Das makromechanische Verhalten wird unter folgenden Annahmen beschrieben:

- Die einzelnen Schichten des Verbundes sind perfekt miteinander verbunden. Es gibt *keine Zwischenlage*.
- Jede Schicht kann als quasi-homogen betrachtet werden.
- Die Verschiebungen und Verzerrungen sind kontinuierlich über den gesamten Verbund. Innerhalb einer Schicht lassen sich die Verschiebungen und Verzerrungen mit einem linearen Verlauf beschreiben.

9.4.1   Eine Schicht im Verbund

Für eine einzelne Schicht (Lamina) sei angenommen, dass die Schichtdicke sehr viel kleiner ist als die Längenabmessungen. Damit kann ein ebener Spannungszustand zur Beschreibung herangezogen werden.

Im Weiteren soll zwischen zwei Situationen unterschieden werden. Die Spannungen sind

• konstant oder
• nicht konstant

innerhalb einer Verbundschicht. Im ersten Fall ergibt sich für die k-te Schicht im Verbund ein aus den Spannungen resultierender Kraftvektor

$$N^k = [N_1^k, N_2^k, N_6^k]^T \, , \tag{9.88}$$

der über

$$N^k = \int_h \sigma \, \mathrm{d}z \tag{9.89}$$

definiert ist. Die N_i^k sind auf eine Einheitsbreite bezogene Kräfte, die wahren Normalenkräfte erhält man durch Multiplikation mit der Breite b^k einer Verbundschicht. N_1^k, N_2^k sind resultierende Normalenkräfte, N_6^k steht für eine Scherkraft in der Ebene. Für eine konstante Spannung über den Querschnitt ergibt sich:

$$N^k = \sigma^k \, h^k. \tag{9.90}$$

In der reduzierten Steifigkeitsmatrix Q sind die Komponenten ebenfalls konstant. Mit

$$\sigma^k = Q^k \, \varepsilon^0 \tag{9.91}$$

ergibt sich

$$N^k = Q^k \, \varepsilon^0 \, h^k = A^k \varepsilon^0. \tag{9.92}$$

Für den Fall, dass die Spannungen nicht konstant über der Schichtdicke sind, ergibt sich ein resultierender Momentenvektor

$$M^k = [M_1^k, M_2^k, M_6^k]^T \, , \tag{9.93}$$

der über

$$M^k = \int_h \sigma^k(z) \, z \, \mathrm{d}z \tag{9.94}$$

definiert ist. Die M_i^k sind auf eine Einheitsbreite bezogene Momente, wobei M_1^k, M_2^k für Biegemomente und M_6^k für das Torsionsmoment stehen. Nach dem Deformationsmodell verlaufen die Verzerrungen linear über den Querschnitt und lassen sich über

$$\varepsilon^k(z) = z \, \kappa \tag{9.95}$$

ausdrücken. Für den resultierenden Momentenvektor ergibt sich damit

$$M^k = \int\limits_h Q^k \, \varepsilon^k \, z \, \mathrm{d}z = Q^k \kappa \int\limits_{-h/2}^{+h/2} z^2 \mathrm{d}z = Q^k \kappa \frac{(h^k)^3}{12} = D^k \kappa. \tag{9.96}$$

Treten für eine Schicht sowohl ein konstanter als auch ein linearer Anteil in den Verzerrungen auf, gilt

$$\varepsilon(z) = \varepsilon^0 + z \, \kappa \tag{9.97}$$

und damit

$$N^k = \int\limits_h \sigma^k(z) \, \mathrm{d}z = \int\limits_h Q^k(\varepsilon^0 + z\kappa) \, \mathrm{d}z \tag{9.98}$$

und

$$M^k = \int\limits_h \sigma^k(z) \, z \, \mathrm{d}z = \int\limits_h Q^k(\varepsilon^0 + z\kappa) \, z \, \mathrm{d}z. \tag{9.99}$$

Es treten sowohl ein resultierender Kraft- als auch ein Momentenvektor auf. Beide hergeleiteten Formulierungen lassen sich als

$$N^k = A^k \varepsilon_0 + B^k \kappa \tag{9.100}$$

$$M^k = B^k \varepsilon_0 + D^k \kappa \tag{9.101}$$

kombinieren und kompakt als

$$\begin{bmatrix} N^k \\ M^k \end{bmatrix} = \begin{bmatrix} A^k & B^k \\ B^k & D^k \end{bmatrix} \begin{bmatrix} \varepsilon^0 \\ \kappa \end{bmatrix} \tag{9.102}$$

zusammenfassen. Für Schichten, die symmetrisch zur Mittelebene $z = 0$ sind, verschwindet die Koppelmatrix B^k und es verbleibt

$$\begin{bmatrix} N^k \\ M^k \end{bmatrix} = \begin{bmatrix} A^k & 0 \\ 0 & D^k \end{bmatrix} \begin{bmatrix} \varepsilon^0 \\ \kappa \end{bmatrix} \tag{9.103}$$

mit

$$A^k = Q^k h^k, \qquad D^k = Q^k \frac{(h^k)^3}{12}. \tag{9.104}$$

Ein Sonderfall, für den mit

$$A_{11}^k = Q_{11}^k h^k, \qquad D_{11} = Q_{11}^k \frac{(h^k)^3}{12} \tag{9.105}$$

nur eine Vorzugsrichtung betrachtet wird, dient zur Beschreibung einer Verbundschicht in einem Balken.

9.4.2 Der vielschichtige Verbund

Der Verbund ist aus mehreren Schichten (Lamina) aufgebaut. Bei der Ermittlung der resultierenden Kräfte und Momente müsste über die gesamte Höhe integriert werden. Da die Steifigkeitsmatrizen pro Lamina unabhängig von der z-Koordinate sind, kann die Integration durch eine entsprechende Summation ersetzt werden. Damit folgt:

$$N = A\varepsilon^0 + Bk, \tag{9.106}$$

$$M = B\varepsilon^0 + Dk, \tag{9.107}$$

oder zusammengefasst

$$\begin{bmatrix} N \\ M \end{bmatrix} = \begin{bmatrix} A & B \\ B & D \end{bmatrix} \begin{bmatrix} \varepsilon^0 \\ k \end{bmatrix}. \tag{9.108}$$

Die Matrizen A, B und D sind Abkürzungen für:

$$A = \sum_{k=1}^{N} Q^k (z^k - z^{k-1}), \tag{9.109}$$

$$B = \frac{1}{2} \sum_{k=1}^{N} Q^k (z^k - z^{k-1})^2, \tag{9.110}$$

$$D = \frac{1}{3} \sum_{k=1}^{N} Q^k (z^k - z^{k-1})^3. \tag{9.111}$$

Im Fall eines zur Mittelebene ($z = 0$) symmetrischen Schichtaufbaues des Verbundes verschwindet die Koppelmatrix B.

Der allgemeine Berechnungsgang für einen Verbund läuft folgendermaßen ab:

1. Berechnung der Schichtsteifigkeiten aus den Ingenieurkonstanten für jede Schicht im jeweiligen Schichtkoordinatensystem.
2. Eventuelle Transformation jeder Schichtsteifigkeitsmatrix in das Schichtkoordiantensystem.
3. Berechnung der Schichtsteifigkeiten im Verbund.
4. Durch Inversion der Steifigkeitsmatrix gewinnt man die Nachgiebigkeitsmatrizen des Verbundes aus

$$\varepsilon^0 = \alpha N + \beta M, \tag{9.112}$$

$$k = \beta^{\mathrm{T}} N + \delta M, \tag{9.113}$$

wobei zur Abkürzung folgende Matrizen eingeführt werden

$$\boldsymbol{\alpha} = \boldsymbol{A}^{-1} + \boldsymbol{A}^{-1} \boldsymbol{B} \tilde{\boldsymbol{D}}^{-1} \boldsymbol{B} \boldsymbol{A}^{-1}, \tag{9.114}$$

$$\boldsymbol{\beta} = \boldsymbol{A}^{-1} + \boldsymbol{B} \tilde{\boldsymbol{D}}^{-1}, \tag{9.115}$$

$$\boldsymbol{\beta}^{\mathrm{T}} = \tilde{\boldsymbol{D}}^{-1} \boldsymbol{B} \boldsymbol{A}^{-1}, \tag{9.116}$$

$$\boldsymbol{\delta} = \tilde{\boldsymbol{D}}^{-1}, \tag{9.117}$$

$$\tilde{\boldsymbol{D}}^{-1} = \boldsymbol{D} - \boldsymbol{B} \boldsymbol{A}^{-1} \boldsymbol{B}. \tag{9.118}$$

Aus obigen Gleichungen können bei gegebenen äußeren Belastungen die Schichtdeformationen bestimmt werden. Durch Rücktransformation folgen die Schichtdeformationen im jeweiligen Laminakoordinatensystem und über die Steifigkeitsmatrizen der Lamina die *intralaminaren* Spannungen.

9.5 Eine Finite-Elemente-Formulierung

Im Rahmen dieses Kapitels wird eine Finite-Elemente-Formulierung für ein *Verbund*-Element hergeleitet. Als Grundlage dienen die Überlegungen zum allgemeinen zweidimensionalen Verbund. Hier konzentriert sich die Herleitung auf die eindimensionale Situation, wobei zwischen folgenden zwei Belastungsfällen unterschieden wird:

- Die Belastung erfolgt in Richtung der Balkenlängsachse. Der Balken lässt sich damit als Stab beschreiben. Es treten Zug- und Druckbeanspruchungen auf.
- Die Belastung erfolgt quer zur Balkenlängsachse. Es treten Biegung und Schub auf.

9.5.1 Der Verbundstab

Abbildung 9.5 zeigt einen Verbundstab unter Zugbelastung. Die prinzipielle Vorgehensweise zur Ermittlung der Steifigkeitsmatrix bleibt gleich. Der Verschiebungsverlauf im Element wird durch die Knotenpunktsverschiebungen und durch Formfunktionen approximiert. Im einfachsten Fall wird die Näherung mit einem linearen Ansatz beschrieben.

Abb. 9.5 Verbundstab unter Zugbelastung

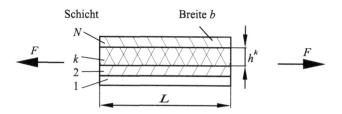

Die Steifigkeitsmatrix lässt sich über verschiedene Motivationen, beispielsweise über das Prinzip der virtuellen Arbeit oder über das Potenzial, herleiten. Für den Zugstab aus homogenem, isotropem Material, konstantem Elastizitätsmodul E und Querschnittsfläche A ergibt sich die Steifigkeitsmatrix zu:

$$k^{\mathrm{e}} = \frac{EA}{L} \begin{bmatrix} 1 & -1 \\ -1 & 1 \end{bmatrix}. \tag{9.119}$$

Geht man auch bei der Herleitung der Steifigkeitsmatrix für den Verbundstab davon aus, dass die Stoffeigenschaften und die Querschnittsfläche konstant entlang der Stabachse sind, dann ergibt sich eine ähnliche Formulierung:

$$k^{\mathrm{e}} = \frac{(EA)^{\mathrm{V}}}{L} \begin{bmatrix} 1 & -1 \\ -1 & 1 \end{bmatrix}. \tag{9.120}$$

Der Ausdruck $(EA)^{\mathrm{V}}$ steht für eine auf die Einheitslänge bezogene Dehnsteifigkeit. Aus dem Vergleich mit dem Verbund ergibt sich

$$(EA)^{\mathrm{V}} = A_{11}\, b = b \sum_{k=1}^{N} Q_{11}^{k}\, h^{k}. \tag{9.121}$$

Bestehen die einzelnen Verbundschichten jeweils aus einem quasi-homogenen, quasi-isotropen Werkstoff, vereinfacht sich die Beziehung

$$(EA)^{\mathrm{V}} = A_{11}\, b = b \sum_{k=1}^{N} E_{1}^{k}\, h^{k}. \tag{9.122}$$

Anschaulich lässt sich der Zusammenhang folgendermaßen interpretieren. Die makroskopisch für den Verbundwerkstoff repräsentative Dehnsteifigkeit setzt sich aus gewichteten Elastizitätsmoduli der einzelnen Verbundschichten zusammen. Bei gleicher Breite entsprechen die Gewichte den Höhenanteilen.

Zusammenfassung Für einen Verbundstab mit einem über die Dicke symmetrischem Aufbau lässt sich die Steifigkeitsmatrix ähnlich zum Stab mit homogenem, isotropem Werkstoff herleiten.

9.5.2 Der Verbundbalken

Abbildung 9.6 zeigt einen Verbundbalken unter Momentenbelastung.

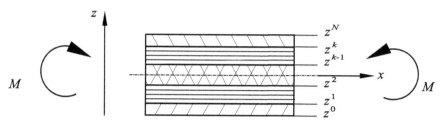

Abb. 9.6 Symmetrischer Verbundbalken unter Biegebeanspruchung

Zunächst sei angenommen, dass nur die Biegung als Beanspruchung auftritt. Damit muss in der Beziehung nur die Matrix $\boldsymbol{D}$ bereitgestellt werden, die sich beim eindimensionalen Balken auf D_{11} reduziert. Der Zusammenhang zwischen Biegemoment und Krümmung ergibt sich als

$$M_1 = D_{11}\,\kappa. \tag{9.123}$$

Für einen Balken aus homogenem, isotropem Material lautet die Beziehung zwischen dem Biegemoment und der Krümmung:

$$M = EI\,\kappa. \tag{9.124}$$

Aus dem Vergleich lässt sich eine ähnliche Forumlierung für den Verbundbalken gewinnen:

$$(EI)^{\mathrm{V}} = b\,D_{11}. \tag{9.125}$$

Der Ausdruck $(EI)^{\mathrm{V}}$ repräsentiert makroskopisch die Biegesteifigkeit des Verbundbalkens. Für eine einzelne Verbundschicht lautet die Beziehung

$$D_{11}^k = Q_{11}^k \frac{h^3}{12} = Q_{11}^k \frac{1}{12}(z^k - z^{k-1})^3\,, \tag{9.126}$$

wobei als absolute Lage die $z = 0$-Achse als Mittelebene herangezogen wurde. Im Verbundbalken verschiebt sich der Querschnitt aus der 0-Lage. Unter der Berücksichtigung des STEINERanteils

$$\left(\frac{1}{2}(z^k + z^{k-1})\right)^2 b^k\,h^k = \frac{1}{4}(z^k + z^{k-1})^2\,b^k\,(z^k - z^{k-1}) \tag{9.127}$$

ergibt sich die folgende Beziehung:

$$(EI)^{\mathrm{V}} = D_{11}\,b = b\,\frac{1}{3}\sum_{k=1}^{N} Q_{11}^k\,((z^k)^3 - (z^{k-1})^3). \tag{9.128}$$

Bestehen die einzelnen Verbundschichten jeweils aus einem homogenen, isotropen Werkstoff, vereinfacht sich die Beziehung

$$(EI)^{\mathrm{V}} = D_{11}\, b = b\, \frac{1}{3} \sum_{k=1}^{N} E_1^k \left((z^k)^3 - (z^{k-1})^3 \right). \tag{9.129}$$

Anschaulich lässt sich der Zusammenhang folgendermaßen interpretieren. Die makroskopisch für den Verbundwerkstoff repräsentive Biegesteifigkeit setzt sich aus gewichteten Elastizitätsmoduli der einzelnen Verbundschichten zusammen. Bei gleicher Breite entsprechen die Gewichte den Höhenanteilen unter Berücksichtigung des STEINER-Anteils aufrund der außermittigen Position einer Lage.

Zusammenfassung Für einen Verbundbalken mit einem über die Dicke symmetrischen Aufbau lässt sich die Biegesteifigkeit ähnlich zum homogenen, isotropen Balken herleiten.

9.6 Beispielprobleme und weiterführende Aufgaben

Verbundstab mit drei Schichten Gegeben sei ein Verbund, der über die Höhe symmetrisch aufgebaut ist. Die drei Schichten sind gleich dick, dies bedeutet gleiche Höhe h. Abbildung 9.7 zeigt den Verbund im Längsschnitt. Jede Schicht besteht aus homogenem, isotropen Werkstoff. Für jede Schicht ist der Elastizitätsmodul gegeben mit $E^{(1)}$, $E^{(2)}$ und $E^{(3)} = E^{(1)}$. Zudem soll gelten $E^{(2)} = \frac{1}{10} E^{(1)}$.

Abb. 9.7 Symmetrischer Verbundbalken mit drei Schichten

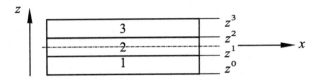

Im Verbund haben alle Schichten die gleiche Länge L und die gleiche Breite b. Gesucht sind

1. die (Dehn-)steifigkeitsmatrix für eine Belastung in Längsrichtung des Verbundes und
2. die Biegesteifigkeit bei einer Biegebeanspruchung. Das Biegemoment steht senkrecht auf der x-z-Ebene.

Literatur

1. Altenbach H, Altenbach J, Naumenko K (1998) Ebene Flächentragwerke: Grundlagen der Modellierung und Berechnung von Scheiben und Platten. Springer, Berlin
2. Altenbach H, Altenbach J, Kissing W (2004) Mechanics of composite structural elements. Springer, Berlin

3. Betten J (2001) Kontinuumsmechanik: Elastisches und inelastisches Verhalten isotroper und anisotroper Stoffe. Springer-Verlag, Berlin
4. Betten J (2004) Finite Elemente für Ingenieure 2: Variationsrechnung, Energiemethoden, Näherungsverfahren, Nichtlinearitäten, Numerische Integrationen. Springer-Verlag, Berlin
5. Clebsch RFA (1862) Theorie der Elasticität fester Körper. B. G. Teubner, Leipzig
6. Kwon YW, Bang H (2000) The finite element method using MATLAB. CRC, Boca Raton

Nichtlineare Elastizität

10

Zusammenfassung

Im Rahmen dieses Kapitels wird der Fall der nichtlinearen Elastizität, das heißt dehnungsabhängiger Elastizitätsmoduli, betrachtet. Die Problematik wird exemplarisch für Stabelemente dargestellt. Zuerst wird die Steifigkeitsmatrix beziehungsweise die Finite-Elemente-Hauptgleichung unter Beachtung der Dehnungsabhängigkeit abgeleitet. Zur Lösung des nichtlinearen Gleichungssystems werden drei Verfahren, nämlich die direkte Iteration, die vollständige NEWTON-RAPHSONsche Iteration und die modifizierte NEWTON-RAPHSONsche Iteration, abgeleitet und anhand von zahlreichen Beispielen demonstriert. Im Rahmen der vollständigen NEWTON-RAPHSONschen Iteration wird die Ableitung der Tangentensteifigkeitsmatrix ausführlich diskutiert.

10.1 Einführende Bemerkungen

Im Kontext der Finite-Elemente-Methode ist es üblich, folgende Arten von Nichtlinearitäten zu unterscheiden [10]:

- **Physikalische oder materielle Nichtlinearitäten:** Hierunter versteht man nichtlineares Materialverhalten, wie zum Beispiel im elastischen Bereich (behandelt in diesem Kapitel) bei Gummi oder elasto-plastischem Verhalten (behandelt in Kap. 11).
- **Nichtlineare Randbedingungen:** Hierunter fällt zum Beispiel der Fall, dass sich im Laufe der Belastung eine Verschiebungsrandbedingung ändert. Typisch für diesen Fall sind Kontaktprobleme. Wird in diesem Buch nicht behandelt.

© Springer-Verlag Berlin Heidelberg 2014
M. Merkel, A. Öchsner, *Eindimensionale Finite Elemente*,
DOI 10.1007/978-3-642-54482-8_10

- **Geometrische oder kinematische Nichtlinearität:** Hierunter versteht man große Verschiebungen und Verdrehungen bei kleinen Verzerrungen. Als Beispiele können Strukturelemente wie Seile und Balken angeführt werden. Wird in diesem Buch nicht behandelt.
- **Große Deformationen:** Hierunter versteht man große Verschiebungen, Verdrehungen und große Verzerrungen. Wird in diesem Buch nicht behandelt.
- **Stabilitätsprobleme:** Hierbei unterscheidet man die geometrischen Instabilitäten (wie zum Beispiel das Knicken von Stäben und Beulen von Platten) und die Materialinstabilitäten (wie zum Beispiel das Einschnüren von Zugproben oder die Bildung von Scherbändern). Im Rahmen dieses Buches wird nur die Knickung von Stäben in Kap. 12 behandelt.

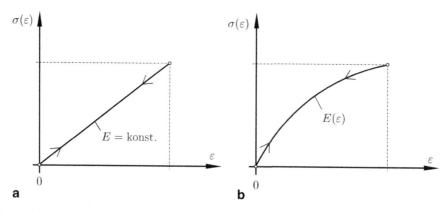

Abb. 10.1 Unterschiedliches Verhalten im elastischen Bereich: **a** Lineares und **b** nichtlineares Spannungs-Dehnungs-Diagramm

Die grundlegende Charakteristik von elastischem Materialverhalten ist, dass nach Entlastung die Dehnungen wieder vollständig auf Null zurückgehen[1]. Im Falle der linearen Elastizität mit konstantem Elastizitätsmodul erfolgt die Be- und Entlastung im Spannungs-Dehnungs-Diagramm entlang einer Geraden, vergleiche Abb. 10.1a. Die Steigung dieser Geraden entspricht nach dem HOOKEschen Gesetz gerade dem konstanten Elastizitätsmodul E. In Verallgemeinerung dieses linear-elastischen Verhaltens kann die Be- und Entlastung auch entlang einer nichtlinearen Kurve erfolgen, und in diesem Fall spricht man von nichtlinearer Elastizität, vergleiche Abb. 10.1b. In diesem Fall ist das HOOKEsche Gesetz nur noch in einer inkrementellen oder differentiellen Form gültig:

$$\frac{\mathrm{d}\sigma(\varepsilon)}{\mathrm{d}\varepsilon} = E(\varepsilon). \tag{10.1}$$

---

[1] Bei plastischem Materialverhalten treten bleibende Dehnungen auf. Dieser Fall wird in Kap. 11 behandelt.

Man beachte hierbei, dass sich die Bezeichnung ‚lineare' beziehungsweise ‚nichtlineare'
Elastizität auf das Verhalten der Spannungs-Dehnungs-Kurve bezieht. Weiterhin kann der
Elastizitätsmodul auch von der Koordinate abhängen. Dies ist zum Beispiel bei funktional
gradierten Werkstoffen, den sogenannten Gradientenwerkstoffen, der Fall. Somit kann der
Elastizitätsmodul allgemein unter Berücksichtigung der kinematischen Beziehung als

$$E = E(x, u) \tag{10.2}$$

angegeben werden. Jedoch kann eine Abhängigkeit von der x-Koordinate wie ein veränderlicher Querschnitt[2] behandelt werden und bedarf hier keiner weiteren Untersuchung.
Somit liegt der Schwerpunkt im Folgenden bei Abhängigkeiten in der Form $E = E(u)$
beziehungsweise $E = E(\frac{du}{dx})$.

10.2 Elementsteifigkeitsmatrix für dehnungsabhängige Elastizität

Die folgenden Ableitungen werden exemplarisch für den Fall, dass der Elastizitätsmodul
linear von der Dehnung abhängt, durchgeführt, vergleiche Abb. 10.2. Unter dieser Annahme
ergibt sich entsprechend Abb. 10.2a ein nichtlineares Spannungs-Dehnungs-Diagramm.
Der lineare Verlauf des Elastizitätsmoduls soll im Folgenden durch die beiden Messpunkte
$E(\varepsilon = 0) = E_0$ und $E(\varepsilon = \varepsilon_1) = E_1$ definiert werden.

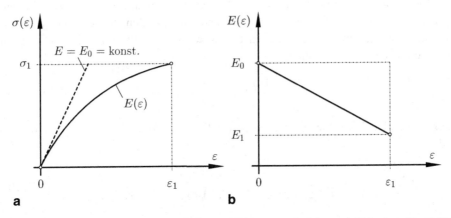

Abb. 10.2 **a** Nichtlineares Spannungs-Dehnungs-Diagramm. **b** dehnungsabhängiger Elastizitätsmodul

Somit ergibt sich für die beiden Stützstellen der folgende Funktionsverlauf für den
dehnungsabhängigen Elastizitätsmodul:

---

[2] Vergleiche hierzu in Kap. 3 die Behandlung von Stabelementen mit veränderlichen Querschnitts-
flächen $A = A(x)$.

$$E(\varepsilon) = E_0 - \frac{\varepsilon}{\varepsilon_1}\,(E_0 - E_1) = E_0\Big(1 - \varepsilon \times \underbrace{\frac{1 - E_1/E_0}{\varepsilon_1}}_{\alpha_{01}}\Big) = E_0(1 - \varepsilon\alpha_{01}). \qquad (10.3)$$

Angemerkt sei an dieser Stelle, dass sich der prinzipielle Weg der Ableitung nicht ändert, solange die Dehnungsabhängigkeit des Elastizitätsmoduls mittels eines Polynoms beschrieben werden kann. In praktischen Anwendungen ist dies oft der Fall, da experimentelle Werte häufig durch eine Polynomregression approximiert werden.

Nach Einführung der kinematischen Beziehung für einen Stab, das heißt $\varepsilon = \frac{du}{dx}$, ergibt sich hieraus der Elastizitätsmodul in Abhängigkeit der Verschiebung – oder genauer gesagt in Abhängigkeit von der Ableitung der Verschiebung – zu:

$$E(u) = E_0 \left(1 - \alpha_{01}\frac{du}{dx}\right). \qquad (10.4)$$

Dieser dehnungsabhängige Elastizitätsmodul kann mittels des differenziellen HOOKEschen Gesetzes analytisch integriert werden, und es ergibt sich folgender Spannungsverlauf[3]:

$$\sigma(\varepsilon) = E_0\varepsilon - \frac{E_0 - E_1}{2E_0\varepsilon_1}\,\varepsilon^2 = E_0\varepsilon - \frac{1}{2}\alpha_{01}E_0\varepsilon^2. \qquad (10.5)$$

Man beachte, dass sich für $E_0 = E_1$ beziehungsweise $\alpha_{01} = 0$ die klassischen Beziehungen für linear-elastisches Materialverhalten ergeben.

Zur Ableitung der Elementsteifigkeitsmatrix betrachtet man die Differenzialgleichung für einen Stab. Zur Vereinfachung soll hier angenommen werden, dass der Stabquerschnitt A konstant ist und dass keine verteilten Lasten wirken. Somit ergibt sich die folgende Formulierung der Differenzialgleichung:

$$A\frac{d}{dx}\left(E(u)\frac{du}{dx}\right) = 0. \qquad (10.6)$$

Zuerst soll der Fall betrachtet werden, dass $E(u)$ durch den Ausdruck nach Gl. (10.4) ersetzt wird:

$$A\frac{d}{dx}\left(E_0\left(1 - \alpha_{01}\frac{du}{dx}\right)\frac{du}{dx}\right) = AE_0\frac{d}{dx}\left(\frac{du}{dx} - \alpha_{01}\left(\frac{du}{dx}\right)^2\right) = 0. \qquad (10.7)$$

Nach Ausführung der Differenziation ergibt sich für die das Problem beschreibende Differenzialgleichung der folgende Ausdruck:

$$AE_0\frac{d^2u(x)}{dx^2} - 2AE_0\alpha_{01}\frac{du(x)}{dx}\frac{d^2u(x)}{dx^2} = 0. \qquad (10.8)$$

---

[3] Hierbei wurde angenommen, dass für $\varepsilon = 0$ die Spannung zu Null wird. Somit liegen zum Beispiel keine Eigenspannungen vor.

Im Rahmen des Prinzips der gewichteten Residuen ergibt sich das innere Produkt hieraus durch Multiplikation mit der Gewichtsfunktion $W(x)$ und anschließender Integration über die Stablänge zu:

$$\int_0^L W(x) \left(AE_0 \frac{d^2 u(x)}{dx^2} - 2AE_0 \alpha_{01} \frac{du(x)}{dx} \frac{d^2 u(x)}{dx^2} \right) dx \overset{!}{=} 0. \tag{10.9}$$

Partielle Integration des ersten Ausdruckes in der Klammer liefert:

$$\int_0^L AE_0 \underbrace{W}_{f} \underbrace{\frac{d^2 u}{dx^2}}_{g'} dx = AE_0 \big[\underbrace{W}_{f} \underbrace{\frac{du}{dx}}_{g} \big]_0^L - \int_0^L AE_0 \underbrace{\frac{dW}{dx}}_{f'} \underbrace{\frac{du}{dx}}_{g} dx. \tag{10.10}$$

Entsprechend kann der zweite Ausdruck in der Klammer mittels partieller Integration umgeformt werden:

$$\int_0^L 2AE_0\alpha_{01} \underbrace{\left(W \frac{du}{dx}\right)}_{f} \underbrace{\frac{d^2 u}{dx^2}}_{g'} dx = 2AE_0\alpha_{01} \big[\underbrace{W \frac{du}{dx}}_{f} \underbrace{\frac{du}{dx}}_{g} \big]_0^L$$

$$- \int_0^L 2AE_0\alpha_{01} \underbrace{\frac{d}{dx}\left(W \frac{du}{dx}\right)}_{f'} \underbrace{\frac{du}{dx}}_{g} dx$$

$$= 2AE_0\alpha_{01} \big[W \left(\frac{du}{dx}\right)^2 \big]_0^L - \int_0^L 2AE_0\alpha_{01} \left(\frac{dW}{dx} \frac{du}{dx} + W \frac{d^2 u}{dx^2} \right) \frac{du}{dx} dx$$

$$= 2AE_0\alpha_{01} \big[W \left(\frac{du}{dx}\right)^2 \big]_0^L - \int_0^L 2AE_0\alpha_{01} \frac{dW}{dx} \left(\frac{du}{dx}\right)^2 dx$$

$$- \int_0^L 2AE_0\alpha_{01} W \frac{d^2 u}{dx^2} \frac{du}{dx} dx. \tag{10.11}$$

Schließlich ergibt sich für die partielle Integration des zweiten Ausdruckes:

$$\int_0^L 2AE_0\alpha_{01} W \frac{du}{dx} \frac{d^2 u}{dx^2} dx = AE_0\alpha_{01} \big[W \left(\frac{du}{dx}\right)^2 \big]_0^L$$

$$- \int_0^L AE_0\alpha_{01} \frac{dW}{dx} \left(\frac{du}{dx}\right)^2 dx. \tag{10.12}$$

Setzt man die Ausdrücke der partiellen Integrationen nach Gl. (10.10) und (10.12) in das innere Produkt nach Gl. (10.9) ein und ordnet die Bereichs- und Randintegrale, ergibt sich folgender Ausdruck:

$$\int_0^L AE_0 \frac{dW}{dx} \frac{du}{dx}\, dx \;-\; \int_0^L AE_0 \alpha_{01} \frac{dW}{dx} \left(\frac{du}{dx}\right)^2 dx$$

$$= AE_0 \left[W\frac{du}{dx} - \alpha_{01} W \left(\frac{du}{dx}\right)^2 \right]_0^L . \tag{10.13}$$

Die Einführung der Ansätze für die Verschiebung und die Gewichstfunktion, das heißt $u(x) = N u_{\mathrm{p}}$ und $W(x) = \delta u_{\mathrm{p}}^{\mathrm{T}} N^{\mathrm{T}}(x)$, ergibt nach Kürzen der virtuellen Verschiebungen $\delta u_{\mathrm{p}}^{\mathrm{T}}$ und Ausklammern des Verschiebungsvektors u_{p} den folgenden Ausdruck:

$$AE_0 \int_0^L \left(\frac{dN^{\mathrm{T}}(x)}{dx} \frac{dN(x)}{dx} - \alpha_{01} \frac{dN^{\mathrm{T}}(x)}{dx} \left(\frac{dN(x)}{dx} u_{\mathrm{p}} \right) \frac{dN(x)}{dx} \right) dx \times u_{\mathrm{p}}$$

$$= AE_0 \left[\frac{dN^{\mathrm{T}}(x)}{dx} \left(\frac{du}{dx} - \alpha_{01} \left(\frac{du}{dx} \right)^2 \right) \right]_0^L . \tag{10.14}$$

Somit ergibt sich die Elementsteifigkeitsmatrix[4] in Abhängigkeit der Knotenverschiebungen u_{p} zu:

$$k^{\mathrm{e}} = AE_0 \int_0^L \left(\frac{dN^{\mathrm{T}}(x)}{dx} \frac{dN(x)}{dx} - \alpha_{01} \left(\frac{dN^{\mathrm{T}}(x)}{dx} \frac{dN(x)}{dx} \right) \left(u_{\mathrm{p}} \frac{dN(x)}{dx} \right) \right) dx . \tag{10.15}$$

Sind die Ansatzfunktionen bekannt, kann die Steifigkeitsmatrix ausgewertet werden. Der zweite Ausdruck in der äußeren Klammer ergibt einen zusätzlichen symmetrischen Ausdruck, der der klassischen Steifigkeitsmatrix für linear-elastisches Materialverhalten überlagert werden kann. Für einen konstanten Elastizitätsmodul ergibt sich $\alpha_{01} = 0$, und man erhält die klassische Lösung. Hat das Stabelement m Knoten und somit m Ansatzfunktionen, ergeben sich die folgenden Dimensionen der einzelnen Matrixprodukte:

$$\frac{dN^{\mathrm{T}}(x)}{dx} \frac{dN(x)}{dx} \;\rightarrow\; m \times m \text{ Matrix}, \tag{10.16}$$

$$u_{\mathrm{p}} \frac{dN(x)}{dx} \;\rightarrow\; m \times m \text{ Matrix}, \tag{10.17}$$

$$\left(\frac{dN^{\mathrm{T}}(x)}{dx} \frac{dN(x)}{dx} \right) \left(u_{\mathrm{p}} \frac{dN(x)}{dx} \right) \;\rightarrow\; m \times m \text{ Matrix}. \tag{10.18}$$

---

[4] Man beachte, dass für Matrixmultiplikationen das Assoziativgesetz gültig ist.

Im Folgenden soll jedoch eine alternative Strategie, die etwas schneller zur Finite-Elemente-Hauptgleichung führt, aufgezeigt werden. Ausgehend von der Differenzialgleichung in der Form (10.6), kann das innere Produkt abgeleitet werden, ohne den Ausdruck für $E(u)$ *a priori* zu ersetzen:

$$\int_0^L W(x) A \frac{\mathrm{d}}{\mathrm{d}x}\left(E(u(x))\frac{\mathrm{d}u(x)}{\mathrm{d}x}\right)\mathrm{d}x \overset{!}{=} 0. \tag{10.19}$$

Partielle Integration ergibt

$$\int_0^L \underbrace{W}_{f} A\underbrace{\frac{\mathrm{d}}{\mathrm{d}x}\left(E(u)\frac{\mathrm{d}u}{\mathrm{d}x}\right)}_{g'}\mathrm{d}x = \Big[\underbrace{W}_{f} AE(u)\underbrace{\frac{\mathrm{d}u}{\mathrm{d}x}}_{g}\Big]_0^L - \int_0^L \underbrace{\frac{\mathrm{d}W}{\mathrm{d}x}}_{f'} AE(u)\underbrace{\frac{\mathrm{d}u}{\mathrm{d}x}}_{g}\mathrm{d}x = 0,$$

und die schwache Form des Problems stellt sich wie folgt dar:

$$\int_0^L AE(u)\frac{\mathrm{d}W}{\mathrm{d}x}\frac{\mathrm{d}u}{\mathrm{d}x}\mathrm{d}x = \left[AE(u)W\frac{\mathrm{d}u}{\mathrm{d}x}\right]_0^L. \tag{10.20}$$

Mittels der Ansätze für die Verschiebung und die Gewichtsfunktion ergibt sich hieraus:

$$A\underbrace{\int_0^L E(u)\frac{\mathbf{N}^T\,\mathbf{N}}{\mathrm{d}x\,\mathrm{d}x}\mathrm{d}x}_{k^e} \times \mathbf{u}_\mathrm{p} = \left[AE(u)\frac{\mathrm{d}u}{\mathrm{d}x}\frac{\mathrm{d}\mathbf{N}^T}{\mathrm{d}x}\right]_0^L. \tag{10.21}$$

Die rechte Seite kann entsprechend der Vorgehensweise im Kap. 3 behandelt werden und ergibt den Vektor der äußeren Lasten. Die linke Seite erfordert jedoch noch, dass der Elastizitätsmodul $E(u)$ angemessen berücksichtigt wird. Berücksichtigt man den Ansatz für die Verschiebung, das heißt $u(x) = \mathbf{N}(x)\mathbf{u}_\mathrm{p}$, in der Formulierung des Elastizitätsmoduls nach Gl. (10.4), ergibt sich:

$$E(\mathbf{u}_\mathrm{p}) = E_0\left(1 - \alpha_{01}\frac{\mathrm{d}\mathbf{N}}{\mathrm{d}x}\mathbf{u}_\mathrm{p}\right). \tag{10.22}$$

Zu beachten ist hierbei, dass der Ausdruck $\frac{\mathrm{d}\mathbf{N}}{\mathrm{d}x}\mathbf{u}_\mathrm{p}$ eine skalare Größe ergibt. Somit ergibt sich die Steifigkeitsmatrix zu:

$$k^e = AE_0\int_0^L \underbrace{\left(1 - \alpha_{01}\frac{\mathrm{d}\mathbf{N}}{\mathrm{d}x}\mathbf{u}_\mathrm{p}\right)}_{\text{Skalar}}\frac{\mathrm{d}\mathbf{N}^T}{\mathrm{d}x}\frac{\mathrm{d}\mathbf{N}}{\mathrm{d}x}\mathrm{d}x. \tag{10.23}$$

Diese Steifigkeitsmatrix ist – auch wie Gl. (10.15) – symmetrisch, da die symmetrische Matrix $\frac{\mathrm{d}\mathbf{N}^T}{\mathrm{d}x}\frac{\mathrm{d}\mathbf{N}}{\mathrm{d}x}$ mit einem Skalar multipliziert wird.

Im Folgenden soll ein Stabelement mit zwei Knoten, das heißt linearen Formfunktionen, betrachtet werden. Die beiden Formfunktionen und deren Ableitungen ergeben sich in diesem Fall zu:

$$N_1(x) = 1 - \frac{x}{L}, \qquad\qquad \frac{\mathrm{d}N_1(x)}{\mathrm{d}x} = -\frac{1}{L}, \qquad (10.24)$$

$$N_2(x) = \frac{x}{L}, \qquad\qquad \frac{\mathrm{d}N_2(x)}{\mathrm{d}x} = \frac{1}{L}. \qquad (10.25)$$

Somit ergibt sich die Steifigkeitsmatrix zu:

$$k^{\mathrm{e}} = AE_0 \int_0^L \left(1 - \alpha_{01}\frac{\mathrm{d}N_1}{\mathrm{d}x}\,u_1 - \alpha_{01}\frac{\mathrm{d}N_2}{\mathrm{d}x}\,u_2\right) \begin{bmatrix} \frac{\mathrm{d}N_1}{\mathrm{d}x}\frac{\mathrm{d}N_1}{\mathrm{d}x} & \frac{\mathrm{d}N_1}{\mathrm{d}x}\frac{\mathrm{d}N_2}{\mathrm{d}x} \\ \frac{\mathrm{d}N_2}{\mathrm{d}x}\frac{\mathrm{d}N_1}{\mathrm{d}x} & \frac{\mathrm{d}N_2}{\mathrm{d}x}\frac{\mathrm{d}N_2}{\mathrm{d}x} \end{bmatrix} \mathrm{d}x, \qquad (10.26)$$

beziehungsweise unter Berücksichtigung der Ableitungen der Formfunktionen

$$k^{\mathrm{e}} = \frac{AE_0}{L^2} \int_0^L \left(1 + \frac{\alpha_{01}}{L}\,u_1 - \frac{\alpha_{01}}{L}\,u_2\right) \begin{bmatrix} 1 & -1 \\ -1 & 1 \end{bmatrix} \mathrm{d}x. \qquad (10.27)$$

Nach Ausführung der Integration ergibt sich hieraus die Elementsteifigkeitsmatrix zu

$$k^{\mathrm{e}} = \frac{AE_0}{L^2}\,(L + \alpha_{01}\,u_1 - \alpha_{01}\,u_2) \begin{bmatrix} 1 & -1 \\ -1 & 1 \end{bmatrix} \qquad (10.28)$$

oder die Finite-Elemente-Hauptgleichung als:

$$\frac{AE_0}{L^2}\,(L + \alpha_{01}\,u_1 - \alpha_{01}\,u_2) \begin{bmatrix} 1 & -1 \\ -1 & 1 \end{bmatrix} \begin{bmatrix} u_1 \\ u_2 \end{bmatrix} = \begin{bmatrix} F_1 \\ F_2 \end{bmatrix}. \qquad (10.29)$$

Man beachte, dass sich für konstanten Elastizitätsmodul, das heißt $\alpha_{01} = 0$, die klassische Lösung aus Kap. 3 ergibt. Für veränderlichen Elastizitätsmodul ergibt sich in abgekürzter Schreibweise folgendes Gleichungssystem:

$$k^{\mathrm{e}}(u_{\mathrm{p}})u_{\mathrm{p}} = F^{\mathrm{e}}, \qquad (10.30)$$

beziehungsweise bei mehreren Elementen für das Gesamtsystem

$$K(u)u = F. \qquad (10.31)$$

Da die Steifigkeitsmatrix von den unbekannten Knotenverschiebungen abhängt, ergibt sich ein nichtlineares Gleichungssystem, das nicht mehr direkt durch Invertieren der Steifigkeitsmatrix gelöst werden kann.

10.3 Lösung des nichtlinearen Gleichungssystems

Die Lösung des nichtlinearen Gleichungssystems soll im Folgenden für einen Stab, der an einer Seite fest eingespannt ist und an der anderen Seite durch eine Einzelkraft F belastet wird, anhand verschiedener Methoden erläutert werden, siehe Abb. 10.3. Der Elastizitätsmodul ist entsprechend Gl. (10.3) linear von der Dehnung abhängig. Zuerst erfolgt die Diskretisierung mittels eines einzigen Elementes, so dass sich unter Berücksichtigung der festen Einspannung ein System mit einem einzigen Freiheitsgrad ergibt. Die resultierenden Gleichungen sind somit nur von einer Veränderlichen, der Knotenverschiebung am Lastangriffspunkt, abhängig. Im anschließenden Schritt wird dann auf den allgemeinen Fall eines Systems mit mehreren Freiheitsgraden übergegangen. Die Veranschaulichung erfolgt hier mittels einer Diskretisierung des Problems nach Abb. 10.3a mit zwei Elementen und somit mit zwei Freiheitsgraden.

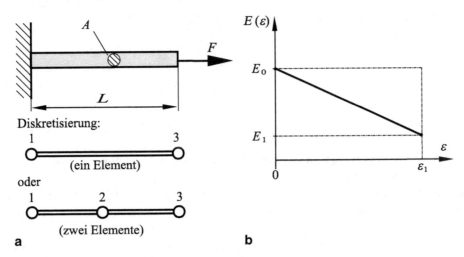

Abb. 10.3 Stabelement unter Einzellast und dehnungsabhängigem Elastizitätsmodul: **a** Kontinuum und Diskretisierung. **b** Elastizitätsmodul-Dehnungs-Verlauf

Für das Beispiel nach Abb. 10.3 sind die folgenden Werte anzunehmen: Geometrie: $A = 100\ \text{mm}^2$, $L = 400\ \text{mm}$. Materialeigenschaften: $E_0 = 70.000\ \text{MPa}$, $E_1 = 49.000\ \text{MPa}$, $\varepsilon_1 = 0,15$. Belastung: $F = 800\ \text{kN}$.

10.3.1 Direkte Iteration

Bei der direkten oder PICARDschen Iteration [7, 3] wird das Gleichungssystem (10.31) dadurch gelöst, dass die Steifigkeitsmatrix im vorhergehenden und somit bekannten Schritt ausgewertet wird. Durch Wahl eines sinnvollen Anfangswertes – zum Beispiel aus einer linear-elastischen Berechnung – kann durch sukzessives Einsetzen die Lösung mittels folgendem Schema bestimmt werden:

$$\boldsymbol{K}(\boldsymbol{u}^{(j)})\boldsymbol{u}^{(j+1)} = \boldsymbol{F}. \tag{10.32}$$

Die schematische Darstellung der direkten Iteration ist Abb. 10.4 zu entnehmen.

Abb. 10.4 Schematische Darstellung der direkten Iteration

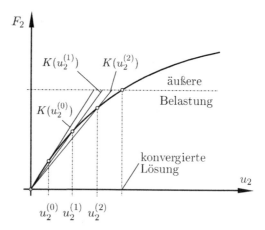

Dieses Verfahren konvergiert für mäßige Nichtlinearitäten mit linearer Konvergenzrate.

10.3.1.1 Direkte Iteration für ein Finite-Elemente-Modell mit einer Unbekannten

Für das Beispiel nach Abb. 10.3 und der Finite-Elemente-Hauptgleichung nach (10.29) unter Berücksichtigung der festen Einspannung ergibt sich das Iterationsschema zu:

$$\frac{AE_0}{L^2}\left(L - \alpha_{01}u_2^{(j)}\right)u_2^{(j+1)} = F_2, \tag{10.33}$$

beziehungsweise nach der neuen Verschiebung aufgelöst:

$$u_2^{(j+1)} = \frac{F_2 L^2}{AE_0\left(L - \alpha_{01}u_2^{(j)}\right)}. \tag{10.34}$$

Die Auswertung von Gl. (10.34) für das Beispiel nach Abb. 10.3 ist in Tab. 10.1 für einen willkürlichen Startwert von $u_2^{(0)} = 20$ mm zusammengefasst. Als Konvergenzkriterium wurde die normierte Verschiebungsdifferenz angegeben, deren Erfüllung bei einem Wert von 10^{-6} insgesamt 23 Iterationen erfordert. Weiterhin beachte man den absoluten Wert der Verschiebung beim 31. Inkrement, der auch als Vergleichswert bei den anderen Verfahren herangezogen wird.

Tab. 10.1 Numerische Werte für direkte Iteration mit einem Element bei einer äußeren Belastung von $F_2 = 800$ kN und einem Startwert von $u_2^{(0)} = 20$ mm. Geometrie: $A = 100$ mm^2, $L = 400$ mm. Materialeigenschaften: $E_0 = 70.000$ MPa, $E_1 = 49.000$ MPa, $\varepsilon_1 = 0,15$

Iteration j	$u_2^{(j)}$	$\varepsilon_2^{(j)}$	$\sqrt{\dfrac{\left(u_2^{(j)}-u_2^{(j-1)}\right)^2}{\left(u_2^{(j)}\right)^2}}$
	mm	–	–
0	20,000000	0,050000	–
1	50,793651	0,126984	0,606250
2	61,276596	0,153191	0,171076
3	65,907099	0,164768	0,070258
4	68,183007	0,170458	0,033379
5	69,360231	0,173401	0,016973
6	69,985252	0,174963	0,008931
7	70,321693	0,175804	0,004784
8	70,504137	0,176260	0,002588
9	70,603469	0,176509	0,001407
10	70,657668	0,176644	0,000767
11	70,687276	0,176718	0,000419
12	70,703461	0,176759	0,000229
13	70,712312	0,176781	0,000125
14	70,717152	0,176793	0,000068
15	70,719800	0,176800	0,000037
16	70,721248	0,176803	0,000020
17	70,722041	0,176805	0,000011
18	70,722474	0,176806	0,000006
19	70,722711	0,176807	0,000003
20	70,722841	0,176807	0,000002
21	70,722912	0,176807	0,000001
22	70,722951	0,176807	0,000001
23	70,722972	0,176807	0,000000
⋮	⋮	⋮	⋮
31	70,722998	0,176807	0,000000

10.3.1.2 Direkte Iteration für ein Finite-Elemente-Modell mit mehreren Unbekannten

Zur Anwendung der direkten Iteration auf ein Modell mit mehreren Unbekannten soll im Folgenden der Stab nach Abb. 10.3 betrachtet werden. Die Diskretisierung soll jetzt aber durch zwei gleich lange Stabelemente erfolgen. Somit ergibt sich für jedes der beiden Elemente der Länge $\frac{L}{2}$ die folgende Elementsteifigkeitsmatrix:

$$\frac{4AE_0}{L^2}\left(\frac{L}{2} + \alpha_{01}u_1 - \alpha_{01}u_2\right)\begin{bmatrix} 1 & -1 \\ -1 & 1 \end{bmatrix} \quad \text{(Element I)}, \tag{10.35}$$

$$\frac{4AE_0}{L^2}\left(\frac{L}{2} + \alpha_{01}u_2 - \alpha_{01}u_3\right)\begin{bmatrix} 1 & -1 \\ -1 & 1 \end{bmatrix} \quad \text{(Element II)}. \tag{10.36}$$

Fasst man diese beiden Matrizen zur globalen Finite-Elemente-Hauptgleichung zusammen und berücksichtigt die Randbedingungen, ergibt sich das folgende reduzierte Gleichungssystem:

$$\frac{4AE_0}{L^2}\begin{bmatrix} (L - \alpha_{01}u_3) & -\left(\frac{L}{2} + \alpha_{01}u_2 - \alpha_{01}u_3\right) \\ -\left(\frac{L}{2} + \alpha_{01}u_2 - \alpha_{01}u_3\right) & \left(\frac{L}{2} + \alpha_{01}u_2 - \alpha_{01}u_3\right) \end{bmatrix}\begin{bmatrix} u_2 \\ u_3 \end{bmatrix} = \begin{bmatrix} 0 \\ F_3 \end{bmatrix}. \tag{10.37}$$

Durch Invertierung der Steifigkeitsmatrix gelangt man zum folgenden Iterationsschema der direkten Iteration:

$$\begin{bmatrix} u_2 \\ u_3 \end{bmatrix}_{(j+1)} = \frac{\frac{L^2}{4AE_0}}{DET^{(j)}}\begin{bmatrix} \left(\frac{L}{2} + \alpha_{01}u_2 - \alpha_{01}u_3\right) & \left(\frac{L}{2} + \alpha_{01}u_2 - \alpha_{01}u_3\right) \\ \left(\frac{L}{2} + \alpha_{01}u_2 - \alpha_{01}u_3\right) & (L - \alpha_{01}u_3) \end{bmatrix}_{(j)}\begin{bmatrix} 0 \\ F_3 \end{bmatrix}_{(j)}, \tag{10.38}$$

wobei die Determinante der reduzierten Steifigkeitsmatrix durch folgende Gleichung gegeben ist:

$$DET = (L - \alpha_{01}u_3)\left(\frac{L}{2} + \alpha_{01}u_2 - \alpha_{01}u_3\right) - \left(\frac{L}{2} + \alpha_{01}u_2 - \alpha_{01}u_3\right)^2. \tag{10.39}$$

Allgemein kann die Iterationsvorschrift nach Gl. (10.38) auch als

$$\boldsymbol{u}^{(j+1)} = \left(\boldsymbol{K}(\boldsymbol{u}^{(j)})\right)^{-1}\boldsymbol{F} \tag{10.40}$$

geschrieben werden.

Die numerischen Ergebnisse der Iteration für das Beispiel nach Abb. 10.3 mit zwei Elementen sind in Tab. 10.2 zusammengefasst. Ein Vergleich mit der direkten Iteration mit einem Element, das heißt Tab. 10.1, ergibt, dass die Unterteilung in zwei Elemente praktisch keinen Einfluss auf das Konvergenzverhalten hat. Man beachte, dass in Tab. 10.2 die Verschiebungen am Knoten 2 und 3 aufgeführt sind und dass sich erst im konvergierten Zustand die Bedingung $u_2 = \frac{1}{2}u_3$ ergibt.

Tab. 10.2 Numerische Werte für direkte Iteration bei zwei Elementen mit einer äußeren Belastung von $F_2 = 800$ kN und Startwerten von $u_2^{(0)} = 10$ und $u_3^{(0)} = 20$ mm. Geometrie: $A = 100$ mm^2, $L_{\mathrm{I}} = L_{\mathrm{II}} = 200$ mm. Materialeigenschaften: $E_0 = 70.000$ MPa, $E_1 = 49.000$ MPa, $\varepsilon_1 = 0,15$

Iteration j	$u_2^{(j)}$	$u_3^{(j)}$	$\sqrt{\dfrac{\left(u_2^{(j)}-u_2^{(j-1)}\right)^2+\left(u_3^{(j)}-u_3^{(j-1)}\right)^2}{\left(u_2^{(j)}\right)^2+\left(u_3^{(j)}\right)^2}}$
	mm	mm	–
0	10,000000	20,000000	–
1	28,571429	49,350649	0,706244
2	32,000000	60,852459	0,174565
3	33,613445	65,739844	0,069707
4	34,430380	68,106422	0,032806
5	34,859349	69,3222247	0,016616
6	35,088908	69,9655414	0,008727
7	35,213000	70,3112206	0,004671
8	35,280446	70,4984992	0,002525
9	35,317213	70,6004116	0,001372
10	35,337288	70,6560035	0,000748
$\vdots$	$\vdots$	$\vdots$	$\vdots$
23	35,361489	70,7229715	0,000000
$\vdots$	$\vdots$	$\vdots$	$\vdots$
31	35,361499	70,7229976	0,000000

10.3.2 Vollständiges Newton-Raphsonsches Verfahren

10.3.2.1 Newtonsches Verfahren für eine Funktion mit einer Veränderlichen

Zur Bestimmung der Nullstelle einer Funktion $f(x)$, das heißt $f(x) = 0$, kommt häufig die NEWTONsche Iteration zum Einsatz. Zur Ableitung des Iterationsverfahrens entwickelt man die Funktion $f(x)$ um den Punkt x_0 in eine TAYLORsche Reihe

$$f(x) = f(x_0) + \left(\frac{\mathrm{d}f}{\mathrm{d}x}\right)_{x_0} \cdot (x - x_0) + \frac{1}{2!}\left(\frac{\mathrm{d}^2 f}{\mathrm{d}x^2}\right)_{x_0} \cdot (x - x_0)^2 + \cdots + \frac{1}{k!}\left(\frac{\mathrm{d}^k f}{\mathrm{d}x^k}\right)_{x_0} \cdot (x - x_0)^k. \tag{10.41}$$

Vernachlässigt man die Ausdrücke von quadratischer und weiterer höherer Ordnung, ergibt sich folgende Näherung:

$$f(x) \approx f(x_0) + \left(\frac{\mathrm{d}f}{\mathrm{d}x}\right)_{x_0} \cdot (x - x_0). \tag{10.42}$$

Beachtet man, dass die Ableitung einer Funktion gleich der Steigung der Tangentenlinie im betrachteten Punkt ist und dass die Punkt-Steigungs-Form einer Geraden mittels $f(x) - f(x_0) = m \cdot (x - x_0)$ gegeben ist, erkennt man, dass die Näherung mittels einer TAYLORschen Reihe erster Ordnung durch die Gerade durch den Punkt $(x_0, f(x_0))$ mit der Steigung $m = (\mathrm{d}f/\mathrm{d}x)_{x_0}$ gegeben ist, vergleiche Abb. 10.5.

Abb. 10.5 Entwicklung einer Funktion in eine TAYLORsche Reihe erster Ordnung

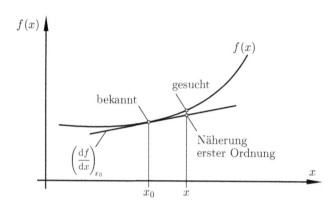

Abb. 10.6 Bestimmung der Nullstelle einer Funktion mittels NEWTONscher Iteration

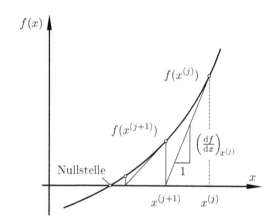

Zur Ableitung des Iterationsschemas zur Nullstellenbestimmung setzt man Gl. (10.42) zu Null und erhält mittels der Substitutionen $x_0 \rightarrow x^{(j)}$ und $x \rightarrow x^{(j+1)}$ die folgende Berechnungsvorschrift:

$$x^{(j+1)} = x^{(j)} - \frac{f(x^{(j)})}{\left(\frac{\mathrm{d}f}{\mathrm{d}x}\right)_{x^{(j)}}}. \qquad (10.43)$$

Der prinzipielle Ablauf einer NEWTONschen-Iteration ist in Abb. 10.6 dargestellt. Im Startpunkt der Iteration wird die Tangente an den Graphen der Funktion $f(x)$ gebildet, und anschließend wird die Nullstelle dieser Tangente bestimmt. Im Ordinatenwert dieser Nullstelle wird die nächste Tangente gebildet, und das Verfahren wird entsprechend der Vorgehensweise im Startpunkt fortgesetzt. Handelt es sich bei $f(x)$ um eine stetige und monotone Funktion im betrachteten Intervall und liegt der Anfangswert der Iteration ‚nahe genug' bei der gesuchten Lösung, konvergiert das Verfahren quadratisch gegen die Nullstelle.

10.3.2.2 Newton-Raphsonsche Verfahren für ein Finite-Elemente-Modell mit einer Unbekannten

Für das Beispiel nach Abb. 10.3 reduziert sich das Problem unter Berücksichtigung der Randbedingung am linken Knoten auf das Auffinden der Nullstelle der Funktion

$$r(u_2) = \frac{AE_0}{L^2} (L - \alpha_{01} u_2) u_2 - F_2 = K(u_2) u_2 - F_2 = 0. \tag{10.44}$$

Wendet man die Iterationsvorschrift des vorhergehenden Abschn. 10.3.2.1 auf die Residuumsfunktion $r(u_2)$ an, ergibt sich die folgende NEWTON-RAPHSONsche Iterationsvorschrift[5] zu

$$u_2^{(j+1)} = u_2^{(j)} - \frac{r(u_2^{(j)})}{\frac{dr(u_2^{(j)})}{du_2}} = u_2^{(j)} - \left(K_T^{(j)}\right)^{-1} r(u_2^{(j)}), \tag{10.45}$$

wobei die Größe K_T im Allgemeinen als Tangentensteifigkeitsmatrix[6] bezeichnet wird. Im hier betrachteten Beispiel reduziert sich K_T jedoch zu einer skalaren Funktion. Ausgehend von Gl. (10.44) ergibt sich für unser Beispiel die Tangentensteifigkeitsmatrix zu:

$$K_T(u_2) = \frac{dr(u_2)}{du_2} = K(u_2) + \frac{dK(u_2)}{du_2} u_2 \tag{10.46}$$

$$= \frac{AE_0}{L^2} (L - \alpha_{01} u_2) - \frac{AE_0}{L^2} \alpha_{01} u_2$$

$$= \frac{AE_0}{L^2} (L - 2\alpha_{01} u_2). \tag{10.47}$$

Verwendet man das letzte Ergebnis in der Iterationsvorschrift (10.45), und berücksichtigt man die Definition der Residuumfunktion nach (10.44), ergibt sich schließlich die Iterationsvorschrift für das betrachtete Beispiel zu:

$$u_2^{(j+1)} = u_2^{(j)} - \frac{\frac{AE_0}{L^2} \left(L - \alpha_{01} u_2^{(j)}\right) u_2^{(j)} - F_2^{(j)}}{\frac{AE_0}{L^2} \left(L - 2\alpha_{01} u_2^{(j)}\right)}. \tag{10.48}$$

Die Anwendung der Iterationsvorschrift nach Gl. (10.48) mit $\alpha_{01} = 2$ ergibt die in Tab. 10.3 zusammengefassten Ergebnisse. Man erkennt, dass für die vollständige NEWTON-RAPHSONsche Iteration wegen des quadratischen Konvergenzverhaltens nur sechs

---

[5] Im Kontext der Finite-Elemente-Methode wird die NEWTONsche Iteration oft als NEWTON-RAPHSONsche Iteration bezeichnet [2].

[6] Alternative Bezeichnungen in der Literatur sind HESSE-, JACOBI- oder Tangentenmatrix [10].

Tab. 10.3 Numerische Werte für vollständiges NEWTON-RAPHSONsches Verfahren bei einer äußeren Belastung von $F_2 = 800$ kN. Geometrie: $A = 100$ mm^2, $L = 400$ mm. Materialeigenschaften: $E_0 = 70.000$ MPa, $E_1 = 49.000$ MPa, $\varepsilon_1 = 0,15$

Iteration j	$u_2^{(j)}$	$\varepsilon_2^{(j)}$	$\sqrt{\dfrac{\left(u_2^{(j)} - u_2^{(j-1)}\right)^2}{\left(u_2^{(j)}\right)^2}}$
	mm	–	–
0	0	0	–
1	45,714286	0,114286	1
2	64,962406	0,162406	0,296296
3	70,249443	0,175624	0,075261
4	70,719229	0,176798	0,006643
5	70,722998	0,176807	0,000053
6	70,722998	0,176807	0,000000

Iterationsschritte notwendig sind, um das Konvergenzkriterium ($< 10^{-6}$) und den absoluten Wert von $u_2 = 70,722998$ mm zu erreichen. Im allgemeinen Fall des Verfahrens ergibt sich jedoch der große Nachteil, dass für jeden Iterationsschritt die Tangentensteifigkeits*matrix* neu berechnet und invertiert werden muss. Dies führt bei großen Gleichungssystemen zu sehr rechenintensiven Operationen und kann den Vorteil der quadratischen Konvergenz unter Umständen kompensieren.

Steigert man die äußere Belastung F_2, ergibt sich sich jedoch ein Grenzwert, ab dem mit dem NEWTON-RAPHSONschen Verfahren keine Konvergenz mehr erzielt werden kann. Ein dehnungsabhängiger Elastizitätsmodul nach Gl. (10.4) führt durch Integration auf den in Abb. 10.7 dargestellten parabelförmigen Spannungsverlauf. Ausgehend von dieser Abbildung kann die maximale Spannung zu $\sigma_{\max} = \frac{E_0}{2\alpha_{01}}$ beziehungsweise die maximale Kraft in einem Stab zu $F_{\max} = \frac{E_0 A}{2\alpha_{01}}$ bestimmt werden.

Durch sukzessives Steigern der äußeren Kraft F_2 im betrachteten Beispiel ergibt sich jedoch, dass das Konvergenzlimit deutlich unterhalb der maximalen Kraft von $F_{\max} = 1750$ kN erreicht wird. Mittels weniger Iterationsdurchläufe kann gezeigt werden, dass ab einem Wert von ungefähr 900 kN keine Konvergenz im betrachteten Beispiel mehr erzielt werden kann. Man beachte auch, dass eine physikalisch sinnvolle Wahl der äußeren Kraft stets der Bedingung $F_2 \leq F_{\max}$ genügen muss.

Um den Verlust der Konvergenz zu erklären, muss die Residuumsfunktion nach Gl. (10.44) näher betrachtet werden, wobei zu beachten ist, dass das Iterationsverfahren die Nullstelle dieser Funktion bestimmen soll. Bei der betrachteten Residuumsfunktion handelt es sich um eine quadratische Funktion in u_2, die mittels quadratischer Ergänzung nach kurzer Umformung auf folgende Scheitelpunktsform gebracht werden kann:

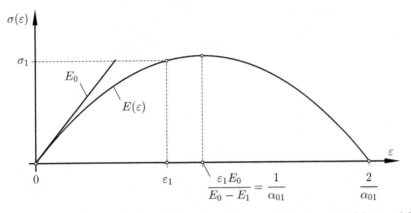

Abb. 10.7 Spannungs-Dehnungs-Verlauf für einen dehnungsabhängigen Elastizitätsmodul nach
Gl. (10.4)

$$\left(u_2 - \frac{L}{2\alpha_{01}}\right)^2 + \left(\frac{F_2}{E_0 A} - \frac{1}{4\alpha_{01}}\right)\frac{L^2}{\alpha_{01}} = 0. \tag{10.49}$$

Somit stellt Gl. (10.44) eine nach oben geöffnete Parabel mit dem Scheitelpunkt
$\left(\frac{L}{2\alpha_{01}}, \left(\frac{F_2}{E_0 A} - \frac{1}{4\alpha_{01}}\right)\frac{L^2}{\alpha_{01}}\right)$ dar. Abhängig von der Lage des Scheitelpunktes, ergibt sich eine unterschiedliche Anzahl von Nullstellen (vergleiche Abb. 10.8), so dass der Grenzwert
für die Konvergenz des Iterationsverfahrens durch den Berührpunkt der Parabel mit der
u_2-Achse definiert ist:

$$\frac{F_2}{E_0 A} - \frac{1}{4\alpha_{01}} = 0. \tag{10.50}$$

Somit konvergiert das NEWTON-RAPHSONsche Iterationsverfahren für den betrachteten
Fall, dass der Elastizitätsmodul entsprechend Gl. (10.4) linear von der Dehnung abhängt,
nur innerhalb der folgenden Grenzen:

$$F_2 \leq \frac{E_0 A}{4\alpha_{01}}, \quad \text{beziehungsweise} \quad \varepsilon \leq \frac{1}{2\alpha_{01}}. \tag{10.51}$$

Der schematische Ablauf der NEWTON-RAPHSONschen Iteration ist in Abb. 10.9 dargestellt.
In jedem Iterationspunkt $u_2^{(j)}$ wird die Tangentensteifigkeitsmatrix $K_T^{(j)}$ berechnet, um mit-
tels einer Linearisierung auf den Folgewert $u_2^{(j+1)}$ zu schließen. Wichtig ist hierbei, dass die
Tangentensteifigkeitsmatrix als Ableitung im Kraft-Verschiebungs-Diagramm identifiziert
werden kann, vergleiche Abb. 10.9a. Um auf die Darstellung in einem Spannungs-
Dehnungs-Diagramm zu kommen, muss man die Residuumsgleichung (10.44) durch die
Querschnittsfläche dividieren und die Verschiebung mit der Länge normieren, so dass man
folgende Form erhält:

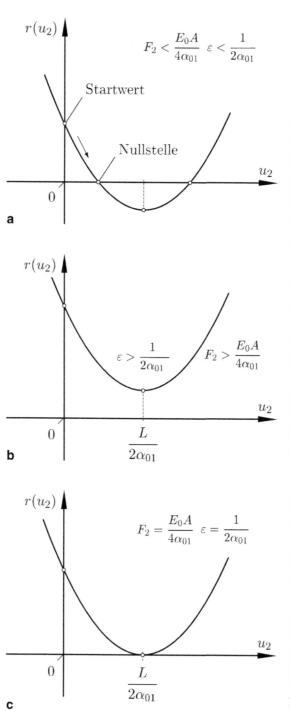

Abb. 10.8 Darstellung der Residuumsfunktion nach Gl. (10.44) für verschiedene äußere Lasten F_2: **a** Zwei Nullstellen, **b** keine Nullstelle und **c** genau eine Nullstelle

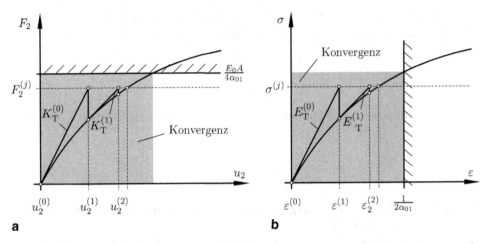

Abb. 10.9 Schematische Darstellung der vollständigen NEWTON-RAPHSONschen Iteration: **a** Kraft-Weg-Verlauf und **b** Spannungs-Dehnungs-Verlauf

$$E_0 \left(1 - \alpha_{01}\frac{u_2}{L}\right)\frac{u_2}{L} - \frac{F_2}{A} = 0, \tag{10.52}$$

beziehungsweise in den Variablen Spannung und Dehnung als

$$r(\varepsilon) = \underbrace{E_0\,(1 - \alpha_{01}\varepsilon)}_{E(\varepsilon)}\,\varepsilon - \sigma = 0. \tag{10.53}$$

Wichtig ist hierbei, dass die letzte Gleichung nicht mit dem Spannungs-Dehnungs-Verlauf nach Gl. (10.5) verwechselt wird, da es sich bei der letzten Gleichung um das Gleichgewicht zwischen den äußeren und inneren Kräften handelt. Anwendung der Iterationsvorschrift nach Gl. (10.45) ergibt hier folgendes Schema

$$\varepsilon^{(j+1)} = \varepsilon^{(j)} - \frac{r(\varepsilon^{(j)})}{\frac{\mathrm{d}r(\varepsilon^{(j)})}{\mathrm{d}\varepsilon}}, \tag{10.54}$$

wobei

$$\frac{\mathrm{d}r(\varepsilon)}{\mathrm{d}\varepsilon} = E_{\mathrm{T}} = E(\varepsilon) + \frac{\mathrm{d}E}{\mathrm{d}\varepsilon}\,\varepsilon, \tag{10.55}$$

$$= E_0(1 - \alpha_{01}\varepsilon) - E_0\alpha_{01}\varepsilon, \tag{10.56}$$

$$= E_0(1 - 2\alpha_{01}\varepsilon) \tag{10.57}$$

als der zum Iterationsschema konsistente Modul E_{T} bezeichnet wird. Man beachte hierbei den Unterschied zum kontinuumsmechanischen Modul nach Gl. (10.3). Nur für den Fall $\alpha_{01} = 0$, das heißt für einen konstanten Elastizitätsmodul, stimmen beide Moduli überein.

An dieser Stelle sei noch angemerkt, dass man die Residuumsgleichung (10.44) noch weiter verallgemeinern kann, indem man eine verschiebungsabhängige äußere Last $F_2 = F_2(u_2)$ einführt:

$$r(u_2) = K(u_2)u_2 - F_2(u_2) = 0. \tag{10.58}$$

In diesem verallgemeinerten Fall würde sich die Tangentensteifigkeitsmatrix wie folgt ergeben:

$$K_\mathrm{T}(u_2) = \frac{\mathrm{d}r(u_2)}{\mathrm{d}u_2} = K(u_2) + \frac{\mathrm{d}K(u_2)}{\mathrm{d}u_2}u_2 - \frac{\mathrm{d}F_2(u_2)}{\mathrm{d}u_2}. \tag{10.59}$$

10.3.2.3 Newton-Raphsonsche Verfahren für ein Finite-Element-Modell mit m Unbekannten

Das vollständige NEWTON-RAPHSONsche Verfahren [1, 4, 10] für ein Modell mit mehreren Unbekannten ist allgemein durch folgende Gleichung gegeben

$$\boldsymbol{u}^{(j+1)} = \boldsymbol{u}^{(j)} - \left(\boldsymbol{K}_\mathrm{T}^{(j)}\right)^{-1} \boldsymbol{r}(\boldsymbol{u}^{(j)}), \tag{10.60}$$

wobei die Tangentensteifigkeitsmatrix allgemein als

$$\boldsymbol{K}_\mathrm{T} = \frac{\partial \boldsymbol{r}(\boldsymbol{u})}{\partial \boldsymbol{u}} \tag{10.61}$$

definiert ist. Die vektorielle Funktion der Residuen ist allgemein als

$$\boldsymbol{r}(\boldsymbol{u}) = \boldsymbol{K}\boldsymbol{u} - \boldsymbol{F} \tag{10.62}$$

definiert und kann in Komponenten für ein Modell mit zwei linearen Stabelementen wie folgt dargestellt werden:

$$\begin{bmatrix} r_1(\boldsymbol{u}) \\ r_2(\boldsymbol{u}) \\ r_3(\boldsymbol{u}) \end{bmatrix} = \begin{bmatrix} K_{11} & K_{12} & K_{13} \\ K_{21} & K_{22} & K_{23} \\ K_{31} & K_{32} & K_{33} \end{bmatrix} \begin{bmatrix} u_1 \\ u_2 \\ u_3 \end{bmatrix} - \begin{bmatrix} F_1 \\ F_2 \\ F_3 \end{bmatrix}. \tag{10.63}$$

Die JAKOBIsche Matrix $\frac{\partial r}{\partial u}$ der Residuenfunktion ergibt sich aus den partiellen Ableitungen der Residuenfunktionen r_i allgemein zu:

$$\frac{\partial \boldsymbol{r}}{\partial \boldsymbol{u}}(\boldsymbol{u}) = \boldsymbol{K}_\mathrm{T}(\boldsymbol{u}) = \begin{bmatrix} K_{\mathrm{T},11} & K_{\mathrm{T},12} & K_{\mathrm{T},13} \\ K_{\mathrm{T},21} & K_{\mathrm{T},22} & K_{\mathrm{T},23} \\ K_{\mathrm{T},31} & K_{\mathrm{T},32} & K_{\mathrm{T},33} \end{bmatrix} = \begin{bmatrix} \frac{\partial r_1}{\partial u_1} & \frac{\partial r_1}{\partial u_2} & \frac{\partial r_1}{\partial u_3} \\ \frac{\partial r_2}{\partial u_1} & \frac{\partial r_2}{\partial u_2} & \frac{\partial r_2}{\partial u_3} \\ \frac{\partial r_3}{\partial u_1} & \frac{\partial r_3}{\partial u_2} & \frac{\partial r_3}{\partial u_3} \end{bmatrix}. \tag{10.64}$$

Die partiellen Ableitungen in Gl. (10.64) lassen sich am einfachsten berechnen, wenn die Residuengleichungen (10.63) ausgeschrieben werden:

$$r_1(u_1, u_2, u_3) = K_{11}u_1 + K_{12}u_2 + K_{13}u_3, \tag{10.65}$$

$$r_2(u_1, u_2, u_3) = K_{21}u_1 + K_{22}u_2 + K_{23}u_3, \tag{10.66}$$

$$r_3(u_1, u_2, u_3) = K_{31}u_1 + K_{32}u_2 + K_{33}u_3. \tag{10.67}$$

Exemplarisch seien im Folgenden zwei partielle Ableitungen angegeben:

$$\frac{\partial r_1}{\partial u_1} = \left(\frac{\partial K_{11}}{\partial u_1} u_1 + K_{11} \right) + \frac{\partial K_{12}}{\partial u_1} u_2 + \frac{\partial K_{13}}{\partial u_1} u_3, \tag{10.68}$$

$$\frac{\partial r_1}{\partial u_2} = \frac{\partial K_{11}}{\partial u_2} u_1 + \left(\frac{\partial K_{12}}{\partial u_2} u_2 + K_{12} \right) + \frac{\partial K_{13}}{\partial u_2} u_2. \tag{10.69}$$

Somit ergibt sich die Tangentensteifigkeitsmatrix zu der in Gl. (10.75) dargestellten Form, die sich additiv aus der Steifigkeitsmatrix und einer Matrix mit partiellen Ableitungen, die mit den Knotenverschiebungen multipliziert werden, zusammensetzt. Allgemein kann die Tangentensteifigkeitsmatrix somit für ein Modell mit m Freiheitsgraden als

$$K_{\mathrm{T},ij} = K_{ij} + \sum_{k=1}^{m} \frac{\partial K_{ik}}{\partial u_j} u_k, \tag{10.70}$$

beziehungsweise in Matrixschreibweise als

$$\boldsymbol{K}_{\mathrm{T}} = \boldsymbol{K} + \frac{\partial \boldsymbol{K}}{\partial \boldsymbol{u}} \boldsymbol{u} \tag{10.71}$$

formuliert werden. Abschließend seien hier zwei wichtige Spezialfälle angegeben:

- Skalare Tangentensteifigkeitsmatrix (vergleiche Abschn. 10.3.2.2):

$$K_{\mathrm{T}}(u) = K(u) + \frac{\mathrm{d}K}{\mathrm{d}u} u. \tag{10.72}$$

- Zweidimensionale Tangentensteifigkeitsmatrix (zum Beispiel lineares Stab-element ohne Verschiebungsrandbedingungen):

$$\boldsymbol{K}_{\mathrm{T}}(\boldsymbol{u}) = \begin{bmatrix} K_{11} & K_{12} \\ K_{21} & K_{22} \end{bmatrix} + \begin{bmatrix} \frac{\partial K_{11}}{\partial u_1} u_1 + \frac{\partial K_{12}}{\partial u_1} u_2 & \frac{\partial K_{11}}{\partial u_2} u_1 + \frac{\partial K_{12}}{\partial u_2} u_2 \\ \frac{\partial K_{21}}{\partial u_1} u_1 + \frac{\partial K_{22}}{\partial u_1} u_2 & \frac{\partial K_{21}}{\partial u_2} u_1 + \frac{\partial K_{22}}{\partial u_2} u_2 \end{bmatrix}. \tag{10.73}$$

Der allgemeine Fall mit $\boldsymbol{u} = \begin{bmatrix} u_1, u_2, \dots, u_m \end{bmatrix}^{\mathrm{T}}$ und $\dim(\boldsymbol{K}) = m \times m$ kann aus obigen Überlegungen leicht abgeleitet werden.

$$K_T = \begin{bmatrix} \frac{\partial K_{11}}{\partial u_1} u_1 + \frac{\partial K_{12}}{\partial u_1} u_2 + \frac{\partial K_{13}}{\partial u_1} u_3 + K_{11} & \frac{\partial K_{11}}{\partial u_2} u_1 + \frac{\partial K_{12}}{\partial u_2} u_2 + \frac{\partial K_{13}}{\partial u_2} u_3 + K_{12} & \frac{\partial K_{11}}{\partial u_3} u_1 + \frac{\partial K_{12}}{\partial u_3} u_2 + \frac{\partial K_{13}}{\partial u_3} u_3 + K_{13} \\ \frac{\partial K_{21}}{\partial u_1} u_1 + \frac{\partial K_{22}}{\partial u_1} u_2 + \frac{\partial K_{23}}{\partial u_1} u_3 + K_{21} & \frac{\partial K_{21}}{\partial u_2} u_1 + \frac{\partial K_{22}}{\partial u_2} u_2 + \frac{\partial K_{23}}{\partial u_2} u_3 + K_{22} & \frac{\partial K_{21}}{\partial u_3} u_1 + \frac{\partial K_{22}}{\partial u_3} u_2 + \frac{\partial K_{23}}{\partial u_3} u_3 + K_{23} \\ \frac{\partial K_{31}}{\partial u_1} u_1 + \frac{\partial K_{32}}{\partial u_1} u_2 + \frac{\partial K_{33}}{\partial u_1} u_3 + K_{31} & \frac{\partial K_{31}}{\partial u_2} u_1 + \frac{\partial K_{32}}{\partial u_2} u_2 + \frac{\partial K_{33}}{\partial u_2} u_3 + K_{32} & \frac{\partial K_{31}}{\partial u_3} u_1 + \frac{\partial K_{32}}{\partial u_3} u_2 + \frac{\partial K_{33}}{\partial u_3} u_3 + K_{33} \end{bmatrix} \tag{10.74}$$

$$= \begin{bmatrix} K_{11} & K_{12} & K_{13} \\ K_{21} & K_{22} & K_{23} \\ K_{31} & K_{32} & K_{33} \end{bmatrix}$$

$$+ \begin{bmatrix} \frac{\partial K_{11}}{\partial u_1} u_1 + \frac{\partial K_{12}}{\partial u_1} u_2 + \frac{\partial K_{13}}{\partial u_1} u_3 & \frac{\partial K_{11}}{\partial u_2} u_1 + \frac{\partial K_{12}}{\partial u_2} u_2 + \frac{\partial K_{13}}{\partial u_2} u_3 & \frac{\partial K_{11}}{\partial u_3} u_1 + \frac{\partial K_{12}}{\partial u_3} u_2 + \frac{\partial K_{13}}{\partial u_3} u_3 \\ \frac{\partial K_{21}}{\partial u_1} u_1 + \frac{\partial K_{22}}{\partial u_1} u_2 + \frac{\partial K_{23}}{\partial u_1} u_3 & \frac{\partial K_{21}}{\partial u_2} u_1 + \frac{\partial K_{22}}{\partial u_2} u_2 + \frac{\partial K_{23}}{\partial u_2} u_3 & \frac{\partial K_{21}}{\partial u_3} u_1 + \frac{\partial K_{22}}{\partial u_3} u_2 + \frac{\partial K_{23}}{\partial u_3} u_3 \\ \frac{\partial K_{31}}{\partial u_1} u_1 + \frac{\partial K_{32}}{\partial u_1} u_2 + \frac{\partial K_{33}}{\partial u_1} u_3 & \frac{\partial K_{31}}{\partial u_2} u_1 + \frac{\partial K_{32}}{\partial u_2} u_2 + \frac{\partial K_{33}}{\partial u_2} u_3 & \frac{\partial K_{31}}{\partial u_3} u_1 + \frac{\partial K_{32}}{\partial u_3} u_2 + \frac{\partial K_{33}}{\partial u_3} u_3 \end{bmatrix}. \tag{10.75}$$

Im Folgenden soll das Modell mit zwei Stabelementen nach Abb. 10.3 wieder betrachtet werden. Die Diskretisierung für zwei Elemente der Länge $\frac{L}{2}$ ergibt die Residuengleichung zu:

$$\begin{bmatrix} r_1 \\ r_2 \end{bmatrix} = \frac{4AE_0}{L^2} \begin{bmatrix} (L - \alpha_{01} u_3) & -\left(\frac{L}{2} + \alpha_{01} u_2 - \alpha_{01} u_3\right) \\ -\left(\frac{L}{2} + \alpha_{01} u_2 - \alpha_{01} u_3\right) & \left(\frac{L}{2} + \alpha_{01} u_2 - \alpha_{01} u_3\right) \end{bmatrix} \begin{bmatrix} u_2 \\ u_3 \end{bmatrix}$$

$$- \begin{bmatrix} 0 \\ F_3 \end{bmatrix} = 0. \tag{10.76}$$

Eine graphische Darstellung der Residuumsfunktionen nach Gl. (10.76) ist in Abb. 10.10 gegeben. Beide Funktionen sind in diesem Fall von zwei Variablen, u_2 und u_3, abhängig, und somit ergeben sich hier Flächen im Raum, deren Schnittkurven mit der u_2-u_3-Ebene gefunden werden müssen. Dazu wird in jedem Punkt des Iterationsschemas eine Tangentialebene an die entsprechende Fläche gebildet.

Die Anwendung der Rechenvorschrift nach Gl. (10.73) ergibt die Tangentensteifigkeitsmatrix in diesem speziellen Fall zu:

$$K_T = \frac{4AE_0}{L^2} \begin{bmatrix} (L - \alpha_{01} u_3) & -\left(\frac{L}{2} + \alpha_{01} u_2 - \alpha_{01} u_3\right) \\ -\left(\frac{L}{2} + \alpha_{01} u_2 - \alpha_{01} u_3\right) & \left(\frac{L}{2} + \alpha_{01} u_2 - \alpha_{01} u_3\right) \end{bmatrix}$$

$$+ \frac{4AE_0}{L^2} \begin{bmatrix} 0 - \alpha_{01} u_3 & -\alpha_{01} u_2 + \alpha_{01} u_3 \\ -\alpha_{01} u_2 + \alpha_{01} u_3 & \alpha_{01} u_2 - \alpha_{01} u_3 \end{bmatrix}. \tag{10.77}$$

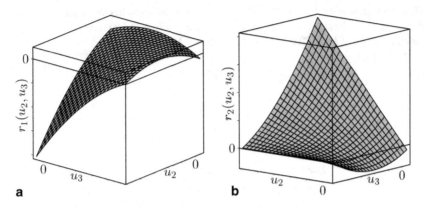

Abb. 10.10 Darstellung der Residuumsfunktionen nach Gl. (10.76): **a** Erste und **b** zweite Funktion

Die beiden Matrizen in der letzten Gleichung können noch zusammengefasst werden, und man erhält folgende Darstellung für die Tangentensteifigkeitsmatrix:

$$
\boldsymbol{K}_{\mathrm{T}} = \frac{4AE_0}{L^2} \begin{bmatrix} L - 2\alpha_{01}u_3 & -\frac{L}{2} - 2\alpha_{01}u_2 + 2\alpha_{01}u_3 \\ -\frac{L}{2} - 2\alpha_{01}u_2 + 2\alpha_{01}u_3 & \frac{L}{2} + 2\alpha_{01}u_2 - 2\alpha_{01}u_3 \end{bmatrix}. \tag{10.78}
$$

Für das Iterationsschema nach Gl. (10.60) muss die Tangentensteifigkeitsmatrix noch invertiert[7] werden, und man erhält nach kurzer Rechnung:

$$
(\boldsymbol{K}_{\mathrm{T}})^{-1} = \frac{L^2}{4AE_0 \left(\frac{L}{2} - 2\alpha_{01}u_2\right)} \begin{bmatrix} 1 & 1 \\ 1 & \frac{L - 2\alpha_{01}u_3}{\frac{L}{2} + 2\alpha_{01}u_2 - 2\alpha_{01}u_3} \end{bmatrix}. \tag{10.79}
$$

Somit kann das Iterationsschema $\boldsymbol{u}^{(j+1)} = \boldsymbol{u}^{(j)} - \left(\boldsymbol{K}_{\mathrm{T}}^{(j)}\right)^{-1} \boldsymbol{r}(\boldsymbol{u}^{(j)})$ für das Beispiel nach Abb. 10.3 schließlich wie folgt angesetzt werden:

$$
\begin{bmatrix} u_2 \\ u_3 \end{bmatrix}_{(j+1)} = \begin{bmatrix} u_2 \\ u_3 \end{bmatrix}_{(j)} - \frac{L^2(4AE_0)^{-1}}{\frac{L}{2} - 2\alpha_{01}u_2^{(j)}} \begin{bmatrix} 1 & 1 \\ 1 & \frac{L - 2\alpha_{01}u_3}{\frac{L}{2} + 2\alpha_{01}u_2 - 2\alpha_{01}u_3} \end{bmatrix}_{(j)} \times
$$

$$
\left(\frac{4AE_0}{L^2} \begin{bmatrix} L - \alpha_{01}u_3 & -\frac{L}{2} - \alpha_{01}u_2 + \alpha_{01}u_3 \\ -\frac{L}{2} - \alpha_{01}u_2 + \alpha_{01}u_3 & \frac{L}{2} + \alpha_{01}u_2 - \alpha_{01}u_3 \end{bmatrix}_{(j)} \begin{bmatrix} u_2 \\ u_3 \end{bmatrix}_{(j)} - \begin{bmatrix} 0 \\ F_3 \end{bmatrix} \right). \tag{10.80}
$$

Die numerischen Werte der Iteration sind in Tab. 10.4 zusammengefasst. Durch Vergleich mit den Werten aus Tab. 10.3 für das Modell mit einem einzigen Element erkennt man, dass das Konvergenzverhalten identisch ist.

---

[7] Man beachte, dass in kommerziellen Programmen die Berechnung der Invertierten numerisch erfolgen muss.

Tab. 10.4 Numerische Werte für vollständiges NEWTON-RAPHSONsches Verfahren bei zwei Elementen mit einer äußeren Belastung von $F_2 = 800$ kN. Geometrie: $A = 100$ mm^2, $L_{\mathrm{I}} = L_{\mathrm{II}} = 200$ mm. Materialeigenschaften: $E_0 = 70.000$ MPa, $E_1 = 49.000$ MPa, $\varepsilon_1 = 0,15$

Iteration j	$u_2^{(j)}$	$u_3^{(j)}$	$\sqrt{\dfrac{\left(u_2^{(j)}-u_2^{(j-1)}\right)^2+\left(u_3^{(j)}-u_3^{(j-1)}\right)^2}{\left(u_2^{(j)}\right)^2+\left(u_3^{(j)}\right)^2}}$
	mm	mm	–
0	0	0	–
1	22,857143	45,714286	1
2	32,481203	64,962406	0,296296
3	35,124722	70,249443	0,075261
4	35,359614	70,719229	0,006643
5	35,361498	70,722998	0,000053
6	35,361499	70,722998	0,000000

Für praktische Anwendungen würde man jedoch nicht die Tangentensteifigkeitsmatrix des globalen Gesamtsystems berechnen, sondern die Ableitung elementweise berechnen. Anschließend kann man die Tangentensteifigkeitsmatrizen der Einzelelemente – wie im Falle der Gesamtsteifigkeitsmatrix – zur Tangentensteifigkeitsmatrix des globalen Gesamtsystems zusammensetzen:

$$K_{\mathrm{T}} = \sum K_{\mathrm{T}}^{\mathrm{e}}. \tag{10.81}$$

Für ein lineares Element mit dehnungsabhängigem Elastizitätsmodul nach Gl. (10.3) folgt aus der Steifigkeitsmatrix nach Gl. (10.28), das heißt

$$k^{\mathrm{e}} = \frac{AE_0}{L^2}\left(L + \alpha_{01}\,u_1 - \alpha_{01}\,u_2\right)\begin{bmatrix} 1 & -1 \\ -1 & 1 \end{bmatrix}, \tag{10.82}$$

unter Anwendung der Berechnungsvorschrift (10.73) die folgende Tangentensteifigkeitsmatrix für ein einzelnes Element mit zwei Knoten zu:

$$
\begin{aligned}
K_{\mathrm{T}}^{\mathrm{e}} &= k^{\mathrm{e}} + \begin{bmatrix} \alpha_{01}u_1 - \alpha_{01}u_2 & -\alpha_{01}u_1 + \alpha_{01}u_2 \\ -\alpha_{01}u_1 + \alpha_{01}u_2 & \alpha_{01}u_1 - \alpha_{01}u_2 \end{bmatrix} \\
&= \frac{AE_0}{L^2}\left(L + 2\alpha_{01}\,u_1 - 2\alpha_{01}\,u_2\right)\begin{bmatrix} 1 & -1 \\ -1 & 1 \end{bmatrix}.
\end{aligned} \tag{10.83}
$$

10.3.3 Modifiziertes Newton-Raphsonsches Verfahren

10.3.3.1 Modifiziertes Newton-Raphsonsches Verfahren für ein Finite-Elemente-Modell mit einer Unbekannten

Der Nachteil des vollständigen NEWTON-RAPHSONschen Verfahrens liegt darin, dass bei jedem Iterationsschritt die Tangentensteifigkeitsmatrix berechnet und anschließend invertiert werden muss. Berechnet man die Tangentensteifigkeitsmatrix nur einmal zu Beginn der Iteration, gelangt man zum modifizierten NEWTON-RAPHSONschen Verfahren [1, 4, 10]. Aus Gl. (10.45) folgt das modifizierte Iterationsschema zu:

$$u_2^{(j+1)} = u_2^{(j)} - \frac{r(u_2^{(j)})}{\frac{dr(u_2^{(0)})}{du_2}} = u_2^{(j)} - \left(K_T^{(0)}\right)^{-1} r(u_2^{(j)}). \tag{10.84}$$

Eine schematische Darstellung ist in Abb. 10.11 gegeben. Man erkennt, dass in jedem Iterationschritt die gleiche Anfangstangente verwendet wird, wodurch sich im Vergleich zum vollständigen Verfahren deutlich mehr Iterationsschritte ergeben; das Verfahren konvergiert nicht mehr quadratisch, sondern nur noch linear. Jedoch entfällt die rechenintensive Invertierung der Tangentensteifigkeitsmatrix in jedem Schritt, und die Berechnung vereinfacht sich deutlich.

Abb. 10.11 Schematische Darstellung der modifizierten NEWTON-RAPHSONschen Iteration

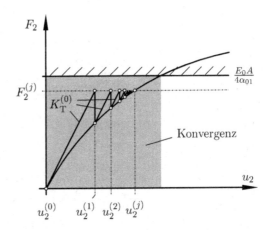

Wendet man die Iterationsvorschrift des modifizierten Verfahrens nach Gl. (10.84) auf das Problem nach Abb. 10.3 an, ergeben sich die in Tab. 10.5 zusammengefassten Ergebnisse. Zur Erfüllung des Konvergenzkriteriums ($< 10^{-6}$) sind hier 36 Schritte notwendig und der Vergleichswert von $u_2 = 70,722998$ ist erst nach 53 Iterationsschritten erreicht. Ein Vergleich mit den beiden anderen Iterationsschemata ergibt, dass das modifizierte NEWTON-RAPHSONsche Verfahren – bei Funktionen einer Veränderlichen – am langsamsten konvergiert. Man beachte jedoch, dass diese Schlussfolgerung bei einem System von Gleichungen nicht mehr gültig sein muss.

Tab. 10.5 Numerische Werte für modifiziertes NEWTON-RAPHSONsches Verfahren bei einer äußeren Belastung von $F_2 = 800$ kN. Geometrie: $A = 100$ mm^2, $L = 400$ mm. Materialeigenschaften: $E_0 = 70.000$ MPa, $E_1 = 49.000$ MPa, $\varepsilon_1 = 0,15$

Iteration j	$u_2^{(j)}$	$\varepsilon_2^{(j)}$	$\sqrt{\dfrac{\left(u_2^{(j)}-u_2^{(j-1)}\right)^2}{\left(u_2^{(j)}\right)^2}}$
	mm	–	–
0	0	0	–
1	45,714286	0,114286	1
2	56,163265	0,140408	0,186047
3	61,485848	0,153715	0,086566
4	64,616833	0,161542	0,048455
5	66,590961	0,166477	0,029646
6	67,886066	0,169715	0,019078
7	68,756876	0,171892	0,012665
8	69,351825	0,173380	0,008579
9	69,762664	0,174407	0,005889
10	70,048432	0,175121	0,004080
11	70,248200	0,175621	0,002844
12	70,388334	0,175971	0,001991
13	70,486873	0,176217	0,001398
14	70,556282	0,176391	0,000984
15	70,605231	0,176513	0,000693
16	70,639779	0,176599	0,000489
17	70,664177	0,176660	0,000345
18	70,681416	0,176704	0,000244
19	70,693598	0,176734	0,000172
20	70,702210	0,176756	0,000122
⋮	⋮	⋮	⋮
35	70,722883	0,176807	0,000001
36	70,722916	0,176807	0,000000
⋮	⋮	⋮	⋮
53	70,722998	0,176807	0,000000

10.3.3.2 Modifiziertes Newton-Raphsonsches Verfahren für ein Finite-Elemente-Modell mit mehreren Unbekannten

Das modifizierte NEWTON-RAPHSONsche Verfahren für ein Modell mit mehreren Unbekannten ist allgemein durch folgende Gleichung gegeben

$$u^{(j+1)} = u^{(j)} - \left(K_{\mathrm{T}}^{(0)}\right)^{-1} r(u^{(j)}),$$ (10.85)

beziehungsweise für das Beispiel nach Abb. 10.3:

$$\begin{bmatrix} u_2 \\ u_3 \end{bmatrix}_{(j+1)} = \begin{bmatrix} u_2 \\ u_3 \end{bmatrix}_{(j)} - \frac{L^2(4AE_0)^{-1}}{\frac{L}{2} - 2\alpha_{01}u_2^{(0)}} \begin{bmatrix} 1 & 1 \\ 1 & \frac{L - 2\alpha_{01}u_3}{\frac{L}{2} + 2\alpha_{01}u_2 - 2\alpha_{01}u_3} \end{bmatrix}_{(0)} \times$$

$$\left(\frac{4AE_0}{L^2} \begin{bmatrix} L - \alpha_{01}u_3 & -\frac{L}{2} - \alpha_{01}u_2 + \alpha_{01}u_3 \\ -\frac{L}{2} - \alpha_{01}u_2 + \alpha_{01}u_3 & \frac{L}{2} + \alpha_{01}u_2 - \alpha_{01}u_3 \end{bmatrix}_{(j)} \begin{bmatrix} u_2 \\ u_3 \end{bmatrix}_{(j)} - \begin{bmatrix} 0 \\ F_3 \end{bmatrix} \right).$$ (10.86)

Die numerischen Werte der Iteration sind in Tab. 10.6 zusammengefasst. Durch Vergleich mit den Werten aus Tab. 10.5 für das Modell mit einem einzigen Element erkennt man, dass das Konvergenzverhalten identisch ist.

10.3.4 Konvergenzkriterien

Zur Beurteilung, ob ein iteratives Schema konvergiert, wurde bereits in den vorhergehenden Kapiteln die folgende normierte Verschiebungsdifferenz in der Form

$$\sqrt{\frac{\left(u_2^{(j)} - u_2^{(j-1)}\right)^2 + \left(u_3^{(j)} - u_3^{(j-1)}\right)^2 + \cdots + \left(u_m^{(j)} - u_m^{(j)}\right)^2}{\left(u_2^{(j)}\right)^2 + \left(u_3^{(j)}\right)^2 + \cdots + \left(u_m^{(j)}\right)^2}}$$ (10.87)

verwendet, wobei m die Anzahl der unbekannten Freiheitsgrade darstellt. Ist dieser Wert unterhalb eines bestimmten Grenzwertes, zum Beispiel der im Programm verwendeten Rechengenauigkeit, kann die Iteration als konvergiert angesehen werden.

Alternativ kann auch der Residuumsvektor $r^{(j)} = K(u^{(j)})u^{(j)} - F^{(j)}$ betrachtet werden, dessen Norm mittels

$$\sqrt{\sum_{i=1}^{m} \left(r_i^{(j)}\right)^2}$$ (10.88)

angegeben werden kann. Ist diese Norm unterhalb eines bestimmten Grenzwertes, ist Konvergenz erreicht.

Tab. 10.6 Numerische Werte für modifiziertes Newton-Raphsonsches Verfahren bei zwei Elementen mit einer äußeren Belastung von $F_2 = 800$ kN. Geometrie: $A = 100$ mm^2, $L = 400$ mm. Materialeigenschaften: $E_0 = 70.000$ MPa, $E_1 = 49.000$ MPa, $\varepsilon_1 = 0,15$

Iteration j	$u_2^{(j)}$	$u_3^{(j)}$	$\sqrt{\dfrac{\left(u_2^{(j)}-u_2^{(j-1)}\right)^2+\left(u_3^{(j)}-u_3^{(j-1)}\right)^2}{\left(u_2^{(j)}\right)^2+\left(u_3^{(j)}\right)^2}}$
	mm	mm	–
0	0	0	–
1	22,857143	45,714286	1
2	28,081633	56,163265	0,186046
3	30,742924	61,485848	0,086566
4	32,308416	64,616833	0,048455
5	33,295481	66,590961	0,029646
6	33,943033	67,886066	0,019078
7	34,378438	68,756876	0,012665
8	34,675913	69,351825	0,008579
9	34,881332	69,762664	0,005889
10	35,024216	70,048432	0,004080
⋮	⋮	⋮	⋮
36	35,361458	70,722916	0,000000
⋮	⋮	⋮	⋮
53	35,361499	70,722998	0,000000

Am Ende dieses Kapitels sind in Tab. 10.7 die besprochenen Iterationsvorschriften zusammengefasst und der Berechnung mit linearer Elastizität gegenübergestellt.

Angemerkt sei hier, dass sich die drei angeführten Verfahren für nichtlineare Elastizität im Falle von linearer Elastizität zur Methode der Invertierung der Steifigkeitsmatrix vereinfachen.

In der Literatur sind eine ganze Reihe von weiteren Verfahren bekannt, wie zum Beispiel die Bogenlängenverfahren, mit denen der Konvergenzbereich der hier besprochenen Verfahren deutlich erweitert werden kann [6, 8, 9].

Tab. 10.7 Berechnungsverfahren in der linearen und nichtlinearen Elastizität (N-R = NEWTON-RAPHSON)

Verfahren	Berechnungsvorschrift
lineare Elastizität: $\boldsymbol{Ku} = \boldsymbol{F}$	
• Invertierung der Steifigkeitsmatrix	$\boldsymbol{u} = (\boldsymbol{K})^{-1}\boldsymbol{F}$
• …	…
nichtlineare Elastizität: $\boldsymbol{K}(\boldsymbol{u})\boldsymbol{u} = \boldsymbol{F}$	
• direkte Iteration	$\boldsymbol{u}^{(j+1)} = \left(\boldsymbol{K}(\boldsymbol{u}^{(j)})\right)^{-1}\boldsymbol{F}$
• vollständige N-R Iteration	$\boldsymbol{u}^{(j+1)} = \boldsymbol{u}^{(j)} - \left(\boldsymbol{K}_{\mathrm{T}}^{(j)}\right)^{-1}\boldsymbol{r}(\boldsymbol{u}^{(j)})$
• modifizierte N-R Iteration	$\boldsymbol{u}^{(j+1)} = \boldsymbol{u}^{(j)} - \left(\boldsymbol{K}_{\mathrm{T}}^{(0)}\right)^{-1}\boldsymbol{r}(\boldsymbol{u}^{(j)})$
• …	…

10.4 Beispielprobleme und weiterführende Aufgaben

10.4.1 Beispielprobleme

Beispiel 10.1: Zugstab mit quadratischem Ansatz und dehnungsabhängigem Elastizitätsmodul Für einen dehnungsabhängigen Elastizitätsmodul der Form

$$E(u) = E_0\left(1 - \alpha_{01}\frac{\mathrm{d}u}{\mathrm{d}x}\right) \tag{10.89}$$

leite man die Steifigkeitsmatrix für ein Stabelement mit quadratischen Ansatzfunktionen ab. Das Element hat hierbei die Länge L und der mittlere Knoten befindet sich exakt in der Mitte des Elements. Anschließend berechne man ausgehend von der Steifigkeitsmatrix die Tangentensteifigkeitsmatrix $\boldsymbol{K}_{\mathrm{T}}$.

Lösung 10.1 Ausgehend von Gl. (10.23), das heißt

$$\boldsymbol{k}^{\mathrm{e}} = AE_0\int_0^L \underbrace{\left(1 - \alpha_{01}\frac{\mathrm{d}\boldsymbol{N}}{\mathrm{d}x}\boldsymbol{u}_{\mathrm{p}}\right)}_{\text{Skalar}}\frac{\mathrm{d}\boldsymbol{N}^{\mathrm{T}}}{\mathrm{d}x}\frac{\mathrm{d}\boldsymbol{N}}{\mathrm{d}x}\,\mathrm{d}x, \tag{10.90}$$

und den Ansatzfunktionen für ein quadratisches Stabelement, beziehungsweise deren Ableitungen

$$N_1(x) = 1 - 3\frac{x}{L} + 2\left(\frac{x}{L}\right)^2, \qquad \frac{\mathrm{d}N_1(x)}{\mathrm{d}x} = -\frac{3}{L} + 4\frac{x}{L^2}, \tag{10.91}$$

$$N_2(x) = 4\frac{x}{L} - 4\left(\frac{x}{L}\right)^2, \qquad \frac{\mathrm{d}N_2(x)}{\mathrm{d}x} = \frac{4}{L} - 8\frac{x}{L^2}, \tag{10.92}$$

$$N_3(x) = -\frac{x}{L} + 2\left(\frac{x}{L}\right)^2, \qquad\qquad \frac{dN_2(x)}{dx} = -\frac{1}{L} + 2\frac{x}{L^2}, \qquad (10.93)$$

ergibt sich die Steifigkeitsmatrix allgemein zu:

$$\boldsymbol{k}^{e} = AE_0 \int\limits_{0}^{L} \left(1 - \alpha_{01}\frac{dN_1}{dx}u_1 - \alpha_{01}\frac{dN_2}{dx}u_2 - \alpha_{01}\frac{dN_3}{dx}u_3\right) \times$$

$$\begin{bmatrix} \frac{dN_1}{dx}\frac{dN_1}{dx} & \frac{dN_1}{dx}\frac{dN_2}{dx} & \frac{dN_1}{dx}\frac{dN_3}{dx} \\ \frac{dN_2}{dx}\frac{dN_1}{dx} & \frac{dN_2}{dx}\frac{dN_2}{dx} & \frac{dN_2}{dx}\frac{dN_3}{dx} \\ \frac{dN_3}{dx}\frac{dN_1}{dx} & \frac{dN_3}{dx}\frac{dN_2}{dx} & \frac{dN_3}{dx}\frac{dN_3}{dx} \end{bmatrix} dx. \qquad (10.94)$$

Nach Ausführung der Integration ergibt sich hieraus die Elementsteifigkeitsmatrix zu:

$$\boldsymbol{k}^{e} = \frac{AE_0}{3L}\begin{bmatrix} 7 & -8 & 1 \\ -8 & 16 & -8 \\ 1 & -8 & 7 \end{bmatrix} +$$

$$\frac{AE_0\alpha_{01}}{3L^2}\begin{bmatrix} 15u_1 - 16u_2 + u_3 & -16u_1 + 16u_2 & u_1 - u_3 \\ -16u_1 + 16u_2 & 16u_1 - 16u_3 & -16u_2 + 16u_3 \\ u_1 - u_3 & -16u_2 + 16u_3 & -u_1 + 16u_2 - 15u_3 \end{bmatrix}. \qquad (10.95)$$

Die Anwendung der Berechnungsvorschrift für eine (3 × 3) Matrix nach Gl. (10.75) ergibt die Tangentensteifigkeitsmatrix zu:

$$\boldsymbol{K}_{\mathrm{T}} = \boldsymbol{k}^{e} + \frac{AE_0\alpha_{01}}{3L^2}\begin{bmatrix} 15u_1 - 16u_2 + u_3 & -16u_1 + 16u_2 & u_1 - u_3 \\ -16u_1 + 16u_2 & 16u_1 - 16u_3 & -16u_2 + 16u_3 \\ u_1 - u_3 & -16u_2 + 16u_3 & -u_1 + 16u_2 - 15u_3 \end{bmatrix},$$

$$(10.96)$$

beziehungsweise nach Zusammenfassung der beiden Matrizen mit den Knotenverschiebungen zu:

$$\boldsymbol{K}_{\mathrm{T}}^{e} = \frac{AE_0}{3L}\begin{bmatrix} 7 & -8 & 1 \\ -8 & 16 & -8 \\ 1 & -8 & 7 \end{bmatrix} +$$

$$\frac{AE_0\alpha_{01}}{3L^2}\begin{bmatrix} 30u_1 - 32u_2 + 2u_3 & -32u_1 + 32u_2 & 2u_1 - 2u_3 \\ -32u_1 + 32u_2 & 32u_1 - 32u_3 & -32u_2 + 32u_3 \\ 2u_1 - 2u_3 & -32u_2 + 32u_3 & -2u_1 + 32u_2 - 30u_3 \end{bmatrix}. \qquad (10.97)$$

Beispiel 10.2: Einseitig eingespannter Zugstab mit quadratischem Ansatz und dehnungsabhängigem Elastizitätsmodul Mit dem in Beispiel 10.1 abgeleiteten Stabelement mit quadratischen Ansatzfunktionen und dehnungsabhängigem Elastizitätsmodul berechne man einen Stab, der am linken Ende fest eingespannt ist und am rechten Ende durch eine Einzelkraft von 800 kN belastet wird. Das Werkstoffverhalten ist wie in Beispiel 10.1 anzunehmen, wobei die Werte $E_0 = 70.000$ MPa und $\alpha_{01} = 2$ zu verwenden sind. Die Länge des Stabes beträgt $L = 400$ mm und die Querschnittsfläche ist $A = 100$ mm². Zur Lösung verwende man das vollständige NEWTON-RAPHSONsche Verfahren.

Lösung 10.2 Aus Gl. (10.95) ergibt sich unter Berücksichtigung der Randbedingungen die Finite-Elemente-Hauptgleichung zu

$$\left(\frac{AE_0}{3L} \begin{bmatrix} 16 & -8 \\ -8 & 7 \end{bmatrix} + \frac{AE_0\alpha_{01}}{3L^2} \begin{bmatrix} -16u_3 & -16u_2 + 16u_3 \\ -16u_2 + 16u_3 & 16u_2 - 15u_3 \end{bmatrix} \right) \begin{bmatrix} u_2 \\ u_3 \end{bmatrix} = \begin{bmatrix} 0 \\ F_3 \end{bmatrix},$$
$$(10.98)$$

und aus Gl. (10.97) folgt unter Berücksichtigung der Randbedingungen die Tangentensteifigkeitsmatrix zu

$$K_T^e = \frac{AE_0}{3L} \begin{bmatrix} 16 & -8 \\ -8 & 7 \end{bmatrix} + \frac{AE_0\alpha_{01}}{3L^2} \begin{bmatrix} 32u_1 - 32u_3 & -32u_2 + 32u_3 \\ -32u_2 + 32u_3 & -2u_1 + 32u_2 - 30u_3 \end{bmatrix}. \quad (10.99)$$

Für das Iterationsschema nach Gl. (10.60) muss die Tangentensteifigkeitsmatrix noch invertiert werden, und man erhält nach kurzer Rechnung die folgende Darstellung:

$$(K_T)^{-1} = \frac{3L^2}{AE_0(3L^2 - 12\alpha_{01}u_3L + 64\alpha_{01}^2 u_2 u_3 - 4\alpha_{01}^2 u_3^2 - 64\alpha_{01}^2 u_2^2)}$$
$$\times \begin{bmatrix} \frac{7}{16}L + 2\alpha_{01}u_2 - \frac{15}{8}\alpha_{01}u_3 & \frac{1}{2}L + 2\alpha_{01}u_2 - 2\alpha_{01}u_3 \\ \frac{1}{2}L + 2\alpha_{01}u_2 - 2\alpha_{01}u_3 & L - 2\alpha_{01}u_3 \end{bmatrix}. \quad (10.100)$$

Die numerischen Ergebnisse der Iteration sind in Tab. 10.8 zusammengefasst. Ein Vergleich mit den Ergebnissen der Diskretisierung mit zwei linearen Elementen in Tab. 10.4 ergibt, dass die Ergebnisse für den betrachteten Fall identisch sind.

Beispiel 10.3: Zugstab mit drei unterschiedlichen Elementen für dehnungsabhängigen Elastizitätsmodul und Kraftrandbedingung Das in Abb. 10.12 dargestellte Finite-Elemente-Modell eines einseitig eingespannten Stabes besteht aus drei Elementen, die unterschiedliche Eigenschaften aufweisen. Am rechten Ende ist der Stab mit einer Einzelkraft F_0 belastet.

Tab. 10.8 Numerische Werte für vollständiges NEWTON-RAPHSONsches Verfahren bei einem Element mit quadratischen Ansatzfunktionen mit einer äußeren Belastung von $F_2 = 800\,\text{kN}$. Geometrie: $A = 100\,\text{mm}^2$, $L = 400\,\text{mm}$. Materialeigenschaften: $E_0 = 70.000\,\text{MPa}$, $E_1 = 49.000\,\text{MPa}$, $\varepsilon_1 = 0,15$

Iteration j	$u_2^{(j)}$	$u_3^{(j)}$	$\sqrt{\dfrac{\left(u_2^{(j)}-u_2^{(j-1)}\right)^2+\left(u_3^{(j)}-u_3^{(j-1)}\right)^2}{\left(u_2^{(j)}\right)^2+\left(u_3^{(j)}\right)^2}}$
	mm	mm	–
0	0	0	–
1	22,857143	45,714286	1
2	32,481203	64,962406	0,296296
3	35,124722	70,249443	0,075261
4	35,359614	70,719229	0,006643
5	35,361498	70,722998	0,000053
6	35,361499	70,722998	0,000000

Abb. 10.12 Zugstab mit drei unterschiedlichen Elementen für dehnungsabhängigen Elastizitätsmodul und Kraftrandbedingung

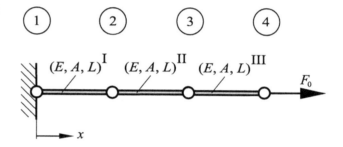

Man betrachte den Fall, dass alle drei Stäbe einen linear dehnungsabhängigen Elastizitätsmodul nach Gl. (10.3) in der Form

$$E^i(\varepsilon) = E_0^i\,(1 - \varepsilon\alpha_{01}), \quad i = \text{I}, \text{II}, \text{III} \qquad (10.101)$$

aufweisen. Für das betrachtete Problem sollen die folgenden Relationen für die Anfangs-dehnsteifigkeiten angenommen werden:

$$(E_0A)^{\text{I}} = 3E_0A, \qquad (10.102)$$

$$(E_0A)^{\text{II}} = 2E_0A, \qquad (10.103)$$

$$(E_0A)^{\text{III}} = 1E_0A. \qquad (10.104)$$

Als Zahlenwerte verwende man $F_0 = 800\,\text{kN}$, $A = 100\,\text{mm}^2$, $L^{\text{I}} = L^{\text{II}} = L^{\text{III}} = 400/3\,\text{mm}$, $E_0 = 70.000\,\text{MPa}$, $E_1 = 49.000\,\text{MPa}$, $\varepsilon_1 = 0,15$ und bestimme mit dem vollständigen NEWTON-RAPHSONschen Iterationsverfahren die Verschiebung der Knoten.

Lösung 10.3 Für die drei Elemente ergeben sich die Elementsteifigkeitsmatrizen nach Gl. (10.28) zu

$$k^{\mathrm{I}} = \frac{3E_0A}{L^2}\,(L + \alpha_{01}u_1 - \alpha_{01}u_2) \begin{bmatrix} 1 & -1 \\ -1 & 1 \end{bmatrix}, \tag{10.105}$$

$$k^{\mathrm{II}} = \frac{2E_0A}{L^2}\,(L + \alpha_{01}u_2 - \alpha_{01}u_3) \begin{bmatrix} 1 & -1 \\ -1 & 1 \end{bmatrix}, \tag{10.106}$$

$$k^{\mathrm{III}} = \frac{1E_0A}{L^2}\,(L + \alpha_{01}u_3 - \alpha_{01}u_3) \begin{bmatrix} 1 & -1 \\ -1 & 1 \end{bmatrix}, \tag{10.107}$$

die unter Berücksichtigung der festen Einspannung zu folgendem reduzierten Gleichungssystem zusammengesetzt werden können:

$$\frac{E_0A}{L^2} \begin{bmatrix} 3L - 3\alpha_{01}u_2 + \\ 2L + 2\alpha_{01}u_2 & -2L - 2\alpha_{01}u_2 & \\ -2\alpha_{01}u_3 & +2\alpha_{01}u_3 & 0 \\ -2L - 2\alpha_{01}u_2 & 2L + 2\alpha_{01}u_2 - 2\alpha_{01}u_3 & -1L - 1\alpha_{01}u_3 \\ +2\alpha_{01}u_3 & +1L + 1\alpha_{01}u_3 - 1\alpha_{01}u_4 & +1\alpha_{01}u_4 \\ & -1L - 1\alpha_{01}u_3 & 1L + 1\alpha_{01}u_3 \\ 0 & +1\alpha_{01}u_4 & -1\alpha_{01}u_4 \end{bmatrix} \begin{bmatrix} u_2 \\ u_3 \\ u_4 \end{bmatrix} = \begin{bmatrix} 0 \\ 0 \\ F_0 \end{bmatrix}. \tag{10.108}$$

Die Tangentensteifigkeitsmatrizen für die drei Elemente ergeben sich nach Gl. (10.83) zu

$$K_{\mathrm{T}}^{\mathrm{I}} = \frac{3E_0A}{L^2}\,(L + 2\alpha_{01}u_1 - 2\alpha_{01}u_2) \begin{bmatrix} 1 & -1 \\ -1 & 1 \end{bmatrix}, \tag{10.109}$$

$$K_{\mathrm{T}}^{\mathrm{II}} = \frac{2E_0A}{L^2}\,(L + 2\alpha_{01}u_2 - 2\alpha_{01}u_3) \begin{bmatrix} 1 & -1 \\ -1 & 1 \end{bmatrix}, \tag{10.110}$$

$$K_{\mathrm{T}}^{\mathrm{III}} = \frac{1E_0A}{L^2}\,(L + 2\alpha_{01}u_3 - 2\alpha_{01}u_3) \begin{bmatrix} 1 & -1 \\ -1 & 1 \end{bmatrix}. \tag{10.111}$$

Tab. 10.9 Numerische Werte für vollständiges NEWTON-RAPHSONsches Verfahren bei drei Elementen mit einer äußeren Belastung von $F_2 = 800$ kN. Geometrie: $A^i = 100$ mm^2, $L^i = 400/3$ mm. Materialeigenschaften: $E_0 = \beta^i \times 70.000$ MPa, $E_1 = 49.000$ MPa, $\varepsilon_1 = 0,15$

Iteration j	$u_2^{(j)}$	$u_3^{(j)}$	$u_4^{(j)}$	$\sqrt{\dfrac{\sum_{i=1}^{3}\left(u_i^{(j)}-u_i^{(j-1)}\right)^2}{\sum_{i=1}^{3}\left(u_i^{(j)}\right)^2}}$
	mm	mm	mm	–
0	0	0	0	–
1	5,079365	12,698413	27,936508	1
2	5,535937	14,283733	35,937868	0,209121
3	5,539687	14,313393	37,729874	0,044001
4	5,539687	14,313407	37,886483	0,003831
5	5,539687	14,313407	37,887740	0,000030
6	5,539687	14,313407	37,887740	0,000000

und können unter Berücksichtigung der festen Einspannung zu folgender Tangentensteifigkeitsmatrix des reduzierten Gleichungssystems zusammengesetzt werden:

$$
\mathbf{K}_{\mathrm{T}} = \frac{E_0 A}{L^2}
\begin{bmatrix}
3L - 6\alpha_{01}u_2 + 2L + 4\alpha_{01}u_2 - 4\alpha_{01}u_3 & -2L - 4\alpha_{01}u_2 + 4\alpha_{01}u_3 & 0 \\
-2L - 4\alpha_{01}u_2 + 4\alpha_{01}u_3 & 2L + 4\alpha_{01}u_2 - 4\alpha_{01}u_3 + 1L + 2\alpha_{01}u_3 - 2\alpha_{01}u_4 & -1L - 2\alpha_{01}u_3 + 2\alpha_{01}u_4 \\
0 & -1L - 2\alpha_{01}u_3 + 2\alpha_{01}u_4 & 1L + 2\alpha_{01}u_3 - 2\alpha_{01}u_4
\end{bmatrix}. \quad (10.112)
$$

Mittels des reduzierten Gleichungssystems und der Tangentensteifigkeitsmatrix kann das Iterationsschema $\mathbf{u}^{(j+1)} = \mathbf{u}^{(j)} - (\mathbf{K}_{\mathrm{T}}^{(j)})^{-1}\mathbf{r}(\mathbf{u}^{(j)})$ verwendet werden. Die numerischen Ergebnisse sind in Tab. 10.9 zusammengefasst.

Beispiel 10.4: Zugstab mit drei unterschiedlichen Elementen für dehnungsabhängigen Elastizitätsmodul und Verschiebungsrandbedingung Das in Abb. 10.13 dargestellte Finite-Elemente-Modell eines einseitig eingespannten Stabes besteht aus drei Elementen, die unterschiedliche Eigenschaften aufweisen. Am rechten Ende des Stabes ist eine Verschiebung u_0 vorgegeben.

Man betrachte den Fall, dass alle drei Stäbe einen linear dehnungsabhängigen Elastizitätsmodul nach Gl. (10.3) in der Form

$$
E^i(\varepsilon) = E_0^i\left(1 - \varepsilon\alpha_{01}\right), \quad i = \mathrm{I, II, III} \quad (10.113)
$$

Abb. 10.13 Zugstab mit drei unterschiedlichen Elementen für dehnungsabhängigen Elastizitätsmodul und Verschiebungsrandbedingung

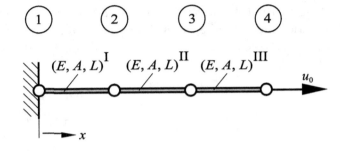

aufweisen. Für das betrachtete Problem sollen die folgenden Relationen für die Anfangs-dehnsteifigkeiten angenommen werden:

$$(E_0 A)^{\mathrm{I}} = \beta^{\mathrm{I}} E_0 A \,, \tag{10.114}$$

$$(E_0 A)^{\mathrm{II}} = \beta^{\mathrm{II}} E_0 A \,, \tag{10.115}$$

$$(E_0 A)^{\mathrm{III}} = \beta^{\mathrm{III}} E_0 A \,, \tag{10.116}$$

wobei zwei verschiedene Fälle untersucht werden sollen:

	β^{I}	β^{II}	β^{III}	u_o in mm
Fall a)	1	1	1	33
Fall b)	3	2	1	37,887740

$$\tag{10.117}$$

Als weitere Zahlenwerte verwende man $A = 100 \text{ mm}^2$, $L^{\mathrm{I}} = L^{\mathrm{II}} = L^{\mathrm{III}} = 400/3 \text{ mm}$, $E_0 = 70.000 \text{ MPa}$, $E_1 = 49.000 \text{ MPa}$, $\varepsilon_1 = 0,15$ und bestimme mit dem vollstän-digen NEWTON-RAPHSONschen Iterationsverfahren die Verschiebung der Knoten und die Reaktionskraft am rechten Ende.

Lösung 10.4 Entsprechend der Vorgehensweise in Beispiel 10.3 ergibt sich die Ge-samtsteifigkeitsmatrix unter Berücksichtigung der festen Einspannung am linken Ende zu:

$$\frac{E_0 A}{L^2} \begin{bmatrix} \beta^{\mathrm{I}} L - \beta^{\mathrm{I}} \alpha_{01} u_2 + \beta^{\mathrm{II}} L + \beta^{\mathrm{II}} \alpha_{01} u_2 - \beta^{\mathrm{II}} \alpha_{01} u_3 & -\beta^{\mathrm{II}} L - \beta^{\mathrm{II}} \alpha_{01} u_2 + \beta^{\mathrm{II}} \alpha_{01} u_3 & 0 \\ -\beta^{\mathrm{II}} L - \beta^{\mathrm{II}} \alpha_{01} u_2 + \beta^{\mathrm{II}} \alpha_{01} u_3 & \beta^{\mathrm{II}} L + \beta^{\mathrm{II}} \alpha_{01} u_2 - \beta^{\mathrm{II}} \alpha_{01} u_3 + \beta^{\mathrm{III}} L + \beta^{\mathrm{III}} \alpha_{01} u_3 - \beta^{\mathrm{III}} \alpha_{01} u_4 & -\beta^{\mathrm{III}} L - \beta^{\mathrm{III}} \alpha_{01} u_3 + \beta^{\mathrm{III}} \alpha_{01} u_4 \\ 0 & -\beta^{\mathrm{III}} L - \beta^{\mathrm{III}} \alpha_{01} u_3 + \beta^{\mathrm{III}} \alpha_{01} u_4 & \beta^{\mathrm{III}} L + \beta^{\mathrm{III}} \alpha_{01} u_3 - \beta^{\mathrm{III}} \alpha_{01} u_4 \end{bmatrix} . \tag{10.118}$$

Bringt man die bekannte Verschiebung auf die ,rechte Seite' des Gleichungssystems, ergibt sich nach Streichen der Spalte und Zeile, die zu u_4 gehört, das folgende reduzierte (2×2) Gleichungssystem:

$$\frac{E_0 A}{L^2} \begin{bmatrix} \beta^{\mathrm{I}}L - \beta^{\mathrm{I}}\alpha_{01}u_2 + & -\beta^{\mathrm{II}}L - \beta^{\mathrm{II}}\alpha_{01}u_2 \\ \beta^{\mathrm{II}}L + \beta^{\mathrm{II}}\alpha_{01}u_2 & +\beta^{\mathrm{II}}\alpha_{01}u_3 \\ -\beta^{\mathrm{II}}\alpha_{01}u_3 & \\ & \beta^{\mathrm{II}}L + \beta^{\mathrm{II}}\alpha_{01}u_2 \\ -\beta^{\mathrm{II}}L - \beta^{\mathrm{II}}\alpha_{01}u_2 & -\beta^{\mathrm{II}}\alpha_{01}u_3 + \beta^{\mathrm{III}}L \\ +\beta^{\mathrm{II}}\alpha_{01}u_3 & +\beta^{\mathrm{III}}\alpha_{01}u_3 - \beta^{\mathrm{III}}\alpha_{01}u_4 \end{bmatrix} \begin{bmatrix} u_2 \\ u_3 \end{bmatrix}$$

$$= \frac{E_0 A}{L^2} \begin{bmatrix} 0 \\ -(-\beta^{\mathrm{III}}L - \beta^{\mathrm{III}}\alpha_{01}u_3 + \beta^{\mathrm{III}}\alpha_{01}u_4)u_4 \end{bmatrix}. \tag{10.119}$$

Die Tangentensteifigkeitsmatrix ergibt sich entsprechend der Vorgehensweise in Beispiel 10.3 in der (2×2) Form zu:

$$\boldsymbol{K}_{\mathrm{T}} = \frac{E_0 A}{L^2} \begin{bmatrix} \beta^{\mathrm{I}}L - 2\beta^{\mathrm{I}}\alpha_{01}u_2 + & -\beta^{\mathrm{II}}L - 2\beta^{\mathrm{II}}\alpha_{01}u_2 \\ \beta^{\mathrm{II}}L + 2\beta^{\mathrm{II}}\alpha_{01}u_2 & +2\beta^{\mathrm{II}}\alpha_{01}u_3 \\ -2\beta^{\mathrm{II}}\alpha_{01}u_3 & \\ -\beta^{\mathrm{II}}L - 2\beta^{\mathrm{II}}\alpha_{01}u_2 & \beta^{\mathrm{II}}L + 2\beta^{\mathrm{II}}\alpha_{01}u_2 - 2\beta^{\mathrm{II}}\alpha_{01}u_3 \\ +2\beta^{\mathrm{II}}\alpha_{01}u_3 & +\beta^{\mathrm{I}}L + 2\beta^{\mathrm{I}}\alpha_{01}u_3 - 2\beta^{\mathrm{I}}\alpha_{01}u_4 \end{bmatrix}. \tag{10.120}$$

Mittels des reduzierten Gleichungssystems und der Tangentensteifigkeitsmatrix kann das Iterationsschema $\boldsymbol{u}^{(j+1)} = \boldsymbol{u}^{(j)} - (\boldsymbol{K}_{\mathrm{T}}^{(j)})^{-1}\boldsymbol{r}(\boldsymbol{u}^{(j)})$ verwendet werden. Nach jedem Iterationsschritt kann die Reaktionskraft $F_{\mathrm{r}4}$ am rechten Ende durch Auswertung der vierten Gleichung des Gesamtsystems berechnet werden. Die numerischen Ergebnisse sind in den Tab. 10.10 und 10.11 zusammengefasst.

Der Fall a) mit den Ergebnissen in Tab. 10.10 kann als Testfall für das Iterationschema angesehen werden. Auf Grund der Verschiebugsrandbedingung am rechten Ende und der identischen Elemente muss die Iteration hier $u_2 = \frac{1}{3}u_0$ und $u_3 = \frac{2}{3}u_0$ ergeben. Wie aus Tab. 10.10 ersichtlich, ist dies bei dem gewählten Konvergenzkriterium nach fünf Iterationen der Fall. Der Fall b) mit den Ergebnissen in Tab. 10.11 stellt die Umkehrung von Beispiel 10.3 dar. Da das Ergebnis für die Verschiebung aus Beispiel 10.3 als Randbedingung hier aufgebracht wurde, muss die Reaktionskraft im konvergierten Zustand einen Wert von 800 kN erreichen. Dies ist hier nach vier Iterationsschritten der Fall.

Tab. 10.10 Numerische Werte für vollständiges NEWTON-RAPHSONsches Verfahren bei drei Elementen mit Verschiebungsrandbedingung von $u_0 = 33$ mm. Geometrie: $A^i = 100$ mm^2, $L^i = 400/3$ mm. Materialeigenschaften: $E_0 = \beta^i \times 70.000$ MPa, $E_1 = 49.000$ MPa, $\varepsilon_1 = 0,15$, $\beta^I = \beta^{II} = \beta^{III} = 1$

Iteration j	$u_2^{(j)}$	$u_3^{(j)}$	$F_{r4}^{(j)}$	$\sqrt{\dfrac{\sum_{i=1}^{2}\left(u_i^{(j)}-u_i^{(j-1)}\right)^2}{\sum_{i=1}^{2}\left(u_i^{(j)}\right)^2}}$
	mm	mm	kN	–
0	0	0	0	–
1	16,338235	32,676471	16,902865	1
2	11,514910	23,029821	445,153386	0,418876
3	11,005802	22,011604	481,804221	0,046258
4	11,000001	22,000002	482,212447	0,000527
5	11,000000	22,000000	482,212500	0,000000

Tab. 10.11 Numerische Werte für vollständiges NEWTON-RAPHSONsches Verfahren bei drei Elementen mit Verschiebungsrandbedingung von $u_0 = 37.887740$ mm. Geometrie: $A^i = 100$ mm^2, $L^i = 400/3$ mm. Materialeigenschaften: $E_0 = \beta^i \times 70.000$ MPa, $E_1 = 49.000$ MPa, $\varepsilon_1 = 0,15$, $\beta^I = 3$, $\beta^{II} = 2$, $\beta^{III} = 1$

Iteration j	$u_2^{(j)}$	$u_3^{(j)}$	$F_{r4}^{(j)}$	$\sqrt{\dfrac{\sum_{i=1}^{2}\left(u_i^{(j)}-u_i^{(j-1)}\right)^2}{\sum_{i=1}^{2}\left(u_i^{(j)}\right)^2}}$
	mm	mm	kN	–
0	0	0	0	–
1	6,152350	15,380875	782,695217	1
2	5,539025	14,319014	799,913803	0,079871
3	5,539687	14,313407	800,000003	0,000368
4	5,539687	14,313407	800,000000	0,000000

10.4.2 Weiterführende Aufgaben

Dehnungsabhängiger Elastizitätsmodul mit quadratischem Verlauf Der in Abb. 10.14 dargestellte dehnungsabhängige Elastizitätsmodul wurde experimentell bestimmt. Man approximiere den Verlauf mit einer quadratischen Funktion der Form $E(\varepsilon) = a + b\varepsilon + c\varepsilon^2$ und bestimme die Konstanten $a, \ldots, c$. Anschließend berechne man durch Integration den Spannungs-Dehnungs-Verlauf und stelle den Verlauf graphisch dar. Im nächsten Schritt leite man die Elementsteifigkeitsmatrix für eine lineares Stabelement unter Berücksichtigung des dehnungsabhängigen Elastizitätsmodul ab. Im letzten Schritt bestimme man die Tangentensteifigkeitsmatrix.

Abb. 10.14 Experimentell
ermittelter
dehnungsabhängiger
Elastizitätsmodul

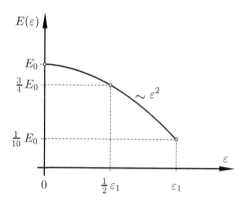

Direkte Iteration mit verschiedenen Startwerten Den Stab nach Abb. 10.3 diskretisiere
man mit einem einzigen linearen Element und verwende zur Lösung die direkte Iteration
bei verschiedenen Startwerten: $u_2^{(0)} = 0$ oder 30 oder 220 mm. Die weiteren Daten können
Tab. 10.1 entnommen werden.

**Vollständiges Newton-Raphsonsches Schema für ein lineares Element mit quadra-
tischem Elastizitätsmodul** Der in Abb. 10.15a dargestellte Balken soll mittels eines
einzigen linearen Elementes diskretisiert werden. Der dehnungsabhängige Elastizitäts-
modul weist einen quadratischen Verlauf nach Abb. 10.15b auf. Basierend auf der
Elementsteifigkeitsmatrix aus Ausgabe 10.5 löse man das Problem mit dem vollstän-
digen NEWTON-RAPHSONschen Schema für eine äußere Kraft von $F = 370$ kN. Als
Konvergenzkriterium verwende man eine relative Verschiebungsdifferenz von $< 10^{-6}$.
Anschließend untersuche man allgemein den Konvergenzbereich des Iterationsschemas.
Für die Geometrie sind die konkreten Werte $A = 100$ mm^2 und $L = 400$ mm und für das
Werkstoffverhalten $E_0 = 70.000$ MPa und $\varepsilon_1 = 0,15$ zu verwenden.

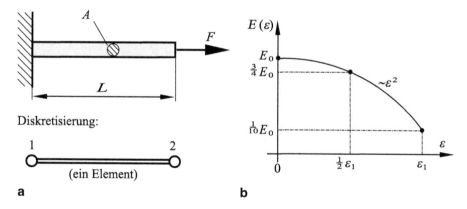

Abb. 10.15 Stabelement unter Einzellast und quadratischer Dehnungsabhängigkeit des Elastizitätsmoduls: **a** Kontinuum und Diskretisierung **b** Elastizitätsmodul-Dehnungs-Verlauf

Abb. 10.16 Experimentell
ermittelter
dehnungsabhängiger
Elastizitätsmodul; allgemeiner
quadratischer Verlauf

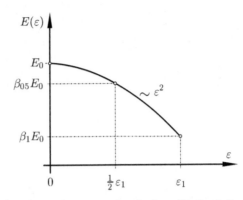

Dehnungsabhängiger Elastizitätsmodul mit allgemeinem quadratischem Verlauf In
Erweiterung von Aufgabe 10.5 betrachte man den in Abb. 10.16 dargestellten Verlauf mit
den drei Messpunkten $(0, E_0)$, $(\frac{1}{2}\varepsilon_1, \beta_{05}E_0)$ und $(\varepsilon_1, \beta_1 E_0)$. Mit den Skalierungswerten
β_{05} und β_1 kann die Gestalt der Kurve leichter an Messwerte angepasst werden. Der
Kurvenverlauf soll durch einen quadratischen Verlauf der Form $E(\varepsilon) = a + b\varepsilon + c\varepsilon^2$
approximiert werden. Man bestimme die Konstanten $a, \ldots, c$ und leite die Elementsteifigkeitsmatrix für ein lineares Stabelement unter Berücksichtigung des dehnungsabhängigen
Elastizitätsmoduls ab.

Literatur

1. Bathe K-J (2002) Finite-Elemente-Methoden. Springer, Berlin
2. Belytschko T, Liu WK, Moran B (2000) Nonlinear finite elements for continua and structures. Wiley, Chichester
3. Betten J (2004) Finite Elemente für Ingenieure 2: Variationsrechnung, Energiemethoden, Näherungsverfahren, Nichtlinearitäten, Numerische Integrationen. Springer, Berlin
4. Cook RD, Malkus DS, Plesha ME, Witt RJ (2002) Concepts and applications of finite element analysis. Wiley, New York
5. Crisfield MA (1981) A fast encremental/iterative solution procedure that handles snap through. Comput Struct 13:55–62
6. Crisfield MA (1981) A fast encremental/iterative solution procedure that handles snap through. Comput Struct 13:55–62
7. Reddy JN (2004) An introduction to nonlinear finite element analysis. Oxford University Press, Oxford
8. Riks E (1972) The application of newtons method to the problem of elastic stabilty. J Appl Mech 39:1060–1066
9. Schweizerhof K, Wriggers P (1986) Consitent linearization for path following methods in nonlinear fe-analysis. Comput Methods Appl Mech Eng 59:261–279
10. Wriggers P (2001) Nichtlineare Finite-Element-Methoden. Springer, Berlin

Plastizität $\quad$ 11

Zusammenfassung

Im Rahmen dieses Kapitels werden zuerst die kontinuumsmechanischen Grundlagen zur Plastizität am eindimensionalen Kontinuumsstab zusammengestellt. Die Fließbedingung, die Fließregel, das Verfestigungsgesetz und der elasto-plastische Stoffmodul werden für einachsige, monotone Belastungszustände eingeführt. Im Rahmen der Verfestigung ist die Beschreibung auf die isotrope Verfestigung beschränkt, die zum Beispiel beim einachsigen Zugversuch mit monotoner Belastung auftritt. Zur Integration des elasto-plastischen Stoffgesetzes wird das inkrementelle Prädiktor-Korrektor-Verfahren allgemein eingeführt und für den Fall des vollständig impliziten und des semi-impliziten Backward-Euler-Algorithmus abgeleitet. An entscheidenden Stellen wird auf den Unterschied zwischen ein- und dreidimensionaler Beschreibung hingewiesen, um eine einfache Übertragung der abgeleiteten Verfahren auf allgemeine Probleme zu gewährleisten. Durchgerechnete Beispiele und weiterführende Aufgaben mit Kurzlösungen dienen zur Einübung der theoretischen Beschreibung.

11.1 Kontinuumsmechanische Grundlagen

Das charakteristische Merkmal plastischen Materialverhaltens ist, dass nach vollständiger Entlastung eine bleibende Verzerrung ε^{pl} auftritt, vgl. Abb. 11.1a. Nur die elastischen Verzerrungen ε^{el} gehen bei vollständiger Entlastung auf Null zurück. Bei Beschränkung auf kleine Verzerrungen ist eine additive Zusammensetzung der Verzerrungen aus ihrem

© Springer-Verlag Berlin Heidelberg 2014
M. Merkel, A. Öchsner, *Eindimensionale Finite Elemente*,
DOI 10.1007/978-3-642-54482-8_11

elastischen und plastischen Anteil

$$\varepsilon = \varepsilon^{\text{el}} + \varepsilon^{\text{pl}} \tag{11.1}$$

zulässig. Die elastischen Verzerrungen ε^{el} können hierbei mittels des HOOKEschen Gesetzes ermittelt werden, wobei nun in Gl. (3.2) ε durch ε^{el} zu ersetzen ist.

Ferner ist bei plastischen Materialverhalten im Allgemeinen kein eindeutiger Zusammenhang zwischen Spannungen und Verzerrungen mehr gegeben, da der Verzerrungszustand auch von der Belastungsgeschichte abhängt. Daher sind Ratengleichungen[1] beziehungsweise – im Rahmen der hier untersuchten zeitfreien Plastizität – inkrementelle Beziehungen erforderlich, und es ist über die gesamte Belastungsgeschichte zu integrieren. Aus Gl. (11.1) folgt die additive Zusammensetzung der Verzerrungsinkremente zu:

$$\mathrm{d}\varepsilon = \mathrm{d}\varepsilon^{\text{el}} + \mathrm{d}\varepsilon^{\text{pl}}. \tag{11.2}$$

Die konstitutive Beschreibung plastischen Materialverhaltens umfasst

* eine Fließbedingung,
* eine Fließregel und
* ein Verfestigungsgesetz.

Im Folgenden wird nur der Fall der monotonen Belastung[2] betrachtet, so dass im Falle der Werkstoffverfestigung nur die isotrope Verfestigung berücksichtigt wird. Dieser wichtige Fall tritt zum Beispiel in der experimentellen Mechanik beim einachsigen Zugversuch mit monotoner Belastung auf. Weiterhin soll angenommen werden, dass die Fließspannungen im Zug- und Druckbereich identisch sind: $k_{\text{t}} = k_{\text{c}} = k$.

11.1.1 Fließbedingung

Die Fließbedingung ermöglicht die Feststellung, ob der betreffende Werkstoff bei einem bestimmten Spannungszustand in einem Punkt des betreffenden Körpers nur elastische oder auch plastische Verzerrungen erfährt. Beim einachsigen Zugversuch beginnt plastisches Fließen beim Erreichen der Fließgrenze k^{init}, vergleiche Abb. 11.1. In ihrer allgemeinen eindimensionalen Form kann die Fließbedingung im Spannungsraum wie folgt angesetzt werden ($\mathbb{R} \times \mathbb{R} \to \mathbb{R}$):

$$F = F(\sigma, \kappa), \tag{11.3}$$

---

[1] Geschwindigkeitsgleichungen (rate equations).
[2] Der Fall der Entlastung beziehungsweise Lastumkehr soll aus Gründen der Vereinfachung hier nicht betrachtet werden.

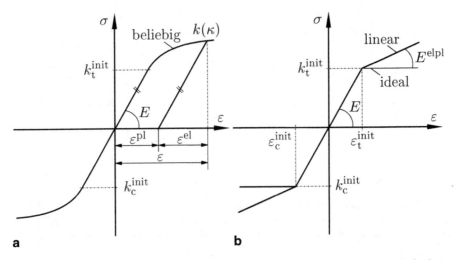

Abb. 11.1 Einachsige Spannungs-Dehnungs-Diagramme für verschiedene isotrope Verfestigungs-ansätze: **a** beliebige Verfestigung; **b** lineare Verfestigung und ideale Plastizität

wobei κ die innere Variable der isotropen Verfestigung darstellt. Im Falle der idealen Plastizität, vergleiche Abb. 11.1b, gilt: $F = F(\sigma)$. Die Werte von F haben folgende mechanische Bedeutung, vergleiche Abb. 11.2:

$$F(\sigma, \kappa) < 0 \quad \rightarrow \quad \text{elastisches Materialverhalten,} \tag{11.4}$$

$$F(\sigma, \kappa) = 0 \quad \rightarrow \quad \text{plastisches Materialverhalten,} \tag{11.5}$$

$$F(\sigma, \kappa) > 0 \quad \rightarrow \quad \text{unzulässig.} \tag{11.6}$$

Eine weitere Vereinfachung ergibt sich unter der Annahme, dass die Fließbedingung in einen reinen Spannungsanteil $f(\sigma)$, das sogenannte Fließkriterium[3], und in einen experimentellen Werkstoffparameter $k(\kappa)$, die sogenannte Fließspannung, aufgespalten werden kann:

$$F(\sigma, \kappa) = f(\sigma) - k(\kappa). \tag{11.7}$$

Für einen einachsigen Zugversuch (vergleiche Abb. 11.1) kann die Fließbedingung in der Form

$$F(\sigma, \kappa) = |\sigma| - k(\kappa) \leq 0 \tag{11.8}$$

angegeben werden. Betrachtet man den idealisierten Fall der linearen Verfestigung (vergleiche Abb. 11.1b), kann Gl. (11.8) als

$$F(\sigma, \kappa) = |\sigma| - (k^{\text{init}} + E^{\text{pl}} \kappa) \leq 0 \tag{11.9}$$

---

[3] Ist die Einheit des Fließkriteriums gleich der Sapnnung, so stellt $f(\sigma)$ die Vergleichsspannung oder effektive Spannung dar. Im allgemeinen dreidimensionalen Fall gilt unter Berücksichtigung der Symmetrie des Spannungstensors $\sigma_{\text{eff}} : (\mathbb{R}^6 \rightarrow \mathbb{R}_+)$.

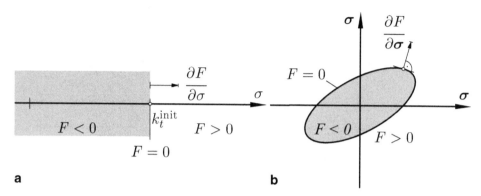

Abb. 11.2 Schematische Darstellung der Werte der Fließbedingung und der Richtung des Spannungsgradienten im **a** eindimensionalen und **b** mehrdimensionalen Spannungsraum. Hierbei stellt das σ-σ Koordinatensystem eine schematische Darstellung des n-dimensionalen Spannungsraumes dar

geschrieben werden. Parameter E^{pl} ist hierbei der plastische Modul (vergleiche Abb. 11.3), der sich im Falle der idealen Plastizität zu Null ergibt:

$$F(\sigma,\kappa) = |\sigma| - k^{\mathrm{init}} \leq 0. \tag{11.10}$$

11.1.2 Fließregel

Die Fließregel dient zur mathematischen Beschreibung der Evolution der infinitesimalen Inkremente der plastischen Verzerrung $\mathrm{d}\varepsilon^{\mathrm{pl}}$ im Laufe der Belastungsgeschichte des Körpers. In ihrer allgemeinsten eindimensionalen Form kann die Fließregel wie folgt angesetzt werden [21]:

$$\mathrm{d}\varepsilon^{\mathrm{pl}} = \mathrm{d}\lambda\, r(\sigma,\kappa), \tag{11.11}$$

wobei der Faktor $\mathrm{d}\lambda$ als Konsistenzparameter ($\mathrm{d}\lambda \geq 0$) und $r : (\mathbb{R} \times \mathbb{R} \to \mathbb{R})$ als Funktion der Fließrichtung[4] bezeichnet wird. Man beachte, dass nur für $\mathrm{d}\varepsilon^{\mathrm{pl}} = 0$ sich $\mathrm{d}\lambda = 0$ ergibt. Basierend auf dem Stabilitätspostulat von DRUCKER [13] kann folgende Fließregel abgeleitet werden:[5]

$$\mathrm{d}\varepsilon^{\mathrm{pl}} = \mathrm{d}\lambda\frac{\partial F(\sigma,\kappa)}{\partial \sigma}. \tag{11.12}$$

[4] Im allgemeinen dreidimensionalen Fall bestimmt **r** hierbei die Richtung des Vektors $\mathrm{d}\varepsilon^{\mathrm{pl}}$, während der skalare Faktor $\mathrm{d}\lambda$ den Betrag des Vektors festlegt.
[5] Eine formal alternative Ableitung der assoziierten Fließregel kann mittels der LAGRANGEschen Multiplikatorenmethode als Extremwert mit Nebenbedingung aus dem Prinzip der maximalen plastischen Arbeit erfolgen [5].

Eine derartige Fließregel wird auch als Normalitätsregel[6] (vergleiche Abb. 11.2a) oder wegen $r = \partial F(\sigma, \kappa)/\partial\sigma$ als *assoziierte* Fließregel bezeichnet. Experimentelle Ergebnisse unter anderem aus dem Bereich granularer Materialien [6] können jedoch zum Teil besser approximiert werden, wenn der Spannungsgradient durch eine andere Funktion, das sogenannte plastische Potential Q, ersetzt wird. Die resultierende Fließregel wird dann als *nichtassoziierte* Fließregel bezeichnet:

$$d\varepsilon^{\text{pl}} = d\lambda \frac{\partial Q(\sigma, \kappa)}{\partial\sigma} . \tag{11.13}$$

Bei sehr komplizierten Fließbedingungen findet man auch oft, dass in erster Näherung für Q eine einfachere Fließbedingung herangezogen wird, von der sich der Gradient leicht bestimmen lässt.

Anwendung der assoziierten Fließregel (11.12) auf die Fließbedingungen nach Gl. (11.8)–(11.10) ergibt für alle drei Formen der Fließbedingung (das heißt beliebige Verfestigung, lineare Verfestigung und ideale Plastizität):

$$d\varepsilon^{\text{pl}} = d\lambda\, \text{sgn}(\sigma), \tag{11.14}$$

wobei $\text{sgn}(\sigma)$ die sogenannte Vorzeichenfunktion[7] darstellt, die folgende Werte annehmen kann:

$$\text{sgn}(\sigma) = \begin{cases} -1 & \text{für } \sigma < 0 \\ 0 & \text{für } \sigma = 0 \\ +1 & \text{für } \sigma > 0 \end{cases} . \tag{11.15}$$

11.1.3 Verfestigungsgesetz

Das Verfestigungsgesetz erlaubt die Berücksichtigung des Einflusses von Werkstoffverfestigungen auf die Fließbedingung und die Fließregel. Im Rahmen der isotropen Verfestigung wird die Fließspannung in Abhängigkeit einer inneren Variablen κ beschrieben:

$$k = k(\kappa). \tag{11.16}$$

Wird für die Verfestigungsvariable die plastische Vergleichsdehnung[8] herangezogen ($\kappa = |\varepsilon^{\text{pl}}|$), so spricht man von Dehnungsverfestigung. Eine andere Möglichkeit besteht darin,

---

[6] Im allgemeinen dreidimensionalen Fall muss der Bildvektor des Zuwachses der plastischen Verzerrungen senkrecht zur Fließfläche stehen und nach außen gerichtet sein, vergleiche Abb. 11.2b.

[7] Auch Signumfunktion; von lateinisch ‚signum' für ‚Zeichen'.

[8] Die plastische Vergleichsdehnung oder effektive plastische Dehnung ist im allgemeinen dreidimensionalen Fall die Funktion $\varepsilon_{\text{eff}}^{\text{pl}} : (\mathbb{R}^6 \rightarrow \mathbb{R}_+)$. Im hier betrachteten eindimensionalen Fall gilt: $\varepsilon_{\text{eff}}^{\text{pl}} = \sqrt{\varepsilon^{\text{pl}}\varepsilon^{\text{pl}}} = |\varepsilon^{\text{pl}}|$. Achtung: Finite-Element-Programme verwenden gegebenenfalls zur Darstel-

die Verfestigung in Abhängigkeit von der spezifischen[9] plastischen Arbeit zu beschreiben $(\kappa = w^{\mathrm{pl}} = \int \sigma\,\mathrm{d}\varepsilon^{\mathrm{pl}})$. Man spricht dann von Arbeitsverfestigung. Wird Gl. (11.16) mit der Fließregel nach (11.14) kombiniert, ergibt sich die Evolutionsgleichung für die isotrope Verfestigungsvariable zu:

$$\mathrm{d}\kappa = \mathrm{d}|\varepsilon^{\mathrm{pl}}| = \mathrm{d}\lambda. \tag{11.17}$$

Abbildung 11.3 zeigt die Fließkurve, d. h. die graphische Darstellung der Fließspannung in Abhängigkeit der inneren Variablen, für verschiedene Verfestigungsansätze.

Abb. 11.3 Fließkurve für verschiedene Verfestigungsansätze

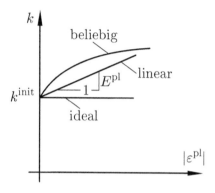

11.1.4 Elasto-plastischer Stoffmodul

Bei plastischem Materialverhalten ändert sich die Steifigkeit des Werkstoffes und der Verzerrungszustand ist von der Belastungsgeschichte abhängig. Deshalb muss das für das linear-elastische Materialverhalten gültige HOOKEsche Gesetz nach Gl. (3.2) durch folgende infinitesimal inkrementelle Beziehung ersetzt werden:

$$\mathrm{d}\sigma = E^{\mathrm{elpl}}\mathrm{d}\varepsilon. \tag{11.18}$$

In (11.18) bezeichnet E^{elpl} den elasto-plastischen Stoffmodul (vergleiche Abb. 11.1b), der im Folgenden hergeleitet wird[10]. Das totale Differential der Fließbedingung (11.8) liefert:

$$\mathrm{d}F = \left(\frac{\partial F}{\partial \sigma}\right)\mathrm{d}\sigma + \left(\frac{\partial F}{\partial \kappa}\right)\mathrm{d}\kappa = \mathrm{sgn}(\sigma)\mathrm{d}\sigma + \left(\frac{\partial F}{\partial \kappa}\right)\mathrm{d}\kappa = 0. \tag{11.19}$$

---

lung im Postprocessor die allgemeinere Definition, das heißt $\varepsilon_{\mathrm{eff}}^{\mathrm{pl}} = \sqrt{\frac{2}{3}\sum \Delta\varepsilon_{ij}^{\mathrm{pl}} \sum \Delta\varepsilon_{ij}^{\mathrm{pl}}}$, die mittels des Faktors $\frac{2}{3}$ die Querkontraktion bei uniaxialen Spannungsproblemen im plastischen Bereich berücksichtigt. Diese Formel führt jedoch bei rein eindimensionalen Problemen *ohne* Querkontraktion zu einer um den Faktor $\sqrt{\frac{2}{3}} \approx 0.816$ reduzierten Darstellung der plastischen Vergleichsdehnung.

[9] Hierbei handelt es sich um die volumenspezifische Definition, das heißt $\left[w^{\mathrm{pl}}\right] = \frac{\mathrm{N}}{\mathrm{m}^2}\frac{\mathrm{m}}{\mathrm{m}} = \frac{\mathrm{kg\,m}}{\mathrm{s}^2\mathrm{m}^2}\frac{\mathrm{m}}{\mathrm{m}} = \frac{\mathrm{kg\,m}^2}{\mathrm{s}^2\mathrm{m}^3} = \frac{\mathrm{J}}{\mathrm{m}^3}$.

[10] Im allgemeinen dreidimensionalen Fall spricht man von elasto-plastischer Stoffmatrix $\boldsymbol{C}^{\mathrm{elpl}}$.

Werden in Gl. (11.2) für die additive Zusammensetzung der elastischen und plastischen Verzerrungen das HOOKEsche Gesetz (3.2) und die Fließregel 11.14 eingesetzt, so erhält man:

$$d\varepsilon = \frac{1}{E}\,d\sigma + d\lambda\,\mathrm{sgn}(\sigma).$$ (11.20)

Multiplikation von Gl. (11.20) mit $\mathrm{sgn}(\sigma)E$ und Einsetzen in Gl. (11.19) liefert unter Verwendung der Evolutionsgleichung der Verfestigungsvariablen (11.17) den Konsistenzparameter zu:

$$d\lambda = \frac{\mathrm{sgn}(\sigma)E}{E - \left(\frac{\partial F}{\partial \kappa}\right)}\,d\varepsilon.$$ (11.21)

Einsetzen des Konsistenzparameters in Gl. (11.20) und Auflösen nach $d\sigma$ liefert schließlich den elasto-plastischen Stoffmodul zu:

$$E^{\mathrm{elpl}} = \frac{d\sigma}{d\varepsilon} = \frac{E \times \left(\frac{\partial F}{\partial \kappa}\right)}{\left(\frac{\partial F}{\partial \kappa}\right) - E}.$$ (11.22)

Für den Spezialfall der linearen Verfestigung, d. h. $\frac{\partial F}{\partial \kappa} = -E^{\mathrm{pl}}$, kann Gl. (11.22) wie folgt vereinfacht werden:

$$E^{\mathrm{elpl}} = \frac{E \times E^{\mathrm{pl}}}{E + E^{\mathrm{pl}}}.$$ (11.23)

Die unterschiedlichen allgemeinen Definitionen der Moduli sind in Tab. 11.1 vergleichend dargestellt.

Tab. 11.1 Vergleich der unterschiedlichen Definitionen der Spannungs-Dehnungs-Kennzahlen (Moduli)

Bereich	Definition
Elastisch	$E = \frac{d\sigma}{d\varepsilon^{\mathrm{el}}}$
Plastisch	$E^{\mathrm{elpl}} = \frac{d\sigma}{d\varepsilon}$ für $\varepsilon > \varepsilon^{\mathrm{init}}$
	$E^{\mathrm{pl}} = \frac{dk}{d\kappa} = \frac{dk}{d|\varepsilon^{\mathrm{pl}}|}$

Ein Vergleich der verschiedenen Gleichungen und Formulierungen der eindimensionalen Plastizität mit der allgemeinen dreidimensionalen Darstellung (zum Beispiel [3, 21]) ist in Tab. 11.2 gegeben.
Weitere Details zur Plastizität können zum Beispiel den Werken [1, 7, 15, 17, 25] entnommen werden.

11.2 Integration der Materialgleichungen

Im Vergleich zu einer FE-Berechnung mit rein linear-elastischem Materialverhalten kann bei einer Simulation plastischen Materialverhaltens die Berechnung nicht mehr in einem Schritt erfolgen, da hier im Allgemeinen kein eindeutiger Zusammenhang zwischen

Tab. 11.2 Vergleich zwischen allgemeiner 3D Plastizität und 1D Plastizität mit isotroper (beliebiger oder idealer) Dehnungsverfestigung

Allgemeine 3D Plastizität	1D Plastizität *beliebige* Verfestigung	1D Plastizität *lineare* Verfestigung
	Fließbedingung	
$F(\sigma, q) \leq 0$	$F = |\sigma| - k(\kappa) \leq 0$	$F = |\sigma| - (k^{\text{init}} + E^{\text{pl}}\kappa) \leq 0$
	Fließregel	
$\varepsilon^{\text{pl}} = d\lambda \times r(\sigma, q)$	$d\varepsilon^{\text{pl}} = d\lambda \times \text{sgn}(\sigma)$	$d\varepsilon^{\text{pl}} = d\lambda \times \text{sgn}(\sigma)$
	Verfestigungsgesetz	
$q = [\kappa, \alpha]^{\text{T}}$	κ	κ
$dq = d\lambda \times h(\sigma, q)$	$d\kappa = d\lambda$	$d\kappa = d\lambda$
	Elasto-plastischer Stoffmodul	
$C^{\text{elpl}} = \left(C - \dfrac{(Cr)\otimes\left(C\frac{\partial F}{\partial \sigma}\right)}{\left(\frac{\partial F}{\partial \sigma}\right)^T Cr - \left(\frac{\partial F}{\partial q}\right)^T h} \right)$	$E^{\text{elpl}} = \dfrac{E \times \left(\frac{\partial F}{\partial k}\right)}{\left(\frac{\partial F}{\partial k}\right) - E}$	$E^{\text{elpl}} = \dfrac{E \times E^{\text{pl}}}{E + E^{\text{pl}}}$

Spannung und Verzerrung besteht[11]. Die Last wird stattdessen inkrementell aufgebracht, wobei in jedem Inkrement ein nichtlineares Gleichungssystem gelöst werden muss (beispielsweise NEWTON-RAPHSONsche-Algorithmus). Die Finite-Elemente-Hauptgleichung ist daher in folgender inkrementeller Form anzusetzen:

$$K\Delta u = \Delta F. \tag{11.24}$$

Zusätzlich müssen für jedes Inkrement $(n + 1)$ in jedem Integrationspunkt (GAUSS-Punkt), ausgehend vom Spannungszustand am Ende des vorangegangenen Inkrements (n) und dem vorgegebenen Verzerrungsinkrement $(\Delta\varepsilon_n)$, die Feldgrößen — wie zum Beispiel die Spannung σ_{n+1} — berechnet werden (vergleiche Abb. 11.4).

Dazu muss das in infinitesimaler Form vorliegende explizite Werkstoffgesetz nach Gl. (11.2) und (11.22) numerisch integriert werden. Explizite Integrationsverfahren, wie etwa das EULER-Verfahren[12], sind allerdings ungenau und unter Umständen instabil, da sich hier ein globaler Fehler anhäufen kann [12]. Anstelle expliziter Integrationsverfahren verwendet man im Rahmen der FEM sogenannte Prädiktor-Korrektor-Verfahren (vergleiche Abb. 11.5), bei denen zunächst ein sogenannter Prädiktor explizit bestimmt

---

[11] Im allgemeinen Fall mit sechs Spannungs-und Dehnungskomponenten (unter Berücksichtigung der Symmetrie des Spannungs- und Verzerrungstensors) besteht nur ein eindeutiger Zusammenhang zwischen effektiver Spannung und effektiver plastischer Dehnung. Im eindimensionalen Fall reduzieren sich diese effektiven Größen jedoch zu: $\sigma_{\text{eff}} = |\sigma|$ und $\varepsilon_{\text{eff}}^{\text{pl}} = |\varepsilon^{\text{pl}}|$.

[12] Das explizite EULER-Verfahren oder Polygonzugverfahren (auch EULER-CAUCHY-Verfahren) ist das einfachste Verfahren zur numerischen Lösung eines Anfangswertproblems. Der neue Spannungszustand ergibt sich nach diesem Verfahren zu $\sigma_{n+1} = \sigma_n + E_n^{\text{elpl}}\Delta\varepsilon$, wobei das Anfangswertproblem als $\frac{d\sigma}{d\varepsilon} = E^{\text{elpl}}(\sigma, \varepsilon)$ mit $\sigma(\varepsilon_0) = \sigma_0$ angegeben werden kann.

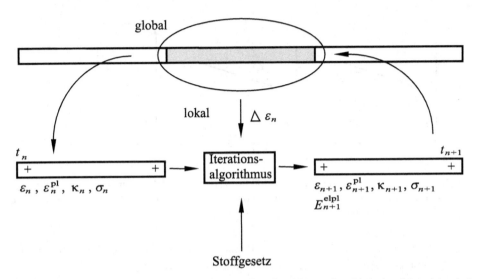

Abb. 11.4 Schematische Darstellung des Integrationsalgorithmus für plastisches Materialverhalten in der FEM; in Anlehnung an [24]. Integrationspunkte sind schematisch durch das Symbol '+' gekennzeichnet

wird und anschließend implizit korrigiert wird. In einem ersten Schritt wird unter Annahme rein linear-elastischen Materialverhaltens mittels eines elastischen Prädiktors ein Testspannungszustand (sogenannter Trial-Spannungszustand) berechnet:[13]

$$\sigma_{n+1}^{\text{trial}} = \sigma_n + \underbrace{E \Delta \varepsilon_n}_{\text{Prädiktor } \Delta \sigma_n^{\text{el}}} . \tag{11.25}$$

Der in diesem Testspannungszustand vorliegende Verfestigungszustand entspricht dem Zustand am Ende des vorhergehenden Inkrements. Es wird also angenommen, dass der Belastungsschritt rein elastisch, das heißt ohne plastische Verformung und damit ohne Verfestigung, erfolgt:

$$\kappa_{n+1}^{\text{trial}} = \kappa_n. \tag{11.26}$$

Ausgehend von der Lage des Testspannungszustandes im Spannungsraum können mittels der Fließbedingung zwei elementare Zustände unterschieden werden:

a) Der Spannungszustand liegt im elastischen Bereich (vergleiche Abb. 11.5a) oder auf der Fließgrenzfläche (gültiger Spannungszustand):

$$F\left(\sigma_{n+1}^{\text{trial}}, \kappa_{n+1}^{\text{trial}}\right) \leq 0. \tag{11.27}$$

---

[13] Im allgemeinen dreidimensionalen Fall wird die Beziehung auf den Spannungsvektor und das Inkrement des Dehnungsvektors angewandt: $\sigma_{n+1}^{\text{trial}} = \sigma_n + C \Delta \varepsilon_n$.

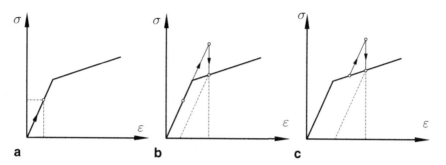

Abb. 11.5 Schematische Darstellung des Prädiktor-Korrektor-Verfahrens im Spannungs-Dehnungs-Diagramm: **a** elastischer Prädiktor liegt im elastischen Bereich; **b** und **c** elastischer Prädiktor liegt außerhalb der Fließgrenzfläche

In diesem Fall kann der Testzustand als neuer Spannungs-/Verfestigungszustand übernommen werden, da er dem tatsächlichen Zustand entspricht:

$$\sigma_{n+1} = \sigma_{n+1}^{\text{trial}}, \tag{11.28}$$

$$\kappa_{n+1} = \kappa_{n+1}^{\text{trial}}. \tag{11.29}$$

Abschließend wird zum nächsten Inkrement übergegangen.

b) Der Spannungszustand liegt außerhalb der Fließgrenzfläche (ungültiger Spannungszustand, vergleiche Abb. 11.5 b und c):

$$F(\sigma_{n+1}^{\text{trial}}, \kappa_{n+1}^{\text{trial}}) > 0. \tag{11.30}$$

Tritt dieser Fall ein, so wird im zweiten Teil des Verfahrens aus dem ungültigen Testzustand ein gültiger Zustand auf der Fließgrenzfläche ($F(\sigma_{n+1}, \kappa_{n+1}) = 0$) berechnet. Die hierzu benötigte Spannungsdifferenz

$$\Delta\sigma^{\text{pl}} = \sigma_{n+1}^{\text{trial}} - \sigma_{n+1} \tag{11.31}$$

bezeichnet man als plastischen Korrektor.

Für die Berechnung des plastischen Korrektors werden die Bezeichnungen Rückprojektion, Return-Mapping oder auch Catching-Up verwendet. Abbildung 11.6 stellt vergleichend das Prädiktor-Korrektor-Verfahrens schematisch im ein- und mehrdimensionalen Spannungsraum dar.
Im Folgenden wird die Rückprojektion näher betrachtet. Ausführliche Darstellungen sind in [3, 11, 12, 14, 21, 22] zu finden.
Die Spannungsdifferenz zwischen Ausgangs- und Zielspannungszustand (Spannungsinkrement)

$$\Delta\sigma_n = \sigma_{n+1} - \sigma_n \tag{11.32}$$

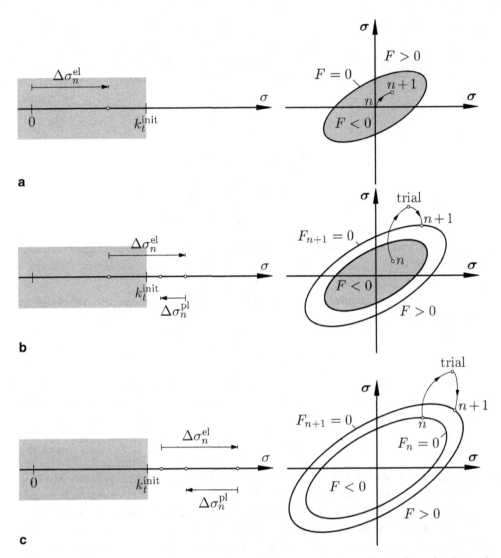

Abb. 11.6 Schematische Darstellung des Prädiktor-Korrektor-Verfahrens im eindimensionalen und mehrdimensionalen Spannungsraum. Hierbei stellt das σ-σ Koordinatensystem eine schematische Darstellung des n-dimensionalen Spannungsraumes dar. **a** elastischer Prädiktor liegt im elastischen Bereich; **b** und **c** elastischer Prädiktor liegt außerhalb der Fließgrenzfläche

resultiert nach dem HOOKEschen Gesetz aus dem elastischen Anteil des Dehnungsinkrements, das sich als Differenz des Gesamtdehnungsinkrements und dessen plastischen Anteils ergibt:

$$\Delta\sigma_n = E\,\Delta\varepsilon_n^{\mathrm{el}} = E\left(\Delta\varepsilon_n - \Delta\varepsilon_n^{\mathrm{pl}}\right). \qquad (11.33)$$

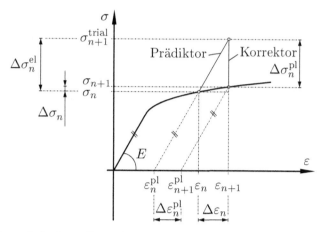

Abb. 11.7 Schematische Darstellung der Rückprojektion im Spannungs-Dehnungs-Diagramm. Modifiziert nach [21]

Aus Abb. 11.7 ist zu entnehmen, dass sich das Gesamtdehnungsinkrement in Abhängigkeit vom Testspannungszustand als

$$\Delta \varepsilon_n = \varepsilon_{n+1} - \varepsilon_n = \frac{1}{E}\left(\sigma_{n+1}^{\text{trial}} - \sigma_n\right) \tag{11.34}$$

darstellen lässt. Setzt man die letzte Gleichung und die Fließregel[14] nach (11.14) in Gl. (11.33) ein, so ergibt sich der Zielspannungszustand σ_{n+1} in Abhängigkeit vom Testspannungszustand $\sigma_{n+1}^{\text{trial}}$ zu:

$$\sigma_{n+1} = \sigma_{n+1}^{\text{trial}} - \Delta\lambda_{n+1} E \,\text{sgn}(\sigma). \tag{11.35}$$

Abhängig vom Ort der Auswertung der Funktion $\text{sgn}(\sigma)$ ergeben sich im allgemeinen Fall verschiedene Verfahren (vergleiche Tab. 11.3), um den Startwert für den plastischen Korrektor zu berechnen bzw. um den Zielspannungszustand iterativ zu bestimmen. Um einen Startwert für den plastischen Korrektor zu erhalten, kann $\text{sgn}(\sigma)$ entweder im Testspannungszustand (Backward-EULER) oder auf der Fließgrenzfläche (Forward-EULER, beim Übergang vom elastischen zum plastischen Bereich ist dies die Anfangsfließgrenze, vergleiche Abb. 11.5b) ausgewertet werden. Wird bei der iterativen Berechnung des Zielzustandes die Funktion $\text{sgn}(\sigma)$ im Zielzustand ausgewertet, so wird die Normalitätsregel (vergleiche Kap. 11.1.2) im Endzustand erfüllt. Für diesen vollständig impliziten Backward-EULER-Algorithmus (auch Closest-Point-Projection (CPP) genannt) [21] ergibt sich jedoch im allgemeinen dreidimensionalen Fall, dass Ableitungen höherer Ordnung zu berechnen sind. Beim sogenannten Cutting-Plane-Algorithmus [20] wird die Funktion $\text{sgn}(\sigma)$ im Spannungszustand des i-ten Iterationsschritts berechnet. Die Normalitätsregel wird hier zwar

---

[14] An dieser Stelle soll formal in der Schreibweise von dλ nach $\Delta\lambda$ übergegangen werden. Somit erfolgt hier der Übergang von der differentiellen zur inkrementellen Schreibweise.

Tab. 11.3 Überblick über Prädiktor-Korrektor-Verfahren

Ort der Auswertung von sgn(n)	Gleichung (11.35)
Startwert für Korrektor	
Trial-Zustand	$\sigma_{n+1} = \sigma_{n+1}^{\text{trial}} - \Delta\lambda_{n+1}E\,\text{sgn}\left(\sigma_{n+1}^{\text{trial}}\right)$
Auf der Fließkurve	$\sigma_{n+1} = \sigma_{n+1}^{\text{trial}} - \Delta\lambda_{n+1}E\,\text{sgn}(\sigma_n)$
Während der Iteration	
Im Zielspannungszustand	$\sigma_{n+1} = \sigma_{n+1}^{\text{trial}} - \Delta\lambda_{n+1}E\,\text{sgn}\left(\sigma_{n+1}\right)$
(vollst.-impl. Backward-EULER Alg.)	
(Closest-Point-Projection)	
Auf der Fließkurve	$\sigma_{n+1} = \sigma_{n+1}^{\text{trial}} - \Delta\lambda_{n+1}E\,\text{sgn}(\sigma_n)$
(semi-impl. Backward-EULER Alg.)	
Im Endzustand und	$\sigma_{n+1} = \sigma_{n+1}^{\text{trial}} - \Delta\lambda_{n+1}E\,\frac{1}{2}\times$
Auf der Fließkurve	$\left(\text{sgn}(\sigma_{n+1}) + \text{sgn}(\sigma_n)\right)$
(Midpoint-Rule)	
Im Spannungszustand des i-ten	$\sigma_{n+1} = \sigma_{n+1}^{\text{trial}} - \Delta\lambda_{n+1}E\,\text{sgn}(\sigma^{(i)})$
Iterationsschrittes	
(Cutting-Plane-Algorithmus)	

nicht exakt im Endzustand erfüllt, jedoch entfällt die Berechnung höherer Ableitungen. Bei der sogenannten Midpoint-Rule [19] wird die Funktion sgn(σ) im Endzustand und auf der Fließkurve ausgewertet und zu gleichen Teilen gewichtet. Wird die Funktion sgn(σ) nur auf der Fließkurve ausgewertet, so führt dies auf den semi-impliziten Backward-EULER-Algorithmus [18], für den nur Ableitungen erster Ordnung benötigt werden.

Berücksichtigt man die Abhängigkeit der Fließbedingung von der Verfestigungsvariablen, so benötigt man eine weitere Gleichung, welche die Verfestigung beschreibt. Aus der Evolutionsgleichung der Verfestigungsvariablen (11.17) ergibt sich folgende inkrementelle Beziehung

$$\kappa_{n+1} = \kappa_n + \Delta\lambda_{n+1} \tag{11.36}$$

zur Bestimmung der Verfestigungsvariablen.

Abschließend kann noch angemerkt werden, dass sich drei der in Tab. 11.3 angeführten Integrationsvorschriften mittels folgender Gleichung

$$\sigma_{n+1} = \sigma_{n+1}^{\text{trial}} - \Delta\lambda_{n+1}E\left([1 - \eta]\text{sgn}(\sigma_n) + \eta\,\text{sgn}(\sigma_{n+1})\right) \tag{11.37}$$

zusammenfassen lassen. Der Parameter η nimmt dann die Werte 1, 0 oder $\frac{1}{2}$ an.

11.3 Ableitung des vollständigen impliziten Backward-Euler-Algorithmus

11.3.1 Mathematische Ableitung

Bei diesem Rückprojektionsverfahren wird der dem Testzustand energetisch (vergleiche Kap. 11.3.2) am nächsten gelegene Spannungsort auf der Fließgrenzfläche berechnet. Es handelt sich also nicht, wie der Name vermuten ließe, um eine Berechnung des geometrisch nächsten Punktes. Als Grundlage des Verfahrens dient die Annahme, dass bei vorgegebener Verzerrung die plastische Arbeit ein Maximum annimmt. Zusammen mit der elementaren Forderung, dass der berechnete Spannungszustand auf der Fließkurve (Fließgrenzfläche) liegen muss, kann das CPP-Verfahren im mathematischen Sinn als Lösung einer Extremwertaufgabe (Maximum der Plastifizierungsarbeit) mit Nebenbedingung (der gesuchte Spannungszustand muss auf der Fliegrenzfläche liegen) interpretiert werden [21]. Das Verfahren ist hierbei implizit bei der Berechnung der Funktion $\mathrm{sgn}(\sigma)$, da die Auswertung im Zielzustand $n + 1$ erfolgt. Daher wird der CPP-Algorithmus auch als vollständig impliziter Backward-EULER-Algorithmus bezeichnet. Im Zielzustand sind somit die Gleichungen

$$\sigma_{n+1} = \sigma_{n+1}^{\mathrm{trial}} - \Delta\lambda_{n+1} E \, \mathrm{sgn}(\sigma_{n+1}), \tag{11.38}$$

$$\kappa_{n+1} = \kappa_n + \Delta\lambda_{n+1}, \tag{11.39}$$

$$F = F(\sigma_{n+1}, \kappa_{n+1}) = 0 \tag{11.40}$$

erfüllt. Außerhalb des Zielzustandes bleibt bei jeder dieser Gleichungen jedoch ein Residuum[15] r bestehen:

$$r_\sigma(\sigma, \Delta\lambda) = \sigma - \sigma_{n+1}^{\mathrm{trial}} + \Delta\lambda E \, \mathrm{sgn}(\sigma) \neq 0 \quad \text{oder}$$

$$= E^{-1}\sigma - E^{-1}\sigma_{n+1}^{\mathrm{trial}} + \Delta\lambda \, \mathrm{sgn}(\sigma) \neq 0, \tag{11.41}$$

$$r_\kappa(\kappa, \Delta\lambda) = \kappa - \kappa_n - \Delta\lambda \neq 0 \quad \text{oder}$$

$$= -\kappa + \kappa_n + \Delta\lambda \neq 0, \tag{11.42}$$

$$r_F(\sigma, \kappa) = F(\sigma, \kappa) = |\sigma| - k(\kappa) \neq 0. \tag{11.43}$$

Der gesuchte Spannungs-/Verfestigungszustand stellt somit die Nullstelle einer vektoriellen Funktion $\boldsymbol{m}$ dar, die komponentenweise aus den Residuenfunktionen besteht. Im Weiteren erweist es sich als sinnvoll, auch die Argumente zu einem einzigen vektoriellen Argument $\boldsymbol{v}$ zusammenzufassen:

$$\boldsymbol{m}(\boldsymbol{v}) \in (\mathbb{R}^3 \to \mathbb{R}^3) = \begin{bmatrix} r_\sigma(\boldsymbol{v}) \\ r_\kappa(\boldsymbol{v}) \\ r_F(\boldsymbol{v}) \end{bmatrix}, \quad \boldsymbol{v} = \begin{bmatrix} \sigma \\ \kappa \\ \Delta\lambda \end{bmatrix}. \tag{11.44}$$

---

[15] von lateinisch 'residuus' für rückständig oder übriggeblieben.

Für die Bestimmung der Nullstelle wird das NEWTONsche-Verfahren (Iterationsindex: i) herangezogen:[16]

$$v^{(i+1)} = v^{(i)} - \left(\frac{dm}{dv} \left(v^{(i)} \right) \right)^{-1} m \left(v^{(i)} \right), \tag{11.45}$$

wobei als Startwert

$$v^{(0)} = \begin{bmatrix} \sigma^{(0)} \\ \kappa^{(0)} \\ \Delta\lambda^{(0)} \end{bmatrix} = \begin{bmatrix} \sigma_{n+1}^{\text{trial}} \\ \kappa_n \\ 0 \end{bmatrix} \tag{11.46}$$

zu verwenden ist. Die JACOBIsche-Matrix $\frac{\partial m}{\partial v}$ der Residuenfunktion ergibt sich aus den partiellen Ableitungen der Gl. (11.41) bis (11.43) zu:

$$\frac{\partial m}{\partial v} (\sigma, \kappa, \Delta\lambda) = \begin{bmatrix} \frac{\partial r_\sigma}{\partial \sigma} & \frac{\partial r_\sigma}{\partial \kappa} & \frac{\partial r_\sigma}{\partial \Delta\lambda} \\ \frac{\partial r_\kappa}{\partial \sigma} & \frac{\partial r_\kappa}{\partial \kappa} & \frac{\partial r_\kappa}{\partial \Delta\lambda} \\ \frac{\partial r_F}{\partial \sigma} & \frac{\partial r_F}{\partial \kappa} & \frac{\partial r_F}{\partial \Delta\lambda} \end{bmatrix} = \begin{bmatrix} E^{-1} & 0 & \text{sgn}(\sigma) \\ 0 & -1 & 1 \\ \text{sgn}(\sigma) & -\frac{\partial k(\kappa)}{\partial \kappa} & 0 \end{bmatrix}. \tag{11.47}$$

Neben der Erfüllung der durch die Plastizität gegebenen Gl. (11.38) bis (11.76) in jedem Integrationspunkt ist auch noch das globale Gleichgewicht zu erfüllen. Um auch hier das NEWTONsche-Verfahren anwenden zu können, ist es selbst bei kleinen Verzerrungen im allgemeinen dreidimensionalen Fall notwendig, die zum Integrationsalgorithmus konsistente elasto-plastische Stoffmatrix[17] zu bestimmen [24]. Der konsistente elasto-plastische Stoffmodul folgt im eindimensionalen Fall aus:

$$E_{n+1}^{\text{elpl}} = \frac{\partial \sigma_{n+1}}{\partial \varepsilon_{n+1}} = \frac{\partial \Delta\sigma_n}{\partial \varepsilon_{n+1}}. \tag{11.48}$$

Mit der Inversion der JACOBIschen-Matrix $\frac{\partial m}{\partial v}$, die im konvergierten Zustand der oben ausgeführten NEWTONsche-Iteration auszuwerten ist,

$$\left[\left(\frac{\partial m}{\partial v} \right)_{n+1} \right]^{-1} = \begin{bmatrix} \tilde{m}_{11} & \tilde{m}_{12} & \tilde{m}_{13} \\ \tilde{m}_{21} & \tilde{m}_{22} & \tilde{m}_{23} \\ \tilde{m}_{31} & \tilde{m}_{32} & \tilde{m}_{33} \end{bmatrix}_{n+1} \tag{11.49}$$

$$= \frac{E}{E + \frac{\partial k}{\partial \kappa}} \begin{bmatrix} \frac{\partial k}{\partial \kappa} & -\text{sgn}(\sigma)\frac{\partial k}{\partial \kappa} & \text{sgn}(\sigma) \\ \text{sgn}(\sigma) & -1 & -E^{-1} \\ \text{sgn}(\sigma) & E^{-1}\frac{\partial k}{\partial \kappa} & -E^{-1} \end{bmatrix}_{n+1} \tag{11.50}$$

---

[16] Für eine eindimensionale Funktion $f(x)$ wird das NEWTONsche-Verfahren üblicherweise wie folgt angesetzt: $x^{(i+1)} = x^{(i)} - \left(\frac{df}{dx} \left(x^{(i)} \right) \right)^{-1} \times f \left(x^{(i)} \right)$.

[17] Auch algorithmische Stoffmatrix bezeichnet.

kann der konsistente elasto-plastische Stoffmodul aus

$$E_{n+1}^{\text{elpl}} = \tilde{m}_{11} \qquad (11.51)$$

bestimmt werden. Man betrachte hierzu Gl. (11.22) und berücksichtige, dass sich unter Annahme von Gl. (11.7) die Beziehung $\frac{\partial F}{\partial \kappa} = -\frac{\partial k}{\partial \kappa}$ ergibt. Wie aus Gl. (11.50) zu erkennen ist, hängt der konsistente elasto-plastische Stoffmodul im *eindimensionalen* Fall nicht vom gewählten Integrationsalgorithmus ab und ist gleich der Kontinuumsform Gl. (11.22). Es ist jedoch hierbei zu beachten, dass diese Identität bei höherer Dimensionalität nicht mehr bestehen muss.

Für den Spezialfall der linearen Verfestigung, das heißt $\frac{\partial k}{\partial \kappa} = E^{\text{pl}} = \text{const.}$, muss Gl. (11.45) nicht iterativ gelöst werden und der gesuchte Lösungsvektor v_{n+1} ergibt sich direkt mit Hilfe des Startwertes (11.46) zu:

$$v_{n+1} = v^{(0)} - \left(\frac{\text{d}m}{\text{d}v} \left(v^{(0)} \right) \right)^{-1} m(v^{(0)}), \qquad (11.52)$$

oder mit Komponenten als:

$$
\begin{bmatrix} \sigma_{n+1} \\ \kappa_{n+1} \\ \Delta\lambda_{n+1} \end{bmatrix} = \begin{bmatrix} \sigma_{n+1}^{\text{trial}} \\ \kappa_n \\ 0 \end{bmatrix} - \frac{E}{E+E^{\text{pl}}} \times
$$

$$
\times \begin{bmatrix} E^{\text{pl}} & -\text{sgn}\left(\sigma_{n+1}^{\text{trial}}\right) E^{\text{pl}} & \text{sgn}\left(\sigma_{n+1}^{\text{trial}}\right) \\ \text{sgn}\left(\sigma_{n+1}^{\text{trial}}\right) & -1 & -E^{-1} \\ \text{sgn}\left(\sigma_{n+1}^{\text{trial}}\right) & E^{-1}E^{\text{pl}} & -E^{-1} \end{bmatrix} \begin{bmatrix} 0 \\ 0 \\ F_{n+1}^{\text{trial}} \end{bmatrix}. \qquad (11.53)
$$

Die dritte Gleichung von (11.53) liefert den Konsistenzparameter im Falle der linearen Verfestigung zu:

$$\Delta\lambda_{n+1} = \frac{F_{n+1}^{\text{trial}}}{E + E^{\text{pl}}} . \qquad (11.54)$$

Einsetzen des Konsistenzparameters in die erste Gleichung von (11.53) liefert die Spannung im Zielspannungszustand zu:

$$\sigma_{n+1} = \left(1 - \frac{F_{n+1}^{\text{trial}}}{E + E^{\text{pl}}} \times \frac{E}{|\sigma_{n+1}^{\text{trial}}|} \right) \sigma_{n+1}^{\text{trial}}. \qquad (11.55)$$

Aus der zweiten Gleichung von (11.53) folgt mit den beiden letzten Ergebnissen die isotrope Verfestigungsvariable im Zielspannungszustand zu:

$$\kappa_{n+1} = \kappa_n + \frac{F_{n+1}^{\text{trial}}}{E + E^{\text{pl}}} = \kappa_n + \Delta\lambda_{n+1}. \qquad (11.56)$$

Schließlich ergibt sich noch mittels der Fließregel die plastische Verzerrung zu

$$\varepsilon_{n+1}^{\text{pl}} = \varepsilon_n^{\text{pl}} + \Delta\lambda_{n+1}\,\text{sgn}(\sigma_{n+1}), \tag{11.57}$$

und der konsistente elasto-plastische Stoffmodul kann nach Gl. (11.23) bestimmt werden. Abschließend werden die Berechnungsschritte des CPP-Algorithmus in kompakter Form zusammengestellt:

I. Berechnung des Testzustandes

$$\sigma_{n+1}^{\text{trial}} = \sigma_n + E\Delta\varepsilon_n$$

$$\kappa_{n+1}^{\text{trial}} = \kappa_n$$

II. Überprüfung auf Gültigkeit des Spannungszustandes

	$F(\sigma_{n+1}^{\text{trial}}, \kappa_{n+1}^{\text{trial}}) \leq 0$	
J		N
$\sigma_{n+1} = \sigma_{n+1}^{\text{trial}}$ $\kappa_{n+1} = \kappa_{n+1}^{\text{trial}}$ Ende CPP		Rückprojektion erforderlich ($\Rightarrow$ Schritt III)

III. Rückprojektion

Anfangswerte:

$$\boldsymbol{v}^{(0)} = \begin{bmatrix} \sigma^{(0)} \\ \kappa^{(0)} \\ \Delta\lambda^{(0)} \end{bmatrix} = \begin{bmatrix} \sigma_{n+1}^{\text{trial}} \\ \kappa_n \\ 0 \end{bmatrix}$$

Nullstellenbestimmung mit dem NEWTONschen-Verfahren:

$$v^{(i+1)} = v^{(i)} - \left(\frac{\partial m}{\partial v} (v^{(i)}) \right)^{-1} m(v^{(i)})$$

Solange $\| v^{(i+1)} - v^{(i)} \| < t_{\text{end}}^v$

Im Abbruchkriterium wurde die Vektornorm (oder Länge) eines Vektors verwendet, die sich für einen beliebigen Vektor x zu $\| x \| = \left(\sum_{i=1}^{n} x_i^2 \right)^{0.5}$ ergibt.

IV. Aktualisierung der Größen

$$\sigma_{n+1} = \sigma^{(i+1)}$$

$$\kappa_{n+1} = \kappa^{(n+1)}$$

$$E_{n+1}^{\text{elpl}} = \tilde{m}_{11}$$

Als Abbruchgenauigkeit t_{end}^v beim NEWTONschen-Verfahren bietet sich die im FE-System intern verwendete Rechengenauigkeit an.

Aus Abb. 11.7 ist zu entnehmen, dass sich das gesamte Verzerrungsinkrement in Abhängigkeit vom Testspannungszustand als

$$\Delta \varepsilon_n = \varepsilon_{n+1} - \varepsilon_n = E^{-1} \left(\sigma_{n+1}^{\text{trial}} - \sigma_n \right) \tag{11.58}$$

darstellen lässt. Setzt man die letzte Gleichung und die Fließregel[18] nach (11.14) in Gl. (11.33) ein, so ergibt sich der Zielspannungszustand σ_{n+1} in Abhängigkeit vom Testspannungszustand $\sigma_{n+1}^{\text{trial}}$ zu:

$$\sigma_{n+1} = \sigma_{n+1}^{\text{trial}} - \Delta \lambda_{n+1} E \, \text{sgn} \left(\sigma_{n+1}^{\text{trial}} \right). \tag{11.59}$$

Der allgemeine Ablauf einer elasto-plastischen Finite-Elemente-Berechnung ist in Abb. 11.8 dargestellt.

Man erkennt, dass die Lösung eines elasto-plastischen Problems auf zwei Ebenen erfolgt. Auf der globalen Ebene, das heißt für das globale Gleichungssystem unter Berücksichtigung der Randbedingungen, kommt das NEWTON-RAPHSONsche Iterationsverfahren zum Einsatz, um den inkrementellen globalen Verschiebungsvektor Δu_n zu bestimmen. Durch Summation der Verschiebungsinkremente ergibt sich der totale globale Verschiebungsvektor u_{n+1} der unbekannten Knotenverschiebungen einer Struktur, bestehend aus Finiten Elementen. Mittels der Verzerrungs-Verschiebungs-Beziehung kann aus den Knotenverschiebungen die Verzerrung ε_{n+1} beziehungsweise das Verzerrungsinkrement $\Delta \varepsilon_n$ pro

---

[18] An dieser Stelle soll von dλ nach $\Delta\lambda$ übergegangen werden.

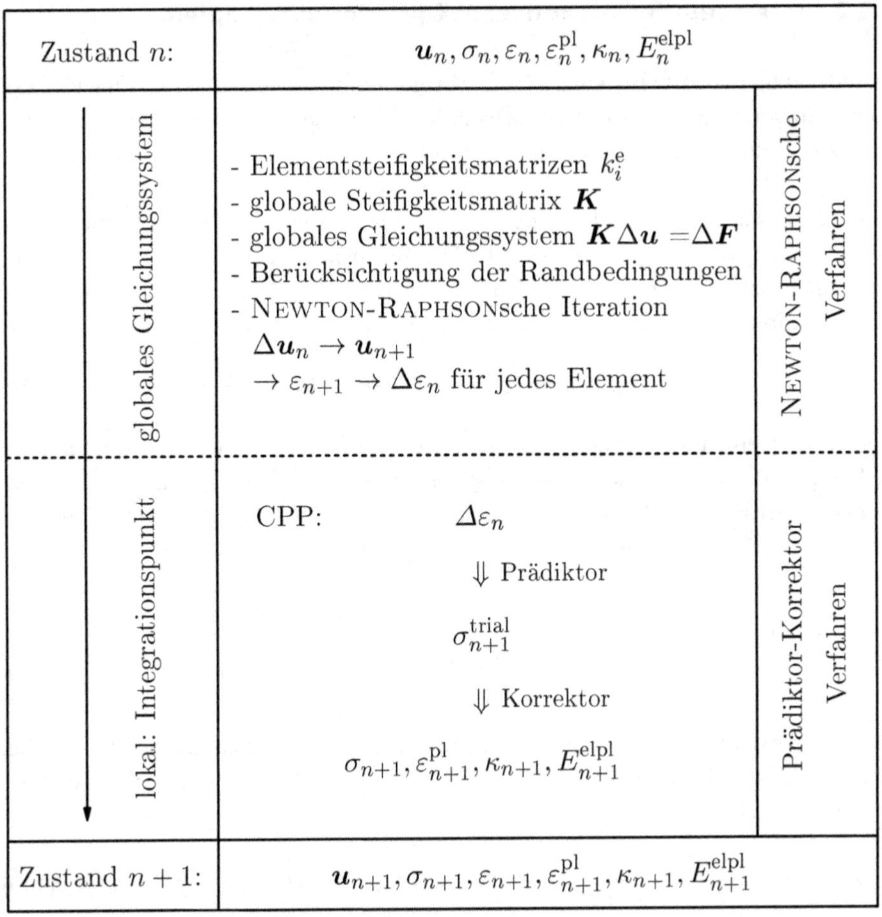

Zustand n:	$\boldsymbol{u}_n, \sigma_n, \varepsilon_n, \varepsilon_n^{\mathrm{pl}}, \kappa_n, E_n^{\mathrm{elpl}}$	
globales Gleichungssystem	- Elementsteifigkeitsmatrizen k_i^{e} - globale Steifigkeitsmatrix $\boldsymbol{K}$ - globales Gleichungssystem $\boldsymbol{K}\Delta\boldsymbol{u} = \Delta\boldsymbol{F}$ - Berücksichtigung der Randbedingungen - NEWTON-RAPHSONsche Iteration $\Delta\boldsymbol{u}_n \rightarrow \boldsymbol{u}_{n+1}$ $\rightarrow \varepsilon_{n+1} \rightarrow \Delta\varepsilon_n$ für jedes Element	NEWTON-RAPHSONsche Verfahren
lokal: Integrationspunkt	CPP: $\Delta\varepsilon_n$ $\Downarrow$ Prädiktor $\sigma_{n+1}^{\mathrm{trial}}$ $\Downarrow$ Korrektor $\sigma_{n+1}, \varepsilon_{n+1}^{\mathrm{pl}}, \kappa_{n+1}, E_{n+1}^{\mathrm{elpl}}$	Prädiktor-Korrektor Verfahren
Zustand $n+1$:	$\boldsymbol{u}_{n+1}, \sigma_{n+1}, \varepsilon_{n+1}, \varepsilon_{n+1}^{\mathrm{pl}}, \kappa_{n+1}, E_{n+1}^{\mathrm{elpl}}$	

Abb. 11.8 Allgemeiner Ablauf einer elasto-plastischen Finite-Elemente-Berechnung

Element ermittelt[19] werden. Das Verzerrungsinkrement eines Elementes wird auf der Ebene der Integrationspunkte nun dazu benutzt, mittels eines Prädiktor-Korrektor-Verfahrens die restlichen Zustandsvariablen iterativ zu bestimmen.

---

[19] Für die hier exemplarisch betrachteten linearen Stabelemente ergibt sich pro Element ein konstanter Verzerrungsverlauf. Im Allgemeinen ergibt sich die Verzerrung als Funktion der Elementkoordinaten, die in der Regel an den Integrationspunkten ausgewertet wird. Daher würde man im allgemeinen Fall pro Element einen Verzerrungsvektor $\boldsymbol{\varepsilon}$ bestimmen, der die unterschiedlichen Verzerrungswerte an den Integrationspunkten zusammenfasst. Für ein lineares Stabelement ist dies jedoch nicht notwendig, und ein skalarer Verzerrungs- beziehungsweise Spannungswert genügt zur Beschreibung.

11.3.2 Interpretation als konvexes Optimierungsproblem

Der vollständig implizite Backward-EULER-Algorithmus kann auch als Lösung eines konvexen Optimierungsproblems aufgefasst werden. Eine allgemeine Ableitung ist in [21] gegeben. Als Zielfunktion ist hierbei die komplementäre Energie unter der Nebenbedingung, dass die Fließbedingung erfüllt wird, zu minimieren.

Im Folgenden wird die Ableitung des Optimierungsproblems am Beispiel der isotropen Dehnungsverfestigung dargestellt. Die komplementäre Energie[20] zwischen dem Testspannungszustand und einem beliebigen Zustand $(\sigma, |\varepsilon^{\mathrm{pl}}|)$ bei einem Inkrement der Rückprojektion kann in ihren elastischen und plastischen Anteil nach

$$\bar{\pi}\left(\sigma, |\varepsilon^{\mathrm{pl}}|\right) = \bar{\pi}^{\mathrm{el}}\left(\sigma, |\varepsilon^{\mathrm{pl}}|\right) + \bar{\pi}^{\mathrm{pl}}\left(\sigma, |\varepsilon^{\mathrm{pl}}|\right) \tag{11.60}$$

aufgespalten werden. Im Fall der hier betrachteten *linearen* Elastizität sind die komplementäre Energie $\bar{\pi}^{\mathrm{el}}$ und die potentielle Energie π^{el} gleich. Durch die Annahme der *linearen isotropen* Verfestigung gilt entsprechend, dass $\bar{\pi}^{\mathrm{pl}} = \pi^{\mathrm{pl}}$ ist (vergleiche Abb. 11.9). Somit ergibt sich für die komplementäre Energie

$$\bar{\pi} = \pi^{\mathrm{el}} + \bar{\pi}^{\mathrm{pl}}$$

$$= \int \left(\sigma_{n+1}^{\mathrm{trial}} - \sigma\right) \mathrm{d}\varepsilon^{\mathrm{el}} + \int \left(|\varepsilon^{\mathrm{pl}}| - |\varepsilon_n^{\mathrm{pl}}|\right) \mathrm{d}\sigma. \tag{11.61}$$

Die Annahme der Linearität im elastischen und plastischen Bereich, das heißt $\mathrm{d}\sigma = E\mathrm{d}\varepsilon^{\mathrm{el}}$ und $\mathrm{d}\sigma = E^{\mathrm{pl}}\mathrm{d}\varepsilon^{\mathrm{pl}}$, kann in Gl. (11.61) verwendet werden, so dass sich schließlich für die komplementäre Energie

$$\bar{\pi}\left(\sigma, |\varepsilon^{\mathrm{pl}}|\right) = \frac{1}{2}\left(\sigma_{n+1}^{\mathrm{trial}} - \sigma\right)\frac{1}{E}\left(\sigma_{n+1}^{\mathrm{trial}} - \sigma\right) + \frac{1}{2}\left(|\varepsilon_n^{\mathrm{pl}}| - |\varepsilon^{\mathrm{pl}}|\right)E^{\mathrm{pl}}\left(|\varepsilon_n^{\mathrm{pl}}| - |\varepsilon^{\mathrm{pl}}|\right) \tag{11.62}$$

ergibt. Die Anteile von $\bar{\pi}$ ergeben sich in Abb. 11.9 als Dreiecksflächen, die auch direkt zur Bestimmung der komplementären Energie herangezogen werden können. Für den Fall, dass die Fließkurve k einen beliebigen Verlauf aufweist, können die plastischen Energieanteile für einen beliebigen Zustand $(\sigma, |\varepsilon^{\mathrm{pl}}|)$ mittels

$$\pi^{\mathrm{pl}} = \int_{|\varepsilon_n^{\mathrm{pl}}|}^{|\varepsilon^{\mathrm{pl}}|} \left(k(|\varepsilon^{\mathrm{pl}}|) - \sigma_n\right) \mathrm{d}|\varepsilon^{\mathrm{pl}}|, \tag{11.63}$$

$$\bar{\pi}^{\mathrm{pl}} = \int_{|\varepsilon_n^{\mathrm{pl}}|}^{|\varepsilon^{\mathrm{pl}}|} \left(\sigma - k(|\varepsilon^{\mathrm{pl}}|)\right) \mathrm{d}|\varepsilon^{\mathrm{pl}}| \tag{11.64}$$

berechnet werden.

Die Nebenbedingung des Optimierungsproblems ist durch die Fließbedingung gegeben und besagt, dass der Zielspannungszustand innerhalb oder auf der Grenze des elastischen

---

[20] Hierbei wird die Energie pro Einheitsvolumen betrachtet.

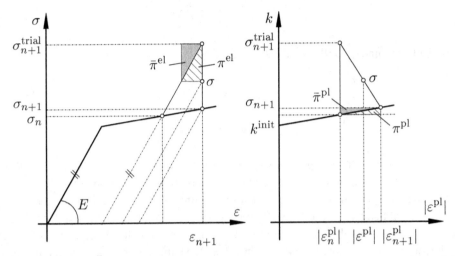

Abb. 11.9 Darstellung der elastischen potentiellen und plastischen dissipativen Energien und der entsprechenden komplementären Energien zwischen zwei Zuständen der Rückprojektion im Falle der linearen Verfestigung

Bereiches liegen muss. Aus Gl. (11.9) ergibt sich in einem $\varepsilon^{\mathrm{pl}}$-$\sigma$- Koordinatensystem als Grenzgerade:

$$\varepsilon^{\mathrm{pl}} \geq \frac{1}{E^{\mathrm{pl}}}\left(|\sigma| - k^{\mathrm{init}}\right) \quad \text{und} \quad \varepsilon^{\mathrm{pl}} \geq 0 \,. \tag{11.65}$$

Allgemein kann die Nebenbedingung, d. h. der elastische Bereich, auch als

$$\mathbb{E}_{\sigma} := \left\{(\sigma, |\varepsilon^{\mathrm{pl}}|) \in \mathbb{R} \times \mathbb{R}_+ | F(\sigma, |\varepsilon^{\mathrm{pl}}|) \leq 0\right\} \tag{11.66}$$

angegeben werden, und das konvexe Optimierungsproblem lässt sich wie folgt formulieren:

Bestimme $(\sigma_{n+1}, |\varepsilon^{\mathrm{pl}}_{n+1}|) \in \mathbb{E}_{\sigma}$, so dass

$$\bar{\pi}(\sigma_{n+1}, |\varepsilon^{\mathrm{pl}}_{n+1}|) = \min\left\{\bar{\pi}(\sigma, |\varepsilon^{\mathrm{pl}}|)\right\}\Big|_{(\sigma, |\varepsilon^{\mathrm{pl}}|)\in\mathbb{E}_{\sigma}} \,.$$

Da $E > 0$ und — bei Annahme — $E^{\mathrm{pl}} > 0$ ergibt sich, dass $\bar{\pi}$ eine konvexe Funktion ist. Die Nebenbedingung, d. h. $F \leq 0$, stellt auch eine konvexe Funktion dar[21], und die Anwendung der LAGRANGEschen Multiplikatorenmethode führt auf

$$\mathcal{L}(\sigma, |\varepsilon^{\mathrm{pl}}|, \mathrm{d}\lambda) := \bar{\pi}(\sigma, |\varepsilon^{\mathrm{pl}}|) + \mathrm{d}\lambda F(\sigma, |\varepsilon^{\mathrm{pl}}|) \,. \tag{11.67}$$

Die Gradienten der LAGRANGEschen-Funktion $\mathcal{L}$ ergeben sich zu:

$$\frac{\partial}{\partial \sigma} \mathcal{L}\left(\sigma_{n+1}, |\varepsilon^{\mathrm{pl}}_{n+1}|, \mathrm{d}\lambda\right) = 0 \,, \tag{11.68}$$

---

[21] Die Konvexität einer Fließbedingung wird aus dem DRUCKERschen Stabilitätspostulat abgeleitet [4, 16].

$$\frac{\partial}{\partial |\varepsilon^{\mathrm{pl}}|} \mathcal{L}\left(\sigma_{n+1}, |\varepsilon_{n+1}^{\mathrm{pl}}|, \mathrm{d}\lambda\right) = 0\,. \tag{11.69}$$

Aus Gl. (11.68) und (11.69) ergibt sich

$$\frac{\partial \mathcal{L}}{\partial \sigma} = \left(\sigma_{n+1}^{\mathrm{trial}} - \sigma\right)\left(-\frac{1}{E}\right) + \mathrm{d}\lambda\,\mathrm{sgn}(\sigma) = 0\,, \tag{11.70}$$

$$\frac{\partial \mathcal{L}}{\partial |\varepsilon^{\mathrm{pl}}|} = (|\varepsilon_n^{\mathrm{pl}}| - |\varepsilon^{\mathrm{pl}}|)(-E^{\mathrm{pl}}) + \mathrm{d}\lambda(-E^{\mathrm{pl}}) = 0\,. \tag{11.71}$$

Die beiden letzten Gleichungen entsprechen den Vorschriften (11.56) und (11.35) des vorhergehenden Abschnitts. Eine graphische Interpretation des impliziten Backward-EULER-Algorithmus im Sinne eines konvexen Optimierungsproblems ist in Abb. 11.10 gegeben. Ergibt sich ein ungültiger Testzustand ($F > 0$), liegt das Ellipsoid der komplementären Energie außerhalb des zulässigen Bereiches der elastischen Energie. Es ist hierbei anzumerken, dass das absolute Minimum (ohne Nebenbedingung) der komplementären Energie in der σ-$|\varepsilon^{\mathrm{pl}}|$-Ebene liegt und sich somit zu $\bar{\pi}(\sigma_{n+1}^{\mathrm{trial}}, |\varepsilon_n^{\mathrm{pl}}|) = 0$ ergibt.

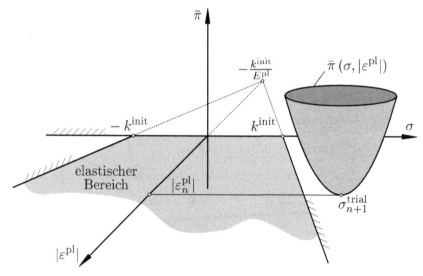

Abb. 11.10 Interpretation des vollständigen impliziten Backward-EULER-Algorithmus als konvexes Optimierungsproblem. Modifiziert nach [20]

Das Minimum der komplementären Energie unter Berücksichtigung der Nebenbedingung, das heißt $F \leq 0$, muss somit auf der Schnittkurve zwischen dem Ellipsoid der komplementären Energie und der Ebene entlang der Fließkurve[22] – vergleiche Gl. (11.65) – lokalisiert

---

[22] Diese Ebene muss senkrecht auf der σ-$|\varepsilon^{\mathrm{pl}}|$-Ebene stehen. Für einen Zugversuch muss die Ebene durch die Grenzkurve im Bereich $\sigma > 0$ gehen. Für einen Druckversuch ist die entsprechende Gerade im Bereich $\sigma < 0$ zu wählen.

sein. Berücksichtigt man Gl. (11.65) in der komplementären Energie nach (11.62), ergibt sich

$$\bar{\pi}\left(\sigma, |\varepsilon^{\mathrm{pl}}|\right) = \frac{1}{2E}\left(\sigma_{n+1}^{\mathrm{trial}} - \sigma\right)^2 + \frac{1}{2}E^{\mathrm{pl}}\left(|\varepsilon_n^{\mathrm{pl}}| - \frac{1}{E^{\mathrm{pl}}}(\sigma - k^{\mathrm{init}})\right)^2, \qquad (11.72)$$

d. h. ein Polynom zweiter Ordnung in der Variablen σ. Das Minimum dieser Funktion - und somit der Zustand $n + 1$ - ergibt sich mittels partieller Ableitung für $\sigma > 0$ (das heißt für einen Zugversuch) zu:

$$\frac{\partial \bar{\pi}}{\partial \sigma} = -\frac{\sigma_{n+1}^{\mathrm{trial}} - \sigma_{n+1}}{E} - \left(|\varepsilon_n^{\mathrm{pl}}| - \frac{\sigma_{n+1} - k^{\mathrm{init}}}{E^{\mathrm{pl}}}\right) \qquad (11.73)$$

oder

$$\sigma_{n+1} = \underbrace{\frac{EE^{\mathrm{pl}}}{E + E^{\mathrm{pl}}}}_{E^{\mathrm{elpl}}}\left(\frac{k^{\mathrm{init}}}{E^{\mathrm{pl}}} + \frac{\sigma_{n+1}^{\mathrm{trial}}}{E} + |\varepsilon_n^{\mathrm{pl}}|\right). \qquad (11.74)$$

Mittels Gl. (11.65) ergibt sich die plastische Verzerrung im Endspannungszustand zu:

$$\varepsilon_{n+1}^{\mathrm{pl}} = \underbrace{\frac{EE^{\mathrm{pl}}}{E + E^{\mathrm{pl}}}}_{E^{\mathrm{elpl}}}\left(\frac{k^{\mathrm{init}}}{EE^{\mathrm{pl}}} + \frac{\sigma_{n+1}^{\mathrm{trial}}}{EE^{\mathrm{pl}}} + \frac{|\varepsilon_n^{\mathrm{pl}}|}{E^{\mathrm{pl}}}\right) - \frac{k^{\mathrm{init}}}{E^{\mathrm{pl}}}. \qquad (11.75)$$

Eine graphische Darstellung der Schnittkurve ist in Abb. 11.11 gegeben. Man beachte hierbei, dass $|\varepsilon_n^{\mathrm{pl}}|$ dem Testspannungszustand entspricht.

Abb. 11.11 Darstellung der komplementären Energie in einer Schnittebene entlang der Fließkurve

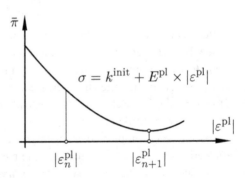

$$\sigma = k^{\mathrm{init}} + E^{\mathrm{pl}} \times |\varepsilon^{\mathrm{pl}}|$$

11.4 Ableitung des semi-impliziten Backward-Euler-Algorithmus

Um die höheren Ableitungen in der JACOBIschen-Matrix $\frac{\partial m}{\partial v}$ der Residuenfunktion im allgemeinen dreidimensionalen Fall zu umgehen, kann der sogenannte semi-implizite Backward-EULER-Algorithmus verwendet werden. Dieses Verfahren ist implizit im Konsistenzparameter (Zustand $n + 1$), jedoch explizit in der Funktion sgn(σ), da die Berechnung im Ausgangszustand n erfolgt. Daher wird die Normalitätsregel im Zielzustand $n+1$ nicht exakt erfüllt. Um ein Abdriften von der Fließkurve zu vermeiden, wird die Fließbedingung im Zielzustand $n+1$ exakt erfüllt. Somit ergibt sich das Integrationsschema zu:

$$\sigma_{n+1} = \sigma_{n+1}^{\text{trial}} - \Delta\lambda_{n+1} E \, \text{sgn}(\sigma_n), \tag{11.76}$$

$$\kappa_{n+1} = \kappa_n + \Delta\lambda_{n+1}, \tag{11.77}$$

$$F = F(\sigma_{n+1}, \kappa_{n+1}) = 0. \tag{11.78}$$

Außerhalb des Zielzustandes bleibt auch hier bei jeder dieser Gleichungen ein Residuum r bestehen:

$$r_\sigma(\sigma, \kappa, \Delta\lambda) = E^{-1}\sigma - E^{-1}\sigma_{n+1}^{\text{trial}} + \Delta\lambda \, \text{sgn}(\sigma_n) \neq 0,$$

$$r_\kappa(\kappa, \Delta\lambda) = -\kappa + \kappa_n + \Delta\lambda \neq 0,$$

$$r_F(\sigma, \kappa) = F(\sigma, \kappa) = |\sigma| - k(\kappa) \neq 0. \tag{11.79}$$

Die partiellen Ableitungen der Residuenfunktionen führen schließlich zu folgender JACOBIschen-Matrix:

$$\frac{\partial \boldsymbol{m}}{\partial \boldsymbol{v}}(\sigma, \kappa, \Delta\lambda) = \begin{bmatrix} E^{-1} & 0 & \text{sgn}(\sigma_n) \\ 0 & -1 & 1 \\ \text{sgn}(\sigma) & -\frac{\partial k(\kappa)}{\partial \kappa} & 0 \end{bmatrix}. \tag{11.80}$$

Vergleicht man die JACOBIsche-Matrix nach Gl. (11.80) und (11.47), erkennt man, dass für den hier betrachteten eindimensionalen Fall die Integrationsvorschriften für den vollständig impliziten und semi-impliziten Algorithmus identisch sind, solange die Spannungszustände σ und σ_n im gleichen Quadranten liegen, das heißt, das gleiche Vorzeichen aufweisen. Ähnliche Schlussfolgerungen kann man für die in Tab. 11.3 zusammengefassten Integrationsvorschriften ziehen.

Abschließend soll hier noch angemerkt werden, dass das Konzept des plastischen Materialverhaltens, das ursprünglich für die bleibende Verformung von Metallen entwickelt wurde, auch auf andere Werkstoffklassen angewendet wird. Typischerweise wird hierbei das makroskopische Spannungs-Dehnungs-Diagramm betrachtet, das einen ähnlichen Verlauf wie bei klassischen Metallen aufweisen muss. Als Beispiele können hierbei folgende Werkstoffe und Disziplinen angeführt werden:

- Kunststoffe [2],
- faserverstärkte Kunststoffe [23],
- Bodenmechanik [9, 10],
- Beton [8].

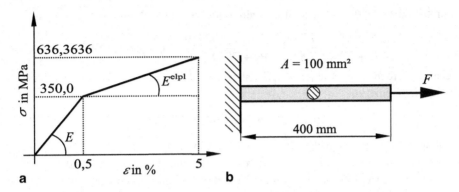

Abb. 11.12 Beispielproblem Rückprojektion bei linearer Verfestigung: **a** Spannungs-Dehnungs-Verlauf; **b** Geometrie und Randbedingungen

11.5 Beispielprobleme und weiterführende Aufgaben

11.5.1 Beispielprobleme

Beispiel 11.1: Rückprojektion bei linearer Verfestigung – Kontinuumsstab Abbildung 11.12 a zeigt ein idealisiertes Spannungs-Dehnungs-Diagramm wie es zum Beispiel aus einem einachsigen Zugversuch experimentell ermittelt werden kann. Mit Hilfe dieses Werkstoffverhaltens soll die Verformung eines Zugstabes (vergleiche Abb. 11.12 b) simuliert werden. Das rechte Ende soll dabei um insgesamt $u = 8$ mm verschoben werden, wobei die Verformung in 10 gleichen Inkrementen aufgebracht werden soll. Der Stab ist hierbei als Kontinuum zu betrachten und soll nicht mit Finiten Elementen diskretisiert werden.

(a) Man berechne mit Hilfe des CPP-Algorithmus den Spannungszustand in jedem Inkrement und gebe neben dem Testspannungszustand auch alle zu aktualisierenden Größen an.

(b) Man stelle den Spannungsverlauf graphisch dar.

Lösung 11.1 a) Für die Rückprojektion werden verschiedene Materialkennwerte des elastischen und plastischen Bereiches benötigt. Der Elastizitätsmodul E ergibt sich als Quotient aus dem Spannungs- und Dehnungsinkrement im elastischen Bereich zu:

$$E = \frac{\Delta\sigma}{\Delta\varepsilon} = \frac{350 \text{ MPa}}{0,005} = 70000 \text{ MPa}. \tag{11.81}$$

Der plastische Modul E^{pl} ergibt sich als Quotient aus dem Fließspannungs- und dem plastischen Dehnungsinkrement zu:

$$E^{\text{pl}} = \frac{\Delta k}{\Delta\varepsilon^{\text{pl}}} = \frac{636,3636 \text{ MPa} - 350 \text{ MPa}}{(0,05 - 636.3636 \text{ MPa}/E) - (0,005 - 350 \text{ MPa}/E)}$$

$$= 7000 \text{ MPa}. \tag{11.82}$$

Somit kann der elasto-plastische Stoffmodul mittels Gl. (11.23) zu

$$E^{\text{elpl}} = \frac{E \times E^{\text{pl}}}{E + E^{\text{pl}}} = \frac{70000 \text{ MPa} \times 7000 \text{ MPa}}{70000 \text{ MPa} + 7000 \text{ MPa}} = 6363,636 \text{ MPa} \tag{11.83}$$

berechnet werden. Abschließend ergibt sich die Gleichung der Fließkurve mittels der Anfangsfließgrenze zu:

$$k(\kappa) = 350 \text{ MPa} + 7000 \text{ MPa} \times \kappa. \tag{11.84}$$

Eine graphische Darstellung der Fließkurve ist in Abb. 11.13 gegeben. Für den Integrationsalgorithmus wird noch das Dehnungsinkrement benötigt. Bei einer Gesamtverschiebung von 8 mm und 10 äquidistanten Schritten kann das Dehnungsinkrement mittels

$$\Delta\varepsilon = \frac{1}{10} \times \frac{8 \text{ mm}}{400 \text{ mm}} = 0,002 \tag{11.85}$$

ermittelt werden.

Abb. 11.13 Fließkurve für Kontinuumsstab

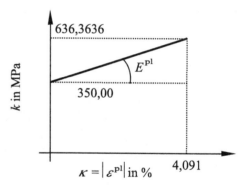

Für die beiden ersten Inkremente ergeben sich Testspannungszustände im elastischen Bereich ($F < 0$), und die resultierende Spannung kann mittels Gl. (11.25) über das HOOKEsche Gesetz berechnet werden. Ab dem dritten Inkrement ergibt sich zum ersten Mal ein ungültiger Testspannungszustand ($F > 0$), und die Spannung muss mittels Gl. (11.53) berechnet werden, wobei sich der konstante Matrixausdruck zu

$$\begin{bmatrix} 7000 & -7000 & 1 \\ 1 & -1 & -(70000)^{-1} \\ 1 & 0,1 & -(70000)^{-1} \end{bmatrix} \tag{11.86}$$

ergibt. In Tab. 11.4 sind die numerischen Ergebnisse für die 10 Inkremente zusammengefasst.

Lösung 11.1 b) Eine graphische Darstellung des Spannungsverlaufes ist in Abb. 11.14 gegeben. Aufgrund der linearen Verfestigung erfolgt die Rückprojektion für jedes Inkrement in einem einzigen Schritt.

Tab. 11.4 Numerische Werte der Rückprojektion für Kontinuumsstab bei linearer Verfestigung (10 Inkremente, $\Delta\varepsilon = 0.002$)

inc	ε	σ^{trial}	σ	κ	$\Delta\lambda$	E^{elpl}
–	–	MPa	MPa	10^{-3}	10^{-3}	MPa
1	0,002	140,0	140,0	0,0	0,0	0,0
2	0,004	280,0	280,0	0,0	0,0	0,0
3	0,006	420,0	356,364	0,909091	0,909091	6363,636
4	0,008	496,364	369,091	2,727273	1,818182	6363,636
5	0,010	509,091	381,818	4,545455	1,818182	6363,636
6	0,012	521,818	394,545	6,363636	1,818182	6363,636
7	0,014	534,545	407,273	8,181818	1,818182	6363,636
8	0,016	547,273	420,000	10,000000	1,818182	6363,636
9	0,018	560,000	432,727	11,818182	1,818182	6363,636
10	0,020	572,727	445,455	13,636364	1,818182	6363,636

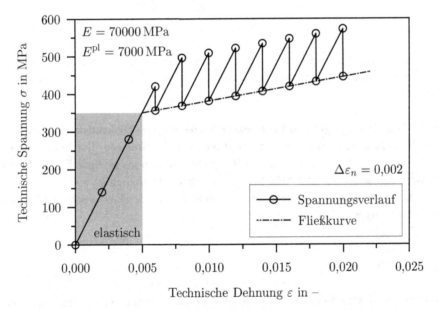

Abb. 11.14 Spannungsverlauf bei der Rückprojektion für Kontinuumsstab mit linearer Verfestigung (10 Inkremente, $\Delta\varepsilon = 0.002$)

Abschließend soll hier noch angemerkt werden, dass für diesen Sonderfall der *linearen* Verfestigung beim *einachsigen* Spannungszustand die Spannung im plastischen Bereich (inc ≥ 3) direkt mittels (vergleiche Abb. 11.13a)

$$\sigma(\varepsilon) = k_t^{\text{init}} + E^{\text{elpl}} \cdot \left(\varepsilon - \varepsilon_t^{\text{init}}\right)$$

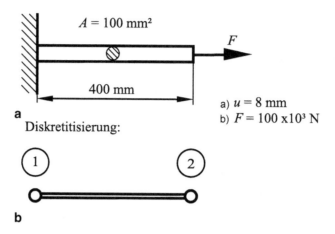

a

Diskretitisierung:

b

Abb. 11.15 Beispielproblem Rückprojektion bei linearer Verfestigung: **a** Verschiebungsrandbedin-gung; **b** Kraftrandbedingung

$$= E\varepsilon_t^{\text{init}} + E^{\text{elpl}}\varepsilon - E^{\text{elpl}}\varepsilon_t^{\text{init}}$$

$$\sigma(\varepsilon) = \left(E - E^{\text{elpl}}\right) \cdot \varepsilon_t^{\text{init}} + E^{\text{elpl}} \cdot \varepsilon \tag{11.87}$$

berechnet werden kann. Die Intention dieses Beispiels ist jedoch, das Konzept der Rück-projektion zu veranschaulichen und nicht die Spannung nach der einfachsten Methode zu bestimmen.

Beispiel 11.2: Rückprojektion bei linearer Verfestigung – Diskretisierung mittels ei-nes Finiten Elements, Verschiebungs- und Kraftrandbedingung Der Kontinuumsstab aus Beispiel 11.1 soll im Rahmen dieses Beispiels mittels eines einzigen Finiten Elemen-tes diskretisiert werden, siehe Abb. 11.15. Das Materialverhalten ist wie in Abb. 11.12a dargestellt zu verwenden. Die Belastung am rechten Ende des Stabes soll in 10 gleichen Inkrementen aufgebracht werden, wobei

a) $u = 8$ mm,

b) $F = 100$ kN

zu verwenden ist. Man berechne mit Hilfe des CPP-Algorithmus den Spannungszustand in jedem Inkrement und gebe neben dem Testspannungszustand auch alle zu aktualisierenden Größen an. Als Konvergenzkriterium ist eine absolute Verschiebungdifferenz von 1×10^{-5} mm anzusetzen.

Lösung 11.2 Bei Verwendung eines einzelnen Elementes ergibt sich das globale Gleichungssystem ohne Berücksichtigung der Randbedingungen zu:

$$\frac{A\tilde{E}}{L}\begin{bmatrix} 1 & -1 \\ -1 & 1 \end{bmatrix}\begin{bmatrix} \Delta u_1 \\ \Delta u_2 \end{bmatrix} = \begin{bmatrix} \Delta F_1 \\ \Delta F_2 \end{bmatrix}. \tag{11.88}$$

Da es sich im Allgemeinen um ein nichtlineares Gleichungssystem handelt, wurde eine inkrementelle Form angesetzt. Der Modul $\tilde{E}$ ist im elastischen Bereich gleich dem Elastizitätsmodul E und im plastischen Bereich gleich dem elasto-plastischen Stoffmodul E^{elpl}. Da am linken Knoten eine feste Einspannung vorliegt ($\Delta u_1 = 0$), kann Gl. (11.88) zu

$$\frac{A\tilde{E}}{L} \times \Delta u_2 = \Delta F_2 \tag{11.89}$$

vereinfacht werden.

Fall a) Verschiebungsrandbedingung $u = 8 \times 10^{-3}$ m am rechten Knoten:

Im Falle der Verschiebungsrandbedingung muss Gl. (11.89) nicht gelöst werden, da für jedes Inkrement $\Delta u_2 = 8\,\text{mm}/10 = 0,8\,\text{mm}$ bekannt ist. Mittels der Gleichung für die Verzerrung im Element, das heißt $\varepsilon = \frac{1}{L}(u_2 - u_1)$, ergibt sich für den Fall der festen Einspannung am linken Knoten das Verzerrungsinkrement zu:

$$\Delta\varepsilon = \frac{1}{L} \times \Delta u_2 = \frac{8 \times 10^{-4}\,\text{m}}{0,4\,\text{m}} = 0.002. \tag{11.90}$$

Die gesamte Verschiebung beziehungsweise Verzerrung kann durch Summation der inkrementellen Verschiebungs- beziehungsweise Verzerrungswerte berechnet werden, vergleiche Tab. 11.5. Anzumerken sei hier, dass für diesen Fall der Verschiebungsrandbedingung bei einem Element die Berechnung der Verschiebung bzw. der Verzerrung für alle Inkremente ohne eine Spannungsberechnung erfolgen kann.

Um die Spannung und plastische Verzerrung in jedem Inkrement zu berechnen, muss mittels des Verzerrungsinkrementes $\Delta\varepsilon$ aus Tab. 11.5 für jedes Inkrement die Berechnung mittels des CPP-Algorithmus durchgeführt werden. Genau dies wurde in Beispiel 11.1 berechnet und die numerischen Ergebnisse können Tab. 11.4 entnommen werden.

Fall b) Kraftrandbedingung $F = 100$ kN am rechten Knoten:

Im Falle der Kraftrandbedingung soll Gl. (11.89) mittels des NEWTON-RAPHSONschen Verfahrens gelöst werden. Dazu wird diese Gleichung in Form eines Residuums r als

$$r = \frac{A\tilde{E}}{L} \times \Delta u_2 - \Delta F_2 = \tilde{E}(u_2) \times \frac{A}{L} \times \Delta u_2 - \Delta F_2 = 0 \tag{11.91}$$

geschrieben. Entwickelt man die letzte Gleichung in eine TAYLORsche Reihe und vernachlässigt die Terme höherer Ordnung, ergibt sich folgende Form

$$r(\Delta u_2^{(i+1)}) = r(\Delta u_2^{(i)}) + \left(\frac{\partial r}{\partial \Delta u_2}\right)^{(i)} \times \delta(\Delta u_2) + \cdots, \tag{11.92}$$

Tab. 11.5 Numerische Werte der Verschiebung und Dehnung für Verschiebungsrandbedingung (10 Inkremente, $\Delta\varepsilon = 0,002$)

inc	Δu_2	$\Delta\varepsilon$	u_2	ε
–	10^{-4} m	–	10^{-4} m	–
1	8,0	0,002	8,0	0,002
2	8,0	0,002	16,0	0,004
3	8,0	0,002	24,0	0,006
4	8,0	0,002	32,0	0,008
5	8,0	0,002	40,0	0,010
6	8,0	0,002	48,0	0,012
7	8,0	0,002	56,0	0,014
8	8,0	0,002	64,0	0,016
9	8,0	0,002	72,0	0,018
10	8,0	0,002	80,0	0,020

wobei

$$\delta(\Delta u_2) = \Delta u_2^{(i+1)} - \Delta u_2^{(i)} \tag{11.93}$$

gilt und

$$\left(\frac{\partial r}{\partial \Delta u_2}\right)^{(i)} = K_{\mathrm{T}}^{(i)} \tag{11.94}$$

die Tangentensteifigkeitsmatrix[23] im (i)ten Iterationsschritt darstellt. Somit kann Gl. (11.92) auch als

$$\delta(\Delta u_2)K_{\mathrm{T}}^{(i)} = -r\left(\Delta u_2^{(i)}\right) = \Delta F^{(i)} - \frac{\tilde{E}A}{L}\,\Delta u_2^{(i)} \tag{11.95}$$

geschrieben werden. Multiplikation mittels $\left(K_{\mathrm{T}}^{(i)}\right)^{-1}$ und Verwendung von Gl. (11.93) führt schließlich auf

$$\Delta u_2^{(i+1)} = \Delta F^{(i)} \times \frac{L}{\tilde{E}A}, \tag{11.96}$$

wobei im elastischen Bereich (Inkrement 1-3) $\tilde{E} = E$ und im plastischen Bereich (Inkrement 4-10) $\tilde{E} = E^{\mathrm{elpl}}$ gilt.

Anwendung von Gl. (11.96) ergibt im elastischen Bereich (Inkrement 1-3) einen Wert von $\Delta u_2 = 0.571429$ mm und im plastischen Bereich (Inkrement 4-10) ein Verschiebungsinkrement von $\Delta u_2 = 6.285715$ mm. Anzumerken sei hier noch, dass die Berechnung

---

[23] Im betrachteten Beispiel mit linearer Verfestigung ist $\tilde{E}$ im elastischen Bereich (Inkrement 1 bis 3) und im plastischen Bereich (Inkrement 4 bis 10) konstant und somit keine Funktion von u_2. Im allgemeinen Fall muss jedoch auch $\tilde{E}$ differenziert werden.

Tab. 11.6 Numerische Werte für ein Element bei linearer Verfestigung (10 Inkremente; $\Delta F = 1 \times 10^4$ N)

inc	ex. Kraft	Δu_2	u_2	ε	$\Delta \varepsilon$	σ	$\varepsilon^{\mathrm{pl}}$
–	10^4 N	mm	mm	10^{-2}	10^{-2}	MPa	10^{-2}
1	1,0	0,5714	0,5714	0,1429	0,1429	100,0	0,0
2	2,0	0,5714	1,1427	0,2857	0,1429	200,0	0,0
3	3,0	0,5714	1,7143	0,4286	0,1429	300,0	0,0
4	4,0	4,4286	5,1429	1,2857	0,8571	400,0	0,7143
5	5,0	6,2857	11,4286	2,8571	1,5714	500,0	2,1429
6	6,0	6,2857	17,7143	4,4286	1,5714	600,0	3,5714
7	7,0	6,2857	24,0000	6,0000	1,5714	700,0	5,0000
8	8,0	6,2857	30,2857	7,5714	1,5714	800,0	6,4286
9	9,0	6,2857	36,5714	9,1429	1,5714	900,0	7,8571
10	10,0	6,2857	42,8571	10,7143	1,5714	1000,0	9,2857

der Verschiebungsinkremente (Inkrement 1-3 und 4-10) keine Iteration benötigt und Anwendung von Gl. (11.96) direkt das gewünschte Ergebnis liefert. Sobald die Verschiebungsinkremente (Δu_2) berechnet sind, ergibt sich die gesamte Verschiebung am Knoten 2 durch Summation der inkrementellen Werte. Anschließend kann mittels der Beziehung $\varepsilon = \frac{1}{L}(u_2 - u_1)$ die Verzerrung im Element berechnet werden, und die Verzerrungsinkremente ergeben sich durch Subtraktion zweier aufeinanderfolgender Verzerrungswerte (vergleiche Tab. 11.6).

Die Berechnung der Spannung und plastischen Verzerrung erfordert nun, dass in jedem Inkrement der CPP-Algorithmus basierend auf dem Verzerrungsinkrement auf $\Delta \varepsilon$ angewendet wird. Die graphische Darstellung der Rückprojektion ist in Abb. 11.16 gegeben. Man erkennt hier deutlich, dass bei einer Kraftrandbedingung die Verzerrungsinkremente im elastischen und plastischen Bereich deutlich unterschiedlich sind. Als Konsequenz ergeben sich sehr große Werte für die Testspannungszustände im plastischen Bereich. So gilt für die Inkremente 5 bis 10, dass $\sigma_{n+1}^{\mathrm{trial}} = \sigma_{n+1} + 1000$ MPa ist (Abb. 11.16).

Besondere Betrachtung erfordert der Übergang vom elastischen zum plastischen Bereich, d. h. von Inkrement 3 nach 4. Hier ist der Modul $\tilde{E}$ nicht eindeutig definiert und Gl. (11.96) muss iterativ gelöst werden. Für den ersten Durchgang der Berechnung (cycle $j = 0$) kann der arithmetische Mittelwert zwischen dem Elastizitätsmodul E und dem elasto-plastischen Stoffmodul E^{elpl} angesetzt werden. Für die weiteren Durchgänge (cycle $j \geq 1$) kann $\tilde{E}$ mittels eines mittleren Moduls (Sekantenmodul, vergleiche Abb. 11.17) approximiert werden. Somit ergibt sich als Berechnungsvorschrift für den mittleren Modul $\tilde{E}$ im elastisch-plastischen Übergangsbereich (im hier betrachteten Beispiel beim Übergang

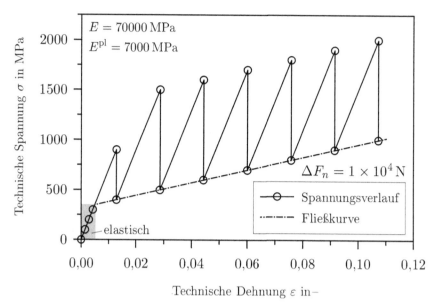

Abb. 11.16 Spannungsverlauf bei der Rückprojektion für Kontinuumsstab mit linearer Verfestigung (10 Inkremente, $\Delta F = 1 \times 10^4$)

Abb. 11.17 Bestimmung des mittleren Moduls $\tilde{E}$ beim Übergang vom elastischen zum plastischen Bereich

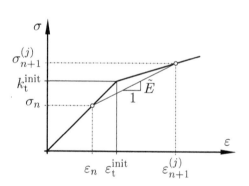

von Inkrement 3 nach 4) die folgende Beziehung:

$$\tilde{E} = \begin{cases} \frac{E+E^{\text{elpl}}}{2} & \text{für} \quad j = 0 \\ \frac{\sigma_{n+1}^{(j)}-\sigma_n}{\varepsilon_{n+1}^{(j)}-\varepsilon_n} & \text{für} \quad j > 0 \end{cases}. \tag{11.97}$$

Die numerischen Werte des mittleren Moduls $\tilde{E}$ beim Übergang von Inkrement 3 nach 4 und die sich daraus ergebenden Unterschiede der Verschiebungen am Knoten 2 sind in Tab. 11.6 zusammengefasst. Da als Konvergenzkriterium eine absolute Verschiebungsdifferenz von 1×10^{-5} mm gefordert wurde, sind 18 Durchgänge notwendig, um die Differenz zwischen der neuen und alten Verschiebung am Knoten 2 unter diesen Wert zu iterieren. Zu beachten ist hierbei, dass sich die Differenz zwischen den Verschiebungen am Knoten 2 beim ersten

Tab. 11.7 Numerische Werte für den Übergang von Inkrement 3 nach 4

Cycle	$\tilde{E}^{(i)}$	$u_2^{\text{neu}} - u_2^{\text{alt}}$
–	MPa	mm
0	38181,84	$1{,}048 \times 10^{-0}$
1	23719,00	$6{,}388 \times 10^{-1}$
2	17145,00	$6{,}466 \times 10^{-1}$
3	14157,16	$4{,}925 \times 10^{-1}$
4	12798,56	$2{,}999 \times 10^{-1}$
5	12181,16	$1{,}584 \times 10^{-1}$
6	11900,52	$7{,}744 \times 10^{-2}$
7	11772,96	$3{,}642 \times 10^{-2}$
8	11715,00	$1{,}682 \times 10^{-2}$
9	11688,64	$7{,}699 \times 10^{-3}$
10	11676,64	$3{,}511 \times 10^{-3}$
11	11671,20	$1{,}598 \times 10^{-3}$
12	11668,72	$7{,}270 \times 10^{-4}$
13	11667,60	$3{,}305 \times 10^{-4}$
14	11667,08	$1{,}503 \times 10^{-4}$
15	11666,88	$6{,}831 \times 10^{-5}$
16	11666,76	$3{,}105 \times 10^{-5}$
17	11666,72	$1{,}411 \times 10^{-5}$
18	11666,68	$6{,}416 \times 10^{-6}$

Durchlauf (cycle 0) zu $u_2^{\text{neu}} - u_2^{\text{alt}} = u_2^{(j=0)} - u_2|_{\text{inc } 3}$ und für die folgenden Durchläufe der Iteration mittels $u_2^{(j+1)} - u_2^{(j)}$ ergeben (Tab. 11.7).

Das Konvergenzverhalten der Iterationsvorschrift ist in Abb. 11.18 graphisch dargestellt. In Abbildung a) wurde eine äquidistante Einteilung und in Abbildung b) eine logarithmische Einteilung (zur Basis 10) gewählt. Man erkennt, dass sich am Anfang der Iteration eine recht große Iterationsrate ergibt, die im Verlauf der Durchläufe abflacht. Beim hier gewählten Konvergenzkriterium von 10^{-5} sind daher diese 18 Iterationsschritte nötig, um die geforderte absolute Verschiebungsdifferenz schließlich zu erreichen. Würde man als Konvergenzkriterium einen absoluten Unterschied von 10^{-6} fordern, wären 21 Iterationsschritte notwendig.

Beispiel 11.3: Rückprojektion für Bimaterial Stab Zwei verschiedene Materialverhalten (vergleiche Abb. 11.19a) sollen im Folgenden betrachtet werden, um einen Bimaterial-

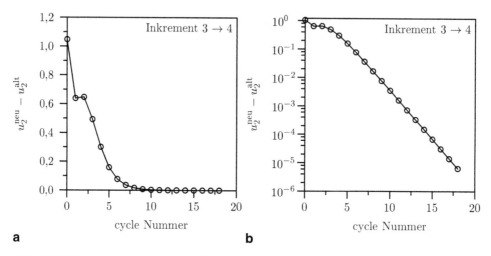

Abb. 11.18 Konvergenzverhalten beim Übergang von Inkrement 3 nach 4: **a** äquidistante Einteilung; **b** logarithmische Einteilung der absoluten Verschiebungsdifferenz

Stab (vergleiche Abb. 11.19b) mittels der Finite-Elemente-Methode zu modellieren. Das rechte Ende soll dabei um insgesamt $u = 8$ mm verschoben werden, wobei die Verformung in 10 gleichen Inkrementen aufgebracht werden soll. Der Stab ist hierbei mit zwei Finiten Elementen zu diskretisieren. Man untersuche folgende Materialkombinationen:

a) Material I: rein elastisch; Material II: rein elastisch,
b) Material I: elasto-plastisch; Material II: elasto-plastisch,
c) Material I: rein elastisch; Material II: elasto-plastisch,

um die Verschiebung des mittleren Knotens zu berechnen. Man berechne mit Hilfe des CPP-Algorithmus den Spannungszustand in jedem Element und gebe auch alle zu aktualisierenden Größen an.

Lösung 11.3 Bei Verwendung von zwei Finiten Elementen ergibt sich das globale Gleichungssystem ohne Berücksichtigung der Randbedingungen für dieses Beispiel in inkrementeller Form zu:

$$\frac{A}{L} \times \begin{bmatrix} \tilde{E}^{\mathrm{I}} & -\tilde{E}^{\mathrm{I}} & 0 \\ -\tilde{E}^{\mathrm{I}} & \tilde{E}^{\mathrm{I}} + \tilde{E}^{\mathrm{II}} & -\tilde{E}^{\mathrm{II}} \\ 0 & -\tilde{E}^{\mathrm{II}} & \tilde{E}^{\mathrm{II}} \end{bmatrix} \begin{bmatrix} \Delta u_1 \\ \Delta u_2 \\ \Delta u_3 \end{bmatrix} = \begin{bmatrix} \Delta F_1 \\ \Delta F_2 \\ \Delta F_3 \end{bmatrix} . \tag{11.98}$$

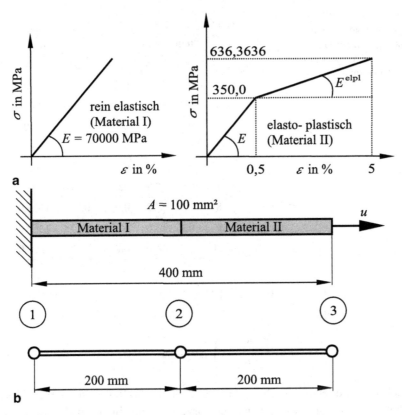

Abb. 11.19 Beispielproblem Rückprojektion bei Stab mit verschiedenen Materialien: **a** Spannungs-Dehnungs-Verläufe; **b** Geometrie und Randbedingungen

Die Berücksichtigung der Randbedingung auf der linken Seite, das heißt $u_1 = 0$, liefert das folgende reduzierte globale Gleichungssystem:

$$\frac{A}{L} \times \begin{bmatrix} \tilde{E}^{I} + \tilde{E}^{II} & -\tilde{E}^{II} \\ -\tilde{E}^{II} & \tilde{E}^{II} \end{bmatrix} \begin{bmatrix} \Delta u_2 \\ \Delta u_3 \end{bmatrix} = \begin{bmatrix} \Delta F_2 \\ \Delta F_3 \end{bmatrix}. \tag{11.99}$$

Die Berücksichtigung der Verschiebungsrandbedingung an der rechten Seite, das heißt $u_3 = u(t)$, und dass $\Delta F_2 = \Delta F_3 = 0$ gilt, ergibt:

$$\frac{A}{L} \times \left(\tilde{E}^{I} + \tilde{E}^{II} \right) \Delta u_2 = \frac{\tilde{E}_2 A}{L} \Delta u_3 , \tag{11.100}$$

oder

$$\left(\frac{\tilde{E}^{I}}{\tilde{E}^{II}} + 1 \right) \Delta u_2 = \Delta u_3 . \tag{11.101}$$

Tab. 11.8 Numerische Werte
für Bimaterial Stab bei rein
linear-elastischem Verhalten
(10 Inkremente; $\Delta u_3 = 0.8$
mm, $A = 100$ mm²)

inc	Δu_2	u_2	$\Delta \varepsilon$	ε	σ	$F_{r,3}$
–	mm	mm	–	–	MPa	10^4 N
1	0,4	0,4	0,002	0,002	140,0	1,4
2	0,4	0,8	0,002	0,004	280,0	2,8
3	0,4	1,2	0,002	0,006	420,0	4,2
4	0,4	1,6	0,002	0,008	560,0	5,6
5	0,4	2,0	0,002	0,010	700,0	7,0
6	0,4	2,4	0,002	0,012	840,0	8,4
7	0,4	2,8	0,002	0,014	980,0	9,8
8	0,4	3,2	0,002	0,016	1120,0	11,2
9	0,4	3,6	0,002	0,018	1260,0	12,6
10	0,4	4,0	0,002	0,020	1400,0	14,0

Zur Anwendung des NEWTON-RAPHSONschen Verfahrens wird Gl. (11.101) als Residu-umsgleichung geschrieben:

$$r = \left(\frac{\tilde{E}^{\mathrm{I}}}{\tilde{E}^{\mathrm{II}}} + 1 \right) \Delta u_2 - \Delta u_3 = 0 \, . \tag{11.102}$$

Entwickelt man die letzte Gleichung in eine TAYLORsche Reihe und vernachlässigt die Terme höherer Ordnung entsprechend der Vorgehensweise in Beispiel 11.2, ergibt sich schließlich folgende Iterationsvorschrift zur Bestimmung der Verschiebung am mittleren Knoten:

$$\Delta u_2^{(i+1)} = \left(\frac{\tilde{E}^{\mathrm{I}}}{\tilde{E}^{\mathrm{II}}} + 1 \right)^{-1} \times \Delta u_3^{(i)} \, . \tag{11.103}$$

In Gl. (11.103) ist für $\tilde{E}$ im elastischen Bereich der Elastizitätsmodul E und im plastischen Bereich der elasto-plastische Stoffmodul E^{elpl} zu verwenden.

Fall a) Material I: rein elastisch; Material II: rein elastisch:

Für den Fall, dass beide Bereiche rein elastisches Materialverhalten mit $E^{\mathrm{I}} = E^{\mathrm{II}}$ aufweisen, vereinfacht sich Gl. (11.103) zu:

$$\Delta u_2^{(i+1)} = (1 + 1)^{-1} \times \Delta u_3^{(i)} = \frac{1}{2} \times \Delta u_3^{(i)} = 4 \, \mathrm{mm} \, . \tag{11.104}$$

Die Verzerrung im linken Element - die identisch der Verzerrung im rechten Element ist - kann einfach über $\Delta \varepsilon = \frac{1}{200 \, \mathrm{mm}} \times \Delta u_2$ bestimmt werden, und die Spannung ergibt sich aus der Verzerrung durch Multiplikation mit dem Elastizitätsmodul. Die Ergebnisse dieser rein elastischen Berechnung sind in Tab. 11.8 zusammengefasst.

Tab. 11.9 Numerische Werte für Bimaterial Stab bei elasto-plastischem Verhalten (10 Inkremente; $\Delta u_3 = 0,8$ mm, $A = 100$ mm^2)

inc	Δu_2	u_2	$\Delta\varepsilon$	ε	σ	ε^{pl}	$F_{\text{r},3}$
–	mm	mm	–	–	MPa	10^{-3}	10^4 N
1	0,4	0,4	0,002	0,002	140,0	0,0	1,4
2	0,4	0,8	0,002	0,004	280,0	0,0	2,8
3	0,4	1,2	0,002	0,006	356,364	0,909091	3,56364
4	0,4	1,6	0,002	0,008	369,091	2,727273	3,69091
5	0,4	2,0	0,002	0,010	381,818	4,545455	3,81818
6	0,4	2,4	0,002	0,012	394,545	6,363636	3,94545
7	0,4	2,8	0,002	0,014	407,273	8,181818	4,07273
8	0,4	3,2	0,002	0,016	420,000	10,000000	4,20000
9	0,4	3,6	0,002	0,018	432,727	11,818182	4,32727
10	0,4	4,0	0,002	0,020	445,455	13,636364	4,45455

Zusätzlich zu den Verschiebungs-, Verzerrungs- und Spannungswerten[24] sind in Tab. 11.8 auch noch die Reaktionskräfte am Knoten 3 angegeben. Diese Reaktionskräfte ergeben sich durch Multiplikation der Steifigkeitsmatrix mit dem Ergebnisvektor der Verschiebungen und müssen mit den aus den Spannungen resultierenden Kräften im Gleichgewicht stehen: $F_{\text{r},3} = \sigma A$.

Fall b) Material I: elasto-plastisch; Material II: elasto-plastisch:

Für den Fall, dass beide Bereiche gleiches elasto-plastisches Materialverhalten aufweisen, gilt stets $\tilde{E}^{\text{I}} = \tilde{E}^{\text{II}}$, und Gl. (11.103) ergibt auch hier ein Verschiebungsinkrement am mittleren Knoten von $\Delta u_2^{(i+1)} = \frac{1}{2} \times \Delta u_3^{(i)} = 4$ mm bzw. ein Verzerrungsinkrement von $\Delta\varepsilon = 0,002$. Zur Berechnung der Spannung und der plastischen Verzerrung für Element II im nichtlinearen Bereich muss der CPP-Algorithmus wie in Beispiel 11.1 angewendet werden. Die entsprechenden Werte sind in Tab. 11.9 zusammengefasst.

Fall c) Material I: rein elastisch; Material II: elasto-plastisch:

Im elastischen Bereich beider Elemente ergibt sich auch hier, dass die Verschiebung am mittleren Knoten die Hälfte der am rechten Knoten aufgebrachten Verschiebung beträgt. Sobald im rechten Stabteil jedoch die Plastifizierung einsetzt, ergibt sich, dass $\tilde{E}^{\text{I}} \neq \tilde{E}^{\text{II}}$ ist und für den rechten Stabteil der elasto-plastische Stoffmodul zu verwenden ist. Somit kann die Berechnungsvorschrift für das Verschiebungsinkrement wie folgt zusammengefasst werden:

$$\Delta u_2^{(i+1)} = \begin{cases} \frac{1}{2} \times \Delta u_3^{(i)} & \text{im elastischen Bereich} \\ \left(\frac{E^{\text{I}}}{E^{\text{elpl,II}}} + 1\right)^{-1} \times \Delta u_3^{(i)} & \text{im plastischen Bereich} \end{cases} . \qquad (11.105)$$

---

[24] Man beachte, dass in beiden Bereichen bzw. Elementen die Spannungen und Verzerrungen identisch sind.

Tab. 11.10 Numerische Werte für Bimaterial Stab bei unterschiedlichem Materialverhalten (10 Inkremente; $\Delta u_3 = 0,8$ mm, $A = 100$ mm^2)

inc	Δu_2	u_2	ε^{I}	$\varepsilon^{\mathrm{II}}$	σ^{I}	σ^{II}	$\varepsilon^{\mathrm{pl,I}}$	$\varepsilon^{\mathrm{pl,II}}$	$F_{\mathrm{r},3}$
–	mm	mm	10^{-3}	10^{-3}	MPa	MPa	10^{-3}	10^{-3}	10^4 N
1	0,4	0,4	2,0	2,0	140,0	140,0	0,0	0,0	1,4
2	0,4	0,8	4,0	4,0	280,0	280,0	0,0	0,0	2,8
3	0,23333	1,03333	5,16667	6,83333	361,667	361,667	0,0	1,66667	3,61667
4	0,06667	1,10000	5,50000	10,50000	385,000	385,000	0,0	5,00000	3,85000
5	0,06667	1,16667	5,83333	14,16667	408,333	408,333	0,0	8,33333	4,08333
6	0,06667	1,23333	6,16667	17,83333	431,667	431,667	0,0	11,66667	4,31667
7	0,06667	1,30000	6,50000	21,50000	455,000	455,000	0,0	15,00000	4,55000
8	0,06667	1,36667	6,83333	25,16667	478,333	478,333	0,0	18,33333	4,78333
9	0,06667	1,43333	7,16667	28,83333	501,667	501,667	0,0	21,66667	5,01667
10	0,06667	1,50000	7,50000	32,50000	525,000	525,000	0,0	25,00000	5,25000

Aus den Verschiebungsinkrementen folgt durch Summation die totale Verschiebung am mittleren Knoten und die Verzerrung für jedes Element kann mittels $\varepsilon = \frac{1}{L}(-u_{\mathrm{l}} + u_{\mathrm{r}})$ (Index ,l' für linker und Index ,r' für rechter Knoten des Stabelements) bestimmt werden. Sobald der rechte Stabteil plastifiziert, muss das Prädiktor-Korrektor-Verfahren eingesetzt werden, um die Zustandsvariablen berechnen zu können. Die numerischen Werte des inkrementellen Lösungsverfahrens sind in Tab. 11.10 zusammengefasst. Es sei hier noch angemerkt, dass im plastischen Bereich eine ähnliche Beziehung wie im elastischen Bereich angegeben werden kann, um das Spannungsinkrement aus dem Verzerrungsinkrement zu berechnen, vergleiche Gl. (11.106). Es ist jedoch hierbei zu beachten, dass der Elastizitätsmodul durch den elasto-plastischen Stoffmodul zu ersetzen ist:

$$\Delta\sigma = \begin{cases} \Delta\varepsilon \times E & \text{im} \quad \text{elastischen Bereich} \\ \Delta\varepsilon \times E^{\mathrm{elpl}} & \text{im} \quad \text{plastischen Bereich} \end{cases}. \qquad (11.106)$$

Der Übergang vom elastischen zum plastischen Bereich, das heißt von Inkrement 2 nach 3, erfordert auch hier eine gesonderte Betrachtung. Der mittlere Modul $\tilde{E}^{\mathrm{II}}$ muss hierbei nach Gl. (11.97) berechnet werden, um anschließend das Verschiebungsinkrement nach Gl. (11.105)$_2$ bestimmen zu können. Die absolute Verschiebung am mittleren Knoten ergibt sich durch Summation, das heißt $u_2^{(i)} = \Delta u_2^{(i)} + u_2|_{\mathrm{inc}\,2}$. Die Differenz der Verschiebungen am mittleren Knoten sind beim ersten Durchgang (cycle 0) mittels $|u_2^{(i=0)} - u_2|_{\mathrm{inc}\,2}|$ und für jeden weiteren Durchgang (i) über $|u_2^{(i)} - u_2^{(i-1)}|$ zu bestimmen. Die Berechnung der Verzerrung im rechten Stabteil kann mittels der gegebenen Randbedingung u_3 über $\varepsilon^{\mathrm{II},(i)} = \frac{1}{L}(-u_2^{(i)} + u_3)$ erfolgen. Schließlich ergeben sich die Spannungen mittels des CPP-Algorithmus basierend auf dem Verzerrungsinkrement $\Delta\varepsilon^{\mathrm{II},(i)} = \varepsilon^{\mathrm{II},(i)} - \varepsilon^{\mathrm{II}}|_{\mathrm{inc}\,2}$. Sind die

Spannungen und Verzerrungen bekannt, kann für den nächsten Durchlauf mittels Gl. (11.97) der neue mittlere Modul bestimmt werden. Als Konvergenzkriterium wurde für die absolute Verschiebungsdifferenz in diesem Beispiel ein Wert 10^{-5} vorgegeben (Tab. 11.11).

Tab. 11.11 Numerische Werte für Übergang von Inkrement 2 nach 3

cycle	$\tilde{E}^{\mathrm{II},(i)}$	$\Delta u_2^{(i)}$	$u_2^{(i)}$	$\lvert u_2^{\mathrm{neu}} - u_2^{\mathrm{alt}}\rvert$	$\varepsilon^{\mathrm{II},(i)}$	$\Delta\varepsilon^{\mathrm{II},(i)}$	$\sigma^{\mathrm{II},(i)}$
–	MPa	mm	mm	10^{-2}mm	10^{-3}	10^{-3}	MPa
0	38181,82	0,282353	1,082353	28,235294	6,588235	2,588235	360,1070
1	30950,41	0,245272	1,045272	3,708073	6,773639	2,773639	361,2868
2	2930691	0,236092	1,036092	0,918059	6,819542	2,819542	361,5789
3	28933,39	0,233962	1,033963	0,212904	6,830187	2,830187	361,6466
4	28848,50	0,233476	1,033476	0,0486115	6,832618	2,832618	361,6621
5	28829,20	0,233366	1,033366	0,0110598	6,833171	2,833171	361,6656
6	28824,82	0,233341	1,033341	0,0025142	6,833296	2,833296	361,6664
7	28823,82	0,233335	1,033335	0,0005714	6,833325	2,833325	361,6666

11.5.2 Weiterführende Aufgaben

Plastischer Modul und elasto-plastischer Stoffmodul Man diskutiere den Fall a) $E^{\mathrm{pl}} = E$ und b) $E^{\mathrm{elpl}} = E$.

Rückprojektion bei linearer Verfestigung Man berechne Beispiel 11.1 für folgende lineare Fließkurve eines Stahles: $k(\kappa) = (690 + 21000\kappa)$ MPa. Der Elastizitätsmodul beträgt 210000 MPa. Die geometrischen Abmessungen sind wie in Beispiel 11.1 zu nehmen.

a) Für 10 Inkremente mit $\Delta\varepsilon = 0,001$,
b) Für 20 Inkremente mit $\Delta\varepsilon = 0,0005$,
c) Für 20 Inkremente mit $\Delta\varepsilon = 0,001$.

Die Ergebnisse sind zu vergleichen und zu interpretieren.

Rückprojektion bei nichtlinearer Verfestigung Man berechne Beispiel 11.1 für folgende nichtlineare Fließkurve: $k(\kappa) = (350 + 12900\kappa - 1.25 \times 10^5\kappa^2)$ MPa. Alle anderen Parameter sind wie in Beispiel 11.1 zu nehmen.

Rückprojektion für Stab bei beidseitig fester Einspannung Man berechne für den in Abb. 11.20 dargestellten beidseitig fest eingespannten Stab die Verschiebung des Kraftangriffspunktes. Der Stab besitzt ein elasto-plastisches Materialverhalten ($E = 1 \times 10^5$ MPa; $E^{\text{elpl}} = 1 \times 10^3$ MPa; $k_t^{\text{init}} = 200$ MPa) und eine Kraft von $F = 6 \times 10^4$ N soll in drei Inkrementen gleichmäßig verteilt aufgebracht werden. Es kann angenommen werden, dass das Materialverhalten unter Zug- und Druckbelastung identisch ist. Man berechne die Verschiebung des Kraftangriffspunktes und bestimme die Spannungen und Verzerrungen in beiden Elementen. Als Konvergenzkriterium soll eine absolute Verschiebungsdifferenz am Lastangriffspunkt von 10^{-5} mm angesetzt werden.

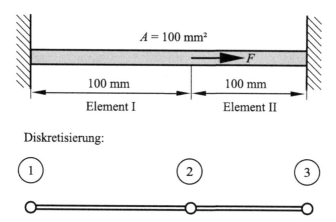

Abb. 11.20 Beispielproblem Rückprojektion für Stab bei beidseitig fester Einspannung

Rückprojektion für ein Finites Element bei ideal-plastischem Materialverhalten Man diskutiere den Fall eines einzelnen Finiten Elementes mit Kraftrandbedingung bei ideal-plastischem Materialverhalten. Es soll hierbei angenommen werden, dass die Kraft linear von Null ausgehend ansteigt. Das Problem und das Materialverhalten sind in Abb. 11.21

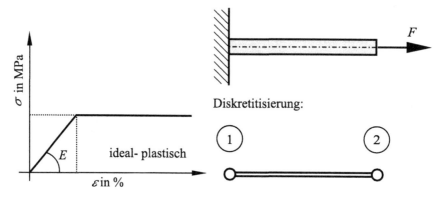

Abb. 11.21 Beispielproblem Rückprojektion für ein Finites Element bei ideal-plastischem Materialverhalten

schematisch dargestellt. Warum wird im plastischen Bereich bei einer Kraftrandbedingung keine Konvergenz erreicht? Was ändert sich, falls die Kraftrandbedingung durch eine Verschiebungsrandbedingung ersetzt wird?

Literatur

1. Altenbach H, Altenbach J, Zolochevsky A (1995) Erweiterte Deformationsmodelle und Versagenskriterien der Werkstoffmechanik. Deutscher Verlag für Grundstoffindustrie, Stuttgart
2. Balankin AS, Bugrimov AL (1992) A fractal theory of polymer plasticity. Polym Sci 34:246–248
3. Belytschko T, Liu WK, Moran B (2000) Nonlinear finite elements for continua and structures. Wiley, Chichester
4. Betten J (1979) Über die Konvexität von Fließkörpern isotroper und anisotroper Stoffe. Acta Mech 32:233–247
5. Betten J (2001) Kontinuumsmechanik. Springer, Berlin
6. de Borst R (1986) Non-linear analysis of frictional materials. Dissertation, Delft University of Technology
7. Chakrabarty J (2009) Applied plasticity. Springer, New York
8. Chen WF (1982) Plasticity in reinforced concrete. McGraw-Hill, New York
9. Chen WF, Baladi GY (1985) Soil plasticity. Elsevier, Amsterdam
10. Chen WF, Liu XL (1990) Limit analysis in soil mechanics. Elsevier, Amsterdam
11. Crisfield MA (2000) Non-linear finite element analysis of solids and structures. Bd. 2: Advanced topics. Wiley, Chichester
12. Crisfield MA (2001) Non-linear finite element analysis of solids and structures. Bd. 1: Essentials. Wiley, Chichester
13. Drucker DC (1952) A more fundamental approach to plastic stress-strain relations. In: Sternberg E et al (Hrsg) Proceedings 1st US National Congress of Applied Mechanics. Edward Brothers Inc, Michigan, pp 487–491
14. Dunne F, Petrinic N (2005) Introduction to computational plasticity. Oxford University, Oxford
15. Jirásek M, Bazant ZP (2002) Inelastic analysis of structures. Wiely, Chichester
16. Lubliner J (1990) Plasticity theory. Macmillan Publishing Company, New York
17. Mang H, Hofstetter G (2008) Festigkeitslehre. Springer, Wien
18. Moran B, Ortiz M, Shih CF (1990) Formulation of implicit finite element methods for multiplicative finite deformation plasticity. Int J Num Meth Eng 29:483–514
19. Ortiz M, Popov EP (1985) Accuracy and stability of integration algorithms for elastoplastic constitutive equations. Int J Num Meth Eng 21:1561–1576
20. Simo JC, Ortiz M (1985) A unified approach to finite deformation elastoplasticity based on the use of hyperelastic constitutive equations. Comput Method Appl M 49:221–245
21. Simo JC, Hughes TJR (1998) Computational inelasticity. Springer, New York
22. de Souza Neto EA, Perić D, Owen DRJ (2008) Computational methods for plasticity: theory and applications. Wiley, Chichester
23. Spencer AJM (1992) Plasticity theory for fibre-reinforced composites. J Eng Math 26:107–118
24. Wriggers P (2001) Nichtlineare finite-element-methoden. Springer, Berlin
25. Yu M-H, Zhang Y-Q, Qiang H-F, Ma G-W (2006) Generalized plasticity. Springer, Berlin

Stabilität (Knickung)

12

Zusammenfassung

Der Begriff Stabilität wird im alltäglichen und technischen Sprachgebrauch vielfältig verwendet. Hier beschränken wir uns auf die statische Stabilität von elastischen Tragwerken. Die Ausführungen konzentrieren sich auf elastische Stäbe und Balken. Die Ausgangssituation ist eine belastete elastische Struktur. Bleibt die angreifende Last unter einem kritischen Wert, so verhält sich die Struktur „einfach", und man kann das Verhalten mit den Modellen und Gleichungen aus den vorangehenden Kapiteln beschreiben. Erreicht oder übersteigt die Last einen kritischen Wert, beginnen Stäbe und Balken zu knicken. Die Situation wird mehrdeutig, neben der Ausgangslage kann es mehrere Gleichgewichtslagen geben. Bei der technischen Anwendung ist die kleinste Last kritisch, bei der sich für Stab oder Balken Knicken einstellt.

12.1 Stabilität im Stab/Balken

Ausgangssituation ist ein Tragwerk, das aus Stäben und Balken aufgebaut ist. Die Stäbe und Balken sind an sogenannten Knotenpunkten miteinander verbunden, über die Kräfte und Momente in jedes Einzelelement eingeleitet werden. Solange die Lasten auf ein Element unterhalb einer kritischen Grenze liegen, verhält sich das Element linear elastisch. Wird jedoch ein kritischer Wert erreicht oder überschritten, stellt sich Knicken ein. In Abb. 12.1 sind verschiedene Situationen dargestellt, bei denen sich Knicken einstellen kann.

Zur Analyse des Stabilitätsverhaltens stehen mehrere Beschreibungsmöglichkeiten zur Verfügung. Im Folgenden wird die Energiemethode herangezogen.

© Springer-Verlag Berlin Heidelberg 2014
M. Merkel, A. Öchsner, *Eindimensionale Finite Elemente*,
DOI 10.1007/978-3-642-54482-8_12

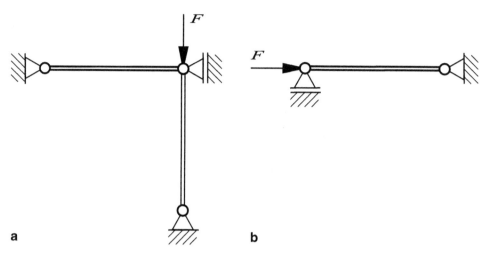

Abb. 12.1 Knicken von Tragwerken **a** aus zwei Elementen und **b** aus einem Element

Das Gesamtpotenzial Π eines Stabes oder Balkens lässt sich allgemein schreiben als

$$\Pi = \frac{1}{2}\boldsymbol{u}^{\mathrm{T}}\boldsymbol{K}\boldsymbol{u} - \boldsymbol{u}^{\mathrm{T}}\boldsymbol{F}, \qquad (12.1)$$

wobei $\boldsymbol{u}$ für den Vektor der Verschiebungen, $\boldsymbol{K}$ für die Steifigkeitsmatrix und $\boldsymbol{F}$ für den Vektor der äußeren Kraft stehen. In einer Gleichgewichtslage ist die gesamte potenzielle Energie Π des Systems stationär. Für einen stationären Wert von Π muss die erste Variation $\delta\Pi$ verschwinden:

$$\delta\Pi = \frac{\partial\Pi}{\partial\boldsymbol{u}}\delta\boldsymbol{u} \stackrel{!}{=} 0. \qquad (12.2)$$

Zur Klärung der Art des stationären Wertes muss auch die zweite Variation des Potenzials untersucht werden. Es ergeben sich drei Gleichgewichtszustände, vergleiche Abb. 12.2.

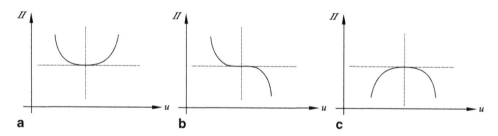

Abb. 12.2 Gleichgewichtszustände zur Stabilität: **a** stabil, **b** indifferent und **c** labil

Für den Fall $\delta^2\Pi > 0$ ergibt sich ein stabiles Gleichgewicht. Verschwindet die zweite Variation, so spricht man von einem indifferenten oder neutralen Gleichgewicht. Für den

Fall $\delta^2\Pi < 0$ liegt ein instationäres Gleichgewicht vor. Beim Knicken von Stäben und Balken geht man von einem indifferenten Gleichgewicht aus. Die zweite Variation lautet:

$$\delta^2\Pi = \frac{\partial^2\Pi}{\partial u^2}\delta^2 u = 0. \tag{12.3}$$

Die Forderung, dass die zweite Variation von Π verschwindet, kann nur erfüllt werden, wenn die Determinante von K zu Null wird.

Die Steifigkeitsmatrix K setzt sich für große Verformungen aus einem elastischen und einem geometrischen Anteil zusammen:

$$K = K^{el} + K^{geo}. \tag{12.4}$$

K^{el} steht für die Steifigkeitsmatrix, die bei der Beschreibung des linear elastischen Verhaltens zugrunde gelegt wird. Sie ist aus den vorherigen Abschnitten bekannt. Der Aufbau von K^{el} ist unabhängig von der axialen Last. Im Gegensatz dazu enthält K^{geo} die axiale Last F als Vorfaktor. Die ausführliche Herleitung der geometrischen Steifigkeitsmatrix K^{geo} folgt weiter hinten.

Wird diese Kraft mit einem Faktor λ skaliert, erhält man:

$$K = K^{el} + \lambda\tilde{K}^{geo}. \tag{12.5}$$

Die Forderung, dass die Determinante von K verschwindet, führt auf:

$$\det(K) = \det\left[K^{el} + \lambda\tilde{K}^{geo}\right] \overset{!}{=} 0. \tag{12.6}$$

Mit dieser Gleichung ist ein Eigenwertproblem formuliert, wobei λ der gesuchte Eigenwert ist. Das Bilden der Determinante führt auf eine skalare Funktion in λ, die als charakteristische Gleichung bezeichnet wird. Es ist offensichtlich, dass diese Gleichung nicht nur einen Eigenwert besitzt. Die Nullstellen der charakteristischen Gleichung entsprechen den Eigenwerten des Problems. Der Ausdruck λF stellt die sogenannte Knicklast dar. Aus technischer Sicht ist der kleinste Eigenwert und damit die kleinste Knicklast interessant.

12.2 Große Verformungen

Bisher wurde davon ausgegangen, dass die auftretenden Verformungen klein sind. Das Gleichgewicht wurde am undeformierten Körper aufgestellt. Im Rahmen der Behandlung von nichtlinearen Problemen können jedoch auch große Verformungen auftreten. Diese werden jetzt näher beschrieben. Die lineare Beziehung zwischen den Verformungen und den Verzerrungen wird in der Verschiebungs-Verzerrungs-Beziehung

$$\varepsilon = \frac{1}{2}\left(\nabla u^T + u\nabla^T\right) + \frac{1}{2}\left(\nabla u^T \times u\nabla^T\right) \tag{12.7}$$

um den nichtlinearen Term erweitert. Der zweite Summand gibt den nichtlinearen Term wieder. Für die betrachteten Stäbe und Balken tritt bei großen Verformungen neben der Verformung in axialer Richtung eine weitere Verformung auf. Die vollständige Verzerrungsmatrix lautet:

$$\boldsymbol{\varepsilon} = \begin{pmatrix} \varepsilon_{xx} & \varepsilon_{xy} \\ \varepsilon_{yx} & \varepsilon_{yy} \end{pmatrix} \tag{12.8}$$

und ergibt sich aus:

$$\boldsymbol{\varepsilon} = \frac{1}{2} \left[\begin{pmatrix} \dfrac{\partial}{\partial x} \\[2mm] \dfrac{\partial}{\partial y} \end{pmatrix} (u_x \; u_y) + \begin{pmatrix} u_x \\ u_y \end{pmatrix} \begin{pmatrix} \dfrac{\partial}{\partial x} & \dfrac{\partial}{\partial y} \end{pmatrix} \right] \tag{12.9}$$

$$+ \frac{1}{2} \left[\begin{pmatrix} \dfrac{\partial}{\partial x} \\[2mm] \dfrac{\partial}{\partial y} \end{pmatrix} (u_x \; u_y) \times \begin{pmatrix} u_x \\ u_y \end{pmatrix} \begin{pmatrix} \dfrac{\partial}{\partial x} & \dfrac{\partial}{\partial y} \end{pmatrix} \right]. \tag{12.10}$$

Für die weiteren Betrachtungen ist lediglich die Dehnung ε_{xx} in Richtung der Stab- beziehungsweise der Balkenachse von Interesse. Diese Komponente lässt sich aus der gesamten Verzerrungsmatrix als

$$\boldsymbol{\varepsilon}_{xx} = \frac{\mathrm{d}u_x}{\mathrm{d}x} + \frac{1}{2} \left[\left(\frac{\mathrm{d}u_x}{\mathrm{d}x} \right)^2 + \left(\frac{\mathrm{d}u_y}{\mathrm{d}x} \right)^2 \right] \tag{12.11}$$

extrahieren. Unter der Voraussetzung $\mathrm{d}u_x/\mathrm{d}x \ll 1$ sowie $(\mathrm{d}u_x/\mathrm{d}x)^2 \ll (\mathrm{d}u_y/\mathrm{d}x)^2$ vereinfacht sich der gesamte Ausdruck zu

$$\boldsymbol{\varepsilon}_{xx} = \frac{\mathrm{d}u_x}{\mathrm{d}x} + \frac{1}{2} \left(\frac{\mathrm{d}u_y}{\mathrm{d}x} \right)^2. \tag{12.12}$$

Diese Beziehung für die Dehnung kann für den Stab direkt verwendet werden. Beim Balken setzt sich die gesamte Verformung in axialer Richtung aus den zwei Anteilen

$$u_x = u_{xs} + u_{xb} \tag{12.13}$$

zusammen. Der erste Term entspricht dem Anteil aus der Verschiebung auf der neutralen Achse des Balkens. Der zweite Term entspricht dem Anteil aus der reinen Biegung und lässt sich als

$$u_{xb} = -y \frac{\mathrm{d}u_y}{\mathrm{d}x} \tag{12.14}$$

ansetzen. Damit lässt sich die gesamte Dehnung des Balkens als

$$\boldsymbol{\varepsilon}_{xx} = \frac{\mathrm{d}u_{xs}}{\mathrm{d}x} - y \frac{\mathrm{d}^2 u_y}{\mathrm{d}x^2} + \frac{1}{2} \left(\frac{\mathrm{d}u_y}{\mathrm{d}x} \right)^2 \tag{12.15}$$

schreiben. Die elastische Formänderungsenergie des Stabes lässt sich über die Dehnung als

$$\Pi_{\text{int}} = \frac{1}{2} \int_{\Omega} E \varepsilon_{xx}^2 \, d\Omega = \int_{\Omega} E \left[\frac{du_x}{dx} + \frac{1}{2} \left(\frac{du_y}{dx} \right)^2 \right]^2 d\Omega \tag{12.16}$$

formulieren. Nach ein paar Umformungen ergibt sich die Formänderungsenergie zu:

$$\Pi_{\text{int}} = \frac{1}{2} AE \int_L \left(\frac{du_x}{dx} \right)^2 dx + \frac{1}{2} F \int_L \left(\frac{du_y}{dx} \right)^2 dx \, . \tag{12.17}$$

Die elastische Formänderungsenergie des Balkens lässt sich über die Dehnung als

$$\Pi_{\text{int}} = \int_{\Omega} E \varepsilon_{xx}^2 \, d\Omega = \int_{\Omega} E \left[\frac{du_{xs}}{dx} - y \frac{d^2 u_y}{dx^2} + \frac{1}{2} \left(\frac{du_y}{dx} \right)^2 \right]^2 d\Omega \tag{12.18}$$

formulieren. Nach ein paar Umformungen ergibt sich die Formänderungsenergie zu:

$$\Pi_{\text{int}} = \frac{1}{2} AE \int_L \left(\frac{du_{xs}}{dx} \right)^2 dx + \frac{1}{2} EI \int_L \left(\frac{d^2 u_y}{dx^2} \right)^2 dx + \frac{1}{2} F \int_L \left(\frac{du_y}{dx} \right)^2 dx. \tag{12.19}$$

Der 1. und 3. Term entspricht der elastischen Formänderungsenergie beim Stab. Der 2. Term entspricht dem Energieanteil aus der Biegung.

12.3 Steifigkeitsmatrizen bei großen Verformungen

Wie für die kleinen Verformungen soll auch für die großen Verformungen angenommen werden, dass sich der Verlauf durch die Knotenwerte und Formfunktionen beschreiben lässt. In Abb. 12.3 sind die für das Knicken relevanten kinematischen Größen dargestellt.

Für die unterschiedlichen Richtungen der Verschiebungen können prinzipiell verschiedene Formfunktionen herangezogen werden:

$$u_x(x) = \mathbf{N}_x(x) \, \mathbf{u}_{\text{p}} \, , \tag{12.20}$$

$$u_y(x) = \mathbf{N}_y(x) \, \mathbf{u}_{\text{p}} \, . \tag{12.21}$$

Im Folgenden werden die Steifigkeitsmatrizen für große Verformungen für den Stab und den Balken hergeleitet.

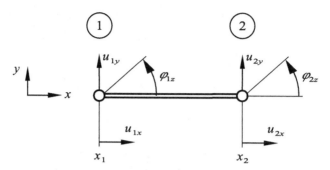

Abb. 12.3 Zustandsgrößen zur Beschreibung des Knickverhaltens

12.3.1 Stab mit großen Verformungen

In den Dehnungen nach Gl. (12.12) treten die ersten Ableitungen du_x/dx und du_y/dx auf. Diese ergeben sich zu

$$\frac{du_x(x)}{dx} = \frac{d}{dx}N_x(x)\,u_p = N'_x(x)\,u_p\,, \tag{12.22}$$

$$\frac{du_y(x)}{dx} = \frac{d}{dx}N_y(x)\,u_p = N'_y(x)\,u_p\,. \tag{12.23}$$

Das gesamte Potenzial lässt sich in diskretisierter Form schreiben als

$$\Pi = \frac{1}{2}u_p^{\mathrm{T}} AE \underbrace{\int_L N'^{\mathrm{T}}_x N'_x \, dx}_{K^{\text{el, Stab}}} u_p + \frac{1}{2}u_p^{\mathrm{T}} F \underbrace{\int_L N'^{\mathrm{T}}_y N'_y \, dx}_{K^{\text{geo, Stab}}} u_p - u_p^{\mathrm{T}} F. \tag{12.24}$$

Aus Gl. (12.3.1) lassen sich die Steifigkeitsmatrizen ermitteln. Die Teilmatrizen ergeben sich zu:

$$K^{\text{el, Stab}} = AE \int_L N'^{\mathrm{T}}_x N'_x \, dx, \tag{12.25}$$

$$K^{\text{geo, Stab}} = F \int_L N'^{\mathrm{T}}_y N'_y \, dx\,. \tag{12.26}$$

Je nach Art der Ansatzfunktion ergeben sich unterschiedliche Steifigkeitsmatrizen. Für das Verschiebungsfeld $u_x(x)$ sind die Formfunktionen in Kap. 3 vorgestellt. Für das Verschiebungsfeld $u_y(x)$ soll mit

$$u_y(x) = N_1(x)\,u_{1y} + N_2(x)\,u_{2y} = \begin{bmatrix} 0 & N_1(x) & 0 & N_2(x) \end{bmatrix} \begin{bmatrix} u_{1x} \\ u_{1y} \\ u_{2x} \\ u_{2y} \end{bmatrix} \tag{12.27}$$

ein entsprechender Ansatz gewählt werden. Zunächst wird mit

$$N_1(x) = \frac{1}{L}(x_2 - x) \quad \text{und} \quad N_2(x) = \frac{1}{L}(x - x_1) \tag{12.28}$$

ein einfacher, linearer Ansatz für die Deformation quer zur Achsrichtung gewählt. In Gl. (12.25) wird die Ableitung der Formfunktion N'_y benötigt. Diese ergeben sich zu:

$$\frac{\partial N_y(x)}{\partial x} = \begin{bmatrix} 0 & \dfrac{\partial N_1(x)}{\partial x} & 0 & \dfrac{\partial N_2(x)}{\partial x} \end{bmatrix} = \begin{bmatrix} 0 & -\dfrac{1}{L} & 0 & +\dfrac{1}{L} \end{bmatrix}. \tag{12.29}$$

Damit kann die Integration $\int_L N'_y{}^{\mathrm{T}} N'_y \, dx$ ausgeführt werden. Die geometrische Steifigkeitsmatrix ergibt sich in Abhängigkeit der äußeren Last F zu:

$$K^{\mathrm{geo,\,Stab}} = F \int_L \frac{1}{L^2} \begin{bmatrix} 0 & 0 & 0 & 0 \\ 0 & 1 & 0 & -1 \\ 0 & 0 & 0 & 0 \\ 0 & -1 & 0 & -1 \end{bmatrix} dx = \frac{F}{L} \begin{bmatrix} 0 & 0 & 0 & 0 \\ 0 & 1 & 0 & -1 \\ 0 & 0 & 0 & 0 \\ 0 & -1 & 0 & -1 \end{bmatrix}. \tag{12.30}$$

Damit lässt sich die gesamte Steifigkeitsmatrix aus zwei Teilmatrizen zu

$$K^{\mathrm{Stab}} = \frac{EA}{L} \begin{bmatrix} 1 & 0 & -1 & 0 \\ 0 & 0 & 0 & 0 \\ -1 & 0 & 1 & 0 \\ 0 & 0 & 0 & 0 \end{bmatrix} + \frac{F}{L} \begin{bmatrix} 0 & 0 & 0 & 0 \\ 0 & 1 & 0 & -1 \\ 0 & 0 & 0 & 0 \\ 0 & -1 & 0 & 1 \end{bmatrix} \tag{12.31}$$

zusammenstellen.

12.3.2 Balken mit großen Verformungen

In den Dehnungen nach Gl. (12.15) treten die ersten Ableitungen du_{xs}/dx und du_y/dx und die zweite Ableitung $d^2 u_y/du_y^2$ auf. Diese ergeben sich zu

$$\frac{du_{xs}(x)}{dx} = \frac{d}{dx} N_x(x) u_{\mathrm{p}} = N'_x(x) u_{\mathrm{p}}, \tag{12.32}$$

$$\frac{du_y(x)}{dx} = \frac{d}{dx} N_y(x) u_{\mathrm{p}} = N'_y(x) u_{\mathrm{p}}, \tag{12.33}$$

$$\frac{d^2 u_y(x)}{dx^2} = \frac{d^2}{dx^2} N_y(x) u_{\mathrm{p}} = N''_y(x) u_{\mathrm{p}}. \tag{12.34}$$

Das gesamte Potenzial lässt sich damit in diskretisierter Form als

$$\Pi = \frac{1}{2}\boldsymbol{u}_p^T AE \underbrace{\int\limits_L {\boldsymbol{N}'_x}^T \boldsymbol{N}'_x \, dx}\, \boldsymbol{u}_p + \frac{1}{2}\boldsymbol{u}_p^T EI \underbrace{\int\limits_L {\boldsymbol{N}''_y}^T \boldsymbol{N}''_y \, dx}\, \boldsymbol{u}_p$$

$$\;\; K^{\text{el, Stab}} \qquad\qquad K^{\text{el, Biegung}}$$

$$+ \frac{1}{2}\boldsymbol{u}_p^T F \underbrace{\int\limits_L {\boldsymbol{N}'_y}^T \boldsymbol{N}'_y \, dx}\, \boldsymbol{u}_p - \boldsymbol{u}_p^T \boldsymbol{F}$$

$$\phantom{+\frac{1}{2}\boldsymbol{u}_p^T F}\;\; K^{\text{geo}}$$

$$(12.35)$$

anschreiben. Die elastische Steifigkeitsmatrix $\boldsymbol{K}^{\text{el}}$ setzt sich aus den Anteilen $\boldsymbol{K}^{\text{el, Stab}}$ und $\boldsymbol{K}^{\text{el, Biegung}}$ zusammen. Die geometrische Steifigkeitsmatrix $\boldsymbol{K}^{\text{geo}}$ wird im dritten Term repräsentiert. Aus Gl. (12.35) lassen sich die Steifigkeitsmatrizen ermitteln. Die Teilmatrizen ergeben sich zu:

$$\boldsymbol{K}^{\text{el, Stab}} = AE \int\limits_L {\boldsymbol{N}'_x}^T \boldsymbol{N}'_x \, dx \,, \tag{12.36}$$

$$\boldsymbol{K}^{\text{el, Biegung}} = EI \int\limits_L {\boldsymbol{N}''_y}^T \boldsymbol{N}''_y \, dx \,, \tag{12.37}$$

$$\boldsymbol{K}^{\text{geo}} = F \int\limits_L {\boldsymbol{N}'_y}^T \boldsymbol{N}'_y \, dx. \tag{12.38}$$

Nach üblicher Vorgehensweise wird bei der Beschreibung des Balkens der Anteil aus der Dehnung des Stabes näherungsweise vernachlässigt. Für die weiteren Betrachtungen wird nur der Anteil aus der Biegung berücksichtigt. Je nach Art der Ansatzfunktion ergeben sich unterschiedliche Steifigkeitsmatrizen. Der allgemeine Ansatz ist aus Kap. 5 bekannt und lautet:

$$\boldsymbol{u}_y(x) = N_1(x)\, u_{1y} + N_2(x)\, \varphi_1 + N_3(x)\, u_{2y} + N_4(x)\, \varphi_2 \,. \tag{12.39}$$

Es wird ein kubischer Ansatz für die Deformation quer zur Achsrichtung gewählt. Aus dem Kap. 5 sind die Formfunktionen

$$
\begin{aligned}
N_1(x) &= 1 - \frac{3x^2}{L^2} + \frac{2x^3}{L^3} \,, \\
N_2(x) &= x - \frac{2x^2}{L} + \frac{x^3}{L^2} \,, \\
N_3(x) &= \frac{3x^2}{L^2} - \frac{2x^3}{L^3} \,, \\
N_4(x) &= -\frac{x^2}{L} + \frac{x^3}{L^2}
\end{aligned}
\tag{12.40}
$$

bereits bekannt. In Gl. (12.35) wird die Ableitung der Formfunktion N'_y benötigt. Diese ergeben sich zu:

$$
\begin{aligned}
\frac{\partial N_1(x)}{\partial x} &= -\frac{6x}{L^2} + \frac{6x^2}{L^3}, \\
\frac{\partial N_2(x)}{\partial x} &= 1 - \frac{4x}{L} + \frac{3x^2}{L^2}, \\
\frac{\partial N_3(x)}{\partial x} &= \frac{6x}{L^2} - \frac{6x^2}{L^3}, \\
\frac{\partial N_4(x)}{\partial x} &= -\frac{2x}{L} + \frac{3x^2}{L^2}.
\end{aligned}
\tag{12.41}
$$

Damit kann die Integration $\int_L N'_y{}^{\mathrm{T}} N'_y \mathrm{d}x$ ausgeführt werden. Beispielhaft wird die Integration am Matrixelement (1,1) gezeigt:

$$
\begin{aligned}
k_{11} &= \int_0^L \left(-\frac{6x}{L^2} + \frac{6x^2}{L^3}\right)^2 \mathrm{d}x = \frac{36}{L^2} \int_0^L \left(-x + \frac{x^2}{L}\right)^2 \mathrm{d}x = \\
&= \frac{36}{L^2}\left[\frac{1}{3}x^3 - \frac{1}{2L}x^4 + \frac{1}{5L^2}x^5\right]_0^L = \frac{36}{L^2}\frac{L^3}{30} = \frac{36}{30L}.
\end{aligned}
\tag{12.42}
$$

Die geometrische Steifigkeitsmatrix ergibt sich in Abhängigkeit der äußeren Kraft F zu:

$$
\boldsymbol{K}^{\mathrm{geo}} = \frac{F}{30L}
\begin{bmatrix}
36 & 3L & -36 & 3L \\
 & 4L^2 & -3L & -L^2 \\
 & & 36 & -3L^2 \\
 & & & 4L^2
\end{bmatrix}.
\tag{12.43}
$$

Die gesamte Steifigkeitsmatrix lässt sich damit aus den zwei Teilmatrizen

$$
\boldsymbol{K} = \frac{EI}{L^3}
\begin{bmatrix}
12 & 6L & -12 & 6L \\
6L & 4L^2 & -6L & 2L^2 \\
-12 & -6L & 12 & -6L \\
6L & 2L^2 & -6L & 4L^2
\end{bmatrix}
+ \frac{F}{30L}
\begin{bmatrix}
36 & 3L & -36 & 3L \\
3L & 4L^2 & -3L & -L^2 \\
-36 & -3L & 36 & -3L^2 \\
3L & -L^2 & -3L^2 & 4L^2
\end{bmatrix}
\tag{12.44}
$$

zusammenstellen.

12.4 Beispiele zum Knicken: Die vier Eulerschen Knickfälle

Gegeben sei ein prismatischer Balken, der an einem Ende in axialer Richtung mit einer Einzelkraft F belastet ist. Der Balken hat die Querschnittsfläche A, das Flächenträgheitsmoment I und den Elastizitätmodul E. Alle Größen sind entlang der Körperachse konstant. Gesucht sind jeweils die kritische Last F_k und die Knicklänge L_k (Abb. 12.4).

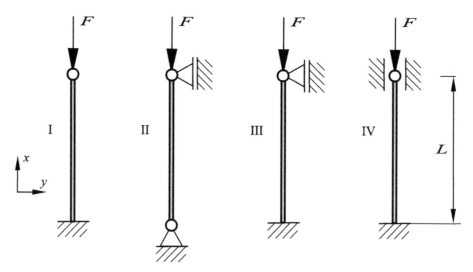

Abb. 12.4 Die vier Eulerschen Knickfälle

Die vier Eulerschen Knickfälle unterscheiden sich nach den Randbedingungen an den beiden Enden.

12.4.1 Analytische Lösung zu den Eulerschen Knickfällen

Die Differenzialgleichung der Knickung lautet [4]:

$$u_y'''' + \lambda^2 u_y'' = 0 \qquad \text{mit} \qquad \lambda^2 = \frac{F}{EI} . \tag{12.45}$$

Die allgemeine Lösung der Differenzialgleichung

$$u_y(x) = \bar{A} \cos(\lambda x) + \bar{B} \sin(\lambda x) + \bar{C} \lambda x + \bar{D} \tag{12.46}$$

beinhaltet vier Konstanten[1]. Die Konstante $\bar{D}$ beschreibt die translatorische Starrkörperbewegung des Balkens, der Term $\bar{C} \lambda x$ die Starrkörperdrehung des Balkens um den Ursprung.

---

[1] Die Konstanten sind mit einem Querstrich gekennzeichnet, um Verwechslungen mit anderen Größen zu vermeiden.

Die trigonometrischen Anteile beschreiben die Deformation des Balkens in der ausgelenkten Lage. Die Konstanten $\bar{A}$, $\bar{B}$, $\bar{C}$ und $\bar{D}$ lassen sich aus den Randbedingungen bestimmen. Benötigt werden die Ableitungen der Deformation aus (12.46):

$$u'_y(x) = -\bar{A}\,\lambda\sin(\lambda x) + \bar{B}\,\lambda\cos(\lambda x) + \bar{C}\,\lambda, \tag{12.47}$$

$$u''_y(x) = -\bar{A}\,\lambda^2\cos(\lambda x) - \bar{B}\,\lambda^2\sin(\lambda x), \tag{12.48}$$

$$u'''_y(x) = +\bar{A}\,\lambda^3\sin(\lambda x) - \bar{B}\,\lambda^3\cos(\lambda x), \tag{12.49}$$

$$u^{IV}_y(x) = +\bar{A}\,\lambda^4\cos(\lambda x) + \bar{B}\,\lambda^4\sin(\lambda x). \tag{12.50}$$

In untenstehender Tabelle sind die kritischen Lasten und Knicklängen für die Eulerschen Knickfälle zusammengestellt. Analog zur kritischen Last lässt sich für den Eulerschen Knickstab die Knicklänge L_k einführen. Knicklast und Knicklänge sind unabhängig von den Randbedingungen über

$$F_k = \pi^2\frac{EI}{L_k^2} \tag{12.51}$$

miteinander verknüpft (Tab. 12.1).

Tab. 12.1 Kritische Lasten und Knicklängen

Euler-Fall	I	II	III	IV
Kritische Last $F_k = \pi^2\frac{EI}{L^2}\times$	$\frac{1}{4}$	1	$1{,}43^2$	4
Knicklänge $L_k = L\times$	2	1	$\frac{1}{1{,}43}$	$\frac{1}{2}$

Diese Werte dienen als Referenz für die aus der Finite-Elemente-Analyse ermittelten Lösungen.

12.4.2 Finite-Elemente-Lösung

Grundlage zur Finite-Elemente-Analyse des Knickverhaltens von Balken ist die Steifigkeitsmatrix (12.44). Mit den Abkürzungen $e = \frac{EI}{L^3}$ und $f = \frac{F}{30\,L}$ ergibt sich die kompakte Form der gesamten Steifigkeitsmatrix zu:

$$K = \begin{bmatrix} 12e - 36\lambda f & 6eL - 3\lambda fL & -12e + 36\lambda f & 6eL - 3\lambda fL \\ 6eL - 3\lambda fL & 4eL^2 - 4\lambda fL^2 & -6eL + 3\lambda fL & 2eL^2 + \lambda fL^2 \\ -12e + 36\lambda f & -6eL + 3\lambda fL & 12e - 36\lambda f & -6eL + 3\lambda fL^2 \\ 6eL - 3\lambda fL & 2eL^2 + 3\lambda fL^2 & -6eL + 3\lambda fL^2 & 4eL^2 - 4\lambda fL^2 \end{bmatrix}. \tag{12.52}$$

Die vier Eulerschen Knickfälle unterscheiden sich in der Art der Einspannung. Im Folgenden wird der Eulersche Knickfall I beschrieben. Der Knoten 1 ist fest eingespannt.

Damit verschwinden die Verschiebung u_{1x} und die Verdrehung φ_1. Das einfachste Finite-Elemente-Modell besteht aus genau einem Balken. In der Systemmatrix werden die beiden Zeilen 1 und 2 und die Spalten 1 und 2 gestrichen. Es verbleibt eine reduzierte Untermatrix:

$$\boldsymbol{K}^{\text{red}} = \begin{bmatrix} 12e - 36\lambda fL & -6eL + 3\lambda f \\ -6eL + 3\lambda fL & 4eL^2 - 4\lambda fL \end{bmatrix}. \tag{12.53}$$

Zur Bestimmung der Eigenwerte λ_i wird die Determinante der reduzierten Systemmatrix gebildet. Diese führt auf die charakteristische Gleichung. Aus der quadratischen Gleichung erhält man zwei Lösungen. Für die Aussagen zur Stabilität hat der kleinste Eigenwert Bedeutung. Für die Knicklast ergibt sich damit:

$$F_{\text{k}} = \lambda_{\min}F = \frac{4}{3}\left(13 - 2\sqrt{31}\right)\frac{EI}{L^2} = 2,486\frac{EI}{L^2}. \tag{12.54}$$

Gegenüber der exakten Lösung $F = \frac{\pi^2}{4}\frac{EI}{L^2}$ tritt ein Fehler von 0,8 % auf.

12.5 Weiterführende Aufgaben

Einträge der geometrischen Steifigkeitsmatrix In den obigen Ausführungen wird für den Aufbau der geometrischen Steifigkeitsmatrix eines Biegebalkens die Integration $\int_L \boldsymbol{N'}_y^{\text{T}}\boldsymbol{N'}_y \mathrm{d}x$ lediglich für das Matrixelement (1,1) aufgezeigt.

Die geometrische Steifigkeitsmatrix soll in allen Matrixelementen für einen kubischen Verschiebungsansatz quer zur Balkenachse bestimmt werden.

Eulersche Knickfälle II, III und IV, ein Element Die obigen Ausführungen beziehen sich auf den EULERschen Knickfall I. Gesucht sind Finite-Elemente-Lösungen zur Knicklast für die EULERschen Knickfälle II, III und IV. Dabei soll die Diskretisierung für das Knicken mit einem einzigen Balkenelement erfolgen.
Aufgaben:

1. Aufstellen der Systemmatrix aus elastischer und geometrischer Steifigkeitsmatrix.
2. Bestimmung der Eigenwerte.

Eulersche Knickfälle, zwei Elemente Gesucht sind Finite-Elemente-Lösungen zur kritischen Knicklast der EULERschen Knickfälle I, II, III und IV. Dabei soll der Knickstab mit *zwei* Balkenelementen diskretisiert werden.

Eulersche Knickfälle, Fehler bzgl. analytischer Lösung Der Fehler aus der mit der Finite-Elemente-Methode ermittelten Lösung der kritischen Knicklast bzgl. der analytischen Lösung ist in Abhängigkeit der Anzahl der verwendeten Elemente zu diskutieren. Gesucht sind Finite-Elemente-Lösungen zur kritischen Knicklast der EULERschen Knickfälle I, II, III und IV. Dabei soll der Knickstab mit mehreren Balkenelementen diskretisiert werden.

Literatur

1. Betten J (2004) Finite Elemente für Ingenieure 1: Grundlagen, Matrixmethoden, Elastisches Kontinuum. Springer-Verlag, Berlin
2. Betten J (2004) Finite Elemente für Ingenieure 2: Variationsrechnung, Energiemethoden, Näherungsverfahren, Nichtlinearitäten, Numerische Integrationen. Springer-Verlag, Berlin
3. Gross D, Hauger W, Schröder J, Werner EA (2008) Hydromechanik, Elemente der Höheren Mechanik, Numerische Methoden. Springer-Verlag, Berlin
4. Gross D, Hauger W, Schröder J, Wall WA (2009) Technische Mechanik 2: Elastostatik. Springer-Verlag, Berlin
5. Klein B (2000) FEM, Grundlagen und Anwendungen der Finite-Elemente-Methode. Vieweg-Verlag, Wiesbaden
6. Kwon YW, Bang H (2000) The Finite Element Method Using MATLAB. CRC, Boca Raton

Dynamik 13

Zusammenfassung

Im Kapitel Dynamik wird zusätzlich das zeitliche Verhalten der an der Struktur angreifenden Lasten in die Analyse einbezogen. Die Vorgehensweise bei der Analyse von dynamischen Problemen hängt ganz wesentlich von dem Charakter des Zeitverlaufs der Lasten ab. Bei deterministischen Belastungen ist der Vektor der äußeren Lasten eine vorgegebene Funktion der Zeit. Der überwiegende Anteil der Problemfälle im Maschinen-, Anlagen- und Fahrzeugbau kann unter dieser Annahme analysiert werden. Es werden periodische und nicht-periodische Lasten diskutiert. Nicht behandelt werden stochastische Lasten und das Thema der selbsterregten Schwingungen.

13.1 Grundlagen zur linearen Dynamik

Ausgangspunkt ist ein massebehaftetes elastisches Kontinuum, das im Unterschied zu bisherigen Problemstellungen mit zeitabhängigen Lasten beansprucht wird. Die Masse mit der Dichte ρ erstreckt sich über das Volumen Ω (siehe Abb. 13.1).

© Springer-Verlag Berlin Heidelberg 2014
M. Merkel, A. Öchsner, *Eindimensionale Finite Elemente*,
DOI 10.1007/978-3-642-54482-8_13

Abb. 13.1 Massebehaftetes
elastisches Kontinuum unter
zeitabhängiger Last

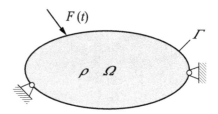

Im Rahmen der Behandlung der Dynamik mit der Finite-Elemente-Methode sind mehrere
Modellannahmen zu diskutieren:

1. die Verteilung der Massen und
2. die Behandlung der Zeitabhängigkeit aller beteiligten Größen.

Zur Verteilung der Massen Im Rahmen der FE-Methode wird das Kontinuum diskretisiert. Ein erstes Modell geht davon aus, dass die Verteilung der Massen nicht von der
Diskretisierung beeinflusst wird. Die Massen sind auch im diskretisierten Zustand kontinuierlich verteilt. In Abb. 13.2a ist die kontinuierlich verteilte Masse für einen Stab
dargestellt. Bei einem anderen Modell wird davon ausgegangen, dass sich die ursprünglich kontinuierlich verteilten Massen auf diskrete Punkte konzentrieren lassen (siehe
Abb. 13.2b).

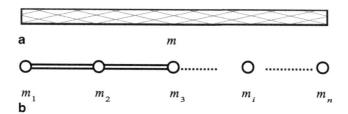

Abb. 13.2 Modelle der Dynamik mit **a** kontinuierlich und **b** diskret verteilter Masse

Die Gesamtmasse

$$m = \sum_{i}^{n} m_i \qquad (13.1)$$

des Systems bleibt erhalten. Die Verbindungen zwischen den mit Masse behafteten Punkten
werden mit masselosen Elementen erfüllt, die weitere physikalische Eigenschaften repräsentieren, zum Beispiel Steifigkeiten.

Zur Zeitabhängigkeit der Zustandsgrößen Sowohl die Lasten als auch die Verformungen als Antwort des Systems auf die äußeren Lasten sind zeitlich veränderlich. Je
nach Charakter der äußeren Lasten unterscheidet man in der Dynamik unterschiedliche
Problemfelder (siehe Abb. 13.3)

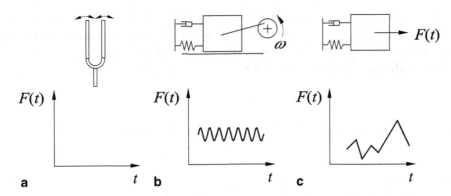

Abb. 13.3 Lösungsstrategien gegliedert nach dem zeitlichen Verlauf der äußeren Lasten: **a** ohne, **b** periodisch und **c** beliebig

und verfolgt zur Lösung unterschiedliche Strategien:

* Modale Analysen
  Hier betrachtet man das Schwingungsverhalten ohne äußere Lasten. Es werden Eigenfrequenzen und Eigenformen ermittelt.
* Erzwungene Schwingungen
  Eine äußere periodische Kraft erregt das Bauteil zum Mitschwingen in der Anregungsfrequenz.
* Transiente Analysen
  Die äußere anregende Kraft $F(t)$ ist eine beliebige nicht-periodische Funktion der Zeit.

Problemdefinition Zusätzlich zu den elastischen Kräften bei rein statischen Problemen treten Trägheitskräfte und Reibungskräfte auf. Nach dem Prinzip von d'ALEMBERT stehen diese Kräft zu jedem Zeitpunkt mit den äußeren Kräften im Gleichgewicht:

$$F_m + F_c + F_k = F(t). \tag{13.2}$$

In Gl. (13.2) steht

* F_m für den Vektor der Trägheitskräfte,
* F_c für den Vektor der Dämpfungskräfte, wobei im Folgenden von einer geschwindigkeitsbezogenen Dämpfung ausgegangen wird,
* F_k für den Vektor der elastischen Rückstellkräfte und
* F für den Vektor der äußeren angreifenden Kräfte.

Bei statischen Problemen wird der Verformungszustand im Inneren eines Elementes

$$u^e(x) = N(x)\,u_p \tag{13.3}$$

über Formfunktionen und Knotenpunktsverschiebungen ausgedrückt. Diese Annahme soll auch für die Dynamik gelten. Mit $\ddot{u}$ als Beschleunigung und zweite Ableitung der Verschiebung nach der Zeit und $\dot{u}$ als Geschwindigkeit und erste Ableitung der Verschiebung nach der Zeit erhält man eine Differenzialgleichung

$$M\ddot{u} + C\dot{u} + Ku = F(t) \tag{13.4}$$

in den Verschiebungen u als Grundgleichung der Dynamik. Dabei steht

- M für die Massenmatrix,
- C für die Dämpfungsmatrix und
- K für die Steifigkeitsmatrix, die bereits aus der Statik bekannt ist.

Im Kontinuum steht diese Gleichung für eine partielle Differenzialgleichung in Raum und Zeit (Wellengleichung). Infolge der räumlichen Diskretisierung im Rahmen der FE-Methode stellt Gl. (13.4) nur noch ein System von gewöhnlichen Differenzialgleichungen in der Zeit dar.

13.2 Die Massenmatrizen

Die Struktur der Massenmatrizen wird im Wesentlichen durch die Annahme über die Verteilung der Massen bestimmt. Für ein kontinuierlich mit Masse belegtes Element lassen sich über das Prinzip der virtuellen Arbeit

$$\delta u_p^{\mathrm{T}} M u_p = \int_\Omega \rho (\delta u)^{\mathrm{T}} u \, d\Omega \tag{13.5}$$

in den Knotenpunkten wirkende äquivalente Kräfte ermitteln. Mit den Ansätzen für die Verschiebungen u und die Beschleunigungen $\ddot{u}$ erhält man als Massenmatrix

$$M = \int_\Omega \rho N^{\mathrm{T}} N d\Omega. \tag{13.6}$$

Die Berücksichtigung der Reibkräfte F_c führt auf die Dämpfungsmatrix

$$C = \int_\Omega N^{\mathrm{T}} \mu N d\Omega. \tag{13.7}$$

Für eine Verteilung der Massen in diskreten Punkten lässt sich die Massenmatrix wesentlich einfacher bestimmen. Die Vorgehensweise wird im Abschn. 13.6.2 am Beispiel der Dehnschwingungen im Zugstab aufgezeigt.

13.3 Modale Analyse

Eine elastische, massenbehaftete Struktur reagiert auf eine zeitlich begrenzte, äußere Anregung mit einer Antwort in bestimmten Frequenzen und Schwingungsformen, deren Gesamtheit als Eigensystem aus Eigenfrequenzen und Eigenformen bezeichnet wird. Grundlegende Annahme für den Lösungsweg besteht darin, dass die in Ort und Zeit veränderlichen Verschiebungen durch einen Separationsansatz

$$u(x,t) = \boldsymbol{\Phi}(x)\,\boldsymbol{q}(t) \qquad (13.8)$$

beschrieben werden, wobei mit $\boldsymbol{\Phi}(x)$ die Abhängigkeit der Verschiebung vom Ort und mit $\boldsymbol{q}(t)$ die Abhängigkeit der Verschiebung von der Zeit beschrieben wird.

Entwicklung nach Eigenformen und -frequenzen Für schwach gedämpfte Systeme lassen sich die Eigenformen aus dem entsprechenden ungedämpften System aufbauen:

$$\boldsymbol{M}\ddot{\boldsymbol{u}} + \boldsymbol{K}\boldsymbol{u} = \boldsymbol{0}. \qquad (13.9)$$

Mit dem Ansatz für die Verschiebungen:

$$u(x,t) = \boldsymbol{\Phi}(x)\,e^{i\omega t} \qquad (13.10)$$

führt dies auf das generalisierte Eigenwertproblem

$$(-\omega^2 \boldsymbol{M} + \boldsymbol{K})\,\boldsymbol{\Phi} = \boldsymbol{0}. \qquad (13.11)$$

Die nichttrivialen Lösungen (die stehen für die Statik) erhält man aus

$$\det(-\omega^2 \boldsymbol{M} + \boldsymbol{K}) = \boldsymbol{0}. \qquad (13.12)$$

Die $\omega_i, i = 1,\ldots,n$, welche die Gleichung erfüllen, werden als Eigenfrequenzen, und die zugehörigen $\boldsymbol{\Phi}_i$ als Eigenformen des Systems mit n Freiheitsgraden bezeichnet. Die einzelnen Eigenformen $\boldsymbol{\Phi}_i$ lassen sich in der Modalmatrix $\boldsymbol{\Phi}$

$$\boldsymbol{\Phi} = [\boldsymbol{\Phi}_1\,\boldsymbol{\Phi}_2\,\boldsymbol{\Phi}_3\ldots\boldsymbol{\Phi}_n] \qquad (13.13)$$

zusammenfassen.[1]

---

[1] Mit den Eigenformen sind die vom Ort abhängigen Verschiebungen charakterisiert. Über die absolute Größe einer Verschiebung lässt sich damit jedoch keine Aussage treffen. Der Grund dafür liegt darin, dass das System (13.13) stets mehr Unbekannte als Gleichungen hat. Bei der Darstellung der Eigenformen legt man den Betrag für eine beliebige Eigenform fest und setzt alle anderen Eigenformen dazu in Bezug.

Die Eigenformen besitzen entscheidende Eigenschaften:

1. Die Orthogonalität zweier Eigenformen:

$$\boldsymbol{\Phi}_i^{\mathrm{T}} \boldsymbol{\Phi}_j = 0, \quad i \neq j. \tag{13.14}$$

2. Die Normierbarkeit bezüglich $\boldsymbol{M}$: Die Eigenformen und damit die Eigenvektoren lassen sich $\boldsymbol{M}$-normieren. Die Eigenvektoren lassen sich strecken oder stauchen, dass sich eine $\boldsymbol{M}$-Orthonormalität einstellt. Multipliziert man die Massenmatrix $\boldsymbol{M}$ von links mit $\boldsymbol{\Phi}^{\mathrm{T}}$ und von rechts mit $\boldsymbol{\Phi}$, dann entsteht die modale Massenmatrix $\tilde{\boldsymbol{M}}$, die ausschließlich auf der Hauptdiagonalen Einträge hat, und zwar eine „1":

$$\boldsymbol{\Phi}^{\mathrm{T}} \boldsymbol{M} \boldsymbol{\Phi} = \tilde{\boldsymbol{M}} = \begin{bmatrix} 1 & 0 \\ 0 & 1 \end{bmatrix}. \tag{13.15}$$

Multipliziert man die Steifigkeitsmatrix $\boldsymbol{K}$ ebenso von links und rechts, entsteht die modale Steifigkeitsmatrix $\tilde{\boldsymbol{K}}$, die ausschließlich auf der Hauptdiagonalen Einträge hat, und zwar die Quadrate der Eigenfrequenzen ω:

$$\boldsymbol{\Phi}^{\mathrm{T}} \boldsymbol{K} \boldsymbol{\Phi} = \tilde{\boldsymbol{K}} = \begin{bmatrix} \omega_1^2 & 0 \\ 0 & \omega_2^2 \end{bmatrix}. \tag{13.16}$$

3. Modale Dämpfung: Multipliziert man die Dämpfungsmatrix $\boldsymbol{C}$ ebenso von links und rechts, entsteht die modale Dämpfungsmatrix $\tilde{\boldsymbol{C}}$, die ausschließlich auf der Hauptdiagonalen Einträge hat, und zwar die modale Dämpfung ζ:

$$\boldsymbol{\Phi}^{\mathrm{T}} \boldsymbol{C} \boldsymbol{\Phi} = \tilde{\boldsymbol{C}} \begin{bmatrix} \omega_1 \zeta_1 & 0 \\ 0 & \omega_2 \zeta_2 \end{bmatrix}. \tag{13.17}$$

Der Dämpfungsansatz ist unter dem Namen RAYLEIGHsche Dämpfung bekannt und ist immer dann möglich, wenn sich die Dämpfungsmatrix in der Form

$$\boldsymbol{C} = \alpha \boldsymbol{M} + \beta \boldsymbol{K} \tag{13.18}$$

darstellen lässt.

4. Entkopplung: Insgesamt erhält man ein äquivalentes System von *entkoppelten* Differenzialgleichungen

$$\boldsymbol{\Phi}^{\mathrm{T}} \boldsymbol{M} \boldsymbol{\Phi} + \boldsymbol{\Phi}^{\mathrm{T}} \boldsymbol{C} \boldsymbol{\Phi} + \boldsymbol{\Phi}^{\mathrm{T}} \boldsymbol{K} \boldsymbol{\Phi} = 0, \tag{13.19}$$

das sich in generalisierten Verschiebungen $\boldsymbol{q}$, auch modale Koordinaten genannt, als

$$q_j + 2\omega_j \dot{q}_j + \omega_j^2 = \tilde{F}_j \tag{13.20}$$

anschreiben lässt.

13.4 Erzwungene Schwingungen, Periodische Belastungen

Von erzwungenen Schwingungen spricht man, wenn ein System eine periodische Anregung erfährt. Etwaige Eigenschwingungen sind aufgrund der Dämpfung abgeklungen. Da sich jede periodische Anregung durch eine Fourieranalyse zerlegen lässt, genügt es, Einzelkräfte der Art

$$F(t) = F_0 e^{\mathrm{i}\omega t} \tag{13.21}$$

anzunehmen, die periodisch mit der Frequenz ω wirken. Bei linearen Systemen folgt die Gesamtantwort aus der Superposition der Einzelantworten.

Wir nehmen an, dass sich in der Bewegungsgleichung

$$\boldsymbol{M\ddot{u}} + \boldsymbol{C\dot{u}} + \boldsymbol{Ku} = \boldsymbol{F}_0 e^{\mathrm{i}\omega t} \tag{13.22}$$

die Verformungen, die Geschwindigkeiten und die Beschleunigungen als Vektoren der Art

$$\mathbf{u}(t) = \boldsymbol{u}_0 e^{\mathrm{i}(\omega t - \psi)}, \tag{13.23}$$

$$\dot{\boldsymbol{u}}(t) = \mathrm{i}\omega \boldsymbol{u}_0 e^{\mathrm{i}(\omega t - \psi)}, \tag{13.24}$$

$$\ddot{\boldsymbol{u}}(t) = -\omega^2 \boldsymbol{u}_0 e^{\mathrm{i}(\omega t - \psi)} \tag{13.25}$$

darstellen lassen. Setzen wir die Aufspaltung der komplexen Verschiebung in Real- und Imaginärteil

$$\mathbf{u}(t) = \boldsymbol{u}_{\mathrm{Re}} e^{\mathrm{i}\omega t} + \mathrm{i}\boldsymbol{u}_{\mathrm{Im}} e^{\mathrm{i}\omega t} = \boldsymbol{u}_0 e^{\mathrm{i}\omega t} (\cos\psi + \mathrm{i}\sin\psi) \tag{13.26}$$

ein, erhalten wir aus

$$\left[-\omega^2 \boldsymbol{M} (\boldsymbol{u}_{\mathrm{Re}} + \mathrm{i}\boldsymbol{u}_{\mathrm{Im}}) + \mathrm{i}\omega \boldsymbol{C} (\boldsymbol{u}_{\mathrm{Re}} + \mathrm{i}\boldsymbol{u}_{\mathrm{Im}}) + \boldsymbol{K} (\boldsymbol{u}_{\mathrm{Re}} + \mathrm{i}\boldsymbol{u}_{\mathrm{Im}}) \right] e^{\mathrm{i}\omega t} = \boldsymbol{F}_0 e^{\mathrm{i}\omega t} \tag{13.27}$$

über

$$\left[(\boldsymbol{K} - \omega^2 \boldsymbol{M}) \boldsymbol{u}_{\mathrm{Re}} - \omega \boldsymbol{C}\boldsymbol{u}_{\mathrm{Im}} \right] + \mathrm{i} \left[(\boldsymbol{K} - \omega^2 \boldsymbol{M}) \boldsymbol{u}_{\mathrm{Im}} + \omega \boldsymbol{C}\boldsymbol{u}_{\mathrm{Re}} \right] = \boldsymbol{F}_0 \tag{13.28}$$

nach Trennung der Produkte der reellen Matrizen mit den komplexen Vektoren in Real- und Imaginärteil $2n$ Gleichungen der Art

$$\left(\boldsymbol{K} - \omega^2 \boldsymbol{M} \right) \boldsymbol{u}_{\mathrm{Re}} - \omega \boldsymbol{C}\boldsymbol{u}_{\mathrm{Im}} = \boldsymbol{F}_0, \tag{13.29}$$

$$\left(\boldsymbol{K} - \omega^2 \boldsymbol{M} \right) \boldsymbol{u}_{\mathrm{Im}} + \omega \boldsymbol{C}\boldsymbol{u}_{\mathrm{Re}} = 0. \tag{13.30}$$

Bei n Freiheitsgraden ist dies ein lösbares lineares Gleichungssystem mit den $2n$ Unbekannten der jeweils n Komponenten des Real- und Imaginärteils der komplexen Verschiebung $u = u_{\text{Re}} + iu_{\text{Im}}$. Für jeden der n Freiheitsgrade ist die Amplitude durch

$$u_k = \sqrt{u_{k,\text{Re}}^2 + u_{k,\text{Im}}^2} \tag{13.31}$$

und die Phasenverschiebung durch

$$\psi_k = \arctan\left(\frac{u_{k,\text{Im}}}{u_{k,\text{Re}}}\right) \tag{13.32}$$

bis auf das Vielfache von π bestimmt.

13.5   Direkte Integrationsverfahren, Transiente Analysen

Transiente Dynamik erfordert die Integration der Bewegungsgleichung (13.4), die den Zusammenhang zwischen Beschleunigung, Dämpfung, Verformung und äußerer Kraft beschreibt, über das interessierende Zeitintervall. Wir benötigen Integrationsverfahren, welche aus der Bewegungsgleichung

$$\ddot{\boldsymbol{u}}\,(t) = \boldsymbol{M}^{-1}\left[\boldsymbol{F}\,(t) - \left[\boldsymbol{C}\dot{\boldsymbol{u}}\,(t) + \boldsymbol{K}\boldsymbol{u}\,(t)\right]\right] \tag{13.33}$$

die Verformungen in dem betrachteten Zeitabschnitt ermitteln. Eine Abschätzung der Verschiebung zur Zeit $t + \Delta t$ erhalten wir durch die Reihenentwicklung bis zum 2. Glied

$$\boldsymbol{u}\,(t + \Delta t) \approx \boldsymbol{u}\,(t) + \Delta t\dot{\boldsymbol{u}}\,(t) + \frac{\Delta t^2}{2}\ddot{\boldsymbol{u}}\,(t) \tag{13.34}$$

und eine Abschätzung der Geschwindigkeit durch eine Reihenentwicklung

$$\dot{\boldsymbol{u}}\,(t + \Delta t) \approx \dot{\boldsymbol{u}}\,(t) + \Delta t\,\ddot{\boldsymbol{u}}\,(t), \tag{13.35}$$

die nach dem 1. Glied abbricht. Um die Integrationsvorschriften nach den Gl. (13.33) und (13.35) anwenden zu können, müssen Verschiebung und Geschwindigkeit zum Anfangszeitpunkt t_0 bekannt sein. Dass hier zwei Angaben erforderlich sind, folgt aus der Tatsache, dass die Bewegungsgleichung (13.4) eine DGL 2. Ordnung in der Zeit (es treten zweite zeitliche Ableitungen auf) darstellt. Bei ausreichend kleinem Δt nähert die so gefundene Verschiebung den zeitlichen Verlauf der Verschiebung $\boldsymbol{u}(t)$ befriedigend gut an. Den prinzipiellen Aufbau der beiden meistverwendeten Integrationsverfahren, die von der Idee her den quadratischen Verfahren (oder Verfahren 2. Ordnung) ähneln, beschreiben wir hier.

13.5.1 Integration nach Newmark

Im Zeitintervall $[t, t + \Delta t]$ nehmen wir die konstante gemittelte Beschleunigung

$$\ddot{u}_m = \frac{1}{2} [\ddot{u}(t) + \ddot{u}(t + \Delta t)] \tag{13.36}$$

an. Damit ergibt sich ein quadratischer Verlauf der Verschiebung

$$u(t + \Delta t) = u(t) + \Delta t \dot{u}(t) + \frac{\Delta t^2}{4} [\ddot{u}(t) + \ddot{u}(t + \Delta t)] \tag{13.37}$$

und ein linearer der Geschwindigkeit $\dot{u}(t)$

$$\dot{u}(t + \Delta t) = \dot{u}(t) + \frac{\Delta t}{2} [\ddot{u}(t) + \ddot{u}(t + \Delta t)]. \tag{13.38}$$

Zusammen mit der Bewegungsgleichung (13.4) zum Zeitpunkt $t + \Delta t$

$$M\ddot{u}(t + \Delta t) + C\dot{u}(t + \Delta t) + Ku(t + \Delta t) = F(t + \Delta t) \tag{13.39}$$

liegen 3 Gleichungen für die 3 Unbekannten $u(t + \Delta t)$, $\dot{u}(t + \Delta t)$, $\ddot{u}(t + \Delta t)$ vor. Setzt man $\Delta u = u(t + \Delta t) - u(t)$, folgt für diesen Zuwachs der Verschiebung

$$\Delta u = S^{-1} F(t + \Delta t) - Ku(t) + M\left[\ddot{u}(t) + \frac{4}{\Delta t}\dot{u}(t)\right] + C\dot{u}(t) \tag{13.40}$$

mit

$$S = \frac{4}{\Delta t^2} M + \frac{2}{\Delta t} C + K. \tag{13.41}$$

Die Geschwindigkeit $\dot{u}(t + \Delta t)$ und die Beschleunigung $\ddot{u}(t + \Delta t)$ errechnet man aus den Gl. (13.35) und (13.33). Die Zeitintegration nach NEWMARK erfordert zwar die oft aufwändige Berechnung dieser Inversen, erlaubt aber relativ große Zeitschritte, so dass dieser Nachteil in vielen Fällen wieder ausgeglichen wird. Insbesondere bei linearen Problemen, bei denen die Systemmatrizen nicht von den aktuellen Verschiebungen abhängen, ist dieses Verfahren effektiv einsetzbar, da wir die Inverse S^{-1} nur einmal berechnen müssen.

13.5.2 Zentrales Differenzenverfahren

Die Geschwindigkeit $\dot{u}(t)$ lässt sich als erste Ableitung der Verschiebung nach der Zeit durch die Verschiebung zu den Zeiten $t - \Delta t$ und $t + \Delta t$ bei ausreichend kleinem Zeitschritt Δt durch

$$\dot{u}(t) \approx \frac{u(t + \Delta t) - u(t - \Delta t)}{2\Delta t} \tag{13.42}$$

annähern. Die Beschleunigung $\ddot{u}(t)$ als zweite Ableitung der Verschiebung nach der Zeit wird mit

$$\ddot{u}(t) \approx \frac{u(t + \Delta t) - 2u(t) + u(t - \Delta t)}{\Delta t^2} \tag{13.43}$$

angenähert. Setzt man diese Beziehungen in die Bewegungsgleichung (13.4) zur Zeit t ein, erhält man mit den Abkürzungen $u_1 = u(t + \Delta t)$, $u_0 = u(t)$ und $u_{-1} = u(t - \Delta t)$

$$M\frac{u_1 - 2u_0 + u_{-1}}{\Delta t^2} + C\frac{u_1 - u_{-1}}{2\Delta t} + Ku_0 = F(t) \tag{13.44}$$

eine Beziehung, aus der man die Verschiebung $u_1 = u(t + \Delta t)$ berechnen kann, wenn die Verschiebungen zu den vorherigen Zeitpunkten t und $t - \Delta t$ bekannt sind:

$$u_1 = S^{-1}F(t) - \left(K - \frac{2M}{\Delta t^2}\right)u_0 - \left(\frac{M}{\Delta t^2} - \frac{C}{2\Delta t}\right)u_{-1} \tag{13.45}$$

mit

$$S = \frac{1}{\Delta t^2}M + \frac{1}{2\Delta t}C. \tag{13.46}$$

Um die neue Verschiebung $u_1 = u(t + \Delta t)$ zu berechnen, benötigen wir Werte der Verschiebung u zu 2 vorhergehenden Zeitpunkten. Da uns bei einem transienten Problem Anfangsverschiebung und -geschwindigkeit und damit nach Gl. (13.33) auch die Beschleunigung zur Zeit $t = 0$ bekannt sein müssen, besorgen wir uns eine fiktive Verschiebung zur Zeit $-\Delta t$ aus der Reihenentwicklung

$$u_1 = u(t - \Delta t) \approx u(0) - \Delta t\dot{u}(0) + \frac{\Delta t^2}{2}\ddot{u}(0) \tag{13.47}$$

und können im ersten Zeitschritt die Verschiebung $u_1 = u(\Delta t)$ berechnen.

Das zentrale Differenzenverfahren wird *explizit* genannt, weil die Verschiebung $u(t + \Delta t)$ nicht mit einer Untersuchung der Bewegungsgleichung zur Zeit $t + \Delta t$, sondern aus den Bedingungen zur Zeit t errechnet wird, während das *implizite* NEWMARK-Verfahren das Kräftegleichgewicht zur Zeit $t + \Delta t$ betrachtet. Dieses explizite Verfahren ist bei diagonalen Massen- und Dämpfungsmatrizen M und C, bei denen die Inverse von

$$S = \begin{bmatrix} S_{1,1} & 0 & \cdots & 0 \\ 0 & S_{2,2} & \cdots & 0 \\ \cdots & \cdots & \cdots & \cdots \\ \cdots & \cdots & \cdots & \cdots \\ 0 & 0 & \cdots & S_{n,n} \end{bmatrix} \tag{13.48}$$

durch

$$
S^{-1} = \begin{bmatrix}
\frac{1}{S_{1,1}} & 0 & \cdots & 0 \\
0 & \frac{1}{S_{2,2}} & \cdots & 0 \\
\cdots & \cdots & \cdots & \cdots \\
\cdots & \cdots & \cdots & \cdots \\
0 & 0 & \cdots & \frac{1}{S_{n,n}}
\end{bmatrix}
\tag{13.49}
$$

mit

$$
S_{i,i} = \frac{M_i}{\Delta t^2} + \frac{C_i}{2\Delta t}, \quad (i = 1 - n)
\tag{13.50}
$$

leicht bestimmbar ist, von großer Bedeutung. Die extrem schnellen, nichtlinearen Crash-Programme, die während einer Berechnung Hunderttausende von Integrationsschritten durchführen und dabei laufend neue Matrizen berechnen, verwenden dieses oder davon abgeleitete Verfahren. Die Zeitschritte, mit denen die Bewegungen eines Bauteils noch befriedigend berechnet werden können, sind deutlich kleiner als beim NEWMARK-Prozess, dafür laufen die Berechnungen sehr einfach und sind hervorragend parallelisierbar, also auf Rechnern mit mehreren oder vielen Prozessoren sehr schnell. Des Weiteren kommen sie mit wenig Speicherplatz aus, da die Matrizen in Gl. (13.50) niemals vollständig aufgestellt werden müssen.

13.6 Beispiele

Bisher vorgestellte Lösungsansätze sollen an Beispielen diskutiert werden:

* Dehnschwingungen im Zugstab und
* Biegeschwingungen im Biegebalken.

Im Wesentlichen werden drei Modelle analysiert:

1. Die analytische Lösung, die sich aus der Lösung der Differenzialgleichung ergibt,
2. die Lösung nach der FE-Methode, wobei die Massen kontinuierlich verteilt sind und
3. die Lösung nach der FE-Methode, wenn die Massen an diskreten Punkten konzentriert werden.

Zunächst werden die benötigten Massen- und Steifigkeitsmatrizen allgemein aufbereitet.

13.6.1   Bereitstellung von Massen- und Steifigkeitsmatrizen

Die generellen Berechnungsvorschriften für die Massenmatrix

$$M^{\mathrm{e}} = \int_{\Omega} \rho N^{\mathrm{T}} N \, \mathrm{d}\Omega \qquad (13.51)$$

bei kontinuierlich verteilter Masse und für die Steifigkeitsmatrix

$$K^{\mathrm{e}} = \int_{\Omega} B^{\mathrm{T}} D B \, \mathrm{d}\Omega \qquad (13.52)$$

sind aus früheren Kapiteln bekannt. Im Folgenden wird der Sachverhalt an Beispielen diskutiert.

Dehnschwingungen im Stab In Abb. 13.4 ist der Stab mit den Freiheitsgraden skizziert, die für die Analyse des dynamischen Verhaltens zugrunde gelegt werden. Die Bezeichnungen sind eng an die Definition der Freiheitsgrade in der Statik angelehnt. Neben der Verschiebung $u(x)$ ist auch die Beschleunigung $\ddot{u}(x)$ Zustandsgröße des betrachteten Systems.

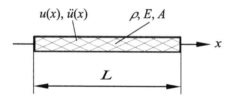

Abb. 13.4 Stab mit Freiheitsgraden für die Dynamik

In Abb. 13.5 ist das Stabelement mit den Freiheitsgraden für einen linearen Ansatz dargestellt. Mit linearen Ansatzfunktionen ergeben sich die Massenmatrix

$$M^{\mathrm{e}} = \frac{\rho A L}{6} \begin{bmatrix} 2 & 1 \\ 1 & 2 \end{bmatrix} \qquad (13.53)$$

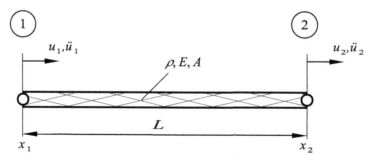

Abb. 13.5 Stab mit linearem Ansatz

und die Steifigkeitsmatrix

$$K^e = \frac{EA}{L} \begin{bmatrix} 1 & -1 \\ -1 & 1 \end{bmatrix}. \tag{13.54}$$

Der Ausdruck

$$M^e \ddot{u}^e + K^e u^e \tag{13.55}$$

lässt sich damit schreiben als

$$\frac{\rho A L}{6} \begin{bmatrix} 2 & 1 \\ 1 & 2 \end{bmatrix} \begin{bmatrix} \ddot{u}_1 \\ \ddot{u}_2 \end{bmatrix} + \frac{EA}{L} \begin{bmatrix} 1 & -1 \\ -1 & 1 \end{bmatrix} \begin{bmatrix} u_1 \\ u_2 \end{bmatrix}. \tag{13.56}$$

In Abb. 13.6 ist das Stabelement mit den Freiheitsgraden für einen quadratischen Ansatz dargestellt. Mit einer quadratischen Ansatzfunktion ergeben sich die Massenmatrix

$$M^e = \frac{\rho A L}{30} \begin{bmatrix} 4 & 2 & -1 \\ 2 & 16 & 2 \\ -1 & 2 & 4 \end{bmatrix} \tag{13.57}$$

und Steifigkeitsmatrix zu:

$$K^e = \frac{EA}{3L} \begin{bmatrix} 7 & -8 & 1 \\ -8 & 16 & -8 \\ 1 & -8 & 7 \end{bmatrix}. \tag{13.58}$$

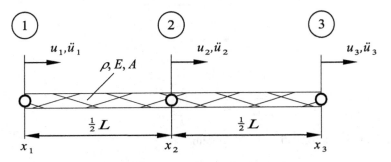

Abb. 13.6 Stabelement mit quadratischem Ansatz

Der Ausdruck

$$M^e \ddot{u}^e + K^e u^e \tag{13.59}$$

lässt sich damit schreiben als

$$
\frac{\rho A L}{30}
\begin{bmatrix}
4 & 2 & -1 \\
2 & 16 & 2 \\
-1 & 2 & 4
\end{bmatrix}
\begin{bmatrix}
\ddot{u}_1 \\
\ddot{u}_2 \\
\ddot{u}_3
\end{bmatrix}
+
\frac{EA}{3L}
\begin{bmatrix}
7 & -8 & 1 \\
-8 & 16 & -8 \\
1 & -8 & 7
\end{bmatrix}
\begin{bmatrix}
u_1 \\
u_2 \\
u_3
\end{bmatrix}.
\tag{13.60}
$$

Biegeschwingungen im Balken In Abb. 13.7 ist der Biegebalken mit den Freiheitsgraden skizziert, die für die Analyse des dynamischen Verhaltens zugrunde gelegt werden. Die Bezeichung ist eng an die Definition der Freiheitsgrade in der Statik angelehnt. Zunächst soll der Einfluss der Drehträgheit vernachlässigt werden. Der Sachverhalt wird weiter unten vorgestellt.

Abb. 13.7 Biegebalken mit Freiheitsgraden für die Dynamik

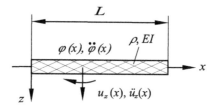

Aus der Statik ist bereits die Beziehung bekannt, wie die Durchbiegung $u_z(x)$ an einer beliebigen Stelle x mit den festen Knotengrößen u_{1z}, φ_{1y}, u_{2z} und φ_{2y} verknüpft ist. Grundlage dafür ist ein Ansatz für die Verschiebungen in der Form

$$
u_z(x) = \sum_i^4 N_i(x)\, u_i.
\tag{13.61}
$$

Mit den vier Formfunktionen

$$
\begin{aligned}
N_1(x) &= 1 - \frac{3x^2}{L^2} + \frac{2x^3}{L^3}, \\
N_2(x) &= -x + \frac{2x^2}{L} - \frac{x^3}{L^2}, \\
N_3(x) &= \frac{3x^2}{L^2} - \frac{2x^3}{L^3}, \\
N_4(x) &= \frac{x^2}{L} - \frac{x^3}{L^2}
\end{aligned}
\tag{13.62}
$$

erhält man für die Deformation die Beschreibung

$$
\begin{aligned}
u_z(x) &= \left(1 - \frac{3x^2}{L^2} + \frac{2x^3}{L^3}\right) u_{1z} + \left(-\frac{x}{L} + \frac{2x^2}{L^2} - \frac{x^3}{L^3}\right) L\,\varphi_{1y} \\
&+ \left(\frac{3x^2}{L^2} - \frac{2x^3}{L^3}\right) u_{2z} + \left(\frac{x^2}{L^2} - \frac{x^3}{L^3}\right) L\,\varphi_{2y}
\end{aligned}
\tag{13.63}
$$

über Knotenwerte und Formfunktionen.

Aus der Berechnungsvorschrift für die Massenmatrix (13.51) lassen sich mit den Form-funktionen die Einzeleinträge ermitteln. Für den Biegebalken ergeben sich insgesamt 16 Einträge für die Massenmatrix. Exemplarisch wird die Berechnung an den beiden Einträgen m_{11} und m_{12} aufgezeigt. Aus dem Matrixelement m_{11}

$$
\begin{aligned}
m_{11} &= \rho A \int_0^L \left(1 - \frac{3x^2}{L^2} + \frac{2x^3}{L^3} \right) dx \\
&= \rho A \int_0^L \left(1 - \frac{6x^2}{L^2} + \frac{4x^3}{L^3} + \frac{9x^4}{L^4} - \frac{12x^5}{L^5} + \frac{4x^6}{L^6} \right) dx \\
&= \rho A \left[x - \frac{2x^3}{L^2} + \frac{x^4}{L^3} + \frac{9x^5}{5L^4} - \frac{2x^6}{L^5} + \frac{4x^7}{7L^6} \right] \Big|_0^L \\
&= \frac{156}{420} \rho A L,
\end{aligned}
\tag{13.64}
$$

dem Matrixelement m_{12}

$$
\begin{aligned}
m_{12} &= \rho A \int_0^L \left(1 - \frac{3x^2}{L^2} + \frac{2x^3}{L^3} \right) \cdot \left(-\frac{x}{L} + \frac{2x^2}{L^2} - \frac{x^3}{L^3} \right) L \, dx \\
&= \frac{22}{420} \rho A L^2,
\end{aligned}
\tag{13.65}
$$

bis hin zum Matrixelement m_{44}

$$
m_{44} = \rho A \int_0^L \left(\frac{x^2}{L^2} - \frac{x^3}{L^3} \right)^2 \cdot L^2 dx = \frac{4}{420} \rho A L^3,
\tag{13.66}
$$

ergibt sich die gesamte Massenmatrix

$$
M = \frac{\rho A L}{420} \begin{bmatrix} 156 & -22L & 54 & 13L \\ & 4L^2 & -13L & -3L \\ & & 156 & 22L \\ \text{sym.} & & & 4L^2 \end{bmatrix}
\tag{13.67}
$$

zur Beschreibung der Biegeschwingung im Biegebalken.

Bisher wird der Einfluss der Querschnittsrotation vernachlässigt. Neben der Auslenkung u_z in Richtung z rotiert der Querschnitt um die y-Achse. Für das Schwingungsverhalten wird zusätzlich die Drehträgheit berücksichtigt.

Die gesamte Massenmatrix

$$M^e = \frac{\rho A L}{420} \begin{bmatrix} 156 & -22L & 54 & 13L \\ & 4L^2 & -13L & -3L^2 \\ & & 156 & 22L \\ \text{sym.} & & & 4L^2 \end{bmatrix} \tag{13.68}$$

$$+ \frac{\rho A L}{30} \left(\frac{I_y}{A \cdot L^2} \right) \begin{bmatrix} 36 & -3L & -36 & 3L \\ & 4L^2 & 3L & -L^2 \\ & & 36 & -3L \\ \text{sym.} & & & 4L^2 \end{bmatrix} \tag{13.69}$$

lässt sich in einen translatorischen und rotatorischen Anteil zerlegen. Der Ausdruck I_y steht für das axiale Flächenträgheitsmoment 2. Ordnung um die y-Achse. Die erste Matrix entspricht der bereits bekannten Matrix aus der Betrachtung ohne rotatorischen Anteil.

13.6.2 Dehnschwingungen im Zugstab

Ausgangspunkt ist ein prismatischer Zugstab, der kontinuierlich mit Masse (Dichte ρ) belegt ist und dessen Elastizitätsmodul E und Querschnittsfläche A konstant ist (siehe Abb. 13.8). Gesucht sind die Eigenfrequenzen.

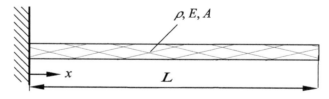

Abb. 13.8 Stab, eingespannt

Aus der Differenzialgleichung für die Dehnschwingungen eines Zugstabes

$$\frac{\partial^2 u(x,t)}{\partial t^2} = \frac{E}{\rho} \frac{\partial^2 u(x,t)}{\partial x^2} \tag{13.70}$$

ergeben sich die Eigenfrequenzen zu:

$$\omega_n = \frac{2n-1}{2} \pi \sqrt{\frac{E}{\rho L^2}}. \tag{13.71}$$

Die ersten Eigenfrequenzen errechnen sich für $n = 1, 2, 3, 4$ zu:

$$\omega_1 = \frac{1}{2}\pi = 1,5708\sqrt{E/\rho L^2}, \tag{13.72}$$

$$\omega_2 = \frac{3}{2}\pi = 4,7124\sqrt{E/\rho L^2}, \tag{13.73}$$

$$\omega_3 = \frac{5}{2}\pi = 7,854\sqrt{E/\rho L^2}, \tag{13.74}$$

$$\omega_4 = \frac{7}{2}\pi = 10,99\sqrt{E/\rho L^2}. \tag{13.75}$$

Eine Finite-Elemente-Diskretisierung mit kontinuierlich verteilter Masse ist in Abb. 13.9 dargestellt. Die Gesamtmassen- und Steifigkeitsmatrix lässt sich aufstellen, indem die für ein einziges Element formulierten Matrizen geeignet kombiniert werden.

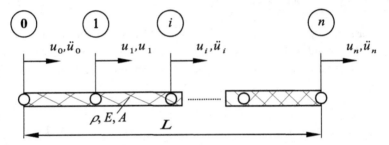

Abb. 13.9 Finite-Elemente-Diskretisierung für Dehnschwingungen im Zugstab

Somit erhält man insgesamt die Bewegungsgleichung:

$$m\begin{bmatrix} 2 & 1 & & & & \\ 1 & 4 & 1 & & & \\ & 1 & 4 & 1 & & \\ & & \ddots & \ddots & \ddots & \\ & & & 1 & 4 & 1 \\ & & & & 1 & 2 \end{bmatrix}\begin{bmatrix} \ddot{u}_0 \\ \ddot{u}_1 \\ \ddot{u}_2 \\ \vdots \\ \ddot{u}_n \end{bmatrix} + k\begin{bmatrix} 1 & -1 & & & & \\ -1 & 2 & -1 & & & \\ & -1 & 2 & & & \\ & & \ddots & \ddots & \ddots & \\ & & & -1 & 2 & -1 \\ & & & & -1 & 2 \end{bmatrix}\begin{bmatrix} u_0 \\ u_1 \\ u_2 \\ \vdots \\ u_n \end{bmatrix} = 0 \tag{13.76}$$

mit $m = \frac{\rho A \frac{1}{n}L}{6}$ und $k = \frac{EA}{\frac{1}{n}L}$. An der Einspannstelle gelten die Randbedingungen $\ddot{u}_0 = 0$ (keine Beschleunigung) und $u_0 = 0$ (keine Verschiebung). Damit kann die erste Zeile und die jeweils erste Spalte einer Matrix aus dem gesamten Gleichungssystem

$$\frac{\rho A \frac{1}{n} L}{6} \begin{bmatrix} 4 & 1 & & & & \\ 1 & 4 & 1 & & & \\ & \ddots & \ddots & \ddots & & \\ & & 1 & 4 & 1 \\ & & & 1 & 2 \end{bmatrix} \begin{bmatrix} \ddot{u}_1 \\ \ddot{u}_2 \\ \vdots \\ \ddot{u}_N \end{bmatrix} + \frac{EA}{\frac{1}{n}L} \begin{bmatrix} 2 & -1 & & & & \\ -1 & 2 & & & & \\ & \ddots & \ddots & \ddots & & \\ & & -1 & 2 & -1 \\ & & & -1 & 2 \end{bmatrix} \begin{bmatrix} u_1 \\ u_2 \\ \vdots \\ u_n \end{bmatrix} = 0$$

$$(13.77)$$

gestrichen werden. Die Matrizen haben keine Diagonalgestalt. Zwischen zwei Knoten (i) und $(i+1)$ liegt jeweils eine Teilmasse. Dies führt zu Nebendiagonalen. In einem Knotenpunkt (i) stoßen zwei ,*Finite Massen*' zusammen, im Endpunkt nur eine. Dies macht sich auf der Hauptdiagonalen im letzten Eintrag bemerkbar. Beide Matrizen haben eine Bandstruktur mit einer Bandbreite 3.

Lumped-Mass-Ersatzsystem (LMM) Für ein LMM-Ersatzsystem wird die kontinuierlich verteilte Masse auf diskrete Punkte konzentriert. Bei der Modellierung des Stabes ist zu beachten, dass am Stabanfang und Stabende jeweils nur $m/2$ anzubringen ist (siehe Abb. 13.10).

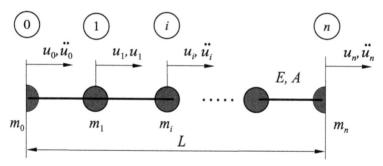

Abb. 13.10 FE-Diskretisierung (konzentrierte Massen) für Dehnschwingungen im Zugstab

Die Massen- und Steifigkeitsmatrix erhält man analog zu obiger Vorgehensweise. In der Bewegungsgleichung mit $n+1$ Knoten können die erste Zeile und die erste Spalte gestrichen werden, da für die Verschiebung $u_0 = 0$ und die Beschleunigung $\ddot{u}_0 = 0$ gilt:

$$\rho A \frac{1}{n} L \begin{bmatrix} 1 & & & & & \\ & 1 & & & 0 & \\ & & 1 & & & \\ & & & \ddots & & \\ & 0 & & & 1 & \\ & & & & & \frac{1}{2} \end{bmatrix} \begin{bmatrix} \ddot{u}_1 \\ \ddot{u}_2 \\ \vdots \\ \ddot{u}_n \end{bmatrix} + \frac{EA}{\frac{1}{n}L} \begin{bmatrix} 2 & -1 & & & & \\ -1 & 2 & -1 & & 0 & \\ & -1 & 2 & -1 & & \\ & & \ddots & \ddots & \ddots & \\ & 0 & & -1 & 2 & -1 \\ & & & & -1 & 1 \end{bmatrix} \begin{bmatrix} u_1 \\ u_2 \\ \vdots \\ u_n \end{bmatrix} = 0.$$

(13.78)

Zu beachten:
Die Massenmatrix hat Diagonalgestalt, die Steifigkeitsmatrix hat Bandstruktur mit der Bandbreite 3.

13.6.2.1 Lösungen mit linearen Ansatzfunktionen

Die Anzahl der Finiten Elemente hat entscheidenden Einfluss auf die Genauigkeit der Ergebnisse. Zunächst wird der Zugstab mit linearen, später mit quadratischen Ansatzfunktionen diskretisiert. Vorgestellt wird jeweils die Lösung mit kontinuierlich verteilten und konzentrierten Massen.

Kontinuierlich verteilte Massen Zunächst wird der gesamte Stab als Einzelelement betrachtet (siehe Abb. 13.11).

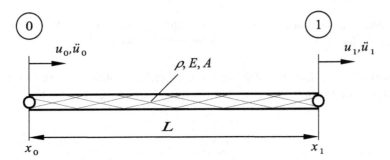

Abb. 13.11 Ein Element mit verteilter Masse

Mit der Massen- und Steifigkeitsmatrix

$$M = \frac{\rho A L}{6} \begin{bmatrix} 2 & 1 \\ 1 & 2 \end{bmatrix} \qquad \text{und} \qquad K = \frac{EA}{L} \begin{bmatrix} 1 & -1 \\ -1 & 1 \end{bmatrix}$$

(13.79)

ergibt sich die Bewegungsgleichung als

$$
\begin{bmatrix} 2 & 1 \\ 1 & 2 \end{bmatrix} \begin{bmatrix} \ddot{u}_0 \\ \ddot{u}_1 \end{bmatrix} + 6\frac{E}{\rho L^2} \begin{bmatrix} 1 & -1 \\ -1 & 1 \end{bmatrix} \begin{bmatrix} u_0 \\ u_1 \end{bmatrix} = \begin{bmatrix} 0 \\ 0 \end{bmatrix}. \tag{13.80}
$$

Am Knoten 0 mit der Koordinate x_0 treten keine Beschleunigung ($\ddot{u} = 0$) und keine Verschiebung ($u = 0$) auf. Die erste Zeile des Gleichungssystems kann damit gestrichen werden. Aus der zweiten Zeile ergeben sich zwei Gleichungen:

$$
\ddot{u}_1 - 6\frac{E}{\rho L^2} u_1 = 0, \qquad 2\ddot{u}_1 + 6\frac{E}{\rho L^2} u_1 = 0. \tag{13.81}
$$

Mit dem Ansatz $u_1 = \hat{u}_1 e^{(i\omega t)}$ erhält man aus der ersten Gleichung:

$$
\left(-\omega^2 - 6\frac{E}{\rho L^2}\right) \hat{u}_1 = 0 \quad \Rightarrow \quad \omega = \sqrt{6\frac{E}{\rho L^2}}\,\mathrm{i}. \tag{13.82}
$$

Die zweite Gleichung führt auf:

$$
\left(-2\omega^2 + 6\frac{E}{\rho L^2}\right) \hat{u}_1 = 0 \quad \Rightarrow \quad \omega = \sqrt{3}\sqrt{\frac{E}{\rho L^2}} \tag{13.83}
$$

beziehungsweise

$$
\omega = 1{,}7321\sqrt{\frac{E}{\rho L^2}}. \tag{13.84}
$$

Das Ergebnis weicht deutlich von der analytischen Lösung ab. Eine Verbesserung wird erzielt durch eine Diskretisierung mit *zwei* Finiten Elementen.

Zwei Elemente Das System besteht aus zwei Finiten Elementen mit linearen Ansatzfunktionen und 3 Knoten 0, 1 und 2 an den Koordinaten x_0, x_1 und x_2 (siehe Abb. 13.12).

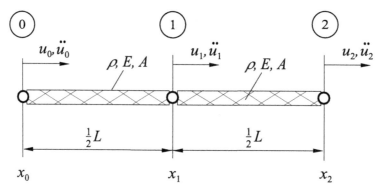

Abb. 13.12 Zwei Elemente mit verteilten Massen

An der Einspannstelle treten keine Beschleunigungen ($\ddot{u} = 0$) und keine Verschiebungen $u = 0$ auf. Aus obigen Überlegungen lassen sich die reduzierte Massen- und Steifigkeitsmatrix

$$M^{\text{red}} = \frac{\rho A \frac{1}{2} L}{6} \begin{bmatrix} 4 & 1 \\ 1 & 2 \end{bmatrix} \quad \text{und} \quad K^{\text{red}} = \frac{EA}{\frac{1}{2}L} \begin{bmatrix} 2 & -1 \\ -1 & 1 \end{bmatrix} \quad (13.85)$$

aufstellen, so dass man folgende charakteristische Gleichung

$$\begin{vmatrix} -4\lambda^2 + 2 & -1\lambda^2 - 1 \\ -1\lambda^2 - 1 & -2\lambda^2 + 1 \end{vmatrix} \overset{!}{=} 0 \quad \Rightarrow \quad 2\left(1 - 2\lambda^2\right)^2 = \left(1 + \lambda^2\right)^2 \quad (13.86)$$

mit den Abkürzungen

$$\lambda^2 = \frac{1}{6} \frac{\rho \frac{1}{4} L^2}{E} \omega^2 \quad (13.87)$$

erhält. Es ergeben sich zwei Lösungen

$$\lambda_1^2 = \frac{\sqrt{2} - 1}{1 + 2\sqrt{2}} \quad \text{und} \quad \lambda_2^2 = \frac{1 + \sqrt{2}}{2\sqrt{2} - 1}, \quad (13.88)$$

die voll ausgeschrieben lauten:

$$\omega_1^2 = \frac{24\left(\sqrt{2} - 1\right)}{1 + 2\sqrt{2}} \frac{E}{\rho L^2} \quad \Rightarrow \quad \omega_1 = 1,61 \sqrt{\frac{E}{\rho L^2}}, \quad (13.89)$$

$$\omega_2^2 = \frac{24\left(1 + \sqrt{2}\right)}{2\sqrt{2} - 1} \frac{E}{\rho L^2} \quad \Rightarrow \quad \omega_2 = 5,63 \sqrt{\frac{E}{\rho L^2}}. \quad (13.90)$$

Die Werte für die Eigenfrequenzen weichen noch deutlich von den analytischen Lösungen ab. Die nächste Vereinfachung entspricht einer Aufteilung des Stabes in *drei* Finite Elemente.

Drei Elemente Das System besteht aus drei Finiten Elementen mit linearen Ansatzfunktionen und 4 Knoten 0, 1, 2 und 3 an den Koordinaten x_0, x_1, x_2 und x_3 (siehe Abb. 13.13).

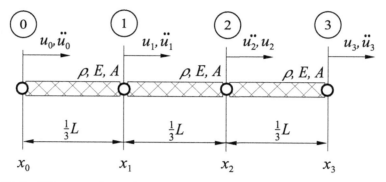

Abb. 13.13 Drei Elemente mit verteilten Massen

An der Einspannstelle treten keine Beschleunigungen ($\ddot{u}_0 = 0$) und keine Verschiebungen ($u_0 = 0$) auf. Damit können aus dem Gleichungssystem die erste Zeile und die erste Spalte gestrichen werden. Es verbleiben die reduzierte Massen- und Steifigkeitsmatrix

$$
M^{\text{red}} = \frac{\rho A \frac{1}{3} L}{6} \begin{bmatrix} 4 & 1 & 0 \\ 1 & 4 & 1 \\ 0 & 1 & 2 \end{bmatrix} \quad \text{und} \quad K^{\text{red}} = \frac{EA}{\frac{1}{3}L} \begin{bmatrix} 2 & -1 & 0 \\ -1 & 2 & -1 \\ 0 & -1 & 1 \end{bmatrix}, \tag{13.91}
$$

mit denen sich folgende charakteristische Gleichung

$$
\begin{vmatrix} -4\lambda^2 + 2 & -1\lambda^2 - 1 & 0 \\ -1\lambda^2 - 1 & -2\lambda^2 + 1 & -1\lambda - 1 \\ 0 & -1\lambda & 1 \end{vmatrix} \overset{!}{=} 0 \tag{13.92}
$$

mit den Abkürzungen

$$
\lambda^2 = \frac{1}{6} \frac{\rho \left(\frac{1}{3}L\right)^2}{E} \omega^2 = \frac{1}{6} \frac{1}{9} \frac{\rho L^2}{E} \omega^2 \tag{13.93}
$$

gewinnen lässt. Es ergeben sich drei Lösungen

$$
\lambda_1^2 = \frac{2 - \sqrt{3}}{4 + \sqrt{3}}, \qquad \lambda_2^2 = \frac{1}{2}, \qquad \lambda_3^2 = \frac{2 + \sqrt{3}}{4 - \sqrt{3}}, \tag{13.94}
$$

die sich ausführlich schreiben als

$$
\omega_1 = \frac{54\left(2 - \sqrt{3}\right)}{4 + \sqrt{3}} \frac{E}{\rho L^2} \quad \Rightarrow \quad \omega_1 = 1{,}59\sqrt{\frac{\rho L^2}{E}}, \tag{13.95}
$$

$$
\omega_2 = 27 \frac{E}{\rho L^2} \quad \Rightarrow \quad \omega_2 = 5{,}19\sqrt{\frac{\rho L^2}{E}}, \tag{13.96}
$$

$$\omega_3 = \frac{54\left(2 + \sqrt{3}\right)}{4 - \sqrt{3}}\frac{E}{\rho L^2} \quad \Rightarrow \quad \omega_3 = 9,43\sqrt{\frac{\rho L^2}{E}}. \tag{13.97}$$

Die Abweichungen zur analytischen Lösung werden weiter hinten dargestellt.

Lumped-Mass-Methode (LMM) Im Rahmen dieser Methode werden Diskretisierungen mit einem, zwei und drei Finiten Elementen vorgestellt. Zunächst betrachte man eine Diskretisierung mit nur einem Element (siehe Abb. 13.14). Aus Gl. (13.78) erhält man direkt

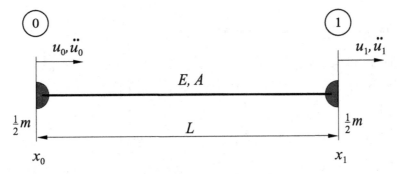

Abb. 13.14 Ein Element mit konzentrierten Massen an den Enden

$$-\omega^2 \rho A L \cdot \frac{1}{2} + \frac{EA}{L} = 0 \tag{13.98}$$

und daraus die Lösung

$$\omega = \sqrt{2}\sqrt{\frac{E}{\rho L^2}} \tag{13.99}$$

für die Eigenfrequenz. Dieses Ergebnis weicht deutlich von der analytischen Lösung ab.

Zwei Elemente Durch eine Verfeinerung der Diskretisierung mit *zwei* Elementen kann eine bessere Lösung erzielt werden. Das System besteht aus zwei Finiten Elementen mit linearen Ansatzfunktionen und 3 Knoten 0, 1 und 2 an den Koordinaten x_0, x_1 und x_2 (siehe Abb. 13.15). Mit der Massen- und Steifigkeitsmatrix

$$\boldsymbol{M} = \rho A \frac{1}{2}L \begin{bmatrix} \frac{1}{2} & 0 & 0 \\ 0 & 1 & 0 \\ 0 & 0 & \frac{1}{2} \end{bmatrix} \qquad \boldsymbol{K} = \frac{EA}{\frac{1}{2}L} \begin{bmatrix} 1 & -1 & 0 \\ -1 & 2 & -1 \\ 0 & -1 & 1 \end{bmatrix} \tag{13.100}$$

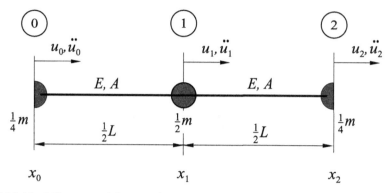

Abb. 13.15 Zwei Elemente mit konzentrierten Massen

ergibt sich die Bewegungsgleichung zu:

$$
\begin{bmatrix} \frac{1}{2} & 0 & 0 \\ 0 & 1 & 0 \\ 0 & 0 & \frac{1}{2} \end{bmatrix}
\begin{bmatrix} \ddot{u}_0 \\ \ddot{u}_1 \\ \ddot{u}_2 \end{bmatrix}
+ \frac{E}{\rho \frac{1}{4} L^2}
\begin{bmatrix} 1 & -1 & 0 \\ -1 & 2 & -1 \\ 0 & -1 & 1 \end{bmatrix}
\begin{bmatrix} u_0 \\ u_1 \\ u_2 \end{bmatrix}
= \mathbf{0}.
\tag{13.101}
$$

An der Einspannstelle treten keine Beschleunigung ($\ddot{u}_0 = 0$) und keine Verschiebungen ($u_0 = 0$) auf. Die erste Zeile und erste Spalte kann aus dem System gestrichen werden. Aus

$$
\det\left(-\lambda^2 \begin{bmatrix} 1 & 0 \\ 0 & \frac{1}{2} \end{bmatrix} + \begin{bmatrix} 2 & -1 \\ -1 & 1 \end{bmatrix} \right) = 0
\tag{13.102}
$$

mit

$$
\lambda^2 = \frac{1}{4} \frac{\rho L^2}{E} \omega^2
\tag{13.103}
$$

erhält man über

$$
\begin{vmatrix} -\lambda^2 + 2 & -1 \\ -1 & -\frac{1}{2}\lambda^2 + 1 \end{vmatrix} = 0
\quad \Rightarrow \quad
(2 - \lambda^2)^2 = 2
\quad \Rightarrow \quad
2 - \lambda^2 = \pm\sqrt{2}
\tag{13.104}
$$

die Lösungen $\lambda_1^2 = 2 - \sqrt{2}$ und $\lambda_2^2 = 2 + \sqrt{2}$. Diese lassen sich ausführlich schreiben als

$$
\omega_1^2 = 4\left(2 - \sqrt{2}\right) \frac{E}{\rho L^2}
\quad \Rightarrow \quad
\omega_1 = 1,53 \sqrt{\frac{E}{\rho L^2}}
\tag{13.105}
$$

und

$$
\omega_2^2 = 4\left(2 + \sqrt{2}\right) \frac{E}{\rho L^2}
\quad \Rightarrow \quad
\omega_2 = 3,70 \sqrt{\frac{E}{\rho L^2}}.
\tag{13.106}
$$

Die Lösungen weichen deutlich von den analytischen Lösungen ab.

Drei Elemente Bei der nächsten Verfeinerung wird der Zugstab mit 3 Elementen diskretisiert. Damit sind 4 Knoten (0, 1, 2, 3) an den Koordinaten x_0, x_1, x_2 und x_3 im System (siehe Abb. 13.16).

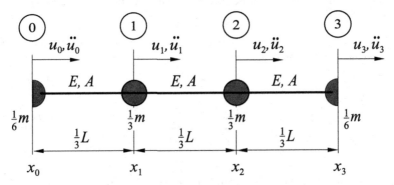

Abb. 13.16 Drei Elemente mit konzentrierten Massen

Am Knoten 0 ist der Stab eingespannt. An der Einspannstelle treten keine Beschleunigung ($\ddot{u}_0 = 0$) und keine Verschiebungen $u_0 = 0$ auf. Damit können jeweils die ersten Zeilen und Spalten aus der Massen- und Steifigkeitsmatrix gestrichen werden. Es verbleiben die reduzierten Matrizen

$$M^{\text{red}} = \rho A \frac{1}{3} L \begin{bmatrix} 1 & 0 & 0 \\ 0 & 1 & 0 \\ 0 & 0 & \frac{1}{2} \end{bmatrix} \quad \text{und} \quad K^{\text{red}} = \frac{EA}{\frac{1}{3}L} \begin{bmatrix} 2 & -1 & 0 \\ -1 & 2 & -1 \\ 0 & -1 & 1 \end{bmatrix}. \tag{13.107}$$

Mit der Abkürzung

$$\lambda^2 = \frac{1}{9} \frac{\rho L^2}{E} \omega^2 \tag{13.108}$$

erhält man die Determinate und die charakteristische Gleichung

$$\begin{vmatrix} -\lambda^2 + 2 & -1 & 0 \\ -1 & -\lambda^2 + 2 & -1 \\ 0 & -1 & -\frac{1}{2}\lambda^2 + 1 \end{vmatrix} \overset{!}{=} 0 \quad \Rightarrow \quad (2 - \lambda^2)\left[(2 - \lambda^2)^2 - 3\right] = 0 \tag{13.109}$$

und daraus die Lösungen

$$\lambda_1 = \sqrt{2 - \sqrt{3}}, \quad \lambda_2 = \sqrt{2}, \quad \lambda_3 = \sqrt{2 + \sqrt{3}}, \tag{13.110}$$

aus denen sich die Eigenfrequenzen zu

$$\omega_1 = 1{,}55\sqrt{\frac{\rho L^2}{E}}, \quad \omega_2 = 4{,}24\sqrt{\frac{\rho L^2}{E}}, \quad \omega_3 = 5{,}78\sqrt{\frac{\rho L^2}{E}} \tag{13.111}$$

ermitteln lassen.

In nachstehender Tabelle sind sämtliche Ergebnisse zusammengefasst. Aufgeführt sind die relativen Fehler in % für die FE-Lösungen mit kontinuierlich verteilten und diskretisierten Massen (LMM). Die Fehler beziehen sich auf die analytische Lösung (Tab. 13.1).

Tab. 13.1 Relativer Fehler in % bezüglich der analytisch ermittelten Eigenfrequenzen auf der Basis von Elementen mit linearer Ansatzfunktion

Anzahl Elemente	1	2		3		
Eigenfrequenzen	1.	1.	2.	1.	2.	3.
FEM	$+10,27$	$+2,59$	$+19,5$	$+1,13$	$+8,23$	$+20,1$
LMM	$-9,97$	$-2,55$	$-21,5$	$-1,14$	$-9,96$	$-26,4$

Bemerkungen Aus dem Vergleich in obiger Tabelle liest man ab, dass die Lumped-Mass-Methode (LMM) *zu niedrige* Werte liefert, während man nach der Finite-Elemente-Methode (FEM) zu hohe Werte erhält. Durch die Konzentration der kontinuierlichen Masse in den Knotenpunkten werden die Trägheitswirkungen vergrößert, wodurch die Eigenfrequenzen kleiner werden. Hingegen werden die Trägheitswirkungen verkleinert, wenn man nach der FEM eine Massenmatrix M verwendet, die auf einer linearen Formfunktionsmatrix N basiert. Das hat zu große Eigenfrequenzen zur Folge. Mithin hat man eine untere Schranke (LMM) und eine obere Schranke (FEM) zur Eingabelung der exakten Lösung gefunden. Benutzt man quadratische Interpolationsfunktionen, so erhöht sich natürlich der Rechenaufwand. Man kommt jedoch mit einer geringeren Anzahl von Elementen aus, um vergleichbare Ergebnisse zu erzielen.

13.6.2.2 Der Zugstab mit quadratischen Ansatzfunktionen

Die Problemstellung wird ähnlich zu dem vorangegangenen Abschnitt beschrieben (siehe Abb. 13.11). Im Unterschied zu einem linearen Ansatz wird bei einem quadratischen Ansatz das Element mit 3 Knoten beschrieben. Zunächst wird der gesamte Stab mit einem einzigen Element repräsentiert. Das System besteht aus einem Finiten Element mit quadratischer Ansatzfunktion und 3 Knoten 0, 1 und 2 an den Koordinaten x_0, x_1 und x_2 (siehe Abb. 13.17).

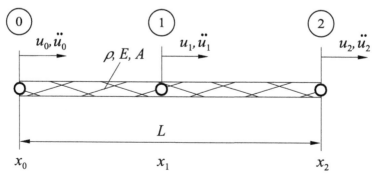

Abb. 13.17 Ein Element mit verteilter Masse und quadratischer Ansatzfunktion

Mit der Massen- und Steifigkeitsmatrix für quadratische Ansatzfunktionen nimmt die Bewegungsgleichung folgende Form an

$$
\begin{bmatrix} 4 & 2 & -1 \\ 2 & 16 & 2 \\ -1 & 2 & 4 \end{bmatrix} \begin{bmatrix} \ddot{u}_0 \\ \ddot{u}_1 \\ \ddot{u}_2 \end{bmatrix} + \frac{10E}{\rho L^2} \begin{bmatrix} 7 & -8 & 1 \\ -8 & 16 & -8 \\ 1 & -8 & 7 \end{bmatrix} \begin{bmatrix} u_0 \\ u_1 \\ u_2 \end{bmatrix} = \begin{bmatrix} 0 \\ 0 \\ 0 \end{bmatrix}, \tag{13.112}
$$

die sich aufgrund der Randbedingungen an der Einspannstelle $\ddot{u}_0 = 0, u_0 = 0$ zu

$$
\begin{bmatrix} 16 & 2 \\ 2 & 4 \end{bmatrix} \begin{bmatrix} \ddot{u}_1 \\ \ddot{u}_2 \end{bmatrix} + \frac{10E}{\rho L^2} \begin{bmatrix} 16 & -8 \\ -8 & 7 \end{bmatrix} \begin{bmatrix} u_1 \\ u_2 \end{bmatrix} = \begin{bmatrix} 0 \\ 0 \end{bmatrix} \tag{13.113}
$$

vereinfachen lässt. Mit der Abkürzung

$$
\lambda^2 = \frac{\rho L^2}{10E} \omega^2 \tag{13.114}
$$

erhält man die charakteristische Gleichung

$$
\begin{vmatrix} -16\lambda^2 + 16 & -2\lambda^2 - 8 \\ -2\lambda^2 - 8 & -4\lambda^2 + 7 \end{vmatrix} \overset{!}{=} 0 \quad \Rightarrow \quad \lambda^4 - \frac{52}{15}\lambda^2 = -\frac{4}{5} \tag{13.115}
$$

mit den Lösungen

$$
\lambda^2 = \frac{26}{15} \pm \frac{1}{15}\sqrt{496}, \tag{13.116}
$$

die sich ausführlich schreiben lassen als

$$
\omega_1^2 = 2,486 \frac{E}{\rho L^2} \quad \Rightarrow \quad \omega_1 = 1,57 \sqrt{\frac{E}{\rho L^2}} \tag{13.117}
$$

und

$$
\omega_2^2 = 32,18 \frac{E}{\rho L^2} \quad \Rightarrow \quad \omega_2 = 5,67 \sqrt{\frac{E}{\rho L^2}}. \tag{13.118}
$$

Im Gegensatz zu den exakten Werten ist ω_1 mit einem Fehler von $+0,38\,\%$ und ω_2 mit einem Fehler von $+20,4\,\%$ behaftet. Ein etwas schlechterer Wert für ω_1 mit einem Fehler von $+1,13\,\%$ wurde auf Basis eines linearen Verschiebungsansatzes erst durch eine Aufteilung des Stabes in *drei* Finite Elemente erzielt. Für ein Einzelelement wurde ein Wert von $\omega_1 = 1,7321\sqrt{E/\rho L^2}$ erzielt, der mit einem Fehler von $10,27\,\%$ behaftet ist. Somit konnte durch einen quadratischen Verschiebungsansatz der Wert für ω_1 um $+9,89\,\%$ verbessert werden. Um einen vergleichbaren Wert für ω_2 zu erhalten, benötigte man zwei Finite Elemente.

Zwei Elemente Mit dieser Modellierung teilt man den Stab in zwei Elemente mit quadratischen Ansatzfunktionen ein. Das System besteht aus insgesamt 5 Knoten 0, 1, 2, 3 und 4 an den Koordinaten x_0, x_1, x_2, x_3 und x_4 (siehe Abb. 13.18).

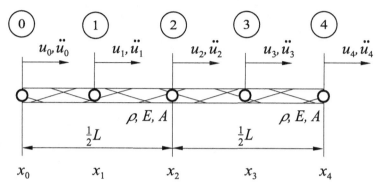

Abb. 13.18 Zwei Elemente mit verteilten Massen und quadratischer Ansatzfunktion

Die Massenmatrix

$$M = \frac{\rho A \frac{1}{2} L}{30} \begin{bmatrix} 4 & 2 & -1 & 0 & 0 \\ 2 & 16 & 2 & 0 & 0 \\ -1 & 2 & 8 & 2 & -1 \\ 0 & 0 & 2 & 16 & 2 \\ 0 & 0 & -1 & 2 & 4 \end{bmatrix} \qquad (13.119)$$

und die Steifigkeitsmatrix

$$K = \frac{EA}{3\frac{1}{2}L} \begin{bmatrix} 7 & -8 & 1 & 0 & 0 \\ -8 & 16 & -8 & 0 & 0 \\ 1 & -8 & 14 & -8 & 1 \\ 0 & 0 & -8 & 16 & -8 \\ 0 & 0 & 1 & -8 & 7 \end{bmatrix} \qquad (13.120)$$

haben die Dimension 5. An der Einspannstelle treten keine Beschleunigung ($\ddot{u}_0 = 0$) und keine Verschiebung ($u_0 = 0$) auf. Damit kann die erste Zeile und die jeweils erste Spalte der Matrizen gestrichen werden. Aus der Bewegungsgleichung

$$
\begin{bmatrix} 16 & 2 & 0 & 0 \\ 2 & 8 & 2 & -1 \\ 0 & 2 & 16 & 2 \\ 0 & -1 & 2 & 4 \end{bmatrix} \begin{bmatrix} \ddot{u}_1 \\ \ddot{u}_2 \\ \ddot{u}_3 \\ \ddot{u}_4 \end{bmatrix} + \frac{40E}{\rho L^2} \begin{bmatrix} 16 & -8 & 0 & 0 \\ -8 & 14 & -8 & 1 \\ 0 & -8 & 16 & -8 \\ 0 & 1 & -8 & 7 \end{bmatrix} \begin{bmatrix} u_1 \\ u_2 \\ u_3 \\ u_4 \end{bmatrix} = \begin{bmatrix} 0 \\ 0 \\ 0 \\ 0 \end{bmatrix}
$$

$$(13.121)$$

lässt sich das Eigenwertproblem

$$
\det \left(-\omega^2 \begin{bmatrix} 16 & 2 & 0 & 0 \\ 2 & 8 & 2 & -1 \\ 0 & 2 & 16 & 2 \\ 0 & -1 & 2 & 4 \end{bmatrix} + \frac{40E}{\rho L^2} \begin{bmatrix} 16 & -8 & 0 & 0 \\ -8 & 14 & -8 & 1 \\ 0 & -8 & 16 & -8 \\ 0 & 1 & -8 & 7 \end{bmatrix} \right) = 0 \quad (13.122)
$$

formulieren, aus dem sich die Lösungen für ω^2 bzw. die Eigenfrequenzen ω

$$
\omega_1^2 = 2,468664757 \frac{E}{\rho L^2} \quad \Rightarrow \quad \omega_1 = 1,5712 \sqrt{\frac{E}{\rho L^2}}, \tag{13.123}
$$

$$
\omega_2^2 = 22,94616601 \frac{E}{\rho L^2} \quad \Rightarrow \quad \omega_2 = 4,7902 \sqrt{\frac{E}{\rho L^2}}, \tag{13.124}
$$

$$
\omega_3^2 = 77,06313717 \frac{E}{\rho L^2} \quad \Rightarrow \quad \omega_3 = 8,7786 \sqrt{\frac{E}{\rho L^2}}, \tag{13.125}
$$

$$
\omega_4^2 = 198,6985027 \frac{E}{\rho L^2} \quad \Rightarrow \quad \omega_4 = 14,0961 \sqrt{\frac{E}{\rho L^2}} \tag{13.126}
$$

ermitteln lassen.

Die Abweichungen zu den analytischen Lösungen sind deutlich geringer im Vergleich zu den mit linearen Ansatzfunktionen erzielten Näherungen.

Methode mit konzentrierten Massen (LMM) Im ersten Diskretisierungsschritt besteht das System aus einem einzigen Finiten Element mit quadratischer Ansatzfunktion und 3 Knoten 0, 1 und 2 an den Koordinaten x_0, x_1 und x_2 (siehe Abb. 13.19).

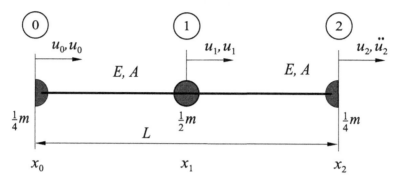

Abb. 13.19 Ein Element mit konzentrierten Massen und quadratischer Ansatzfunktion

Mit der Massen- und Steifigkeitsmatrix

$$M = \frac{\rho A L}{4} \begin{bmatrix} 1 & 0 & 0 \\ 0 & 2 & 0 \\ 0 & 0 & 1 \end{bmatrix} \quad \text{und} \quad K = \frac{EA}{3L} \begin{bmatrix} 7 & -8 & 1 \\ -8 & 16 & -8 \\ 1 & -8 & 7 \end{bmatrix} \tag{13.127}$$

nimmt die Bewegungsgleichung folgende Gestalt an:

$$\begin{bmatrix} 1 & 0 & 0 \\ 0 & 2 & 0 \\ 0 & 0 & 1 \end{bmatrix} \begin{bmatrix} \ddot{u}_0 \\ \ddot{u}_1 \\ \ddot{u}_2 \end{bmatrix} + \frac{4}{3} \frac{E}{\rho L^2} \begin{bmatrix} 7 & -8 & 1 \\ -8 & 16 & -8 \\ 1 & -8 & 7 \end{bmatrix} \begin{bmatrix} u_0 \\ u_1 \\ u_2 \end{bmatrix} = \begin{bmatrix} 0 \\ 0 \\ 0 \end{bmatrix}. \tag{13.128}$$

An der Einspannstelle treten keine Beschleunigung ($\ddot{u}_0 = 0$) und keine Verschiebung ($u_0 = 0$) auf. Damit kann die erste Zeile und die jeweils erste Spalte der Matrizen gestrichen werden. Mit der Abkürzung

$$\lambda^2 = \frac{3}{4} \frac{\rho L^2}{E} \omega^2 \tag{13.129}$$

erhält man die charakteristische Gleichung

$$\begin{vmatrix} -2\lambda^2 + 16 & -8 \\ -8 & -\lambda^2 + 7 \end{vmatrix} \overset{!}{=} 0 \quad \Rightarrow \quad (\lambda^2 - 8)(\lambda^2 - 7) = 32 \tag{13.130}$$

und damit die Lösungen für λ_i

$$\lambda_{2,1}^2 = \frac{15}{2} \pm \frac{1}{2} \sqrt{129} \tag{13.131}$$

und daraus die Eigenfrequenzen

$$\omega_2 = 4,192\sqrt{\frac{E}{\rho L^2}} \quad \text{und} \quad \omega_1 = 1,558\sqrt{\frac{E}{\rho L^2}}. \quad (13.132)$$

Gegenüber dem exakten Faktor von 1,5708 ist der Näherungswert ω_1 mit einem Fehler von -8% behaftet, während ω_2 um $-11,04\%$ abweicht. Man vergleiche diese Ergebnisse mit den entsprechenden Fehlern von $+0,38\%$ und $+20,4\%$, die sich ergeben, wenn man die äquivalente Massenmatrix verwendet anstelle des Lumped-Mass-Systems.

Zwei Elemente In diesem Diskretisierungsschritt besteht das System aus zwei Finiten Elementen mit quadratischen Ansatzfunktionen und 5 Knoten 0, 1, 2, 3 und 4 an den Koordinaten x_0, x_1, x_2, x_3 und x_4 (siehe Abb. 13.20). Mit der Massen- und Steifigkeitsmatrix

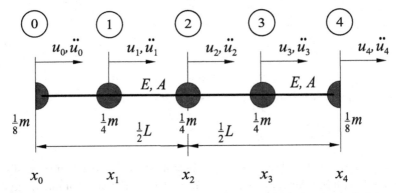

Abb. 13.20 Zwei Elemente mit konzentrierten Massen und quadratischer Ansatzfunktion

$$M = \frac{\rho A \frac{1}{2}L}{4} \begin{bmatrix} 1 & 0 & 0 & 0 & 0 \\ 0 & 2 & 0 & 0 & 0 \\ 0 & 0 & 2 & 0 & 0 \\ 0 & 0 & 0 & 2 & 0 \\ 0 & 0 & 0 & 0 & 1 \end{bmatrix} \quad \text{und} \quad K = \frac{EA}{3\frac{1}{2}L} \begin{bmatrix} 7 & -8 & 1 & 0 & 0 \\ -8 & 16 & -8 & 0 & 0 \\ 1 & -8 & 14 & -8 & 1 \\ 0 & 0 & -8 & 16 & -8 \\ 0 & 0 & 1 & -8 & 7 \end{bmatrix}$$

$$(13.133)$$

erhält man unter Berücksichtigung der Randbedingungen ($\ddot{u}_0 = 0, u_0 = 0$) die Bewegungsgleichung:

$$\begin{bmatrix} 2 & 0 & 0 & 0 \\ 0 & 2 & 0 & 0 \\ 0 & 0 & 2 & 0 \\ 0 & 0 & 0 & 1 \end{bmatrix} \begin{bmatrix} \ddot{u}_1 \\ \ddot{u}_2 \\ \ddot{u}_3 \\ \ddot{u}_4 \end{bmatrix} + \frac{16}{3}\frac{E}{\rho L^2} \begin{bmatrix} 16 & -8 & 0 & 0 \\ -8 & 14 & -8 & 1 \\ 0 & -8 & 16 & -8 \\ 0 & 1 & -8 & 7 \end{bmatrix} \begin{bmatrix} u_1 \\ u_2 \\ u_3 \\ u_4 \end{bmatrix} = \begin{bmatrix} 0 \\ 0 \\ 0 \\ 0 \end{bmatrix}. \quad (13.134)$$

Aus der Lösung des Eigenwertproblems

$$
\det\left(-\omega^2 \begin{bmatrix} 2 & 0 & 0 & 0 \\ 0 & 2 & 0 & 0 \\ 0 & 0 & 2 & 0 \\ 0 & 0 & 0 & 1 \end{bmatrix} + \frac{16}{3}\frac{E}{\rho L^2} \begin{bmatrix} 16 & -8 & 0 & 0 \\ -8 & 14 & -8 & 1 \\ 0 & -8 & 16 & -8 \\ 0 & 1 & -8 & 7 \end{bmatrix} \right) = 0 \qquad (13.135)
$$

erhält man die 4 reellen Lösungen

$$
\omega_1^2 = 2,459021\frac{E}{\rho L^2} \qquad \Rightarrow \qquad \omega_1 = 1,5681\sqrt{\frac{E}{\rho L^2}}, \qquad (13.136)
$$

$$
\omega_2^2 = 21,16383\frac{E}{\rho L^2} \qquad \Rightarrow \qquad \omega_2 = 4,6004\sqrt{\frac{E}{\rho L^2}}, \qquad (13.137)
$$

$$
\omega_3^2 = 55,064934\frac{E}{\rho L^2} \qquad \Rightarrow \qquad \omega_3 = 7,4206\sqrt{\frac{E}{\rho L^2}}, \qquad (13.138)
$$

$$
\omega_4^2 = 81,3122153\frac{E}{\rho L^2} \qquad \Rightarrow \qquad \omega_4 = 9,0173\sqrt{\frac{E}{\rho L^2}} \qquad (13.139)
$$

für ω_i^2 bzw. die 4 Eigenfrequenzen ω_i.

Bemerkung Die nach der LMM genäherten Eigenfrequenzen sind *kleiner* als die analytisch ermittelten (*untere Schranke*). In nachstehender Tabelle sind sämtliche Ergebnisse zusammengefasst. Aufgeführt sind die relativen Fehler in % für die FE-Lösungen mit kontinuierlich verteilten und diskretisierten Massen (LMM). Die Fehler beziehen sich auf die analytische Lösung (Tab. 13.2).

Tab. 13.2 Relativer Fehler in % bezüglich der analytisch ermittelten Eigenfrequenzen auf der Basis von Elementen mit quadratischer Ansatzfunktion

Anzahl Elemente	1		2			
Eigenfrequenzen	1.	2.	1.	2.	3.	4.
FEM	$+0,38$	$+20,4$	$+0,03$	$+1,65$	$+11,77$	$+28,0$
LMM	$-0,8$	$-11,04$	$-0,17$	$-2,38$	$-5,52$	$-18,0$

13.7 Weiterführende Aufgaben

Analytische Lösung für Biegeschwingungen Für den einseitig eingespannten massebehafteten Balken der Länge L mit konstanter Biegesteifigkeit EI sollen die ersten 4 Eigenfrequenzen ermittelt werden.

Gegeben: ρ, L, EI

FE-Lösung für Biegeschwingungen Für den einseitig eingespannten massebehafteten Balken der Länge L mit konstanter Biegesteifigkeit EI sollen die ersten 4 Eigenfrequenzen ermittelt werden.

Gegeben: ρ, L, EI

Literatur

1. Betten J (2004) Finite Elemente für Ingenieure 1: Grundlagen, Matrixmethoden, Elastisches Kontinuum. Springer, Berlin
2. Betten J (2004) Finite Elemente für Ingenieure 2: Variationsrechnung, Energiemethoden, Näherungsverfahren, Nichtlinearitäten, Numerische Methoden. Springer, Berlin
3. Gross D, Hauger W, Schröder J, Werner EA (2008) Hydromechanik, Elemente der Höheren Mechanik, Numerische Methoden. Springer, Berlin
4. Gross D, Hauger W, Schröder J, Wall WA (2009) Technische Mechanik 2: Elastostatik. Springer, Berlin
5. Klein B (2000) FEM, Grundlagen und Anwendungen der Finite-Elemente-Methode. Vieweg, Wiesbaden
6. Kwon YW, Bang H (2000) The Finite Element Method Using MATLAB. CRC, Boca Raton
7. Steinbuch R (1998) Finite Elemente - Ein Einstieg. Springer, Berlin

Spezialelemente

14

Zusammenfassung

Im Rahmen dieses Kapitels werden einige Elemente für Spezialanwendungen vorgestellt. Das erste Spezialelement erweitert das klassische Bernoulli-Element um eine elastische Bettung. Im Rahmen dieses Elementes wird die sogenannte Winkler-Bettung, bei der angenommen wird, dass die von der Bettung auf den Balken ausgeübte Streckenlast proportional zur Durchbiegung ist, behandelt. Das zweite Spezialelement behandelt den Fall der Spannungssingularität. Ein Balkenelement mit einer besonderen Zuordnungsvorschrift zwischen lokaler und natürlicher Koordinate erlaubt, dass die Spannung an einem Knoten gegen unendlich strebt. Das dritte Spezialelement berücksichtigt, dass sich die Geometrie des Elementes an einem Rand bis ins Unendliche erstreckt. Zur Ableitung dieser Elemente werden spezielle Ansatzfunktionen für die Interpolation der lokalen Ortskoordinate eingeführt.

14.1 Elastische Bettung

Der Fall der elastischen Bettung [4, 10] kann als Erweiterung des klassischen BERNOULLI-Balkens aus Kap. 5 angesehen werden, wobei der Balken durch einen elastischen Untergrund gestützt wird. Im Bauingenieurwesen ist dieser Fall von Interesse, wenn die Belastung von Eisenbahnschienen und des entsprechenden Unterbaus untersucht werden soll. Schematisch ist dieser Fall in Abb. 14.1 dargestellt, wobei die Bettung durch eine beliebig dicht angeordnete Anzahl von Federn repräsentiert ist. Im einfachsten Modellierungsansatz, der sogenannten WINKLER-Bettung [9], wird angenommen, dass die von der Bettung auf den Balken ausgeübte Streckenlast q_k proportional zur örtlichen Durchbiegung ist:

© Springer-Verlag Berlin Heidelberg 2014
M. Merkel, A. Öchsner, *Eindimensionale Finite Elemente*,
DOI 10.1007/978-3-642-54482-8_14

Abb. 14.1 Schematische
Darstellung eines Balkens mit
elastischer Bettung

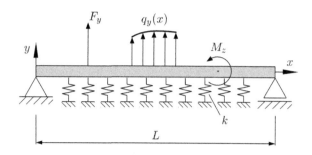

$$q_k(x) = ku_y(x). \tag{14.1}$$

Die Konstante k in Gl. (14.1) heißt Bettungsmodul und hat im Falle eines Balkens[1] die
Dimension Kraft/Länge[2].

Im Folgenden soll die das Problem aus Abb. 14.1 beschreibende Differenzialgleichung
abgeleitet werden. Dazu betrachtet man das in Abb. 14.2 dargestellte infinitesimale Balkenelement mit Schnittreaktionen und äußeren Belastungen. Das Kräftegleichgewicht in
vertikaler Richtung ergibt:

$$-Q_y(x) + Q_y(x + \mathrm{d}x) + q_y\mathrm{d}x - ku_y\left(x + \frac{1}{2}\mathrm{d}x\right)\mathrm{d}x = 0. \tag{14.2}$$

Entwickelt man die Querkraft am rechten Schnittufer und die Verschiebung in der Mitte in
eine TAYLORsche Reihe erster Ordnung, das heißt

$$Q_y(x + \mathrm{d}x) \approx Q_y(x) + \frac{\mathrm{d}Q_y(x)}{\mathrm{d}x}\,\mathrm{d}x, \tag{14.3}$$

$$u_y\left(x + \frac{1}{2}x\right) \approx u_y(x) + \frac{\mathrm{d}u_y(x)}{\mathrm{d}x}\frac{1}{2}\,\mathrm{d}x, \tag{14.4}$$

ergibt sich Gl. (14.2) zu

$$-Q_y(x) + Q_y(x) + \frac{\mathrm{d}Q_y(x)}{\mathrm{d}x}\,\mathrm{d}x + q_y\mathrm{d}x - ku_y(x)\mathrm{d}x - k\frac{\mathrm{d}u_y(x)}{\mathrm{d}x}\frac{1}{2}\mathrm{d}x\,\mathrm{d}x = 0, \tag{14.5}$$

beziehungsweise unter Vernachlässigung von $(\mathrm{d}x)^2$ als Term höherer Ordnung:

$$\frac{\mathrm{d}Q_y(x)}{\mathrm{d}x} = -q_y + ku_y(x). \tag{14.6}$$

Das Momentengleichgewicht um den Bezugspunkt an der Stelle $x + \mathrm{d}x$ liefert:

$$M_z(x + \mathrm{d}x) - M_z(x) - q_y\mathrm{d}x\left(\frac{1}{2}x\right) + ku_y\left(x + \frac{1}{2}\mathrm{d}x\right)\mathrm{d}x\left(\frac{1}{2}\mathrm{d}x\right) + Q_y(x)\mathrm{d}x = 0. \tag{14.7}$$

---

[1] Im allgemeinen dreidimensionalen Fall beträgt die Dimension Kraft/Länge[3].

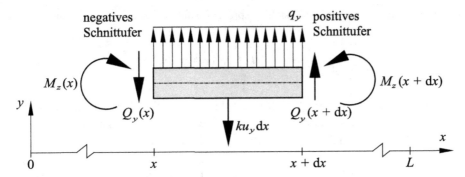

Abb. 14.2 Infinitesimales Element der Länge dx eines Balkens mit elastischer Bettung

Entwickelt man das Biegemoment am rechten Schnittufer entsprechend Gl. (14.3) in eine TAYLORsche Reihe erster Ordnung und berücksichtigt, dass $(dx)^2$ als Term höherer Ordnung vernachlässigt werden kann, ergibt sich schließlich folgende Beziehung:

$$\frac{dM_z(x)}{dx} = -Q_y(x).$$ (14.8)

Kombination von Gl. (14.6) und (14.8) ergibt die Beziehung zwischen Biegemoment, Streckenlast und Federkraft zu:

$$\frac{d^2M_z(x)}{dx^2} = -\frac{dQ_y(x)}{dx} = q_y - ku_y(x).$$ (14.9)

Die Ableitung der Differenzialgleichung der Biegelinie erfolgt entsprechend Kap. 5.2.4, das heißt zweimaliges Differenzieren von Gl. (5.32) und Berücksichtigung von Gl. (14.9):

$$\frac{d^2}{dx^2}\left(EI_z\frac{d^2u_y(x)}{dx^2}\right) = q_y(x) - ku_y(x),$$ (14.10)

beziehungsweise für konstante Biegesteifigkeit EI_z:

$$EI_z\frac{d^4u_y(x)}{dx^4} = q_y(x) - ku_y(x).$$ (14.11)

Mit Hilfe des Prinzips der gewichteten Residuen und der partiellen Differenzialgleichung kann die Finite-Elemente-Hauptgleichung entsprechend Kap. 5.3.2 abgeleitet werden. Das innere Produkt kann für den Fall eines Biegebalkens mit elastische Bettung — unter der Annahme, dass der Bettungsmodul konstant ist und dass keine Streckenlast auftritt — wie folgt angegeben werden:

$$\int_0^L W(x)\left(EI_z\frac{d^4u_y(x)}{dx^4} + ku_y(x)\right)dx \overset{!}{=} 0.$$ (14.12)

Die Einzelsteifigkeitsmatrix ergibt sich entsprechend der Vorgehensweise in Kap. 5.3.2 zu:

$$\boldsymbol{k}^{\mathrm{e}} = \cdots + k \int_0^L \boldsymbol{N}^{\mathrm{T}}(x) \boldsymbol{N}(x) \mathrm{d}x. \tag{14.13}$$

Somit kommt zur Formulierung nach Gl. (5.111) ein additiver Ausdruck hinzu. Nach Berechnung des Integrals auf der rechten Seite von Gl. (14.13) ergibt sich die Einzelsteifigkeitsmatrix eines Balkens mit konstanter elastischer Bettung schließlich zu:

$$\boldsymbol{k}^{\mathrm{e}} = \frac{EI_z}{L^3}
\begin{bmatrix}
12 & 6L & -12 & 6L \\
6L & 4L^2 & -6L & 2L^2 \\
-12 & -6L & 12 & -6L \\
6L & 2L^2 & -6L & 4L^2
\end{bmatrix}
+ \frac{kL}{420}
\begin{bmatrix}
156 & 22L & 54 & -13L \\
22L & 4L^2 & 13L & -3L^2 \\
54 & 13L & 156 & -22L \\
-13L & -3L^2 & -22L & 4L^2
\end{bmatrix}. \tag{14.14}$$

Es sei hier angemerkt, dass sich für $k = 0$ die klassische Steifigkeitsmatrix nach Gl. (5.82) ergibt.

14.2 Spannungssingularität

Im Rahmen der Modellierung von Bauteilen können Spannungssingularitäten bei scharfkantigen Geometrieänderungen, wie zum Beispiel bei Ecken und Kanten, oder bei punktförmigen Lasteinleitungen auftreten. Weiterhin können sich Singularitäten bei der Modellierung von Rissen ergeben. Im Rahmen der Bruchmechanik wird zwischen grundlegenden Beanspruchungsarten von Rissen (sogenannte Moden) unterschieden (siehe Abb. 14.3):

- Mode 1: Öffnung der Rissflanken durch Belastung normal zur Rissfront.
- Mode 2: Entgegengesetzte Verschiebung der Rissflanken in Rissausbreitungsrichtung.
- Mode 3: Verschiebung der Rissflanken quer zur Rissausbreitungsrichtung.

Für die Spannungsverteilung an der Rissspitze bei Mode I gilt unter Verwendung der Polarkoordinaten r und θ [5, 6]:

$$
\begin{bmatrix}
\sigma_x \\
\sigma_y \\
\tau_{xy}
\end{bmatrix}
= \frac{K_{\mathrm{I}}}{\sqrt{2\pi r}} \cos\left(\frac{\theta}{2}\right)
\begin{bmatrix}
1 - \sin\left(\frac{\theta}{2}\right)\sin\left(\frac{3\theta}{2}\right) \\
1 + \sin\left(\frac{\theta}{2}\right)\sin\left(\frac{3\theta}{2}\right) \\
\sin\left(\frac{\theta}{2}\right)\sin\left(\frac{3\theta}{2}\right)
\end{bmatrix}, \tag{14.15}
$$

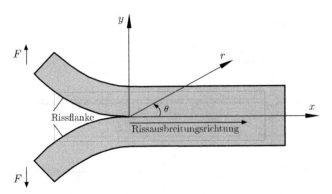

Abb. 14.3 Beanspruchung eines Risses normal zur Rissfront (Mode I)

beziehungsweise entlang der x-Achse ($\theta = 0, r \to x$) für jede der drei Spannungskomponenten:

$$\sigma = \frac{K_{\mathrm{I}}}{\sqrt{2\pi x}}. \tag{14.16}$$

In den beiden letzten Gleichungen bezeichnet K_{I} den sogenannten Spannungsintensitätsfaktor. Diese skalare Größe ist von der Belastung, das heißt Rissöffnungsart, und der Geometrie des Risses abhängig [8]. Anhand von Gl. (14.16) ist zu erkennnen, dass alle drei Spannungskomponenten für $x \to 0$ eine Spannungssingulariät — eine sogenannte $1/\sqrt{r}$-Singularität — aufweisen, das heißt, die Spannungen streben gegen Unendlich.

Um ein spezielles eindimensionales Element abzuleiten[2], das eine $1/\sqrt{r}$-Spannungssingularität approximiert, betrachten wir im Folgenden ein Stabelement mit quadratischen Ansatzfunktionen, siehe Abb. 14.4. Dieses Stabelement besitzt drei Knoten, wobei der innere Knoten außermittig bei $x_2 = \frac{L}{4}$ angeordnet ist. Essentiell für die Ableitung ist weiterhin, dass der Ursprung der natürlichen Koordinate ξ sich an der Stelle des inneren Knotens befindet. An dieser Stelle sei darauf hingewiesen, dass für das Stabelement mit quadratischen Ansatzfunktionen in Kap. 6.4 der Standardansatz gewählt wurde, und der Ursprung der natürlichen Koordinate ξ in die geometrische Mitte des Elements gelegt wurde.

Die Ansatzfunktionen in natürlichen Koordinaten für ein solches quadratisches Element können Gl. (6.53) wie folgt entnommen werden:

$$N_1(\xi) = \frac{\xi}{2}\,(\xi - 1), \ N_2(\xi) = 1 - \xi^2, \ N_3(\xi) = \frac{\xi}{2}\,(\xi + 1). \tag{14.17}$$

Somit kann die Transformation zwischen lokalen und natürlichen Koordinaten wie folgt bereichsweise angegeben werden:

---

[2] Die folgende Ableitung basiert auf einer Idee, die in [3] skizziert wurde.

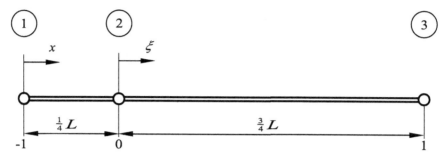

Abb. 14.4 Stabelement mit quadratischen Ansatzfunktionen und außermittigem Knoten

$$\frac{x}{L} = \frac{1}{4}(1+\xi) \quad \text{für} \quad -1 \leq \xi \leq 0$$

$$\frac{x}{L} = \frac{1}{4}(1+3\xi) \quad \text{für} \quad 0 \leq \xi \leq 1.$$

(14.18)

Eine graphische Darstellung dieser bereichsweisen linearen Zuordnung zwischen lokalen und natürlichen Koordinaten ist in Abb. 14.5 dargestellt.

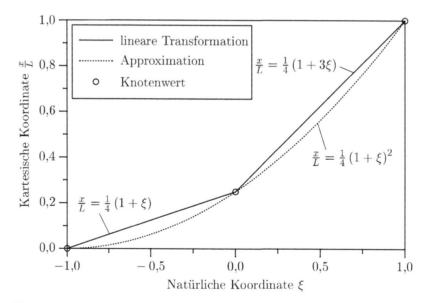

Abb. 14.5 Zusammenhang zwischen lokaler Koordinate (x) und natürlicher Koordinate (ξ) für die Konfiguration in Abb. 14.4

Um eine Fallunterscheidung zu vermeiden, wird diese bereichsweise lineare Zuordnung durch ein Polynom zweiter Ordnung, das heißt $\frac{x}{L} = a_0 + a_1\xi + a_2\xi^2$, approximiert. Unter Verwendung der Knotenwerte als Stützstellen ($\frac{x}{L}(-1) = 0$, $\frac{x}{L}(0) = 0{,}25$, $\frac{x}{L}(1) = 1$), ergibt sich folgende Zuordnungsvorschrift:

$$\frac{x}{L} = \frac{1}{4}(\xi + 1)^2,$$ (14.19)

beziehungsweise nach der natürlichen Koordinate aufgelöst:

$$\xi = 2\left(\frac{x}{L}\right)^{\frac{1}{2}} - 1.$$ (14.20)

Der Spannungs- und Dehnungsverlauf ergibt sich in einem Stabelement allgemein nach Gl. (3.26) und (3.25) zu $\sigma^e = EBu_p$ und $\varepsilon^e = Bu_p$. Die B-Matrix enthält hierbei die Ableitungen der Formfunktionen $N_i(x)$ nach der lokalen Koordinate x:

$$B = \frac{d}{dx} N(x) = \frac{d\xi}{dx}\frac{d}{d\xi} N(\xi).$$ (14.21)

Somit ergibt sich mittels der Formfunktionen (14.17) und der Ableitung $\frac{d\xi}{dx} = \frac{1}{\sqrt{Lx}}$ die B-Matrix in unserem Falle zu:

$$B = \frac{1}{\sqrt{Lx}}\left[-\frac{1}{2} + \xi \quad -2\xi \quad \frac{1}{2} + \xi\right] \overset{(14.20)}{=}$$
$$\left[\frac{2}{L} - \frac{3}{2\sqrt{Lx}} \quad -\frac{4}{L} + \frac{2}{\sqrt{Lx}} \quad \frac{2}{L} - \frac{1}{2\sqrt{Lx}}\right]$$ (14.22)

Mit diesem Ergebnis kann der Spannungsverlauf in diesem speziellen Stabelement mittels der Knotenverschiebungen als

$$\frac{\sigma_x^e}{E} = \left(\frac{2}{L} - \frac{3}{2\sqrt{Lx}}\right) u_1 + \left(-\frac{4}{L} + \frac{2}{\sqrt{Lx}}\right) u_2 + \left(\frac{2}{L} - \frac{1}{2\sqrt{Lx}}\right) u_3$$ (14.23)

ausgedrückt werden. Aus der letzten Gleichung ergibt sich, dass die Spannung für $x \to 0$ gegen Unendlich strebt.

Im Folgenden soll die Steifigkeitsmatrix des Elementes abgeleitet werden. Die allgemeine Definition unter Verwendung der B-Matrix ergibt sich nach Gl. (3.29) und unter Annahme konstanter Material- und Geometrieparamter zu:

$$k^e = \int_\Omega B^T DB \, d\Omega = EA\int_x B^T B \, dx = EA\int_0^L \frac{dN^T(x)}{dx}\frac{dN(x)}{dx} \, dx.$$ (14.24)

Für die weitere Ableitung muss beachtet werden, dass die Formfunktionen nach Gl. (14.17) in der natürlichen Koordinate ξ angegeben wurden. Daher muss in Gl. (14.24) zuerst eine Koordinatentransformation $x \to \xi$ unter Zuhilfenahme von $\frac{d\xi}{dx} = \frac{1}{\sqrt{Lx}}$ beziehungsweise $dx = \sqrt{Lx}d\xi$ durchgeführt werden:

$$k^e = EA\int_{-1}^1 \frac{d\xi}{dx}\frac{dN^T(\xi)}{d\xi}\frac{d\xi}{dx}\frac{dN(\xi)}{d\xi}\sqrt{Lx} \, d\xi.$$ (14.25)

In der letzten Gleichung muss noch die lokale Koordinate x mittels Gl. (14.19) durch die natürliche Koordinate ξ ausgedrückt werden. Somit ergibt sich folgende Beziehung:

$$k^{\mathrm{e}} = \frac{EA}{L} \int_{-1}^{1} \frac{1}{\sqrt{\frac{1}{4}(\xi+1)^2}} \frac{\mathrm{d}N^{\mathrm{T}}(\xi)}{\mathrm{d}\xi} \frac{\mathrm{d}N(\xi)}{\mathrm{d}\xi} \mathrm{d}\xi, \tag{14.26}$$

oder mit den Ableitungen der einzelnen Ansatzfunktionen:

$$k^{\mathrm{e}} = \frac{EA}{L} \int_{-1}^{1} \frac{1}{\sqrt{\frac{1}{4}(\xi+1)^2}} \begin{bmatrix} -\frac{1}{2}+\xi \\ -2\xi \\ \frac{1}{2}+\xi \end{bmatrix} \begin{bmatrix} -\frac{1}{2}+\xi & -2\xi & \frac{1}{2}+\xi \end{bmatrix} \mathrm{d}\xi. \tag{14.27}$$

Damit muss folgende Integration zur Bestimmung der Steifigkeitsmatrix durchgeführt werden:

$$k^{\mathrm{e}} = \frac{EA}{L} \int_{-1}^{1} \begin{bmatrix} \frac{\mathrm{sgn}(\xi+1)(-1+2\xi)^2}{2(\xi+1)} & -\frac{2\mathrm{sgn}(\xi+1)\xi(-1+2\xi)}{\xi+1} & \frac{\mathrm{sgn}(\xi+1)(-1+4\xi^2)}{2(\xi+1)} \\ -\frac{2\mathrm{sgn}(\xi+1)\xi(-1+2\xi)}{\xi+1} & \frac{8\mathrm{sgn}(\xi+1)\xi^2}{\xi+1} & -\frac{2\mathrm{sgn}(\xi+1)\xi(1+2\xi)}{\xi+1} \\ \frac{\mathrm{sgn}(\xi+1)(-1+4\xi^2)}{2(\xi+1)} & -\frac{2\mathrm{sgn}(\xi+1)\xi(1+2\xi)}{\xi+1} & \frac{\mathrm{sgn}(\xi+1)(1+2\xi)^2}{2(\xi+1)} \end{bmatrix} \mathrm{d}\xi. \tag{14.28}$$

Eine analytische Integration führt in diesem Fall nicht zu einem Ergebnis, da sich eine Division durch Null ergeben würde. Eine numerische Integration nach GAUSS-LEGENDRE (siehe Tab. 6.1) vermeidet dieses Problem, und eine Auswertung mittels zweier Stützstellen liefert folgende Steifigkeitsmatrix:

$$k^{\mathrm{e}} = \frac{EA}{L} \begin{bmatrix} 5{,}5 & -6 & 0{,}5 \\ -6 & 8 & -2 \\ 0{,}5 & -2 & 1{,}5 \end{bmatrix}. \tag{14.29}$$

Betrachtet wird im Folgenden ein einseitig eingespannter Stab (siehe Abb. 14.6), der eine Spannungssingularität an der Einspannstelle aufweist. Basierend auf der vorherigen Ableitung soll die Verschiebung an den Knoten mittels eines einzigen Elementes bestimmt werden.

Das reduzierte Gleichungssystem ergibt sich unter Berücksichtigung der Randbedingungen zu:

$$k^{\mathrm{e}} = \frac{EA}{L} \begin{bmatrix} 8 & -2 \\ -2 & 1{,}5 \end{bmatrix} \begin{bmatrix} u_2 \\ u_3 \end{bmatrix} = \begin{bmatrix} 0 \\ F \end{bmatrix}, \tag{14.30}$$

beziehungsweise nach den unbekannten Knotenverschiebungen aufgelöst:

$$\begin{bmatrix} u_2 \\ u_3 \end{bmatrix} = \begin{bmatrix} 0{,}25 \\ 1 \end{bmatrix} \frac{FL}{EA}. \tag{14.31}$$

Abb. 14.6 Stab mit Spannungssingularität an Einspannstelle

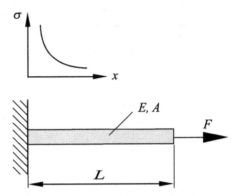

Dieses Ergebnis entspricht der analytischen Lösung. Der Spannungsverlauf im Element kann nach Gl. (14.23) basierend auf den Knotenverschiebungen u_2 und u_3 bestimmt werden.

14.3 Unendliche Ausdehnung

Obwohl sich bei klassischen Problemen der Mechanik kein Objekt bis ins Unendliche ausdehnt, kann es jedoch vorkommen, dass die Ausdehnung eines umgebenden Mediums im Vergleich zu einem involvierten Körper als unendlich angenommen werden kann. Klassische Beispiele hierzu sind das Fundament eines Gebäudes, ein Flugzeugflügel in der umgebenden Luft oder ein Boot im umgebenden Meer. In solchen Fällen kann es sinnvoll sein, Elemente mit 'unendlicher' Ausdehnung einzuführen, um nicht das umgebende Medium in einer bestimmten Entfernung vom betrachteten Körper enden zu lassen. Eine Einführung in die Formulierung spezieller Elemente mit unendlicher Ausdehnung kann [1, 2, 7] entnommen werden.

Betrachtet wird im Folgenden ein Stabelement mit drei Knoten (siehe Abb. 14.7), wobei sich Knoten Nummer 3 im Unendlichen befindet ($x_3 \rightarrow \infty$), siehe [7]. Weiterhin wird angenommen, dass sich Knoten Nummer 2 im Abstand a vom linken Rand des Elementes befindet. Angemerkt sei hier, dass sich auf der Ebene der natürlichen Koordinate ξ keine Änderung für die Elementgeomtrie ergibt, das heißt $-1 \leq \xi \leq +1$.

Für die Interpolation der Feldgröße $u^e(\xi)$ wird der klassische Ansatz basierend auf Ansatzfunktionen und Knotenwerten gewählt

$$u^e(\xi) = N_1(\xi)u_1 + N_2(\xi)u_2 + N_3(\xi)u_3, \tag{14.32}$$

wobei die üblichen Ansatzfunktionen N_i in natürlichen Koordinaten nach Gl. (6.49) wie folgt entnommen werden:

$$N_1(\xi) = \frac{\xi}{2}(\xi - 1), \ N_2(\xi) = 1 - \xi^2, \ N_3(\xi) = \frac{\xi}{2}(\xi + 1). \tag{14.33}$$

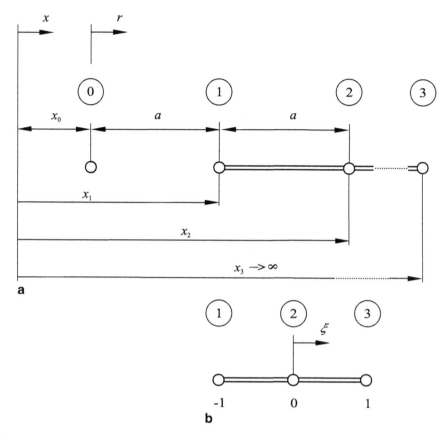

Abb. 14.7 Eindimensionales unendliches Element in **a** lokaler Koordinate und **b** natürlicher Koordinate

Für die Interpolation der lokalen Ortskoordinate x^e wird ein Ansatz basierend auf den globalen Ortskoordinaten der Knoten (x_i) und Ansatzfunktionen M_i in natürlichen Koordinaten verwendet

$$x^e(\xi) = M_1(\xi)x_1 + M_2(\xi)x_2 + M_3(\xi)x_3, \tag{14.34}$$

wobei in diesem speziellen Fall ein anderer Satz von Ansatzfunktionen eingeführt wird:

$$M_1(\xi) = -\frac{2\xi}{1-\xi}, \; M_2(\xi) = \frac{1+\xi}{1-\xi}, \; M_3(\xi) = 0. \tag{14.35}$$

Aus der graphischen Darstellung in Abb. 14.8 erkennt man, dass die Formfunktionen M_1 und M_2 an ihrem eigenen Knoten jeweils den Wert 1 annehmen, jedoch für $\xi \to +1$ gegen Unendlich streben. Diese Kombination der Formfunktionen bewirkt, dass die lokale Koordinate am rechten Rand insgesamt gegen Unendlich strebt:

$$\lim_{\xi \to 1} x^e(\xi) = \lim_{\xi \to 1} \frac{-2\xi x_1 + (1+\xi)x_2}{1-\xi} = \infty. \tag{14.36}$$

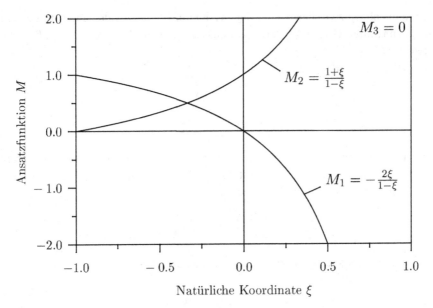

Abb. 14.8 Graphische Darstellung der Ansatzfunktionen für die Interpolation der lokalen Ortskoordinate

Dagegen behält die Feldgröße selbst einen endlichen Wert am rechten Rand:

$$\lim_{\xi \to 1} u^{\mathrm{e}}(\xi) = \lim_{\xi \to 1} \left(\frac{\xi}{2}(\xi - 1)u_1 + (1 - \xi^2)u_2 + \frac{\xi}{2}(\xi + 1)u_3 \right) = u_3. \qquad (14.37)$$

Im Folgenden soll die Steifigkeitsmatrix des Elementes abgeleitet werden. Die Definition
unter Verwendung der **B**-Matrix ergibt sich nach Gl. (14.24) unter Annahme konstanter
Material- und Geometrieparamter zu:

$$k^{\mathrm{e}} = EA \int_x \boldsymbol{B}^{\mathrm{T}} \boldsymbol{B} \, \mathrm{d}x = EA \int_0^L \frac{\mathrm{d}\boldsymbol{N}^{\mathrm{T}}(x)}{\mathrm{d}x} \frac{\mathrm{d}\boldsymbol{N}(x)}{\mathrm{d}x} \, \mathrm{d}x, \qquad (14.38)$$

beziehungsweise unter Berücksichtigung, dass die Formfunktionen in der natürlichen
Koordinate ξ angegeben wurden:

$$k^{\mathrm{e}} = EA \int_{-1}^1 \frac{\mathrm{d}\xi}{\mathrm{d}x} \frac{\mathrm{d}\boldsymbol{N}^{\mathrm{T}}(\xi)}{\mathrm{d}\xi} \frac{\mathrm{d}\xi}{\mathrm{d}x} \frac{\mathrm{d}\boldsymbol{N}(\xi)}{\mathrm{d}\xi} f(\xi, x_i) \mathrm{d}\xi. \qquad (14.39)$$

Der Zusammenhang zwischen den partiellen Ableitungen der lokalen und natürlichen Koordinate kann mittels Gl. (14.49) durch partielle Ableitung nach der natürlichen Koordinate erhalten werden:

$$\frac{\mathrm{d}x^e(\xi)}{\mathrm{d}\xi} = \frac{\mathrm{d}M_1(\xi)}{\mathrm{d}\xi}x_1 + \frac{\mathrm{d}M_2(\xi)}{\mathrm{d}x}x_2 + \frac{\mathrm{d}M_3(\xi)}{\mathrm{d}x}x_3,$$

$$= \frac{-2}{(1-\xi)^2}x_1 + \frac{2}{(1-\xi)^2}x_2. \tag{14.40}$$

Die globalen Koordinaten x_1 und x_2 können nach Abb. 14.7 alternativ durch die Koordinate x_0 und die charakteristische Länge a mittels $x_1 = x_0 + a$ und $x_2 = x_0 + 2a$ ausgedrückt werden. Somit ergibt sich Gl. (14.40) zu:

$$\frac{\mathrm{d}x^e(\xi)}{\mathrm{d}\xi} = \frac{2a}{(1-\xi)^2}.$$

Die Bestimmungsgleichung für die Elementsteifigkeitsmatrix ergibt sich somit zu:

$$k^e = \frac{EA}{2a} \int_{-1}^{1} (1-\xi)^2 \frac{\mathrm{d}N^{\mathrm{T}}(\xi)}{\mathrm{d}\xi} \frac{\mathrm{d}N(\xi)}{\mathrm{d}\xi} \,\mathrm{d}\xi, \tag{14.41}$$

beziehungsweise unter Berücksichtigung der Ableitungen der Formfunktionen, das heißt $\frac{\mathrm{d}N(\xi)}{\mathrm{d}\xi} = [-\frac{1}{2}+\xi \ -2\xi \ \frac{1}{2}+\xi]$, schließlich mittels analytischer oder numerischer 3-Punkt GAUSS-LEGENDRE Integration zu:

$$k^e = \frac{EA}{a} \begin{bmatrix} \frac{23}{15} & -\frac{26}{15} & \frac{1}{5} \\ -\frac{26}{15} & \frac{32}{15} & -\frac{2}{5} \\ \frac{1}{5} & -\frac{2}{5} & \frac{1}{3} \end{bmatrix}. \tag{14.42}$$

Betrachtet wird im Folgenden ein unendlich ausgedehnter Stab, der am linken Rand durch eine Einzellast F belastet wird und am rechten Rand fest eingespannt ist, siehe Abb. 14.9. Zu bestimmen ist die Verschiebung des Lastangriffspunktes mittels eines einzigen Elements nach Gl. (14.42).

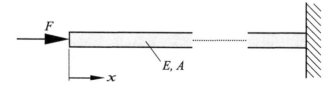

Abb. 14.9 Unendlich ausgedehnter Stab mit Einzellast

Das reduzierte Gleichungssystem kann durch Streichen der dritten Zeile und Spalte in Gl. (14.42) folgendermaßen angesetzt werden:

$$\frac{EA}{a} \begin{bmatrix} \frac{23}{15} & -\frac{26}{15} \\ -\frac{26}{15} & \frac{32}{15} \end{bmatrix} \begin{bmatrix} u_1 \\ u_2 \end{bmatrix} = \begin{bmatrix} F \\ 0 \end{bmatrix}. \tag{14.43}$$

Die Lösung dieses Gleichungssystems ergibt den folgenden Verschiebungsvektor:

$$\begin{bmatrix} u_1 \\ u_2 \end{bmatrix} = \frac{aF}{EA} \begin{bmatrix} 8 \\ 6{,}5 \end{bmatrix}. \tag{14.44}$$

Man erkennt, dass die Lösung des Problems von der charakteristischen Länge a abhängig ist, und eine adäquate Wahl dieses Parameters ist entscheidend für die Güte der Berechnung. Um die Bedeutung der charakteristischen Länge a etwas zu erhellen, betrachtet man Gl. (14.49) für die Interpolation der lokalen Ortskoordinate und löst diese nach der natürlichen Koordinate auf:

$$\xi = \frac{x_2 - x}{-x + 2x_1 - x_2}. \tag{14.45}$$

Hieraus ergibt sich unter Verwendung der Transformationen (siehe Abb. 14.7) $x = x_0 + r$, $x_2 = x_0 + 2a$ und $x_1 = x_0 + a$ der folgende Zusammenhang:

$$\xi = 1 - \frac{2a}{r}. \tag{14.46}$$

Setzt man die letzte Beziehung in Gl. (14.32) für die Interpolation des Verschiebungsfeldes ein, ergibt sich:

$$u^e(r) = u_3 + (-u_1 + 4u_2 - 3u_3)\frac{a}{r} + (2u_1 - 4u_2 + 2u_3)\frac{a^2}{r^2}. \tag{14.47}$$

Anhand der letzten Gleichung erkennt man, dass für r gegen Unendlich sich der Wert u_3 ergibt. Weiterhin erkennt man, dass für r gegen Null der Wert der Feldvariable gegen Unendlich strebt und somit bei $x = x_0$ (siehe Abb. 14.7) ein Pol vorliegt. Tritt bei einer Problemstellung eine Singularität auf, so sollte man x_0 ins Zentrum einer solchen Singularität legen [3].

14.4 Weiterführende Aufgaben

14.4.1 Biegebalken mit elastischer Bettung unter Einzelkraft

Der in Abb. 14.10 dargestellte Balken ist am linken Rand fest eingespannt und am rechten Ende durch eine Einzellast F belastet. Die elastische Bettung wird durch einen konstanten Bettungsmodul k beschrieben und es ist weiterhin angenommen, dass die Biegesteifigkeit EI_z konstant ist. Man berechne unter Verwendung eines einzelnen BERNOULLI Elements die Verschiebung und Verdrehung des Lastangriffspunktes bei $x = L$. Anschließend vereinfache man das Ergebnis für den Fall $k = 0$ beziehungsweise $EI_z = 0$.

Abb. 14.10 Biegebalken mit
elastischer Bettung unter
Punktkraft

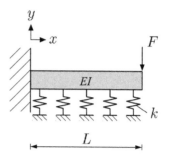

14.4.2 Stabelement mit quadratischen Ansatzfunktionen und außermittigem Knoten: Spannungssingularität

Für das in Abb. 14.11 dargestellte Stabelement mit quadratischen Ansatzfunktionen und außermittigem Knoten an der Stelle $x = aL$ leite man die **B**-Matrix ab, so dass sich an der Stelle $x = 0$ eine Spannungssingularität ergibt. Die Zuordnung zwischen lokalen und natürlichen Koordinaten soll über ein Polynom zweiter Ordnung erfolgen.

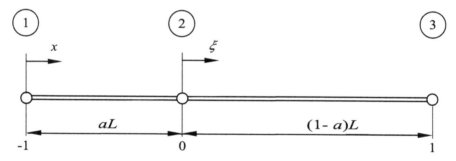

Abb. 14.11 Stabelement mit quadratischen Ansatzfunktionen und außermittigem Knoten (allgemeiner Fall)

14.4.3 Unendliches Element mit linearer Interpolation der Feldgröße

Entsprechend der Vorgehensweise in Kap. 14.3 leite man eine Elementformulierung mit linearer Interpolation des Verschiebungsfeldes, das heißt

$$u^e(\xi) = N_1(\xi)u_1 + N_2(\xi)u_2 = \frac{1-\xi}{2}\,u_1 + \frac{1+\xi}{2}\,u_2, \qquad (14.48)$$

und quadratischer Interpolation der lokalen Ortskoordinate, das heißt

$$x^e(\xi) = M_1(\xi)x_1 + M_2(\xi)x_2 + M_3(\xi)x_3, \qquad (14.49)$$

ab.

Literatur

1. Bettes P (1977) Infinite elements. Int J Numer Method Eng 11:53–64
2. Bettes P, Bettes JA (1984) Infinite elements for static problems. Eng Comput 1:4–16
3. Cook RD, Malkus DS, Plesha ME, Witt RJ (2002) Concepts and applications of finite element analysis. Wiley, New York
4. Czichos H, Hennecke M (2012) HÜTTE - Das Ingenieurwissen. Springer Vieweg, Berlin
5. Goss D, Seelig T (2011) Bruchmechanik: Mit einer Einführung in die Mikromechanik. Springer-Verlag, Berlin
6. Hertzberg RW (1996) Deformation and fracture mechanics of engineering materials. Wiley, Hoboken
7. Marques JMM, Owen DRJ (1984) Infinite elements in quasi-static materially nonlinear problems. Comput Struct 18:739–751
8. Pilkey WD (2005) Formulas for stress, strain, and structural matrices. Wiley, Hoboken
9. Winkler E (1867) Die Lehre von der Elasticität und Festigkeit mit besonderer Rücksicht auf ihre Anwendung in der Technik. H. Dominicus, Prag
10. Wittenburg J (2001) Festigkeitslehre: Ein Lehr- und Arbeitsbuch. Springer-Verlag, Berlin

Anhang

A.1 Mathematik

A.1.1 Das griechische Alphabet (Tab. A.1)

A.1.2 Häufig benutzte Konstanten

$$\pi = 3,14159$$
$$e = 2,71828$$
$$\sqrt{2} = 1,41421$$
$$\sqrt{3} = 1,73205$$
$$\sqrt{5} = 2,23606$$
$$\sqrt{e} = 1,64872$$
$$\sqrt{\pi} = 1,77245$$

A.1.3 Spezielle Produkte

$$(x+y)^2 = x^2 + 2xy + y^2, \tag{A.1}$$
$$(x-y)^2 = x^2 - 2xy + y^2, \tag{A.2}$$
$$(x+y)^3 = x^3 + 3x^2y + 3xy^2 + y^3, \tag{A.3}$$
$$(x-y)^3 = x^3 - 3x^2y + 3xy^2 - y^3, \tag{A.4}$$
$$(x+y)^4 = x^4 + 4x^3y + 6x^2y^2 + 4xy^3 + y^4, \tag{A.5}$$
$$(x-y)^4 = x^4 - 4x^3y + 6x^2y^2 - 4xy^3 + y^4. \tag{A.6}$$

© Springer-Verlag Berlin Heidelberg 2014
M. Merkel, A. Öchsner, *Eindimensionale Finite Elemente*,
DOI 10.1007/978-3-642-54482-8

Tab. A.1 Das griechische Alphabet

Name	Kleinbuchstaben	Großbuchstaben
Alpha	α	A
Beta	β	B
Gamma	γ	Γ
Delta	δ	Δ
Epsilon	ϵ	E
Zeta	ζ	Z
Eta	η	H
Theta	θ, ϑ	Θ
Iota	ι	I
Kappa	κ	K
Lambda	λ	Λ
My	μ	M
Ny	ν	N
Xi	ξ	Ξ
Omikron	o	O
Pi	π	Π
Rho	ρ, ϱ	P
Sigma	σ	Σ
Tau	τ	T
Ypsilon	υ	Υ
Phi	ϕ, φ	Φ
Chi	χ	X
Psi	ψ	Ψ
Omega	ω	Ω

A.1.4 Trigonometrische Funktionen

Definition am rechtwinkligen Dreieck Das Dreieck ABC hat in C einen rechten Winkel und die Kantenlängen a, b, c. Die trigonometrischen Funktionen des Winkels α sind in der folgenden Art definiert, vergleiche Abb. A.1:

$$\text{Sinus von } \alpha = \sin \alpha = \frac{a}{c} = \frac{\text{Gegenkathete}}{\text{Hypotenuse}}, \tag{A.7}$$

$$\text{Kosinus von } \alpha = \cos \alpha = \frac{b}{c} = \frac{\text{Ankathete}}{\text{Hypotenuse}}, \tag{A.8}$$

Abb. A.1 Dreieck mit einem
rechten Winkel bei C

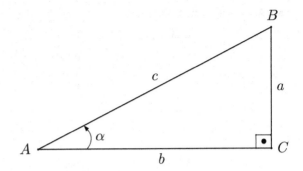

$$\text{Tangens von } \alpha = \tan \alpha = \frac{a}{b} = \frac{\text{Gegenkathete}}{\text{Ankathete}}, \tag{A.9}$$

$$\text{Kotangens von } \alpha = \cot \alpha = \frac{b}{a} = \frac{\text{Ankathete}}{\text{Gegenkathete}}, \tag{A.10}$$

$$\text{Sekans von } \alpha = \sec \alpha = \frac{c}{b} = \frac{\text{Hypotenuse}}{\text{Ankathete}}, \tag{A.11}$$

$$\text{Kosekans von } \alpha = \csc \alpha = \frac{c}{a} = \frac{\text{Hypotenuse}}{\text{Gegenkathete}}. \tag{A.12}$$

Additionstheoreme

$$\sin(\alpha \pm \beta) = \sin \alpha \cos \beta \pm \cos \alpha \sin \beta, \tag{A.13}$$

$$\cos(\alpha \pm \beta) = \cos \alpha \cos \beta \mp \sin \alpha \sin \beta, \tag{A.14}$$

$$\tan(\alpha \pm \beta) = \frac{\tan \alpha \pm \tan \beta}{1 \mp \tan \alpha \tan \beta}, \tag{A.15}$$

$$\cot(\alpha \pm \beta) = \frac{\cot \alpha \cot \beta \mp 1}{\cot \beta \pm \cot \beta}. \tag{A.16}$$

Gegenseitige Darstellung

$$\sin^2 \alpha + \cos^2 \alpha = 1, \tag{A.17}$$

$$\tan \alpha = \frac{\sin \alpha}{\cos \alpha}. \tag{A.18}$$

Analytische Werte für verschiedene Winkel (Tab. A.2)

Doppelwinkelfunktionen

$$\sin(2\alpha) = 2 \sin \alpha \cdot \cos \alpha, \tag{A.19}$$

$$\cos(2\alpha) = \cos^2 \alpha - \sin^2 \alpha$$

$$= 2 \cos^2 \alpha - 1$$

Tab. A.2 Analytische Werte von Sinus, Kosinus, Tangens und Kotangens für verschiedene Winkel

α in Grad	α in Radiant	$\sin\alpha$	$\cos\alpha$	$\tan\alpha$	$\cot\alpha$
$0°$	0	0	1	0	$\pm\infty$
$30°$	$\frac{1}{6}\pi$	$\frac{1}{2}$	$\frac{\sqrt{3}}{2}$	$\frac{\sqrt{3}}{3}$	$\sqrt{3}$
$45°$	$\frac{1}{4}\pi$	$\frac{\sqrt{2}}{2}$	$\frac{\sqrt{2}}{2}$	1	1
$60°$	$\frac{1}{3}\pi$	$\frac{\sqrt{3}}{2}$	$\frac{1}{2}$	$\sqrt{3}$	$\frac{\sqrt{3}}{3}$
$90°$	$\frac{1}{2}\pi$	1	0	$\pm\infty$	0
$120°$	$\frac{2}{3}\pi$	$\frac{\sqrt{3}}{2}$	$-\frac{1}{2}$	$-\sqrt{3}$	$-\frac{\sqrt{3}}{3}$
$135°$	$\frac{3}{4}\pi$	$\frac{\sqrt{2}}{2}$	$-\frac{\sqrt{2}}{2}$	1	1
$150°$	$\frac{5}{6}\pi$	$\frac{1}{2}$	$-\frac{\sqrt{3}}{2}$	$-\frac{\sqrt{3}}{3}$	$-\sqrt{3}$
$180°$	π	0	-1	0	$\pm\infty$
$210°$	$\frac{7}{6}\pi$	$-\frac{1}{2}$	$-\frac{\sqrt{3}}{2}$	$\frac{\sqrt{3}}{3}$	$\sqrt{3}$
$225°$	$\frac{5}{4}\pi$	$-\frac{\sqrt{2}}{2}$	$-\frac{\sqrt{2}}{2}$	1	1
$240°$	$\frac{4}{3}\pi$	$-\frac{\sqrt{3}}{2}$	$-\frac{1}{2}$	$\sqrt{3}$	$\frac{\sqrt{3}}{3}$
$270°$	$\frac{3}{2}\pi$	-1	0	$\pm\infty$	0
$300°$	$\frac{5}{3}\pi$	$-\frac{\sqrt{3}}{2}$	$\frac{1}{2}$	$-\sqrt{3}$	$-\frac{\sqrt{3}}{3}$
$315°$	$\frac{7}{4}\pi$	$-\frac{\sqrt{2}}{2}$	$\frac{\sqrt{2}}{2}$	-1	-1
$330°$	$\frac{11}{6}\pi$	$-\frac{1}{2}$	$\frac{\sqrt{3}}{2}$	$-\frac{\sqrt{3}}{3}$	$-\sqrt{3}$
$360°$	2π	0	1	0	$\pm\infty$

$$= 1 - 2\sin^2\alpha, \tag{A.20}$$

$$\tan(2\alpha) = \frac{2\tan\alpha}{1-\tan^2\alpha}. \tag{A.21}$$

Reduktionsformeln (Tab. A.3)

Tab. A.3 Reduktionsformeln für trigonometrische Funktionen

	$-\alpha$	$90° \pm \alpha$	$180° \pm \alpha$	$270° \pm \alpha$	$k(360°) \pm \alpha$
		$\frac{\pi}{2} \pm \alpha$	$\pi \pm \alpha$	$\frac{3\pi}{2} \pm \alpha$	$2k\pi \pm \alpha$
sin	$-\sin\alpha$	$\cos\alpha$	$\mp\sin\alpha$	$-\cos\alpha$	$\pm\sin\alpha$
cos	$\cos\alpha$	$\mp\sin\alpha$	$-\cos\alpha$	$\pm\sin\alpha$	$\cos\alpha$
tan	$-\tan\alpha$	$\mp\cot\alpha$	$\pm\tan\alpha$	$\mp\cot\alpha$	$\pm\tan\alpha$
csc	$-\csc\alpha$	$\sec\alpha$	$\mp\csc\alpha$	$-\sec\alpha$	$\pm\csc\alpha$
sec	$\sec\alpha$	$\mp\csc\alpha$	$-\sec\alpha$	$\pm\csc\alpha$	$\sec\alpha$
cot	$-\cot\alpha$	$\mp\tan\alpha$	$\pm\cot\alpha$	$\mp\tan\alpha$	$\pm\cot\alpha$

A.1.5 Grundlagen zur linearen Algebra

Vektoren

Mit

$$a = [a_1 \, a_2 \, a_i \ldots a_n]$$

(A.22)

ist ein Zeilenvektor und mit

$$a = \begin{bmatrix} a_1 \\ a_2 \\ a_i \\ \vdots \\ a_n \end{bmatrix}$$

(A.23)

ein Spaltenvektor[1] der Dimension n definiert, wobei für alle Komponenten gilt: $a_i \in \mathbb{R}, i = 1, 2, \ldots, n$.

Matrizen Der Begriff Matrix soll an einem einfachen Beispiel aufgezeigt werden. Der lineare Zusammenhang zwischen einem System von Variablen x_i und b_i

$$a_{11}x_1 + a_{12}x_2 + a_{13}x_3 + a_{14}x_4 = b_1$$

(A.24)

$$a_{21}x_1 + a_{22}x_2 + a_{23}x_3 + a_{24}x_4 = b_2$$

(A.25)

$$a_{31}x_1 + a_{32}x_2 + a_{33}x_3 + a_{34}x_4 = b_3$$

(A.26)

kann in kompakter Form als

$$Ax = b$$

(A.27)

oder

$$\begin{bmatrix} a_{11} & a_{12} & a_{13} & a_{14} \\ a_{21} & a_{22} & a_{23} & a_{24} \\ a_{31} & a_{32} & a_{33} & a_{34} \end{bmatrix} \begin{bmatrix} x_1 \\ x_2 \\ x_3 \\ x_4 \end{bmatrix} = \begin{bmatrix} b_1 \\ b_2 \\ b_3 \end{bmatrix}$$

(A.28)

---

[1] Der Begriff Vektor wird im Kontext der Mathematik und Physik unterschiedlich verwendet. In der Physik repräsentiert ein Vektor eine physikalische Größe, wie beispielsweise eine Kraft. Diesem Vektor kann eine Richtung und ein Betrag zugeordnet werden. In der Mathematik wird der Begriff Vektor für eine Anordnung von Komponenten verwendet. Auch hier lassen sich Beträge definieren, die jedoch ohne physikalische Bedeutung sind. Manchmal werden deshalb Vektoren auch als Zeilen- oder Spaltenmatrizen bezeichnet.

zusammengefasst werden. Dabei gilt für alle Koeffizienten a_{ij} und alle Komponenten b_i und x_i: $a_{ij}, b_i, x_j \in \mathbb{R}$, $i = 1, 2, 3$, $j = 1, 2, 3, 4$.

Allgemein formuliert setzt sich eine Matrix $\boldsymbol{A}$ der Dimension $m \times n$

$$\boldsymbol{A}^{m \times n} = \begin{bmatrix} a_{11} & a_{12} & \dots & a_{1n} \\ a_{21} & a_{22} & \dots & a_{2n} \\ \vdots & \vdots & \dots & \vdots \\ a_{m1} & a_{m2} & \dots & a_{mn} \end{bmatrix} \tag{A.29}$$

aus m Zeilen und n Spalten zusammen.

Die **Transponierte** einer Matrix entsteht durch Vertauschen der Zeilen und Spalten:

$$\boldsymbol{A}^{\mathrm{T}} = \begin{bmatrix} a_{11} & a_{21} & \dots & a_{m1} \\ a_{12} & a_{22} & \dots & a_{m2} \\ \vdots & \vdots & \vdots & \vdots \\ \vdots & \vdots & \vdots & \vdots \\ a_{1n} & a_{2n} & \dots & a_{mn} \end{bmatrix}. \tag{A.30}$$

Quadratische Matrizen haben gleichviele Zeilen und Spalten:

$$\boldsymbol{A}^{n \times n} = \begin{bmatrix} a_{11} & a_{12} & \dots & a_{1n} \\ a_{21} & a_{22} & \dots & a_{2n} \\ \vdots & \vdots & \dots & \vdots \\ a_{n1} & a_{n2} & \dots & a_{nn} \end{bmatrix}. \tag{A.31}$$

Gilt bei einer quadratischen Matrix zusätzlich

$$a_{ij} = a_{ji}, \tag{A.32}$$

dann ergibt sich eine symmetrische Matrix. Beispielsweise hat eine symmtrische (3×3)-Matrix die Form

$$\boldsymbol{A}^{3 \times 3} = \begin{bmatrix} a_{11} & a_{12} & a_{13} \\ a_{12} & a_{22} & a_{23} \\ a_{13} & a_{23} & a_{33} \end{bmatrix}. \tag{A.33}$$

Matrixoperationen Die Multiplikation zweier Matrizen lautet in Indexschreibweise

$$c_{ij} = \sum_{k=1}^{m} a_{ik} b_{kj} \qquad \begin{array}{l} i = 1, 2, \ldots, n \\ j = 1, 2, \ldots, r \end{array} \tag{A.34}$$

oder in Matrixschreibweise

$$C = AB. \tag{A.35}$$

Dabei hat die Matrix $A^{n \times m}$ n Zeilen und m Spalten, die Matrix $B^{m \times r}$ m Zeilen und r Spalten und das Matrixprodukt $C^{n \times r}$ n Zeilen und r Spalten.

Die Multiplikation zweier Matrizen ist nicht kommutativ, dies bedeutet

$$AB \neq BA. \tag{A.36}$$

Das Produkt zweier transponierter Matrizen $A^{\mathrm{T}} B^{\mathrm{T}}$ ergibt sich zu

$$A^{\mathrm{T}} B^{\mathrm{T}} = (BA)^{\mathrm{T}}. \tag{A.37}$$

Die Transponierte eines Matrixproduktes lässt sich mit

$$(AB)^{\mathrm{T}} = B^{\mathrm{T}} A^{\mathrm{T}} \tag{A.38}$$

in das Produkt der transponierten Matrizen aufspalten.

Bei der Multiplikation mehrerer Matrizen gelten das Assoziativgesetz

$$(A\,B)\,C = A\,(B\,C) = A\,B\,C \tag{A.39}$$

und das Distributivgesetz

$$A\,(B + C) = A\,B + AC. \tag{A.40}$$

Determinante einer Matrix Die Determinante einer quadratischen Matrix A der Dimension n lässt sich rekursiv über

$$|A| = \sum_{i=1}^{n} (-1)^{i+1} a_{1i} |A_{1i}| \tag{A.41}$$

ermitteln. Die Untermatrix A_{1i} der Dimension $(n-1)(n-1)$ entsteht durch Streichen der 1. Zeile und der i-ten Spalte von A.

Inverse einer Matrix Sei A eine quadratische Matrix. Die Inverse A^{-1} ist ebenfalls quadratisch. Das Produkt aus Matrix und inverser Matrix

$$A^{-1}A = I \tag{A.42}$$

ergibt die Einheitsmatrix.

Die Inverse eines Matrizenproduktes ergibt sich als Produkt der Inversen der Matrizen:

$$(AB)^{-1} = B^{-1}A^{-1}. \tag{A.43}$$

Die Inverse der transponierten Matrix ergibt sich als Transponierte der inversen Matrix:

$$\left[A^{\mathrm{T}}\right]^{-1} = \left[A^{-1}\right]^{\mathrm{T}}. \tag{A.44}$$

Formal lässt sich mit der Inversen einer Matrix das Gleichungssystem

$$A\,x = b \tag{A.45}$$

lösen. Dabei haben die quadratische Matrix A und die Vektoren x und b die gleiche Dimension. Mit der Multiplikation der Inversen von links

$$A^{-1}Ax = A^{-1}b \tag{A.46}$$

erhält man den Vektor der Unbekannten zu

$$x = A^{-1}b. \tag{A.47}$$

Für eine (2×2)- und eine (3×3)- Matrix werden die Inversen explizit angegeben. Für die quadratische (2×2)-Matrix

$$A = \begin{bmatrix} a_{11} & a_{12} \\ a_{21} & a_{22} \end{bmatrix} \tag{A.48}$$

ergibt sich die Inverse zu

$$A^{-1} = \frac{1}{|A|} \begin{bmatrix} a_{11} & a_{12} \\ a_{21} & a_{22} \end{bmatrix} \tag{A.49}$$

mit

$$|A| = a_{11}a_{22} - a_{12}a_{21}. \tag{A.50}$$

Für die quadratische (3×3)-Matrix

$$A = \begin{bmatrix} a_{11} & a_{12} & a_{13} \\ a_{21} & a_{22} & a_{23} \\ a_{31} & a_{32} & a_{33} \end{bmatrix} \tag{A.51}$$

ergibt sich die Inverse zu

$$A^{-1} = \frac{1}{|A|} \begin{bmatrix} \tilde{a}_{11} & \tilde{a}_{12} & \tilde{a}_{13} \\ \tilde{a}_{21} & \tilde{a}_{22} & \tilde{a}_{23} \\ \tilde{a}_{31} & \tilde{a}_{32} & \tilde{a}_{33} \end{bmatrix} \qquad \text{(A.52)}$$

mit den Koeffizienten der Inversen

$$\tilde{a}_{11} = +a_{22}a_{33} - a_{32}a_{23}$$
$$\tilde{a}_{12} = -(a_{12}a_{33} - a_{13}a_{32})$$
$$\tilde{a}_{13} = +a_{12}a_{23} - a_{22}a_{13}$$
$$\tilde{a}_{21} = -(a_{21}a_{33} - a_{31}a_{23})$$
$$\tilde{a}_{22} = +a_{11}a_{33} - a_{13}a_{31} \qquad \text{(A.53)}$$
$$\tilde{a}_{23} = -(a_{11}a_{23} - a_{21}a_{13})$$
$$\tilde{a}_{31} = +a_{21}a_{32} - a_{31}a_{22}$$
$$\tilde{a}_{32} = -(a_{11}a_{32} - a_{31}a_{12})$$
$$\tilde{a}_{33} = +a_{11}a_{22} - a_{12}a_{21}$$

und mit der Determinante

$$|A| = a_{11}a_{22}a_{33} + a_{13}a_{21}a_{32} + a_{31}a_{12}a_{23} \qquad \text{(A.54)}$$
$$- a_{31}a_{22}a_{13} - a_{33}a_{12}a_{21} - a_{11}a_{23}a_{32}.$$

Gleichungslösung Ausgangspunkt ist das Gleichungssystem

$$A x = b \qquad \text{(A.55)}$$

mit der quadratischen Matrix A und den Vektoren x und b, die jeweils die gleiche Dimension haben. Die Matrix A und die Vektoren b sind mit bekannten Werten belegt. Ziel ist es, den Vektor der Unbekannten x zu ermitteln.

Die zentrale Operation bei der direkten Gleichungslösung ist die Zerlegung der Systemmatrix

$$A = LU \qquad \text{(A.56)}$$

in eine untere (englisch *lower*) und obere (englisch *upper*) Dreiecksmatrix. Diese Operation wird ausführlich als

$$LU = \begin{bmatrix} 1 & 0 & \dots & 0 \\ L_{21} & 1 & \dots & 0 \\ \vdots & & \ddots & \vdots \\ L_{n1} & L_{n2} & \dots & 1 \end{bmatrix} \begin{bmatrix} U_{11} & U_{12} & \dots & U_{1n} \\ 0 & U_{22} & \dots & U_{2n} \\ \vdots & & \ddots & \vdots \\ 0 & 0 & \dots & U_{nn} \end{bmatrix} \qquad \text{(A.57)}$$

geschrieben. Die Dreieckszerlegung ist sehr rechenintensiv. Als Algorithmen werden Varianten der GAUSS-Elimination eingesetzt. Ausschlaggebend ist die Struktur der Systemmatrix A. Können vorab in der Systemmatrix Blöcke mit Nulleinträgen identifiziert werden, dann können die Zeilen- und Spaltenoperationen bei geschickter Vorgehensweise nur auf die Blöcke mit Nicht-Nulleinträgen angewandt werden.

Die Gleichungslösung wird mit der paarweisen Lösung der beiden Gleichungen

$$Ly = b \tag{A.58}$$

und

$$Ux = y \tag{A.59}$$

durchgeführt, wobei y lediglich als Hilfsvektor dient. Die einzelnen Operationen laufen folgendermaßen ab:

$$y_1 = b_1 \tag{A.60}$$

$$y_i = b_i - \sum_{j=1}^{i-1} L_{ij} y_j \quad i = 2, 3, \ldots, n \tag{A.61}$$

und

$$x_n = \frac{y_n}{U_{nn}} \tag{A.62}$$

$$x_i = \frac{1}{U_{ii}} \left(y_i - \sum_{j=i+1}^{n} U_{ij} x_j \right) \quad i = n-1, n-2, \ldots, 1. \tag{A.63}$$

Die beiden ersten Schritte werden als Vorwärtszerlegung und die beiden letzten Schritte als Rücksubstitution bezeichnet.

In der letzten Gleichung wird durch den Wert der Diagonalen der oberen Dreiecksmatrix geteilt. Bei sehr kleinen und sehr großen Werten kann das zu Ungenauigkeiten führen. Eine Verbesserung wird durch sogenannte Pivotisierung erreicht, bei der in der aktuellen Zeile oder Spalte nach dem „besten" Teiler gesucht wird.

A.1.6 Ableitungen

- $\dfrac{d}{dx} \left(\dfrac{1}{x} \right) = -\dfrac{1}{x^2}$

- $\dfrac{d}{dx} x^n = n \cdot x^{n-1}$

- $\dfrac{d}{dx} \sqrt[n]{x} = \dfrac{1}{n \cdot \sqrt[n]{x^{n-1}}}$

- $\dfrac{d}{dx} \sin(x) = \cos(x)$

- $\dfrac{\mathrm{d}}{\mathrm{d}x}\cos(x) = -\sin(x)$

- $\dfrac{\mathrm{d}}{\mathrm{d}x}\ln(x) = \dfrac{1}{x}$

- $\dfrac{\mathrm{d}}{\mathrm{d}x}|x| = \begin{cases} -1 & \text{für } x < 0 \\ 1 & \text{für } x > 0 \end{cases}$

A.1.7 Integration

A.1.7.1 Stammfunktionen

- $\int e^x \mathrm{d}x = e^x$
- $\int \sqrt{x}\,\mathrm{d}x = \dfrac{2}{3} x^{\frac{3}{2}}$
- $\int \sin(x)\mathrm{d}x = -\cos(x)$
- $\int \cos(x)\mathrm{d}x = \sin(x)$
- $\int \sin(\alpha x)\cdot\cos(\alpha x)\mathrm{d}x = \dfrac{1}{2\alpha}\sin^2(\alpha x)$
- $\int \sin^2(\alpha x)\mathrm{d}x = \dfrac{1}{2}(x - \sin(\alpha x)\cos(\alpha x)) = \dfrac{1}{2}(x - \dfrac{1}{2\alpha}\sin(2\alpha x))$
- $\int \cos^2(\alpha x)\mathrm{d}x = \dfrac{1}{2}(x + \sin(\alpha x)\cos(\alpha x)) = \dfrac{1}{2}(x + \dfrac{1}{2\alpha}\sin(2\alpha x))$

A.1.7.2 Partielle Integration
Eindimensionaler Fall:

$$\int_a^b f(x)g'(x)\mathrm{d}x = f(x)g(x)\big|_a^b - \int_a^b f'(x)g(x)\mathrm{d}x \tag{A.64}$$

$$= f(x)g(x)\big|_b - f(x)g(x)\big|_a - \int_a^b f'(x)g(x)\mathrm{d}x. \tag{A.65}$$

A.1.7.3 Integration und Koordinatentransformation
Eindimensionaler Fall:
Sei $T : \mathbb{R} \to \mathbb{R}$ mit $x = g(u)$ eine eindimensionale Transformation von S nach R. Falls g eine stetige partielle Ableitung hat, so dass die JACOBISche Matrix nicht zu Null wird, gilt

$$\int_R f(x)\mathrm{d}x = \int_S f(g(u))\left|\dfrac{\mathrm{d}x}{\mathrm{d}u}\right|\mathrm{d}u, \tag{A.66}$$

wobei die JACOBIsche Matrix im eindimensionalen Fall durch $J = \left| \dfrac{\mathrm{d}x}{\mathrm{d}u} \right| = x_u$ gegeben ist.

A.1.7.4 Eindimensionale Integrale zur Berechnung der Steifigkeitsmatrix

$$\int_{-1}^{1} (1-x)\mathrm{d}x = 2$$

$$\int_{-1}^{1} (1+x)^3\mathrm{d}x = 4$$

$$\int_{-1}^{1} (1+x)\mathrm{d}x = 2$$

$$\int_{-1}^{1} (1-x)(1+x)^2\mathrm{d}x = \frac{4}{3}$$

$$\int_{-1}^{1} (1-x)(1+x)\mathrm{d}x = \frac{4}{3}$$

$$\int_{-1}^{1} (1-x)^2(1+x)\mathrm{d}x = \frac{4}{3}$$

$$\int_{-1}^{1} (1-x)^2\mathrm{d}x = \frac{8}{3}$$

$$\int_{-1}^{1} (1+x^2)\mathrm{d}x = \frac{4}{3}$$

$$\int_{-1}^{1} (1-x)^2\mathrm{d}x = \frac{8}{3}$$

$$\int_{-1}^{1} (1+x^2)\mathrm{d}x = \frac{8}{3}$$

$$\int_{-1}^{1} (1-x)^3\mathrm{d}x = 4$$

$$\int_{-1}^{1} (1-2x)x\mathrm{d}x = -\frac{4}{3}$$

$$\int_{-1}^{1} (1+2x)x\mathrm{d}x = \frac{4}{3}$$

$$\int_{-1}^{1} (1-2x)^2\mathrm{d}x = \frac{14}{3}$$

$$\int_{-1}^{1} (1+2x)^2\mathrm{d}x = \frac{14}{3}$$

$$\int_{-1}^{1} (1-2x)(1+2x)\mathrm{d}x = -\frac{2}{3}$$

A.1.8 Entwicklung einer Funktion in eine TAYLORsche Reihe

Die Entwicklung einer Funktion $f(x)$ in eine TAYLORsche Reihe an der Stelle x_0 ergibt:

$$f(x) = f(x_0) + \left(\frac{\mathrm{d}f}{\mathrm{d}x}\right)_{x_0} \cdot (x-x_0) + \frac{1}{2!}\left(\frac{\mathrm{d}^2f}{\mathrm{d}x^2}\right)_{x_0} \cdot (x-x_0)^2 + \cdots + \frac{1}{k!}\left(\frac{\mathrm{d}^kf}{\mathrm{d}x^k}\right)_{x_0} \cdot (x-x_0)^k.$$

$$(A.67)$$

Abb. A.2 Approximation einer Funktion $f(x)$ mittels einer TAYLORschen Reihe erster Ordnung

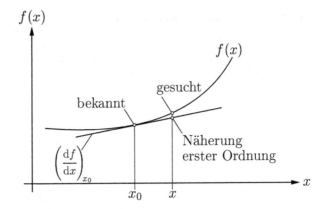

Eine Approximation erster Ordnung berücksichtigt nur die erste Ableitung, und die Näherung für die Funktion ergibt sich zu:

$$f(x) = f(x_0 + \mathrm{d}x) \approx f(x_0) + \left(\frac{\mathrm{d}f}{\mathrm{d}x}\right)_{x_0} \cdot (x - x_0). \tag{A.68}$$

Berücksichtigt man aus der analytischen Geometrie, dass die erste Ableitung einer Funktion gleich der Steigung der Tangenten im betrachteten Punkt ist und dass die Punkt-Steigungsform einer Geraden durch $f(x) - f(x_0) = m \cdot (x - x_0)$ gegeben ist, ergibt sich, dass die Approximation erster Ordnung die Gleichung einer Geraden durch den Punkt $(x_0, f(x_0))$ mit der Steigung $m = f'(x_0) = (\mathrm{d}f/\mathrm{d}x)_{x_0}$ darstellt, vergleiche Abb. A.2.

A.2   Einheiten und Umrechnung

A.2.1   Konsistente Einheiten

Bei der Anwendung eines Finite-Elemente-Programms besteht üblicherweise keine Festlegung auf ein bestimmtes physikalisches Maß- oder Einheitensystem. Ein Finite-Elemente-Programm hält durch die Analyse hindurch *konsistente* Einheiten ein und erfordert vom Benutzer nur die Eingabe von Maßzahlen ohne die Angabe einer bestimmten Einheit. Somit werden die Einheiten, die vom Anwender für die Eingabe verwendet werden, auch in der Ausgabe durchgängig eingehalten. Der Anwender muss also für sich sicherstellen, dass seine gewählten Einheiten konsistent sind, das heißt, zueinander passen. Die folgende Tab. A.4 zeigt ein Beispiel konsistenter Einheiten.

Tab. A.4 Beispiel konsistenter Einheiten

Größe	Einheit
Länge	mm
Fläche	mm^2
Kraft	N
Spannung	$\mathrm{MPa} = \dfrac{\mathrm{N}}{\mathrm{mm}^2}$
Moment	Nmm
Trägheitsmoment	mm^4
E-Modul	$\mathrm{MPa} = \dfrac{\mathrm{N}}{\mathrm{mm}^2}$
Dichte	$\dfrac{\mathrm{Ns}^2}{\mathrm{mm}^4}$
Zeit	s
Masse	10^3kg

Man beachte hierbei die Einheit der Dichte. Das folgende Beispiel zeigt die Umrechnung der Dichte für Stahl:

$$\varrho_{\mathrm{St}} = 7,8 \, \frac{\mathrm{kg}}{\mathrm{dm}^3} = 7,8 \times 10^3 \, \frac{\mathrm{kg}}{\mathrm{m}^3} = 7,8 \times 10^{-6} \, \frac{\mathrm{kg}}{\mathrm{mm}^3}. \tag{A.69}$$

Mit

$$1\,\mathrm{N} = 1 \, \frac{\mathrm{m\,kg}}{\mathrm{s}^2} = 1 \times 10^3 \, \frac{\mathrm{mm\,kg}}{\mathrm{s}^2} \quad \text{und} \quad 1\,\mathrm{kg} = 1 \times 10^{-3} \, \frac{\mathrm{Ns}^2}{\mathrm{mm}} \tag{A.70}$$

folgt die konsistente Dichte zu:

$$\varrho_{\mathrm{St}} = 7,8 \times 10^{-9} \, \frac{\mathrm{Ns}^2}{\mathrm{mm}^4}. \tag{A.71}$$

Da in der Literatur an der einen oder anderen Stelle auch andere Einheiten auftreten, zeigt die folgende Tab. A.5 ein Beispiel konsistenter angelsächsischer Einheiten:

Man beachte auch hier die Umrechnung der Dichte:

$$\varrho_{\mathrm{St}} = 0,282 \, \frac{\mathrm{lb}}{\mathrm{in}^3} = 0,282 \, \frac{1}{\mathrm{in}^3} \times 0,00259 \, \frac{\mathrm{lbf\,sec}^2}{\mathrm{in}} = 0,73038 \times 10^{-3} \, \frac{\mathrm{lbf\,sec}^2}{\mathrm{in}^4}. \tag{A.72}$$

Tab. A.5 Beispiel konsistenter angelsächsischer Einheiten

Größe	Einheit
Länge	in
Fläche	in^2
Kraft	lbf
Spannung	$psi = \dfrac{lbf}{in^2}$
Moment	lbf in
Trägheitsmoment	in^4
E-Modul	$psi = \dfrac{lbf}{in^2}$
Dichte	$\dfrac{lbf\,sec^2}{in^4}$
Zeit	sec

A.2.2 Umrechnung wichtiger angelsächsischer Einheiten (Tab. A.6)

Tab. A.6 Umrechnung wichtiger angelsächsischer Einheiten

Art	Angelsächsische Einheit	Umrechnung
Länge	inch	$1\ in = 0,025400\ m$
	foot	$1\ ft = 0,304800\ m$
	yard	$1\ yd = 0,914400\ m$
	mile (statute)	$1\ mi = 1609,344\ m$
	mile (nautical)	$1\ nm = 1852,216\ m$
Fläche	square inch	$1\ sq\,in = 1\ in^2 = 6,45160\ cm^2$
	square foot	$1\ sq\,ft = 1\ ft^2 = 0,092903040\ m^2$
	square yard	$1\ sq\,yd = 1\ yd^2 = 0,836127360\ m^2$
	square mile	$1\ sq\,mi = 1\ mi^2 = 2589988,110336\ m^2$
	acre	$1\ ac = 4046,856422400\ m^2$
Volumen	cubic inch	$1\ cu\,in = 1\ in^3 = 0,000016387064\ m^3$
	cubic foot	$1\ cu\,ft = 1\ ft^3 = 0,028316846592\ m^3$
	cubic yard	$1\ cu\,yd = 1\ yd^3 = 0,764554857984\ m^3$
Masse	ounce	$1\ oz = 28,349523125\ g$
	pound (mass)	$1\ lb_m = 453,592370\ g$
	short ton	$1\ sh\,to = 907184,74\ g$
	long ton	$1\ lg\,to = 1016046,9088\ g$

Tab. A.6 (Fortsetzung)

Art	Angelsächsische Einheit	Umrechnung
Kraft	pound-force	$1 \text{ lbf} = 1 \text{ lb}_F = 4,448221615260500 \text{ N}$
	poundal	$1 \text{ pdl} = 0,138254954376 \text{ N}$
Spannung	pound-force per square inch	$1 \text{ psi} = 1 \frac{\text{lbf}}{\text{in}^2} = 6894,75729316837 \frac{\text{N}}{\text{m}^2}$
	pound-force per square foot	$1 \frac{\text{lbf}}{\text{ft}^2} = 47,880258980336 \frac{\text{N}}{\text{m}^2}$
Energie	British thermal unit	$1 \text{ Btu} = 1055,056 \text{ J}$
	calorie	$1 \text{ cal} = 4185,5 \text{ J}$
Leistung	horsepower	$1 \text{ hp} = 745,699871582270 \text{ W}$

A.3 Mechanik

A.3.1 Flächenträgheitsmomente 2. Grades (Tab. A.7)

Tab. A.7 Axiale Flächenmomente 2. Grades um die z- und y-Achse

Querschnitt	I_z	I_y
	$\dfrac{\pi D^4}{64} = \dfrac{\pi R^4}{4}$	$\dfrac{\pi D^4}{64} = \dfrac{\pi R^4}{4}$
	$\dfrac{\pi b a^3}{4}$	$\dfrac{\pi a b^3}{4}$
	$\dfrac{b h^3}{12}$	$\dfrac{h b^3}{12}$
	$\dfrac{b h^3}{36}$	$\dfrac{h b^3}{36}$
	$\dfrac{b h^3}{36}$	$\dfrac{a h^3}{48}$

A.3.2   Geschlossene Lösungen für Biegelinie (Tab. A.8)

Tab. A.8 Geschlossene Lösungen der Biegelinie bei einfachen Belastungsfällen für statisch bestimmte Balken bei Biegung in der x-y-Ebene

Belastung	Biegelinie
	$$u_y(x) = \frac{-F}{6EI_z} \times \left[3ax^2 - x^3 + \langle x - a\rangle^3\right]$$
	$$u_y(x) = \frac{-M}{2EI_z} \times \left[-x^2 + \langle x - a\rangle^2\right]$$
	$$u_y(x) = \frac{-q}{24EI_z} \times \left[6(a_2^2 - a_1^2)x^2 - 4(a_2 - a_1)x^3 + \right.$$ $$\left. + \langle x - a_1\rangle^4 - \langle x - a_2\rangle^4\right]$$
	$$u_y(x) = \frac{-F}{6bEI_z} \times \left[(b - a)(b^2 x - x^3) - x\langle b - a\rangle^3 + \right.$$ $$\left. + b\langle x - a\rangle^3 - a\langle x - b\rangle^3\right]$$
	$$u_y(x) = \frac{-M}{6bEI_z} \times \left[b^2 x - x^3 - 3x\langle b - a\rangle^2 + \right.$$ $$\left. + 3b\langle x - a\rangle^2 + \langle x - b\rangle^3\right]$$
	$$u_y(x) = \frac{-q}{24bEI_z} \times \left[2\left(a_2^2 - a_1^2 - 2b(a_2 - a_1)\right)\left(x^3 - b^2 x\right)\right.$$ $$-x\langle b - a_1\rangle^4 + x\langle b - a_2\rangle^4 + b\langle x - a_1\rangle^4 -$$ $$\left. - b\langle x - a_2\rangle^4 - 2(a_2^2 - a_1^2)\langle x - b\rangle^3\right]$$

Kurzlösungen zu den Übungsaufgaben

A.4 Aufgaben aus Kap. 3

Kurzlösung: Zugstab mit quadratischer Approximation Bei einem quadratischen Ansatz werden *drei* Knoten eingeführt. Die drei Formfunktionen lauten:

$$N_1(x) = 1 - 3\frac{x}{L} + 2\left(\frac{x}{L}\right)^2,$$

$$N_2(x) = 4\frac{x}{L}\left(1 - \frac{x}{L}\right), \tag{A.73}$$

$$N_3(x) = \frac{x}{L}\left(-1 + 2\frac{x}{L}\right).$$

Die Ableitungen der drei Formfunktionen ergeben sich zu:

$$\frac{dN_1(x)}{dx} = N_1'(x) = -3 + 4\frac{x}{L},$$

$$\frac{dN_2(x)}{dx} = N_2'(x) = 4 - 8\frac{x}{L}, \tag{A.74}$$

$$\frac{dN_3(x)}{dx} = N_3'(x) = -1 + 4\frac{x}{L}.$$

Mit der allgemeinen Berechnungsvorschrift für die Steifigkeitsmatrix

$$k^e = \int_\Omega B^T D B \, d\Omega = EA \int_0^L B^T B \, dx = EA \int_0^L N'^T N' dx \tag{A.75}$$

ergibt sich für ein dreiknotiges Element

$$k^e = EA \int_0^L \begin{bmatrix} N_1'^2 & N_1'N_2' & N_1'N_3' \\ & N_2'^2 & N_2'N_3' \\ \text{symm} & & N_3'^2 \end{bmatrix} dx. \tag{A.76}$$

Nach der Durchführung der Integration

$$\int_0^L \begin{bmatrix} \left(-3 + 4\frac{x}{L}\right)^2 & \left(-3 + 4\frac{x}{L}\right)\left(4 - 8\frac{x}{L}\right) & \left(-3 + 4\frac{x}{L}\right)\left(-1 + 4\frac{x}{L}\right) \\ & \left(4 - 8\frac{x}{L}\right)^2 & \left(4 - 8\frac{x}{L}\right)\left(-1 + 4\frac{x}{L}\right) \\ \text{symm.} & & \left(-1 + 4\frac{x}{L}\right)^2 \end{bmatrix} dx \tag{A.77}$$

ergibt sich die Steifigkeitsmatrix für ein Stabelement mit quadratischer Ansatzfunktion zu:

$$k^{\mathrm{e}} = \frac{EA}{3L} \begin{bmatrix} 7 & -8 & 1 \\ -8 & 16 & -8 \\ 1 & -8 & 7 \end{bmatrix}. \tag{A.78}$$

Aufgaben aus Kap. 5

Gleichgewichtsbeziehung für infinitesimales Balkenelement mit veränderlicher Streckenlast Zur Aufstellung der Gleichgewichtsbeziehungen wird die veränderliche Streckenlast in der Mitte des Intervalls ausgewertet:

$$-Q_y(x) + Q_y(x + \mathrm{d}x) + q_y \left(x + \frac{1}{2}\,\mathrm{d}x \right) \mathrm{d}x = 0. \tag{A.79}$$

$$M_z(x + \mathrm{d}x) - M_z(x) + Q_y(x)\mathrm{d}x - \frac{1}{2}\,q_y \left(x + \frac{1}{2}\,\mathrm{d}x \right) \mathrm{d}x^2 = 0. \tag{A.80}$$

Methode der gewichteten Residuen mit veränderlicher Streckenlast

$$\int_0^L \left(EI_z \frac{\mathrm{d}^4 u_y(x)}{\mathrm{d}x^4} - q_y(x) \right) W(x)\mathrm{d}x = 0 \tag{A.81}$$

$$\int_0^L EI_z \frac{\mathrm{d}^2 u_y}{\mathrm{d}x^2} \frac{\mathrm{d}^2 W}{\mathrm{d}x^2}\,\mathrm{d}x = \int_0^L W q_y(x)\mathrm{d}x + \left[-W \frac{\mathrm{d}^3 u_y}{\mathrm{d}x^3} + \frac{\mathrm{d}W}{\mathrm{d}x} \frac{\mathrm{d}^2 u_y}{\mathrm{d}x^2} \right]_0^L \tag{A.82}$$

$$\ldots = \delta\boldsymbol{u}_{\mathrm{p}}^{\mathrm{T}} \int_0^L \boldsymbol{N}^{\mathrm{T}} q_y(x)\mathrm{d}x + \ldots \tag{A.83}$$

$$\ldots = \int_0^L \begin{bmatrix} N_{1u} \\ N_{1\varphi} \\ N_{2u} \\ N_{2\varphi} \end{bmatrix} q_y(x)\mathrm{d}x + \ldots \tag{A.84}$$

Der zusätzliche Ausdruck auf der rechten Seite ergibt die äquivalenten Knotenlasten für eine Streckenlast nach Gl. (5.168) bis (5.171).

Steifigkeitsmatrix bei Biegung in x-z-Ebene Bei der Biegung in der x-z-Ebene ist zu beachten, dass die Rotation mittels $\varphi_y(x) = -\dfrac{du_z(x)}{dx}$ definiert ist. Somit können folgende Formfunktionen abgeleitet werden:

$$N_{1u}^{xz} = 1 - 3\left(\frac{x}{L}\right)^2 + 2\left(\frac{x}{L}\right)^3, \tag{A.85}$$

$$N_{1\varphi}^{xz} = -x + 2\frac{x^2}{L} - \frac{x^3}{L^2}, \tag{A.86}$$

$$N_{2u}^{xz} = 3\left(\frac{x}{L}\right)^2 - 2\left(\frac{x}{L}\right)^3, \tag{A.87}$$

$$N_{2\varphi}^{xz} = \frac{x^2}{L} - \frac{x^3}{L^2}. \tag{A.88}$$

Ein Vergleich mit den Formfunktionen bei Biegung in der x-y-Ebene nach Gl. (5.60) bis (5.63) ergibt, dass die Formfunktionen für die Rotation mit (-1) multipliziert wurden.

Biegebalken mit veränderlichem Querschnitt Die axialen Flächenträgheitsmomente ergeben sich zu:

$$I_z(x) = \frac{\pi}{64}\left(d_1 + (d_2 - d_1)\frac{x}{L}\right)^4 \ \text{(Kreis)}, \tag{A.89}$$

$$I_z(x) = \frac{b}{12}\left(d_1 + (d_2 - d_1)\frac{x}{L}\right)^3 \ \text{(Rechteck)}. \tag{A.90}$$

Für den Kreis- und Rechteckquerschnitt ergibt sich:

$$k^e = \frac{\pi E}{64L^3}\left[\begin{array}{cc}
\dfrac{12(11d_2^4+11d_1^4+5d_2^3d_1+3d_2^2d_1^2+5d_2\,d_1^3)}{35} & \dfrac{2(19d_2^4+47\,d_1^4+8d_2^3d_1+9d_2^2d_1^2+22d_2\,d_1^3)L}{35} \\[3mm]
\dfrac{2(19\,d_2^4+47\,d_1^4+8\,d_2^3d_1+9\,d_2^2d_1^2+22\,d_2\,d_1^3)L}{35} & \dfrac{4(3\,d_2^4+17\,d_1^4+2\,d_2^3d_1+4\,d_2^2d_1^2+9\,d_2\,d_1^3)L^2}{35} \\[3mm]
-\dfrac{12(11\,d_2^4+11\,d_1^4+5\,d_2^3d_1+3\,d_2^2d_1^2+5\,d_2\,d_1^3)}{35} & -\dfrac{2(19\,d_2^4+47\,d_1^4+8\,d_2^3d_1+9\,d_2^2d_1^2+22\,d_2\,d_1^3)L}{35} \\[3mm]
\dfrac{2(47\,d_2^4+19\,d_1^4+22\,d_2^3d_1+9\,d_2^2d_1^2+8\,d_2\,d_1^3)L}{35} & \dfrac{2(13\,d_2^4+13\,d_1^4+4\,d_2^3d_1+d_2^2d_1^2+4\,d_2\,d_1^3)L^2}{35}
\end{array}\right.$$

$$\left.\begin{array}{cc}
-\dfrac{12(11d_2^4+11d_1^4+5d_2^3d_1+3d_2^2d_1^2+5d_2\,d_1^3)}{35} & \dfrac{2(47d_2^4+19d_1^4+22d_2^3d_1+9d_2^2d_1^2+8d_2\,d_1^3)L}{35} \\[3mm]
-\dfrac{2(19\,d_2^4+47\,d_1^4+8\,d_2^3d_1+9\,d_2^2d_1^2+22\,d_2\,d_1^3)L}{35} & \dfrac{2(13\,d_2^4+13\,d_1^4+4\,d_2^3d_1+d_2^2d_1^2+4\,d_2\,d_1^3)L^2}{35} \\[3mm]
\dfrac{12(11\,d_2^4+11\,d_1^4+5\,d_2^3d_1+3\,d_2^2d_1^2+5\,d_2\,d_1^3)}{35} & -\dfrac{2(47\,d_2^4+19\,d_1^4+22\,d_2^3d_1+9\,d_2^2d_1^2+8\,d_2\,d_1^3)L}{L} \\[3mm]
-\dfrac{2(47\,d_2^4+19\,d_1^4+22\,d_2^3d_1+9\,d_2^2d_1^2+8\,d_2\,d_1^3)L}{35} & \dfrac{4(17\,d_2^4+3\,d_1^4+9\,d_2^3d_1+4\,d_2^2d_1^2+2\,d_2\,d_1^3)L^2}{35}
\end{array}\right]$$

$$\tag{A.91}$$

$$k^e = \frac{bE}{12L^3} \left[\begin{array}{cc} \frac{3(7\,d_2^3+3\,d_2^2 d_1+3\,d_2\,d_1^2+7\,d_1^3)}{5} & \frac{3(2\,d_2^3+d_2^2 d_1+2\,d_2\,d_1^2+5\,d_1^3)L}{5} \\[2mm] \frac{3(2\,d_2^3+d_2^2 d_1+2\,d_2\,d_1^2+5\,d_1^3)L}{5} & \frac{(2\,d_2^3+2\,d_2^2 d_1+5\,d_2\,d_1^2+11\,d_1^3)L^2}{5} \\[2mm] -\frac{3(7\,d_2^3+3\,d_2^2 d_1+3\,d_2\,d_1^2+7\,d_1^3)}{5} & -\frac{3(2\,d_2^3+d_2^2 d_1+2\,d_2\,d_1^2+5\,d_1^3)L}{5} \\[2mm] \frac{3(5\,d_2^3+2\,d_2^2 d_1+d_2\,d_1^2+2\,d_1^3)L}{5} & \frac{(4\,d_2^3+d_2^2 d_1+d_2\,d_1^2+4\,d_1^3)L^2}{5} \end{array} \right.$$

$$\left. \begin{array}{cc} -\frac{3(7\,d_2^3+3\,d_2^2 d_1+3\,d_2\,d_1^2+7\,d_1^3)}{5} & \frac{3(5\,d_2^3+2\,d_2^2 d_1+d_2\,d_1^2+2\,d_1^3)L}{5} \\[2mm] -\frac{3(2\,d_2^3+d_2^2 d_1+2\,d_2\,d_1^2+5\,d_1^3)L}{5} & \frac{(4\,d_2^3+d_2^2 d_1+d_2\,d_1^2+4\,d_1^3)L^2}{5} \\[2mm] \frac{3(7\,d_2^3+3\,d_2^2 d_1+3\,d_2\,d_1^2+7\,d_1^3)}{5} & -\frac{3(5\,d_2^3+2\,d_2^2 d_1+d_2\,d_1^2+2\,d_1^3)L}{5} \\[2mm] -\frac{3(5\,d_2^3+2\,d_2^2 d_1+d_2\,d_1^2+2\,d_1^3)L}{5} & \frac{(11\,d_2^3+5\,d_2^2 d_1+2\,d_2\,d_1^2+2\,d_1^3)L^2}{5} \end{array} \right]$$

(A.92)

Äquivalente Knotenlasten für quadratische Streckenlast

$$q(x) = q_0 x^2 \qquad\qquad q(x) = q_0 \left(\frac{x}{L}\right)^2$$

$$F_{1y} = -\frac{q_0 L^3}{15} \qquad\qquad F_{1y} = -\frac{q_0 L}{15}$$

$$M_{1z} = -\frac{q_0 L^4}{60} \qquad\qquad M_{1z} = -\frac{q_0 L^2}{60}$$

$$F_{2y} = -\frac{4q_0 L^3}{15} \qquad\qquad F_{2y} = -\frac{4q_0 L}{15}$$

$$M_{1z} = \frac{q_0 L^4}{30} \qquad\qquad M_{1z} = \frac{q_0 L^2}{30}$$

Biegebalken mit veränderlichem Querschnitt unter Einzellast Analytische Lösung:

$$EI_z(x) \frac{d^2 u_y(x)}{dx^2} = M_z(x), \tag{A.93}$$

$$\frac{E\pi h^4}{64} \left(2 - \frac{x}{L}\right)^4 \frac{d^2 u_y(x)}{dx^2} = -F(L - x). \tag{A.94}$$

$$u_y(x) = \frac{FL}{E\pi h^4} \left(\frac{64L^3}{2(-2L + x)} + \frac{64L^4}{6(-2L + x)} \right) + \frac{16L}{3} x + \frac{40L^2}{3}. \tag{A.95}$$

$$u_y(L) = -\frac{8}{3} \frac{FL^3}{E\pi h^4} \approx -2{,}666667 \frac{FL^3}{E\pi h^4}. \tag{A.96}$$

Finite-Elemente-Lösung:

$$u_y(L) = -\frac{7360}{2817}\frac{FL^3}{E\pi h^4} \approx -2{,}612709\frac{FL^3}{E\pi h^4}. \tag{A.97}$$

Aufgaben aus Kap. 6

Kubischer Verschiebungsverlauf im Zugstab Die natürlichen Koordinaten der vier Stützstellen lauten $\xi_1 = -1$, $\xi_2 = -1/3$, $\xi_3 = +1/3$ und $\xi_4 = +1$. Die vier Formfunktionen

$$
\begin{aligned}
N_1 &= \frac{(\xi - \xi_2)(\xi - \xi_3)(\xi - \xi_4)}{(\xi_1 - \xi_2)(\xi_1 - \xi_3)(\xi_1 - \xi_4)} = +\frac{9}{19}\left(\xi^2 - \frac{1}{9}\right)(\xi - 1), \\[2mm]
N_2 &= \frac{(\xi - \xi_1)(\xi - \xi_3)(\xi - \xi_4)}{(\xi_2 - \xi_1)(\xi_2 - \xi_3)(\xi_2 - \xi_4)} = -\frac{27}{16}\left(\xi - \frac{1}{3}\right)(\xi^2 - 1), \\[2mm]
N_3 &= \frac{(\xi - \xi_1)(\xi - \xi_2)(\xi - \xi_4)}{(\xi_3 - \xi_1)(\xi_3 - \xi_2)(\xi_3 - \xi_4)} = -\frac{27}{16}\left(\xi + \frac{1}{3}\right)(\xi^2 - 1), \\[2mm]
N_4 &= \frac{(\xi - \xi_1)(\xi - \xi_2)(\xi - \xi_3)}{(\xi_4 - \xi_1)(\xi_4 - \xi_2)(\xi_4 - \xi_3)} = +\frac{9}{19}\left(\xi^2 - \frac{1}{9}\right)(\xi + 1)
\end{aligned}
\tag{A.98}
$$

ergeben sich durch Auswerten der Gl. (6.49) für $i = 1$ bis $i = n = 4$.

Koordinatentransformation für Zugstab in der Ebene Für den Stab sind an einem Knoten in lokalen Koordinaten eine Normalkraft und eine Verschiebung in Normalenrichtung definiert. In der Ebene teilen sich die Größen in jeweils eine X- und Y-Richtung auf. Damit hat die Transformationsmatrix die Dimension 4×4. In der Transformationsmatrix nach Gl. (6.16) gilt es die Ausdrücke

$$\sin(30°) = \frac{1}{2} \quad \text{und} \quad \cos(30°) = \frac{1}{2}\sqrt{3} \tag{A.99}$$

zu bestimmen. Damit ergibt sich die Transformationsmatrix zu

$$\boldsymbol{T} = \begin{bmatrix} \frac{1}{2}\sqrt{3} & \frac{1}{2} \\[2mm] -\frac{1}{2} & \frac{1}{2}\sqrt{3} \end{bmatrix}. \tag{A.100}$$

Die Einzelsteifigkeitsbeziehung in globalen Koordinaten

$$
\begin{bmatrix} F_{1X} \\ F_{1Y} \\ F_{2X} \\ F_{2Y} \end{bmatrix} = \frac{1}{4}\frac{EA}{L}
\begin{bmatrix}
3 & \sqrt{3} & -3 & -\sqrt{3} \\
\sqrt{3} & 1 & -\sqrt{3} & -1 \\
-3 & -\sqrt{3} & 3 & \sqrt{3} \\
-\sqrt{3} & -1 & \sqrt{3} & 1
\end{bmatrix}
\begin{bmatrix} u_{1X} \\ u_{1Y} \\ u_{2X} \\ u_{2Y} \end{bmatrix}
\tag{A.101}
$$

ergibt sich durch Auswerten der Gl. (6.20).

Aufgaben aus Kap. 7

Kurzlösung: Tragwerk aus Balken im Dreidimensionalen Als Lösungsvektor ergibt sich durch Einsetzen:

$$
\begin{bmatrix} u_{2Z} \\ \varphi_{2X} \\ \varphi_{2Y} \\ u_{3Z} \\ \varphi_{3Y} \\ u_{4Z} \end{bmatrix} = \begin{bmatrix} +11,904 \\ +0,01785 \\ -0,05492 \\ +78,731 \\ -0,07277 \\ +78,732 \end{bmatrix}.
\tag{A.102}
$$

Tragwerk aus Balken im Dreidimensionalen, alternatives Koordinatensystem In globalen Koordinaten lauten die Spaltenmatrizen der Zustandsgrößen:

$$
[u_{1Z}, \varphi_{1X}, \varphi_{1Y}, u_{2Z}, \varphi_{2X}, \varphi_{2Y}, u_{3Z}, \varphi_{3X}, u_{4Z}]^{\mathrm{T}}
\tag{A.103}
$$

und

$$
[F_{1Z}, M_{1X}, M_{1Y}, F_{2Z}, M_{2X}, M_{2Y}, F_{3Z}, M_{3X}, F_{4Z}]^{\mathrm{T}}.
\tag{A.104}
$$

Gegenüber dem ursprünglichen Koordinatensystem hat sich die Reihenfolge der Einträge am Knoten 2 geändert. Die Winkel für Biegung und Torsion sind getauscht:

$$
\begin{bmatrix} u_{2Z} \\ \varphi_{2X} \\ \varphi_{2Y} \\ u_{3Z} \\ \varphi_{3X} \\ u_{4Z} \end{bmatrix} = \begin{bmatrix} +\dfrac{F}{3\frac{EI_y}{L^3}} \\ +\dfrac{F}{2\frac{GI_t}{L}} \\ +\dfrac{F}{2\frac{EI_y}{L^2}} \\ +\dfrac{2(GI_t + 3EI_y)L^3 F}{3EI_y GI_t} \\ +\dfrac{L^2(GI_t + 2EI_y)F}{2EI_y GI_t} \\ +\dfrac{(3GI_t I_y + 2GI_t AL^2)LF}{3EI_y AGI_t} \end{bmatrix}.
\tag{A.105}
$$

Mit den gleichen Zahlenwerten, wie bereits oben, ergibt sich der Lösungsvektor

$$
\begin{bmatrix}
u_{2Z} \\
\varphi_{2X} \\
\varphi_{2Y} \\
u_{3Z} \\
\varphi_{3X} \\
u_{4Z}
\end{bmatrix}
=
\begin{bmatrix}
+11,904 \\
+0,05492 \\
+0,01785 \\
+78,731 \\
+0,07277 \\
+78,732
\end{bmatrix}
\tag{A.106}
$$

mit gleichen Beträgen. Geändert haben sich zum einen die Vorzeichen und zum anderen die Reihenfolge der Einträge am Knoten 2. Die Winkel für Torsion und Biegung haben die Plätze getauscht.

Aufgaben aus Kap. 8

Berechnung des Schubkorrekturfaktors für Rechteckquerschnitt

$$
\int_{\Omega} \frac{1}{2G} \tau_{xy}^2 \mathrm{d}\Omega \overset{!}{=} \int_{\Omega_s} \frac{1}{2G} \left(\frac{Q_y}{A_s} \right)^2 \mathrm{d}\Omega_s,
\tag{A.107}
$$

$$
k_s = \frac{Q_y}{A \int_A \tau_{xy}^2 \mathrm{d}A} = \frac{5}{6}.
\tag{A.108}
$$

Differenzialgleichung unter Berücksichtigung von verteiltem Moment   Querkraft: kein
Unterschied, das heißt $\dfrac{\mathrm{d}Q_y(x)}{\mathrm{d}x} = -q_y(x)$.

Schnittmoment:

$$
M_z(x + \mathrm{d}x) - M_z(x) + Q_y(x)\mathrm{d}x - \frac{1}{2} q_y \mathrm{d}x^2 + m_z \mathrm{d}x = 0.
\tag{A.109}
$$

$$
\frac{\mathrm{d}M_z(x)}{\mathrm{d}x} = -Q_y(x) - m_z,
\tag{A.110}
$$

$$
\frac{\mathrm{d}^2 M_z(x)}{\mathrm{d}x^2} + \frac{\mathrm{d}m_z(x)}{\mathrm{d}x} = q_y(x).
\tag{A.111}
$$

Differenzialgleichungen:

$$
\frac{\mathrm{d}}{\mathrm{d}x} \left(EI_z \frac{\mathrm{d}\phi_z}{\mathrm{d}x} \right) + k_s AG \left(\frac{\mathrm{d}u_y}{\mathrm{d}x} - \phi_z \right) = -m_z(x),
\tag{A.112}
$$

$$
\frac{\mathrm{d}}{\mathrm{d}x} \left[k_s AG \left(\frac{\mathrm{d}u_y}{\mathrm{d}x} - \phi_z \right) \right] = -q_y(x).
\tag{A.113}
$$

Analytische Berechnung des Verlaufes der Durchbiegung und Verdrehung für Kragarm unter Einzellast Randbedingungen:

$$u_y(x = 0) = 0, \quad \phi_z(x = 0) = 0, \tag{A.114}$$

$$M_z(x = 0) = FL, \quad Q_y(x = 0) = F. \tag{A.115}$$

Integrationskonstanten:

$$c_1 = -F; \; c_2 = FL; \; c_3 = \frac{EI_z}{k_s AG} F; \; c_4 = 0. \tag{A.116}$$

Verlauf der Durchbiegung:

$$u_y(x) = \frac{1}{EI_z} \left(-F \frac{x^3}{6} + FL \frac{x^2}{2} + \frac{EI_z F}{k_s AG} x \right). \tag{A.117}$$

Verlauf der Verdrehung:

$$\phi_z(x) = \frac{1}{EI_z} \left(-F \frac{x^2}{2} + FLx \right). \tag{A.118}$$

Maximale Durchbiegung:

$$u_y(x = L) = \frac{1}{EI_z} \left(\frac{FL^3}{3} + \frac{EI_z FL}{k_s AG} \right). \tag{A.119}$$

Verdrehung am Lastangriffspunkt:

$$\phi_z(x = L) = \frac{FL^2}{2EI_z}. \tag{A.120}$$

Grenzwert:

$$u_y(x = L) = \frac{4F}{b} \left(\frac{L}{h} \right)^3 + \frac{F}{k_s bG} \left(\frac{L}{h} \right). \tag{A.121}$$

$$u_y(L)\big|_{h \ll L} \to \frac{4F}{b} \left(\frac{L}{h} \right)^3 = \frac{FL^3}{3EI_z}, \tag{A.122}$$

$$u_y(L)\big|_{h \gg L} \to \frac{F}{k_s bG} \left(\frac{L}{h} \right) = \frac{FL}{k_s AG}. \tag{A.123}$$

Analytische Berechnung der normierten Durchbiegung für Balken mit Schub

$$I_z = \frac{bh^3}{12}, \ A = hb, \ k_s = \frac{5}{6}, G = \frac{E}{2(1+\nu)}. \tag{A.124}$$

$$u_{y,\,\mathrm{norm}} = \frac{1}{3} + \frac{1+\nu}{5}\left(\frac{h}{L}\right)^2, \tag{A.125}$$

$$u_{y,\,\mathrm{norm}} = \frac{1}{8} + \frac{1+\nu}{10}\left(\frac{h}{L}\right)^2, \tag{A.126}$$

$$u_{y,\,\mathrm{norm}} = \frac{1}{48} + \frac{1+\nu}{5}\left(\frac{h}{L}\right)^2. \tag{A.127}$$

**Timoshenko-Biegeelement mit quadratischen Ansatzfunktionen für die Durchbie-
gung und linearen Ansatzfunktionen für die Verdrehung**   Die Knotenverschiebung am
mittleren Knoten als Funktion der anderen Unbekannten ergibt sich zu:

$$u_{2y} = \frac{u_{1y} + u_{3y}}{2} + \frac{\phi_{1z} - \phi_{3z}}{8}L + \frac{1}{32}\frac{6L}{k_s AG}\int_0^L q_y(x)N_{2u}(x)\mathrm{d}x. \tag{A.128}$$

Der zusätzliche Lastvektor auf der rechten Seite ergibt sich zu:

$$\cdots = \cdots + \begin{bmatrix} \int_0^L q_y(x)N_{1u}\mathrm{d}x + \frac{1}{2}\int_0^L q_y(x)N_{2u}\mathrm{d}x \\[4pt] +\frac{1}{8}L\int_0^L q_y(x)N_{2u}\mathrm{d}x \\[4pt] \int_0^L q_y(x)N_{3u}\mathrm{d}x + \frac{1}{2}\int_0^L q_y(x)N_{2u}\mathrm{d}x \\[4pt] -\frac{1}{8}L\int_0^L q_y(x)N_{2u}\mathrm{d}x \end{bmatrix}. \tag{A.129}$$

Für eine konstante Streckenlast q_y ergibt sich mit $\int_0^L N_{1u}\mathrm{d}x = \dfrac{L}{6}$, $\int_0^L N_{2u}\mathrm{d}x = \dfrac{2L}{3}$ und
$\int_0^L N_{3u}\mathrm{d}x = \dfrac{L}{6}$ hieraus:

$$\cdots = \cdots + \begin{bmatrix} \dfrac{1}{2}\,q_y L \\[8pt] +\dfrac{1}{12}\,q_y L^2 \\[8pt] \dfrac{1}{2}\,q_y L \\[8pt] -\dfrac{1}{12}\,q_y L^2 \end{bmatrix}. \tag{A.130}$$

Dieses Ergebnis ist identisch mit den äquivalenten Streckenlasten für einen Bernoulli-
Balken. Vergleiche hierzu Tab. 5.6.

TIMOSHENKO**-Biegeelement mit kubischen Ansatzfunktionen für die Durchbiegung und quadratischen Ansatzfunktionen für die Verdrehung** Das Element ist exakt!
Verformung in der x-y-Ebene:

$$\frac{2EI_z}{L^3(1+12\varLambda)}\begin{bmatrix} 6 & 3L & -6 & 3L \\ 3L & 2L^2(1+3\varLambda) & -3L & L^2(1-6\varLambda) \\ -6 & -3L & 6 & -3L \\ 3L & L^2(1-6\varLambda) & -3L & 2L^2(1+3\varLambda) \end{bmatrix}\begin{bmatrix} u_{1y} \\ \phi_{1z} \\ u_{2y} \\ \phi_{2z} \end{bmatrix}=\begin{bmatrix} F_{1y} \\ M_{1z} \\ F_{2y} \\ M_{2z} \end{bmatrix}. \quad (A.131)$$

Verformung in der x-z-Ebene:

$$\frac{2EI_y}{L^3(1+12\varLambda)}\begin{bmatrix} 6 & -3L & -6 & -3L \\ -3L & 2L^2(1+3\varLambda) & 3L & L^2(1-6\varLambda) \\ -6 & 3L & 6 & 3L \\ -3L & L^2(1-6\varLambda) & 3L & 2L^2(1+3\varLambda) \end{bmatrix}\begin{bmatrix} u_{1z} \\ \phi_{1y} \\ u_{2z} \\ \phi_{2y} \end{bmatrix}=\begin{bmatrix} F_{1z} \\ M_{1y} \\ F_{2z} \\ M_{2y} \end{bmatrix}.$$

$$(A.132)$$

Aufgaben aus Kap. 9

Lösung zu 1: Ermittlung der Steifigkeitsmatrix Die Steifigkeitsmatrix kann direkt aus der obigen Herleitung übernommen werden:

$$k^e = \frac{(EA)^{\mathrm{V}}}{L}\begin{bmatrix} 1 & -1 \\ -1 & 1 \end{bmatrix}. \quad (A.133)$$

Der Ausdruck $(EA)^{\mathrm{V}}$ muss für den Verbund ermittelt werden. Da jede Schicht homogen und isotrop ist und zudem alle Schichten gleich dick sind, vereinfacht sich die allgemeingültige Beziehung in Gl. (9.122) zu

$$(EA)^{\mathrm{V}} = A_{11}\,b = b\sum_{k=1}^{3}Q_{11}^k\,h^k = b\frac{1}{3}\,h\sum_{k=1}^{3}E^{(k)} \quad (A.134)$$

und weiter zu

$$(EA)^{\mathrm{V}} = \frac{1}{3}\,b\,h\left(E^{(1)}+E^{(2)}+E^{(3)}\right) = \frac{1}{3}\,b\,h\left(2\,E^{(1)}+E^{(2)}\right). \quad (A.135)$$

Berücksichtigt man weiterhin, dass $E^{(2)} = \frac{1}{10}E^{(1)}$ gilt, so vereinfacht sich die Beziehung zu:

$$(EA)^{\mathrm{V}} = \frac{1}{3}\,b\,h\,2,1\,E^{(1)} = 0,7\,EA. \quad (A.136)$$

Zur Ergebniskontrolle sei angenommen, dass beide Elastizitätmoduli gleich sind ($E^{(1)} = E^{(2)} = E^{(3)} = E$). Dann ergibt sich mit $(EA)^V = Ebh = EA$ die für den homogenen, isotropen Zugstab bekannte Steifigkeit.

Lösung zu 2: Ermittlung der Biegesteifigkeit Die Biegesteifigkeit ergibt sich nach Gleichung (9.128) für drei Schichten im Verbund zu

$$(EI)^V = b \frac{1}{3} \sum_{k=1}^{3} E^k \left((z^k)^3 - (z^{k-1})^3 \right). \tag{A.137}$$

Die z-Koordinaten ergeben sich bei gleichen Schichtdicken h und einem zur ($z = 0$)-Achse symmetrischen Aufbau zu $z^{(0)} = -3/2\,h$, $z^{(1)} = -1/2\,h$, $z^{(2)} = +1/2\,h$ und $z^{(3)} = +3/2\,h$. Durch Einsetzen erhält man:

$$(EI)^V = b \frac{1}{3} h^3 \left[E^{(1)} \left(\left(-\frac{1}{2} \right)^3 - \left(-\frac{3}{2} \right)^3 \right) \right. \tag{A.138}$$

$$\left. + E^{(2)} \left(\left(+\frac{1}{2} \right)^3 - \left(-\frac{1}{2} \right)^3 \right) + E^{(1)} \left(\left(+\frac{3}{2} \right)^3 - (+\frac{3}{2})^3 \right) \right] \tag{A.139}$$

$$= \frac{1}{3} b\,h^3 \left[E^{(1)} \left(-\frac{1}{8} + \frac{27}{8} + \frac{27}{8} - \frac{1}{8} \right) + E^{(2)} \left(+\frac{1}{8} + \frac{1}{8} \right) \right] \tag{A.140}$$

und schließlich

$$(EI)^V = \frac{1}{3} b\,h^3 \left[\frac{26}{4} E^{(1)} + \frac{1}{4} E^{(2)} \right]. \tag{A.141}$$

Zur Ergebniskontrolle sei angenommen, dass alle Elastizitätsmoduli gleich sind ($E^{(1)} = E^{(2)} = E^{(3)} = E$). Dann ergibt sich die Biegesteifigkeit EI für einen homogenen Balken mit dem Querschnitt b und $3h$ zu $\frac{9}{4} E\,b\,h^3$.

Aufgaben aus Kap. 10

Dehnungsabhängiger Elastizitätsmodul mit quadratischem Verlauf (Abb. A.3) (Tab. A.9)

$$a = E_0,\, b = -\frac{E_0}{10\varepsilon_1},\, c = -\frac{4E_0}{5\varepsilon_1^2}, \tag{A.142}$$

$$E(\varepsilon) = E_0 \left(1 - \underbrace{\frac{1}{10\varepsilon_1}}_{\alpha_1} \varepsilon - \underbrace{\frac{4}{5\varepsilon_1^2}}_{\alpha_2} \varepsilon^2 \right), \tag{A.143}$$

Abb. A.3 Spannungs-
Dehnungs-Diagramm,
basierend auf quadratischem
Elastizitätsmodul

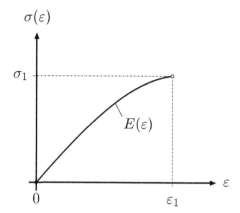

$$\sigma(\varepsilon) = E_0\varepsilon\left(1 - \frac{\varepsilon}{20\varepsilon_1} - \frac{4\varepsilon^2}{15\varepsilon_1^2}\right), \tag{A.144}$$

$$k^e = \frac{AE_0}{L^2}\left(L + \alpha_1 u_1 - \alpha_1 u_2 - \frac{\alpha_2}{L}u_1^2 + \frac{2\alpha_2}{L}u_1 u_2 - \frac{\alpha_2}{L}u_2^2\right)\begin{bmatrix} 1 & -1 \\ -1 & 1 \end{bmatrix}, \tag{A.145}$$

$$\boldsymbol{K}_{\mathrm{T}}^e = \frac{AE_0}{L^2}\left(L + 2\alpha_1 u_1 - 2\alpha_1 u_2 - 3\frac{\alpha_2}{L}u_1^2 + 4\frac{\alpha_2}{L}u_1 u_2 - 3\frac{\alpha_2}{L}u_2^2\right)\begin{bmatrix} 1 & -1 \\ -1 & 1 \end{bmatrix}. \tag{A.146}$$

Direkte Iteration mit verschiedenen Startwerten

Vollständiges Newton-Raphsonsches Schema für ein lineares Element mit quadratischem Elastizitätsmodul Residuumsfunktion:

$$r(u_2) = \frac{AE_0}{L^2}\left(L - \alpha_1 u_2 - \frac{\alpha_2}{L}u_2^2\right)u_2 - F_2 = K(u_2)u_2 - F_2 = 0. \tag{A.147}$$

Tangentensteifigkeit:

$$K_{\mathrm{T}}(u_2) = \frac{AE_0}{L^2}\left(L - 2\alpha_1 u_2 - \frac{3\alpha_2}{L}u_2^2\right). \tag{A.148}$$

Iterationsschema (Tab. A.10):

$$u_2^{(j+1)} = u_2^{(j)} - \frac{\dfrac{AE_0}{L^2}\left(L - \alpha_1 u_2^{(j)} - \dfrac{\alpha_2}{L}\left(u_2^{(j)}\right)^2\right)u_2^{(j)} - F_2^{(j)}}{\dfrac{AE_0}{L^2}\left(L - 2\alpha_1 u_2^{(j)} - \dfrac{3\alpha_2}{L}\left(u_2^{(j)}\right)^2\right)}. \tag{A.149}$$

Tab. A.9 Numerische Werte für direkte Iteration bei einer äußeren Belastung von $F_2 = 800$ kN und verschiedenen Startwerten. Geometrie: $A = 100$ mm^2, $L = 400$ mm. Materialeigenschaften: $E_0 = 70000$ MPa, $E_1 = 49000$ MPa, $\varepsilon_1 = 0,15$

Iteration j	$u_2^{(j)}$	$\varepsilon_2^{(j)}$	$\sqrt{\dfrac{\left(u_2^{(j)} - u_2^{(j-1)}\right)^2}{\left(u_2^{(j)}\right)^2}}$
	mm	–	–
Startwert: $u_2^{(0)} = 0$ mm			
0	0	0	–
1	45,714286	0,114286	1,000000
2	59,259259	0,148148	0,228571
⋮	⋮	⋮	⋮
23	70,722968	0,176807	0,000000
⋮	⋮	⋮	⋮
31	70,722998	0,176807	0,000000
Startwert: $u_2^{(0)} = 30$ mm			
0	30,000000	0,075000	–
1	53,781513	0,134454	0,442187
2	62,528736	0,156322	0,139891
⋮	⋮	⋮	⋮
22	70,722956	0,176807	0,000000
⋮	⋮	⋮	⋮
31	70,722998	0,176807	0,000000
Startwert: $u_2^{(0)} = 220$ mm			
0	220,000000	0,550000	–
1	-457,142857	-1,142857	1,481250
2	13,913043	0,034783	33,857143
⋮	⋮	⋮	⋮
25	70,722971	0,176807	0,000000
⋮	⋮	⋮	⋮
33	70,722998	0,176807	0,000000

Tab. A.10 Numerische Werte für vollständiges Newton-Raphsonsches Verfahren bei einer äußeren Belastung von $F_2 = 370$ kN. Geometrie: $A = 100$ mm^2, $L = 400$ mm. Materialeigenschaften: quadratischer Verlauf mit $E_0 = 70000$ MPa und $\varepsilon_1 = 0,15$

Iteration j	$u_2^{(j)}$	$\varepsilon_2^{(j)}$	$\sqrt{\dfrac{\left(u_2^{(j)} - u_2^{(j-1)}\right)^2}{\left(u_2^{(j)}\right)^2}}$
	mm	–	–
0	0	0	–
1	21,142857	0,052857	1
2	25,648438	0,064121	0,175667
3	26,363431	0,065909	0,027121
4	26,384989	0,065962	0,000031
5	26,385009	0,065963	0,000001
6	26,385009	0,065963	0,000000

Abb. A.4 Darstellung der Residuumsfunktion nach Gleichung A.147

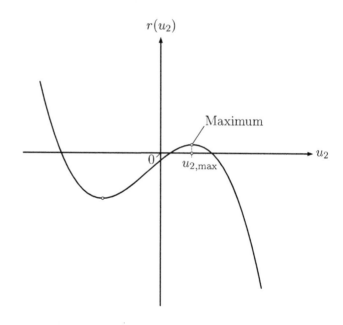

Bedingung für Konvergenz nach Abb. A.4:

$$r(u_{2,\text{max}}) \overset{!}{\geq} 0 \tag{A.150}$$

oder

$$F \le \frac{AE_0}{27\alpha_2^2} \left(6\alpha_2 - \alpha_1 \sqrt{\frac{\alpha_1^2 + 3\alpha_2}{\alpha_2^2}} \, \alpha_2 + \alpha_1^2 \right) \left(\sqrt{\frac{\alpha_1^2 + 3\alpha_2}{\alpha_2^2}} \, \alpha_2 - \alpha_1 \right). \tag{A.151}$$

Für die gegebenen Zahlenwerte ergibt sich, $F \le 410,803$ kN damit das Iterationsschema konvergiert.

Dehnungsabhängiger Elastizitätsmodul mit allgemeinem quadratischem Verlauf

$$a = E_0, b = \frac{E_0}{\varepsilon_1} \left(4\beta_{05} - \beta_1 - 3 \right), c = -\frac{4E_0}{\varepsilon_1^2} \left(\beta_{05} - \frac{1}{2}\beta_1 - \frac{1}{2} \right). \tag{A.152}$$

$$E(\varepsilon) = E_0 \left(1 - \underbrace{\frac{(3 + \beta_1 - 4\beta_{05})}{\varepsilon_1}}_{\alpha_1} \cdot \varepsilon - \underbrace{\frac{4 \left(-\frac{1}{2} - \frac{1}{2}\beta_1 + \beta_{05} \right)}{\varepsilon_1^2}}_{\alpha_2} \cdot \varepsilon^2 \right). \tag{A.153}$$

Mit den *hier* eingeführten Definitionen von α_1 und α_2 ergibt sich ein Verlauf entsprechend Gleichung A.143. Somit kann unter Beachtung der hier eingeführten Definitionen für α_1 und α_2 die Steifigkeitsmatrix nach Gleichung A.145 und die Tangentensteifigkeitsmatrix nach Gleichung A.146 verwendet werden.

Aufgaben aus Kap. 5

Plastischer Modul und elasto-plastischer Stoffmodul

a) $E^{\text{elpl}} = \frac{E \times E^{\text{pl}}}{E + E^{\text{pl}}} = E \Rightarrow E = 0.$

Rein linear-plastisches Verhalten ohne elastischen Anteil, das heißt rein elastisches Verhalten auf der Makroebene.

b) $E^{\text{pl}} = E \Rightarrow E^{\text{elpl}} = \frac{E \times E}{E + E} = \frac{1}{2}E.$

Lineare Verfestigung, wobei der elasto-plastische Modul die Hälfte des E-Moduls beträgt.

Tab. A.11 Numerische Werte der Rückprojektion für Kontinuumsstab bei linearer Verfestigung (10 Inkremente; $\Delta\varepsilon = 0,001$)

inc	ε	σ^{trial}	σ	κ	$\Delta\lambda$	E^{elpl}
–	–	MPa	MPa	10^{-3}	10^{-3}	MPa
1	0,001	210,0	210,0	0,0	0,0	0,0
2	0,002	420,0	420,0	0,0	0,0	0,0
3	0,003	630,0	630,0	0,0	0,0	0,0
4	0,004	840,0	703,636	0,649	0,649	19090,909
5	0,005	913,636	722,727	1,558	0,909	19090,909
6	0,006	932,727	741,818	2,468	0,909	19090,909
7	0,007	951,818	760,909	3,377	0,909	19090,909
8	0,008	970,909	780,000	4,286	0,909	19090,909
9	0,009	990,000	799,091	5,195	0,909	19090,909
10	0,010	1009,091	818,182	6,104	0,909	19090,909

Rückprojektion bei linearer Verfestigung (Tab. A.11, A.12, A.13)

Rückprojektion bei nichtlinearer (Tab. A.14)

Rückprojektion für Stab bei beidseitig fester Einspannung Die Fließkurve ergibt sich zu:

$$k(\kappa) = 200\,\text{MPa} + 1010,\bar{1}0\,\text{MPa} \times \kappa. \tag{A.154}$$

Das Iterationsschema des NEWTON-RAPHSONschen Verfahrens kann wie folgt angesetzt werden (Tab. A.15):

$$\Delta u_2^{(i+1)} = \frac{\Delta F^{(i)}}{A\left(\dfrac{\tilde{E}^{\text{I}}}{L^{\text{I}}} + \dfrac{\tilde{E}^{\text{II}}}{L^{\text{II}}}\right)}. \tag{A.155}$$

Zur Erfüllung des Konvergenzkriteriums werden beim zweiten Inkrement neun Durchläufe (cycles) und beim dritten Inkrement vier Durchläufe benötigt.

Rückprojektion für ein finites Element bei ideal-plastischem Materialverhalten Im elastischen Bereich kann die Berechnung der Verschiebung am Knoten erfolgen. Sobald plastisches Materialverhalten auftritt, kann keine Konvergenz erzielt werden, da kein eindeutiger Zusammenhang zwischen Belastung (Vorgabe) und Dehnung mehr besteht. Wird die Kraftrandbedingung durch eine Verschiebungsrandbedingung ersetzt, ist die Dehnung im Stab bekannt und es kann auf die Spannung geschlossen werden.

Tab. A.12 Numerische Werte der Rückprojektion für Kontinuumsstab bei linearer Verfestigung (20 Inkremente; $\Delta\varepsilon = 0,0005$)

inc	ε	σ^{trial}	σ	κ	$\Delta\lambda$	E^{elpl}
–	–	MPa	MPa	10^{-3}	10^{-3}	MPa
1	0,0005	105,0	105,0	0,0	0,0	0,0
2	0,0010	210,0	210,0	0,0	0,0	0,0
3	0,0015	315,0	315,0	0,0	0,0	0,0
4	0,0020	420,0	420,0	0,0	0,0	0,0
5	0,0025	525,0	525,0	0,0	0,0	0,0
6	0,0030	630,0	630,0	0,0	0,0	0,0
7	0,0035	735,0	694,091	0,195	0,195	19090,909
8	0,0040	799,091	703,636	0,649	0,455	19090,909
9	0,0045	808,636	713,182	1,104	0,455	19090,909
10	0,0050	818,182	722,727	1,558	0,455	19090,909
11	0,0055	827,727	732,273	2,013	0,455	19090,909
12	0,0060	837,273	741,818	2,468	0,455	19090,909
13	0,0065	846,818	751,364	2,922	0,455	19090,909
14	0,0070	856,364	760,909	3,377	0,455	19090,909
15	0,0075	865,909	770,455	3,831	0,455	19090,909
16	0,0080	875,455	780,000	4,286	0,455	19090,909
17	0,0085	885,000	789,545	4,740	0,455	19090,909
18	0,0090	894,545	799,091	5,195	0,455	19090,909
19	0,0095	904,091	808,636	5,649	0,455	19090,909
20	0,0100	913,636	818,182	6,104	0,455	19090,909

Aufgaben aus Kap. 12

Kurzlösung für Eulersche Knickfälle II, III und IV, ein Element Die Steifigkeitsmatrix aus elastischer und geometrischer Steifigkeitsmatrix erfolgt analog zu obigen Ausführungen zum EULERschen Knickfall I. Aufgrund der Randbedingungen ergeben sich für den Fall II zwei Eigenwerte und für den Fall III ein Eigenwert. Der Fall IV lässt sich mit nur einem Element nicht modellieren. Die Eigenwerte ergeben sich für den EULERschen Knickfall II:

$$\lambda_{1/2} = (36 \pm 24)\frac{EI}{L^2} \tag{A.156}$$

Tab. A.13 Numerische Werte der Rückprojektion für Kontinuumsstab bei linearer Verfestigung (20 Inkremente; $\Delta\varepsilon = 0,001$)

inc	ε	σ^{trial}	σ	κ	$\Delta\lambda$	E^{elpl}
–	–	MPa	MPa	10^{-3}	10^{-3}	MPa
1	0,001	210,0	210,0	0,0	0,0	0,0
2	0,002	420,0	420,0	0,0	0,0	0,0
3	0,003	630,0	630,0	0,0	0,0	0,0
4	0,004	840,0	703,636	0,649	0,649	19090,909
5	0,005	913,636	722,727	1,558	0,909	19090,909
6	0,006	932,727	741,818	2,468	0,909	19090,909
7	0,007	951,818	760,909	3,377	0,909	19090,909
8	0,008	970,909	780,000	4,286	0,909	19090,909
9	0,009	990,000	799,091	5,195	0,909	19090,909
10	0,010	1009,091	818,182	6,104	0,909	19090,909
11	0,011	1028,182	837,273	7,013	0,909	19090,909
12	0,012	1047,273	856,364	7,922	0,909	19090,909
13	0,013	1066,364	875,455	8,831	0,909	19090,909
14	0,014	1085,455	894,545	9,740	0,909	19090,909
15	0,015	1104,545	913,636	10,649	0,909	19090,909
16	0,016	1123,636	932,727	11,558	0,909	19090,909
17	0,017	1142,727	951,818	12,468	0,909	19090,909
18	0,018	1161,818	970,909	13,377	0,909	19090,909
19	0,019	1180,909	990,000	14,286	0,909	19090,909
20	0,020	1200,000	1009,091	15,195	0,909	19090,909

und für den EULERschen Knickfall III:

$$\lambda = 30\frac{EI}{L^2}. \tag{A.157}$$

Zur Bestimmung der kritischen Last sind jeweils die kleinsten Eigenwerte interessant. Die Abweichungen zu den analytischen Lösungen sind erheblich.

Kurzlösungen für Eulersche Knickfälle, zwei Elemente Die gesamte Steifigkeitsmatrix wird aus elastischer und geometrischer Steifigkeitsmatrix aufgebaut. Auch der Fall IV lässt sich mit zwei Elementen modellieren. Die Eigenwerte lassen sich nur noch numerisch bestimmen, lediglich für Fall I kann eine analytische Lösung mit vertretbarem Aufwand

Tab. A.14 Numerische Werte der Rückprojektion für Kontinuumsstab bei nichtlinearer Verfestigung (10 Inkremente; $\Delta\varepsilon = 0,002$)

inc	ε	σ^{trial}	σ	κ	$\Delta\lambda$	E^{elpl}
–	–	MPa	MPa	10^{-3}	10^{-3}	MPa
1	0,002	140,0	140,0	0,0	0,0	0,0
2	0,004	280,0	280,0	0,0	0,0	0,0
3	0,006	420,0	360,817	0,845469	0,845469	10741,553
4	0,008	500,817	381,995	2,542923	1,697454	10435,865
5	0,010	521,995	402,557	4,249179	1,706256	10125,398
6	0,012	522,557	422,494	5,964375	1,715196	9810,025
7	0,014	562,494	441,794	7,688654	1,724279	9489,616
8	0,016	581.794	460,449	9,422161	1,733507	9164,034
9	0,018	600,449	478,447	11,165046	1,742885	8833,140
10	0,020	618,447	495,778	12,917462	1,752416	8496,784

Tab. A.15 Numerische Werte für Stab bei beidseitig fester Einspannung (3 Inkremente; $\Delta F_2 = 2 \times 10^4$ N)

inc	u_2	ε^{I}	ε^{II}	σ^{I}	σ^{II}	$\varepsilon^{\text{pl,I}}$	$\varepsilon^{\text{pl,II}}$
–	mm	10^{-3}	10^{-3}	MPa	MPa	10^{-3}	10^{-3}
1	0,0666667	0,666667	−1,33333	66,6667	−133,333	0,0	0,0
2	0,19806	1,9806	−3,9612	198,060	−201,938	0,0	−1,94182
3	6,88003	68,8003	−137,601	266,008	−333,992	66,1402	−134,261

angegeben werden. Die Eigenwerte ergeben sich für den EULERschen Knickfall I:

$$\frac{16}{17}\frac{EI}{L^2}\begin{bmatrix} 80 + 19\sqrt{2} + \sqrt{5847 + 3550\sqrt{2}} \\ 80 + 19\sqrt{2} - \sqrt{5847 + 3550\sqrt{2}} \\ 80 - 19\sqrt{2} + \sqrt{5847 + 3550\sqrt{2}} \\ 80 - 19\sqrt{2} - \sqrt{5847 + 3550\sqrt{2}} \end{bmatrix} = \frac{EI}{L^2}\begin{bmatrix} 198,69 \\ 2,4686 \\ 77,063 \\ 22,946 \end{bmatrix}, \tag{A.158}$$

für den EULERschen Knickfall II:

$$\frac{EI}{L^2}\begin{bmatrix} 48,0 \\ 128,72 \\ 9,9438 \\ 240,0 \end{bmatrix}, \tag{A.159}$$

für den EULERschen Knickfall III:

$$\frac{EI}{L^2} \begin{bmatrix} 197,52 \\ 20,708 \\ 75,101 \end{bmatrix}, \tag{A.160}$$

für den EULERschen Knickfall IV:

$$\frac{EI}{L^2} \begin{bmatrix} 120,0 \\ 40,0 \end{bmatrix}. \tag{A.161}$$

Zur Bestimmung der kritischen Last sind jeweils die kleinsten Eigenwerte interessant. Die Abweichungen zu den analytischen Lösungen sind nicht unerheblich.

EULERsche Knickfälle, Fehler bezüglich analytischer Lösung In Tabelle A.16 ist der relative Fehler der mit der Finite-Elemente-Methode ermittelten Lösung der kritischen Knicklast bezüglich der analytischen Lösung angegeben.

$$\text{Fehler} = \frac{\text{FE-Lösung} - \text{analytische Lösung}}{\text{analytische Lösung}} \tag{A.162}$$

Tab. A.16 Relativer Fehler bezüglich der analytisch ermittelten Knicklast

Anzahl Elemente	Eulerscher Knickfall			
	I	II	III	IV
1	7,52E-03	0,215854	0,485830	x
2	5,12E-04	7,52E-03	2,57E-02	1,32E-02
3	1,03E-04	1,58E-03	6,14E-03	2,19E-02
4	3,28E-05	5,12E-04	2,05E-03	7,52E-03
5	1,35E-05	2,12E-04	8,64E-04	3,21E-03
6	6,50E-06	1,03E-04	4,23E-04	1,58E-03
7	3,51E-06	5,58E-05	2,30E-04	8,66E-04
8	2,06E-06	3,28E-05	1,36E-04	5,12E-04
9	1,29E-06	2,05E-05	8,50E-05	3,22E-04
10	8,44E-07	1,35E-05	5,59E-05	2,12E-04

Die Fehler unterscheiden sich stark für die unterschiedlichen EULERschen Knickfälle. Der Fehler für den EULERschen Knickfall I ist jeweils der kleinste, der für den EULERschen Knickfall IV der größte. Der Unterschied in den einzelnen Fällen erstreckt sich über zwei Größenordnungen. Bereits bei einer Vernetzung mit vier Elementen ist der Fehler für alle Fälle kleiner 0,01.

Sachverzeichnis

© Springer-Verlag Berlin Heidelberg 2014
M. Merkel, A. Öchsner, *Eindimensionale Finite Elemente,*
DOI 10.1007/978-3-642-54482-8